Perspectives de l'économie numérique de l'OCDE

OCDE

DES POLITIQUES MEILLEURES POUR UNE VIE MEILLEURE

Cet ouvrage est publié sous la responsabilité du Secrétaire général de l'OCDE. Les opinions et les interprétations exprimées ne reflètent pas nécessairement les vues de l'OCDE ou des gouvernements de ses pays membres ou celles de l'Union européenne.

Ce document et toute carte qu'il peut comprendre sont sans préjudice du statut de tout territoire, de la souveraineté s'exerçant sur ce dernier, du tracé des frontières et limites internationales, et du nom de tout territoire, ville ou région.

Merci de citer cet ouvrage comme suit :
OCDE (2015), *Perspectives de l'économie numérique de l'OCDE*, Éditions OCDE, Paris.
http://dx.doi.org/10.1787/9789264243767-fr

ISBN 978-92-64-24373-6 (imprimé)
ISBN 978-92-64-24376-7 (PDF)

Crédits photo : © Victoria – Fotolia.com; © Jumpeestudio – Fotolia.com.

Les corrigenda des publications de l'OCDE sont disponibles sur : *www.oecd.org/editions/corrigenda*.

Avant-propos

Les Perspectives de l'économie numérique de l'OCDE sont une publication biennale qui examine et étaie les évolutions, les opportunités et les défis qui se font jour dans l'économie numérique. Elle met en lumière la manière dont les membres et partenaires de l'OCDE tirent parti des TIC et de l'internet pour atteindre leurs objectifs d'action publique. Données comparatives à l'appui, elle expose les pratiques réglementaires et les lignes d'action envisageables afin d'aider les décideurs à optimiser le potentiel de l'économie numérique en tant que levier d'innovation et de croissance inclusive.

La présente publication, qui remplace les Perspectives des communications et les Perspectives de l'économie Internet de l'OCDE (anciennement Perspectives des technologies de l'information de l'OCDE), dresse un tableau plus complet des tendances, de l'évolution des politiques, et des données de l'économie numérique, du côté de l'offre comme de la demande.

L'édition 2015 des Perspectives de l'économie numérique a été préparée par le Secrétariat de l'OCDE, sous la direction du Comité de la politique de l'économie numérique (CPEN), présidé par Jörgen Abild Andersen (Danemark). Elle a bénéficié de la contribution des délégués du Comité et de ses groupes de travail sur les politiques d'infrastructure et de services de communication (GTPISC), présidé par Tracey Weisler (États-Unis), sur la mesure et l'analyse de l'économie numérique (GTMAEN), présidé par Luis Magalhes (Portugal), et sur la sécurité et la vie privée dans l'économie numérique (GTSVPEN), présidé par Jane Hamilton (Canada). Son contenu s'appuie en grande partie sur les réponses des économies membres et partenaires au questionnaire de l'OCDE sur l'économie numérique, diffusé en juin 2014.

La présente édition a été déclassifiée par le Comité le 8 mai 2015.

L'équipe du Secrétariat chargée de rédiger les Perspectives de l'économie numérique appartient à la Direction de la science, de la technologie et de l'innovation de l'OCDE, dirigée par Andrew Wyckoff ; elle a travaillé sous la supervision d'Anne Carblanc, assistée de Cristina Serra Vallejo pour la coordination générale. Parmi les auteurs, citons, dans l'ordre alphabétique : Brigitte Acoca, Frédéric Bourassa, Agustín Díaz Pinés, Michael Donohue, David Gierten, Pedro Herrera Gimenez, Aaron Martin, Pierre Montagnier, Hajime Oiso, Sam Paltridge, Christian Reimsbach-Kounatze, Elettra Ronchi, Cristina Serra Vallejo, Vincenzo Spiezia, Sukham Sung, Rudolf van der Berg et Verena Weber. L'équipe a également bénéficié de la contribution de la Direction de la gouvernance publique et du développement territorial, en particulier d'Arthur Mickoleit et de Barbara Ubaldi. Geoff Huston, de Potaroo, et Karine Perset, de l'ICANN, ainsi que Colin Blackman, chercheur au Centre for European Policy Studies, ont apporté un éclairage particulièrement utile.

Les sections consacrées au Brésil, à la Colombie et à l'Égypte, ont été rédigées respectivement par Rafael Moreira et Lorrayne Porciuncula, par Alejandro Delgado et Sofía González, et par Noha Adly et Nevine Tewfik. Nous remercions les ministères des Technologies de l'Information et des Communications (TIC) égyptien et colombien – en particulier l'ancien ministre colombien, Diego Molano – pour leur collaboration.

Enfin, nous saluons l'aide précieuse apportée par Teligen, une division de Strategy Analytics Ltc., CISCO, Matthew Zook de ZookNIC, Measurement Lab (M-Lab), Neftcraft et Shodan, sans oublier nos collègues de l'OCDE, qui ont fourni des données à l'appui des analyses.

Table des matières

Tableaux

Graphiques

Résumé

L'économie numérique est aujourd'hui indissociable d'innombrables aspects de l'économie mondiale. Son influence se fait sentir dans des secteurs aussi divers que la banque, le commerce de détail, l'énergie, les transports, l'éducation, l'édition, les médias ou la santé. Les technologies de l'information et des communications (TIC) transforment les modalités de l'interaction sociale et des relations personnelles, tandis que la convergence des réseaux de téléphonie fixe et mobile, et de radiodiffusion, ainsi que l'interconnexion croissante des appareils et des objets donnent forme à l'internet des objets.

Comment les pays de l'OCDE et les économies partenaires peuvent-ils maximiser le potentiel de l'économie numérique comme moteur de l'innovation et de la croissance inclusive ? Quelles évolutions à l'œuvre dans l'économie numérique les responsables des politiques publiques doivent-ils prendre en compte et quels nouveaux défis doivent-ils relever ?

Il reste à concrétiser pleinement le potentiel de l'économie numérique

Les échanges mondiaux de biens – et surtout de services – des TIC continuent de croître. Les dépenses intérieures brutes de R-D du secteur des entreprises et l'augmentation récente du nombre de brevets liés aux TIC sont révélatrices du rôle fondamental du secteur des TIC dans l'innovation. Les marchés du haut débit sont en expansion, comme en témoigne notamment l'essor des abonnements au haut débit mobile – qui approchent le milliard dans la zone OCDE – avec un recul concomitant de la téléphonie fixe. Les performances des réseaux de communication s'améliorent à la faveur du déploiement de la fibre et de la 4G, tandis que les prix baissent, en particulier pour les services mobiles.

- Il existe un important potentiel d'extension des infrastructures du haut débit fixe et mobile, et d'amélioration de leur qualité. Une nouvelle méthodologie mise au point par l'OCDE pour mesurer les débits fixes annoncés renforcera la capacité des pouvoirs publics à maintenir le rythme du progrès vers l'internet des objets.
- Face à l'augmentation des besoins en capacité réseau et en fréquences à assigner aux communications mobiles, il faudra exploiter la complémentarité des réseaux fixes et mobiles. Les infrastructures fixes sont primordiales pour le délestage et la collecte du trafic mobile et pour favoriser une utilisation plus rationnelle des fréquences disponibles. Les responsables des politiques publiques expérimentent de nouveaux systèmes d'attribution de licences afin d'accroître l'efficience de l'utilisation du spectre.
- Un énorme potentiel existe pour accroître l'adoption et l'utilisation des TIC et de l'internet par les entreprises afin de stimuler la croissance et l'innovation, et ce, dans tous les secteurs. Si la plupart des entreprises des pays de l'OCDE disposent d'une connexion haut débit – 95 % des entreprises de plus de dix salariés en 2014 –, rares sont celles qui

utilisent un progiciel de gestion intégrée (31 %), l'informatique en nuage (22 %), ou reçoivent des commandes par voie électronique (21 %). Les différences entre pays, et entre les petites et les grandes entreprises demeurent considérables.

- De nouveaux modèles économiques fondés sur des méthodes de production collaborative, tels que les plateformes de financement participatif, ainsi que les plateformes de la nouvelle « économie du partage », remettent en question la réglementation actuelle des marchés établis et appellent une réponse équilibrée des pouvoirs publics pour permettre à l'innovation de s'épanouir tout en préservant l'intérêt général.
- Il est encore largement possible, également, d'encourager davantage l'adoption des nouvelles technologies par les particuliers. Les consommateurs comptent en effet pour une faible part du commerce électronique, dont 90 % des transactions s'effectuent entre entreprises. Malgré une large diffusion, l'intensité de l'utilisation de l'internet continue de varier, en particulier pour les activités associées à un niveau d'instruction élevé, telles que l'administration électronique, le commerce électronique et les services bancaires en ligne.

Des stratégies numériques nationales pour stimuler la croissance économique et le développement social

Les gouvernements des pays de l'OCDE sont de plus en plus conscients de la nécessité de développer l'économie numérique dans une optique stratégique, d'en accroître les avantages et de répondre aux grands défis, tels que réduire le chômage et les inégalités, et sortir les gens de la pauvreté. Les stratégies numériques nationales actuelles s'intéressent à des enjeux qui vont de la création d'entreprises au développement, en passant par la croissance de la productivité, l'administration publique, l'emploi et l'éducation, la santé et le vieillissement, et l'environnement. Globalement, les pouvoirs publics sont de plus en plus conscients que « l'élaboration d'une politique de l'internet » dépend d'un ensemble de politiques cohérentes menées dans l'ensemble de l'administration :

- Les infrastructures – qui fournissent les assises des nouveaux modèles économiques, du commerce électronique ainsi que des nouveaux réseaux scientifiques et sociaux – doivent être de grande qualité, accessibles à tous et à un prix concurrentiel.
- Face à la remise en cause de la concurrence dans l'économie numérique par plusieurs mutations majeures, notamment la convergence technique et l'intégration des modèles économiques parmi les fournisseurs de services de télécommunications et les nouveaux acteurs de l'internet, les pouvoirs publics doivent agir pour préserver la concurrence, abaisser les obstacles artificiels à l'entrée sur le marché et renforcer la cohérence réglementaire. La concentration des marchés mobiles ne doit pas réduire l'innovation, ni désavantager les autres acteurs dans le jeu de la concurrence.
- Il est essentiel d'encourager une plus grande adoption des TIC, en particulier par les pouvoirs publics et les entreprises, y compris les PME.
- Il importe de renforcer la confiance dans la fiabilité et la sécurité des réseaux, services et applications de l'espace numérique et de rassurer les usagers quant à la protection de leur vie privée et de leurs droits de consommateurs. L'OCDE incite les dirigeants et les décideurs à intégrer la gestion du risque d'atteinte à la sécurité numérique et à la vie privée dans leurs cadres plus généraux de gestion du risque économique et social, plutôt que d'envisager ces questions comme des enjeux techniques et juridiques distincts. Les stratégies de cybersécurité devraient être complétées par des stratégies nationales concernant la protection de la vie privée, de façon à intégrer la problématique de la vie

privée dans une démarche coordonnée et globale et à identifier les limites que la société est prête à accepter dans l'intérêt général.

- Afin de favoriser l'entrepreneuriat, l'emploi et l'inclusion par le numérique, les programmes d'enseignement, de formation et de requalification axés sur les TIC doivent doter les citoyens des compétences voulues pour utiliser les TIC et gérer les risques auxquels ils peuvent être exposés dans les activités sociales et économiques qu'ils mènent dans le cyberespace.
- Il est indispensable de prendre conscience des effets perturbateurs possibles du virage numérique. Les pouvoirs publics doivent faciliter la transition des travailleurs vers les nouveaux emplois de l'ère du numérique.

Gouvernance de l'internet : une priorité d'action pour les années à venir

La communauté de l'internet élabore une proposition visant à transférer la surveillance des ressources techniques de l'internet, actuellement assurée par le gouvernement des États-Unis, à la communauté multipartite mondiale. En septembre 2015, les Nations Unies lanceront le programme de développement pour l'après-2015, fixant des objectifs de développement durable, qui comprendront vraisemblablement l'élargissement de l'accès aux TIC et à l'internet en vue de créer une économie numérique mondiale inclusive. En décembre 2015, le mandat du Forum sur la gouvernance de l'internet devra être renouvelé.

Ces initiatives visent à répondre à la nécessité fondamentale de préserver le caractère ouvert de l'internet. La conception de l'internet comme plateforme ouverte – où entreprises, citoyens et pouvoirs publics peuvent donner libre cours à leur inspiration pour innover et développer des applications et services – a beaucoup favorisé l'innovation dans l'économie numérique. Ces dernières années, des inquiétudes se sont toutefois fait jour selon lesquelles les avantages économiques et sociaux liés à l'architecture ouverte et décentralisée de l'internet et à la libre circulation des données à travers les frontières pourraient être affectés, directement ou indirectement, par des questions telles que les exigences relatives à l'acheminement ou au contenu local, ou au stockage des données, la neutralité des réseaux, l'acceptation universelle des noms de domaines multilingues et la création de réseaux de substitution.

Les avantages, de même que les risques, associés à un internet ouvert seront examinés par les ministres et d'autres parties prenantes de haut niveau lors de la réunion ministérielle de l'OCDE qui se tiendra en 2016, en même temps que d'autres questions de fond concernant la connectivité mondiale, l'internet des objets, les initiatives agissant sur la demande pour favoriser l'innovation et la confiance dans l'économie numérique, et les moyens de stimuler la création d'emplois et de développer les compétences nécessaires pour tirer le meilleur parti du monde numérique.

Chapitre 1

L'économie numérique, vue d'ensemble

L'économie numérique, dont l'expansion a été l'un des moteurs de la croissance ces dernières années, est en train de transformer la société tout entière. Le présent chapitre nous en brosse à grands traits le tableau tel qu'il se présente aujourd'hui, met en perspective son évolution probable et se veut une synthèse de l'ensemble de l'ouvrage. Il fait ressortir les progrès accomplis et les obstacles qui se profilent à l'horizon, sur le document des stratégies nationales, pour se conclure par une étude plus générale des problèmes liés à la gouvernance de l'internet.

1.1. Introduction

L'économie numérique croît à un rythme soutenu (OCDE, 2013a). Elle irrigue l'économie mondiale, de la vente au détail (commerce électronique) aux transports (véhicules sans conducteur), et s'étend à l'enseignement (cours en ligne ouverts et massifs), à la santé (dossier médical électronique et médecine personnalisée) et aux relations sociales et humaines (réseaux sociaux). Les technologies de l'information et des communications (TIC) sont omniprésentes dans la vie professionnelle et privée ; l'interconnexion des individus, des entreprises et des administrations va s'intensifiant, grâce à une multitude d'appareils que l'on retrouve chez soi, au travail, dans les espaces publics et en déplacement. Les flux de données ainsi générés sont acheminés par des millions de réseaux individuels, depuis les réseaux d'abonné résidentiel jusqu'aux réseaux qui s'étendent sur toute la surface du globe. La convergence des réseaux fixes, mobiles et de radiodiffusion, conjointement à l'utilisation combinée de la communication de machine à machine (M2M), de l'infonuagique, de l'analytique de données, des capteurs et des actionneurs, de pair avec l'action humaine, ouvre aujourd'hui la voie à l'apprentissage automatique, au contrôle à distance et à la création de machines et de systèmes autonomes. Appareils et objets sont de plus en plus souvent connectés à l'internet des objets, prélude à une convergence à grande échelle des TIC et de l'économie (chapitre 6).

La présente publication rend compte des évolutions de l'économie numérique et des enjeux qui se profilent la concernant et révèle comment les pays de l'OCDE et les économies partenaires mettent les TIC et l'internet au service de leurs objectifs de politique publique. Elle recèle des données concrètes et des études de cas qui éclaireront les décideurs au sujet des pratiques de réglementation ayant cours ainsi que des options s'offrant à eux pour maximiser le potentiel de l'économie numérique, moteur d'innovation et de croissance inclusive.

Les programmes numériques nationaux, indispensables à une croissance économique et sociale dynamique

Le virage numérique peut rapprocher les pays d'une prospérité durable. Les gouvernements des pays de l'OCDE s'aperçoivent de plus en plus que l'économie numérique doit se développer dans une optique stratégique pour que ses bienfaits soient larges et aident à relever certains défis essentiels, dont font partie la lutte contre le chômage et les inégalités de même que l'éradication de la pauvreté. La multiplication des programmes numériques nationaux témoigne que l'on a pris conscience de ce que, pour être efficaces, les « politiques de l'internet » doivent reposer sur un ensemble de mesures cohérentes, définies en étroite concertation avec toutes les parties prenantes et s'appuyant sur les atouts du pays et le caractère ouvert, décentralisé et évolutif du cyberespace (OCDE, 2011).

Les fondamentaux de l'économie numérique sont étroitement liés les uns aux autres. Les infrastructures de télécommunications utilisées tant au sein des pays que par-delà les frontières doivent être d'excellente qualité et accessibles à tous à des prix compétitifs (chapitre 2). Elles sont à la base des applications et services reposant sur de nouveaux modèles économiques, du développement du commerce électronique, de l'amélioration des méthodes de production et des nouveaux réseaux sociaux et de collaboration scientifique (chapitre 3). Toutes ces avancées dépendent de la confiance que l'on sait instaurer à l'égard de la fiabilité et de la sécurité des réseaux, services et applications internet. Il importe par ailleurs de donner aux usagers l'assurance que leur vie privée et leurs droits de consommateurs sont protégés lorsqu'ils naviguent dans le cyberespace (chapitre 5). Enfin, les individus doivent être en mesure d'utiliser les TIC et les processus numériques et de gérer les risques pesant sur les activités économiques et sociales auxquelles ils se livrent sur l'internet (chapitres 3 et 5). Une action conjuguée de l'ensemble des acteurs gouvernementaux est nécessaire pour que toutes ces conditions puissent être réunies.

L'analyse des stratégies numériques nationales confirme la pertinence d'une telle approche, que ce soit dans les pays de l'OCDE ou dans des pays émergents, comme le Brésil, la Colombie ou l'Égypte. Du côté de l'offre, tous entendent poursuivre le développement des infrastructures de télécommunications et soutenir le secteur des TIC. De celui de la demande, ils n'ont de cesse d'inciter les administrations et les entreprises, en particulier les PME, à utiliser plus largement ces technologies. Le décollage de la création de contenus numériques locaux demeure un objectif important, tout comme la modernisation de l'administration publique, des soins, des transports et de l'éducation. Le renforcement de la sécurité et de la protection de la vie privée dans l'environnement numérique fait aussi partie des priorités, quoique les ressources affectées à la seconde persistent à être inférieures à celles dont bénéficie la première. Les pays s'aperçoivent de plus en plus que le développement et le recyclage des compétences liées aux TIC doit être mis en avant dans le cadre des mesures en faveur de l'entrepreneuriat et de l'emploi. Certains s'attachent par la même occasion à faire progresser l'inclusion par le numérique, tout particulièrement chez les personnes âgées et les groupes sociaux défavorisés (section 1.2).

Pour exploiter le potentiel d'innovation et de croissance de l'économie numérique, il faut cependant que les pouvoirs publics aident à négocier le virage numérique sans en méconnaître les possibles effets perturbateurs. Les responsables de la cyberéconomie dans les pays de l'OCDE et les économies partenaires commencent d'ailleurs à œuvrer avec leurs homologues en charge du travail et de l'éducation pour concrétiser les créations de postes promises par les nouveaux marchés numériques et faciliter l'insertion des travailleurs dans des emplois d'un genre nouveau.

Même si elle a déjà franchi plusieurs paliers, l'économie numérique ne donne pas encore la pleine mesure de son potentiel

Dans l'ensemble, les perspectives d'évolution des TIC sont encourageantes, vues de 2015, même si le secteur se ressent encore, dans certains pays, de la double crise qui a frappé l'économie mondiale en 2007 et 2009. Orientés à la hausse, les investissements en capital-risque dans les TIC sont revenus à un niveau sans précédent depuis l'éclatement de la bulle internet. La part des biens et services TIC dans la valeur ajoutée totale de l'OCDE demeure stable tandis que leurs échanges ont continué de s'intensifier à l'échelle mondiale, surtout pour ce qui est des services. Les TIC occupent une place centrale dans les activités d'innovation si l'on en juge par les dépenses intérieures brutes de R-D du secteur des entreprises (DIRDE) qui leur sont consacrées et par l'augmentation récente du nombre de brevets s'y rapportant (chapitre 2).

Les marchés du haut débit continuent de se développer, à la faveur d'une progression des abonnements au haut débit mobile qui vient contrebalancer le recul de la téléphonie fixe et confirmer une tendance au remplacement du fixe par le mobile. En juin 2014, il y avait 344.6 millions d'abonnements au haut débit fixe contre 983.4 millions pour le mobile, ce qui représente une croissance annuelle de 3.7 % et 14.2 %, respectivement, sur les deux dernières années dans la zone OCDE. Les recettes et niveaux d'investissement, quant à eux, restent globalement à l'équilibre dans le domaine des télécommunications. Les réseaux se font en revanche de plus en plus performants avec le déploiement de la fibre optique, et avec celui de la technologie d'évolution à long terme (4G) en téléphonie mobile, cependant que les prix pointent vers le bas, en particulier ceux des services mobiles (chapitre 2). Au plan mondial, le trafic internet a augmenté au rythme de 20 % l'an et l'humanité compte maintenant 2.9 milliards d'internautes.

Les TIC et l'internet apportent déjà beaucoup aux économies numériques du monde entier mais les efforts visant à accélérer les débits, assurer un accès aux adresses IP à un milliard d'utilisateurs des économies en développement (chapitre 2) et intensifier le recours au haut débit pour créer de la richesse (chapitre 3) sont de nature à donner encore un formidable coup d'accélérateur à la croissance dans les années à venir.

Les éléments dont on dispose concernant les pays de l'OCDE révèlent l'existence d'une marge de progression significative sur le plan de la couverture du haut débit, qu'il soit fixe ou mobile, et de la qualité de ses infrastructures. Grâce à la nouvelle méthode définie par l'OCDE pour mesurer les débits fixes annoncés (jusqu'à 1 Gbit/s et au-delà), les pouvoirs publics peuvent déterminer quels sont les aspects auxquels il convient de s'intéresser tout particulièrement pour « numériser » l'économie et maintenir le rythme de progression vers l'internet des objets (chapitre 6). Quant au haut débit mobile, les pouvoirs publics prennent conscience du fait que les réseaux sont toujours plus sollicités et ont compris qu'il est nécessaire d'accroître les ressources spectrales réservées aux communications mobiles ; c'est pourquoi ils décident de mettre à l'essai des régimes de licence d'un genre nouveau, censés optimiser l'utilisation des fréquences. À cela s'ajoute qu'ils ont maintenant pris la mesure du rôle essentiel des infrastructures fixes aux fins de la collecte et du délestage du trafic mobile et d'un emploi plus rationnel des fréquences disponibles (chapitre 4). Le caractère complémentaire des réseaux fixes et mobiles est l'une des raisons qui expliquent que les économies émergentes, où les premiers sont peu développés, ont d'autant plus de mal à susciter une croissance rapide des services liés aux seconds. Dans les pays de l'OCDE, les smartphones sont utilisés près des trois-quarts du temps dans le cadre d'un accès Wi-Fi privé via un réseau fixe.

La concrétisation des promesses économiques et sociales du haut débit dépend essentiellement de la capacité des entreprises, des individus et des pouvoirs publics de tirer parti des possibilités qu'offrent les technologies numériques (chapitre 3). Nombre de pays en développement ont choisi de privilégier la demande, et plus particulièrement de soutenir l'entrepreneuriat et d'encourager l'utilisation des TIC dans les PME. Dans les pays de l'OCDE, les perspectives ouvertes par l'économie numérique ont commencé de transformer certains secteurs d'activité traditionnels, dont la banque, les transports, le commerce de détail, l'énergie, la santé, de même que l'édition et les médias. L'industrie de contenu, où la composante numérique va d'ailleurs croissant, recèle ainsi un potentiel de dématérialisation considérable, en particulier en ce qui concerne les livres et les vidéos. De nouveaux modèles économiques fondés sur des méthodes de production collaborative – comme les plateformes de financement participatif – offrent désormais aux entrepreneurs la possibilité de se financer à l'aide de prêts communautaires ou proposent des solutions d'échange de devises entre particuliers. Il en va de même au niveau des activités domestiques : de nouvelles plateformes relevant de « l'économie du partage » permettent de louer, d'échanger ou d'utiliser en commun un appartement ou une voiture. De telles initiatives défient les règles en vigueur sur les marchés établis et réclament de la part des pouvoirs publics des interventions mesurées qui laissent le champ libre à l'innovation tout en préservant l'intérêt général.

Les données les plus récentes viennent confirmer que les TIC et l'internet, pour autant qu'ils soient adoptés et utilisés plus largement, sont à même d'imprimer un élan considérable à la croissance par le truchement de l'innovation au niveau des produits, des services et de l'organisation des entreprises et ce, dans tous les secteurs de l'économie (chapitre 3). Si l'essentiel des entreprises des pays de l'OCDE est connecté au haut débit – 95 % des entreprises de plus de 10 employés en 2014 – rares sont celles qui utilisent un progiciel de gestion intégrée (31 %), les services infonuagiques (22 %), ou reçoivent des commandes par voie électronique (21 %). Le commerce électronique représente en moyenne 16 % à peine du total des ventes et concerne principalement, parfois dans près de 90 % des cas, des transactions d'entreprise à entreprise (ce qui revient à dire que les ventes aux particuliers ne représentent qu'une faible partie du cybercommerce). Les contrastes entre pays et entre petites et grandes entreprises demeurent très marqués.

Il existe également une marge de progression importante au niveau des individus. En effet, malgré une forte pénétration – en 2014, dans la zone OCDE, 81 % des adultes se servaient de l'internet, dont plus de 75 % quotidiennement – l'internet n'est pas utilisé avec la même intensité dans tous les pays de l'OCDE ni parmi tous les groupes sociaux. Si des activités telles que l'envoi de courriers électroniques, la recherche d'informations sur un produit ou la connexion à des réseaux sociaux ne varient guère d'un pays à l'autre, il en va différemment pour celles associées à un niveau d'instruction élevé, parmi lesquelles l'administration électronique, le commerce électronique et les services bancaires en ligne. L'éventail des activités auxquelles s'adonnent les internautes est en moyenne 58 % plus large chez les diplômés de l'enseignement supérieur que chez les individus ayant quitté l'école à la fin du premier cycle du secondaire, sinon avant. Près de 70 % des étudiants de la zone OCDE utilisent l'internet à l'école mais ils sont peu nombreux – entre 2 % et 12 % selon les pays – à faire usage d'un ordinateur tous les jours, dans le cadre d'exercices pratiques (OCDE, 2014).

Les gouvernements misent toujours davantage sur les TIC pour réformer le secteur public de telle manière qu'il ne soit plus seulement centré sur les administrés mais encore à l'écoute de leurs attentes. Cela se traduit notamment par le recours aux médias sociaux pour communiquer et interagir avec la population. Ainsi, dans 28 pays de l'OCDE sur 34, le chef du gouvernement ou le gouvernement dans son ensemble disposent à l'heure actuelle d'un compte Twitter et, dans 21, d'un compte Facebook (chapitre 3).

La vigilance, indispensable à la concurrence et à la confiance

S'ils entendent concrétiser tout le potentiel de l'économie numérique sur les plans de la productivité, de l'innovation, de la croissance et de l'emploi, les pouvoirs publics ne peuvent se contenter d'encourager le développement du haut débit et l'utilisation des TIC et de l'internet. Il leur faut également renouveler et intensifier leurs efforts visant à protéger la concurrence, lever les barrières qui entravent de manière artificielle l'accès aux marchés, rendre la réglementation plus homogène, développer les compétences des utilisateurs et faire grandir la confiance vis-à-vis des infrastructures et applications essentielles.

À titre d'exemple, la concurrence dans l'économie numérique doit aujourd'hui faire face à des changements majeurs, dont : i) la convergence des réseaux fixes, mobiles et de radiodiffusion vers le protocole internet ; ii) une tendance qui s'accentue à l'unification des modèles économiques entre les fournisseurs de services de télécommunications et les nouveaux acteurs proposant des applications *over-the-top* (OTT) ; iii) les offres groupées de services vocaux, vidéo et de données. Ces changements appellent, dans bien des pays, une réforme de la réglementation en vigueur afin que des règles identiques s'appliquent aux offres de services similaires et que le principe de neutralité technologique soit respecté. On a un bon exemple à cet égard avec la fourniture d'un accès privilégié (illimité) à certaines applications internet spécifiques dans le cadre d'offres groupées de services (« non-facturation »), qui, si elle est susceptible de stimuler la concurrence et l'inclusivité dans certains cas, peut tout aussi bien leur nuire dans d'autres. Les décideurs et les régulateurs doivent de même faire preuve de vigilance pour que la consolidation des marchés des télécommunications mobiles ne se fasse pas au préjudice des consommateurs ni ne mette un frein à l'innovation par rapport à une situation plus concurrentielle. Il leur faut également veiller à ce que les fusions entre acteurs fixes et mobiles, qui sont de nature à renforcer la concurrence, ne se traduisent pas au contraire par une moindre compétitivité des autres acteurs du marché (chapitre 4).

La confiance est elle aussi essentielle aux rapports économiques et sociaux, et tout particulièrement aux relations virtuelles qui peuvent s'établir dans un environnement mondial interconnecté. Les TIC et l'internet procurent maints avantages à ceux qui les utilisent, mais il ressort des enquêtes réalisées que les risques pesant sur la sécurité et la confidentialité sont source de préoccupations qui continuent d'alimenter une certaine défiance des usagers à l'égard des produits et services numériques (CE, 2015). Les entreprises prennent donc mesure sur mesure pour prévenir ces risques et l'on a ainsi évalué que les dépenses consacrées aux programmes de protection de la confidentialité par les entreprises figurant au classement *Fortune 1000* s'élevaient à quelque 2.4 milliards USD annuels (IAPP, 2014).

Les atteintes à la sécurité des données demeurent quoi qu'il en soit un grave problème, raison pour laquelle les responsables politiques envisagent de plus en plus sérieusement d'en rendre le signalement obligatoire. La légère embellie de l'assurance-cybersécurité – qui permet de transférer le risque – l'adoption par un nombre croissant de pays de stratégies nationales de cybersécurité, le renforcement de la coopération transfrontalière, tout particulièrement en ce qui concerne la protection de la vie privée, les interventions toujours plus nombreuses du pouvoir judiciaire, l'apparition de rapports de transparence dans les entreprises, qui espèrent remédier ainsi au « déficit de confiance », et la progression de la demande en professionnels qualifiés dans les domaines connexes sont d'autres marqueurs de l'attention soutenue dont font l'objet la sécurité et les risques d'atteinte à la vie privée.

Des tensions aiguës perdurent entre, d'une part, la nécessité de remédier aux problèmes touchant la sécurité et la protection de la vie privée et, d'autre part, celle d'éviter que l'innovation et la croissance de la productivité ne tombent en panne. L'OCDE incite dirigeants et décideurs à intégrer la gestion du risque d'atteinte à la sécurité numérique et à la vie privée à leurs cadres plus généraux de gestion des risques économiques et sociaux plutôt que d'envisager ces questions comme des enjeux techniques et juridiques distincts. Il importe néanmoins de prendre d'autres mesures, afin notamment de compléter les stratégies de cybersécurité par des stratégies nationales concernant la protection de la vie privée de façon à traiter le problème suivant une démarche coordonnée et globale (comme préconisé dans les Lignes directrices de l'OCDE régissant la protection de la vie privée) et afin que les parties prenantes puissent préciser l'ampleur de la protection à assurer aux individus et les limites à cette protection que la société est prête à accepter dans l'intérêt général (chapitre 5).

Gouvernance et politique de l'internet figurent au nombre des principales priorités d'action

Les TIC et l'internet se faisant omniprésents dans toutes les économies, la gouvernance du cyberespace et l'élaboration des politiques se rapportant à celui-ci n'en ont acquis que plus de poids aux yeux des acteurs de la communauté internationale et figurent en bonne place parmi les priorités de nombreux gouvernements (section 1.8)[1].

Cette année et la suivante (2016) verront se dessiner le visage qui sera demain celui de la gouvernance de l'internet. L'aboutissement des processus ci-après – qui, pour être distincts, n'en sont pas moins étroitement liés – sera particulièrement déterminant à cet égard. Une proposition est en cours d'élaboration au niveau mondial afin que le gouvernement des États-Unis passe le flambeau à la communauté internet internationale concernant la gestion de l'*Internet Assigned Numbers Authority* (IANA). En décembre 2015, le moment sera venu de renouveler le mandat du Forum sur la gouvernance de l'internet (FGI), instance multi-parties prenantes, tandis que le Sommet mondial sur la société de l'information (SMSI +10) réunira de hauts représentants gouvernementaux pour faire le point de la mise en œuvre de l'Agenda de Tunis, adopté en 2005, et envisager l'avenir. En septembre, les Nations Unies lanceront le programme de développement pour l'après-2015, fixant des objectifs de développement durable au nombre desquels figurera sans doute l'élargissement de l'accès aux TIC et à l'internet pour l'avènement d'une économie numérique inclusive à l'échelle mondiale. Favoriser l'innovation du côté de la demande et la création de contenu et d'applications dans les pays en développement sera en l'occurrence l'un des enjeux des années à venir.

La nécessité fondamentale de préserver à l'internet son caractère ouvert sous-tend ces différentes initiatives. La conception de l'internet comme plateforme ouverte – où les entreprises, les individus et les pouvoirs publics peuvent donner libre cours à leur inspiration pour innover et développer des applications et services – a beaucoup favorisé l'innovation dans l'économie numérique. Des inquiétudes se sont toutefois fait jour ces dernières années au sujet des avantages économiques et sociaux liés à l'architecture ouverte et décentralisée de l'internet et à la libre circulation des données à travers les frontières, dont on craignait qu'ils puissent être affectés – de manière directe ou indirecte – par des problématiques telles que les exigences relatives à l'acheminement ou au contenu local, ou encore au stockage des données, la neutralité des réseaux, l'acceptation universelle des noms de domaines multilingues et la création de réseaux de substitution.

Les avantages, de même que les risques, associés à un internet ouvert seront examinés par les ministres et d'autres parties prenantes de premier plan lors de la réunion ministérielle de l'OCDE prévue pour 2016, en même temps que d'autres questions de fond ayant trait à la connectivité mondiale, à l'internet des objets, aux initiatives agissant sur la demande pour favoriser l'innovation et la confiance dans l'économie numérique, et aux moyens de stimuler la création d'emplois et de développer les compétences nécessaires pour tirer le meilleur parti de cette économie.

1.2. Stratégies numériques nationales et priorités d'action dans le domaine des TIC

Les TIC et l'internet sont indispensables à l'économie et à la société dans son ensemble. Leur emprise est telle qu'aucun secteur ne lui échappe et leur incidence sur l'action des pouvoirs publics est de ce fait considérable. Alors qu'elles étaient traditionnellement axées sur le secteur des technologies de l'information et des communications, les politiques relatives aux TIC ont acquis dernièrement une dimension plus horizontale pour embrasser des domaines qui vont de la création d'entreprises à la croissance de la productivité en passant par l'administration publique, l'emploi et l'éducation, la santé et le vieillissement, l'environnement et le développement. Elles visent essentiellement à favoriser l'instauration d'un climat économique et social propice, nécessaire au développement et à la croissance.

La plupart des pays de l'OCDE et des économies partenaires ont défini, ou sont sur le point d'adopter, des stratégies nationales fixant les priorités d'action en ce qui concerne l'économie numérique. Sur les 34 pays[2] ayant répondu au questionnaire préparatoire des *Perspectives de l'OCDE sur l'économie numérique 2015*, 28[3] étaient dotés d'une **stratégie numérique nationale**, qu'ils avaient pour la plupart adoptée ou révisée entre 2013 et 2014. Seuls quelques-uns ne disposaient pas de stratégie d'ensemble, soit qu'ils soient en train d'en définir une ou de la réviser (comme l'Autriche et la Suisse) soit que leur politique relative à l'économie numérique agrège plusieurs stratégies et mesures portant sur tel ou tel aspect ou sur tel ou tel secteur et formant ensemble un cadre d'action national (ainsi des États-Unis et de la Fédération de Russie).

Intersectorielles par essence, les stratégies numériques nationales sont bien souvent conçues dans l'objectif affiché de stimuler la compétitivité du pays, sa croissance économique et le bien-être social de sa population. Le Plan pour la croissance des TIC adopté par le Danemark doit ainsi soutenir « la croissance *dans* le secteur des TIC et, de façon plus générale, la croissance *par* les TIC dans le secteur privé »[4]. L'Allemagne fait de « l'exploitation plus poussée du potentiel d'innovation au service de la croissance et de l'emploi »[5] la finalité première (de pair avec le renforcement des réseaux haut débit et de la confiance) de sa Stratégie numérique 2014-17. Avec sa Stratégie pour la croissance numérique 2014-20, l'Italie entend de son côté « garantir la croissance économique et sociale à travers le développement de compétences dans les entreprises et la diffusion d'une culture numérique parmi les citoyens »[6]. Le Mexique ambitionne quant à lui, c'est là l'objet de sa stratégie numérique nationale (adoptée en 2013), de devenir « le premier pays d'Amérique latine pour le numérique [...] lequel doit atteindre un niveau équivalent à la moyenne de l'OCDE d'ici 2018 »[7]. Sa stratégie vise plus précisément à favoriser l'innovation et l'entrepreneuriat dans l'économie numérique, améliorer la qualité de l'éducation à l'aide des TIC, contribuer à la transformation de l'administration, garantir un accès universel aux soins de santé et dynamiser la vie civique. En Turquie enfin, la Stratégie et le Plan d'action 2014-18 sur la société de l'information sont destinés à promouvoir « la croissance et l'emploi, conformément au 10e Plan de développement national (2014-18) et aux Objectifs pour 2023 fixés par le gouvernement turc »[8].

Certains pays, c'est le cas de l'Australie, comptent sur leur stratégie nationale pour se hisser « parmi les premières économies numériques d'ici 2020 »[9]. En France, la Feuille de route du gouvernement sur le numérique doit elle aussi rendre l'économie plus compétitive grâce au numérique, en plus de ses autres axes qui sont l'action pour les jeunes et la préservation et le renforcement des valeurs du pays[10]. Par sa *Declaration to be the World's Most Advanced IT Nation*, le Japon a manifesté son intention de devenir le pays le plus avancé au monde dans le domaine des technologies de l'information à l'horizon 2020[11], tandis que le Royaume-Uni entend que sa stratégie nationale (*Information Economy Strategy*), « aide le pays à passer à la vitesse supérieure dans la course mondiale en s'appuyant sur ses points forts »[12]. L'accent mis sur les atouts nationaux apparaît comme un trait caractéristique des stratégies numériques de certains pays de l'OCDE.

Les stratégies nationales pour l'économie numérique adoptées par les pays membres de l'Union européenne reprennent les objectifs arrêtés dans la Stratégie numérique pour l'Europe (CE, 2010), première des sept initiatives phares qui forment ensemble la stratégie « Europe 2020 » pour une croissance intelligente, durable et inclusive. Le but de la Stratégie numérique pour l'Europe est « d'exploiter au mieux le potentiel social et économique des TIC, surtout de l'internet qui constitue désormais le support essentiel de toute activité économique et sociétale ». Pour aider les États membres de l'UE à atteindre ce but, la stratégie propose 132 « actions »[13], articulées autour de sept priorités qui sont autant d'enjeux, à savoir : i) réaliser le marché unique numérique ; ii) accroître l'interopérabilité et les normes ; iii) consolider la confiance et la sécurité en ligne ; iv) promouvoir un accès internet rapide et ultrarapide pour tous ; v) investir dans la recherche et l'innovation ; vi) favoriser la culture, les compétences et l'intégration numériques ; vii) promouvoir les avantages dus aux TIC pour la société de l'UE.

D'ordinaire, les stratégies nationales en faveur de l'économie numérique prolongent, et parfois intègrent, des stratégies préexistantes touchant les TIC, par exemple des stratégies nationales relatives au haut débit, à l'administration en ligne ou à la cybersécurité. Elles coexistent souvent avec d'autres stratégies qui leur sont complémentaires, stratégies nationales d'innovation ou de développement. La future stratégie numérique de l'Autriche prendra ainsi appui sur différentes stratégies nationales en vigueur et portant sur le haut débit, la cybersanté[14], le numérique dans l'éducation (eFit 21)[15] et l'accessibilité numérique[16], pour n'en citer que quelques-unes. La stratégie de la Suède, *ICT for Everyone – A Digital Agenda for Sweden*[17], reprend elle aussi différentes stratégies relatives aux TIC dont les stratégies nationales sur le haut débit[18], l'administration électronique[19], les TIC pour une administration plus verte[20] et la cybersanté[21]. Elle est en outre complétée d'une stratégie nationale pour la croissance et l'attractivité régionale[22] et d'une stratégie pour l'innovation[23].

Principaux piliers des stratégies nationales en faveur de l'économie numérique

On trouvera dans la liste ci-après les principaux piliers sur lesquels reposent aujourd'hui bon nombre des stratégies numériques nationales ; ils répondent pour la majorité d'entre eux à des objectifs portant sur la demande (3 à 8).

1. Poursuivre le développement de l'infrastructure de télécommunications (par exemple, pour l'accès au haut débit et aux services de télécommunications) et préserver son caractère ouvert à l'internet.
2. Promouvoir le secteur des TIC et en particulier son ouverture à l'international.
3. Renforcer les services d'administration électronique en facilitant notamment l'accès aux informations du secteur public (ISP) et aux données publiques (données publiques ouvertes).
4. Faire grandir la confiance (identités numériques, protection de la vie privée/confidentialité, sécurité).

D'autres objectifs associés à la demande figurent en bonne place dans bien des stratégies numériques nationales, parmi lesquels :

5. Encourager l'adoption des TIC par les entreprises et en particulier les PME, l'accent étant mis sur certains secteurs clés, comme : i) la santé ; ii) les transports ; iii) l'éducation.
6. Faire progresser l'inclusion par le numérique, en ciblant en priorité les personnes âgées et les groupes sociaux défavorisés.
7. Promouvoir les compétences et aptitudes liées aux TIC, qu'elles soient élémentaires ou spécialisées.
8. Répondre à des enjeux mondiaux tels que la gouvernance de l'internet, le changement climatique et la coopération au développement.

Capacité, couverture et résilience des réseaux haut débit

Toutes les stratégies numériques nationales soutiennent le développement de l'infrastructure et des services de télécommunications. Parmi les objectifs généralement poursuivis, on citera le renforcement de la capacité des réseaux haut débit, accompagné d'une montée en débit, l'élargissement de la couverture de ces réseaux, pour une meilleure desserte des zones isolées, et le développement de la capacité de résilience de l'infrastructure haut débit existante. À ceux-là s'ajoute bien souvent un autre objectif, lui-même double : étendre le haut débit mobile et optimiser l'attribution des ressources spectrales.

La stratégie Canada numérique 150, pour prendre cet exemple, comprend un pilier baptisé « Un Canada branché », au titre duquel on pose pour principe que tous les Canadiens, à commencer par ceux vivant en zone rurale, devraient avoir accès au très haut débit ainsi qu'à des services mobiles peu coûteux afin de pouvoir participer à l'économie numérique et en recueillir les fruits[24]. Aussi le Canada compte-t-il d'investir 305 millions CAD sur cinq ans pour étendre et améliorer l'accès aux réseaux très haut débit afin d'offrir un débit cible de 5 mégabits par seconde (Mbit/s) à 280 000 foyers supplémentaires[25].

Le Royaume-Uni, avec son *Information Economy Strategy*, prévoit de fournir un accès très haut débit aux zones d'activités non encore desservies. Pour ce faire, *Broadband Delivery UK* (BDUK), organisme relevant du ministère de la Culture, de l'Information et des Sports, lance des projets qui, comme le programme *Super Connected Cities* (SCCP), visent à soutenir le développement du très haut débit dans les zones urbaines. Le SCCP doit aider financièrement les villes à raccorder les bâtiments publics au très haut débit mobile et à lever les obstacles à son déploiement rapide par le secteur privé.

La finalité de la stratégie numérique pour la Suède (*ICT for Everyone – A Digital Agenda for Sweden*) est la mise en place, d'ici 2020, d'une infrastructure de toute première qualité offrant à 90 % des ménages et entreprises du pays un débit minimum de 100 Mbit/s. Pour atteindre cet objectif, le gouvernement suédois entend créer des conditions propices sur le marché et éliminer ce qui fait entrave au développement du très haut débit, ce qui suppose notamment que le pays soit doté d'une réglementation adaptée.

L'un des objectifs cardinaux de la stratégie *Digital Czech v 2.0 – The Way to the Digital Economy*[26] est de soutenir le développement de réseaux haut débit afin que, à l'horizon 2020, tous les habitants de la République tchèque puissent accéder à l'internet avec un débit de 30 Mbit/s, voire de 100 Mbit/s pour la moitié au moins des ménages.

La stratégie numérique nationale de l'Australie a pour objet de combler, d'ici 2020, le fossé qui sépare les villes capitales du reste du pays en ce qui concerne l'accès à l'internet des ménages et des entreprises. La stratégie Portugal numérique(APD)[27], adoptée en 2012, vise quant à elle à promouvoir le développement de l'infrastructure afin que l'accès universel au très haut débit – 30 Mbit/s au minimum – soit une réalité en 2020. Le gouvernement portugais a ouvert à cet effet cinq procédures d'adjudication publique pour le déploiement de réseaux très haut débit dans les zones rurales ; 139 municipalités sont concernées, ce qui représente une population totale dépassant le million d'habitants pour un investissement estimé à 156 millions EUR. Avec son initiative *Digital Lëtzebuerg*[28], le Luxembourg s'assigne pour sa part un objectif ambitieux, déployer l'ultra-haut débit dans l'ensemble du pays, et prévoit qu'à l'horizon 2020, 100 % des ménages pourront bénéficier d'une connexion offrant un débit minimum de 1 Gbit/s en voie descendante et 500 Mbit/s en voie montante.

De la même manière, les États-Unis, dans le plan national *Connecting America: The National Broadband Plan*[29], rendu public en 2010 par la *Federal Communications Commission* (FCC), se proposent de garantir à l'ensemble des individus vivant sur leur territoire la possibilité de se connecter au haut débit. Le plan vise rien moins que de fournir à 100 millions de ménages, au bas mot, un accès internet bon marché avec un débit effectif minium de 100 Mbit/s en voie descendante et 50 Mbit/s en voie montante et ce, d'ici 2020. Il y est aussi recommandé d'attribuer au haut débit, et avant la même échéance, 500 MHz supplémentaires sur les bandes de fréquences nouvellement libérées, entre autres recommandations visant à optimiser l'utilisation des installations en place et favoriser la poursuite du déploiement de l'infrastructure. Dans leur grande majorité, les recommandations formulées dans le plan ne réclament pas, pour être suivies d'effet, que les pouvoirs publics mettent à nouveau la main à la poche mais visent au contraire à rendre leur action plus efficace, à rationaliser les procédures et à encourager l'initiative privée pour servir le bien-être du consommateur et les priorités nationales. Les principales demandes de fonds ont trait à i) l'amélioration des réseaux publics de sécurité, ii) l'accélération du déploiement des services internet dans les régions non encore desservies, et iii) l'intensification des activités de promotion du haut débit. À titre d'exemple, il est recommandé dans le plan que le Congrès envisage d'allouer quelque 6 milliards USD à la mise en place d'un programme de bourses fédérales devant soutenir la création, à l'échelle du pays, d'un réseau haut débit, mobile et interopérable dédié à la sécurité publique.

La résilience est l'un des grands thèmes de nombreuses stratégies numériques nationales. Celle du Japon vise ainsi à sécuriser les environnements d'infrastructure informatique au plus haut niveau mondial. Il s'agira à cet effet de garantir non seulement une saine concurrence entre les entreprises, dans le but de favoriser l'utilisation d'environnements très haut débit financièrement accessibles, mais aussi la disponibilité des TIC en cas de catastrophe naturelle majeure, grâce à des infrastructures plus résilientes et à davantage de redondances. Les mesures avancées suivent notamment les axes suivants : i) redondance de l'infrastructure informatique internationale, y compris des câbles sous-marins ; ii) répartition régionale des centres de données (qui se concentrent actuellement dans la région de Tokyo) ; iii) collaboration régionale pour encourager la répartition des points d'échange internet et des systèmes de secours.

Au Luxembourg, l'initiative *Digital Lëtzebuerg* prévoit le déploiement du haut débit, et plus spécifiquement de l'ultra-haut débit dans certaines zones d'activités, où un accès redondant au réseau fibré sera par ailleurs garanti.

Le *Digital Agenda for Norway, ICT for Growth and Value Creation*[30], vise à rendre plus sûrs et plus résistants les réseaux de télécommunications de la Norvège. Le ministère des Transports et des Communications étudiera, avec les fournisseurs et l'Autorité norvégienne des postes et télécommunications, les autres mesures à prendre pour renforcer la sécurité des réseaux ainsi que leur robustesse et améliorer la capacité de réaction face aux situations critiques susceptibles de se présenter sur ces réseaux. Ces mesures sont en lien direct avec les politiques relatives à la gestion du risque d'atteinte à la sécurité dans l'économie numérique, dont il sera question plus loin.

Développement du secteur des TIC : de nouvelles technologies, de nouveaux biens et de nouveaux services

L'autre objectif touchant l'offre qui est commun à l'ensemble des stratégies numériques nationales a trait au renforcement du soutien en faveur du secteur des TIC et se décline généralement comme suit : i) programmes de recherche-développement, ii) promotion des normes, iii) investissements en capital-risque, iv) investissements directs étrangers, et v) exportations de biens et services TIC.

Les programmes de recherche-développement (R-D) privilégient souvent les technologies émergentes, en particulier l'internet des objets, l'informatique en nuage et l'analyse des données massives. En France, la Feuille de route du gouvernement sur le numérique envisage par exemple un investissement de 150 millions EUR (162 millions USD) en soutien à la R-D pour développer particulièrement cinq technologies stratégiques pour les services numériques : i) les objets connectés, ii) les technologies de calcul intensif, iii) l'informatique en nuage, iv) les technologies d'exploitation massive des données, et v) la sécurité des systèmes d'information. Dans le cadre de sa Stratégie numérique pour la période 2014-17, l'Allemagne se propose de promouvoir l'investissement dans différents domaines, à savoir : i) les applications TIC industrielles, ii) la recherche en sécurité informatique, iii) la microélectronique, et iv) les services numériques. À cela s'ajoute que deux *Big Data Solution Centres* ont été créés à Berlin et Dresde dans le but de favoriser l'innovation liée aux données massives (c'est-à-dire l'innovation fondée sur les données) dans les domaines des applications industrielles (*Industry* 4.0), des sciences (par exemple, les sciences du vivant) et des soins.

La stratégie numérique nationale du Japon mise sur le soutien au développement : i) de technologies de réseaux à la pointe du progrès au niveau international, en particulier en ce qui concerne la transmission de données sur les réseaux ultra-haut débit ; ii) de technologies de traitement et d'analyse des données ; iii) de technologies des appareils, des capteurs et de la robotique ; iv) de logiciels et essais non destructifs ; v) les systèmes ultra-perfectionnés de traduction orale multidirectionnelle. En Corée, le Plan directeur national pour l'informatisation[31] prévoit un investissement à hauteur de 35 milliards KRW (32 millions USD) dans les technologies liées aux plateformes mobiles. Dans le cadre de sa stratégie pour l'innovation et l'efficience économique, baptisée « Pologne dynamique 2020 »[32], la Pologne compte soutenir le développement de l'internet des objets, tout particulièrement dans le secteur de l'énergie (avec les compteurs intelligents et les systèmes de contrôle de puissance, par exemple). Pour finir, la stratégie Canada numérique 150 promet 1.5 milliard CAD au Fonds d'excellence en recherche Apogée Canada pour aider les établissements post-secondaires à devenir des références mondiales dans les domaines de la recherche (en TIC), susceptibles de conférer au pays des avantages économiques à long terme. Quinze millions CAD seront en outre alloués à la recherche en technologies quantiques et 20 millions CAD seront employés pour soutenir la R-D innovante dans l'optique d'établir des liens entre les petites et moyennes entreprises (PME) et les universités, les *collèges* et autres instituts de recherche.

La promotion des normes relatives aux TIC est également un trait saillant de nombreuses stratégies numériques nationales. Le deuxième pilier de la Stratégie numérique pour l'Europe est consacré à la promotion de l'interopérabilité et des normes parmi les États membres de l'UE afin de garantir que les nouveaux terminaux informatiques, applications, répertoires de données et services puissent interagir partout de manière transparente[33]. Pour parvenir aux résultats attendus, il est prévu d'améliorer la normalisation et d'encourager une meilleure utilisation des normes. Dans son *Information Economy Strategy*, le Royaume-Uni fait lui aussi une large place à l'interopérabilité et aux normes. On peut y lire que les pouvoirs publics doivent « réunir différentes parties prenantes [y compris des organismes de normalisation] pour harmoniser les programmes, tirer parti du savoir accumulé et permettre au Royaume-Uni d'influencer autant que faire se peut les normes internationales de demain ». Une importance particulière sera accordée « à l'utilisation des normes relatives au passage à l'IPv6 et à la sécurisation du système de noms de domaine ». Il est préconisé également d'affiner la définition de certains concepts tels que l'informatique en nuage, la téléphonie mobile de cinquième génération (5G) et l'internet des objets « afin d'en faciliter l'intégration aux normes et services ». Dans plusieurs stratégies numériques nationales, la promotion des normes est envisagée en relation avec des secteurs spécifiques. Ainsi l'Allemagne met-elle l'accent sur les normes permettant d'optimiser l'interopérabilité entre les fournisseurs de biens et de services TIC et l'industrie manufacturière « traditionnelle », conformément au concept d'« Industrie 4.0 » dont elle se fait le promoteur.

Les stratégies nationales en faveur de l'économie numérique promeuvent également l'investissement en capital-risque dans le secteur des TIC. La Banque de développement du Canada doit investir à hauteur de 300 millions CAD dans les entreprises du secteur pour se conformer à la stratégie Canada numérique 150. Au titre de cette même stratégie, 100 millions CAD sont destinés au Programme canadien des accélérateurs et des incubateurs pour soutenir les entrepreneurs du numérique, tandis que 15 millions CAD doivent être consacrés annuellement aux stages dans les PME. L'Allemagne a elle aussi souligné l'importance de l'investissement en capital-risque pour la mondialisation du secteur des TIC, qui s'attache particulièrement à soutenir les start-ups informatiques. Parmi les mesures spécifiques énumérées dans sa stratégie numérique, on trouve : i) la fourniture d'informations et de conseils aux créateurs d'entreprises ; ii) l'amélioration du financement grâce à l'instauration de conditions compétitives au plan international pour les investissements en capital-risque et le financement participatif ; iii) la mise en relation des jeunes entreprises innovantes et des entreprises traditionnelles dont l'activité est apparentée ; iv) une aide ciblée aux créateurs d'entreprises, comprenant une mise en relation avec d'autres start-ups allemandes ; v) la création de pôles internationaux comprenant des pépinières d'entreprises innovantes.

En France, la Feuille de route du gouvernement sur le numérique prévoit un soutien en faveur de la création d'incubateurs/pépinières d'entreprises. Une enveloppe de 200 millions EUR a été allouée à la Halle Freyssinet, un incubateur qui devrait accueillir plus d'un millier d'entreprises une fois qu'il sera opérationnel, en 2016. Sur cette somme, 15 millions EUR ont été utilisés pour promouvoir la Halle à l'international dans le but d'attirer investisseurs potentiels et créateurs de start-ups. Différentes stratégies numériques nationales, dont la feuille de route française, soulignent combien il est important de drainer des investissements directs étrangers. *Digital Lëtzebuerg*, par exemple, vise à maintenir un environnement qui soit à la fois propice aux entreprises TIC existantes et attractif pour les nouvelles entreprises du numérique. La stratégie numérique nationale de l'Égypte[34] doit quant à elle assurer au pays les investissements nécessaires au développement de ses entreprises TIC et à la création de possibilités d'emploi (encadré 1.1).

Encadré 1.1. **Stratégie nationale de l'Égypte en matière de TIC**

L'Égypte n'a jamais dévié des objectifs fondamentaux de sa stratégie en matière de TIC, à savoir : i) établir une infrastructure TIC solide sur laquelle puisse prendre appui le développement du secteur, ii) susciter des effets d'entraînement se traduisant par une élévation du niveau de vie général et la création d'emplois plus nombreux, et iii) contribuer au développement économique national et à la croissance du PIB, laquelle devrait atteindre 4 % en 2014-15. Après la révolution de 2011, le nouveau gouvernement n'a pas remis en cause le soutien apporté au secteur des TIC, un secteur qui a su résister aux chocs nationaux et mondiaux et conserver le rythme de croissance qu'il avait acquis les années précédentes.

La stratégie en matière de TIC adoptée par le ministère des Communications et des Technologies de l'Information (MCTI) pour la période 2014-20 s'intitule « Bâtir avec les TIC une économie numérique au service de la prospérité, de la liberté et de la justice sociale pour tous ». Elle a bénéficié de l'apport de multiples parties prenantes – ONG, universités et entreprises multinationales – dont le concours est essentiel à la mise en œuvre d'une série de plans de développement axés sur la participation des citoyens et leur autonomisation. Les trois grands objectifs poursuivis sont les suivants : i) transformer la société égyptienne en une société numérique, ii) assurer le développement du secteur des TIC, et iii) faire de l'Égypte un carrefour du monde numérique.

La Société numérique est l'objectif premier de toute la stratégie, ainsi que le nom d'un plan de développement ambitieux axé sur l'intégration des bases de données de l'administration et de leurs systèmes de gestion de façon à permettre la fourniture de services homogènes propres à favoriser la croissance économique, faire progresser le niveau de vie et garantir une meilleure gouvernance. Ce plan repose sur le déploiement et l'utilisation des TIC pour optimiser l'action de la sphère publique et mieux servir la population[1]. Il est prévu de créer à cet effet un écosystème TIC qui rende l'administration plus efficace et plus transparente et offre à chaque citoyen et à chaque entreprise, où qu'ils se trouvent, la possibilité d'accéder à des services en ligne de qualité. Une plateforme numérique nationale sera mise en place pour une intégration réussie des différents systèmes et bases de données du secteur public.

Le MCTI a défini les sept piliers ci-après pour servir de base à la concrétisation des objectifs de la stratégie : i) infrastructure essentielle ; ii) infrastructure d'information et contenu numérique ; iii) conception et production d'équipements électroniques ; iv) développement social ; v) programmes et initiatives touchant le secteur des TIC ; vi) cybersécurité et signatures numériques ; vii) politiques et cadres législatifs. Ces sept piliers ont servi de base à l'élaboration de plans de développement destinés à donner effet à la stratégie.

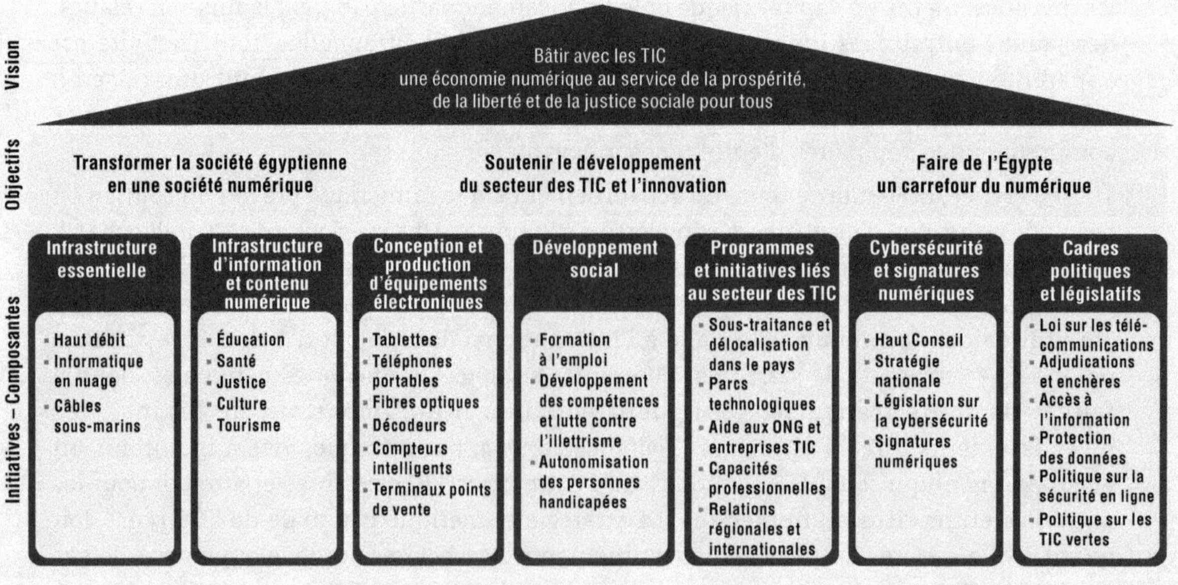

Encadré 1.1. **Stratégie nationale de l'Égypte en matière de TIC** *(suite)*

Les origines de la stratégie relative à l'**infrastructure essentielle** remontent au plan « e-Misr » lancé en 2011 dans l'objet d'assurer le déploiement de services haut débit dans toute l'Égypte, à commencer par les zones encore mal desservies. L'extension de la couverture haut débit passera par des interventions de réglementation, des réformes de la législation et des investissements pour la mise à niveau de l'infrastructure. La stratégie répond également à une progression de la demande en bande passante, à mesure que les consommateurs se font plus friands de contenus vidéos, d'actualités et de services multimédias.

Autre élément clé de la stratégie, l'informatique en nuage intéresse aussi bien les activités du secteur privé que celles secteur public et doit permettre d'accroître l'efficacité et la rentabilité des systèmes informatiques. Les principaux objectifs à cet égard sont : i) mettre en place un « nuage » dédié à l'administration, ii) fournir des services infonuagiques aux PME, et iii) créer des fermes de serveurs pour la région et l'Afrique. Le modèle retenu propose une méthode peu onéreuse pour l'accès à l'infrastructure et aux applications nécessaires, et sera dès lors à même de répondre aux besoins des PME comme à ceux du secteur public.

Le plan de développement stratégique consacré à l'infrastructure d'information et au contenu numérique doit aider le gouvernement à atteindre les objectifs qu'il s'est fixés en termes de justice sociale et permettre un accès aisé, bon marché et universel au savoir et aux services, même pour les segments de la population marginalisés ou isolés. Ce plan se décline en différents programmes destinés à promouvoir et stimuler le développement de contenu et de services numériques en rapport avec différents secteurs d'activité, en particulier ceux présentant le plus grand intérêt pour les citoyens et l'économie dans son ensemble (éducation, soins, justice, etc.). Il encourage en outre l'utilisation de matériel libre et la mise au point d'applications et de technologies mobiles, compte tenu des compétences humaines disponibles, de la forte pénétration de la téléphonie mobile (112 %) et de la demande potentielle sur les marchés nationaux et régionaux.

Le plan vise par ailleurs à protéger l'identité égyptienne à travers la préservation du patrimoine naturel et culturel et mise pour cela sur la consignation du savoir par les utilisateurs. Il soutient et cultive la créativité dans l'optique d'un développement durable et de l'édification d'une société de la connaissance. Le plan repose sur quatre piliers : promouvoir la culture arabe et l'identité égyptienne ; satisfaire la demande de compétences et de certifications nouvelles ; développer une industrie compétitive et ouvrir de nouveaux champs à l'investissement ; préserver le patrimoine culturel de l'Égypte et rehausser son image à l'international. L'une des composantes clés de ce plan est l'utilisation des données publiques ouvertes et des contenus d'utilisateur.

Le plan de développement stratégique consacré à la conception et à la production d'équipements électroniques est destiné à maximiser le potentiel des ressources humaines du pays, les deux industries intéressées étant appelées à jouer un rôle important en ce qu'elles peuvent aider le pays réaliser de nouveaux bonds en avant en termes de croissance économique et de développement. Ce plan obéit à un double objectif, qui est de faire passer le chiffre d'affaires du secteur à 70 milliards EGP d'ici 2020, puis à 560 milliards EGP d'ici 2030 et d'y créer 30 000 puis 300 000 nouveaux emplois aux mêmes échéances. Cet objectif doit être atteint grâce à un programme destiné à drainer les investissements directs étrangers vers les fournisseurs en marque blanche et les équipementiers et à la création de complexes de production géants dans le pays. La stratégie suivie a aussi pour but d'encourager les entreprises sans usine de l'industrie du design à développer des technologies et créer des sociétés innovantes en Égypte. La finalité du plan est de positionner le pays dans le peloton de tête au niveau mondial pour ce qui est des talents de développeur et des services connexes.

Le plan stratégique axé sur le développement social, qui fait la part belle à la responsabilité sociale, s'adresse aux femmes, aux habitants des zones isolées ou défavorisées, aux personnes handicapées ou illettrées, aux plus âgés, aux orphelins, aux enfants des rues et aux habitants des bidonvilles, auxquels l'utilisation des TIC doit offrir des conditions de vie meilleures. Il prévoit soutien et aide à l'autonomisation pour différents segments de la population égyptienne, renforce le rôle et la présence des associations de la société civile et vise à faire de l'Égypte un pays exemplaire, pour la région et pour le monde entier, sur le plan de l'utilisation des TIC au service de la promotion sociale.

Encadré 1.1. **Stratégie nationale de l'Égypte en matière de TIC** *(suite)*

Les programmes et initiatives touchant le secteur des TIC misent sur les atouts géographiques de l'Égypte et son important vivier de talents, constitué d'ingénieurs en télécommunications et d'informaticiens très qualifiés, qui ont permis l'émergence d'une industrie de la sous-traitance dynamique et attiré dans le pays les activités d'entreprises étrangères. Grâce à ces ressources, la stratégie doit donner à l'Égypte une position de pivot pour l'accès internet, les télécommunications et les services numériques dans la région et en Afrique. Le développement d'une nouvelle « zone du canal de Suez » occupe une place importante dans la stratégie, l'objectif étant de créer quelque 120 000 emplois et générer 860 millions USD sur cinq ans[2]. Le plan trace deux grands axes. Il s'agit pour le premier de préparer le développement des capacités d'exportation du secteur des TIC, moyennant leur optimisation, dans la zone en question. Il est prévu pour ce faire de bâtir un centre international dédié aux services de télécommunications et de jeter les bases – sur le plan juridique comme au niveau de l'infrastructure – d'un parc technologique à même d'attirer des entreprises d'envergure nationale, régionale et internationale. On recherchera des emplacements stratégiques, susceptibles de séduire les investisseurs étrangers, aux fins de la création d'un centre régional des industries électroniques, consacré plus particulièrement aux appareils mobiles et à leurs composants. Le second axe a trait au rôle moteur joué par le secteur des TIC vis-à-vis des autres secteurs, que ce soit aux plans national ou international, et notamment à la conception de services de navigation, de transport et de logistique portuaire fondés sur les techniques les plus récentes.

Sur le front de la sécurité, le Haut Conseil sur la cybersécurité, instance multipartite, est chargé de veiller à préserver la confidentialité et la sécurité des données dans la société numérique, en application de la stratégie sur la cybersécurité et les signatures numériques.

Le plan stratégique relatif aux cadres politiques et législatifs est un outil de première importance destiné à aplanir le terrain, aux plans juridique et procédural, pour tous les autres projets et initiatives concernant les TIC et permettre l'instauration d'un climat favorable à l'investissement tout en tenant compte de la volonté des citoyens, ce qui implique d'adapter la législation en vigueur avec le concours des différentes parties prenantes et dans le respect de la souveraineté populaire.

Au cours des quinze dernières années, le secteur des TIC s'est révélé indispensable pour tirer la croissance et le développement de l'Égypte, son dynamisme se communiquant à tous les autres secteurs. L'investissement et le renforcement de la sécurité sont maintenant indispensables pour lui permettre de continuer à tenir son rôle. Il est estimé que la Stratégie nationale pour le secteur des TIC à l'horizon 2020 réclame d'investir au total près de 120 milliards EGP. On escompte que cette somme devrait être couverte, à hauteur de 88 % environ, par des apports en capital-risque, des investissements bancaires et des partenariats public-privé ainsi que par des investisseurs nationaux et étrangers.

On trouvera de plus amples renseignements au sujet de la stratégie nationale de l'Égypte en matière de TIC en consultant le site suivant : *www.mcit.gov.eg*.

1. Le plan prévoit également l'émission de cartes d'identité intelligentes pour permettre aux citoyens d'accéder aux services en question. Afin de tirer parti de possibles synergies, le MCIT s'emploie actuellement à créer un écosystème adapté. Cet écosystème aura pour pierre angulaire un conseil national à la société numérique, chargé d'institutionnaliser et de coordonner : i) les investissements stratégiques consacrés aux services publics numériques dans les différents secteurs et entités de l'administration ainsi que le déploiement de ces services, ii) la gestion du changement et la nécessaire révision des procédures, de même que iii) la réglementation et la synchronisation des services offerts aux citoyens égyptiens par des entités affiliées.
2. La création de parcs technologiques est un aspect essentiel de la stratégie. Ces parcs doivent stimuler le développement économique à l'échelon local. Sur la base de l'expérience acquise avec le *Smart Village* et le parc technologique de Maadi, ces parcs seront installés dans neuf des gouvernorats du pays, notamment dans la nouvelle zone du canal de Suez.

Certains pays insistent également sur le nécessaire renforcement des capacités d'exportation du secteur des TIC. Ainsi en Pologne, la stratégie pour l'innovation et l'efficience économique « Pologne dynamique 2020 » vise à encourager l'expansion de ce secteur à l'international, l'accent étant mis sur l'externalisation des activités connexes.

Dans sa Stratégie nationale pour l'infocommunication[35], la Hongrie fait pour sa part mention d'investissements destinés à promouvoir l'économie numérique en misant notamment sur des services TIC adaptés aux marchés d'exportation. Avec sa stratégie de développement Prosoft 3.0, le Mexique entend de son côté devenir le deuxième exportateur mondial dans le domaine des technologies de l'information et quadrupler la valeur de son secteur des TIC. Prosoft 3.0 définit huit domaines stratégiques assortis de grands objectifs pour les dix années à venir (graphique 1.1).

Graphique 1.1. **Domaines stratégiques du programme mexicain Prosoft 3.0**

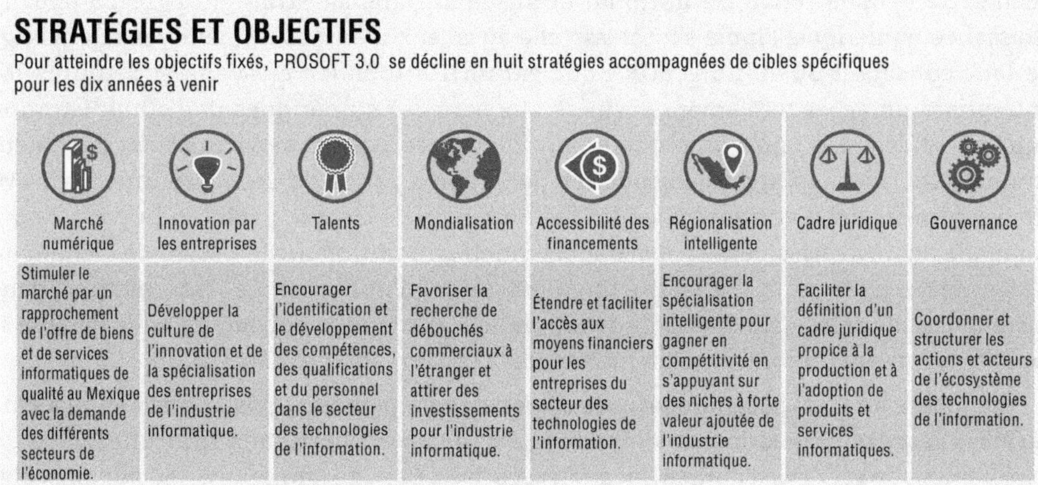

Source : Ministère de l'Économie du Mexique.

Données ouvertes et administration électronique

Certaines stratégies nationales mettent en avant l'utilisation des données ouvertes, les progrès de l'interopérabilité en étant l'un des principaux avantages cités. La Stratégie numérique 2020 de l'Estonie[36] annonce par exemple l'ouverture des données du secteur public, pour soutenir l'innovation par les entreprises et la promotion d'une utilisation conjointe des technologies et des données (en particulier de l'informatique en nuage). Elle vise par ailleurs à garantir l'interopérabilité transfrontière de l'infrastructure de service nationale de façon à faciliter la fourniture de services hors des frontières et leur utilisation depuis l'étranger par les particuliers et les entreprises. Au Japon, la *Declaration to be the World's Most Advanced IT Nation* met l'accent sur la contribution essentielle des TIC pour ce qui est de rendre les services publics accessibles à tous, en tout lieu et à tout moment via un guichet électronique centralisé depuis lequel il est possible de consulter les données du secteur public. L'utilisation des données ouvertes est l'une des priorités du gouvernement japonais.

Les stratégies numériques nationales reconnaissent aujourd'hui que les pouvoirs publics peuvent être le catalyseur de l'économie numérique. Ce rôle est patent dans le cas des initiatives sur les données ouvertes, par lesquelles le secteur public a le pouvoir de stimuler l'innovation fondée sur les données en offrant un libre accès aux informations de son ressort. Les mesures en faveur de l'administration électronique permettent quant à elles d'encourager l'adoption de toutes sortes d'applications également utiles pour la cybersanté et le commerce électronique. À cet égard, l'une des principales constantes des diverses stratégies mises en œuvre par les pays pour soutenir l'économie numérique est la volonté de susciter une plus grande confiance à l'égard de celle-ci, à travers : i) l'attribution d'une identité numérique à chaque citoyen, et ii) la mise en place de systèmes de vérification des documents électroniques (entre autres de systèmes de facturation dématérialisée).

Identités numériques et authentification électronique

Différents pays ont choisi de donner rang de priorité, dans leur stratégie numérique nationale, à la création d'identités numériques pour leurs ressortissants. L'Estonie prévoit ainsi, dans sa Stratégie numérique 2020, de développer son système de cartes d'identité électroniques (avec notamment les cartes d'identité sur mobile) et d'en encourager l'utilisation sur le territoire national et au-delà. Dans sa Stratégie 2014-20 pour la croissance numérique, l'Italie s'intéresse elle aussi aux identités numériques et envisage de leur consacrer 50 millions EUR pour garantir à tous les citoyens et à toutes les entreprises un accès totalement sécurisé aux services numériques de l'administration publique et de prestataires privés, tout en veillant à ce que ces services soient largement compatibles avec les appareils mobiles. Le Japon a lancé de son côté une initiative d'envergure en vue d'attribuer une identité numérique à chaque habitant du pays, ce qui demande des investissements publics substantiels pour introduire le « système de numéro d'identité » censé fournir l'infrastructure nécessaire à l'utilisation de l'informatique dans l'avenir. Les numéros délivrés aux individus et aux entreprises doivent garantir fiabilité et rapidité au niveau du contrôle d'identité et de la confirmation d'information.

Si toutes les stratégies numériques nationales ne prévoient pas la mise en place de services publics de gestion des identités numériques, certaines font une place au déploiement de services d'authentification sécurisés. Canada numérique 150 fait ainsi état de la création de « nouveaux services d'authentification pour les consommateurs, dont le Service de courtier de justificatifs d'identité et CléGC, qui facilitent la gestion et la protection des noms d'utilisateur, des identités et des mots de passe en ligne ». Au Royaume-Uni, l'*Information Economy Strategy* annonce pour sa part que le gouvernement, « en étroite concertation avec l'industrie intéressée, les organisations de défense de la vie privée et les organisations de consommateurs, s'emploiera à définir, pour les services du Gouvernement de Sa Majesté, une solution de vérification d'identité qui tire parti des capacités existantes et établisse des normes éclairées pour l'industrie ». On espère que « la mise en œuvre des connaissances et compétences nécessaires à cet effet favorisera l'émergence d'un pôle d'excellence au sein du Gouvernement de Sa Majesté dans diverses disciplines touchant au numérique, à la technologie et aux services (par exemple, technologies d'identification et d'authentification, design, cybersécurité, recherche, transformation des entreprises, communications mobiles, services numériques et conception de plateformes) ». Il est prévu en complément de promouvoir l'interopérabilité internationale à travers l'harmonisation de la doctrine britannique en matière de vérification des identités avec celles d'autres gouvernements nationaux, d'organismes internationaux de normalisation et de grandes organisations sectorielles. Enfin, certaines stratégies nationales encouragent également le déploiement de services de vérification de documents, faisant notamment appel aux signatures numériques. C'est le cas en Australie, pays qui compte accroître l'utilisation du *Document Verification Service* et réfléchir à l'emploi, par l'administration, de certificats délivrés par une tierce partie de confiance. La Hongrie, avec sa Stratégie nationale pour l'infocommunication, entend doper le commerce électronique par la sécurisation des paiements mais aussi par la promotion des factures dématérialisées et des signatures numériques.

Confiance : confidentialité et sécurité dans l'espace numérique

Les efforts déployés dans ce domaine servent l'un des objectifs essentiels de nombreuses stratégies numériques nationales : renforcer la confiance à l'égard de l'économie numérique. La protection de la vie privée et de la confidentialité apparaît déterminante à ce propos, même si elle n'en continue pas moins de présenter un certain nombre de difficultés dans les faits. Le pilier « Un Canada protégé » de la stratégie Canada numérique 150 présente en détails et sous ses différents aspects la protection offerte aux familles et aux entreprises par un arsenal législatif comptant parmi les plus modernes et les plus efficaces au monde en matière de confidentialité et de lutte contre le spam. En République tchèque, conformément à la stratégie numérique nationale, l'Office pour la protection des données personnelles est invité à suivre le développement et la mise en œuvre des nouvelles technologies et à proposer des solutions propres à remédier aux éventuelles défaillances des mécanismes d'autorégulation. Il est également préconisé de modifier la législation en vigueur, dès lors que la chose s'avère nécessaire. Le plan de développement national du Mexique invite à prendre des mesures pour assurer la protection des données à caractère personnel et plaide en parallèle pour une utilisation transparente de ces données. On terminera avec le Royaume-Uni, où l'*Information Economy Strategy* appelle le gouvernement à s'employer sans désemparer à « conduire et influencer les discussions en cours, au niveau de l'UE comme au niveau international, touchant certains domaines clés, tels la protection de la vie privée, le secret des données et le marché unique des données, afin que les perspectives de croissance ne soient pas obstruées par la réglementation en place ou par de nouvelles interventions et qu'un juste équilibre soit établi avec la protection et la sécurité dues aux citoyens ».

Si la protection de la confidentialité figure souvent en bonne place dans les stratégies numériques nationales, il n'en va pas de même au niveau des budgets – aucun pays n'a encore alloué de fonds pour financer les mesures la concernant. Sans doute est-ce parce que l'on persiste à la considérer davantage comme une préoccupation d'ordre juridique, du ressort d'agences spécialisées, que comme un objectif stratégique horizontal. Dans certains cas toutefois (par exemple celui du Luxembourg), l'affectation de fonds à la R-D dans le domaine de la sécurité des TIC et de la cryptologie peut entraîner des retombées bénéfiques pour les technologies de protection de la confidentialité.

Fréquemment présentes dans les stratégies nationales relatives à l'économie numérique, les initiatives sur la cybersécurité se déclinent notamment en mesures de soutien à la R-D et en stratégies nationales (il est ainsi question de stratégie nationale de cybersécurité dans le plan Canada numérique 150). Ces initiatives peuvent viser à sensibiliser le public au sujet des cyber-risques ou à contrer la cybercriminalité. On trouve par exemple, dans la stratégie numérique nationale de l'Australie, un ensemble de mesures destinées à répondre aux préoccupations que suscite la sécurité de l'espace numérique, dont un plan national de lutte contre la cybercriminalité et la publication d'un recueil de principes de bonnes pratiques concernant la citoyenneté numérique, l'objectif étant de traiter les risques d'atteinte à la sécurité. En Hongrie, 17 millions EUR ont été alloués à la sécurité au titre de la Stratégie nationale pour l'infocommunication, qui serviront à renforcer la protection des réseaux, de l'infrastructure informatique et des services d'administration publique en ligne et à réaliser un travail d'information sur la gestion des risques numériques. La Corée et le Japon ont eux aussi mis en avant la cybersécurité dans leurs stratégies respectives ; le gouvernement coréen a décidé de lui consacrer 246 milliards KRW prélevés sur le budget de l'État.

Certaines stratégies numériques nationales visent également à renforcer l'industrie de la cybersécurité. Le Royaume-Uni réitère, dans sa stratégie, les engagements pris d'octroyer le statut de Centre d'excellence pour la recherche en cybersécurité à 11 universités de premier plan, de parrainer 78 doctorants et de financer 2 instituts de recherche. Il y appelle en outre à tracer de nouvelles voies pour le transfert de l'expertise du cyberespace entre les institutions de recherche, l'industrie et le *Government Communications Headquarters* (GCHQ), dans le cadre d'un partenariat pour la croissance (*Cyber Growth Partnership*). Il préconise également une collaboration avec l'*Information Economy Council* dans des domaines d'intérêt mutuel, dont la R-D et les compétences, et invite à agir avec une détermination renouvelée pour innover et tirer parti des innovations en matière de cybersécurité. L'Allemagne, dans sa Stratégie numérique pour 2014-17, entend quant à elle s'employer à rendre les services en ligne plus sûrs, grâce à des infrastructures TIC mieux protégées, et à renforcer l'industrie de la sécurité informatique.

Adoption des TIC dans l'éducation, la santé et les transports

Bien des stratégies numériques nationales cherchent à promouvoir l'adoption des TIC et de l'internet dans certains domaines clés, tels l'éducation, la santé et les transports.

La promotion de l'adoption des TIC dans l'éducation figure en bonne place dans les stratégies numériques nationales, l'objectif affiché étant souvent de profiter de la révolution numérique pour rendre le système éducatif plus efficace et favoriser l'acquisition de compétences TIC élémentaires ou approfondies. Les mesures vont du renforcement de l'infrastructure (par exemple pour que les établissements scolaires soient mieux connectés) au développement des cursus en rapport avec les TIC, en passant par la formation des enseignants et la promotion des environnements d'apprentissage en ligne. Aux États-Unis, le *Schools and Libraries Program* dispose d'un budget annuel de 3.9 milliards USD pour doter des établissements scolaires et des bibliothèques d'un accès fiable au très haut débit. En 2014, la FCC a débloqué des fonds alloués au programme pour que de nombreuses écoles et bibliothèques à même d'assurer un apprentissage individualisé puissent rattraper leur retard sur le plan de la connectivité, en particulier dans les zones rurales, et a élargi l'éventail des options qui s'offraient à ces établissements pour accéder au très haut débit au meilleur coût.

Les stratégies numériques nationales comprennent généralement une série de mesures complémentaires. Ainsi, celle de l'Australie promet aux écoles, aux organismes de formation agréés (*registered training organisations*), aux universités et aux établissements d'enseignement supérieur la connectivité nécessaire pour concevoir des services éducatifs innovants et modulables et collaborer sur ce plan, les ressources leur permettant d'élargir l'offre de contenus pédagogiques accessibles à domicile ou en milieu professionnel, et les installations requises pour offrir aux étudiants et aux apprentis la possibilité de suivre une formation virtuelle. En supplément des mesures attendues en ce sens, des partenariats seront noués avec l'industrie pour promouvoir les métiers du numérique et l'accès aux « salles de classe virtuelles » dans le cadre de l'enseignement et de la formation professionnels (EFP).

Le Canada compte affecter 36 millions CAD sur quatre ans au programme « Des ordinateurs pour les écoles » qui fournit du matériel informatique aux étudiants et aux stagiaires pour servir au développement de leurs compétences. La stratégie du Royaume-Uni présente un ensemble de mesures destinées à promouvoir les TIC dans l'éducation afin de pourvoir l'économie en travailleurs rompus à leur utilisation. On y plaide en outre la constitution d'un groupe d'acteurs représentatifs du marché des compétences – à la fois du côté de l'offre et de celui de la demande – qui serait chargé de définir une stratégie sur les compétences numériques. Parmi les mesures à envisager figure la promotion des avantages que présentent les cours en ligne ouverts et massifs (MOOC) sur les plans de l'apprentissage par les TIC, du recyclage des compétences des travailleurs et du développement de la culture numérique. Il est notamment prévu, en complément, d'encourager les parties prenantes du secteur privé et les institutions d'enseignement à convenir des mesures à prendre pour améliorer les débouchés professionnels offerts par les cours d'informatique et accélérer le décollage des programmes d'apprentissage axés sur les compétences numériques.

La cybersanté est un autre des grands domaines couverts par de nombreuses stratégies numériques nationales. Tout comme dans le cas de l'éducation, une partie des mesures vise à assurer à l'ensemble du système de santé une excellente connectivité au haut débit. Elles tendent cependant dans leur majorité à favoriser le développement de la télémédecine ou le déploiement et le bon usage des dossiers médicaux électroniques. Au titre de sa Stratégie 2014-20 pour la croissance numérique, l'Italie doit investir 750 millions EUR pour améliorer le rapport coût-qualité des services de santé grâce à la lutte contre le gaspillage et les manques d'efficacité. Sont annoncées entre autres la mise en place du dossier médical électronique et des prescriptions dématérialisées et la création de portails dédiés à la prise de rendez-vous, dans le souci d'optimiser les ressources du secteur de la santé et de faire diminuer les temps d'attente.

Certaines mesures s'adressent par ailleurs à des groupes sociaux bien déterminés, en particulier aux personnes âgées. C'est ainsi que l'Australie entend, dans sa stratégie nationale pour l'économie numérique, faire passer à 90 %, d'ici à 2020, la proportion de personnes « hautement prioritaires » ayant accès aux dossiers médicaux électroniques individuels. Entrent dans cette catégorie les seniors, les mères de famille et leurs jeunes enfants et les personnes souffrant de maladies chroniques, de même que le personnel chargé de leur dispenser des soins. Les principales étapes de cette entreprise seront : i) l'ajout de la télémédecine la liste des services pris en charge par la sécurité sociale (*Medicare Benefits Schedule*, MBS) pour y ; ii) la mise en place de consultations vidéos pendant les heures de garde au niveau des plateformes de médecine générale, d'obstétrique et de puériculture (*GP Helpline* et *Pregnancy, Birth and Baby Helpline*) ; iii) l'évaluation des résultats des expérimentations menées dans le domaine de la télémédecine et la définition de plans d'action pour remédier aux problèmes rencontrés.

En Autriche, une initiative nationale sur la cybersanté doit permettre de lever les principales difficultés de financement, d'interopérabilité et de coordination entre les institutions sanitaires et les autres parties prenantes. Il en va de même en Allemagne, où la Stratégie numérique 2014-17 prévoit une coordination plus étroite entre les principaux intéressés et davantage d'interopérabilité entre leurs systèmes informatiques, ainsi que la prise en compte des risques de sécurité dont s'accompagne le virage numérique au sein du système de santé.

Enfin, certaines stratégies numériques nationales portent également sur les transports et la logistique. Le Japon prévoit ainsi dans la sienne d'utiliser les TIC pour gérer le trafic routier de manière plus sûre, plus économique et plus respectueuse de l'environnement. Il prévoit également de développer plus avant son industrie agro-informatique et de l'ouvrir plus largement à l'international. D'autres pays ont choisi de privilégier le soutien à la R-D ou des interventions ciblées dans des secteurs clés de leur économie. C'est le cas de l'Allemagne, qui a inscrit dans sa stratégie des initiatives destinées à accroître la numérisation et l'automatisation des activités manufacturières et des mesures visant à encourager la diffusion des bonnes pratiques concernant l'industrie et les applications intelligentes.

Inclusion par le numérique : adoption des TIC par les ménages

La promotion de l'adoption des TIC auprès des ménages et des individus est destinée à servir des objectifs de politique sociale, comme l'inclusion par le numérique. La réalisation de cet objectif nécessite cependant d'agir sur l'offre de TIC, par exemple en étendant la couverture haut débit dans les régions encore mal desservies, et au premier chef celles où résident des groupes sociaux défavorisés. Quoiqu'il en soit, aux mesures axées sur l'offre viennent souvent s'ajouter, en complément, des initiatives visant à faire progresser la culture numérique et sensibiliser la population aux avantages du cyberespace mais aussi aux risques qu'il présente. Exemple d'initiative en faveur de l'inclusion par le numérique à différents niveaux, le programme *Low Income/Lifeline*, mis en œuvre aux États-Unis et dont on a approuvé la remise à plat en 2012. L'un des objectifs centraux du processus de modernisation sera de mettre le haut débit à la portée de tous les Américains modestes. Le programme s'inscrit en cela dans le prolongement des efforts déployés par la FCC pour réduire la fracture du haut débit et développer la culture numérique. La FCC qui entend établir un programme pilote, doté de 13.8 millions de dollars provenant d'économies réalisées grâce à d'autres réformes, afin de voir si, et comment, le programme *Lifeline* peut favoriser l'adoption du haut débit par les consommateurs auxquels il s'adresse.

La Stratégie numérique pour l'Europe entend assurer l'inclusion par le numérique suivant une approche multidimensionnelle. Son volet « Des services numériques intégrateurs » appelle la Commission européenne à étudier « la meilleure façon de répondre à la demande de services de télécommunications de base dans l'environnement de marchés concurrentiels actuel, le rôle que le service universel pourrait jouer pour la réalisation de l'objectif du haut débit pour tous et le mode de financement du service universel » (CE, 2010). Il est également préconisé d'entreprendre « des actions concertées pour faire en sorte que le nouveau contenu électronique soit totalement accessible aux personnes handicapées ». Afin de favoriser l'accessibilité, il est prévu par exemple de « procéder à une évaluation systématique des révisions de la législation entreprises dans le cadre de la stratégie numérique [...] conformément à la convention de l'ONU relative aux droits des personnes handicapées ».

La stratégie australienne sur l'économie numérique prend elle aussi en considération l'offre et la demande et annonce par exemple, au titre de la Mesure 24, la mise en place d'un accès Wi-Fi gratuit pour les populations aborigènes isolées. Les plus âgés ne seront pas en reste avec la redynamisation du programme *Keeping Seniors Connected*. Nombreux sont les pays à avoir inscrit des mesures analogues dans leurs stratégies numériques nationales. L'Allemagne prend acte dans la sienne de la défiance dont les seniors font montre vis-à-vis des TIC et invite à réfléchir aux moyens de les aider à mieux maîtriser ces technologies et à se sentir plus en confiance dans leur utilisation.

Compétences et emplois à l'ère du numérique

Toutes les stratégies numériques nationales reconnaissent que l'amélioration des compétences et des qualifications permet une inclusion par le numérique plus complète. Les principales mesures retenues à cet égard dans la Stratégie numérique pour l'Europe ont ainsi trait au développement des savoir-faire indispensables à l'économie numérique. L'Action clé 10 consiste à « proposer de faire figurer les compétences et la culture numériques au rang des priorités du règlement pour les fonds structurels (2014-20) ». Il est aussi prévu d'« accroître la représentation des jeunes femmes et des femmes qui réintègrent le marché du travail dans le secteur des TIC, en s'appuyant sur des mesures en faveur des ressources de formation basées sur le web, des techniques d'apprentissage en ligne avec didacticiels ludiques et des réseaux sociaux ». Dans sa Stratégie numérique pour 2020[37], la Slovénie mise de son côté, pour favoriser l'intégration, sur un travail de sensibilisation destiné à faire apprécier toute l'importance des TIC pour le développement de chaque composante de la société. En Irlande, l'un des objectifs de la *National Digital Strategy*[38] est de diviser par deux le nombre de *non-liners* (c'est-à-dire de personnes n'ayant jamais utilisé l'internet) à l'horizon 2016. L'une des mesures considérées pour ce faire est le lancement de « campagnes d'information, avec le concours des parties prenantes du secteur, pour exposer aux *non-liners* les possibilités offertes par le cyberespace et faire découvrir aux internautes d'autres manières d'utiliser avec profit l'environnement numérique ». Il est également question de mettre en place un nouveau système de bourses (appelé *BenefIT*) pour financer le renforcement des compétences numériques de la population, de même qu'un portail centralisé permettant de trouver une formation près de chez soi.

Différents pays considèrent les compétences liées aux TIC comme un élément déterminant pour soutenir l'emploi. C'est le cas de la République tchèque, qui définit, dans sa stratégie *Digital Czech v 2.0*, un ensemble de mesures destinées à pourvoir au renforcement de ces compétences. Le ministère du Travail et des Affaires sociales et le ministère de l'Éducation, de la Jeunesse et des Sports sont ainsi invités à définir une stratégie commune pour développer la culture et les aptitudes numériques parmi la population. Il s'agit de faire en sorte que les nouveaux venus sur le marché du travail maîtrisent correctement les TIC et d'accompagner les autres travailleurs au cours des périodes de transition déterminées par les activités liées à ces technologies ou par la mondialisation. En Espagne, la stratégie numérique[39] vise à promouvoir l'inclusion par le numérique et la culture numérique et à former de nouveaux professionnels des TIC. Dans le cadre de sa stratégie 2014-20, l'Italie prévoit pour sa part d'investir 12 millions EUR pour développer les compétences et la culture numériques, introduire dans les cursus scolaires davantage d'enseignements axés sur ces compétences, élargir l'offre de formations à l'utilisation des TIC, accroître fortement le nombre de titulaires de diplômes en rapport avec ces technologies et développer la maîtrise des outils numériques au sein de la fonction publique. En Australie, l'inclusion par le numérique est assurée par le biais de mesures visant directement le marché du travail. Dans la *National Digital Economy Strategy*, le pays affiche son intention de doubler la proportion de télétravailleurs[40], pour la faire passer à 12 % des salariés, et de mieux faire connaître le télétravail parmi la population active, en organisant par exemple chaque année une semaine nationale du télétravail.

TIC et enjeux mondiaux

Rares sont les stratégies numériques auxquelles on a donné une dimension internationale. Lorsque tel est le cas, c'est principalement sur les questions de la gouvernance de l'internet, du changement climatique et de la coopération au développement. L'Allemagne appelle de ces vœux la mobilisation des différentes parties prenantes autour des thématiques couvertes par sa Stratégie numérique pour 2014-17 ainsi qu'une participation active aux débats d'orientation internationaux qui se tiennent à l'Union internationale des télécommunications (UIT), au Forum sur la gouvernance de l'internet (FGI) et à l'OCDE. Sa stratégie nationale traite également de la coopération au développement et notamment de la nécessité de « faire grandir les cybercapacités » et « les capacités en matière de cybersécurité » dans les pays en développement. Le gouvernement allemand est également invité à tenir dûment compte du potentiel offert par les technologies numériques dans le cadre de sa stratégie pour l'Afrique. La Suède fait aussi mention de la coopération internationale au développement dans sa stratégie *ICT for Everyone – A Digital Agenda for Sweden*. Il en est notamment question dans le volet stratégique consacré au développement sociétal, et plus particulièrement au rôle des TIC dans le développement international ainsi qu'à d'autres questions connexes telles que la recherche et l'innovation, les TIC au service de l'environnement, l'égalité entre hommes et femmes, la liberté sur l'internet et le droit d'auteur.

De manière générale, il ressort de l'analyse des stratégies nationales relatives à l'économie numérique que les politiques touchant les TIC ont considérablement évolué en l'espace d'une décennie et ont été mises au service des grandes priorités économiques et sociales dans l'objet d'établir un cadre propice à la croissance et au développement. L'analyse qui précède concorde avec les résultats du questionnaire sur la politique de l'économie numérique envoyé par l'OCDE pour savoir quelles étaient les priorités d'action des pays en matière de TIC. En 2014, 26 pays sur 29 considéraient le déploiement de l'infrastructure internet haut débit comme leur grande priorité du moment. Ils étaient 19 sur 28 à mettre la confidentialité et la sécurité dans l'espace numérique en deuxième et troisième positions. Cependant, lorsqu'il s'est agi classer leurs priorités en fonction de leur évolution probable dans un avenir proche, c'est le développement des compétences qui est arrivé à la première place, suivi par l'amélioration du service public et la création de contenu numérique (graphique 1.2).

Graphique 1.2. **Politiques des TIC : les priorités qui gagnent le plus de terrain**

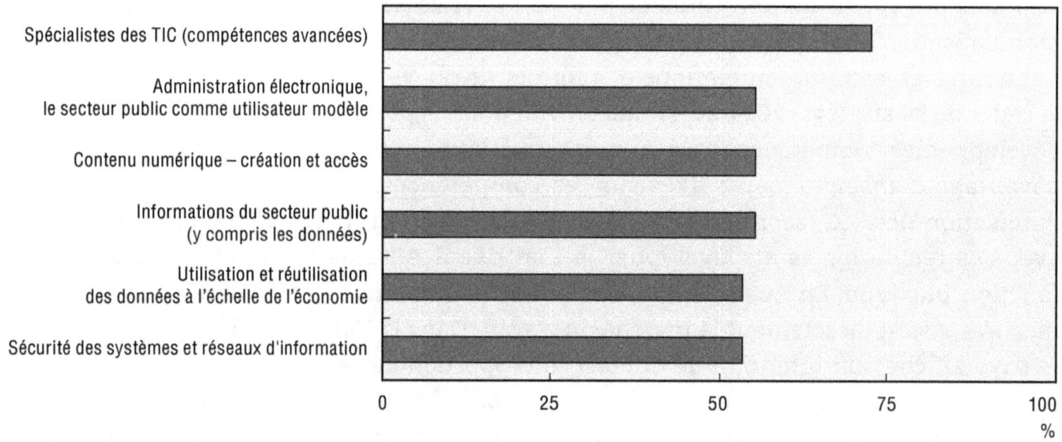

Note : Les domaines prioritaires ont été sélectionnés et classés selon la règle de la majorité pour un rang de priorité donné.
Source : D'après les réponses détaillées de 31 pays (dont 25 sont membres de l'OCDE) au questionnaire sur les priorités d'action actuelles et futures diffusé en juin 2014 aux fins de l'élaboration des *Perspectives de l'économie numérique*.
StatLink http://dx.doi.org/10.1787/888933307303

On ne saurait sous-estimer la part active que les administrations prennent à l'évolution de l'économie numérique. Dans un bon tiers des pays ayant répondu au questionnaire préparatoire, l'utilisation des technologies numériques par l'administration et les informations du secteur public figureront en bonne place dans la prochaine stratégie numérique. Cette nécessité pour la sphère publique d'investir l'économie numérique est rappelée à la fois dans la Recommandation du Conseil de l'OCDE relative aux informations du secteur public, adoptée en 2008 et révisée en 2014, et dans la Recommandation du Conseil de l'OCDE sur les stratégies numériques gouvernementales, adoptée en 2014 (OCDE, 2008, 2014f, 2015c).

Encadré 1.2. **Stratégie nationale du Brésil en faveur de l'économie numérique**

Au cours des dix dernières années, l'économie numérique a connu, au Brésil, une croissance exponentielle en taille et en importance, comme en attestent les courbes des abonnements, de la valeur ajoutée, de la production et de l'emploi. Cependant que progressaient les salaires mais aussi la demande de biens et de services TIC, le gouvernement a choisi de privilégier une approche sectorielle pour renforcer l'infrastructure, soutenir l'industrie des TIC, veiller à l'accessibilité, notamment financière, de ces technologies pour les populations mal desservies et connecter les institutions publiques. On trouvera présentées ci-après quelques-unes des principales mesures parmi les dernières en date adoptées au niveau national.

Renforcer l'infrastructure

Ayant constaté qu'il importait d'investir plus massivement dans l'infrastructure, le gouvernement brésilien a adopté le Plan national haut débit (PNBL), promulgué par décret présidentiel (n° 7175/2010) en 2010. Ce plan consistait à étendre le réseau fibré dans les régions de l'intérieur, poser des câbles sous-marins et mettre en place une boucle optique pour l'Amérique du Sud, et faire diminuer les taxes sur les réseaux et les terminaux d'accès. Le PNBL se structurait en six grands piliers soutenant un objectif central qui était d'offrir une couverture haut débit à 40 millions de ménages.

- *Prix des services de télécommunication* : offrir un accès au haut débit fixe (1 Mbit/s) pour un coût de 14.35 USD par mois dans l'ensemble des municipalités du pays d'ici la fin de 2014, des allègement fiscaux étant prévus pour favoriser le haut débit dans les zones rurales (bande des 700 MHz et petites stations satellites au sol).
- *Transparence et concurrence* : mettre en place un nouveau cadre réglementaire pour la fourniture en gros d'accès haut débit (rabais de 30 %), vendre aux enchères les droits d'exploitation des positions orbitales et réduire les obstacles à l'arrivée sur le marché de nouveaux opérateurs de réseaux cuivre ou de réseaux à câble coaxial.
- *Débit et qualité* : mettre aux enchères les fréquences de la bande des 2.5 GHz, déployer la technologie 4G dans toutes les villes devant accueillir les épreuves de la Coupe du monde de football et définir des règles de gestion de qualité applicables au haut débit fixe comme au haut débit mobile ainsi que les conditions d'adjudication des fréquences de la bande des 700 MHz.
- *Prix des terminaux d'accès* : détaxer les ordinateurs personnels, les modems, les tablettes les smartphones et les routeurs produits dans le pays ; exempter totalement de taxes fédérales les terminaux destinés à être utilisés en zone rurale et partiellement les modules de communication de machine-à-machine.
- *Extension des réseaux terrestres* : installer de nouvelles infrastructures internationales pour l'acheminement du trafic (câbles sous-marins et boucle optique sud-américaine) ; mettre en place de nouveaux mécanismes de financement pour les producteurs de fibres optiques ; établir un régime fiscal spécial applicable aux installations, instruments, équipements et matériaux de construction ; déployer l'infrastructure des réseaux de télécommunications.
- *Couverture des services de télécommunications* : subventionner l'accès haut débit pour toutes les écoles publiques en zone urbaine, ouvrir une procédure d'adjudication pour les fréquences de la bande des 2.5 GHz, accélérer la diffusion de la 3G et développer un système à satellite géostationnaire pour les communications de défense et les communications stratégiques.

Encadré 1.2. **Stratégie nationale du Brésil en faveur de l'économie numérique** *(suite)*

Quatre ans après la mise à exécution du PNBL, le Brésil a constaté une progression significative des abonnements fixe et mobile. Le déploiement de l'infrastructure haut débit fixe et l'accès universel et de qualité au haut débit mobile demeurent toutefois des pierres d'achoppement. En 2014, la 3G était déployée dans 3 827 municipalités sur les 5 570 que compte le pays, contre 118 seulement pour la 4G, pour un total de 2.83 millions d'abonnements.

Soutenir les TIC et l'innovation

En 2012, le ministère des Sciences, des Technologies et de l'Innovation (MCTI) a lancé un vaste programme stratégique axé sur les logiciels et les services informatiques (*TI Maior*) dans le but de renforcer le secteur national des TIC. Il s'agissait plus particulièrement de stimuler le développement économique et social grâce à ces technologies, à l'innovation, à l'entrepreneuriat, à la production scientifique et technologique et à la compétitivité.

Le programme *TI Maior* comprenait différentes initiatives destinées à promouvoir les jeunes entreprises innovantes, soutenir l'acquisition de compétences liées aux TIC, attirer des centres de R-D et encourager la création d'écosystèmes logiciels et technologiques dans certains domaines essentiels.

- *Initiative sur les centres mondiaux de R-D* : le Brésil a défini tout un ensemble de mesures d'incitation voulues pour attirer dans le pays des centres de R-D. Ces mesures portaient notamment sur la fourniture de conseils institutionnels, des réductions d'impôt et l'octroi de bourses de recherche. Comme suite à cette initiative, on annonce la création de plusieurs centres (par Microsoft, EMC, Intel, SAP, Huawei et Baidu), pour un investissement total de 400 millions USD avec à la clé plus de 300 nouveaux emplois très qualifiés sur trois ans.
- *Initiative sur les écosystèmes numériques* : destinée à favoriser l'émergence d'écosystèmes technologiques dans certains domaines clés tels que la santé, l'éducation, l'agriculture, les sports, l'aérospatiale, les télécommunications, la finance, l'énergie, le pétrole, les industries extractives et la défense, cette initiative a entraîné la distribution de plus de 80 millions USD en soutien à la création de logiciels.
- *Start-up Brésil* : cette initiative censée accélérer le développement de jeunes entreprises innovantes offre chaque année, depuis 2013, un financement à 100 start-up triées sur le volet. Chacune de ces entreprises bénéficie d'un accompagnement et reçoit une subvention dont le montant avoisine les 90 000 USD.
- *Brasil Mais TI*: conçue pour servir au développement des compétences TIC, cette initiative propose un programme complet de cours en ligne auquel vient s'ajouter la publication d'offres d'emploi. En trois ans, 208 000 jeunes ont ainsi suivi une formation d'une durée comprise entre 16 et 380 heures.

Écrire une stratégie pour demain

Nonobstant les progrès accomplis, le déploiement de l'infrastructure nécessaire pour connecter les entreprises et les ménages et l'adaptation des cadres réglementaire et institutionnel en vue de l'avènement de l'économie numérique sont encore loin d'être achevés. Le secteur brésilien des TIC demeure relativement petit et essentiellement tourné vers le marché national ; il faut des investissements de R-D plus substantiels pour stimuler l'innovation et la productivité. Le renforcement de la concurrence serait de nature à encourager l'innovation « par la base » et contribuerait également, et de manière importante, à davantage d'équité.

Dans bien des pays de l'OCDE, la crise économique a conduit les responsables politiques à réorienter les ressources vers l'économie numérique afin d'en faire un relai pour la croissance et la productivité. Les grands défis de l'avenir pour le Brésil seront notamment de faire progresser l'adoption des TIC par les entreprises, d'intensifier les investissements dans la R-D, de réviser la loi générale de 1996 sur les télécommunications, de veiller à conserver son caractère concurrentiel à un marché en phase de concentration et de définir une vision stratégique pour établir une croissance pérenne.

1.3. Principales tendances dans le secteur des TIC

Le secteur des TIC est la pierre angulaire de l'économie numérique. Après deux années difficiles marquées par la crise financière mondiale, l'horizon est plus dégagé et plusieurs indicateurs, notamment des indicateurs prospectifs, annoncent que le secteur se remet sur pied. La présente section dresse un état des lieux des principales nouveautés et tendances dans l'ensemble du secteur des TIC, suivi d'un examen plus approfondi des marchés des télécommunications et de l'internet.

Les investissements en capital-risque sont à leur plus haut niveau aux États-Unis et le marché des semi-conducteurs est en expansion

Les investissements en capital-risque et le développement du marché des semi-conducteurs sont deux indicateurs phares de l'évolution future du secteur des TIC. Les premiers ont progressé en termes relatifs, ce qui présage l'ouverture de nouvelles possibilités de développement commercial. Aux États-Unis, ils ont frisé les 15 milliards USD, leur plus haut niveau depuis la période de la bulle internet, et la fraction dévolue aux industries TIC a atteint 67 % au dernier trimestre 2014 (voir chapitre 2, graphique 2.3). Il y a lieu de noter qu'un quart des investissements en capital-risque réalisés dans le pays affluent vers des entreprises dont le modèle commercial repose essentiellement sur l'internet (graphique 1.3).

Graphique 1.3. **Investissements en capital-risque dans les entreprises internet aux États-Unis**

Milliards USD et taux de croissance en glissement annuel, moyenne mobile au T4

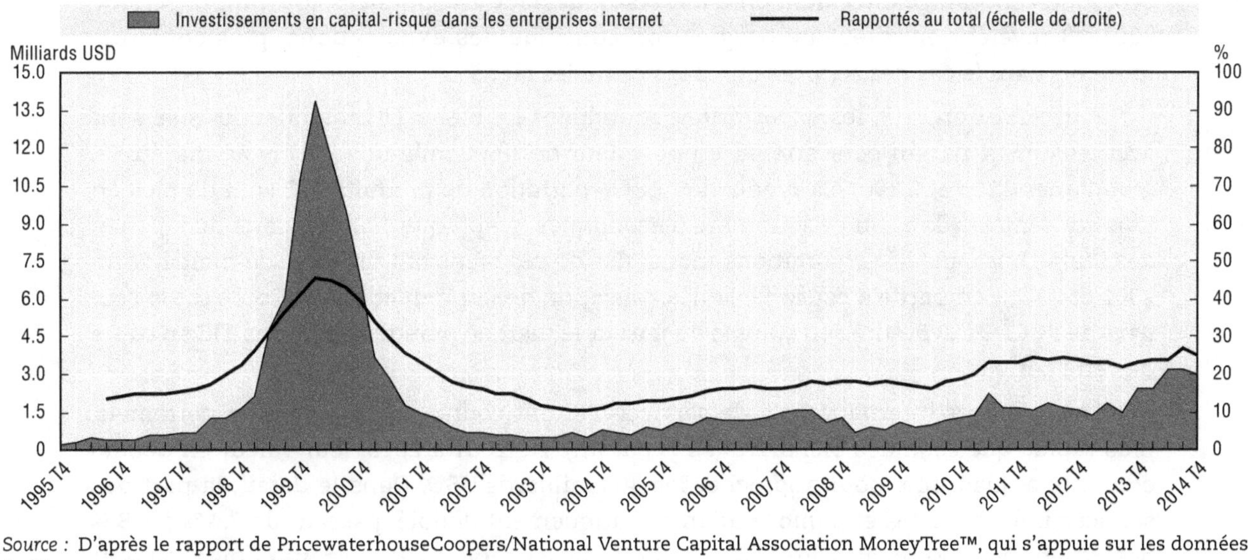

Source : D'après le rapport de PricewaterhouseCoopers/National Venture Capital Association MoneyTree™, qui s'appuie sur les données de Thomson Reuters, février 2015.

StatLink http://dx.doi.org/10.1787/888933307310

Le second indicateur qui nous renseigne sur l'évolution probable du secteur des TIC est le taux de croissance de l'industrie des semi-conducteurs car ses fluctuations conjoncturelles paraissent avoir un temps d'avance sur celles du reste du secteur. Depuis la mi-2013, ce taux est en progression régulière (graphique 1.4) et la *World Semiconductor Association* considère que la tendance devrait se maintenir cette année et en 2016 également (voir chapitre 2, graphique 2.2).

Graphique 1.4. **Évolution de la facturation mensuelle sur le marché mondial des semi-conducteurs**

Croissance en glissement annuel, moyenne mobile trimestrielle

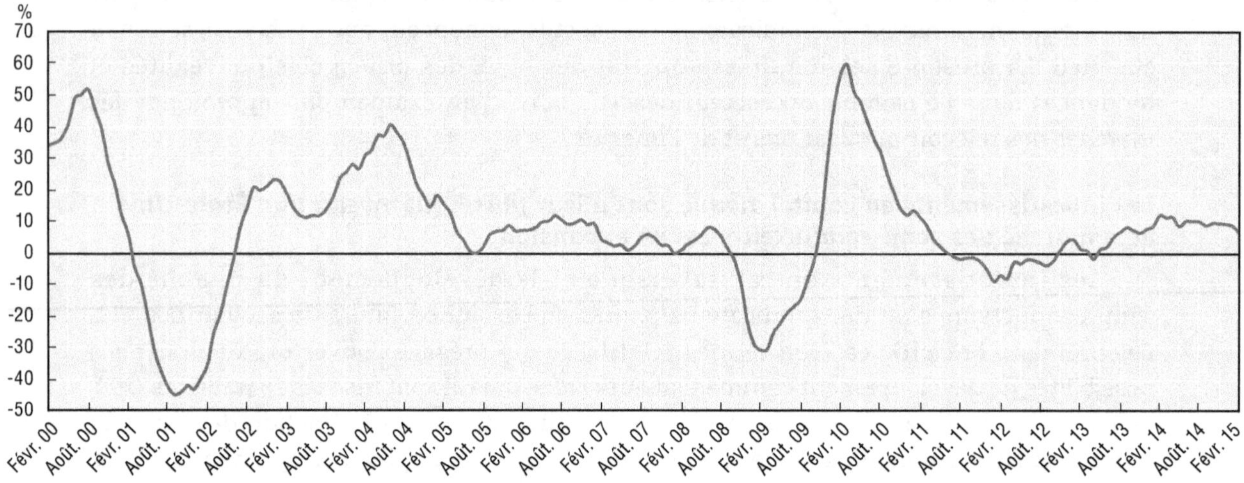

Source : D'après *World Semiconductor Trade Statistics* (WSTS), avril 2015.

StatLink http://dx.doi.org/10.1787/888933307322

Les échanges de services TIC progressent à un rythme plus soutenu que les échanges de biens TIC

Les échanges internationaux de biens et services TIC viennent confirmer les évolutions encourageantes dont on a fait état plus haut. Les données couvrant la période 2001-13 révèlent en effet une progression continue des exportations, plus soutenue toutefois dans le cas des services que dans celui des biens.

Entre 2001 et 2013, les exportations mondiales de biens TIC manufacturés se sont accrues de 6 % par an pour atteindre une valeur de 1 600 milliards USD (voir chapitre 2, graphiques 2.10a et 2.10b). La production et l'exportation de produits TIC sont de plus en plus concentrées dans un petit nombre d'économies (graphique 1.5). Les parts du Japon et des États-Unis dans les exportations mondiales de ces biens ont diminué de moitié entre 2001 et 2013 – en partie à cause de la délocalisation de la production. La Corée est le seul pays de l'OCDE à avoir tiré son épingle du jeu sur le marché mondial des biens TIC au cours de cette période.

Les échanges internationaux de services TIC ont connu une progression nettement plus rapide que ceux des biens TIC (30 % par an). De 2001 à 2013, leur valeur en dollars courants a quadruplé pour approcher les 400 milliards USD. Dans le détail, la part des services informatiques et d'information a pratiquement doublé, passant de 3.4 % à 5.8 % des exportations mondiales de services, tandis que les services de télécommunications ont progressé à la marge. Sur l'ensemble de la zone OCDE, la part cumulée des services informatiques et d'information et des services de télécommunications est passée de 5.8 % à 8.3 % de l'ensemble des exportations de services (entre 2001 et 2013).

Comme pour les biens TIC, une poignée d'économies se taillent la part du lion dans les exportations mondiales de services TIC (graphique 1.6) même si des changements majeurs se sont produits ces dernières années. L'Irlande, qui profite de la présence sur son territoire d'entreprises transnationales, est le premier exportateur de services informatiques et d'information, suivie par l'Inde, qui est partie d'un niveau très modeste. La Chine devient elle

Graphique 1.5. **Les dix principaux exportateurs de biens TIC, 2013**

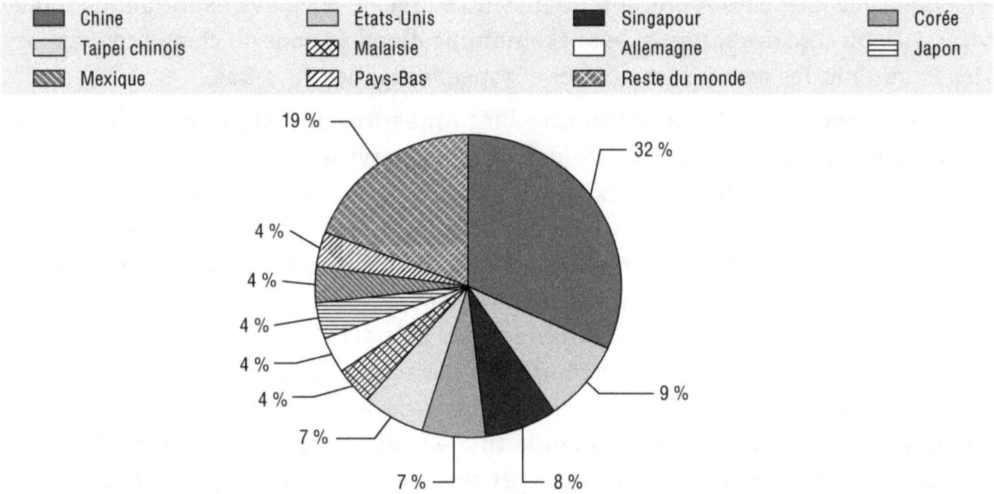

Note : Les exportations mondiales sont estimées à partir des déclarations d'exportations de TIC effectuées par 103 pays sur une période de trois ans et enregistrées dans la base de données BTDIxE. Sont exclues de ces exportations les réimportations de la Chine et les réexportations de Hong Kong (Chine). Les exportations de TIC de la Chine sont corrigées pour tenir compte des réimportations.

Source : OCDE, *Base de données sur le commerce bilatéral par industrie et catégorie d'utilisation finale* (BTDIxE), février 2015.

StatLink http://dx.doi.org/10.1787/888933307336

Graphique 1.6. **Pays exportateurs de services TIC, 2013**

En pourcentage du total des exportations mondiales de services et en milliards USD

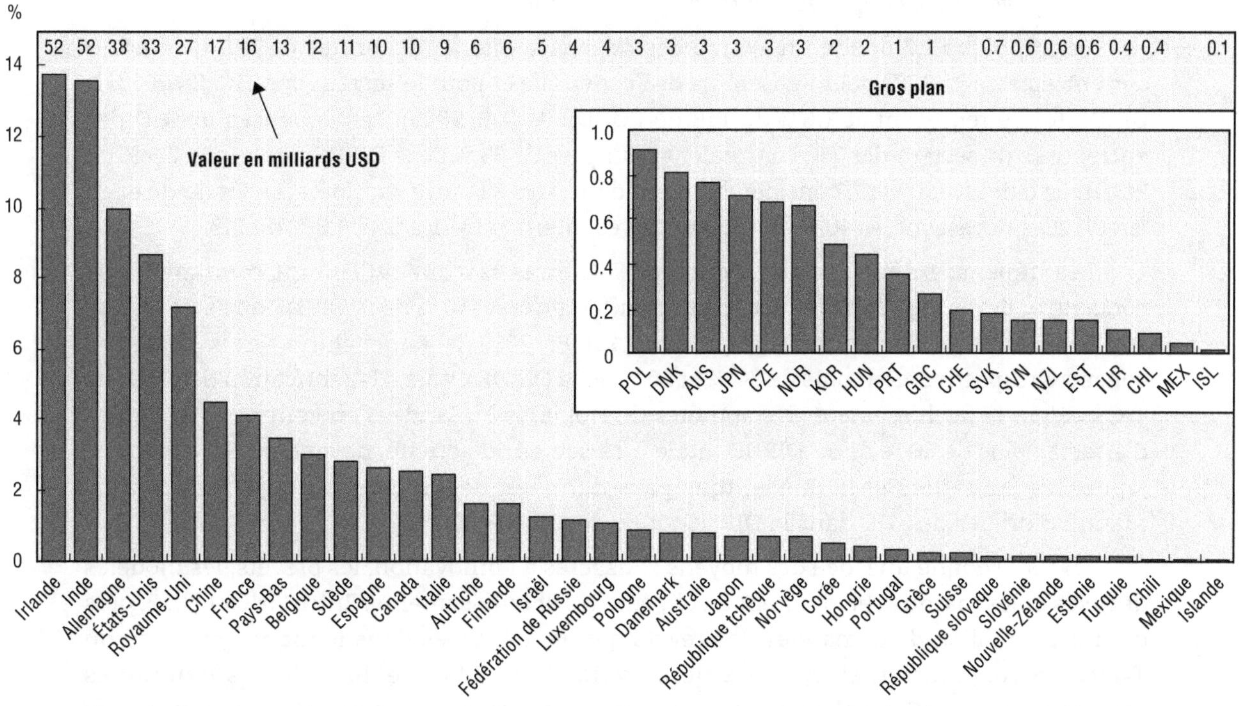

Note : Pour le Chili, l'Islande et Israël, les données concernent 2012. Pour le Mexique et la Suisse, les services TIC ne comprennent que les services de télécommunications.

Source : D'après CNUCED, UNCTADstat, février 2015, *http://unctadstat.unctad.org*.

StatLink http://dx.doi.org/10.1787/888933307342

aussi un important exportateur de services TIC, au même titre que l'Allemagne, le Royaume-Uni et les États-Unis. Ces pays représentent ensemble près de 60 % des exportations totales de services TIC. Du côté des services de télécommunications, le haut du classement est occupé par les États-Unis, les grandes économies européennes et les Pays-Bas.

Ces tendances résultent, dans une large mesure, de l'expansion des échanges d'intrants intermédiaires (c'est-à-dire des biens et services utilisés dans la production). L'augmentation spectaculaire des exportations de TIC de la Chine, par exemple, coïncide avec une augmentation proportionnelle de ses importations d'intrants intermédiaires de TIC – en particulier dans ses zones franches de transformation pour l'exportation. Par conséquent, la part de la valeur ajoutée des biens et services TIC chinois dans la demande finale étrangère est beaucoup plus faible que sa part dans les exportations brutes mondiales. En 2011, les États-Unis exportaient davantage de biens et services TIC que la Chine en valeur ajoutée – en raison notamment de la forte présence de services TIC américains dans les produits de demande finale. L'intégration de services TIC explique aussi en partie la part élevée de l'Inde et du Royaume-Uni en valeur ajoutée (voir chapitre 2, graphique 2.12).

Le maintien des dépenses de R-D à un niveau élevé et les nombreux brevets déposés en disent long sur le rôle du secteur des TIC dans les activités d'innovation à l'heure actuelle

Une autre manière d'appréhender les perspectives de croissance de l'économie numérique consiste à s'intéresser à la place occupée par les TIC dans les activités d'innovation. L'innovation se mesure essentiellement à l'aune de deux indicateurs, qui sont les brevets et les dépenses de recherche-développement.

Le graphique 1.7 donne un aperçu des dépenses intérieures brutes de R-D du secteur des entreprises (DIRDE) pour l'ensemble de l'économie et pour le secteur des TIC. En 2013, la DIRDE totale représentait 1.6 % du PIB de l'OCDE (OCDE, 2015). Les dépenses de R-D des entreprises du secteur des TIC comptaient pour près de 33 % de la DIRDE totale, soit 0.5 % du PIB, mais leur niveau varie considérablement d'un pays à l'autre. En Corée, en Finlande et en Israël, elles dépassent les 40 % du total et représentent entre 1.2 % et 1.8 % du PIB.

Les dépenses de R-D du secteur des TIC dans la zone OCDE ont tendance à se concentrer davantage dans les activités manufacturières (60 % de la DIRDE du secteur) que sur les services (voir chapitre 2, graphique 2.13). En 2013, le Taipei chinois et la Corée ont consacré respectivement plus de 70 % et 50 % de la DIRDE totale à la fabrication de produits TIC. Malgré le fléchissement des activités de Nokia, la Finlande n'en continue pas moins d'affecter plus de 40 % de sa DIRDE totale à ce secteur d'activité, devançant Singapour, le Japon, les États-Unis et la Suède, tous pays dans lesquels le pourcentage des activités manufacturières des TIC dans la DIRDE totale dépasse les 20 %.

Si la R-D donne une idée des moyens consacrés à l'innovation, les brevets, les modèles déposés et les marques en donnent à voir, eux, les aboutissements. Entre 2010 et 2012, plus d'un demi-million de demandes de brevets ont été déposées dans le monde en vertu du Traité de coopération en matière de brevets (PCT). Plus de 40 % de ces demandes concernaient les TIC (graphique 1.8), ce qui marque pratiquement un retour au niveau des années 2000 à 2002. Un examen plus attentif des économies membres et non membres de l'OCDE nous révèle cependant que les dépôts de demandes de brevets relatifs aux TIC ont diminué de 2.8 points de pourcentage par rapport à 2000-02 dans la zone OCDE tandis qu'ils ont plus que doublé en ce qui concerne le Brésil, la Fédération de Russie, l'Inde,

Graphique 1.7. **Dépenses de R-D des entreprises, 2013**

En pourcentage du PIB

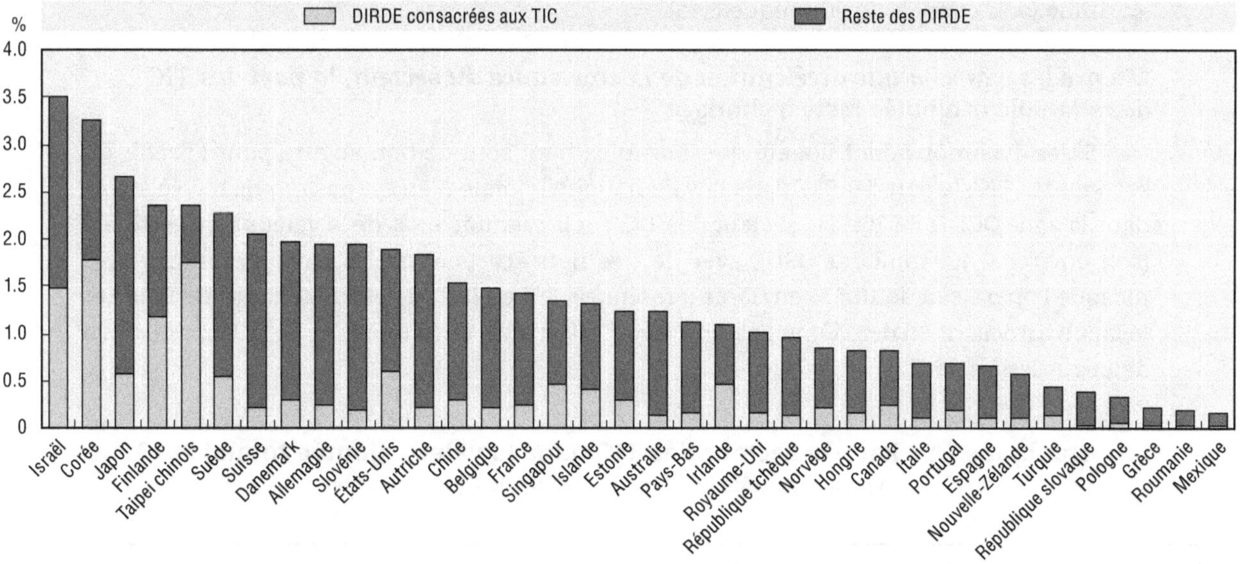

Note : Concernant l'Allemagne, le Danemark, l'Espagne, l'Estonie, la Finlande, la France, la Hongrie, Israël, l'Italie, la Norvège, les Pays-Bas, la Pologne, le Portugal, la République tchèque, la Roumanie, le Royaume-Uni, la Slovénie et la Suisse, les données se rapportent à 2012. Pour l'Australie, l'Autriche, la Belgique, les États-Unis, la Grèce, l'Irlande, l'Islande, le Mexique, la Nouvelle-Zélande et Singapour, les données sont celles de 2011. Le secteur des TIC est tel que défini par l'OCDE d'après la CITI rév. 4.

Source : OCDE, *Bases de données ANBERD et RDS*, février 2015.

StatLink http://dx.doi.org/10.1787/888933307353

Graphique 1.8. **Brevets relatifs aux TIC, 2010-12**

En pourcentage du total des demandes de brevets déposées en vertu du PCT

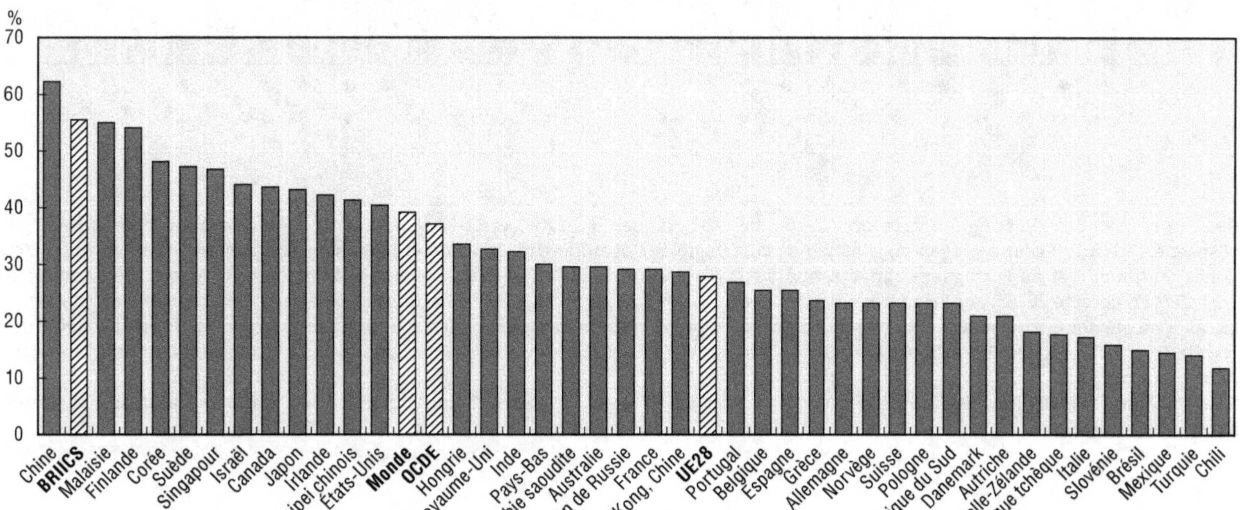

Note : Ces données concernent les demandes de brevets déposées en vertu du Traité de coopération en matière de brevets (PCT). Les comptages de brevets sont basés sur la date de priorité, le pays de résidence de l'inventeur et le comptage fractionnaire. Les brevets relatifs aux TIC sont classés selon une sélection de catégories de la Classification internationale des brevets (CIB). Seules les économies ayant déposé plus de 250 brevets en 2010-12 sont prises en compte. Les BRIICS englobent le Brésil, la Fédération de Russie, l'Inde, l'Indonésie, la Chine et l'Afrique du Sud.

Source : OCDE, *Base de données sur les brevets, www.oecd.org/sti/ipr-statistics*, janvier 2015.

StatLink http://dx.doi.org/10.1787/888933307368

l'Indonésie, la Chine et l'Afrique du Sud (pays formant le groupe des BRIICS), pour atteindre 55 % du total, principalement en raison d'une augmentation du nombre de brevets délivrés en Chine (voir chapitre 2, graphique 2.15).

Malgré les signes d'une accélération de la croissance du secteur, la part des TIC dans la valeur ajoutée reste inchangée

Si les évolutions dont il a été question plus haut sont de bon augure pour l'avenir du secteur des TIC, la part des TIC dans la valeur ajoutée totale n'en est pas moins restée stable dans la zone OCDE. En 2013, le secteur des TIC y représentait 5.5 % de la valeur ajoutée totale (soit environ 2 400 milliards USD), avec de très nets écarts entre les pays (graphique 1.9), puisque l'on passait de 10.7 % en Corée à moins de 3 % en Islande et au Mexique. L'Irlande et le Japon arrivaient en deuxième position (avec 7 %), suivis de la Suède et de la Hongrie (tous deux au-dessus de 6 %).

Graphique 1.9. **Part du secteur des TIC dans la valeur ajoutée totale, 2013**

En pourcentage de la valeur ajoutée totale à prix courants

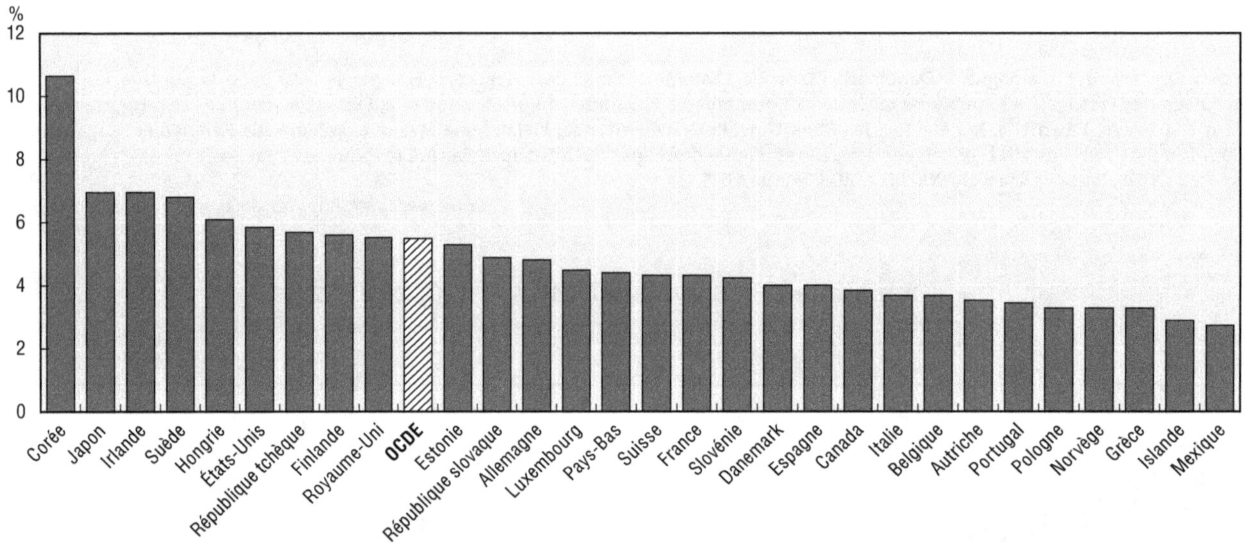

Note : Le secteur des TIC se définit ici comme la somme des branches 26, 582, 61 et 62-63 de la CITI rév. 4. En ce qui concerne l'Allemagne, l'Espagne, l'Irlande, l'Islande, le Japon, le Mexique, la Pologne, le Royaume-Uni, la Suède et la Suisse, les données se rapportent à 2012. Celles du Canada et du Portugal se rapportent à 2011. S'agissant de l'Irlande et du Royaume-Uni, les données ont été extraites du SCN 1993 en octobre 2014. Pour les autres pays, les données sont tirées du SCN 2008. S'agissant du Canada, de l'Irlande, de l'Islande, du Japon et du Mexique, les données relatives à l'édition de logiciels ne sont pas disponibles et ne sont donc pas incluses dans la définition. Pour la Suisse, la part des TIC indiquée est celle définie par l'OCDE (2011a). Dans ce cas particulier, elle n'est pas totalement comparable avec les autres pays.

Source : D'après OCDE, *Base de données des Comptes nationaux*, CITI rév. 4, Eurostat, statistiques sur les comptes nationaux et sources nationales, avril 2015.

StatLink http://dx.doi.org/10.1787/888933307374

Les technologies de l'information et l'informatique ainsi que les télécommunications représentent près des deux tiers de la valeur ajoutée du secteur des TIC dans la zone OCDE (avec respectivement 2 % et 1.7 % de la valeur ajoutée totale) (voir chapitre 2, graphique 2.4). Les ordinateurs, articles électroniques et optiques, d'une part, et l'édition de logiciels, d'autre part, représentent respectivement 1.4 % et 0.3 % de la valeur ajoutée totale. Tous les pays ne présentent pas le même degré de spécialisation, tant s'en faut. La Corée apparaît comme le pays le plus spécialisé dans les ordinateurs et articles électroniques et optiques (plus de 7 % de la valeur ajoutée totale) et le Luxembourg dans les télécommunications (3 %), tandis que l'Irlande, la Suède et le Royaume-Uni sont davantage tournés vers les technologies de l'information et l'informatique (3 %).

Si l'emploi dans le secteur des TIC demeure stable dans la zone OCDE, la demande en spécialistes des TIC ne cesse de progresser dans le reste de l'économie

Le secteur des TIC emploie plus de 14 millions de personnes, soit pratiquement 3 % des actifs occupés dans l'OCDE (voir chapitre 2, graphique 2.6). La proportion est restée relativement stable tout au long de la crise financière. La part du secteur des TIC dans l'emploi total oscille entre plus de 4 % en Irlande et en Corée et moins de 2 % en Grèce, au Portugal et au Mexique. Les technologies de l'information et l'informatique, cumulées à l'industrie des télécommunications, représentent plus de 80 % des emplois du secteur dans la zone OCDE.

D'une manière générale, la contribution du secteur des TIC à la croissance de l'emploi total a beaucoup fluctué au cours des quinze dernières années (graphique 1.10). En 2013, le secteur a assuré 22 % des créations nettes d'emplois, renouant ainsi avec le niveau qui était le sien juste avant l'éclatement de la bulle internet.

Graphique 1.10. **Croissance de l'emploi dans la zone OCDE, secteur des TIC et emploi total**

En glissement annuel

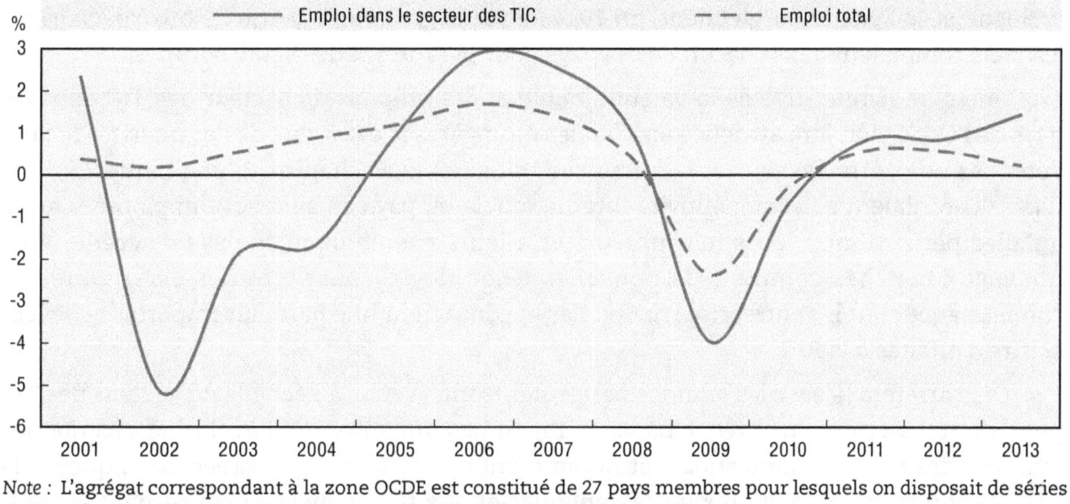

Note : L'agrégat correspondant à la zone OCDE est constitué de 27 pays membres pour lesquels on disposait de séries de données complètes. Les données concernant l'année 2013 sont des estimations.

Source : D'après OCDE, *Base de données des comptes nationaux*, CITI rév. 4 et sources nationales, mars 2015.

StatLink http://dx.doi.org/10.1787/888933307387

Entre 2001 et 2013, le secteur des TIC a vu sa contribution à l'emploi total diminuer dans les pays il était très développé et croître là où il l'était moins. L'une des explications à cela serait que la crise a poussé les grandes entreprises des TIC à se rationaliser, en même temps qu'elle favorisait les entreprises des TIC des pays où le coût de la main-d'œuvre est plus bas. La Belgique et la Hongrie sont les deux seules exceptions à cette tendance générale.

Si l'emploi dans le secteur des TIC reste stable dans la zone OCDE, l'emploi de spécialistes des TIC a progressé dans tous les autres secteurs de l'économie pour atteindre au moins 3 % de l'emploi total dans la plupart des pays de l'OCDE (graphique 1.11). La Finlande,

Graphique 1.11. **Emploi de spécialistes des TIC dans l'ensemble de l'économie**

En pourcentage de l'emploi total

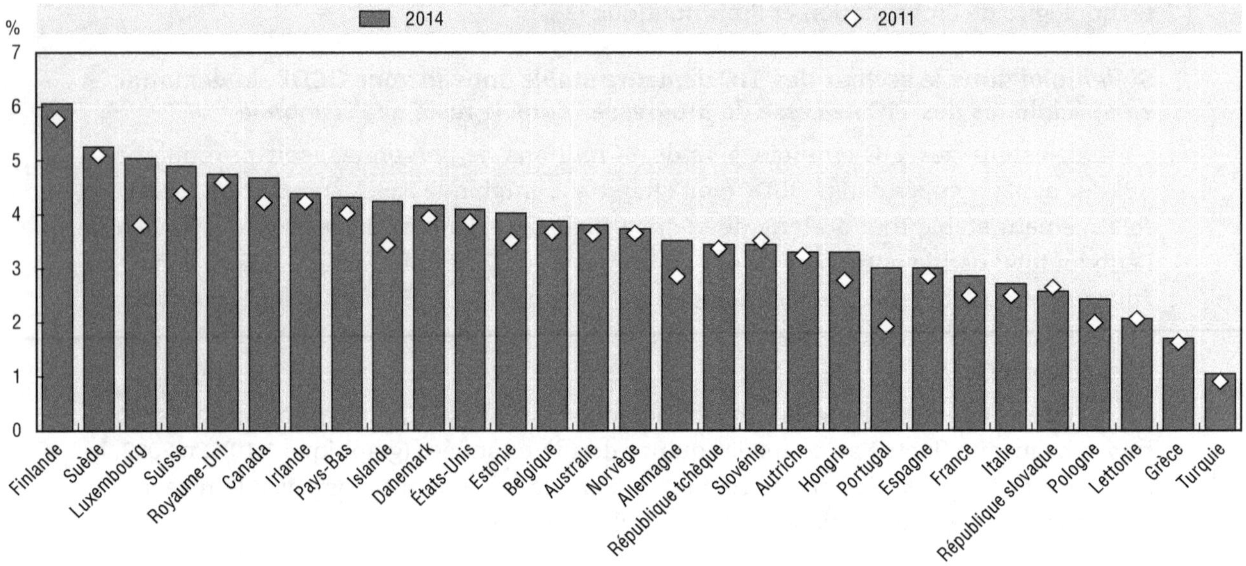

Source : D'après les enquêtes australienne, canadienne et européenne sur la population active, ainsi que la *Current Population Survey* menée aux États-Unis, avril 2015.

StatLink http://dx.doi.org/10.1787/888933307398

la Suède et le Luxembourg étaient, en 2014, les plus gros employeurs de tels spécialistes, lesquels comptaient dans chacun de ces pays pour plus de 5 % des actifs occupés.

Une part significative de la valeur ajoutée et des emplois du secteur des TIC dans les pays de l'OCDE doit être attribuée aux filiales étrangères (c'est-à-dire des entreprises locales détenues ou contrôlées par une entreprise étrangère) (voir chapitre 2, graphique 2.9). Ces filiales contribuent à la compétitivité internationale du pays où elles sont implantées en ce qu'elles permettent à leurs fournisseurs et à leurs clients dans ce pays d'accéder à de nouveaux marchés comme à de nouvelles technologies, suscitent des externalités de connaissance pour les entreprises nationales et consacrent une part plus importante de leur chiffre d'affaires à la R-D.

On s'arrêtera là avec les grands changements intervenus à l'échelle du secteur des TIC pour s'intéresser de plus près dans les paragraphes qui suivent à l'évolution récente des marchés des télécommunications, et notamment aux tendances macroéconomiques, à la pénétration du haut débit, aux tarifs appliqués et aux faits nouveaux concernant le trafic internet. Il est important que les marchés des télécommunications évoluent, sachant qu'il faut une bonne connectivité et des prix abordables pour que les TIC soient largement adoptés par les entreprises, la population et les administrations.

Dans la zone OCDE, les marchés des télécommunications affichent une relative stabilité en termes de recettes, d'investissement et de taux moyens de pénétration

Entre 2012 et 2014, les marchés des télécommunications sont restés relativement stables dans la zone OCDE, que ce soit en termes d'abonnements, toutes catégories confondues, de pénétration, de recettes ou d'investissement. Le volume d'activité total du secteur des télécommunications s'y établissait à 1 352 milliards USD, en léger retrait par rapport aux 1 372 milliards de 2011, tandis que l'investissement s'installait aux alentours de 14.7 % de cette somme.

Le reflux des abonnements à la téléphonie fixe a été contrebalancé par une progression des abonnements au haut débit mobile, avec une croissance annuelle de l'ordre de 14 %, légèrement inférieure à celle des années précédentes. Avec 114 abonnements pour 100 habitants, les marchés de la téléphonie mobile sont arrivés à maturité du point de vue du taux de pénétration, de sorte que la croissance des télécommunications mobiles repose désormais essentiellement sur les services haut débit. Le taux de pénétration du haut débit mobile est de 78.23 abonnements pour 100 habitants dans la zone OCDE et dépasse même maintenant les 100 % dans sept pays, signe que l'on saurait de moins en moins se passer des technologies mobiles.

Si les abonnements au haut débit mobile ont progressé à un rythme soutenu, la dynamique des abonnements au haut débit fixe varie considérablement selon la technologie

Les taux de croissance du nombre de voies d'accès de télécommunications entre 2012 et 2014 selon la technologie employée donnent un nouvel éclairage sur la prévalence des technologies mobiles (graphique 1.12). Tandis que les abonnements au haut débit mobile ont maintenu une croissance dynamique de 18.14 % (pour le haut débit mobile dédié) et 13.61 % (pour le haut débit mobile standard), les abonnements au haut débit fixe ont enregistré pour leur part des résultats bien mitigés. Les abonnements à la fibre affichaient une croissance annuelle vigoureuse de 11.79 %, révélant ainsi que la technologie FTTH se substitue petit à petit à la DSL et au câble. La très faible progression de la technologie DSL en valeur relative (0.4 % TCAM sur la même période) n'a dès lors rien d'étonnant. L'accès par câble a connu pour sa part une croissance modérée (5.49 % en glissement annuel) qui s'explique par le fait que la norme DOCSIS 3.0 est maintenant plus accomplie et offre des débits supérieurs aux technologies VDSL déployées à l'heure actuelle.

Graphique 1.12. **Progression du nombre de voies d'accès de communications, par technologie**

En pourcentage, juin 2012-juin 2014

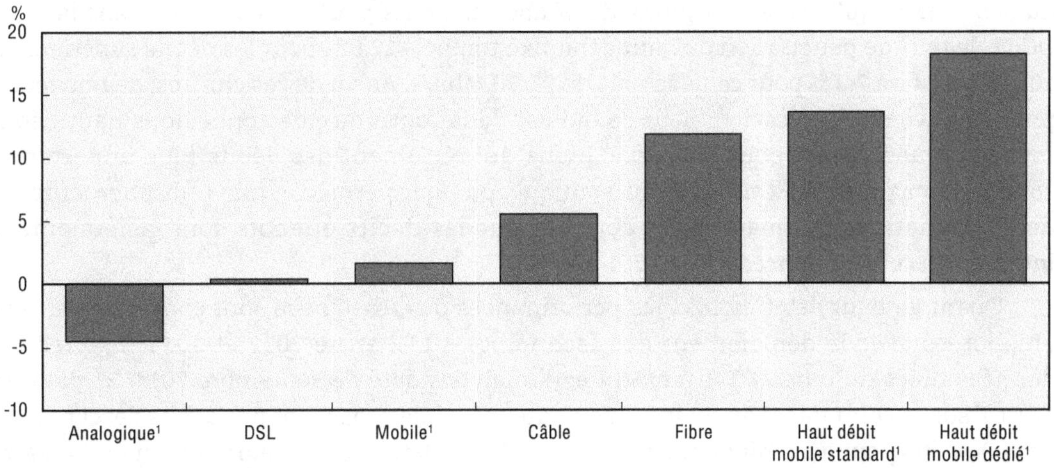

1. Pour les lignes téléphoniques analogiques et les abonnements à la téléphonie mobile, le taux de croissance calculé est celui de 2011 à 2013. La fibre inclut les technologies FTTH/B/P, mais non la FTTC, qui est rattachée à la DSL. La catégorie « Mobile » couvre tous les abonnements aux services mobiles, y compris les abonnements exclusivement téléphoniques et les abonnements au haut débit, standard et dédiés. Le haut débit mobile dédié désigne les abonnements aux seuls services de données. Le haut débit mobile standard correspond aux abonnements portant sur des services vocaux et de données.

StatLink http://dx.doi.org/10.1787/888933307405

Même si certains grands pays de l'OCDE s'emploient activement à développer le raccordement à la fibre, celle-ci ne représente plus de 10 % du total des abonnements au haut débit que dans 14 pays de la zone

On dénombre en moyenne 27 abonnements au haut débit fixe pour 100 habitants dans la zone OCDE, la palme revenant à la Suisse (47.3), suivie des Pays-Bas (40.8) et du Danemark (40.6), pour la pénétration globale (voir chapitre 2, graphique 2.22). Quelques grands pays de l'OCDE (Australie, Chili, Espagne, Mexique et Nouvelle-Zélande) ont commencé à accélérer le déploiement de la fibre entre 2012 et 2014, le taux de couverture doublant chaque année. Globalement, le passage des réseaux en cuivre et câblés à la fibre s'opère de manière progressive. À ce jour, seuls 14 pays de l'OCDE comptabilisent plus de 10 % d'abonnements au haut débit reposant sur cette technologie. Le Japon et la Corée continuent de caracoler loin en tête des pays de la zone avec un taux de pénétration de la fibre jusqu'au domicile (FTTH) supérieur à 65 %.

Une nouvelle méthode définie par l'OCDE permet de mesurer la pénétration du haut débit pour différents niveaux de débit

L'internet se fait omniprésent dans tous les pans de l'économie, soulignant l'importance de la notification des débits. C'est la raison pour laquelle l'OCDE a adopté une grille harmonisée permettant leur notification détaillée. Les abonnements sont ainsi ventilés selon les niveaux de débit suivants : supérieur à 1 Gbit/s, à 100 Mbit/s, à 25/30 Mbit/s, à 10 Mbit/s, à 1.5/2 Mbit/s et à 256 Kbit/s (niveau minimal pour être classé dans la catégorie du haut débit). Pour la toute première fois, la plupart des pays de l'OCDE ont appliqué cette grille pour rendre compte de leurs abonnements au haut débit (voir chapitre 2, graphique 2.26).

La nouvelle méthode révèle que le taux de pénétration du haut débit fixe tombe à 7.3 abonnements pour 100 habitants au-delà de 25/30 Mbit/s, ce qui appelle de nouveaux progrès

La nouvelle méthode de mesure permet d'analyser le taux de pénétration en fonction du débit. Alors qu'il est en moyenne de 27 abonnements pour 100 habitants dans la zone OCDE, le taux de pénétration du haut débit fixe tombe à 12.6 % pour les débits supérieurs à 10 Mbit/s puis à 7.3 % pour ceux de plus de 25/30 Mbit/s. Au vu de ces chiffres, de nouveaux progrès s'avèrent nécessaires pour ce qui est de la fourniture de connexions haut débit, tout particulièrement pour les applications qui réclament des débits plus importants, comme l'imagerie médicale ou la bureautique, ou pour permettre une utilisation efficace de l'informatique en nuage. Sans compter que les débits effectifs sont généralement inférieurs à ceux annoncés (OCDE, 2014b).

Quant au haut débit mobile, les performances des réseaux se sont considérablement améliorées avec le déploiement des technologies LTE entre 2012 et 2014. D'après les données tirées du rapport Teligen/Strategy Analytics daté de septembre 2014, 21 pays de l'OCDE sur 34 comptaient au moins un opérateur mobile proposant des débits descendants de 100 Mbit/s pour les ordinateurs portables et les tablettes, ces valeurs correspondant aux débits théoriques annoncés[41].

Si les prix du haut débit fixe n'ont guère varié, ceux des services mobiles ont nettement diminué entre 2012 et 2014

L'accessibilité financière des services haut débit est déterminante pour l'adoption des TIC par tous les utilisateurs potentiels et pour la croissance inclusive. Entre 2012 et 2014, les prix du haut débit fixe ont peu évolué. En moyenne, ce sont les pays où les débits sont les plus faibles qui font état des prix les plus élevés rapportés au Mbit/s. À l'inverse, c'est au Japon (0.02 USD), en Suède (0.08 USD) et en France (0.10 USD) que les prix au Mbit/s étaient les plus avantageux en 2014 et allaient de pair avec des offres de débits importants. Des progrès énormes ont été accomplis dans bien des pays pour faire baisser les prix d'entrée rapportés au débit. En 2012, les prix planchers étaient encore supérieurs à 1 USD dans trois pays de l'OCDE, alors qu'en septembre 2014, le pays le plus cher était la Grèce avec 0.74 USD. Certains pays ont réussi à réduire considérablement leurs prix d'entrée, comme le Mexique (de 1.69 USD à 0.52 USD) et Israël (de 0.77 USD à 0.32 USD). Les opérateurs commencent aussi à y proposer des débits plus élevés, assurés généralement par le raccordement aux réseaux à fibre optique, lesquels ne sont toutefois pas toujours déployés en dehors des grandes villes.

Les tarifs des services mobiles ont considérablement diminué entre 2012 et 2014 quel que soit le panier de tarifs OCDE considéré. Ainsi, les offres de 30 appels + 100 Mo de données ont reculé de 10 %, passant de 19.74 à 17.72 USD par mois, tandis que les forfaits portant sur 100 appels et 2 Go de données abandonnaient 17 % (voir chapitre 2). Les pays où la baisse des tarifs a été la plus forte sont l'Italie (52 % en moyenne tous paniers confondus), la Nouvelle-Zélande (46 %) et la Turquie (44 %) cependant que les prix demeuraient relativement stables au Canada, aux États-Unis, en France, en Irlande, en République slovaque et en Suisse. Sur la période de deux ans considérée, on a constaté que les prix avaient augmenté en Autriche (36 %) – suite à une fusion qui a ramené le nombre d'opérateurs de quatre à trois – et en Grèce (13 %).

Le trafic internet mondial progresse encore même si, avec 20 % par an, le rythme est moins soutenu que les années précédentes

Le trafic internet mondial a continué de croître. Selon le *Visual Networking Index* mesuré par Cisco, il aurait gagné 20 % (TCAM) en 2013. Si l'on reste en présence d'une croissance à deux chiffres, celle-ci a néanmoins ralenti par rapport à 2012 (39 %). Ce tassement est peut-être le signe de l'arrivée à maturité de l'adoption de l'internet, qui est aujourd'hui utilisé par plus des deux tiers de la population dans de nombreux pays de l'OCDE. Pour la première fois, l'IPv6 voit son utilisation marquer une réelle progression, même si le niveau de départ était très bas. Il a maintenant été adopté par 30 % des internautes en Belgique et plus de 10 % en Allemagne, en Norvège, au Luxembourg, en Suisse et aux États-Unis, même si la moyenne de l'OCDE n'était jamais que de 3.5 % en avril 2014.

1.4. Adoption et utilisation des TIC à l'échelle de l'économie numérique

Comme l'ont montré les sections précédentes, les secteurs public et privé ont entrepris des efforts conséquents pour étendre l'infrastructure haut débit existante. Néanmoins, une adoption accrue des TIC par les entreprises, les ménages et le secteur public – qui forment la demande – s'avère indispensable pour tirer parti de ces déploiements. Elle dépend d'une multitude de facteurs, notamment de la valeur perçue par les utilisateurs des TIC, de l'offre d'applications et de services numériques, de la disponibilité des compétences requises et de la confiance dans l'économie numérique. Les paragraphes qui suivent abordent l'utilisation des TIC à l'échelle de l'économie et de la société, et présentent les nouveaux modèles économiques et les problématiques phares en matière de confiance.

Si la plupart des entreprises dépendent des TIC, on note des disparités selon les pays et la taille des structures

Les taux d'adoption et d'utilisation montrent qu'à l'heure actuelle, la quasi-totalité des entreprises de la zone OCDE dépendent des TIC. En 2014, 95 % des entreprises de plus de dix salariés disposaient d'une connexion haut débit. Toutefois, si près de 100 % des grandes entreprises en sont équipées, l'expérience des petites structures est plus inégale. Ainsi, le Canada, la Corée, le Danemark, l'Espagne, la Finlande, les Pays-Bas, la Slovénie et la Suisse affichent des taux d'équipement des petites entreprises de 98 % et plus, tandis qu'au Mexique, ce chiffre est inférieur à 80 %.

Il en va de même pour les sites internet : en 2014, plus des trois quarts des entreprises (76 %) étaient présentes sur la toile. Dans la plupart des pays de l'OCDE, au moins 90 % des grandes entreprises disposaient d'un site, contre seulement 69 % des petites entreprises. Au sein de la zone OCDE, les taux de présence des PME sont hétérogènes, puisqu'ils varient de 90 %, ou plus, au Danemark, en Finlande et en Suisse, à 50 %, ou moins, en Lettonie, au Portugal et au Mexique.

La participation au commerce électronique reste faible, avec un clivage profond, entre les grandes entreprises et les PME, en termes d'utilisation de services et d'applications TIC perfectionnés

L'analyse de l'utilisation de l'internet et des technologies de l'information et des communications au-delà des simples considérations de connectivité et de cyberprésence montre que l'exploitation des TIC au service des processus d'entreprise globaux recèle un potentiel considérable. Par exemple, la participation au commerce électronique dans la zone OCDE reste relativement faible (graphique 1.13). En 2013, seuls 21 % des entreprises

Graphique 1.13. **Utilisation d'une sélection d'applications TIC par les entreprises, 2014**

En pourcentage des entreprises de dix salariés ou plus

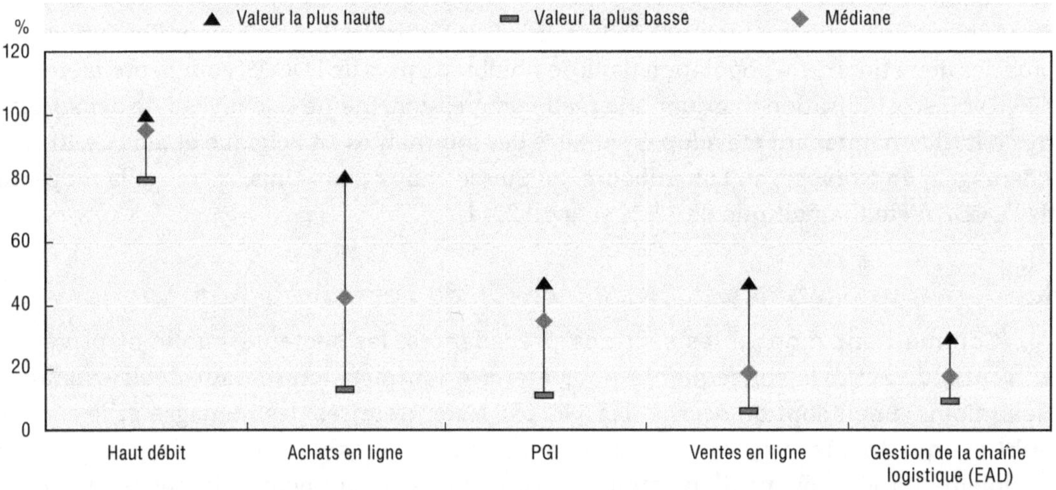

Note : La gestion de la chaîne logistique désigne l'utilisation d'applications d'échange automatique de données (EAD). Pour les pays appartenant au Système statistique européen, les variables relatives au commerce électronique (achats et ventes en ligne) portent sur 2013. Les données afférentes à l'Australie, au Canada, à la Corée et au Japon se rapportent à 2013, celles du Mexique et de la Nouvelle-Zélande à 2012, et celles de la Suisse à 2011.

Source : OCDE, *Base de données sur les TIC* ; Eurostat, Statistiques sur la société de l'information et sources nationales, mars 2015.

StatLink http://dx.doi.org/10.1787/888933307417

vendaient leurs produits et services sur l'internet, soit une croissance modeste de 2 points par rapport à 2009. Là encore, les pays de l'OCDE affichent d'importantes disparités. En Nouvelle-Zélande, plus de 45 % des entreprises pratiquent la vente en ligne, contre 10 %, voire moins, en Grèce, en Italie, au Mexique et en Turquie. L'écart est également important selon la taille des entreprises. Ainsi, 40 % des entreprises de 250 salariés ou plus avaient franchi le cap du commerce électronique en 2013, contre seulement 18.9 % des petites sociétés. Même constat pour la part des ventes en ligne dans le chiffre d'affaires total : si elle s'élève en moyenne à 17.1 %, elle atteint 22.1 % pour les grandes entreprises, contre 9 % pour les petites.

Ce décollage timide du commerce électronique trouve son parallèle dans le taux d'adoption relativement faible des applications de gestion de la chaîne logistique ou des progiciels de gestion intégrée (PGI) pour gérer les flux d'information d'entreprise. L'une des raisons pourrait en être les changements organisationnels que ces processus impliquent. En 2014, en moyenne, seuls 31 % des entreprises avaient recours à des PGI, contre moins de 22 % en 2010.

Une analyse complémentaire révèle que l'utilisation de progiciels de gestion intégrée est monnaie courante dans les grandes entreprises, qui affichent un taux d'adoption de plus de 75 % (graphique 1.14). De fait, ces entreprises doivent généralement gérer des processus plus complexes et disposent de budgets suffisants pour investir dans des logiciels informatiques. À l'inverse, moins de 25 % des petites structures sont équipés de PGI, qui commencent à peine à devenir plus abordables.

Par ailleurs, les taux d'adoption des PGI varient sensiblement selon les pays. Ils s'échelonnent entre 44 et 92 % pour les grandes entreprises, et entre 7 et 41 % pour les plus

Graphique 1.14. **Écarts d'utilisation des progiciels de gestion intégrée, 2014**

En pourcentage des entreprises par classe de taille

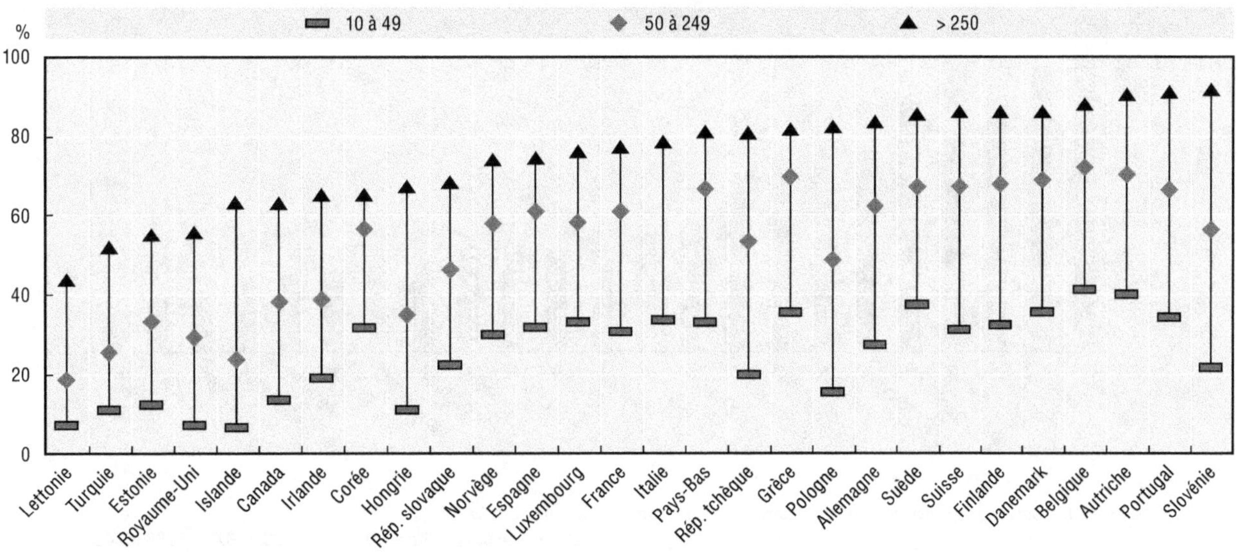

Note : Sauf indication contraire, la couverture sectorielle comprend l'ensemble des activités relevant du secteur manufacturier et des services marchands non financiers. Seules les entreprises de plus de dix salariés sont comptabilisées. Les classes de taille sont les suivantes : petites entreprises (10 à 49 salariés), entreprises moyennes (50 à 249 salariés) et grandes entreprises (250 salariés ou plus). Pour le Canada, les entreprises de taille moyenne ont un effectif compris entre 50 et 299 salariés, tandis que les grandes emploient 300 personnes ou plus. Les données relatives à la Corée se rapportent à 2013, celles de la Suisse, à 2011.

Source : OCDE, *Base de données sur les TIC* ; Eurostat, Statistiques sur la société de l'information et sources nationales, mars 2015.

StatLink http://dx.doi.org/10.1787/888933307426

petites. Si l'on observe les taux pour les entreprises de toutes tailles, la Belgique, l'Autriche, la Suède et le Danemark arrivent en tête, tandis que la Lettonie, l'Islande et le Royaume-Uni sont en fin de peloton (voir chapitre 3, graphique 3.4).

La diffusion de l'infonuagique dans les entreprises s'est accélérée au cours des dernières années, avec une adoption plus large dans les grandes entreprises

Parmi les nouvelles utilisations des TIC par les entreprises, l'infonuagique mérite une attention particulière. Le nuage transforme l'informatique en un modèle de services permettant d'accéder aux services, aux applications et aux ressources informatiques selon des modalités souples, évolutives et à la demande (OCDE, 2014c). De poste de dépense d'investissement, l'informatique devient alors un poste de dépenses d'exploitation.

La diffusion des applications et services d'infonuagique dans les entreprises s'est accélérée ces dernières années. En 2014, elles étaient 22 % à recourir à des services de ce type, dans des proportions allant de 50 % en Finlande à 6 % en Pologne (graphique 1.15). Dans la plupart des pays, le taux d'adoption est plus élevé dans les grandes structures (proche de 40 %) que dans les petites et moyennes entreprises (autour de 21 % et 27 %, respectivement). Seules la Suisse et la République slovaque font exception : les petites entreprises y affichent des taux supérieurs à ceux des grandes. Les choix d'investissement se portent plus fréquemment sur les services infonuagiques très évolués – logiciels de finance/comptabilité, solutions de gestion de la relation client (GRC), capacité de traitement –, que sur des services moins élaborés, à l'instar des solutions de messagerie, de bureautique ou d'archivage de fichiers (voir chapitre 3, graphique 3.6).

Graphique 1.15. **Utilisation de l'infonuagique par les entreprises, 2014**

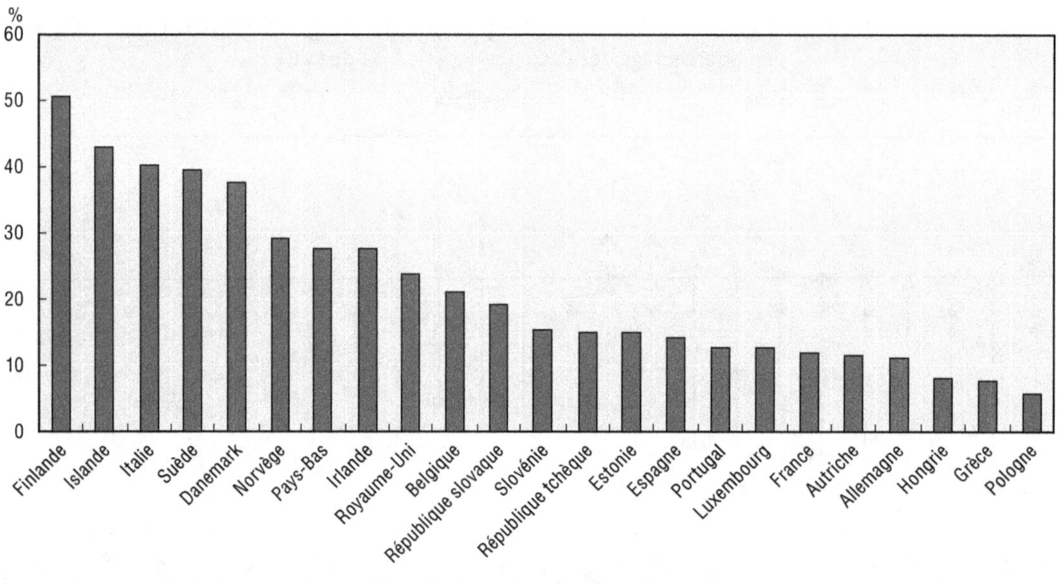

Source : Eurostat, Statistiques sur la société de l'information, janvier 2015.

StatLink http://dx.doi.org/10.1787/888933307430

Dans l'ensemble, les entreprises recourent de plus en plus aux TIC pour mener à bien leurs activités. Toutefois, des progrès restent à faire, notamment dans l'utilisation de services et d'applications TIC plus évolués. En particulier, les petites entreprises affichent un certain retard, avec des taux d'adoption faibles. Or les PME représentent une part importante de l'économie des pays de l'OCDE. Les décideurs ont donc un rôle essentiel à jouer pour les inciter à se tourner vers les TIC. Pour ce faire, ils doivent évaluer avec soin les freins à l'adoption des TIC, et y remédier en mettant en place des mesures de sensibilisation et de développement des compétences et en levant les obstacles juridiques qui empêchent les petites structures d'acheter et de vendre sur l'internet. En outre, les pays de l'OCDE affichent des taux d'adoption disparates. Dans la mesure où le recours aux TIC influe sur la productivité des entreprises, l'action des pouvoirs publics (ou son absence) peut avoir des incidences durables sur la productivité globale de l'économie. Il y a donc urgence, en particulier dans les pays affichant les taux d'adoption les plus faibles. La section suivante étudie plus avant l'adoption et l'utilisation des TIC par les particuliers.

Si la quasi-totalité des adultes de la zone OCDE utilisent l'internet, des différences existent selon l'âge et le niveau d'instruction

Les chiffres de 2014 montrent une généralisation de l'utilisation de l'internet parmi les adultes de la zone OCDE (graphique 1.16). De fait, 81 % de la population majeure y avaient accès, dont plus de 75 % l'utilise au quotidien. En 2013, plus de 40 % se connectaient à l'internet via un téléphone portable ou un smartphone.

Graphique 1.16. **Écarts d'utilisation de l'internet par groupe d'âge, 2014**

En pourcentage de la population dans chaque groupe d'âge

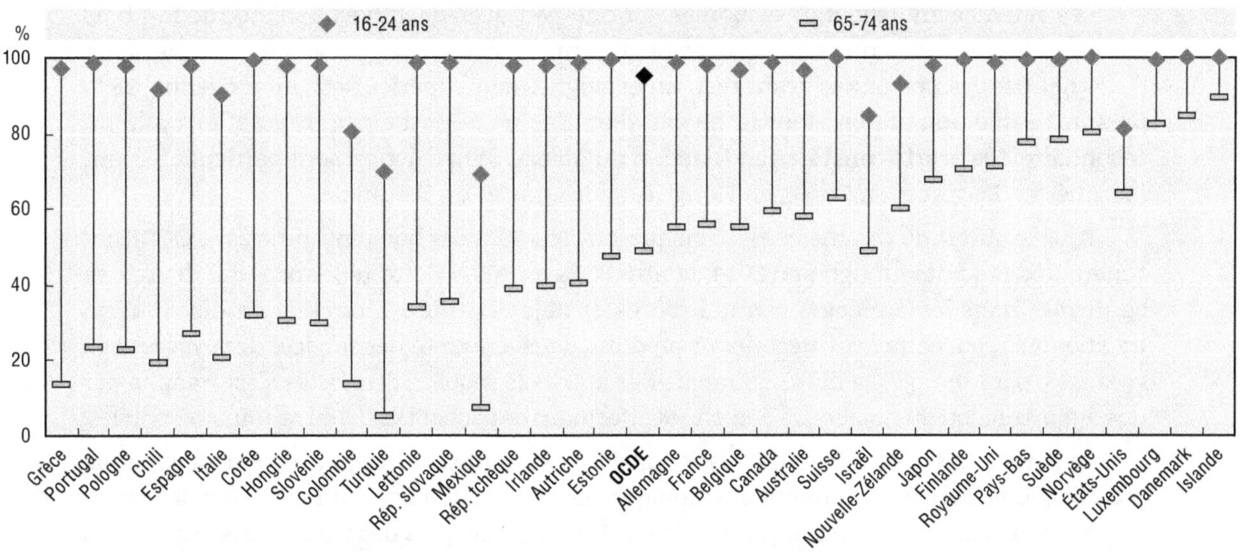

Note : Sauf indication contraire, la proportion d'utilisateurs de l'internet est calculée sur une période de référence de 12 mois. Pour la Suisse, la période de référence utilisée est de six mois. Pour les États-Unis, aucune période n'est indiquée. Toujours pour les États-Unis, les données portent sur les individus de 18 ans ou plus, dont le domicile est équipé d'un accès à l'internet, et sur les groupes d'âge 18-34 ans, et 65 ans ou plus (au lieu, respectivement, de 16-24 et 65-74). Ces données sont fournies par l'*US Census Bureau*. Pour l'Australie, les données se rapportent, non pas à 2013, mais à l'exercice 2012/13 (clôturé en juin 2013), et aux individus âgés de 65 ans ou plus, au lieu de 65-74 ans. Les données afférentes au Canada, au Japon et à la Nouvelle-Zélande, se rapportent à 2012 au lieu de 2014. Celles du Chili, d'Israël, des États-Unis et de la Colombie, concernent 2013. Pour Israël, les données du premier groupe d'âge vont de 20 à 24 ans, et non de 16 à 24. Pour la Colombie, les deux tranches d'âge correspondent aux 12-24 ans, et aux 55 ans ou plus, au lieu, respectivement, de 16-24 et 65-74. Les données pour le Japon concernent les 15-28 ans au lieu des 16-24, et les 60-69 ans au lieu des 65-74.

Source : OCDE, *Base de données sur les TIC* ; Eurostat, Statistiques sur la société de l'information et sources nationales, mars 2015.

StatLink http://dx.doi.org/10.1787/888933307441

Toutefois, on note des disparités selon les groupes d'âge et les niveaux d'instruction. Si, dans la plupart des pays, l'adoption est quasi universelle chez les jeunes, les générations plus âgées affichent des différences notables. Ainsi, dans la zone OCDE, plus de 95 % des

16-24 ans utilisaient l'internet en 2014, contre moins de 49 % des 65-74 ans. Les taux d'utilisation des 65-74 ans qui ont suivi des études supérieures sont généralement conformes à ceux de la population, tous groupes d'âge confondus ; dans les pays qui arrivent en tête, ils sont même proches des taux observés pour la tranche des 16-24 ans. En revanche, les écarts entre les 65-74 ans présentant les niveaux d'études les plus élevés et les plus bas sont particulièrement marqués en Espagne, en Hongrie et en Pologne (OCDE, 2014a).

La quasi-totalité des internautes utilisent le web pour envoyer des courriels et consulter l'actualité

L'utilisation de base de l'internet s'est généralisée à l'échelle de la zone OCDE. Sur la période 2013-14, en moyenne 87 % des internautes ont envoyé des courriels, 82 % ont recherché des informations sur des biens ou des produits, et 72 % ont consulté l'actualité (voir chapitre 3, graphique 3.9). Si 58 % des internautes ont passé commande sur l'internet, seuls 21 % ont vendu des produits en ligne. Ces activités varient peu d'un pays à l'autre, contrairement aux activités plus élaborées, telles que l'administration et le commerce électroniques, ainsi que les services bancaires en ligne. Par exemple, plus de quatre internautes sur cinq ont recours aux services bancaires en ligne en Finlande, contre moins d'un sur cinq en Grèce.

L'utilisation de l'internet pour des activités plus élaborées, associée à des niveaux d'instruction plus élevés, varie selon les pays de l'OCDE

Les activités en ligne plus élaborées vont de pair avec des niveaux d'instruction plus élevés et des infrastructures de services plus complexes. La palette d'activités menées sur l'internet par des personnes ayant reçu un enseignement supérieur est, en moyenne, 58 % plus large que pour celles dont le niveau d'études ne dépasse pas le premier cycle du secondaire. Les écarts constatés en fonction du niveau d'instruction sont particulièrement marqués en Belgique, en Corée, en Hongrie, en Irlande et en Turquie.

Pour ce qui est du commerce électronique, environ 50 % des habitants de la zone OCDE ont acheté des produits en ligne en 2014, contre 31 % en 2007. Cette tendance, qui devrait se confirmer dans les années à venir, a d'ores et déjà ébranlé les circuits de distribution traditionnels pour certaines catégories de produits, dans le secteur des services de voyages et de vacances, par exemple. La diffusion rapide des appareils mobiles connectés s'est traduite par une augmentation du nombre de personnes effectuant des achats via leurs terminaux mobiles.

La part des achats sur l'internet varie considérablement selon les pays et les catégories de produits, le recours au commerce électronique dépendant de l'âge, du niveau d'instruction, des revenus et de l'expérience des internautes. Par exemple, plus des trois quarts des adultes effectuent des achats en ligne au Danemark, en Norvège et au Royaume-Uni, contre 10 à 20 % au Chili et en Turquie, et moins de 5 % en Colombie et au Mexique.

Un nombre croissant de personnes reçoivent un enseignement ou une formation continue en ligne

Au cours des dernières années, les TIC ont permis d'élargir l'éventail des possibilités d'apprentissage, avec, notamment, le succès grandissant des cours en ligne ouverts et massifs. En 2013, 7.8 % des internautes au sein de l'Union européenne avaient suivi un cours en ligne, contre 4.7 % en 2007. Ce taux varie de 16 % en Finlande, à moins de 3 % en République tchèque (voir chapitre 3, graphique 3.13).

La section suivante aborde l'utilisation des services de l'administration électronique par les entreprises et les ménages, ainsi que le recours aux TIC par le secteur public lui-même.

Si les entreprises sont nombreuses à utiliser les services de l'administration électronique, en moyenne seuls 35 % des particuliers y recourent dans la zone OCDE, avec de profondes disparités entre les pays

Les services et applications de cyberadministration sont utilisés à la fois par les entreprises et les particuliers. Si de nombreux pays de l'OCDE ont mis en place une administration électronique, le degré d'interaction avec la population varie sensiblement d'un pays à l'autre.

En 2013, la grande majorité des entreprises de la zone OCDE (90 %) géraient en ligne leurs échanges avec les pouvoirs publics. Par rapport à 2010, la part des entreprises qui remplissent et soumettent les formulaires par voie électronique a augmenté de près de 20 points en Italie et en République tchèque, et de plus de 10 points en Irlande, en Norvège et en Nouvelle-Zélande.

Quant aux particuliers, leur utilisation des services de l'administration électronique est moindre. En 2013, 64 % des habitants de la zone OCDE y avaient recours pour obtenir des informations du secteur public, et télécharger, ou remplir et transmettre les formulaires en ligne. Toutefois, ce chiffre cache de profondes disparités entre les pays. Ainsi, en Islande, 88 % des particuliers utilisent les services de l'administration électronique, contre moins de 40 % au Chili, en Italie et en Pologne. Les taux d'adoption faibles s'expliquent généralement par une connectivité médiocre, une offre de services limitée, ainsi qu'un manque de compétences ou d'autres facteurs culturels. En outre, les utilisateurs de l'UE ont été confrontés à des problèmes tels que des défaillances de sites internet (24 % de l'ensemble des utilisateurs en 2013) ou des informations obsolètes (23 %). Autant de facteurs susceptibles de freiner l'utilisation des services de l'administration électronique.

Les pouvoirs publics s'appuient sur les technologies numériques pour passer d'une approche axée sur le citoyen à une démarche à l'écoute de ses besoins

Les gouvernements cherchent, quant à eux, à opérer une mutation du secteur public en s'appuyant sur les TIC. L'objectif est d'adopter une approche, non plus centrée sur le citoyen, mais à son écoute, ce qui implique que les particuliers et les entreprises déterminent leurs propres besoins et y répondent en partenariat avec les pouvoirs publics (voir chapitre 3, encadré 3.1).

Cette transformation trouve également un écho dans l'utilisation que les pouvoirs publics font des médias sociaux. De fait, la majorité des pays du monde entier exploitent ce nouveau canal pour communiquer et interagir avec la population. En novembre 2014, les cabinets des plus hautes instances de l'exécutif (chef de l'État, chef du gouvernement, voire gouvernement dans son ensemble) de 28 pays de l'OCDE sur 34 disposaient d'un compte Twitter, et 21, d'un compte Facebook. Résultat, certains gouvernements ont vu leur popularité monter en flèche (graphique 1.17).

Toutefois, de profondes incertitudes demeurent, au sein des institutions, quant à l'utilisation optimale des médias sociaux en dehors des communications « institutionnelles » (pour améliorer les services publics ou nouer des relations de confiance avec les citoyens, par exemple). Par conséquent, les mesures font défaut et servent rarement des objectifs pertinents. Qui plus est, les médias sociaux ne font pas nécessairement participer les groupes sociétaux au même titre, dans la mesure où, dans de nombreux pays de l'OCDE, leur utilisation reste liée au niveau d'instruction (OCDE, 2014d).

Graphique 1.17. **Classement des 30 administrations centrales les plus suivies sur Twitter**

En nombre d'abonnés au compte Twitter rapporté à la population nationale

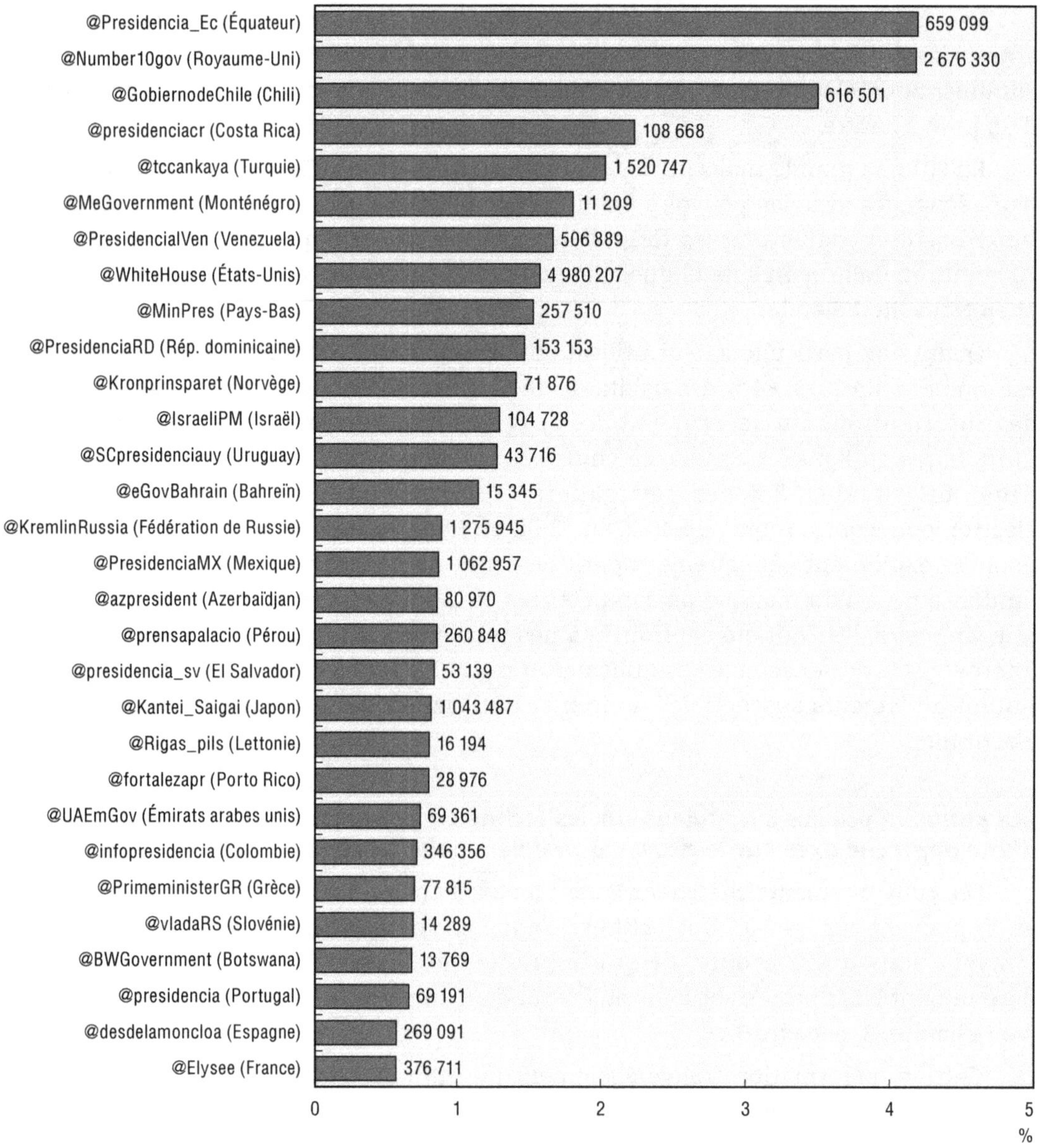

Note : Calculs de l'OCDE d'après les données Twiplomacy, juin 2014 (nombre d'abonnés) ; Banque mondiale (données de population 2013). Les comptes des chefs d'État, des chefs de gouvernement ou des gouvernements, sont pris comme un tout. Les comptes personnels ou politiques ne sont pas comptabilisés. Seul le compte le plus suivi de chaque pays est pris en considération. Les pays de moins de 500 000 habitants ne sont pas inclus.
Source : Androsoff et Mickoleit, 2015.

StatLink http://dx.doi.org/10.1787/888933307458

Les gouvernements prônent l'ouverture des données publiques afin de renforcer la transparence du secteur public et d'optimiser les bienfaits sociétaux et économiques

Autre priorité des gouvernements, l'ouverture des données publiques constitue un vecteur essentiel de transformation des services publics et conduit les administrations à adopter une approche fondée sur les données et inclusive. De nombreux gouvernements placent les données ouvertes au cœur de leur stratégie de renforcement de la transparence du secteur public et d'optimisation des bienfaits sociétaux et économiques. La réutilisation de ces données permet aux entrepreneurs de créer de nouveaux types de contenus et de services commerciaux, aux particuliers, de prendre des décisions plus éclairées, et aux administrations, de travailler de concert avec les citoyens pour améliorer les espaces publics. Néanmoins, de nombreuses questions juridiques, institutionnelles et stratégiques restent à résoudre ; c'est à cette condition que les pouvoirs publics et les citoyens pourront tirer pleinement parti de l'utilisation des données pour transformer les opérations, les services et l'élaboration des politiques.

1.5. Des modèles économiques nouveaux et en mutation

Depuis plusieurs années, les entreprises, les pouvoirs publics et différents groupes sociétaux se tournent de plus en plus vers les TIC. Néanmoins, le potentiel d'adoption et d'utilisation reste considérable, en particulier si l'on considère l'usage des TIC plus évoluées à l'échelle de l'économie et de la société. Exploiter ce potentiel sera à l'avenir essentiel pour libérer la croissance économique et sociale. Plusieurs tendances vont dans le sens de la généralisation des TIC et de l'émergence de nouvelles entreprises : pénétration accrue des smartphones, essor des réseaux sociaux mobiles et accélération de la production de données. Cette section passe au crible ces tendances et les modèles économiques qui se font jour.

La pénétration accrue des smartphones, l'essor des réseaux sociaux mobiles et l'accélération de la production de données ouvrent la voie à de nouveaux modèles économiques

La pénétration accrue, alliée à l'intensification de l'utilisation des smartphones dans la société, le succès croissant des réseaux sociaux mobiles et la production de données ouvrent la voie à l'émergence de nouveaux modèles au sein de l'économie numérique, et continuent de révolutionner les secteurs traditionnels, des transports à l'énergie, en passant par les médias, ou encore la banque.

Entre 2012 et 2013, l'adoption des smartphones dans les pays de l'OCDE a bondi de 30 %, avec un plus haut à 73 % en Corée et une moyenne à près de 50 % en 2013. Les particuliers utilisent désormais leurs appareils pour un éventail de plus en plus large d'activités et avec une fréquence croissante, y compris pour des activités menées jusqu'alors depuis leur ordinateur – navigation sur l'internet, utilisation de la messagerie ou accès aux réseaux sociaux. À cela s'ajoute une croissance rapide des activités plus élaborées, telles que les services bancaires en ligne, ou les achats et la recherche d'emploi sur mobile. Nombre de ces activités se font via des applications mobiles dédiées. D'ailleurs, les applications à succès spécialisées dans les voyages, la mobilité et le commerce en ligne sont toutes relativement récentes (TechCrunch, 2014), ce qui témoigne de l'influence croissante, sur les secteurs traditionnels, des services numériques sur applications mobiles.

Les réseaux sociaux ont eux aussi largement investi l'univers mobile. En 2013, plus de 40 % des particuliers des pays de l'OCDE utilisaient leurs smartphones plusieurs fois par jour pour y accéder. Des composantes clés des réseaux sociaux, telles que les identités numériques, le partage de contenus et les mises à jour fréquentes de statut, donnent naissance à de nouveaux modèles économiques, qui s'appuient notamment sur la consommation collective dans l'économie du partage et étudient les perspectives de production collaborative.

De nombreuses applications mobiles ne se contentent pas d'exploiter des données : elles en produisent également elles-mêmes. Ces données peuvent alors être utilisées par des entreprises pour offrir des services innovants. Tel est le cas, en particulier, des données de géolocalisation générées à partir des smartphones. Nombre de services et d'applications mobiles les collectent et les utilisent (généralement en temps réel), à des fins de cartographie numérique, par exemple. En 2013, 68 % des détenteurs de smartphones de la zone OCDE ont recherché des itinéraires ou consulté des cartes à partir de leurs terminaux, un chiffre en hausse de 18 % par rapport à 2012 (graphique 1.18 ; chapitre 3, graphique 3.16). Au-delà de leur exploitation à des fins de services de cartographie numérique sur mobile, les données de géolocalisation en temps réel donnent lieu à la création de nouveaux services dans des domaines tels que la mobilité partagée et le commerce de détail multicanal.

Graphique 1.18. **Utilisation de services géodépendants sur smartphones, 2013**

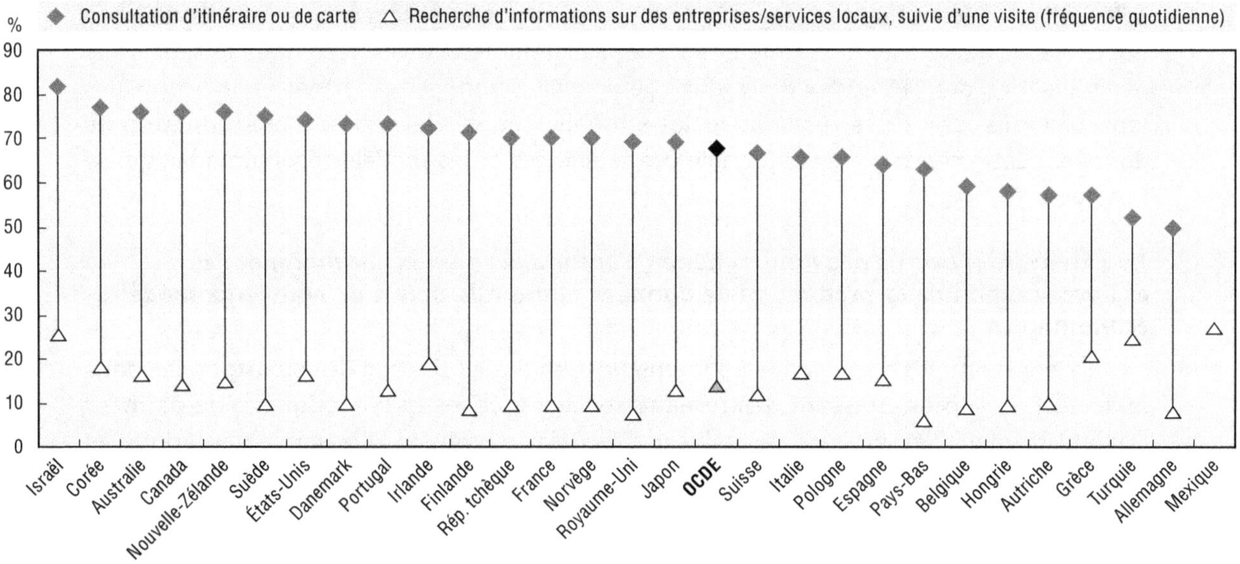

Note : Aucune donnée disponible pour le Chili, l'Estonie, l'Islande, le Luxembourg, la République slovaque et la Slovénie. L'échantillon couvre les particuliers qui utilisent un smartphone et consultent l'internet de façon générale.
Source : Our Mobile Planet, 2013.

StatLink http://dx.doi.org/10.1787/888933307467

Ces évolutions influent sur les entreprises historiques présentes sur des marchés établis et ouvrent la voie à l'émergence de nouveaux modèles économiques. Les sections suivantes examinent les modèles qui se font jour dans les secteurs du commerce de détail, de la banque, de la santé et de la consommation collective.

De nombreuses entreprises adoptent des stratégies de vente multicanal et se lancent dans le commerce mobile

Un nombre croissant de particuliers de la zone OCDE utilisent leurs smartphones pour acheter des biens et des services. La part des utilisateurs ayant passé commande à partir d'un terminal mobile a progressé de 24 % en 2001 à 38 % en 2013, une tendance qui devrait se poursuivre dans les années à venir. Par ailleurs, la consultation d'informations sur les produits depuis un smartphone influe sur les décisions d'achat, que ce soit en ligne ou en magasin. Du point de vue du consommateur, le commerce mobile et la consultation d'informations sur les produits sont synonymes de davantage de choix et de commodité, et de coûts de transaction réduits, en particulier au niveau de la recherche de produits.

Les entreprises répondent à ces évolutions en alliant commerce traditionnel et cyberprésence. La vente multicanal a des effets variables, en particulier pour les PME qui dépendent de plus en plus des intermédiaires du commerce électronique. D'un côté, ces intermédiaires permettent d'atteindre un public plus large et facilitent la vente en ligne en offrant différents services tout au long de la chaîne commerciale. D'un autre côté, la taille de certains intermédiaires peut constituer un obstacle à l'entrée des PME.

Les PME recourent peu au commerce électronique du fait de la présence d'obstacles commerciaux et réglementaires, auxquels s'ajoute une certaine défiance des consommateurs, en particulier à l'égard des achats transnationaux

Dans l'ensemble, les PME ont été, jusqu'à présent, peu nombreuses à se tourner vers le commerce électronique, en particulier à l'échelle internationale. Plusieurs raisons à cela : réticence des consommateurs à l'égard des achats transnationaux, obstacles commerciaux et réglementaires (coûts administratifs liés aux formalités douanières, droits de douane élevés, protection inadaptée des droits de propriété), ou encore fonds de roulement insuffisant pour financer les exportations peuvent entrer en ligne de compte. Les mesures prises par les pouvoirs publics pour réduire ces freins seront particulièrement bénéfiques aux PME, qui disposent généralement de ressources limitées pour les surmonter.

Les banques de détail assistent à un essor de la demande de services bancaires en ligne et mobiles, et sont peu à peu concurrencées par les banques en ligne et les plateformes de prêt entre particuliers

Les banques de détail sont confrontées à une évolution progressive de la demande vers les services bancaires en ligne et mobiles, et à la concurrence nouvelle des plateformes de prêt entre particuliers ou, plus récemment, des modèles d'échange de devises entre particuliers. Pour l'heure, les plateformes de pair à pair ne sont pas suffisamment développées pour représenter une réelle menace, mais les tendances actuelles laissent à penser qu'elles pourraient révolutionner le secteur bancaire.

Plus de la moitié des internautes des pays de l'OCDE ont recours à des services bancaires en ligne, et les services mobiles gagnent du terrain. En 2013, 60 % des internautes de la zone OCDE ont utilisé les services bancaires en ligne, contre 42 % en 2011 et 31 % en 2007 (OCDE, 2012, 2014a). Quant aux services mobiles, ils ont connu une croissance comparable, passant de 35 % des utilisateurs de smartphone en 2012 à 47 % en 2013 (voir chapitre 3, graphique 3.18).

L'essor des services bancaires en ligne et mobiles modifie les frontières du marché et les paramètres de la concurrence au sein du secteur bancaire traditionnel. Face à la concurrence accrue des banques en ligne, les établissements traditionnels peuvent soit se spécialiser dans des services à des clientèles locales particulières (les agriculteurs, par exemple), soit intensifier leurs efforts pour affronter la concurrence sur l'internet, un choix relativement coûteux. L'évolution qui se profile va dans le sens d'une réduction du nombre d'agences locales – aux États-Unis, 20 % des succursales locales devraient disparaître à l'horizon 2020 –, avec, pour principales victimes, les banques régionales et de proximité (PWC, 2014a).

Les plateformes de prêt entre particuliers tendent à offrir de meilleurs rendements que les banques traditionnelles et ne sont généralement pas réglementées

Les banques de détail sont confrontées à une autre forme de concurrence : celle des plateformes de prêt entre particuliers, qui se sont multipliées à la faveur des taux d'intérêt particulièrement bas (*Economist*, 2014). Elles mettent en relation emprunteurs et prêteurs, essentiellement par le biais d'enchères en ligne, et tendent à offrir des rendements supérieurs à ceux de la plupart des banques. Jusqu'à présent, elles ciblent avant tout le marché du crédit à la consommation. Toutefois, plus récemment, des plateformes comme Funding Circle ont commencé à s'intéresser aux prêts aux petites entreprises. Elles n'ont pas, pour l'instant, été confrontées à des situations économiques difficiles. Si elles continuent d'afficher une croissance soutenue et s'avèrent capables de faire face aux incertitudes économiques, elles pourraient devenir un concurrent redoutable sur les marchés du crédit à la consommation.

Jusqu'à présent, les autorités de réglementation se sont peu intéressées aux prêts entre particuliers. Seule une poignée de pays, dont le Royaume-Uni, a pris les devants en réglementant les plateformes de prêt. Ainsi, le cadre réglementaire britannique aborde des aspects importants du financement participatif sur l'internet, notamment les exigences minimales de fonds propres, les procédures de règlement des litiges, les règles de protection des avoirs des clients, les règles de divulgation et de reporting, ainsi que les arrangements futurs relatifs au service des prêts.

La masse de contenus numériques va croissant, mais la dématérialisation n'en est qu'à ses débuts

Avec la mise en ligne croissante de contenus numériques, la consommation continue de progresser. Par exemple, Spotify, un service de diffusion de musique en flux, propose plus de 20 millions de titres sous licence dans le monde, et enrichit chaque jour son catalogue de plus de 20 000 titres en moyenne[42]. Quant à l'iTunes Store, disponible dans 119 pays, il propose une sélection de plus de 26 millions de chansons (Apple, 2013). Toutefois, malgré les mutations intervenues sur les principaux marchés de contenus, la dématérialisation n'en est qu'à ses débuts, en particulier dans le domaine des vidéos et des livres (graphique 1.19).

Graphique 1.19. **Part du numérique dans les différents marchés de contenus, États-Unis et UE, 2013**

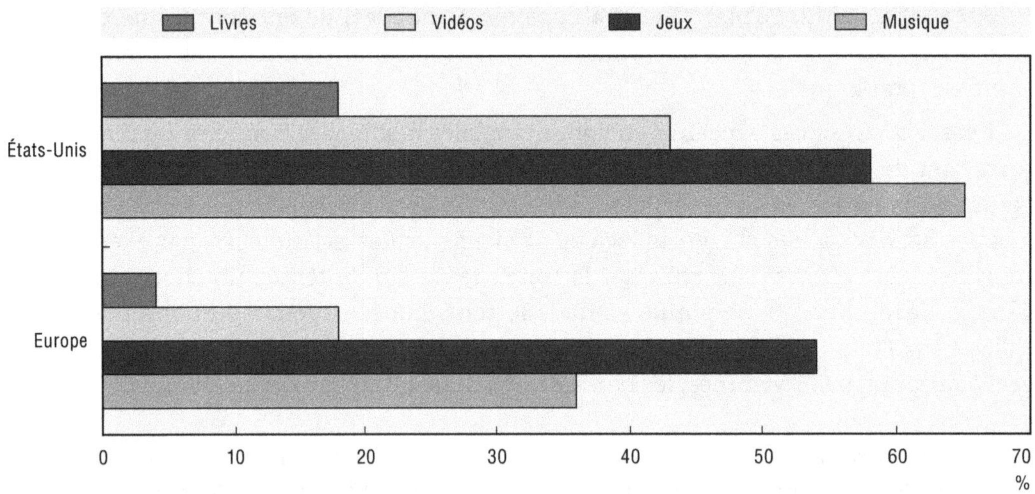

Source : IDATE, 2014.

StatLink http://dx.doi.org/10.1787/888933307470

Les contenus créés par les utilisateurs, en particulier les images et les vidéos, poursuivent leur croissance soutenue. YouTube, par exemple, a indiqué, mi-2014, que 100 heures de vidéo étaient mises en ligne chaque minute sur le site[43]. Les contenus numériques sont de plus en plus souvent consommés et partagés via des terminaux mobiles.

La télévision connaît une profonde mutation, avec la mise en ligne de contenu audiovisuel et la croissance rapide des recettes publicitaires des marchés de contenus numériques

Les services télévisuels connaissent eux aussi une profonde transformation, marquée à la fois par une diffusion sur l'internet ciblée sur les individus et une plus grande souplesse. Le contenu audiovisuel ainsi mis en ligne permet aux utilisateurs de visionner les films et les programmes de leur choix, à tout moment et à partir de n'importe quel terminal. Netflix, par exemple, propose, aux États-Unis, plus de 10 000 films et émissions télévisuelles via sa plateforme de diffusion de vidéos en flux à la demande[44]. L'accès à ces offres se fait de plus en plus à partir des terminaux mobiles. En novembre 2014, les Américains ont, pour la première fois, passé plus de temps sur leurs appareils mobiles (177 minutes par jour en moyenne) que devant un poste de télévision (168 minutes) (Flurry, 2014).

Cette évolution va de pair avec une hausse de la publicité, source de revenus majeure de plusieurs marchés de contenus numériques. Les recettes générées par la publicité en ligne s'élevaient à 117 milliards USD en 2013 et devraient dépasser 190 milliards USD d'ici 2018, réduisant ainsi l'écart avec les recettes totales de la publicité télévisée. Les liens promotionnels représentent la part la plus importante de la publicité en ligne (48 milliards USD en 2013), suivis de la publicité vidéo et mobile, avec des taux de croissance annuels composés de 23.8 % et 21.5 % respectivement (PwC, 2014b). À l'heure actuelle, Google domine le marché de la publicité sur l'internet et s'impose, avec Facebook, sur le segment de la publicité mobile (voir chapitre 3, graphique 3.20), ce qui pourrait, à l'avenir, poser des problèmes de concurrence.

Les applications pour smartphones ont permis le développement rapide du marché de la santé sur mobile, avec, à la clé, un essor de l'autosurveillance et un élargissement de la collecte de données médicales

La convergence des technologies de communication sans fil et des dispositifs médicaux, alliée à l'utilisation croissante des smartphones à des fins de surveillance médicale, sont en passe de révolutionner le secteur de la santé et d'ouvrir de nouveaux marchés à fort potentiel de croissance.

Les smartphones, en particulier, offrent un potentiel de développement sans précédent, à grande échelle et à moindre coût, de l'autosurveillance, de la remontée d'informations, de l'autogestion et du soutien clinique. Les données collectées peuvent être exploitées pour donner lieu à des interventions hautement personnalisées ; elles peuvent également être stockées dans des bases de données volumineuses susceptibles de dynamiser la recherche et l'innovation médicales.

On assiste depuis quelques années à un essor rapide du marché des applications mobiles de santé et de bien-être. Le nombre d'applications disponibles sur les deux plateformes phares, iOS et Android, a plus que doublé en seulement deux ans et demi – on en comptait plus de 100 000 au premier trimestre 2014 – (research2guidance, 2014). En 2012, aux États-Unis, 69 % des détenteurs de smartphones déclaraient surveiller au moins un indicateur de santé, que ce soit leur poids, leur alimentation ou leur activité physique (Fox et Duggan, 2013).

Selon certaines estimations, le marché mondial des applications mobiles de santé pourrait peser 23 milliards USD en 2017, l'Europe représentant 6.9 milliards USD et l'Asie-Pacifique, 6.8 milliards USD, devant l'Amérique du Nord, avec 6.5 milliards USD (GSMA et PwC, 2012). D'ici 2017, la santé sur mobile pourrait permettre d'économiser au total 99 milliards EUR de dépenses de santé à l'échelle de l'Union européenne. Les économies les plus importantes devraient être réalisées dans les domaines du bien-être et de la prévention (69 milliards EUR), et du traitement et de la surveillance (32 milliards EUR) ; à cela devrait s'ajouter une augmentation de la masse salariale du secteur de 6.2 milliards EUR (GSMA, 2013).

Les pouvoirs publics manifestent un intérêt croissant pour les dossiers médicaux électroniques et de nombreux pays de l'OCDE ont adopté un plan national pour mener à bien leur mise en œuvre

L'utilisation accrue des TIC dans le domaine de la santé s'est traduite par une croissance rapide du volume de données numériques disponibles. Au cours des dix dernières années, en particulier, les pays de l'OCDE ont manifesté un intérêt croissant pour les dossiers médicaux électroniques (DME). En 2011-12, la plupart des pays (à savoir 22 sur 25) avaient adopté un plan ou une politique destinés à en encadrer la mise en œuvre ; ceux-ci étaient déjà opérationnels dans la majorité d'entre eux (20 pays) (OCDE, 2013b). Dans certains pays, les systèmes de DME contiennent des données relatives aux principales caractéristiques et pathologies des patients, ainsi qu'à l'historique de leurs interactions avec le système de soins et des traitements prescrits par les différents prestataires (voir chapitre 3, graphique 3.21). L'intérêt majeur de la mise en place de tels systèmes est d'ouvrir la voie à des analyses secondaires des données afin de suivre et de réaliser des travaux de recherche, le but étant d'améliorer la santé de la population, ainsi que la qualité, la sécurité et l'efficience des soins. L'une des utilisations secondaires les plus couramment avancées a trait au suivi de la santé publique et des performances du système de soins. Quatorze pays ont également fait part de leur intention de permettre aux praticiens de lancer des requêtes sur les données pour étayer leurs décisions de traitement.

La naissance de nouvelles entreprises dans les domaines de la mobilité urbaine et de la location de logements de particuliers ouvre la voie à une consommation collaborative de biens privés, qui soulève de nouvelles questions réglementaires

Un autre ensemble de modèles économiques innovants a vu le jour ces dernières années, sous l'appellation « économie du partage ». Il ouvre la voie à la consommation collective de biens privés durables en donnant accès aux biens présentant des capacités excédentaires.

Les principaux acteurs de l'économie du partage sont les plateformes qui proposent, par exemple, la location de courte durée d'espaces, essentiellement des logements privés. Si l'échange de maisons n'est pas nouveau, les plateformes comme Airbnb, qui ont démocratisé la location de logements entre particuliers, ont rencontré un succès d'une rapidité et d'une ampleur sans précédent. La mobilité urbaine est le deuxième marché sur lequel les modèles de l'économie du partage ont fait une entrée remarquée. Les services de mobilité partagée vont de la location de véhicules privés (Zipcar) aux services de covoiturage et de VTC (Uber, Lyft, blablacar), en passant par le stationnement (justpark), l'autopartage sans station (Car2go, DriveNow) et la location de véhicules avec station, qu'il s'agisse de voitures (Autolib') ou de vélos (Velib'). Si ces services sont plébiscités par les utilisateurs, leur incidence sur la mobilité urbaine reste à évaluer (voir également le chapitre 3).

Plusieurs facteurs ont facilité l'émergence de ces biens, de la pénétration accrue de l'internet mobile ubiquitaire à l'accès à des données de géolocalisation disponibles en temps réel, en passant par l'essor des réseaux sociaux et la mise en ligne des avis. À cela s'ajoutent les conditions économiques difficiles, qui peuvent avoir incité les citoyens à saisir les opportunités de valoriser leurs actifs, et aux consommateurs, à profiter d'offres meilleur marché.

De nombreux modèles d'entreprises de l'économie du partage se fondent actuellement sur l'autorégulation, notamment via les avis et évaluations. S'ils incitent les deux parties à tenir leurs engagements, ils présentent également plusieurs inconvénients : faibles taux de réponse, informations incomplètes, voire avis trompeurs.

Bien que l'économie du partage présente des avantages pour les consommateurs – large éventail de services et prix moins élevés –, les modèles économiques ne sont pas toujours cohérents avec les lois et réglementations en vigueur, adoptées à une époque où les technologies sous-jacentes n'existaient pas encore. D'où une levée de bouclier des associations professionnelles, qui crient à la concurrence déloyale ; des syndicats, préoccupés par l'absence de statut clairement défini pour les employés des nouvelles entreprises ; et des décideurs, soucieux de protéger consommateurs et travailleurs. À tel point que ces activités ont été interdites dans certains pays ou certaines villes.

Les pouvoirs publics sont donc mis au défi d'élaborer des lois et réglementations assurant une protection efficace des consommateurs et des travailleurs, adaptée à ce nouvel environnement économique, tout en optimisant les bienfaits potentiels de l'économie du partage. En outre, la mutation qui s'opère crée des possibilités de coopération étroite entre différents ministères, notamment ceux qui sont compétents en matière de transports, d'économie et de TIC.

Les entreprises recourent à la contribution participative pour de multiples activités, telles que la création d'idées, le développement de produits et le marketing

Au même titre que l'économie du partage, qui a trait à la « consommation collective », la contribution et le financement participatifs offrent deux exemples intéressants de « production collaborative ». Les grandes entreprises et les entrepreneurs ont de plus en plus recours à ces pratiques, notamment à des fins de prêts de pair à pair, qui peuvent également être utiles aux PME.

Le principe de la « contribution participative » (ou *crowdsourcing*) peut s'appliquer à un large éventail d'activités, dont les plus courantes concernent l'émergence d'idées nouvelles, la résolution de problèmes, la conception et le développement de produits, ainsi que le marketing et la publicité (Simula et Ahola, 2014). Les grandes entreprises et organisations telles qu'IBM, General Electric, la NASA, la DARPA ou l'USAID tendent à lancer des initiatives de contribution participative au sein de leurs réseaux internes. Les entreprises de plus petite taille, qui n'ont ni l'échelle ni les ressources suffisantes pour l'organiser en interne, se tournent vers les communautés externes, le plus souvent par l'entremise d'une plateforme dédiée. La contribution participative prend alors la forme d'une compétition, au terme de laquelle un prix est décerné à la solution qui remporte la victoire. Néanmoins, les plateformes de collaboration en ligne, à l'instar de Wikipedia, ou de cocréation, comme Quirky, sont encore rares.

Si la contribution participative à des fins de développement de produits est relativement peu répandue, certaines entreprises en font un usage intensif, avec des résultats probants (graphique 1.20). L'approche la plus courante consiste à solliciter la participation et recueillir l'avis des clients par le biais des médias sociaux (voir chapitre 3, graphique 3.22). Dans les 28 pays de l'UE, près de 10 % des entreprises associent leurs clients au développement de biens et de services ou aux activités d'innovation. Autre exemple illustratif, le fabricant chinois de smartphones, Xiaomi, lance, chaque semaine, une nouvelle version de son logiciel MIUI intégrant les retours d'informations de ses utilisateurs. Les clients soumettent des suggestions et votent les modifications à apporter, via Weibo, l'équivalent chinois de Twitter (*Economist*, 2013).

Graphique 1.20. **Participation des clients au développement de produits, 2013**

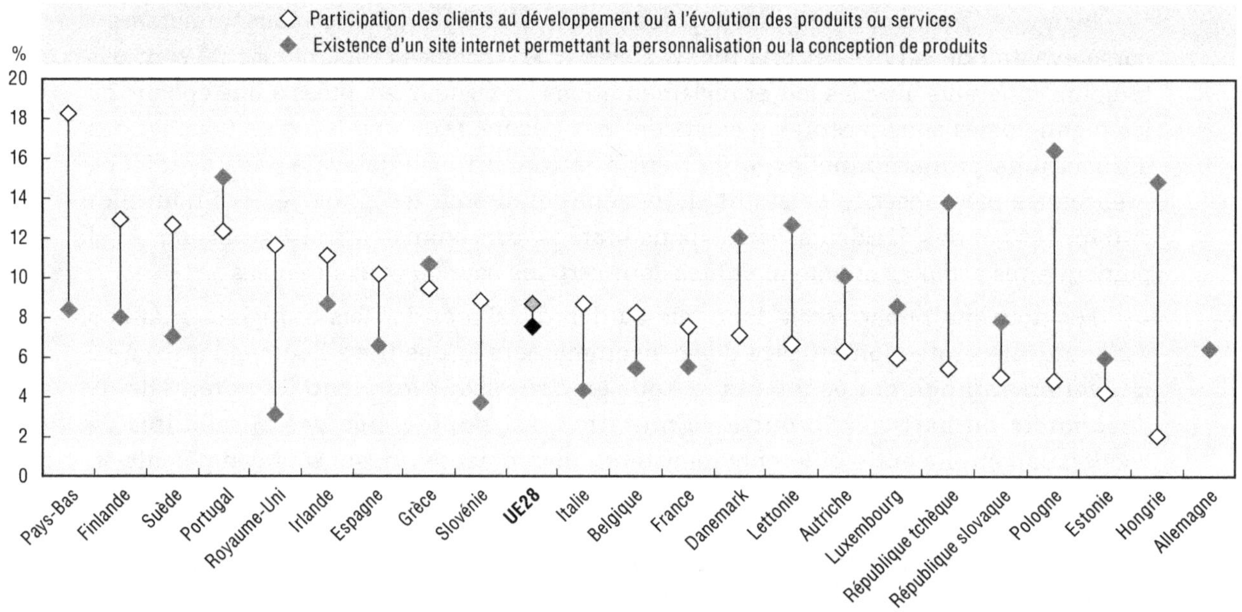

Note : Sauf indication contraire, la couverture sectorielle comprend l'ensemble des activités du secteur manufacturier et des services marchands non financiers. Seules les entreprises de plus de dix salariés sont comptabilisées.
Source : Eurostat, Statistiques sur la société de l'information, janvier 2015.

StatLink http://dx.doi.org/10.1787/888933307487

Jusqu'à présent, la contribution participative n'est pas réglementée dans les pays de l'OCDE. Néanmoins, il conviendra à l'avenir de traiter un certain nombre de problématiques, notamment en matière d'emploi (il s'agira notamment de définir des règles relatives à l'emploi et la rémunération des personnes qui collaborent en ligne) et de propriété intellectuelle.

Le financement participatif permet un apport de fonds supplémentaires lors de la phase de démarrage des startups, mais il conviendrait de clarifier le cadre réglementaire afin d'en optimiser le potentiel et d'en minimiser les risques

Le terme « financement participatif » (ou *crowdfunding*) désigne différentes plateformes proposant des types de financement variés : prêts de pair à pair, dons ou financements avec contrepartie non financière, et prise de participation dans l'entreprise (investissement).

Au cours des dernières années, le marché du financement participatif a affiché une croissance soutenue, tirée principalement par le financement sans prise de participation. Il est particulièrement répandu aux États-Unis et en Europe, qui représentaient respectivement 60 % et 35 % du marché en 2012 (Massolution, 2013).

Les plateformes de financement sans prise de participation (dons avec ou sans récompense) offrent des opportunités aux innovateurs, tout en faisant courir des risques limités aux donateurs, dont la contribution est moins motivée par l'aspect financier que par l'intérêt qu'ils portent au (futur) produit (Belleflamme et Lambert, 2014).

Les possibilités que les plateformes de financement avec prise de participation offrent aux entrepreneurs et aux investisseurs doivent être examinées à la lumière des risques encourus. Compte tenu des perspectives qu'ouvrent ces sources supplémentaires pour financer la phase de démarrage des startups, il convient d'établir un cadre réglementaire clair, afin de minimiser les risques et de libérer le potentiel du financement participatif (Wilson et Testoni, 2014). À ce jour, peu de pays s'y sont attelés. En Europe, deuxième marché mondial, un certain nombre de réglementations nationales doivent être clarifiées. Les États-Unis ont pour leur part adopté un cadre législatif complet régissant ce mode de financement, via le *Jumpstart Our Business Startups (JOBS) Act*, actuellement mis en œuvre.

1.6. L'internet des objets

De la même manière que l'utilisation de l'internet en tant que plateforme numérique a donné naissance à l'économie du partage, la possibilité de connecter tout dispositif ou objet intelligent ouvre la voie à l'« internet des objets ». Cette nouvelle ère aura une influence majeure sur de multiples secteurs de l'économie, de l'automatisation industrielle à la fourniture d'énergie, en passant par les transports (voir chapitre 6).

Dans les années à venir, des milliards de dispositifs seront connectés à l'internet. Certes, la notion d'objets communicants date de plusieurs décennies, mais la révolution des smartphones en a fait une réalité. De fait, smartphones et tablettes offrent une interface intuitive et omniprésente, qui permet aux utilisateurs d'interagir avec les équipements et objets connectés. En outre, la demande de smartphones a atteint une telle échelle qu'elle a conduit à une chute vertigineuse des coûts des différents composants qu'ils intègrent – écrans, capteurs, processeurs et autres interfaces réseau.

Aux fins du présent rapport, le terme « internet des objets » (IDO) est appréhendé dans une acception large couvrant l'ensemble des dispositifs et objets dont l'état peut être lu ou modifié via l'internet, avec ou sans intervention humaine active. Sont donc concernés les ordinateurs portables, routeurs, serveurs, tablettes et smartphones, souvent considérés comme faisant partie de l'« internet traditionnel ». Toutefois, dans la mesure où ils jouent un rôle essentiel dans la définition, la lecture et l'analyse de l'état des dispositifs IDO, ils ont été pris en compte.

L'internet des objets intègre une série de composantes d'égale importance – communication de machine à machine, infonuagique, analyse des données massives, et capteurs et actionneurs. Leur association ouvre la voie à l'apprentissage automatique, au contrôle à distance et, à terme, aux machines et systèmes autonomes, qui seront capables de s'adapter et d'optimiser leur propre fonctionnement.

De nombreuses prévisions ont été formulées quant à l'évolution de l'internet des objets. Celles d'Ericsson sont les plus couramment citées : établies en 2010, elles tablaient sur 50 milliards de dispositifs connectés à l'horizon 2020. En 2009, Intel estimait pour sa part que 5 milliards d'appareils étaient d'ores et déjà connectés à l'internet, et que le parc passerait à 15 milliards d'ici 2015. En 2012, l'OCDE a publié ses propres estimations de l'adoption de l'IDO au domicile des utilisateurs, afin de vérifier certains chiffres avancés. À l'heure actuelle, dans les pays de l'OCDE, un foyer type de quatre personnes dont deux adolescents dispose en moyenne de dix dispositifs connectés à l'internet, à domicile ou à proximité. On estime que ce chiffre pourrait s'élever à 50 d'ici 2022. Dans la zone OCDE, le nombre d'appareils connectés passerait alors de plus d'un milliard aujourd'hui à 14 milliards à l'horizon 2022. Il reste néanmoins difficile de déterminer le nombre réel d'équipements connectés, les pays commençant à peine à collecter des données à cet effet.

Les pouvoirs publics ont pris conscience des bienfaits potentiels de l'internet des objets et adopté des réglementations dans des domaines tels que les politiques de numérotation et de gestion du spectre

Un certain nombre de gouvernements ont adopté des réglementations qui s'appuient sur l'internet des objets pour atteindre les objectifs de l'action publique. Par exemple, les administrations peuvent s'appuyer sur l'IDO pour gérer les espaces publics d'une manière plus efficiente, plus efficace, voire différente. Grâce à la télésurveillance des feux de signalisation ou des digues, les autorités sont en mesure d'optimiser les conditions de circulation et de mieux appréhender les risques d'inondation. Par ailleurs, elles peuvent mettre en place des solutions innovantes pour réaliser les objectifs d'action. Ainsi, l'utilisation du GPS et des communications mobiles permet de réduire les embouteillages via la mise en place de péages, avec une tarification selon l'heure et la distance parcourue, ce qui est plus difficile avec des moyens traditionnels. De même, le recours aux compteurs intelligents donne lieu à des marchés plus décentralisés et une plus grande prise de conscience de la consommation énergétique par les usagers. Analystes et pouvoirs publics attendent beaucoup des dispositifs de santé en ligne permettant une télésurveillance des patients, à domicile ou sur le lieu de travail. Toutefois, pour l'instant, seule une poignée de ces dispositifs est disponible sur le marché – une situation semble-t-il imputable non pas à un manque de recherche ou d'engagement des pouvoirs publics, mais, davantage, à des difficultés de mise en œuvre.

Les atouts potentiels de l'internet des objets sont mis en avant dans un nombre croissant de politiques publiques, soit en tant qu'outil pour atteindre les objectifs, soit comme domaine de recherche. Si les approches varient d'un pays à l'autre, on peut néanmoins dégager quelques exemples. En particulier, certains pays ont entrepris d'évaluer l'adéquation entre les politiques en place et les perspectives d'avenir. Ainsi, au Royaume-Uni, Ofcom a lancé une consultation sur les implications de l'internet des objets pour la politique de numérotation et de gestion du spectre (Ofcom, 2014). Les Pays-Bas, premier pays à avoir libéralisé l'attribution des numéros d'abonné IMSI enregistrés sur les cartes SIM, ont pour leur part lancé une consultation sur des mesures complémentaires en matière d'attribution des codes de points sémaphores nécessaires au routage du trafic sur les réseaux mobiles.

Les pouvoirs publics doivent encore résoudre plusieurs problématiques telles que la confiance, le nommage et l'attribution des numéros, ou la normalisation

Face à l'évolution de l'internet des objets, les pouvoirs publics vont devoir déployer des efforts conséquents pour réévaluer et revoir bon nombre de politiques. Tel pourrait être le cas des réglementations afférentes au nommage et à la numérotation, en particulier à l'attribution des numéros utilisés sur les réseaux mobiles, où la poursuite de la libéralisation et l'accès des réseaux privés pourraient être des vecteurs d'avantages économiques non négligeables. Il conviendra également d'examiner les politiques régissant l'utilisation des numéros « nationaux » à l'échelle internationale. La gestion du spectre représente un autre domaine clé, les besoins liés au développement de l'internet des objets restant, à ce jour, flous. L'utilisation de bandes harmonisées à l'échelle mondiale, serait préférable, mais semble difficile à concrétiser. La normalisation pose également un défi, dans la mesure où l'internet des objets couvre des domaines divers, des couches techniques aux processus d'entreprise, voire aux décisions prises par les pouvoirs publics. Les normes existantes sont par conséquent fragmentaires. Enfin, l'omniprésence et la longévité de l'internet des objets influent sur le respect de la vie privée, la sécurité, la responsabilité, les droits des consommateurs et la fiabilité.

En se généralisant, l'internet des objets affectera un nombre croissant de domaines d'action publique. C'est pourquoi les décideurs devront non seulement s'intéresser aux avantages potentiels, mais aussi s'attacher à identifier les possibilités d'exploiter les données et les fonctionnalités qu'apporte l'IDO, et de combiner ces données avec d'autres, dans des domaines distincts.

Pour s'assurer que l'internet des objets serve les avantages des utilisateurs, d'aucuns considèrent qu'il doit être envisagé comme l'« internet de la confiance ». De fait, la confiance sera essentielle pour améliorer l'expérience des internautes et relever les principaux défis juridiques, tels que le respect de la vie privée. Autre facteur décisif : les cadres juridiques. Comme le souligne Capgemini, « l'IDO a des ramifications mondiales, contrairement à la loi » (2014). L'OCDE considère la sécurité, le respect de la vie privée et la protection des consommateurs comme des vecteurs essentiels de confiance dans les nouvelles technologies, notamment l'internet des objets (OCDE, 2015c).

1.7. Confiance, concurrence et neutralité des réseaux

Pour exploiter tout le potentiel de l'économie numérique au service de la productivité, de l'innovation, de la croissance inclusive et de l'emploi, les pouvoirs publics doivent œuvrer dans différents domaines d'action. Ils doivent, par exemple, redoubler d'efforts pour préserver la concurrence, réduire les barrières à l'entrée des marchés des contenus et des communications, renforcer la cohérence réglementaire, développer les compétences, gérer l'attribution du spectre en toute efficacité et bâtir la confiance tant au niveau de l'infrastructure que des applications. Les incidences de l'évolution de l'économie numérique sur l'action des pouvoirs publics sont examinées dans les différents chapitres du présent rapport. Les paragraphes suivants sont consacrés à trois enjeux : la confiance, la concurrence et la neutralité de l'internet.

La confiance dans le numérique est au cœur des préoccupations

Les opportunités qu'offre l'économie numérique ne pourront se concrétiser sans la confiance. De fait, dans des environnements complexes, elle constitue un puissant moyen de réduire les incertitudes et la défiance. Elle est à la base des relations commerciales, institutionnelles et personnelles, et prend toute son importance dans le cyberespace mondial. Dans une enquête réalisée par l'OCDE en 2014 sur 31 domaines d'action prioritaire possibles en faveur de l'économie numérique, les pouvoirs publics ont placé respectivement la sécurité et la protection de la vie privée en deuxième et troisième positions, juste derrière le haut débit (OCDE, 2014a).

Certes, les révélations d'Edward Snowden, en 2013, ont renforcé la visibilité des problématiques de sécurité et de respect de la vie privée, mais pas seulement : l'attention croissante que suscitent ces questions est également due à une évolution de la manière dont les données sont générées, partagées et analysées, et aux incidences de ces bouleversements en termes d'innovation, de croissance et de bien-être. Elle tient par ailleurs à la nature horizontale de ces questions et à la prise de conscience progressive qu'elles doivent être examinées à la lumière du contexte économique et social général, qui englobe les échanges, la concurrence, l'éducation, la santé, et bien d'autres aspects.

Les utilisateurs sont de plus en plus inquiets pour leur vie privée et leur sécurité

En 2014, au moins trois études menées aux États-Unis et en Europe ont mis en lumière les inquiétudes croissantes des internautes. Elles révèlent que 64 % des personnes interrogées sont davantage préoccupées par le respect de leur vie privée qu'elles ne l'étaient un an plus tôt (CIGI, 2014), tandis que 91 % déclarent avoir perdu le contrôle de leurs informations et données à caractère personnel (Pew, 2014). Les principaux sujets de préoccupation évoqués sont l'utilisation abusive des données personnelles et la sécurité des paiements en ligne (CE, 2015). En 2014 et 2015, les violations de sécurité perpétrées contre les entreprises, de l'Amérique du Nord à l'Asie, ont fait des dizaines de millions de victimes et causé des préjudices économiques considérables – l'une d'elles aurait coûté à l'entreprise ciblée quelque 162 millions USD (Lunden, 2015). À cela s'ajoutent l'atteinte à la réputation de l'entreprise, la dégradation des relations au sein du secteur où elle évolue et les conséquences pour les collaborateurs, qui peuvent être plus durables et difficiles à évaluer. De telles atteintes à la sécurité des données ne se limitent pas au secteur privé. De fait, nombre d'entre elles compromettent des données à caractère personnel ; en tant que telles, elles représentent donc une violation de la vie privée. D'où le besoin croissant d'améliorer les mesures et d'apporter des éléments factuels sur lesquels les décideurs pourraient s'appuyer.

Les entreprises investissent davantage pour rétablir la confiance

Considérant que la confiance des utilisateurs est en jeu, les entreprises ont adapté leurs pratiques afin de garantir le respect de la vie privée et de sécuriser les services.

La demande d'experts en sécurité continue de progresser régulièrement ; la demande de spécialistes de la protection de la vie privée, elle, s'accélère

Les organisations sont au défi de trouver des professionnels disponibles, dotés des compétences nécessaires pour les aider à gérer les risques qui pèsent sur la sécurité numérique et la vie privée. Certes, selon l'organisation *International Information Systems Security Certification Consortium* – (ISC)^2 –, le nombre de personnes certifiées dans le monde a quadruplé en dix ans (à fin 2013) ; pourtant, les données publiées au Japon (*National Information Security Center*), au Royaume-Uni (*National Audit Office*) et aux États-Unis (*Bureau of Labour Statistics*) tendent à montrer que la pénurie de qualifications à laquelle les organisations des secteurs public et privé sont confrontées devrait s'aggraver au cours de la décennie à venir. De là est né, au Royaume-Uni, le partenariat entre le *Cabinet Office*, le ministère des Entreprises, de l'Innovation et des Qualifications professionnelles, le *National Cyber Security Programme* et le GCHQ, destiné à piloter et soutenir les activités de développement des compétences en cybersécurité à tous les niveaux d'enseignement.

On note une demande constante de spécialistes de la protection de la vie privée, du fait notamment de l'existence d'un socle juridique dans un certain nombre de pays, tels que le Canada, la Nouvelle-Zélande, les États-Unis, l'Allemagne et d'autres pays de l'UE – une évolution encouragée et soutenue par les associations professionnelles. Par exemple, la forte augmentation du nombre d'adhérents de l'Association internationale des professionnels de la protection de la vie privée (IAPP), témoigne d'une reconnaissance de l'importance des pratiques rationnelles de gouvernance des données (voir chapitre 5, graphique 5.2). Dans son étude *Benchmarking Privacy Management and Investments of the Fortune 1 000*, l'IAPP souligne que si les budgets des entreprises du Fortune 1 000 varient considérablement, celui dédié à la protection de la vie privée s'élève en moyenne à 2.4 millions USD, dont 80 % sont consacrés, en interne, à des domaines allant de l'élaboration des politiques, la formation et la certification à la réalisation d'audits et d'inventaires de données.

Aux termes des Lignes directrices de l'OCDE sur la vie privée, amendées en 2013, les organisations responsables doivent mettre en place des programmes polyvalents de gestion de la protection de la vie privée, et être en mesure d'apporter la preuve de leur mise en œuvre aux autorités compétentes qui en feraient la demande (OCDE, 2013c, paragraphe 15). Par conséquent, l'augmentation des budgets alloués à la protection de la vie privée et du nombre de professionnels du domaine va de pair avec des efforts accrus en matière de formation, d'éducation et de certification. Sans compter qu'avec l'essor de l'innovation fondée sur les données et de l'analytique des données, la gestion éthique des données devient une composante essentielle de la protection de la vie privée (OCDE, 2015a, à paraître). Les entreprises devront ajuster leur approche de la protection de la vie privée pour ne plus l'appréhender comme un problème de conformité sous la responsabilité des services juridiques, ou une question technique relevant des services informatiques : elles devront mettre en place des procédures d'examen éthique et s'assurer de désigner, dans l'ensemble de l'organisation, des collaborateurs formés aux problématiques de protection de la vie privée, capables de détecter d'éventuels problèmes.

Les rapports de transparence se multiplient. Dès l'élaboration des premières Lignes directrices sur la vie privée, en 1980, l'OCDE avait fait de l'amélioration de la transparence un objectif à part entière, qu'elle a ensuite réitéré dans la *Recommandation de 2011 sur les principes pour l'élaboration des politiques de l'internet*. Certes, l'inquiétude suscitée par les demandes d'accès des pouvoirs publics – en particulier aux données confiées à des prestataires de services infonuagiques – est antérieure aux révélations d'Edward Snowden en 2013 et ne concerne pas uniquement les activités de renseignement. Néanmoins, ces révélations ont mis en exergue le besoin de transparence. Désormais, une pression croissante s'exerce sur les entreprises de l'internet et des communications afin qu'elles fassent la lumière sur la façon dont elles traitent ces demandes. L'une des solutions consiste à rédiger des rapports de transparence. Google a ouvert la voie en publiant le premier rapport de ce type en 2009 ; depuis, d'autres entreprises ont suivi son exemple – elles sont aujourd'hui au nombre de 30.

Alors que les pouvoirs publics commencent à reconnaître la nécessité d'améliorer la transparence et adoptent des mesures allant dans ce sens, des efforts restent à faire pour mieux informer le public sur la manière dont les autorités accèdent aux données commerciales et les utilisent. La publication des rapports de transparence est une étape importante dans cette voie. Il reste maintenant à en améliorer la qualité et la comparabilité.

Les pouvoirs publics adoptent des stratégies nationales de cybersécurité complètes

La cybersécurité est devenue une priorité nationale gérée dans le cadre d'une approche de plus en plus intégrée tenant compte des aspects économiques, éducatifs, juridiques, techniques et de souveraineté. À tel point que de nombreux pays de l'OCDE se sont dotés de stratégies nationales de cybersécurité : Australie (2009), Autriche (2013), Belgique (2013), Estonie (2014), Hongrie (2013), Italie (2013), Japon (2013), Norvège (2012), Pays-Bas (2013), Suisse (2012) et Turquie (2013). De même, des pays non membres de l'OCDE ont récemment adopté ou révisé leurs stratégies : Afrique du Sud (2013), Fédération de Russie (2013), Inde (2013), Kenya (2013), Lettonie (2014), Ouganda (2013), Qatar (2014), Singapour (2013) et Trinité-et-Tobago (2012). En 2014, le gouvernement chinois a établi un groupe de travail de haut niveau sur la cybersécurité et la gestion de l'internet ; présidé par le Président du pays, il rassemble pas moins de six organismes et ministères qui traitent des questions liées aux politiques de cybersécurité. Il a pour mission d'améliorer la coopération entre ces différents organes, tout en sensibilisant les dirigeants à cette problématique (Segal, 2014).

L'une des tendances marquantes tient au rôle croissant que jouent les organisations internationales et régionales dans le développement, la mise en œuvre et l'évaluation des stratégies nationales de cybersécurité en Afrique, en Europe et aux États-Unis. Dans la zone OCDE, la nouvelle version des Lignes directrices de 2002 sur la sécurité exhorte les pays à mettre en place des stratégies nationales servant les objectifs complémentaires suivants : i) créer les conditions nécessaires à la gestion, par l'ensemble des parties prenantes, du risque de sécurité numérique qui pèse sur les activités économiques et sociales, et à l'instauration d'un climat de confiance dans l'environnement numérique ; ii) préserver la sécurité nationale et internationale, et iii) protéger les droits de l'homme. À l'avenir, il importera en outre d'aider les PME et les particuliers à mieux gérer le risque de sécurité numérique qui pèse sur leurs propres activités.

La réponse des pouvoirs publics face aux risques d'atteinte à la vie privée reste, quant à elle, essentiellement juridique

Les pouvoirs publics n'ont pas commencé à définir des stratégies nationales de protection de la vie privée pour apporter une réponse coordonnée et holistique à cette problématique, comme le préconisent les Lignes directrices de l'OCDE sur la vie privée. Or une telle approche permettrait aux parties prenantes de clarifier le niveau de protection à offrir aux particuliers et les limites que la société serait disposée à accepter au titre de l'intérêt général. Malgré l'attention croissante portée aux risques d'atteinte à la vie privée, y compris par les pouvoirs publics, la réponse juridique reste privilégiée.

La quasi-totalité des pays de l'OCDE (à l'exception du Chili et de la Turquie) ont légiféré en la matière. En 2014, des réformes ont été entreprises en Australie – pour renforcer les pouvoirs de l'*Office of the Australian Information Commissioner* – et au Japon – en vue d'établir la première autorité indépendante de protection des données pour les numéros d'identification attribués par les pouvoirs publics. Par ailleurs, le Japon réexamine actuellement sa loi de protection des données à caractère personnel, afin de s'assurer de son adéquation dans un contexte d'utilisation de ces données. En revanche, les États-Unis n'ont pas encore finalisé les propositions de loi de protection de la vie privée. En dehors de la zone OCDE, la Chine a modifié sa loi sur les droits des consommateurs afin d'intégrer des dispositions afférentes à la protection des informations à caractère personnel. Au Brésil, le *Marco Civil da Internet* énonce les droits fondamentaux liés aux données à caractère personnel, tandis que l'Afrique du Sud a adopté, en novembre 2013, une loi sur la protection des informations à caractère personnel (*Protection of Personal Information Act*) et institué une instance de réglementation de l'information. Enfin, la nouvelle loi de Singapour régissant la collecte et l'utilisation des données personnelles par les organisations du secteur privé est entrée en vigueur en juillet 2014.

Pour ce qui est de l'évolution au sein des instances internationales, des négociations sont en cours pour parachever une refonte majeure du cadre européen de protection des données, et le Conseil de l'Europe travaille à l'actualisation de la Convention n° 108, son principal instrument de protection des données. L'Organisation des États américains travaille quant à elle à l'élaboration d'un modèle de loi sur la protection des données à caractère personnel. Dans le même temps, le Forum de coopération économique Asie-Pacifique (APEC) a amorcé le réexamen de son cadre de protection de la vie privée de 2004, pour lequel il envisage de s'appuyer sur des éléments de la version de 2013 des Lignes directrices de l'OCDE sur la vie privée.

La coopération entre les autorités de protection de la vie privée et les équipes de réponse aux incidents de sécurité se développe

Depuis l'adoption d'une recommandation de l'OCDE en 2007, on assiste à un renforcement de la coopération entre les autorités de protection de la vie privée. En particulier, la Conférence internationale des commissaires à la protection des données et de la vie privée a pris des mesures pour mettre en œuvre des bonnes pratiques issues de la Recommandation. Le *Global Privacy Enforcement Network* (GPEN), qui rassemble 51 autorités de protection de la vie privée représentant 39 pays ou territoires, a mené une enquête internationale sur les pratiques de divulgation des données à caractère personnel utilisées dans les applications mobiles, afin de sensibiliser le public et les entreprises aux droits et responsabilités en matière de protection des données, et d'identifier des questions spécifiques pour de futures actions et initiatives en matière d'application des lois. Pour ce qui est de la gestion du risque de cybersécurité, les statistiques publiées par le *Forum of Incident Response and Security Teams* (FIRST) révèlent une progression constante des interactions, du partage d'information, de la collaboration et de la coopération entre les équipes de réponse aux incidents de sécurité informatique (CSIRT), ce qui devrait conduire à une amélioration de la réponse aux incidents et de la gestion du risque de sécurité numérique.

Réponses technologiques : cryptage et technologie DNSSEC

Sur le plan technologique, Apple, Google et d'autres entreprises ont généralisé le recours, par défaut, au cryptage pour lutter contre les risques de cybersécurité et d'atteinte à la vie privée. WhatsApp, outil de messagerie particulièrement répandu, intègre une solution de chiffrement de bout en bout. Apple fait de ses pratiques de protection de la vie privée un argument commercial auprès des directions d'entreprise, insistant sur le fait que la sécurité et la confidentialité font partie intégrante de la conception de ses produits et services. Ces évolutions sont encourageantes pour les décideurs, qui attendent depuis longtemps que les entreprises fassent de la protection de la vie privée un facteur de différenciation commerciale.

Autre réponse technologique, la promotion de la technologie *Domain Name System Security Extensions* (DNSSEC) vise à réduire les risques de violation de la confidentialité (espionnage des données) et d'autres types d'attaques cherchant à tromper les internautes en exploitant les failles du protocole *Domain Name System* (DNS). Ce type d'attaque consiste à remplacer une réponse DNS authentique par une réponse falsifiée et, ainsi, à rediriger les internautes vers des sites qu'ils n'ont pas choisis. Ils se retrouvent alors dans une situation telle qu'ils sont contraints de faire confiance aux réponses qu'ils reçoivent, sans avoir la garantie qu'ils ne sont pas induits en erreur par un tiers malveillant. La technologie DNSSEC remédie à cette faille en apposant des signatures numériques aux enregistrements de ressources DNS. Cela permet de vérifier que les informations DNS reçues sont authentiques. L'adoption massive de la technologie DNSSEC peut améliorer considérablement la sûreté et la fiabilité de l'internet. Des expériences concluantes menées en Suède tendent à montrer que la coordination des efforts entre les principales parties prenantes peut avoir un effet positif sur le taux d'adoption de cette technologie particulièrement prometteuse. Sans compter que la Société pour l'attribution des noms de domaine et des numéros sur Internet (ICANN) a décidé que tout nouveau domaine générique de premier niveau devait prendre en charge, en natif, le protocole DNSSEC.

Il convient de développer une base factuelle sur la sécurité et la protection de la vie privée

L'importance croissante des questions liées à la sécurité et à la vie privée n'est pas allée de pair avec une accélération des efforts pour mettre au point des mesures et autres données factuelles dont les décideurs ont besoin pour évaluer l'ampleur et la nature du problème et relever les défis qui se posent. De nombreuses équipes CSIRT produisent des statistiques sur le nombre d'incidents qu'elles traitent ; qui plus est, elles collectent des données, ou peuvent accéder à des données qui pourraient être utilisées pour produire des statistiques sur d'autres aspects pertinents. L'OCDE travaille de concert avec les CSIRT pour mettre au point des orientations destinées à améliorer la qualité et la comparabilité internationale des statistiques qu'elles produisent (voir OCDE, 2015a, à paraître). Le chapitre 5 présente d'autres évolutions liées aux risques de sécurité et d'atteinte à la vie privée, en particulier l'essor probable du marché de l'assurance contre les risques de sécurité numérique et le rôle croissant des tribunaux.

Les questions liées aux politiques de la concurrence gagnent en importance, tant du côté de l'offre que de la demande

Plusieurs tendances qui ont marqué l'économie numérique – consolidation du secteur des télécommunications ; convergence des réseaux fixes, mobiles et de radiodiffusion ; émergence de la non-facturation de certaines données – pourraient influer sur la concurrence. De surcroît, certains observateurs affirment que l'économie du partage pourrait également poser problème, dans la mesure où les particuliers offrant des services privés et les secteurs qui proposent des services professionnels pourraient être soumis à des règles différentes (chapitre 4). La section qui suit examine les problèmes de concurrence que soulèvent la convergence et la consolidation du secteur des communications. La question de l'accès gratuit aux données (non-facturation, ou *zero-rating)* est abordée dans la section consacrée à la neutralité de l'internet, tandis que les problèmes que l'économie du partage et la consommation collective pourraient poser en termes de politiques de la concurrence sont évoqués dans le chapitre 3.

Ces dernières années ont été marquées par une tendance à la consolidation, en particulier dans le secteur des communications mobiles

Si la consolidation du secteur des communications et des médias n'est pas un phénomène nouveau, elle s'est accélérée au cours des dernières années, en particulier sur les marchés des communications mobiles. Depuis 2010, 19 fusions d'opérateurs mobiles ont été recensées dans les pays de l'OCDE, un chiffre supérieur au nombre de nouveaux entrants au cours de la même période (chapitre 4, tableaux 4.1 et 4.2). La tendance est également à la concentration des opérateurs de télécommunications fixes et mobiles, qui va de pair avec la convergence des réseaux, présentée plus loin.

Dans la plupart des pays, une concurrence au niveau des infrastructures est apparue entre les réseaux téléphoniques commutés publics traditionnels (RTCP, devenus DSL) et les réseaux câblés (mis à niveau pour fournir des services d'accès à l'internet). En revanche, la concurrence géographique entre les réseaux de même type, dans une même zone, reste très limitée. D'autres acteurs peuvent être présents sur certains de ces marchés, du fait de l'arrivée d'opérateurs du secteur privé ou de réseaux municipaux. Des observateurs soulignent par ailleurs que la concurrence peut également venir des opérateurs mobiles. Si les réseaux mobiles représentent, sans conteste, une sérieuse concurrence pour les services traditionnels comme la téléphonie, ils sont encore considérés comme essentiellement complémentaires des réseaux fixes. Le degré de concurrence sur de nombreux marchés dépend donc du nombre de FAI dans une zone déterminée.

Les décideurs ont stimulé la concurrence sur les marchés des télécommunications fixes par des mesures de dégroupage et de séparation fonctionnelle ou structurelle

Les décideurs ont favorisé la concurrence sur les marchés des télécommunications fixes en s'appuyant sur des outils réglementaires tels que le dégroupage des boucles locales, ou des mesures de séparation fonctionnelle ou structurelle. Dans certains cas, les pays ont opté pour des investissements publics dans les réseaux, généralement assortis d'une obligation d'ouverture de l'accès.

Dans le cas des marchés de télécommunications mobiles, les décideurs peuvent être amenés à influer sur le nombre d'acteurs

Tous les pays de l'OCDE comptent au moins trois opérateurs de téléphonie mobile (MNO), sachant que la majorité d'entre eux en dénombrent quatre. En outre, les opérateurs de réseau mobile virtuel (MVNO) exercent une pression concurrentielle sur les fournisseurs établis. Néanmoins, la récente vague de fusions soulève des inquiétudes quant au niveau de concurrence effectif. C'est pourquoi l'OCDE a examiné les conséquences d'une variation, à la hausse ou à la baisse, du nombre d'opérateurs de téléphonie mobile (OCDE, 2014e). Certes, il serait préférable de laisser les mécanismes du marché déterminer le nombre d'acteurs, mais l'insuffisance des ressources spectrales et la nécessité d'investir massivement dans le déploiement des réseaux laissent à penser qu'il conviendrait que les décideurs prennent position et fixent, ou tout au moins influencent, le nombre d'acteurs sur les marchés des télécommunications mobiles.

Dans les pays de l'OCDE, ces dernières années ont été le théâtre d'une tendance croissante au partage de réseau entre les MNO. Cette pratique permet de réduire les coûts pour l'opérateur qui s'occupe seul du déploiement du réseau et d'étendre la couverture géographique, notamment dans les zones rurales qui, sinon, ne seraient probablement pas desservies. En revanche, le partage de réseau peut poser des problèmes de concurrence, notamment en termes d'effets unilatéraux, de coordination éventuelle et de partage d'informations. Si l'on prend l'exemple d'un marché comptant quatre MNO qui établissent deux accords de partage, une telle situation peut faciliter la coordination et donner lieu *de facto* à la formation d'un duopole pour l'offre de gros. Les régulateurs des télécommunications et les autorités de la concurrence doivent donc faire preuve de vigilance, suivre de près les accords de partage et veiller à ce que les MVNO exercent une pression suffisante sur les MNO.

Il convient de surveiller les effets de la convergence et d'assurer la neutralité technologique de la réglementation

La convergence accrue influe également sur le degré de concurrence sur les marchés des communications. Au cours des dernières années, la convergence a été observée principalement entre les réseaux fixes et mobiles (fourniture conjointe de services de télécommunications fixes et mobiles), et entre les offres de services de télécommunications et de télévision, avec un essor des offres de type triple service (téléphonie, vidéo et internet haut débit). Plus récemment, la convergence des offres de télécommunications et des services *over-the-top* (OTT) proposés par des entreprises dont les services sont basés sur une application (à l'instar de Facebook, Netflix, ou Spotify) soulèvent de nouvelles problématiques que les cadres réglementaires actuels ne couvrent pas.

La convergence, qu'elle soit de type fixe-mobile, télécommunications-télévision, ou télécommunications-OTT, conduit inévitablement à la mise au point d'offres groupées. Celles-ci permettent aux consommateurs de bénéficier de bouquets intégrés, mais peuvent aussi se traduire par l'exclusion des opérateurs qui ne seraient pas en mesure de proposer l'éventail complet de services. Face à une telle situation, les régulateurs des télécommunications et les autorités de la concurrence doivent réformer la réglementation afin de garantir que les mêmes règles et modalités s'appliquent lorsque des services similaires sont proposés, avec à la clé une garantie de neutralité technologique. La mise en œuvre de ce principe n'est donc pas sans conséquences sur la plupart des cadres réglementaires actuels, dans la mesure où l'internet et les services de télédiffusion traditionnelle relèvent d'environnements radicalement différents, et que les services OTT ne sont généralement pas inclus. Lorsque des entreprises intègrent dans leurs offres groupées des produits qui leur confèrent une puissance commerciale importante (par exemple du contenu télévisuel d'appel) et peuvent poser des problèmes de distorsion de concurrence, les régulateurs ont adopté une réglementation *ex ante*. Tel est le cas au Royaume-Uni, où l'*Office of Communications* (Ofcom) a imposé à Sky, premier fournisseur de télévision payante, une obligation d'offre de gros qui le contraint à proposer à des fournisseurs tiers ses chaînes sportives à un tarif de gros réglementé.

La neutralité des réseaux gagne du terrain

La neutralité des réseaux – qui implique l'égalité de traitement des flux de données sur l'internet, sans règles de priorité – est complexe et peut être abordée sous deux angles : d'une part, les facteurs ayant une incidence sur la capacité des utilisateurs d'accéder à des contenus et services – différenciation par les prix, qualité de service, ou blocage de l'accès (avec le blocage des services de voix sur IP, par exemple) – ; d'autre part, les ententes commerciales permettant l'échange de trafic entre réseaux (accords d'appairage et de transit). Ces deux perspectives renvoient à la relation entre les utilisateurs et leur fournisseur d'accès à l'internet (FAI), dont ils paient les services pour accéder au web, ainsi qu'aux conditions auxquelles les opérateurs de réseaux conviennent d'échanger du trafic.

La neutralité des réseaux fait l'objet d'un intense débat en Europe et dans le reste du monde. Aux États-Unis, la plupart des discussions de fond sur ce sujet ont, jusqu'à présent, porté sur le dernier tronçon des réseaux (voir notamment la note publiée par la FCC en 2014, *Open Internet Notice of Proposed Rule Making*).

Neutralité des réseaux et services d'accès à l'internet : des approches différentes d'un pays à l'autre

Toute modification, par les FAI, des conditions d'accès aux contenus, aux services ou aux réseaux, y compris en termes de qualité, peut être source de contraintes pour les utilisateurs d'un réseau donné, et altérer la capacité des utilisateurs d'autres réseaux à communiquer avec les premiers. La limitation excessive de ces communications peut donner lieu à des niveaux de qualité différents selon les chemins d'accès empruntés, lesquels ne gèrent pas toujours le trafic de manière identique. Outre un risque potentiel de « fragmentation », les restrictions d'accès peuvent également avoir une incidence sur le rôle de l'internet en tant que plateforme au service de l'innovation.

Il n'existe pas d'approche unique de la neutralité des réseaux, et les cadres d'action varient d'un pays à l'autre. Certains membres de l'OCDE ont légiféré en la matière et interdit le blocage des services et la discrimination abusive à leur égard. En 2010, le Chili a ouvert la voie en adoptant une loi en faveur de la neutralité des réseaux, suivi par les Pays-Bas (2011) et la Slovénie (2012). Le Congrès du Brésil a adopté le projet de loi *Marco Civil da Internet* (un cadre de protection des droits civils sur l'internet), qui fait de la neutralité des réseaux une règle fondamentale. Reste à en définir les modalités de mise en œuvre par décret présidentiel. L'Italie, qui suit un processus similaire, a, pour sa part, lancé une consultation publique en octobre 2014.

D'autres pays ont pris des dispositions en la matière, en concertation avec les acteurs du secteur. Tel est le cas de la Norvège, avec son modèle de corégulation, ou de la Corée, qui a publié, en décembre 2011, des Lignes directrices sur la neutralité des réseaux et la gestion du trafic sur l'internet. Le Royaume-Uni favorise l'autorégulation, en mettant l'accent sur la transparence et la concurrence, afin d'offrir aux utilisateurs des informations suffisantes pour qu'ils puissent prendre des décisions éclairées. Au Canada, le Conseil de la radiodiffusion et des télécommunications canadiennes (CRTC) a publié un cadre sur la neutralité des réseaux, destiné à fournir au secteur des télécommunications des orientations quant à la mise en œuvre de pratiques de gestion du trafic acceptables.

Si la plupart des pays européens n'ont pas adopté de position officielle vis-à-vis de la neutralité des réseaux, la Commission européenne a manifesté à maintes occasions son soutien à ce principe, établissant un lien avec la capacité des utilisateurs « d'accéder à l'information et de la diffuser, ainsi que d'utiliser les applications et les services de leur choix ». Par ailleurs, le Parlement européen a arrêté, le 3 avril 2014, une position sur la proposition relative au marché unique européen des communications électroniques ; le 4 mars 2015, le Conseil a donné mandat à la présidence lettonne pour entamer les négociations. Aux États-Unis, la FCC a publié, le 12 mars 2015, une ordonnance destinée à « protéger et promouvoir l'internet ouvert » ; celle-ci établit, pour les services d'accès à l'internet haut débit fixe et mobile, trois règles claires interdisant de bloquer l'accès à des contenus, de ralentir le débit, ou de donner la priorité à des contenus ou services moyennant paiement (FCC, 2015).

Neutralité et échanges de trafic entre réseaux : les échanges de trafic efficients se sont développés sur les marchés concurrentiels, sans qu'une réglementation soit nécessaire

Le système d'échange de trafic sur l'internet fonctionne extrêmement bien et a joué un rôle majeur dans son développement à la fois rapide et universel. Il repose sur un principe fondamental : chaque utilisateur paie pour accéder à l'internet. Le FAI assure alors la connectivité au reste de la toile, via l'appairage (interconnexion directe) ou le transit.

L'achat de transit permet aux FAI d'atteindre tous les réseaux du monde. L'appairage permet à deux FAI d'échanger directement du trafic, sans passer par les fournisseurs de transit. Les FAI qui recourent à l'appairage n'ont pas besoin d'acheter du transit, d'où une réduction de leurs coûts. Pour réaliser des économies, ils établissent ou utilisent des points d'échange de trafic internet (IXP), permettant l'interconnexion simultanée de plusieurs réseaux. Parallèlement, l'achat de transit est une solution économique pour atteindre des réseaux là où ils ne disposent pas d'installations.

Une enquête menée récemment révèle que 99.5 % des accords d'appairage sont informels et ne donnent lieu ni à un contrat écrit, ni à une contrepartie financière (Weller et Woodcock, 2013). Par ailleurs, des accords multilatéraux sont conclus au niveau de nombreux IXP ; des centaines de réseaux peuvent alors échanger du trafic gratuitement avec l'un quelconque des réseaux ayant adhéré à l'accord. Les parties à ce type d'accord sont les réseaux fédérateurs (dorsales internet), d'accès et de distribution de contenu, ainsi que des universités, des organisations non gouvernementales, des administrations, des entreprises et des établissements commerciaux. Dans le cadre du système actuel, qui repose sur le principe du volontariat, les opérateurs investissent dans leur réseau et l'étendent pour atteindre de nouveaux pairs, et coopèrent avec d'autres réseaux pour établir de nouveaux IXP dans des zones qui en sont dépourvues, afin d'économiser les frais de transit.

Le système d'échange de trafic s'inscrit dans un environnement hautement concurrentiel, sans réglementation ni organisation centralisée, ce qui a favorisé le développement d'un marché efficient de la connectivité reposant sur des accords contractuels volontaires. Cela a contribué à tirer les prix vers le bas, favorisé l'efficience et l'innovation, et attiré les investissements nécessaires pour suivre la progression de la demande. Toutefois, lorsque des négociations commerciales ont lieu et que la concurrence est insuffisante, il arrive qu'un acteur profite de sa position pour imposer aux autres des prix plus élevés. Le cas échéant, les FAI ont la possibilité de se contourner les uns les autres. C'est là l'une des principales raisons du succès de l'internet sur les marchés concurrentiels.

Lorsque le marché de détail n'est pas suffisamment concurrentiel, la question est de savoir si les consommateurs reçoivent le service pour lequel ils ont payé. Y répondre peut s'avérer ardu, dans la mesure où l'internet est un réseau de réseaux, chacun étant responsable d'assurer la connectivité et de gérer le trafic pour ses propres clients. Néanmoins, les informaticiens développent actuellement des outils destinés à informer les parties prenantes de problèmes tels que l'éventuelle congestion du trafic sur l'internet. Le rapport préliminaire d'un projet mené conjointement, en 2014, par le laboratoire d'informatique et d'intelligence artificielle du *Massachusetts Institute of Technology* et le *Centre for Applied Internet Data Analysis* (CAIDA/UCSD) n'a pas révélé de congestion de grande ampleur du côté des FAI opérant aux États-Unis. Des projets similaires, menés dans d'autres régions du monde, seraient riches d'enseignements pour les décideurs et les régulateurs.

L'accès gratuit aux données constitue-t-il une violation de la neutralité de l'internet ?

L'accès gratuit aux données (ou non-facturation, *zero-rating*) est une pratique émergente qui revient régulièrement dans les débats sur la neutralité des réseaux. Le secteur des TIC parle de non-facturation lorsqu'une partie du trafic que les internautes envoient et reçoivent n'est pas comptabilisée dans le forfait dont ils s'acquittent.

Cette pratique peut prendre différentes formes : les FAI peuvent l'appliquer à leurs propres contenus ou à ceux de partenaires présélectionnés offrant des services de vidéo ou de musique. L'accès à ces contenus n'est alors pas déduit des quotas de données octroyés à leurs clients dans le cadre de leur forfait haut débit. En revanche, si les clients d'un autre FAI accèdent à ces mêmes contenus via l'internet, outre le fait qu'un abonnement au service leur sera facturé, les données correspondantes seront décomptées de leur propre forfait.

Dans d'autres cas, la non-facturation implique l'application de tarifs très différents au trafic sur réseau et hors réseau (à savoir le trafic assuré par le FAI lui-même ou, gratuitement, par ses pairs, ou les contenus transmis via un réseau de transit IP). Ces types de dispositifs tendent à se développer dans les pays où sont proposés des forfaits haut débit mensuels incluant des seuils de données très bas. En Australie, les faibles quotas de données inclus dans les forfaits, du fait de frais de transit IP élevés, ont conduit à l'utilisation de la non-facturation en tant qu'outil concurrentiel. Les FAI et fournisseurs de contenus de plus petite envergure, à l'instar des stations de radio, échangeaient directement du trafic, et les FAI répercutaient la baisse des coûts sur leurs clients via la non-facturation. Les clients bénéficiant de seuils de données peu élevés pouvaient alors écouter des flux audio diffusés par ces stations – une solution qui n'aurait pas été avantageuse si elle avait été décomptée du forfait. Si une réglementation avait contraint les FAI à traiter ce trafic comme celui de n'importe quel autre fournisseur de contenus avec lequel ils n'auraient pas d'interconnexion directe, les incitations à l'appairage et au transit en auraient été faussées.

À cela s'ajoute une troisième forme de non-facturation, dans les pays en développement, où la pratique prend de l'ampleur. Des sites populaires comme Facebook, WhatsApp, Twitter, Wikipedia et Google, ont conclu des partenariats avec des opérateurs de télécommunications pour offrir un accès gratuit à leurs services. Il convient toutefois de souligner qu'il ne s'agit pas de fournir un accès à la totalité de l'internet, mais à un nombre limité de sites. L'objectif est de se servir de ces sites pour attirer les consommateurs et les inciter à utiliser l'internet. L'approche a également une visée sociale, dans la mesure où elle inclut un accès illimité à des sites tels que Wikipedia, ou à des sites d'informations médicales ou gouvernementales.

Jusqu'à présent, les régulateurs ont adopté diverses approches vis-à-vis de la non-facturation. Ainsi, le Canada, le Chili, la Norvège, les Pays-Bas et la Slovénie ont manifesté leur hostilité, la jugeant anticoncurrentielle ou contraire à la réglementation nationale en matière de neutralité des réseaux. Dans d'autres pays, différents opérateurs la pratiquent sous diverses formes, et les régulateurs n'ont entrepris aucune mesure.

Si la non-facturation peut effectivement favoriser la concurrence et avoir des effets positifs sur le développement économique et social, les régulateurs doivent faire preuve de vigilance. L'expérience des pays de l'OCDE montre qu'elle pose moins problème lorsque la concurrence est plus intense et que les seuils de données sont plus élevés ou illimités. De fait, elle peut être utile pour stimuler la concurrence. Son interdiction peut avoir des incidences sur un marché où règne une faible concurrence entre les opérateurs de transit, et peut réduire l'efficacité de l'appairage. Néanmoins, sur tout marché où l'accès n'est que peu concurrentiel, la non-facturation peut influer sur la concurrence entre les fournisseurs de contenu. Par exemple, une situation dans laquelle le contenu proposé par un fournisseur qui domine le marché est accessible gratuitement alors que celui de ses concurrents ne l'est pas (et la position de ce fournisseur lui permet d'opter pour l'échange de trafic payant plutôt que l'appairage) peut entraver l'entrée sur le marché d'entreprises nouvelles ou innovantes. De même, si un FAI propose un service très consommateur de données, mais fixe des quotas peu élevés, la concurrence peut en pâtir.

1.8. Perspectives de la gouvernance et des politiques de l'internet

Le rayonnement de l'économie numérique s'étend à de nombreux secteurs. Les parties prenantes portent donc une attention croissante à la gouvernance de l'internet aux niveaux national et international, de nombreux gouvernements ayant fait de la question une priorité (voir, par exemple, OCDE, 2011). En 2014, le sommet international NETmundial, qui s'est tenu à São Paulo, a abouti à l'adoption d'une déclaration multipartite sur les principes généralement admis et d'une feuille de route de la gouvernance de l'internet (NETmundial, 2014).

Un certain nombre de processus distincts, mais néanmoins interdépendants, pourraient façonner la gouvernance de l'internet au cours des deux années à venir. D'une part, la communauté de l'internet élabore une proposition visant à transférer la supervision des ressources techniques de l'administration américaine vers la communauté multipartite mondiale. La Société pour l'attribution des noms de domaine et des numéros sur Internet (ICANN), organisation privée à but non lucratif, est convenue de cette transition à la demande des États-Unis. D'autre part, les débats sur la neutralité des réseaux devraient avancer, sous l'impulsion de pays ou territoires tels que le Brésil, l'Union européenne et les États-Unis, qui devraient réviser ou adopter des réglementations sur ce sujet et étudier comment gérer les pratiques de non-facturation (*zero-rating*) dans ce contexte. Enfin, les Nations Unies vont publier les Objectifs de développement durable dans le cadre du programme de développement pour l'après-2015. Ils devraient faire mention des TIC et de leur rôle dans la promotion du développement, à travers le prisme des bienfaits économiques et sociaux potentiels de l'internet ouvert.

Transfert du rôle de supervision des fonctions de l'IANA

La gouvernance de l'internet est – comme l'internet lui-même – décentralisée, diverses organisations étant chargées d'en gérer différents aspects. La coordination du système de noms de domaine (DNS) et d'adressage sur l'internet est principalement gérée par la Société pour l'attribution des noms de domaine et des numéros sur Internet (ICANN), depuis sa création en 1998.

Organisation privée à but non lucratif, l'ICANN coordonne les processus ascendants de définition des politiques par les parties prenantes du système de noms de domaine. Depuis 2000, elle assure également la supervision de l'ensemble plus restreint de fonctions techniques dites « fonctions de l'*Internet Assigned Numbers Authority* (IANA) », au titre d'un contrat conclu avec la *National Telecommunications and Information Administration* (NTIA), qui dépend du ministère américain du Commerce.

En tant qu'« opérateur des fonctions de l'IANA », l'ICANN affecte des blocs d'adresses IP et de numéros internet aux registres internet régionaux (RIR) servant différentes zones géographiques. L'ICANN administre également les registres de paramètres de protocole, ce qui implique notamment de tenir à jour la plupart des codes et numéros utilisés par les protocoles internet. Surtout, elle assure des fonctions d'administration associées au fichier de la zone racine, et à la zone racine WHOIS, dont le traitement des demandes de modification émanant des opérateurs de noms de domaine de premier niveau. Enfin, l'ICANN fournit d'« autres services » liés à l'administration des domaines de premier niveau .int et .arpa.

En mars 2014, la NTIA a chargé l'ICANN de convenir d'un processus multipartite afin d'élaborer une proposition pour transférer la supervision des fonctions de l'IANA, jusqu'alors assurée par l'administration américaine, à la communauté multipartite mondiale. Avant d'amorcer cette transition, la NTIA a formulé des conditions spécifiques que la proposition doit remplir, à savoir :

- soutenir et renforcer le modèle multipartite ascendant ;
- préserver la sécurité, la stabilité et la résilience du système d'adressage par domaines ;
- répondre aux besoins et aux attentes des clients et des partenaires des services IANA au niveau mondial ; et
- préserver le caractère ouvert de l'internet.

La NTIA a également précisé qu'elle n'accepterait pas des propositions visant à transférer le rôle de supervision à un gouvernement ou une organisation intergouvernementale.

Pour mener à bien cette transition, les parties prenantes ont mis en place deux processus parallèles. Le premier porte sur la description des fonctions de l'IANA et l'élaboration d'une proposition pour la transition, tandis que le deuxième est axé sur le renforcement de la responsabilité de l'ICANN à l'égard de la communauté mondiale des parties prenantes de l'internet. Aux fins du premier processus, un groupe de coordination de la transition du rôle de supervision des fonctions de l'IANA (ICG) a été créé en juillet 2014. Celui-ci a appelé chacune des trois communautés d'intérêt concernées par les trois fonctions principales de l'IANA – noms de domaine, numéros de ressources et paramètres de protocole – à formuler une proposition y afférente.

Le Groupe de travail de génie Internet (*Internet Engineering Task Force,* IETF), pour la fonction relative aux paramètres de protocole, et les registres internet régionaux (RIR), pour la fonction ayant trait aux numéros internet, ont transmis leurs propositions respectives à l'ICG en janvier 2015. Au moment de la rédaction du présent rapport, le groupe de travail intercommunautaire de l'ICANN (CWG-Stewardship) sur les fonctions relatives au nommage n'avait pas encore finalisé la sienne. Lorsque ce sera le cas, l'ICG examinera les différentes contributions et les réunira pour publier une proposition de transition consolidée. Enfin, une fois que la communauté au sens large aura donné son aval, l'ICG soumettra une proposition finale à l'ICANN, qui la transmettra ensuite à la NTIA.

Le deuxième processus vise à renforcer la responsabilité de l'ICANN à l'égard de la communauté mondiale de l'internet, en l'absence de relation contractuelle avec la *National Telecommunications and Information Administration* (NTIA). Un groupe de travail intercommunautaire de l'ICANN (CCWG-Accountability) a été créé pour examiner les améliorations à apporter aux mécanismes de responsabilité et a dégagé deux axes de travail : 1) identifier les mesures qui doivent être mises en place avant la transition, et 2) traiter des mesures que l'ICANN doit adopter et mettre en œuvre à plus long terme. Une fois que le groupe de travail aura mené à bien le premier axe de travail, l'ICANN en transmettra les résultats à la NTIA.

Cette dernière n'a pas fixé de date limite pour la transition. Si la période de référence du contrat encadrant la supervision des fonctions de l'IANA expire en septembre 2015, la NTIA a la possibilité de l'étendre si la communauté a besoin d'un délai supplémentaire.

Renouvellement du mandat du FGI et Objectifs de développement durable

En décembre 2015, le mandat du Forum sur la gouvernance de l'internet (FGI) devra être reconduit. Au cours du même mois se tiendra la réunion à haut niveau pour l'examen global, par l'Assemblée générale des Nations Unies, de la mise en œuvre des résultats du

Sommet mondial sur la société de l'information (SMSI). Les sommets SMSI de 2003 et 2005, et les résultats auxquels ils ont abouti ont fortement contribué à accroître la visibilité de la gouvernance de l'internet à l'échelle internationale. La prochaine réunion à haut niveau examinera l'état d'avancement de la réalisation des objectifs énoncés dans les textes issus de ces sommets, en application des résolutions 60/252 et 68/302 de l'Assemblée générale des Nations Unies. Septembre 2015 marquera également le lancement du programme de développement des Nations Unies pour l'après-2015, assorti d'une nouvelle série de cibles s'appuyant sur les objectifs du Millénaire pour le développement (OMD) et destinées à les remplacer. L'internet et les TIC n'apparaissent dans les OMD que dans le contexte d'un « Partenariat mondial pour le développement », au titre de l'une des cibles de l'objectif 8.[45] Les nouveaux objectifs, dénommés Objectifs pour le développement durable (ODD), mettent davantage l'accent sur le renforcement de l'accès aux TIC pour ouvrir la voie à une économie numérique inclusive et mondiale (Nations Unies, 2014). Selon le projet de document, l'objectif 9c souligne la nécessité d'« accroître nettement l'accès aux technologies de l'information et de la communication et [de] faire en sorte que tous les habitants des pays les moins avancés aient accès à Internet à un coût abordable d'ici à 2020 ».[46] Toutefois, bien que les TIC soient mentionnées dans les ODD, certains experts de la communauté de développement et de gouvernance de l'internet considèrent qu'il conviendrait d'en faire un objectif horizontal et transversal. Or, la formulation actuelle est principalement axée sur l'accès aux TIC, plutôt que sur les bienfaits économiques et sociaux liés à leur adoption et leur utilisation. Ces questions devraient être examinées lors du prochain Forum sur la gouvernance de l'internet (FGI), qui se tiendra au Brésil en novembre 2015, et qui devrait, pour la première fois, aboutir à l'adoption d'une déclaration.

L'internet ouvert

Un autre sujet retient de plus en plus l'attention dans le débat sur la gouvernance et les politiques : la préservation du caractère ouvert de l'internet. Ce dernier peut être envisagé comme un spectre allant de l'ouverture à la fermeture complètes. En termes de politiques, aucun des deux extrêmes n'est optimal. Certes, la mise en place d'obstacles et de restrictions peut s'avérer nécessaire à des fins économiques et sociales ; en revanche, les systèmes fermés ont généralement un coût économique et social élevé dans la mesure où ils limitent les possibilités de réaliser des gains commerciaux, et freinent l'intégration, les échanges et l'enrichissement sociaux et civiques. L'objectif des pouvoirs publics est de déterminer le degré d'ouverture optimal. Or évaluer l'ensemble des incidences sociales liées à la mise en place de limites peut s'avérer complexe et passe nécessairement par un examen attentif des dynamiques en jeu – et des conséquences potentielles. Sans compter que les décisions nationales ont des ramifications internationales, puisque les contraintes inhérentes à un système national peuvent réduire les possibilités, pour les autres pays, de récolter les fruits des échanges commerciaux et des flux de connaissances.

La Réunion ministérielle de l'OCDE sur le futur de l'économie internet, organisée en 2008, et la Recommandation du Conseil de l'OCDE sur les principes pour l'élaboration des politiques de l'Internet, adoptée en 2011, ont mis en évidence le lien entre, d'une part, une architecture distribuée et interconnectée, conçue pour être ouverte « par défaut » et, d'autre part, le rôle clé de l'internet comme levier de croissance économique et de bien-être social. De fait, de nombreuses avancées dans l'économie numérique ont été rendues possibles par cette plateforme ouverte, où entreprises, citoyens et pouvoirs publics peuvent donner libre cours à leur inspiration pour innover et développer des applications et services. Toutefois, ces dernières années ont vu l'émergence de diverses tendances en matière de gouvernance et de politiques, susceptibles d'avoir des incidences, directes ou indirectes, sur les bienfaits économiques et sociaux liés au caractère ouvert et décentralisé de l'internet, et à la libre circulation des données à l'échelle internationale. Au nombre de ces tendances figurent notamment les exigences de localisation des données et des contenus, et les nouveaux défis dans le domaine de la neutralité des réseaux.

Les travaux actuels de l'OCDE visent à catégoriser différentes dimensions de l'internet ouvert et à analyser les effets de cette ouverture, ainsi que les risques et les conséquences de la fragmentation. Le but ultime est de proposer un cadre, analyses et données probantes à l'appui, afin d'aider les responsables de l'élaboration des politiques à prendre des décisions plus éclairées. Le cadre devra tenir compte du nécessaire équilibre entre exploiter l'internet au service de la croissance économique et permettre des sources de friction allant dans le sens des objectifs de l'action publique. Il doit également reconnaître que cet équilibre peut varier d'un pays à l'autre, selon les valeurs sociétales en jeu.

Troisième Réunion ministérielle de l'OCDE sur l'économie numérique

Les bienfaits de l'internet ouvert et les risques qui en découlent seront abordés lors de la troisième Réunion ministérielle de l'OCDE sur « L'économie numérique : innovation, croissance et prospérité sociale », qui se tiendra en 2016. Ministres et autres représentants de haut niveau de la communauté mondiale de l'internet examineront l'évolution récente de l'économie numérique et débattront des solutions qui permettraient d'en optimiser les bienfaits économiques et sociaux tout en limitant les risques. La réunion s'articulera autour de quatre thèmes principaux :

- *L'internet ouvert, une plateforme pour la croissance* : on analysera les avantages de l'ouverture, les risques et conséquences concomitants de la fragmentation, ainsi que les innovations, du côté de la demande, portées par les TIC, et la représentation de l'internet en tant que plateforme ouverte.
- *La connectivité globale* : cette session s'intéressera aux questions liées à la convergence des réseaux et des services, ainsi qu'à l'internet des objets (chapitre 6).
- *La confiance* : on évoquera l'importance de la confiance des consommateurs dans la croissance des marchés et abordera la gestion du risque de sécurité numérique.
- *Les emplois et les compétences* : on examinera la façon dont les politiques peuvent impulser une transformation du marché du travail et dont les compétences numériques peuvent optimiser les bienfaits de l'économie numérique.

Encadré 1.3. **Brésil : perspectives de la gouvernance et des politiques de l'internet**

Promouvoir une approche multipartite de l'élaboration des politiques

La complexité, la dimension internationale et l'évolution constante de l'internet exigent des politiques opportunes, évolutives et propices à l'innovation. À mesure que l'internet devient essentiel aux économies et aux sociétés, et qu'un nombre croissant d'intérêts sont en jeu, le processus d'élaboration des cadres juridiques et politiques gagne en complexité, jusqu'à devenir, dans certains cas, sujet à controverse. L'expérience montre que les processus multipartites offrent la souplesse et l'évolutivité mondiale nécessaires pour relever les défis que pose l'élaboration des politiques de l'internet.

Encadré 1.3. **Brésil : perspectives de la gouvernance et des politiques de l'internet** *(suite)*

L'expérience du Brésil, qui a choisi de promouvoir une telle approche multipartite, a été saluée par la communauté internationale. Elle a été le point de départ de l'organisation de la conférence NETMundial, en 2014, à São Paulo, réunie pour débattre des principes et dessiner une feuille de route de la gouvernance de l'internet. Le succès de la mise en œuvre, au Brésil, d'un cadre d'élaboration de la politique de l'internet à la fois participatif et intersectoriel est le fruit d'une stratégie innovante incarnée par le Comité directeur sur l'internet (CGI.br).

Le Comité CGI.br a pour mission de fixer des orientations stratégiques en matière d'utilisation et de développement de l'internet au Brésil, et d'établir des lignes directrices pour la gestion de l'enregistrement des noms de domaine, de l'attribution des adresses IP (*Internet Protocol*) et de l'administration du domaine de premier niveau « .br ». Bâti sur un modèle multipartite, il compte 21 membres, dont neuf représentants du gouvernement fédéral, quatre du secteur des entreprises, quatre de la société civile, trois de la communauté scientifique et technologique, et un expert renommé de l'internet.

En règle générale, le Comité se réunit une fois par mois et publie ses ordres du jour et comptes rendus en ligne. Il s'appuie sur des organes consultatifs plurisectoriels qui étudient en profondeur des sujets particuliers, tels que la modification de la structure technique du port 25, qui a conduit à une forte réduction des messages publicitaires non sollicités.

Le Centre d'information et de coordination du point BR (NIC.br) est chargé d'accompagner et de mettre en œuvre les décisions du CGI. Cette organisation à but non lucratif créée en 2005 a pour mission d'enregistrer et de tenir à jour les noms de domaine en .br, de répondre aux incidents de sécurité et de les traiter, de promouvoir des études, d'établir des indicateurs et de recommander des normes et procédures, entre autres attributions opérationnelles. En outre, CGI.br et ANATEL conseillent le Président de la République sur la mise en œuvre des exceptions au principe de neutralité des réseaux.

Marco Civil

La Déclaration brésilienne des droits de l'internet (loi n° 12.965/2014), ou *Marco Civil* en portugais, énonce les droits, les devoirs et les principes relatifs à l'utilisation et au développement de l'internet au Brésil. Son importance tient non seulement aux principes qu'elle établit, mais aussi à son mode d'élaboration. La loi est le fruit d'une initiative conjointe du ministère de la Justice et du Centre de technologie et société (CTS) de la Fondation Getulio Vargas (FGV), et résulte d'un processus de consultation ouvert et collaboratif sans précédent, mené à l'échelle nationale.

Au cours de la première phase de la consultation ont été enregistrés plus de 800 propositions, commentaires et messages de soutien de différents secteurs de la société brésilienne, sur des sujets phares ayant trait à l'utilisation de l'internet. La deuxième phase a été celle de la formulation et de la soumission d'un projet de loi pour commentaires et débat public.

L'initiative a fait l'objet d'une attention nationale et internationale pour deux raisons : d'une part, elle privilégiait une approche multipartite et, d'autre part, instaurait un cadre réglementaire établissant les principes clés d'un internet ouvert axé sur l'utilisateur. Une consultation publique est en cours pour l'adoption de réglementations complémentaires en application de certaines dispositions de la loi. Les principales questions à l'étude portent sur la neutralité des réseaux, la protection des données à caractère personnel et les exigences en matière de conservation des données par les fournisseurs.

Notes

1. Voir par exemple la Recommandation du Conseil de l'OCDE sur les principes pour l'élaboration des politiques de l'internet (OCDE, 2011) et la déclaration multipartite NetMundial (NETmundial, 2014).
2. À savoir : l'Allemagne, l'Australie, l'Autriche, la Belgique, le Canada, la Corée, le Danemark, l'Espagne, l'Estonie, les États-Unis, la Finlande, la France, la Grèce, la Hongrie, l'Irlande, l'Italie, le Japon, le Luxembourg, le Mexique, la Norvège, les Pays-Bas, la Pologne, le Portugal, la République slovaque, la République tchèque, le Royaume-Uni, la Slovénie, la Suède, la Suisse et la Turquie (membres de l'OCDE), ainsi que l'Égypte, la Lettonie, la Lituanie et la Fédération de Russie (non-membres de l'OCDE).
3. À savoir : l'Allemagne, l'Australie, la Belgique, le Canada, la Corée, le Danemark, l'Espagne, l'Estonie, la Finlande, la France, la Grèce, l'Irlande, l'Italie, le Japon, le Luxembourg, le Mexique, la Norvège, les Pays-Bas, la Pologne, le Portugal, la République slovaque, la République tchèque, le Royaume-Uni, la Slovénie et la Turquie (membres de l'OCDE), ainsi que l'Égypte, la Lettonie et la Lituanie (non-membres de l'OCDE).
4. *www.evm.dk/~/media/files/2014/web-185953-indhold-v-kstrapport-for-digitaliering.ashx.*
5. *www.digitale-agenda.de/DA/Navigation/DE/Home/home.html.*
6. *www.agid.gov.it/sites/default/files/documenti_indirizzo/strategia_italiana_agenda_digitale_0.pdf.*
7. *http://embamex.sre.gob.mx/italia/images/pdf/national%20digital%20strategy.pdf.*
8. *www.bilgitoplumu.gov.tr/en/2014-2018-information-society-strategy/.*
9. *http://apo.org.au/research/advancing-australia-digital-economy-update-national-digital-economy-strategy.*
10. *www.france-universite-numerique.fr/IMG/pdf/feuille_de_route_du_gouvernement_sur_le_numerique.pdf.*
11. *http://japan.kantei.go.jp/policy/it/index_e.html.*
12. *www.gov.uk/government/publications/information-economy-strategy.*
13. La Stratégie numérique pour l'Europe a fait l'objet en 2012 d'un réexamen qui a mis en évidence les domaines dans lesquels une action plus ciblée est de rigueur pour susciter la croissance et créer des emplois en Europe. Trente et une actions ont été ajoutées à la suite de ce réexamen.
14. *www.bmg.gv.at/home/Schwerpunkte/E_Health_Elga/E_Health_in_Oesterreich/.*
15. *www.efit21.at/en/about-efit21.*
16. *www.sozialministerium.at/cms/site/attachments/7/7/8/CH2477/CMS1332494355998/nap_behinderung-web_2013-01-30_eng.pdf.*
17. *www.regeringen.se/sb/d/108/a/181801.*
18. *www.government.se/sb/d/574/a/134980.*
19. *www.regeringen.se/sb/d/15700/a/206004.*
20. *www.government.se/sb/d/574/a/152926.*
21. *www.government.se/download/70f489cb.pdf?major=1&minor=181914&cn=attachmentPublDuplicator_0_attachment.*
22. *www.regeringen.se/sb/d/2498.*
23. *www.government.se/sb/d/2025/a/202558.*
24. *www.ic.gc.ca/eic/site/028.nsf/eng/home.*
25. Cet investissement vient s'ajouter aux 14 milliards CAD déjà alloués pour les dix années à venir au Nouveau Fonds Chantiers Canada qui vient notamment à l'appui de projets concernant le haut débit et la connectivité. Ce fonds est constitué d'un Volet Infrastructures nationales (doté d'une enveloppe de 4 milliards CAD), destiné à soutenir des projets de portées nationale, et d'un Volet Infrastructures provinciales-territoriales (auquel sont affectés 10 milliards USD), pour les projets d'infrastructure d'importance nationale, régionale ou locale.
26. *www.mpo.cz/zprava149132.html.*
27. *www.portugaldigital.pt.*
28. *www.gouvernement.lu/4103941/dossier-de-presse-digital-letzebuerg-20141017.pdf.*
29. *www.fcc.gov/national-broadband-plan.*

30. *www.regjeringen.no/nb/dep/kmd/dok/regpubl/stmeld/2012-2013/meld-st-23-20122013-2.html?id=728993.*
31. *www.msip.go.kr/cms/www/open/go30/info/info_1/info_11/__icsFiles/afieldfile/2014/11/24/%EC%A0%9C%EC%B0%A8%EA%B5%AD%EA%B0%80%EC%A0%95%EB%B3%B4%ED%99%94%EA%B8%B0%EB%B3%B8%EA%B3%84%ED%9A%8D%282013~2017%29.pdf.*
32. *www.mg.gov.pl/node/20481.*
33. *http://ec.europa.eu/digital-agenda/en/our-goals/pillar-ii-interoperability-standards.*
34. *www.mcit.gov.eg/Upcont/Documents/MCITstrategy2013_en.pdf.*
35. *www.nih.gov.hu/download.php?docID=25413.*
36. *http://e-estonia.com/nordicday/digitalagendas/.*
37. *www.mizs.gov.si/si/medijsko_sredisce/novica/article//8881/a6a53e02d821d14c3dbcc42bea5b9b35.*
38. *www.dcenr.gov.ie/NR/rdonlyres/54AF1E6E-1A0D-413F-8CEB-2442C03E09BD/0/NationalDigitalStrategyfor Ireland.pdf.*
39. *www.agendadigital.gob.es/Paginas/Index.aspx.*
40. Il s'agit ici de télétravail mis en place de manière formelle, avec des horaires réguliers, dans le cadre d'une relation contractuelle.
41. C'est-à-dire des débits atteints dans des conditions bien particulières, notamment en ce qui concerne le nombre d'utilisateurs dans une cellule, la distance par rapport au pylône, etc.
42. Pour plus d'informations, voir *http://press.spotify.com/fr/information/.*
43. Pour plus d'informations, voir *www.youtube.com/yt/press/fr/statistics.html.*
44. Voir OCDE, d'après Instantwatcher (*http://instantwatcher.com/titles/all*).
45. Voir la cible 8F : « En coopération avec le secteur privé, faire en sorte que les avantages des nouvelles technologies, en particulier des technologies de l'information et de la communication, soient accordés à tous. »
46. Les TIC sont également évoquées brièvement au titre de la cible 5b : « Renforcer l'utilisation des technologies clefs, en particulier l'informatique et les communications, pour promouvoir l'autonomisation des femmes » (objectif 5, « Parvenir à l'égalité des sexes et autonomiser toutes les femmes et les filles »).

Références

Androsoff, R. et A. Mickoleit (2015), « Measuring government impact in a social media world », blogue *OECD Insights*, 18 février 2015, *http://oecdinsights.org/2015/02/18/measuring-government-impact-in-a-social-media-world* (consulté le 15 avril 2015).

Apple (2013), « iTunes store sets new record with 25 billion songs sold », *Apple Press Info*, 6 février 2013, Cupertino, *www.apple.com/pr/library/2013/02/06iTunes-Store-Sets-New-Record-with-25-Billion-Songs-Sold.html* (consulté le 15 avril 2015).

Belleflamme, P. et T. Lambert (2014), « Crowdfunding: some empirical findings and microeconomic underpinnings », préparé pour un numéro spécial de la *Revue bancaire et financière*, juillet 2014.

Brésil (2010), *Decreto N° 7.175 de 12 de Maio de 2010, Presidência da República, www.planalto.gov.br/ccivil_03/_Ato2007-2010/2010/Decreto/D7175.htm* (consulté le 29 avril 2015).

Capgemini (2014), « Internet of Things = Internet of trust », blogue *Capping IT Off*, 19 septembre 2014, *www.capgemini.com/blog/capping-it-off/2014/09/internet-of-things-internet-of-trust.*

CE (2010), *Une stratégie numérique pour l'Europe*, Communication de la Commission au Parlement européen, au Conseil, au Comité économique et social européen et au Comité des régions, COM(2010)245 final, Commission européenne, Bruxelles, *http://eur-lex.europa.eu/legal-content/FR/TXT/PDF/?uri=CELEX:52010DC0245&from=FR* (consulté le 21 novembre 2014).

CE (2015), *Special Eurobarometer 423: Cyber Security Report*, Commission européenne, Bruxelles, *http://ec.europa.eu/public_opinion/archives/ebs/ebs_423_en.pdf.*

CIGI (2014), *CIGI-Ipsos Global Survey on Internet Security and Trust*, Centre pour l'innovation dans la gouvernance internationale, Waterloo, ON, *www.cigionline.org/internet-survey* (consulté le 15 avril 2015).

Economist (2014), « Banking without banks », *The Economist*, 1er mars 2014, *www.economist.com/news/finance-and-economics/21597932-offering-both-borrowers-and-lenders-better-deal-websites-put-two* (consulté le 22 octobre 2014).

Economist (2013), « Taking a bite out of Apple », *The Economist*, 12 septembre 2013, *www.economist.com/news/business/21586344-xiaomi-often-described-chinas-answer-apple-actually-quite-different-taking-bite-out* (consulté le 14 octobre 2014).

FCC (2015), *Report and Order on Remand, Declaratory Ruling, and Order, in the Matter of Protecting and Promoting the Open Internet*, 12 mars 2015, Federal Communications Commission, Washington, DC, *http://transition.fcc.gov/Daily_Releases/Daily_Business/2015/db0403/FCC-15-24A1.pdf*.

Flurry (2014), « Mobile to television », *Flurry Insights*, *www.flurry.com/blog/flurry-insights/mobile-television-we-interrupt-broadcast-again#.VG-PgPnF9HX* (consulté le 21 novembre 2014).

Fox, S. et M. Duggan (2013), « Tracking for health », *Pew Research Center*, 28 janvier 2013, Pew Research Center, Washington, DC, *www.pewinternet.org/2013/01/28/tracking-for-health/*.

GSMA (2013), *Socio-economic Impact of mHealth: An Assessment Report for the European Union*, Londres, Groupe Special Mobile Association et PricewaterhouseCoopers, *www.gsma.com/connectedliving/wp-content/uploads/2013/06/Socio-economic_impact-of-mHealth_EU_14062013V2.pdf*.

GSMA et PwC (2012), *Touching Lives through Mobile Health: Assessment of the Global Market Opportunity*, Londres, Groupe Special Mobile Association et PricewaterhouseCoopers, *www.gsma.com/connectedliving/gsma-pwc-report-touching-lives-through-mobile-health-assessment-of-the-global-market-opportunity/* (consulté le 21 novembre 2014).

IAPP (2014), « Benchmarking privacy management and investments of the Fortune 1000 », site internet de l'*International Association of Privacy Professionals* (IAPP), *https://privacyassociation.org/resources/article/benchmarking-privacy-management-and-investments-of-the-fortune-1000-2/* (consulté le 15 avril 2015).

IDATE (2014), *Digiworld Yearbook 2014*, IDATE, Montpellier, France.

Lunden, I. (2015), « Target Says credit card data breach cost it $162M in 2013-14 », *TechCrunch*, 25 février 2015, *http://techcrunch.com/2015/02/25/target-says-credit-card-data-breach-cost-it-162m-in-2013-14/* (consulté le 15 avril 2015).

Massolution (2013), *2013CF: The Crowdfunding Industry Report*, Massolution, Los Angeles, CA, *www.crowdsourcing.org/editorial/2013cf-the-crowdfunding-industry-report/25107* (consulté le 13 avril 2015).

Nations Unies (2014), *Open Working Proposal for Sustainable Development Goals, Full report of the Open Working Group of the General Assembly on Sustainable Development Goals*, document A/68/970, Nations Unies, New York, *https://sustainabledevelopment.un.org/content/documents/1579SDGs%20Proposal.pdf*.

NETmundial (2014), *NETmundial Multistakeholder Statement*, *http://netmundial.br/wp-content/uploads/2014/04/NETmundial-Multistakeholder-Document.pdf* (consulté le 4 avril 2015).

OCDE (2008), *Recommandation du Conseil relative à un accès élargi et une exploitation plus efficace concernant les informations du secteur public*, Éditions OCDE, Paris, *www.oecd.org/fr/sti/oecdrecommendationonpublicsectorinformationpsi.htm*.

OCDE (2011), *Recommandation du Conseil sur les principes pour l'élaboration des politiques de l'Internet*, OCDE, Paris, *http://acts.oecd.org/Instruments/ShowInstrumentView.aspx?InstrumentID=270&Lang=fr&Book=False*.

OCDE (2012), *OECD Internet Economy Outlook 2012*, Éditions OCDE, Paris, *www.oecd.org/fr/sti/ieconomie/oecd-internet-economy-outlook-2012-9789264086463-en.htm*.

OCDE (2013a), *The Internet Economy on the Rise: Progress Since the Seoul Declaration*, Éditions OCDE, Paris, *http://dx.doi.org/10.1787/9789264201545-en* (consulté le 13 avril 2015).

OCDE (2013b), *Strengthening Health Information Infrastructure for Health Care Quality Governance: Good Practices, New Opportunities and Data Privacy Protection Challenges*, Études de l'OCDE sur les politiques de santé, Éditions OCDE, Paris, *http://dx.doi.org/10.1787/9789264193505-en*.

OCDE (2013c), *Recommandation du Conseil concernant les Lignes directrices régissant la protection de la vie privée et les flux transfrontières de données de caractère personnel*, OCDE, Paris, *www.oecd.org/fr/sti/ieconomie/privacy.htm*.

OCDE (2014a), *Measuring the Digital Economy: A New Perspective*, Éditions OCDE, Paris.

OCDE (2014b), « Access network speed tests », *OECD Digital Economy Papers*, n° 237, Éditions OCDE, Paris, *http://dx.doi.org/10.1787/5jz2m5mr66f5-en*.

OCDE (2014c), « Cloud computing: The concept, impacts and the role of government policy », *OECD Digital Economy Papers*, n° 240, Éditions OCDE, Paris, *http://dx.doi.org/10.1787/5jxzf4lcc7f5-en*.

OCDE (2014d), « Social Media Use by Governments. A Policy Primer to Discuss Trends, Identify Policy Opportunities and Guide Decision Makers », *Documents de travail de l'OCDE sur la gouvernance publique*, n° 26, OCDE, Paris, *http://dx.doi.org/10.1787/5jxrcmghmk0s-en*.

OCDE (2014e), « Wireless market structures and network sharing », *OECD Digital Economy Papers*, n° 243, Éditions OCDE, Paris, *http://dx.doi.org/10.1787/20716826*.

OCDE (2014f), *Recommandation du Conseil sur les stratégies numériques gouvernementales*, Éditions OCDE, Paris, *www.oecd.org/gov/public-innovation/recommendation-on-digital-government-strategies.htm*.

OCDE (2015a), *Data Driven Innovation for Growth and Well-Being*, Éditions OCDE, Paris, à paraître.

OCDE (2015b), *Improving the International Comparability of Statistics Produced by Computer Security Incident Response Team*, Éditions OCDE, Paris, à paraître.

OCDE (2015c), « Assessing government initiatives on public sector information: A review of the OECD Council Recommendation », *OECD Digital Economy Papers*, n° 248, Éditions OCDE, Paris, *http://dx.doi.org/10.1787/5js04dr9l47j-en*.

Ofcom (2014), *Promoting Investment and Innovation in the Internet of Things*, Ofcom, Londres, *http://stakeholders.ofcom.org.uk/consultations/iot/* (consulté le 15 avril 2015).

Our Mobile Planet (2013), *Our Mobile Planet – Full Data Sets and Country Reports*, Google, Mountain View, CA, *http://think.withgoogle.com/mobileplanet/en-gb/downloads/* (consulté le 13 avril 2015).

Pew Research Center (2014), *Few Feel that the Government or Advertisers can be Trusted*, Pew Research Center, Washington, DC, *www.pewinternet.org/2014/11/12/few-feel-that-the-government-or-advertisers-can-be-trusted/* (consulté le 13 avril 2015).

PricewaterhouseCoopers (2015), *MoneyTree Survey Report*, février, Londres, PwC.

PwC (2014a), *Retail Banking 2020: Evolution or Revolution?*, PricewaterhouseCoopers, Londres, *www.pwc.com/et_EE/EE/publications/assets/pub/pwc-retail-banking-2020-evolution-or-revolution.pdf*.

PwC (2014b), *Internet Advertising – Key Insights at a Glance*, PricewaterhouseCoopers, Londres, *www.pwc.com/gx/en/global-entertainment-media-outlook/segment-insights/internet-advertising.jhtml* (consulté le 20 novembre 2014).

research2guidance (2014), *mHealth App Developer Economics 2014: The State of the Art of mHealth App Publishing*, research2guidance, Berlin, *http://research2guidance.com/r2g/research2guidance-mHealth-App-Developer-Economics-2014.pdf*.

Segal, A. (2014), « China's new small leading group on cybersecurity and Internet management », *Forbes*, 27 février 2014, *www.forbes.com/sites/adamsegal/2014/02/27/chinas-new-small-leading-group-on-cybersecurity-and-internet-management/* (consulté le 15 avril 2015).

Simula, H. et T. Ahola (2014), « A network perspective on idea and innovation crowdsourcing in industrial firms », *Industrial Marketing Management*, n° 43, pp. 400-408, *http://dx.doi.org/10.1016/j.indmarman.2013.12.008*.

TechCrunch (2014), « Travel, retail and media are 3 industries taking over the App Store », *TechCrunch*, 18 octobre 2014, *http://techcrunch.com/2014/10/18/travel-retail-and-media-are-3-industries-taking-over-the-app-store/* (consulté le 22 octobre 2014).

Weller, D. et B. Woodcock (2013), « Internet traffic exchange: Market developments and policy challenges », *OECD Digital Economy Papers*, n° 207, Éditions OCDE, Paris, *http://dx.doi.org/10.1787/5k918gpt130q-en*.

Wilson, K. et M. Testoni (2014), « Improving the role of equity crowdfunding in Europe's capital markets », *Bruegel Policy Contribution Issue*, 2014/09.

WSTS (World Semiconductor Trade Statistics) (2015), *WSTS Historical Billings Report*, *www.wsts.org/Teaser-Left/Historical-Billings-Report*.

ANNEXE

Graphique A.1. **Priorités actuelles de l'action publique en matière de TIC, 2014**

Nombre de réponses

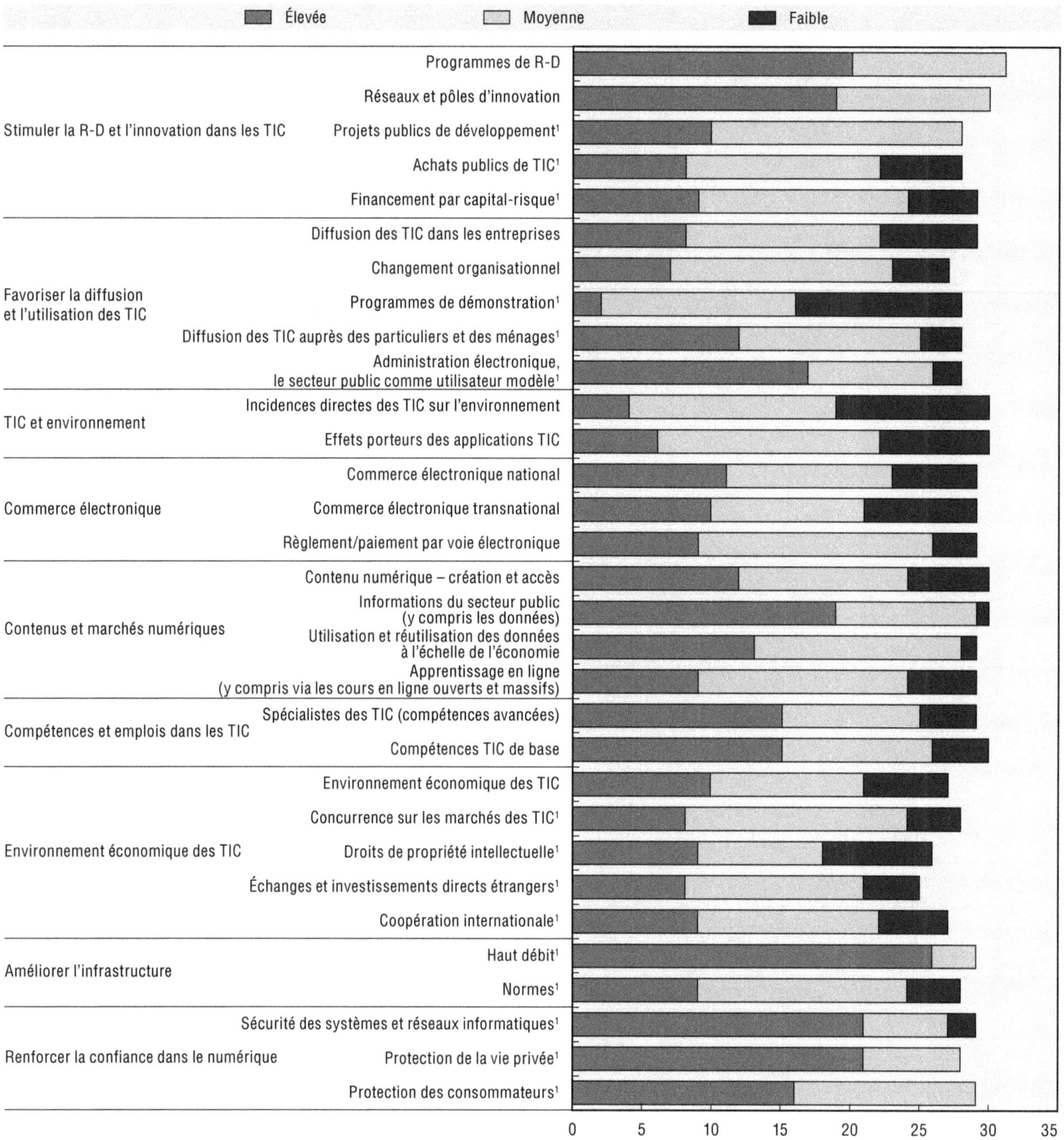

1. Ces domaines d'action ne sont pas couverts par le questionnaire de 2014 sur les priorités d'action publique. Néanmoins, ils ont été retenus pour deux raisons : i) ils figurent dans les stratégies nationales pour l'économie numérique, et ii) certains d'entre eux sont examinés par d'autres comités réalisant des enquêtes connexes (par exemple, le Comité de la gouvernance publique traite de l'administration électronique et des achats publics de TIC).

Source : D'après les réponses détaillées de 31 pays (dont 25 membres de l'OCDE) au questionnaire préparatoire sur les priorités actuelles et futures de l'action publique, diffusé en juin 2014 en vue de l'élaboration des *Perspectives de l'économie numérique* de l'OCDE.

StatLink http://dx.doi.org/10.1787/888933307497

Graphique A.2. **Évolution des priorités de l'action publique en matière de TIC**

Nombre de réponses

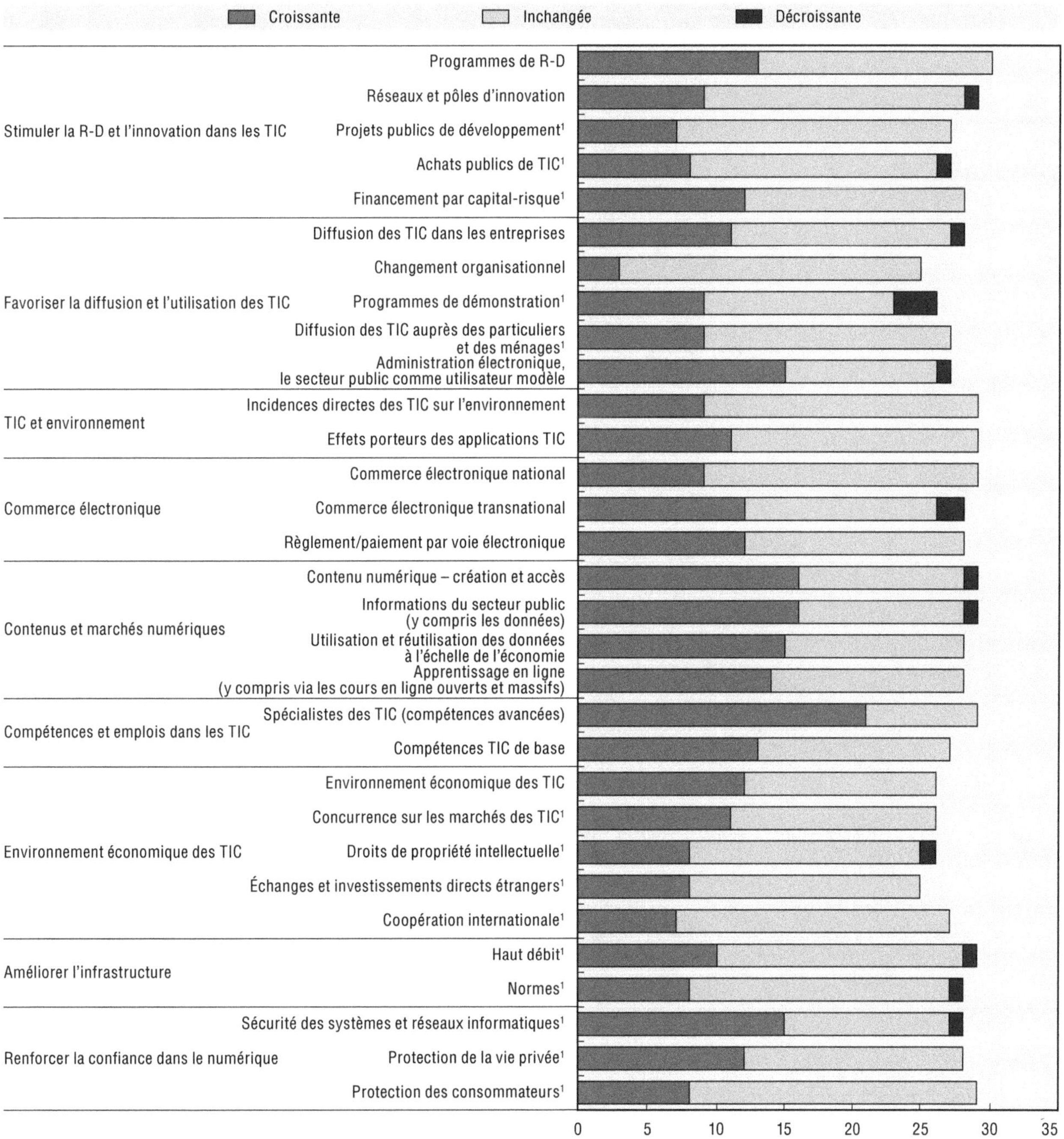

1. Ces domaines d'action ne sont pas couverts par le questionnaire de 2014 sur les priorités d'action publique. Néanmoins, ils ont été retenus pour deux raisons : i) ils figurent dans les stratégies nationales pour l'économie numérique, et ii) certains d'entre eux sont examinés par d'autres comités réalisant des enquêtes connexes (par exemple, le Comité de la gouvernance publique traite de l'administration électronique et des achats publics de TIC).

Source : D'après les réponses détaillées de 31 pays (dont 25 membres de l'OCDE) au questionnaire préparatoire sur les priorités actuelles et futures de l'action publique, diffusé en juin 2014 en vue de l'élaboration des *Perspectives de l'économie numérique* de l'OCDE.

StatLink http://dx.doi.org/10.1787/888933307508

Perspectives de l'économie numérique de l'OCDE

Chapitre 2

Les fondements de l'économie numérique

L'internet, les réseaux haut débit, les applications mobiles, ainsi que les services et le matériel informatiques constituent les fondements de l'économie numérique. Le présent chapitre examine les tendances récentes et les caractéristiques structurelles du secteur des TIC, des marchés des télécommunications, ainsi que des infrastructures et des services haut débit. En portant son attention sur l'augmentation de l'emploi et de la valeur ajoutée, l'évolution du commerce international, les dépenses de R-D, les activités d'innovation, les recettes des services de télécommunications, les taux de pénétration, la taille des réseaux, les débits et la tarification, ainsi que les indicateurs relatifs à l'IPv6, ce chapitre met en évidence le rôle fondamental des secteurs de l'information et des télécommunications en tant que moteurs de la croissance et de l'innovation dans l'économie numérique.

2.1. Le secteur des TIC

Évolutions récentes

Le secteur des TIC a été relativement résilient face à la crise économique mondiale de 2007-09, même s'il n'avait pas, en 2014, retrouvé son niveau d'avant la crise. À partir de la fin 2010, la croissance de la production des industries manufacturières des TIC a été molle dans la plupart des économies, en particulier celles qui ont été les plus durement touchées par la crise (graphique 2.1a). La même tendance a été observée dans le domaine des services informatiques et de télécommunications, bien que de façon moins marquée (graphiques 2.1b et 2.1c).

Le taux de croissance de l'industrie des semi-conducteurs – dont les fluctuations cycliques semblent précéder celles des autres industries du secteur des TIC – a augmenté au premier semestre 2014, pour ensuite commencer à baisser (graphique 2.2). Cette tendance devrait se poursuivre en 2015-16. L'investissement en capital-risque, qui donne une indication des possibilités de développement commercial, laisse entrevoir de meilleures perspectives. Aux États-Unis, il a atteint presque 15 milliards USD au dernier trimestre 2014, soit son plus haut niveau depuis la période de la bulle internet (graphique 2.3). La part de l'investissement en capital-risque américain consacrée aux secteurs des TIC est passée d'environ 48 % à 67 % entre 2011 et 2014. Cette même année, les services TIC représentaient à eux seuls plus de 40 % du montant total de cet investissement aux États-Unis.

Valeur ajoutée et emploi dans le secteur des TIC

En 2013, le secteur des TIC représentait dans la zone OCDE 5.5 % de la valeur ajoutée totale, soit l'équivalent de quelque 2 400 milliards USD (graphique 2.4). Cette part présentait d'importantes variations selon les pays, de 10.7 % en Corée à moins de 3 % en Islande et au Mexique. L'Irlande et le Japon se classaient en deuxième position (7 %), suivis par la Suède et la Hongrie (plus de 6 %).

Dans la zone OCDE, le secteur des TIC est représenté pour plus des deux tiers par les technologies de l'information et l'informatique (2 % de la valeur ajoutée totale) et les télécommunications (1.7 %). Les ordinateurs et articles électroniques et optiques ainsi que l'édition de logiciels représentent respectivement 1.4 % et 0.3 % de la valeur ajoutée totale. Le degré de spécialisation varie toutefois sensiblement d'un pays à l'autre. La Corée affiche une spécialisation très forte dans les ordinateurs et articles électroniques et optiques (plus de 7 % du total de la valeur ajoutée), le Luxembourg dans les télécommunications (3 %), tandis que l'Irlande, le Royaume-Uni et la Suède sont plus tournés vers les technologies de l'information et l'informatique (3 %).

La part des biens et services TIC dans la valeur ajoutée totale de l'OCDE est restée stable entre 2007 et 2013 (graphique 2.5). Dans certains pays, cependant, elle a diminué dans les années qui ont suivi la crise : Finlande (-4.9 points de pourcentage), France (-0.8), Mexique (-0.7), Pays-Bas (-0.5), Danemark, Allemagne et Italie (-0.4). Le fléchissement relatif du secteur des TIC a parfois débuté avant la crise, au lendemain de l'éclatement de la bulle

Graphique 2.1. **Croissance du secteur des TIC, décembre 2007-14**

Pourcentage de variation en glissement annuel, moyenne mobile sur trois mois

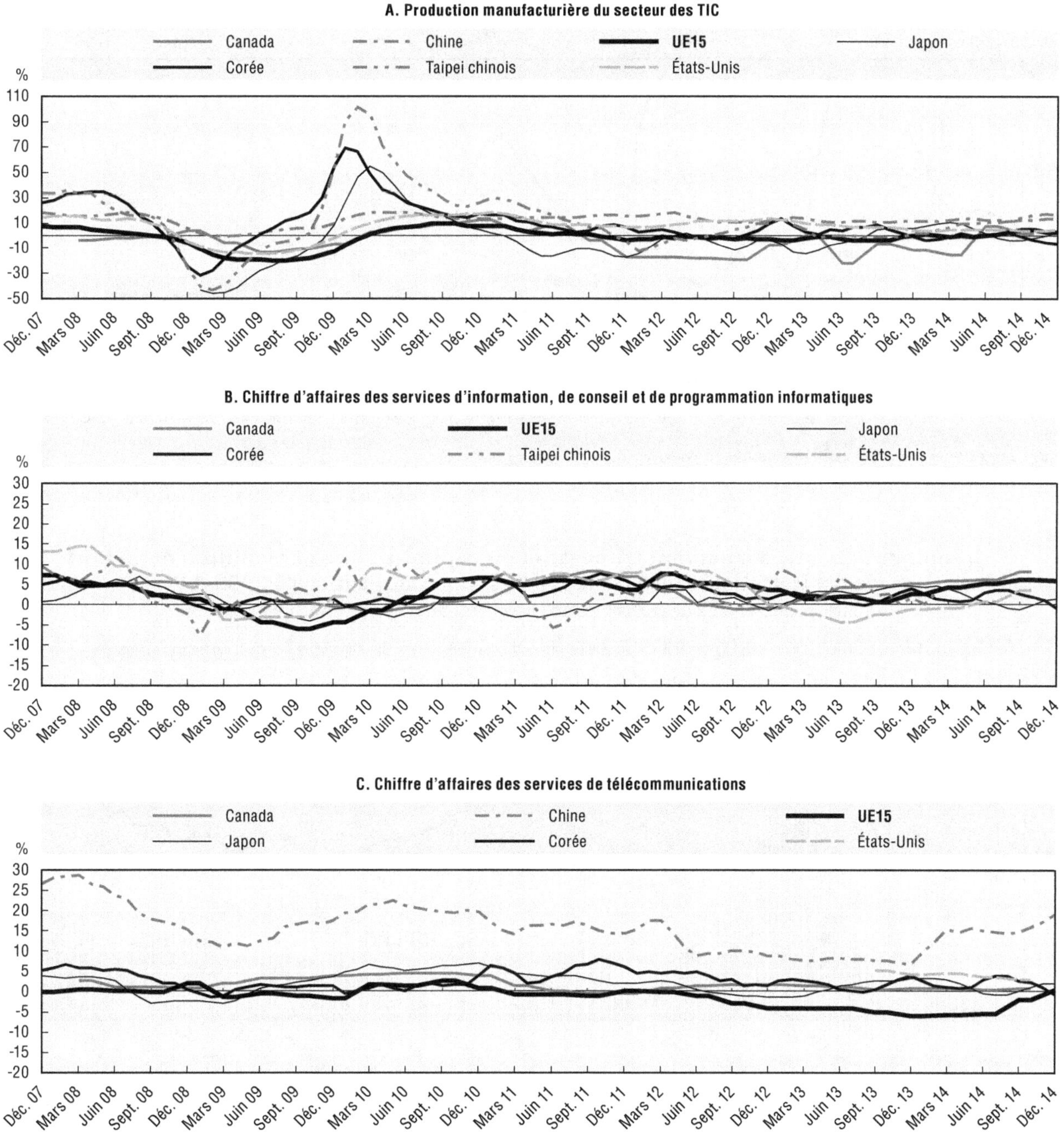

Note : Les données sont corrigées des variations saisonnières. Les données UE15 englobent les 15 pays suivants : Allemagne, Autriche, Belgique, Danemark, Espagne, Finlande, France, Grèce, Irlande, Italie, Luxembourg, Pays-Bas, Portugal, Royaume-Uni et Suède. En ce qui concerne le Canada et le Taipei chinois, les données correspondent aux services de conception de systèmes informatiques et de traitement de données. Dans le cas de la Corée, les données englobent tous les services d'information.

Source : D'après les données des offices statistiques nationaux, les indicateurs à court terme et la *Base de données d'Eurostat* – statistiques conjoncturelles sur les entreprises, mai 2015.

StatLink http://dx.doi.org/10.1787/888933307510

Graphique 2.2. **Marché mondial des semi-conducteurs par région, 1990-2016**

Ventes annuelles, milliards USD, prix courants et taux de croissance en glissement annuel

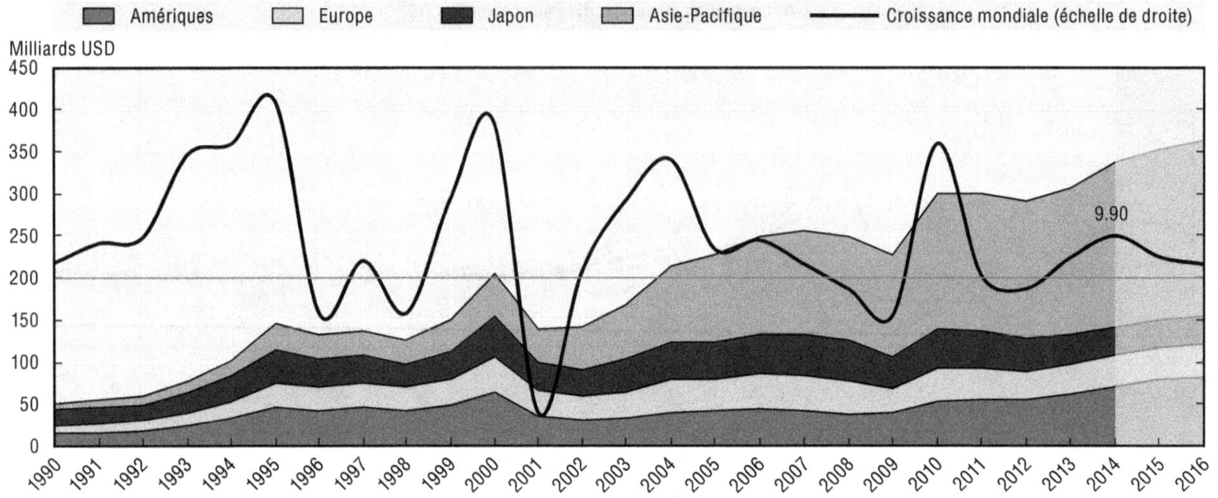

Note : Les données de 2015 et 2016 sont des prévisions.

Source : D'après *World Semiconductor Trade Statistics* (WSTS), février 2015.

StatLink http://dx.doi.org/10.1787/888933307526

Graphique 2.3. **Investissement trimestriel en capital-risque et évolution de la part de cet investissement dans les TIC aux États-Unis, T4 1995-14**

Milliards USD et taux de croissance en glissement annuel, moyenne mobile au T4

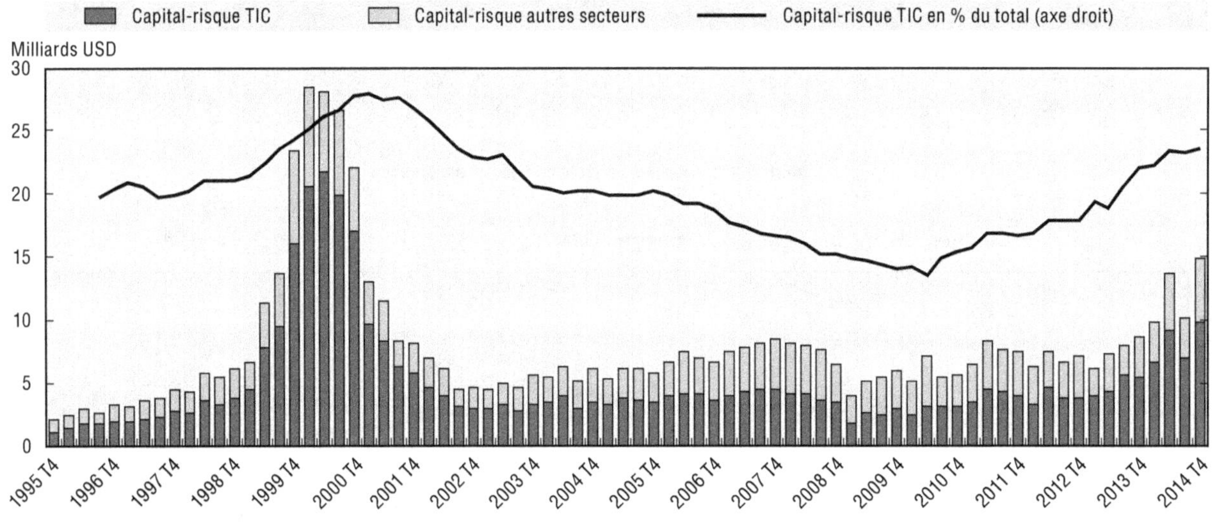

Note : Le secteur des TIC se définit ici comme la somme des industries suivantes : logiciels, services d'information et de télécommunications, semi-conducteurs, ordinateurs et périphériques, équipement réseau, électronique et appareillage, médias et divertissements (ceci incluant l'électronique grand public telle que les jeux et la télévision). La part des TIC dans le total de l'investissement est exprimée sous forme de moyenne mobile au T4.

Source : D'après le rapport de PricewaterhouseCoopers/National Venture Capital Association MoneyTree™, qui s'appuie sur les données de Thomson Reuters, février 2015.

StatLink http://dx.doi.org/10.1787/888933307533

Internet : Irlande (-2.1 points de pourcentage), Luxembourg (-1.6), Autriche (-0.8) et France (-0.4). Sur l'ensemble de la période (2001-13), la part des TIC s'est accrue en République tchèque (1.2), ainsi qu'en Estonie et en Slovénie (0.9).

Graphique 2.4. **Valeur ajoutée du secteur des TIC et de ses différentes industries, 2013**

En pourcentage du total de la valeur ajoutée en prix courants

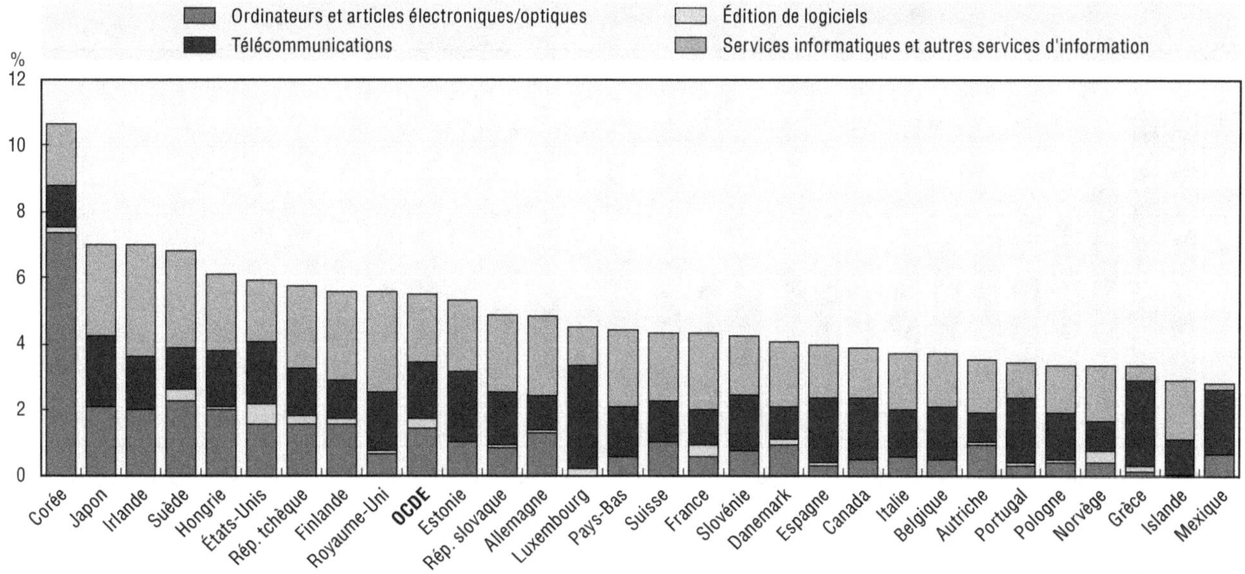

Note : Le secteur des TIC se définit ici comme la somme des branches 26, 582, 61 et 62-63 de la CITI rév. 4. En ce qui concerne l'Allemagne, l'Espagne, l'Irlande, l'Islande, le Japon, le Mexique, la Pologne, le Royaume-Uni, la Suède et la Suisse, les données se rapportent à 2012. Celles du Canada et du Portugal se rapportent à 2011. S'agissant de l'Irlande et du Royaume-Uni, les données ont été extraites du SCN 1993 en octobre 2014. Pour les autres pays, les données sont tirées du SCN 2008. S'agissant du Canada, de l'Islande, de l'Irlande, du Japon et du Mexique, les données relatives à l'édition de logiciels ne sont pas disponibles et ne sont donc pas incluses dans la définition. Pour la Suisse, la part des TIC indiquée est celle définie par l'OCDE (2011a). Dans ce cas particulier, elle n'est pas totalement comparable avec les autres pays.

Source : D'après OCDE, *Base de données des Comptes nationaux* ; Eurostat, Statistiques des comptes nationaux ; et sources nationales, avril 2015.

StatLink http://dx.doi.org/10.1787/888933307540

La fabrication de matériel informatique et électronique ainsi que, dans une moindre mesure, les services de télécommunications, ont perdu de la vigueur sous l'effet d'une combinaison de facteurs, notamment la délocalisation de la production vers des économies non membres de l'OCDE, la baisse des prix unitaires et une augmentation de la demande finale moins que proportionnelle (OCDE, 2014a). Entre 2001 et 2013, la part des activités manufacturières du secteur des TIC est passée de 1.7 à 1.4 % de la valeur ajoutée totale. Elle s'est accrue qu'en Corée et dans quelques pays d'Europe orientale – qui ont bénéficié de la délocalisation –, mais a considérablement baissé en Finlande et en Irlande. La part des services de télécommunications a elle aussi reculé – de 2 % à 1.7 % par rapport à 2001, voire davantage par rapport au niveau record de 2003-04 – en raison de la chute des prix.

Au cours de la même période, la part de l'édition de logiciels dans la valeur ajoutée totale s'est maintenue à 0.3 %, alors que celle des services informatiques a augmenté dans tous les pays déclarants (de 1.8 % à 2 %), compensant largement les baisses enregistrées dans les autres industries des TIC. La part de ces services a gagné environ un point de pourcentage, voire plus, dans les pays suivants : Estonie, Finlande, Hongrie, République slovaque, République tchèque et Slovénie. Même dans de grandes économies comme l'Allemagne, l'Espagne, les États-Unis, le Japon et le Royaume-Uni, la part des services informatiques a progressé d'environ 0.5 point. Malgré l'importance croissante de ces services, les différences entre les pays quant à la part globale du secteur des TIC dépendent principalement du poids relatif des industries manufacturières des TIC et, dans une faible mesure, de celui des activités d'édition de logiciels.

Graphique 2.5. **Évolution de la valeur ajoutée du secteur des TIC, 2001, 2007 et 2013**

Pourcentages de la valeur ajoutée totale

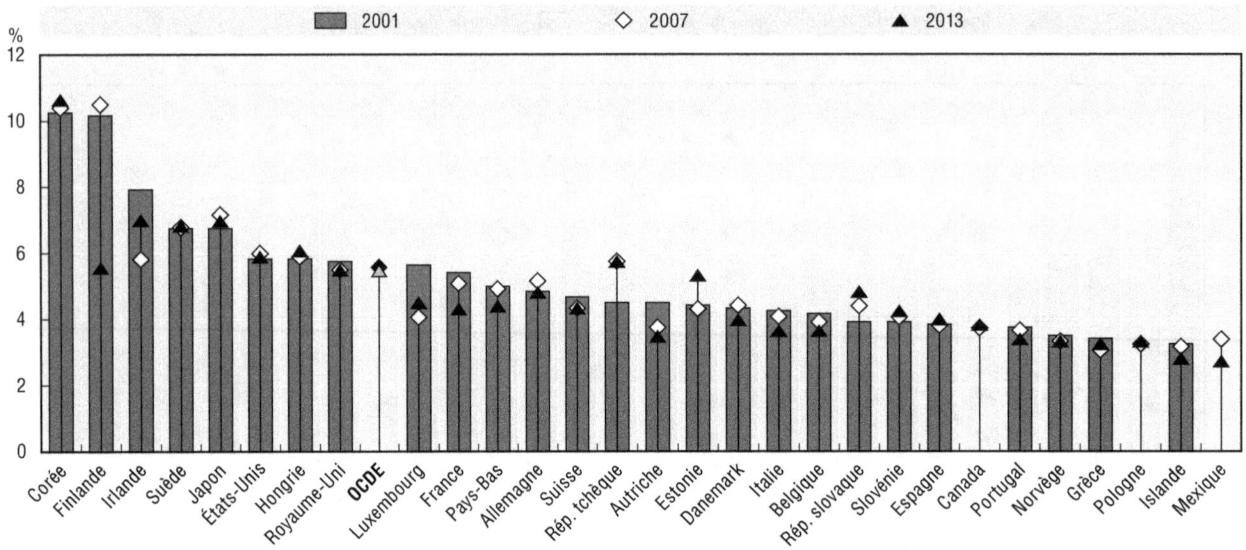

Note : Le secteur des TIC se définit ici comme la somme des branches 26, 582, 61 et 62-63 de la CITI rév. 4. En ce qui concerne l'Allemagne, l'Espagne, l'Irlande, l'Islande, le Japon, le Mexique, la Pologne, le Royaume-Uni, la Suède et la Suisse, les données se rapportent à 2012. Celles du Canada et du Portugal se rapportent à 2011. S'agissant de l'Irlande et du Royaume-Uni, les données ont été extraites du SCN 1993 en octobre 2014. Pour les autres pays, les données sont tirées du SCN 2008. S'agissant du Canada, de l'Islande, de l'Irlande, du Japon et du Mexique, les données relatives à l'édition de logiciels ne sont pas disponibles et ne sont donc pas incluses dans la définition. Pour la Suisse, la part des TIC indiquée est celle définie par l'OCDE (2011a). Dans ce cas particulier, elle n'est pas totalement comparable avec les autres pays. S'agissant du Mexique, les données se rapportent non pas à 2001, mais à 2003.

Source : D'après OCDE, *Base de données des Comptes nationaux* ; CITI rév. 4 ; Eurostat, Statistiques des comptes nationaux ; et sources nationales, avril 2015.

StatLink http://dx.doi.org/10.1787/888933307551

En 2013, le secteur des TIC employait plus de 14 millions de personnes, soit presque 3 % de l'emploi total dans la zone OCDE (graphique 2.6). La fourchette était comprise entre plus de 4 % en Irlande et en Corée, et moins de 2 % en Grèce, au Portugal et au Mexique. Les technologies de l'information et l'informatique ainsi que les télécommunications représentent 80 % de l'emploi du secteur des TIC dans la zone OCDE. Sur la période 2001-13, l'emploi dans les TIC a diminué dans les pays où ce secteur était très développé, et augmenté dans ceux où il l'était peu. Une explication possible à cette évolution est que la crise a poussé les grandes entreprises des TIC à se rationaliser, en même temps qu'elle favorisait les entreprises de TIC des pays où le coût de la main-d'œuvre est plus bas. La Belgique et la Hongrie sont les seules exceptions à cette tendance générale (graphique 2.7).

Certaines activités relevant des TIC sont menées dans des secteurs autres que celui des TIC. Les chiffres sur l'emploi dans le secteur des TIC proprement dit peuvent par conséquent être complétés par les données ayant trait aux spécialistes des TIC. En 2014, les personnes travaillant dans le domaine du développement, de l'assistance ou de l'exploitation des systèmes TIC, ou pour qui les TIC constituent l'essentiel de l'activité (OCDE, 2005, 2012a et 2013), représentaient en moyenne 3.6 % de l'emploi total dans la zone OCDE (graphique 2.8). Dans les quelques pays pour lesquels des données sont disponibles sur plusieurs années, le pourcentage des spécialistes des TIC a progressé à un rythme modéré : d'environ 4 à 4.7 % au Canada, de 3.2 à 4 % aux États-Unis et de 3.6 à 3.8 % en Australie entre 2003 et 2014.

La valeur ajoutée et l'emploi des TIC dans les pays de l'OCDE proviennent pour une part importante de filiales étrangères (c'est-à-dire d'entreprises locales détenues ou

Graphique 2.6. **Emploi dans le secteur des TIC et ses différentes industries, 2013**

En pourcentage de l'emploi total

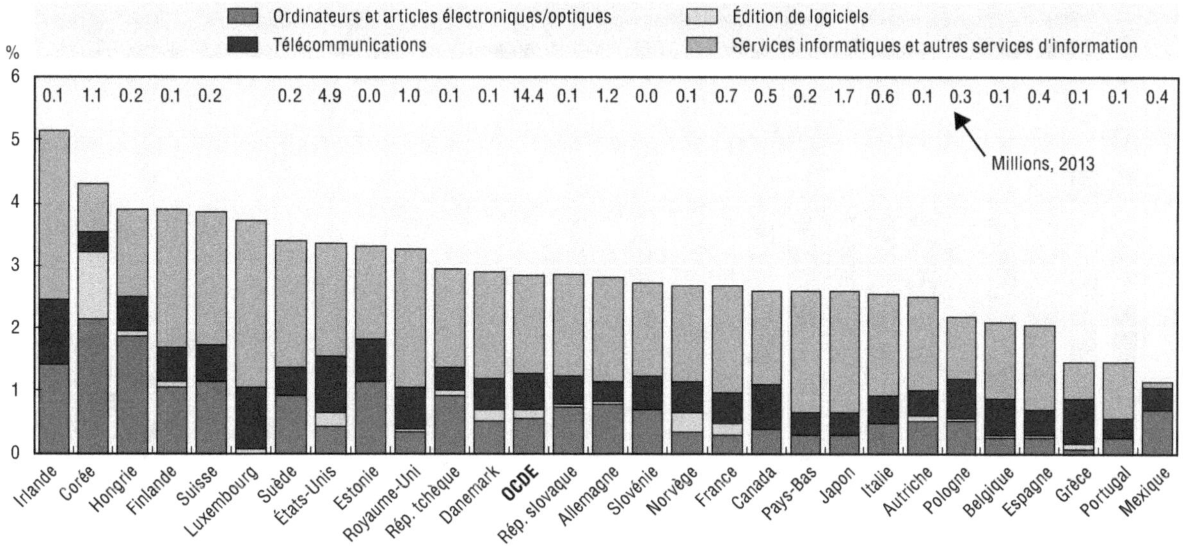

Note : Le secteur des TIC se définit ici comme la somme des branches 26, 582, 61 et 62-63 de la CITI rév. 4. En ce qui concerne l'Allemagne, l'Espagne, la France, l'Irlande, le Japon et la Suisse, les données se rapportent à 2012. Celles du Mexique, du Portugal et de la Suède se rapportent à 2011. S'agissant de l'Irlande, du Mexique, du Portugal et de la Suède, les données ont été extraites du SCN 1993 en octobre 2014. Pour ce qui est du Canada, de l'Irlande, du Japon, du Mexique, des Pays-Bas, du Portugal et de la Suède, les données relatives à l'édition de logiciels ne sont pas disponibles et ne sont donc pas incluses dans la définition. Pour la Suisse, la part des TIC indiquée est celle définie par l'OCDE (2011a). Dans ce cas particulier, elle n'est pas totalement comparable avec les autres pays.

Source : D'après OCDE, *Base de données des Comptes nationaux* ; CITI rév. 4 ; Eurostat, Statistiques des comptes nationaux ; et sources nationales, avril 2015.

StatLink http://dx.doi.org/10.1787/888933307565

Graphique 2.7. **Évolution de l'emploi dans le secteur des TIC, 2001, 2007 et 2013**

En pourcentage de l'emploi total

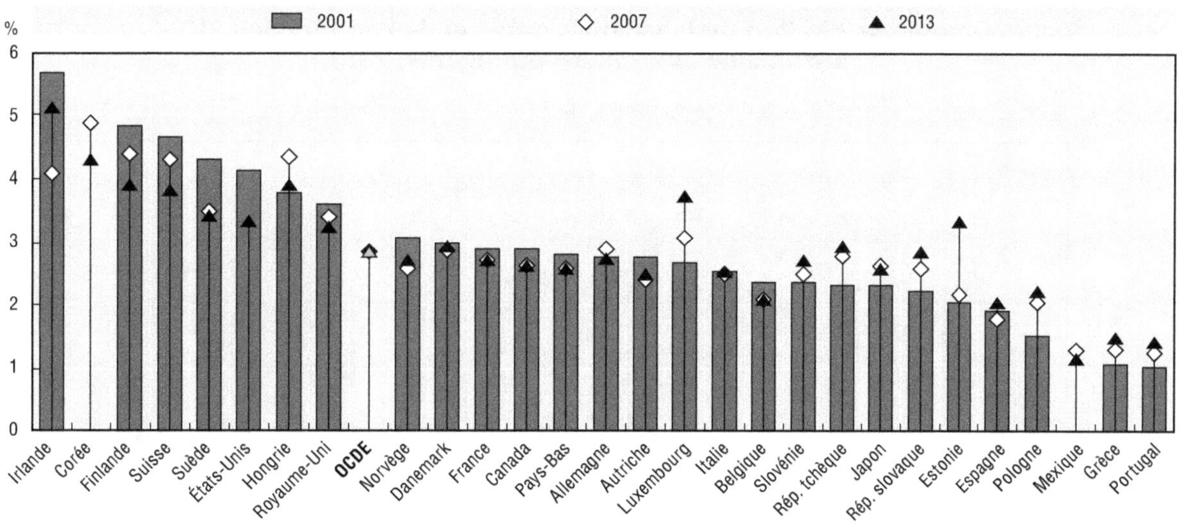

Note : Le secteur des TIC se définit ici comme la somme des branches 26, 582, 61 et 62-63 de la CITI rév. 4. En ce qui concerne l'Allemagne, l'Espagne, la France, l'Irlande, le Japon et la Suisse, les données se rapportent à 2012. Celles du Mexique, du Portugal et de la Suède se rapportent à 2011. S'agissant de l'Irlande, du Mexique, du Portugal et de la Suède, les données ont été extraites du SCN 1993 en octobre 2014. Pour ce qui est du Canada, de l'Irlande, du Japon, du Mexique, des Pays-Bas, du Portugal et de la Suède, les données relatives à l'édition de logiciels ne sont pas disponibles et ne sont donc pas incluses dans la définition. Pour la Suisse, la part des TIC indiquée est celle définie par l'OCDE (2011a). Dans ce cas particulier, elle n'est pas totalement comparable avec les autres pays.

Source : D'après OCDE, *Base de données des Comptes nationaux* ; CITI rév. 4 ; Eurostat, Statistiques des comptes nationaux ; et sources nationales, avril 2015.

StatLink http://dx.doi.org/10.1787/888933307573

Graphique 2.8. **Spécialistes des TIC dans les pays de l'OCDE, 2014**

En pourcentage de l'emploi total, par catégorie

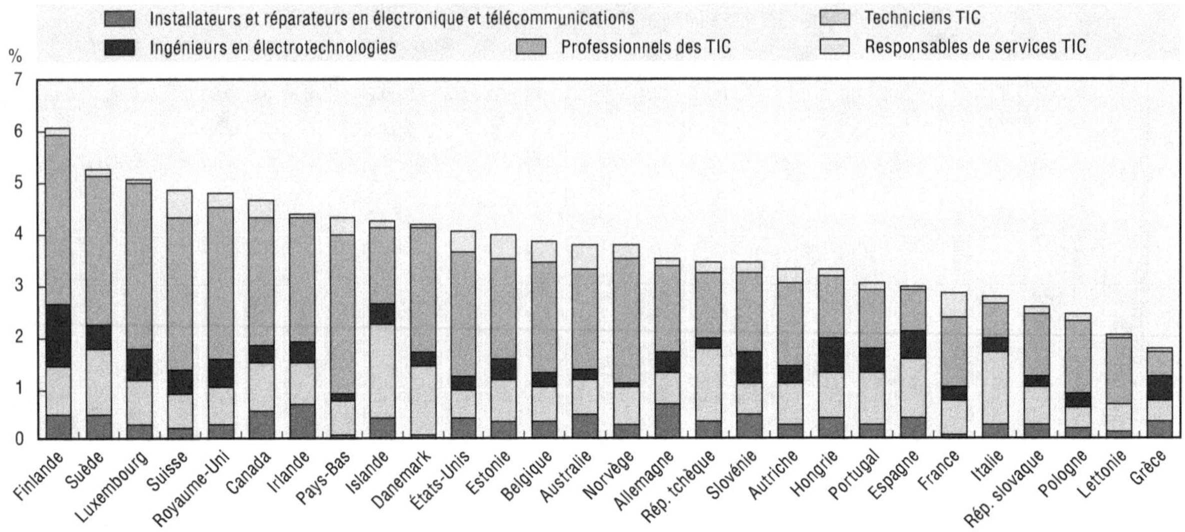

Source : D'après les enquêtes australienne, canadienne et européenne sur la population active, ainsi que la *Current Population Survey* menée aux États-Unis, avril 2015.

StatLink http://dx.doi.org/10.1787/888933307580

contrôlées par une entreprise étrangère). En 2013, la part de la valeur ajoutée des TIC produite par des sociétés étrangères s'élevait à 80 % en Estonie, à plus de 75 % en Hongrie, à 65 % en République slovaque et à environ 60 % en République tchèque et en Pologne. La situation est la même en ce qui concerne l'emploi, même si les pourcentages ont tendance à être moins élevés en raison de la productivité plus importante des filiales étrangères par rapport aux entreprises nationales (graphique 2.9).

Graphique 2.9. **Part de la valeur ajoutée et de l'emploi des TIC attribuable aux filiales étrangères, 2013**

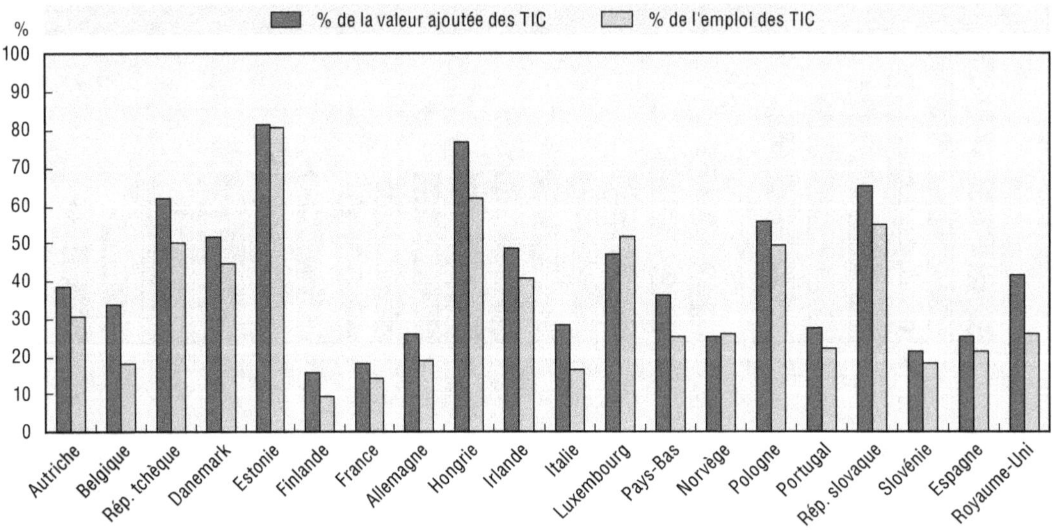

Note : Le secteur des TIC se définit ici comme la somme des branches 26, 61 et 62-63 de la CITI rév.4. Les données se rapportent à 2013 ou à la dernière année disponible.

Source : D'après OCDE, *Base de données des Comptes nationaux* ; CITI rév. 4 ; et *Base de données de l'OCDE sur l'activité des entreprises multinationales*, avril 2015.

StatLink http://dx.doi.org/10.1787/888933307592

Commerce international de biens et services TIC

Les données relatives aux échanges mettent en évidence une augmentation continue des exportations mondiales de biens TIC. La production et l'exportation de biens TIC sont de plus en plus concentrées dans un petit nombre d'économies (graphique 2.10a). Les parts du Japon et des États-Unis dans les exportations mondiales de ces biens ont diminué de moitié entre 2001 et 2013 – en partie à cause de la délocalisation de la production –, tandis que celle de la Chine s'est accrue de 6.1 % à presque 32 % – ce qui équivaut, exprimé en dollars, à une multiplication par dix. En ce qui concerne les pays de l'OCDE, la Corée est la seule économie dont la part du marché mondial des biens TIC a augmenté au cours de la même période ; le Mexique, quant à lui, a vu sa part progresser entre 2007 et 2013 suite à la relocalisation des activités internationales (et pas seulement américaines) dans le cadre de l'ALENA.

Graphique 2.10. **Exportations mondiales de biens TIC en 2001, 2007 et 2013**

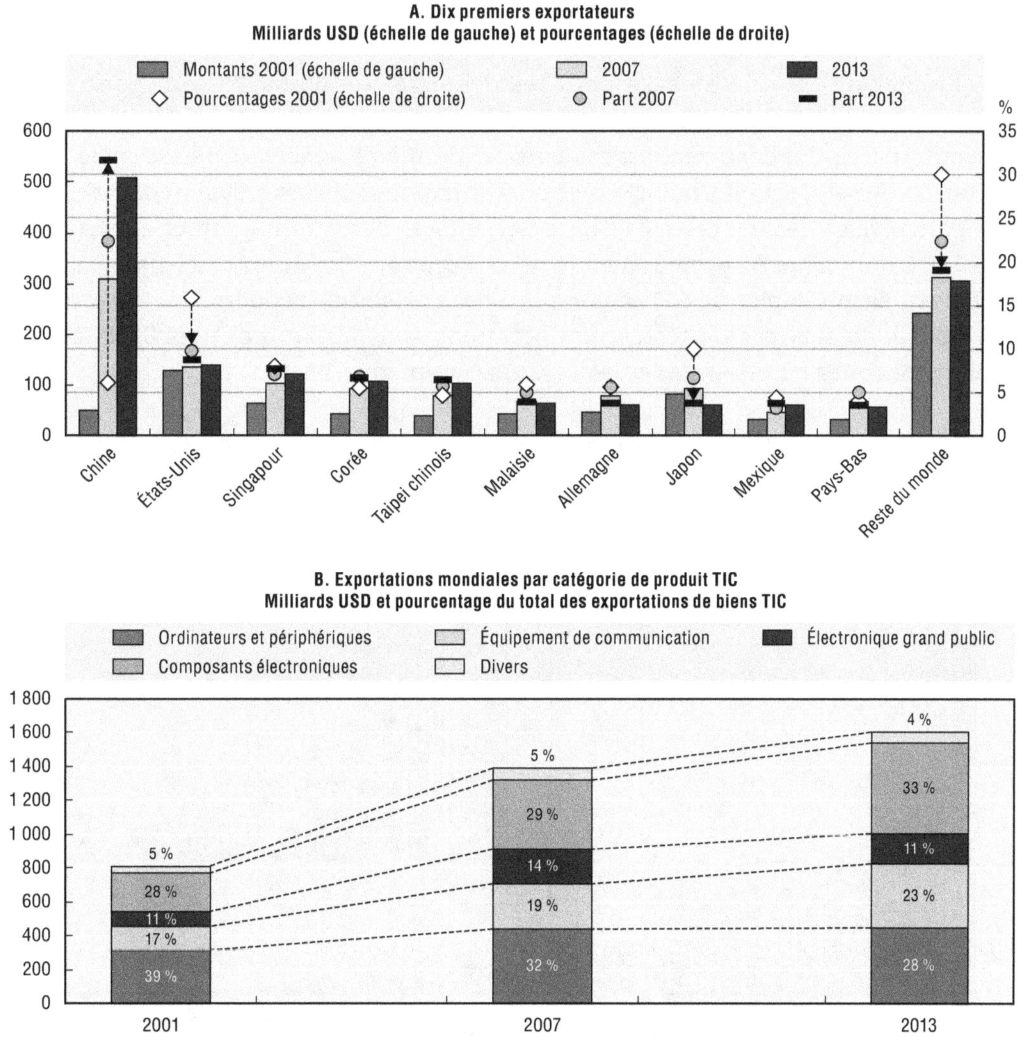

Note : Les exportations mondiales sont estimées à partir des déclarations d'exportations de TIC effectuées par 103 pays sur une période de trois ans et enregistrées dans la base de données BTDIxE. Sont exclues de ces exportations les réimportations de la Chine et les réexportations de Hong Kong (Chine). Les exportations de TIC de la Chine sont corrigées pour tenir compte des réimportations.

Source : OCDE, *Base de données sur le commerce bilatéral par industrie et catégorie d'utilisation finale* (BTDIxE), *http://oe.cd/btd*, février 2015.

StatLink http://dx.doi.org/10.1787/888933307603

Entre 2001 et 2013, les exportations mondiales de biens TIC manufacturés ont progressé de 6 % par an, à plus de 1 600 milliards USD. La part des ordinateurs et des périphériques dans le total de ces exportations a toutefois reculé de 11 points (graphique 2.10b), en partie du fait de la chute généralisée des prix unitaires et de l'inélasticité de la demande finale. Ces baisses reflètent une réorientation marquée des échanges mondiaux vers les appareils de télécommunications et les composants électroniques.

Les échanges internationaux de services TIC ont crû beaucoup plus rapidement que ceux des biens TIC : exprimés en dollars courants, ils ont quadruplé entre 2001 et 2013, pour atteindre presque 400 milliards USD. S'agissant en particulier des services informatiques et d'information, leur part a quasiment doublé – de 3.4 à 5.8 % des exportations mondiales de services –, alors que celle des services de télécommunications n'a que peu augmenté. Sur l'ensemble de la zone OCDE, la part combinée des services informatiques et d'information et des services de télécommunications est passée de 5.8 à 8.3 % des exportations totales de services. Cela dit, la modification de la classification en 2007 ne permet pas d'interpréter avec précision les tendances et évolutions des échanges pour cette année-là.

À l'instar de ce qui se passe pour les échanges de biens TIC, un petit nombre d'économies sont à l'origine d'une part importante des exportations mondiales de services TIC, avec toutefois des changements majeurs ces dernières années. L'Irlande est le premier exportateur de services informatiques et d'information ; elle est suivie par l'Inde, qui est partie d'un niveau très modeste. La Chine devient elle aussi un important exportateur de services TIC, au même titre que l'Allemagne, le Royaume-Uni et les États-Unis. Ensemble, ces pays représentent plus de 60 % des exportations totales de services TIC. Les principaux exportateurs de services de télécommunications sont notamment les États-Unis, les grandes économies européennes et les Pays-Bas (graphique 2.11).

Graphique 2.11. **Pays de l'OCDE et principaux exportateurs de services TIC, 2001, 2007 et 2013**

En pourcentage des exportations mondiales totales

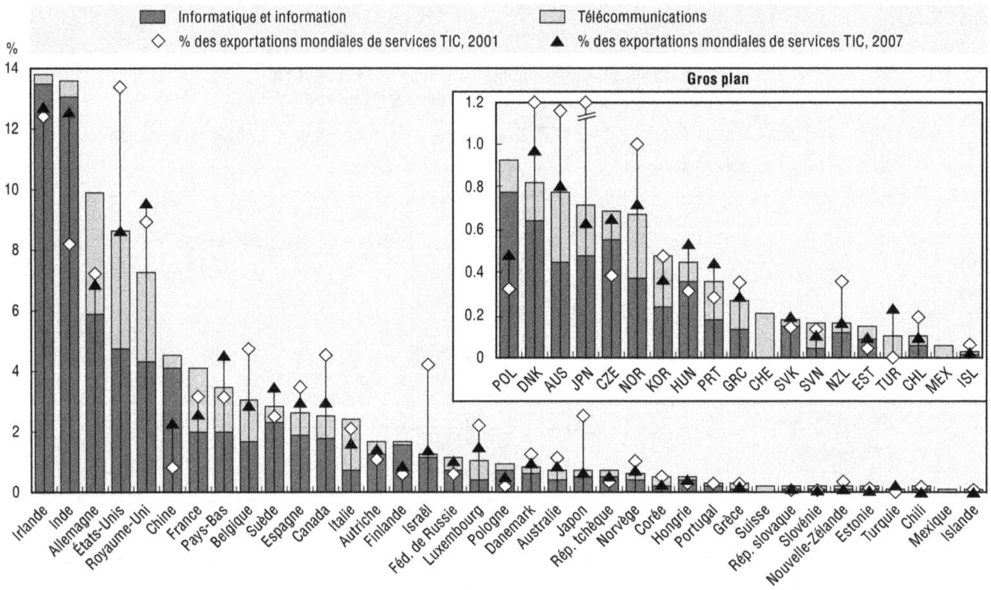

Note : Pour le Danemark, les données se rapportent non pas à 2001, mais à 2004. Pour le Chili, l'Islande et Israël, les données concernent 2012. Pour le Luxembourg, les données sont celles de 2002, et non de 2001. Pour le Mexique et la Suisse, les services informatiques et d'information ne sont pas inclus dans les exportations.

Source : D'après CNUCED, UNCTADstat, février 2015.

StatLink http://dx.doi.org/10.1787/888933307618

Ces tendances s'expliquent dans une large mesure par l'expansion des échanges d'intrants intermédiaires (c'est-à-dire des biens et des services utilisés dans la production). À titre d'exemple, la hausse considérable des exportations de TIC de la Chine a coïncidé avec une hausse proportionnelle de ses importations d'intrants intermédiaires de TIC – notamment dans ses zones franches de transformation pour l'exportation. Par conséquent, la part de la valeur ajoutée des biens et services TIC chinois dans la demande finale étrangère est beaucoup plus faible que sa part dans les exportations brutes mondiales. En 2011, les exportations américaines de biens et services TIC étaient supérieures à celles de la Chine en valeur ajoutée – en partie à cause de la présence importante de services TIC américains dans les produits de demande finale. L'intégration de services TIC est également ce qui explique la part élevée de l'Inde et du Royaume-Uni en valeur ajoutée (graphique 2.12).

Graphique 2.12. **Échanges de biens et services TIC – exportations brutes et valeur ajoutée, 2011**

En pourcentage du total mondial

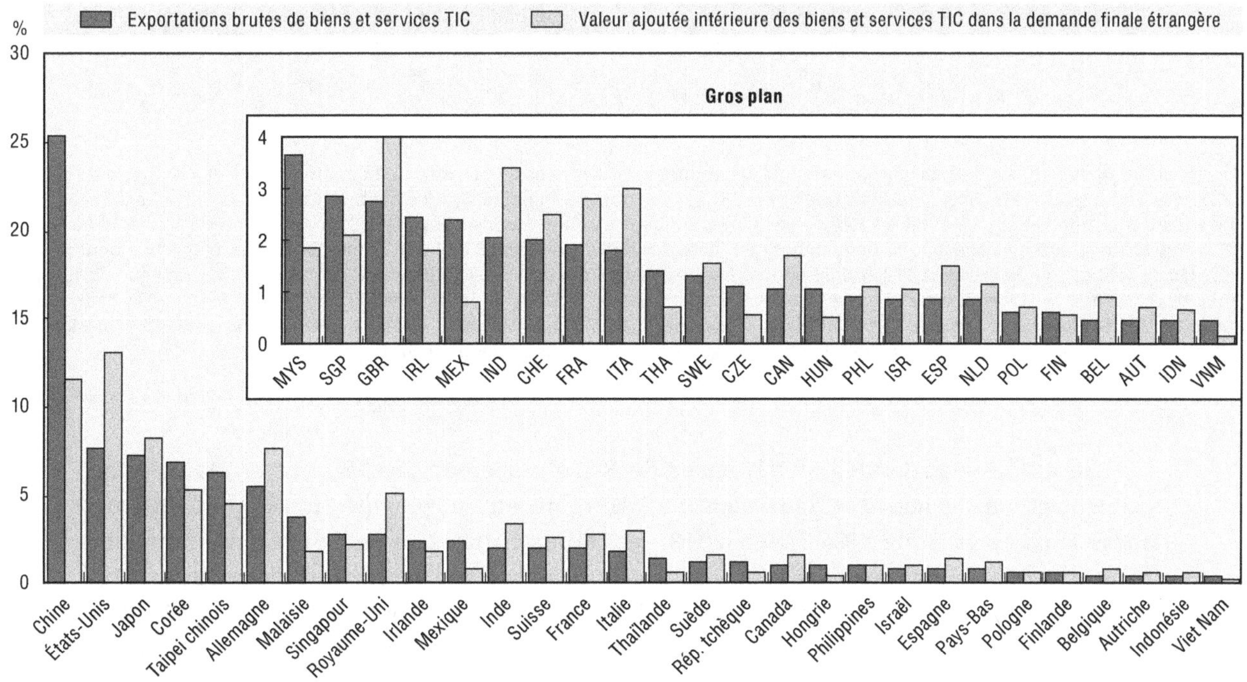

Source : OCDE, *Base de données inter-pays des entrées-sorties* (ICIO), mai 2015.

StatLink http://dx.doi.org/10.1787/888933307624

L'innovation dans le secteur des TIC

Les TIC jouent aujourd'hui un rôle clé dans les activités innovantes. Les entreprises du secteur sont les fers de lance de tous les types d'activités d'innovation, et les entrepreneurs novateurs sont souvent de gros utilisateurs des TIC.

Dans la plupart des pays de l'OCDE, le secteur des TIC arrive en tête des dépenses intérieures brutes de R-D du secteur des entreprises (DIRDE), avec presque 33 % de la DIRDE totale et 0.5 % du PIB dans la plupart des pays (graphique 2.13). En 2013, la DIRDE du secteur des TIC en pourcentage du PIB était la plus élevée dans les pays suivants : Taipei chinois (1.77 %), Corée (1.75 %), Israël (1.5 %) et Finlande (1.2 %), suivis par les États-Unis, le Japon et la Suède (environ 0.6 %).

Graphique 2.13. **Intensité des dépenses de R-D des entreprises, total et secteur des TIC, 2013**

En pourcentage du PIB

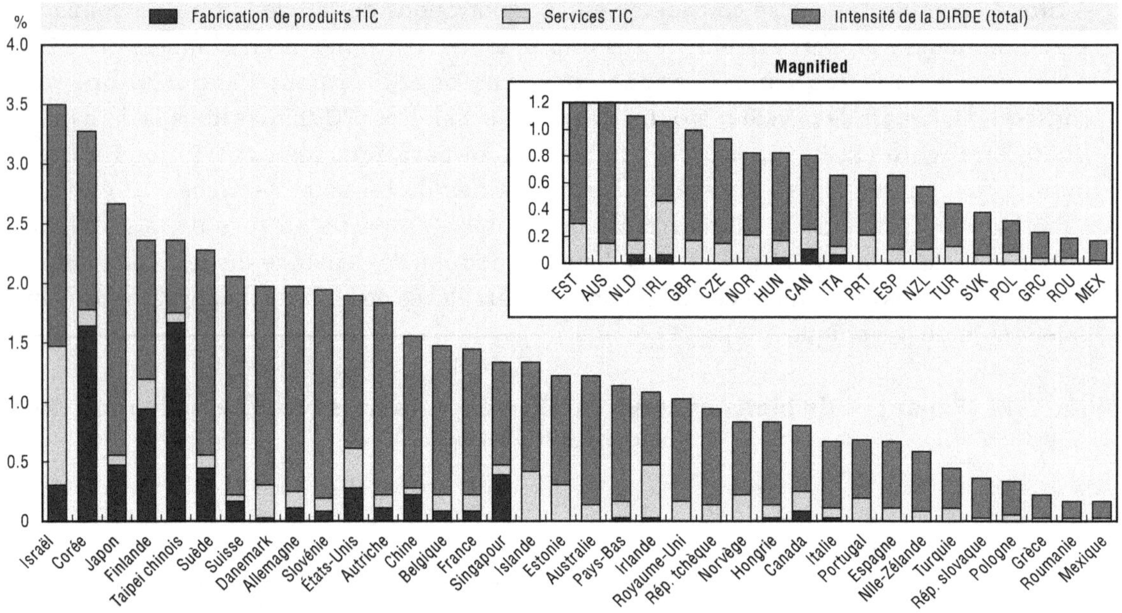

Note : Le secteur des TIC est défini comme la somme des industries « Activités de fabrication de produits TIC » et « Activités de services TIC », qui comprend « Activités commerciales des TIC », « Édition de logiciels », « Télécommunications » et « Technologies de l'information et informatique », dont les définitions correspondent à celles données par l'OCDE au secteur des TIC, sur la base de la CITI rév.4. Lorsque l'on ne disposait pas de données détaillées, les divisions 26 et 58 de la CITI ont été utilisées respectivement pour les activités de fabrication de produits TIC et d'édition de logiciels. En ce qui concerne l'Allemagne, le Danemark, l'Espagne, l'Estonie, la Finlande, la France, la Hongrie, Israël, l'Italie, la Norvège, les Pays-Bas, la Pologne, le Portugal, la République tchèque, la Roumanie, le Royaume-Uni, la Slovénie et la Suisse, les données se rapportent à 2012. Pour l'Australie, l'Autriche, la Belgique, les États-Unis, la Grèce, l'Irlande, l'Islande, le Mexique, la Nouvelle-Zélande et Singapour, les données concernent 2011.

Source : Bases de données ANBERD et RDS de l'OCDE, février 2015.

StatLink http://dx.doi.org/10.1787/888933307635

De manière générale, les dépenses de R-D du secteur des TIC ont tendance à se concentrer sur les activités de fabrication (qui représentent plus de 60 % de la DIRDE du secteur dans la zone OCDE). En 2013, le Taipei chinois et la Corée ont consacré respectivement plus de 70 % et 50 % de la DIRDE totale à la fabrication de produits TIC. Malgré le recul des activités de Nokia, la Finlande continue d'y consacrer plus de 40 % de la DIRDE totale. Elle est suivie par Singapour, le Japon, les États-Unis et la Suède, pour lesquels le pourcentage des activités manufacturières des TIC dans la DIRDE totale dépasse les 20 %. En Allemagne, au Canada, en Chine, en France, en Israël et en Italie, la DIRDE consacrée aux TIC se situe entre 10 et 20 % du total.

Le pourcentage des dépenses de R-D dans les services de télécommunications est plus faible dans la plupart des pays, sauf au Portugal, au Danemark et en Irlande. Les dépenses de R-D dans les activités audiovisuelles et d'édition (ce qui inclut en partie le développement de logiciels) sont également assez élevées en Irlande (graphique 2.14).

Le niveau plus faible des dépenses de R-D enregistré dans les autres pays reflète la spécialisation de ces derniers dans des activités à faible intensité technologique (en Italie et en Espagne, par exemple) ou leur localisation au bas de la chaîne de valeur (par exemple la République tchèque, l'Estonie et la Hongrie).

L'intensité de la DIRDE dans les services d'information et de télécommunications s'accroît également dans un grand nombre de pays, mais se situe généralement entre 2-3 %

Graphique 2.14. **Dépenses de R-D des entreprises dans le secteur des TIC, 2013**

En pourcentage du PIB et de la DIRDE totale

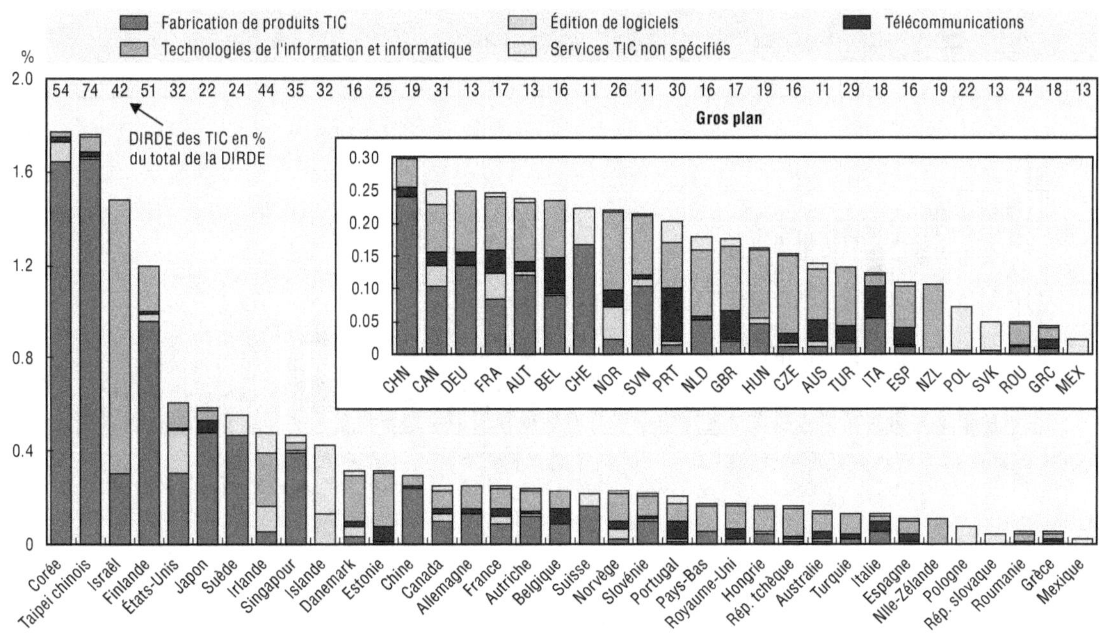

Note : Concernant l'Allemagne, le Danemark, l'Espagne, l'Estonie, la Finlande, la France, la Hongrie, Israël, l'Italie, la Norvège, les Pays-Bas, la Pologne, le Portugal, la République tchèque, la Roumanie, le Royaume-Uni, la Slovénie et la Suisse, les données se rapportent à 2012. Pour l'Australie, l'Autriche, la Belgique, les États-Unis, la Grèce, l'Irlande, l'Islande, le Mexique, la Nouvelle-Zélande et Singapour, les données sont celles de 2011. La rubrique « Services TIC non spécifiés » désigne les activités commerciales et autres activités relatives aux TIC des divisions 61 à 63, qui ne peuvent être dissociées.

Source : Bases de données ANBERD et RDS de l'OCDE, février 2015.

StatLink *http://dx.doi.org/10.1787/888933307646*

et 5-6 % en valeur ajoutée. En 2011, cet indicateur était supérieur à 6 % au Danemark, aux États-Unis et au Portugal, alors qu'il était inférieur à 2 % en Hongrie et en Italie (OCDE, 2014a).

Le niveau d'intensité de la DIRDE dans les services d'information et de communications (bien inférieur à celui enregistré dans le domaine de la fabrication de produits TIC) peut s'expliquer en partie par le poids de l'infrastructure réseau sur la valeur ajoutée des services de télécommunications, et par les difficultés rencontrées pour dissocier, au sein des services informatiques, la R-D et le développement de logiciels.

Tandis que la R-D fournit une mesure de l'innovation introduite au départ, les brevets, modèles déposés et marques reflètent le degré d'innovation obtenu à l'arrivée. En 2010-12, plus d'un demi-million de demandes de brevets ont été déposées dans le monde en vertu du Traité de coopération en matière de brevets (PCT). Les TIC représentaient presque 40 % de l'ensemble des demandes, soit quasiment le même niveau qu'en 2000-02. Dans la zone OCDE, les demandes de brevets relatifs aux TIC représentaient 37 % du total (en baisse de 2.8 points par rapport à 2000-02), alors que celles déposées par les BRIICS avaient plus que doublé (à 55 %), principalement en raison de l'augmentation du nombre de brevets délivrés en Chine (graphique 2.15).

Près d'un quart des brevets relatifs aux TIC est associé à un domaine technologique au moins. Les 25 principaux domaines concernent des technologies apparentées telles que les machines électriques (14 % de l'ensemble des brevets sur les TIC) ainsi que des technologies plus éloignées mais utilisant beaucoup les TIC, comme par exemple les technologies médicales (9 %) et les biotechnologies (7 %) (graphique 2.16).

Graphique 2.15. **Spécialisation dans les brevets relatifs aux TIC, 2000-02 et 2010-12**

En pourcentage du total des demandes de brevets déposées en vertu du PCT

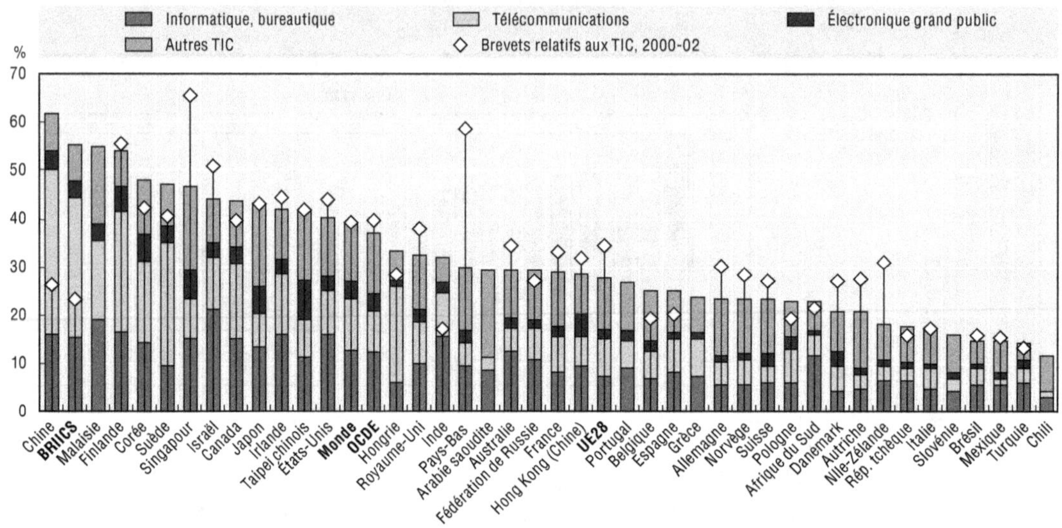

Note : Ces données concernent les demandes de brevets déposées en vertu du Traité de coopération en matière de brevets (PCT). Les comptages de brevets sont basés sur la date de priorité, le pays de résidence de l'inventeur et le comptage fractionnaire. Les brevets relatifs aux TIC sont classés selon une sélection de catégories de la Classification internationale des brevets (CIB). Seules les économies ayant déposé plus de 250 brevets en 2010-12 sont prises en compte. Les BRIICS englobent le Brésil, la Fédération de Russie, l'Inde, l'Indonésie, la Chine et l'Afrique du Sud.

Source : OCDE, *Base de données sur les brevets*, *www.oecd.org/sti/ipr-statistics*, janvier 2015.

StatLink http://dx.doi.org/10.1787/888933307652

Graphique 2.16. **25 principaux domaines technologiques associés aux TIC dans les demandes de brevets, 2000-02 et 2010-12**

En pourcentage de l'ensemble des demandes de brevets sur les TIC relevant également d'autres domaines technologiques

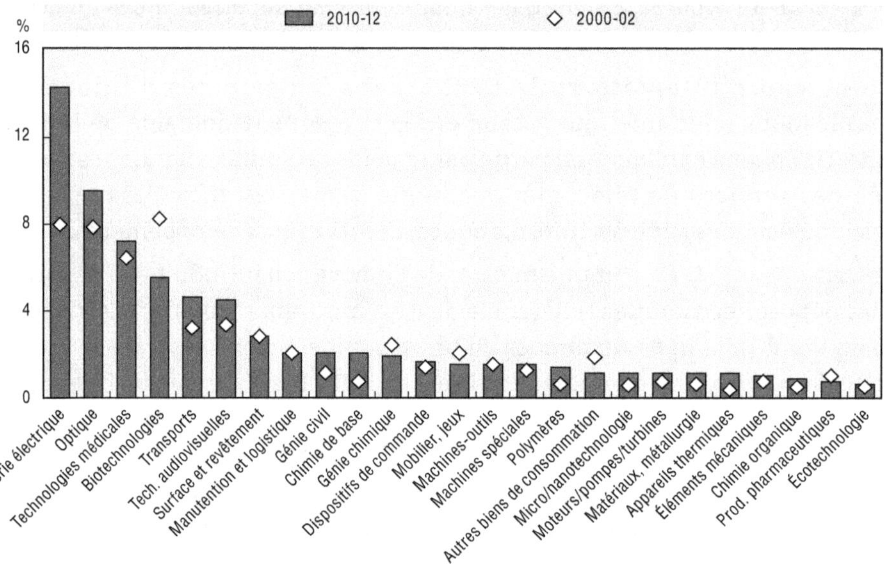

Note : Ces données concernent les demandes de brevets déposées en vertu du Traité de coopération en matière de brevets (PCT). Le comptage des brevets est basé sur la date de priorité. Les brevets relatifs aux TIC sont classés selon une sélection de catégories de la Classification internationale des brevets (CIB). Les autres codes CIB figurant dans les documents de brevets relatifs aux TIC ont été classés selon la table de concordance CIB proposée par Schmoch (2008), révisée en janvier 2013 et disponible à l'adresse *www.wipo.int/ipstats/fr/statistics/technology_concordance.html*. « Dispositifs de commande » désigne le domaine englobant les mécanismes de contrôle et de régulation des systèmes électriques et non électriques ainsi que les dispositifs de test s'y rapportant, les systèmes de contrôle ou de signalisation du trafic, etc.

Source : OCDE, *Base de données sur les brevets*, février 2015.

StatLink http://dx.doi.org/10.1787/888933307662

Les activités d'innovation menées dans le domaine des TIC sont de plus en plus le fait de réseaux internationaux. Les demandes de brevets relatives aux TIC sont déposées par des co-inventeurs installés en Allemagne, au Canada, aux États-Unis, en France, au Royaume-Uni et en Suisse, mais aussi en Chine, en Inde, en Israël et au Japon (graphique 2.17). Le co-autorat des publications scientifiques ayant trait à des domaines liés aux TIC montre que les réseaux de chercheurs internationaux sont encore plus denses et encore plus vastes (graphique 2.18).

Graphique 2.17. **Réseaux de coopération internationale intervenant dans les brevets relatifs aux TIC, 2010-12**

Comptage intégral des brevets déposés par des co-inventeurs internationaux

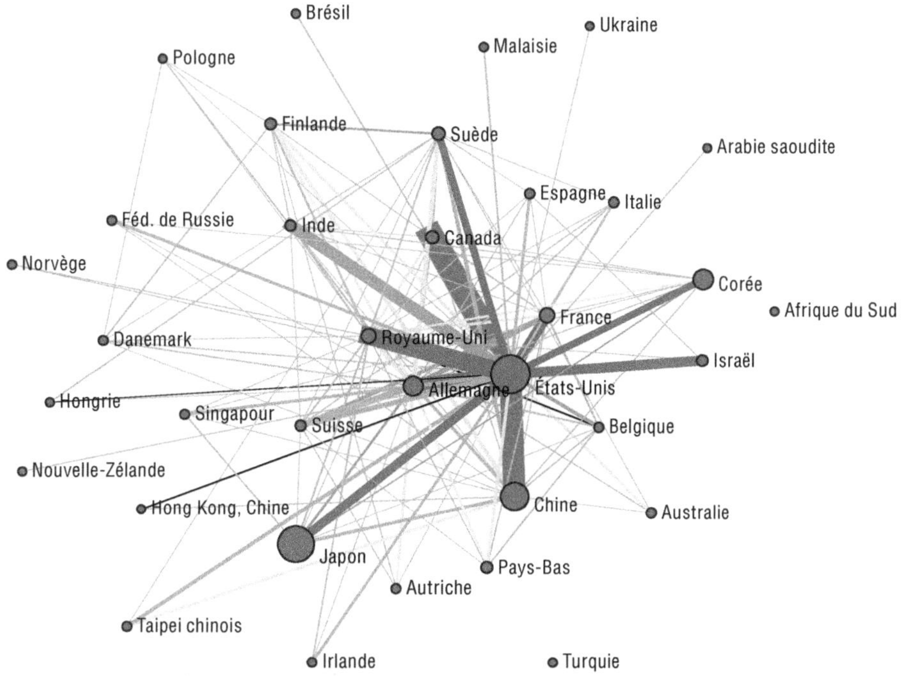

Note : Ces données concernent les demandes de brevets déposées en vertu du Traité de coopération en matière de brevets (PCT) pour protéger les inventions ayant trait aux TIC. Les inventions prises en compte doivent comporter au moins un co-inventeur situé dans un autre pays ; leur comptage intégral s'effectue sur la base de leur date de priorité. Les brevets relatifs aux TIC sont classés selon une sélection de catégories de la Classification internationale des brevets (CIB).

Source : OCDE, *Base de données sur les brevets*, février 2015.

Les modèles déposés peuvent être utilisés comme des indicateurs de l'innovation réalisée au regard de la fonctionnalité et de l'esthétique des produits. Ils peuvent aussi fournir des renseignements sur la différenciation et la personnalisation des produits et, plus généralement, sur la façon dont la conception façonne la concurrence sur le marché. Sur la période 2010-13, les modèles déposés pour les appareils audiovisuels[1] et TIC représentaient 8.5 % du Registre européen des dessins et modèles communautaires, soit une hausse de un point de pourcentage par rapport à 2005-08 (graphique 2.19). Sur l'ensemble des pays, quelque 60 % des modèles déposés dans la catégorie des appareils audiovisuels et TIC concernent les équipements de traitement et d'enregistrement de données, suivis par les appareils audiovisuels et de télécommunication.

Les pays les plus dynamiques en ce qui concerne l'enregistrement en Europe de modèles d'appareils audiovisuels et TIC sont les États-Unis et la Corée (leurs parts étant en

Graphique 2.18. **Réseaux de coopération internationale dans les domaines scientifiques liés aux TIC, 2011-12**

Comptage intégral des documents produits par des co-auteurs internationaux

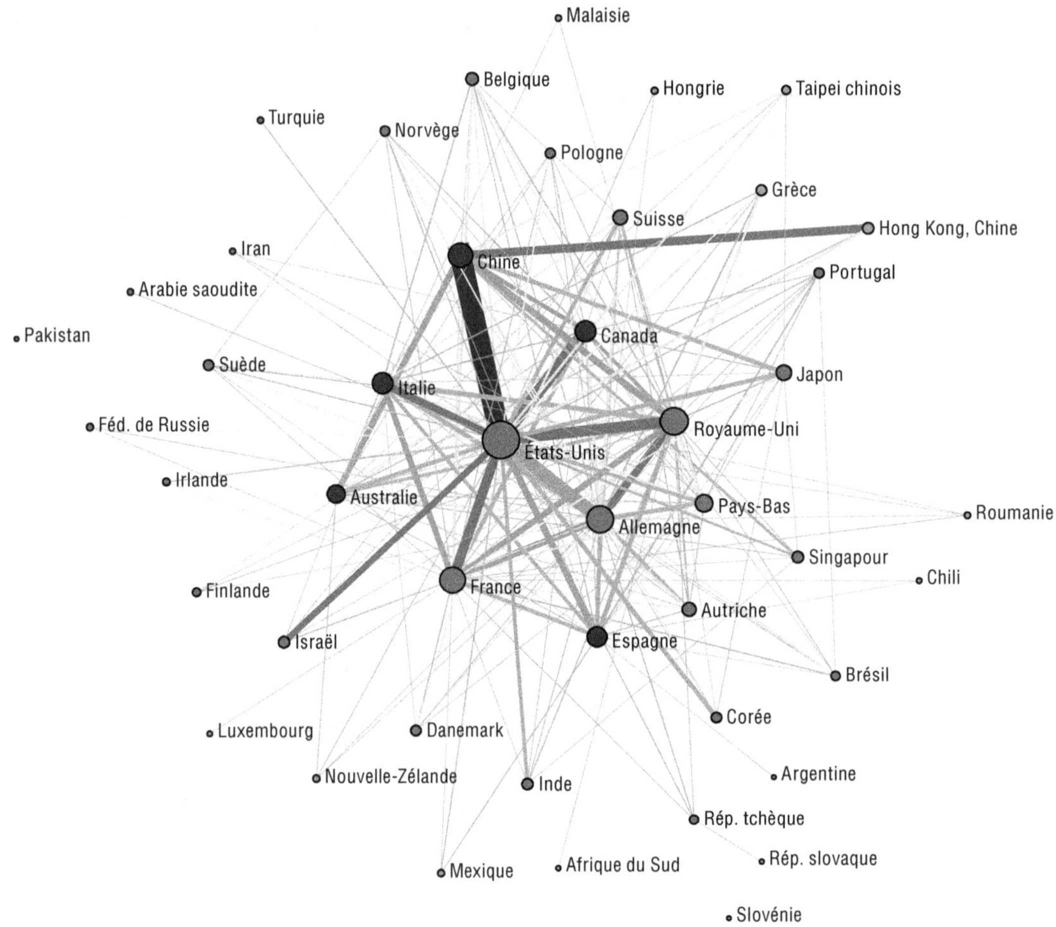

Note : Les données s'appuient sur les codes 17 (tous domaines), 1903, 2614 et 2718 de la classification ASJC *(All Science and Journal Classification)* d'Elsevier. La taille des cercles est proportionnelle au nombre de collaborations scientifiques au cours d'une année donnée. L'épaisseur des traits entre les pays reflète l'intensité de leur collaboration (nombre de documents produits en co-autorat entre chaque paire). Le résultat est représenté à l'aide de l'algorithme Kamada-Kawai basé sur les forces (Kamada et Kawai, 1989), et mis en œuvre à l'aide de l'outil Sci2 (Sci2 Team, 2009).
Source : D'après *Scopus Custom Data*, Elsevier, version 4.2014, janvier 2015.

hausse par rapport à la période 2005-08) ; ils sont suivis par l'Allemagne et le Japon (qui tous deux enregistrent des baisses), tandis que les autres grandes économies européennes se situent loin derrière. S'agissant de la Chine, sa part a doublé mais elle reste un acteur de second plan en ce qui concerne les modèles déposés en Europe.

Les États-Unis excellent dans la conception d'équipements de traitement de données, la Corée dans les appareils de télécommunication, et la France et le Japon dans les appareils audiovisuels. La conception de produits audiovisuels et TIC représente presque 60 % de l'ensemble des modèles déposés en Europe par la Corée. Les autres économies spécialisées dans ce domaine sont le Canada, les États-Unis, le Japon et le Taipei chinois.

Les activités d'identification des produits TIC par une marque – mesurées par le nombre de dépôts de marques – sont également soutenues et en augmentation (graphique 2.20). Sur la période 2010-13, elles représentaient environ un tiers du total des

Graphique 2.19. **Part des 20 principaux déposants de modèles d'appareils audiovisuels et TIC, 2005-08 et 2010-13**

En pourcentage du total des modèles déposés en Europe dans la catégorie des appareils audiovisuels et TIC

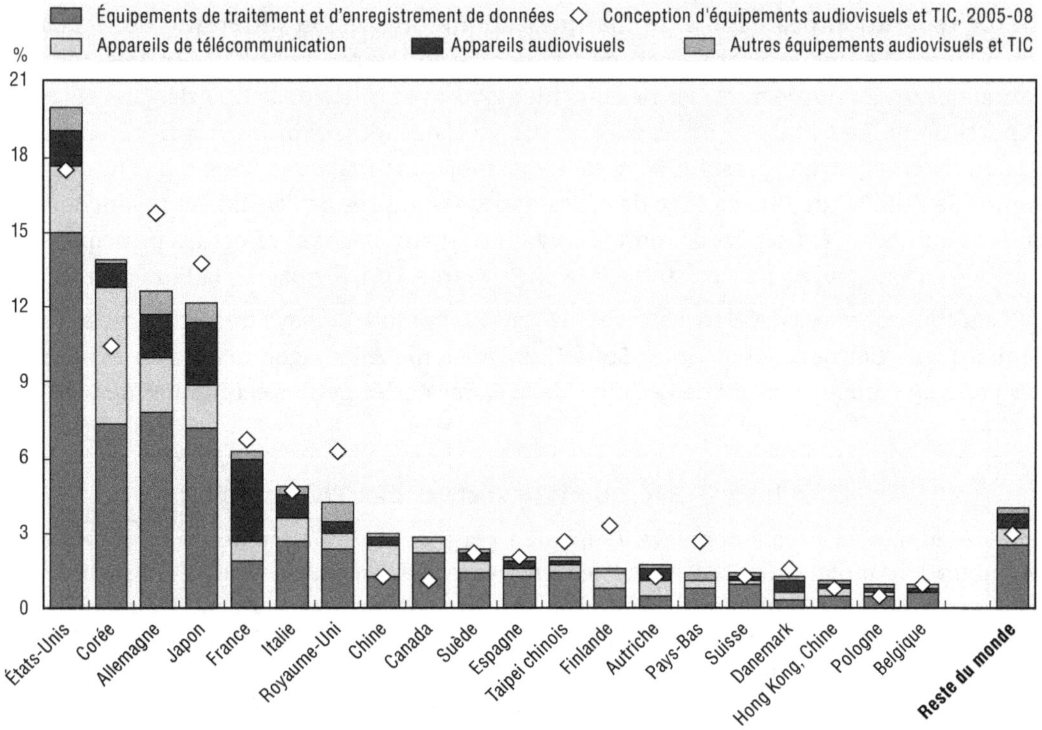

Note : Le total des modèles audiovisuels et TIC correspond aux modèles des sous-catégories suivantes de la Classification de Locarno : Appareils d'enregistrement et de traitement de l'information (14-01, 14-02 et 14-04) ; Appareils de télécommunication (14-03) ; Articles de photographie, de cinématographie ou d'optique (16) ; Imprimerie et machines de bureau (18).

Source : OCDE, 2014a, *http://dx.doi.org/10.1787/888933148580*.

StatLink http://dx.doi.org/10.1787/888933307673

Graphique 2.20. **Marques relatives aux TIC, 20 principaux déposants, 2005-08 et 2010-13**

En pourcentage du total des dépôts de marques liés aux TIC

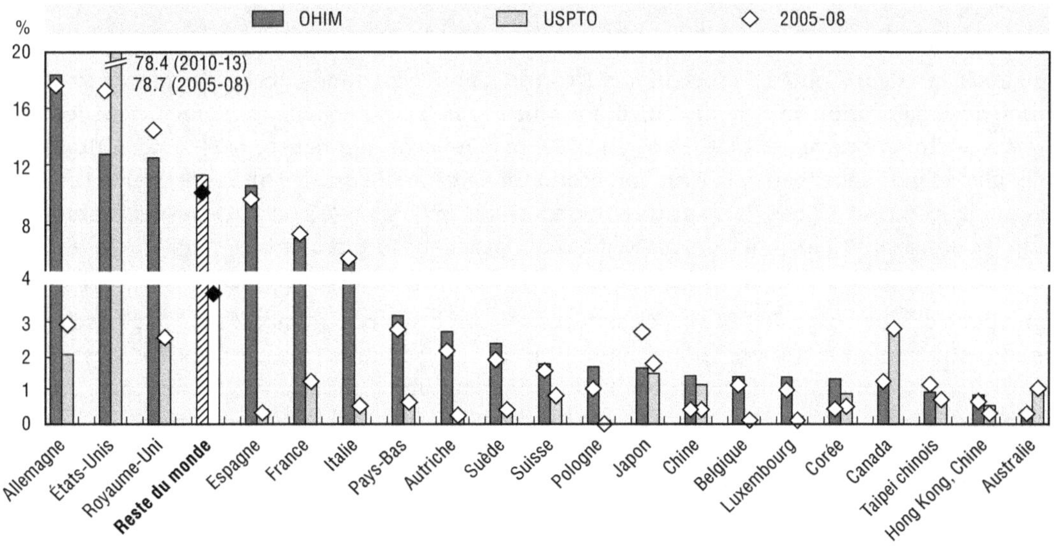

Source : OCDE, 2014a, *http://dx.doi.org/10.1787/888933148613*.

StatLink http://dx.doi.org/10.1787/888933307683

dépôts effectués auprès de l'Office européen de l'harmonisation dans le marché intérieur (OHMI), et un cinquième des marques déposées aux États-Unis auprès de l'*US Patent and Trademark Office* (USPTO).

La répartition des dépôts de marques donne une vision différente de la position concurrentielle des économies en ce qui concerne les produits TIC. En fait, les parts nationales de dépôts de marques ne coïncident pas avec celles de la R-D, des brevets ou des exportations. Les États-Unis apparaissent globalement comme le principal acteur, puisqu'ils enregistrent presque 80 % de l'ensemble des marques liées aux TIC déposées auprès de l'USPTO et plus de 12 % de celles déposées auprès de l'OHIM. En revanche, sur le marché européen, les dépôts de marques ayant trait aux TIC sont effectués principalement par l'Allemagne, suivie par les États-Unis, le Royaume-Uni, l'Espagne, la France et l'Italie.

Au cours des cinq dernières années, un certain nombre de pays très actifs dans le dépôt de marques (comme le Japon et les États-Unis, mais ni l'Allemagne ni l'Espagne) ont perdu des parts en Europe au profit de la Chine, de la Corée et des petites économies de l'UE.

Encadré 2.1. **Évolution du secteur des TIC au Brésil**

Comme de nombreux pays émergents, le Brésil a connu un développement rapide des services de télécommunications mobiles. De 2010 à 2014, le pays a enregistré une hausse de 79 % des abonnements au haut débit fixe (de 12.9 à 23.1 millions). Durant la même période, les accès au haut débit mobile ont fait un bond de 825 % (à 123.6 millions d'abonnements), tandis que le pourcentage d'utilisateurs actifs (c'est-à-dire de personnes ayant utilisé l'internet sur leur téléphone portable au cours des trois derniers mois) est passé de 15 % en 2011 à 31.4 % en 2013, avec une nouvelle accélération en 2014 (ANATEL, 2014).

Cette forte augmentation de l'utilisation des TIC est révélatrice des changements plus généraux à l'œuvre dans l'économie et la société brésiliennes. Bien que connaissant actuellement un ralentissement de l'activité économique, le Brésil a enregistré lors des 12 dernières années une hausse importante de son revenu réel, en particulier dans la cohorte de la population la plus pauvre. De nombreux Brésiliens ont rapidement adopté les médias numériques et sont très actifs sur les plateformes de médias sociaux. Ces bouleversements économiques et sociétaux ont entraîné une croissance rapide de l'utilisation des TIC. Soutenu par la demande intérieure, le secteur des TIC a affiché dans l'ensemble une bonne résilience durant toute la crise économique mondiale.

Valeur ajoutée, production et emploi dans le secteur des TIC

Depuis 2008, la valeur ajoutée du secteur des TIC croît d'année en année. Toutes les branches du secteur, à l'exception de la fabrication de produits TIC, ont évolué à la hausse. L'activité manufacturière des TIC a vu sa valeur ajoutée chuter brièvement (de 19 %) en 2009, puis repartir à la hausse (+24 %) en 2010, démontrant ainsi une plus grande sensibilité à la situation économique générale que les autres secteurs. Les services de télécommunications ont affiché des taux de croissance plus faibles en 2009 et 2011 (respectivement 4 et 5 %), alors que les services TIC étaient plus stables et connaissaient une croissance plus élevée de leur valeur ajoutée, avec une pointe à 25 % en 2010 et des taux plus faibles (aux alentours de 10 %) en 2008 et 2012.

Comme dans d'autres pays de l'OCDE, les services TIC ont beaucoup mieux résisté à la crise économique que les industries manufacturières. L'augmentation de la production des services TIC s'est située entre 19 % en 2010 et 11 % en 2012, tandis que celle de la fabrication de produits TIC a reculé de 19 % en 2009, avant de redémarrer l'année suivante. Entre 2008 et 2012, la production de la branche des télécommunications s'est accrue de façon régulière, de 6 % en 2009 à 13 % en 2012. De manière générale, le secteur des TIC a affiché des niveaux de croissance soutenus (12 et 13 %), sauf en 2009 où le taux de croissance n'a été que de 2 % – en raison de la chute de la production manufacturière des TIC, compensée par la hausse de l'activité des services.

Encadré 2.1. **Évolution du secteur des TIC au Brésil** *(suite)*

Croissance de la valeur ajoutée du secteur des TIC et de ses différentes industries au Brésil

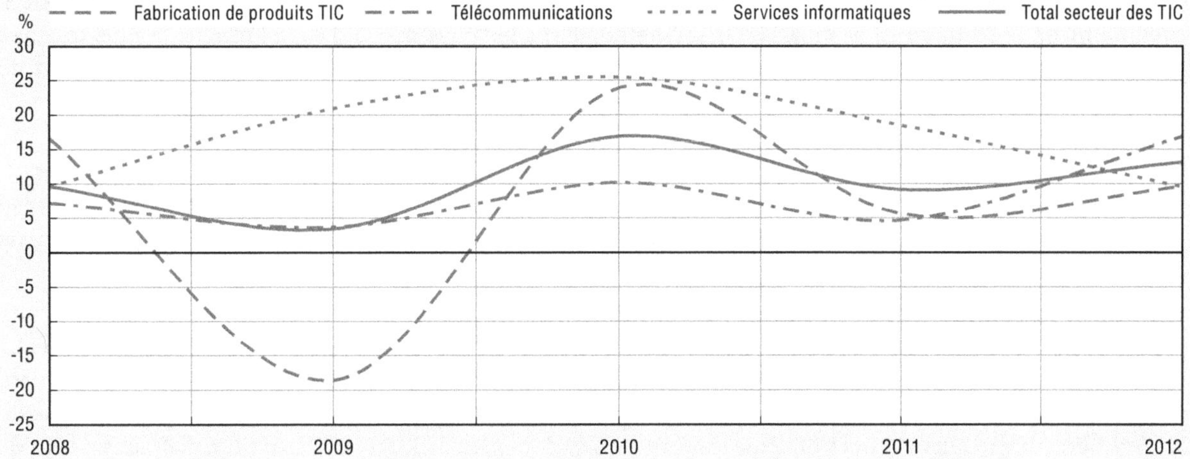

Source : Statistiques officielles de l'Institut brésilien de géographie et des statistiques (IBGE, 2014).

StatLink http://dx.doi.org/10.1787/888933307694

Croissance de la production annuelle du secteur des TIC et de ses différentes branches au Brésil

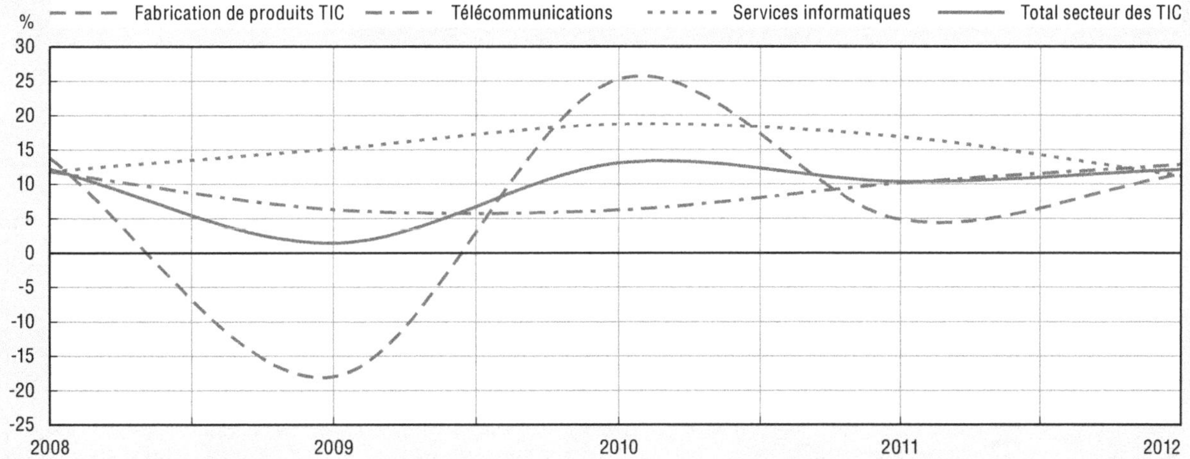

Source : Statistiques officielles de l'Institut brésilien de géographie et des statistiques (IBGE, 2014).

StatLink http://dx.doi.org/10.1787/888933307701

Le secteur brésilien des TIC employait en 2012 quelque 900 000 personnes, soit 0.9 % de l'emploi total du pays. Les services en représentaient la plus grande part (0.5 %). Jusqu'en 2010, la fabrication de produits TIC employait un pourcentage plus élevé de travailleurs que les télécommunications, mais la tendance s'est légèrement inversée en 2011, avec 0.2 % pour les télécommunications contre 0.18 % pour l'activité manufacturière en 2012. La part de l'emploi du secteur des TIC n'a cessé de croître ces dernières années, même si elle demeure faible. Comme d'autres pays émergents, le Brésil est confronté à la difficulté de répondre à la demande de professionnels qualifiés. Le ministère du Travail a calculé qu'en 2014, quelque 78 500 emplois liés aux TIC ont été créés, alors que seules 33 600 personnes étaient formées pour les occuper (ministère du Travail, 2014).

Encadré 2.1. **Évolution du secteur des TIC au Brésil** *(suite)*

La croissance de l'emploi a été plus forte dans le secteur des TIC que dans l'ensemble de l'économie. Comprise entre 3 % en 2008 et 1 % en 2012 pour l'emploi total, elle a varié, dans le secteur des TIC, de 3 % en 2009 à 11 % en 2011. C'est dans les télécommunications qu'a été enregistrée la plus forte progression, avec un niveau record de 22 % en 2011. De même que dans les pays de l'OCDE, la branche la plus touchée par la crise a été la fabrication de produits TIC, où l'emploi a reculé de 6 % en 2009 et où plus de 10 000 emplois ont été perdus durant la crise (mais recréés en 2010).

Recherche et investissement dans le secteur des TIC

En 2011, les dépenses intérieures brutes de R-D du secteur des entreprises (DIRDE) ont atteint au Brésil l'équivalent de 0.59 % du PIB national – un chiffre stable comparé aux 0.58 % de 2008 (IPEA, 2013), mais faible par rapport aux 1.6 % du PIB de la zone OCDE (OCDE, 2012b).

Les données de la DIRDE pour 2011 au Brésil montrent que la part du chiffre d'affaires consacrée aux investissements de R-D est plus importante dans le secteur des TIC que dans l'ensemble de l'économie. La DIRDE représentait en 2011 dans le secteur des TIC 2.5 % du chiffre d'affaires des entreprises, contre seulement 0.96 % pour l'ensemble de l'économie. De toutes les industries du secteur des TIC, c'est celle de la fabrication de produits TIC qui a effectué les plus grosses dépenses de R-D (1.9 % du chiffre d'affaires en 2011) ; les services TIC y a consacré 1.7 % et les services de télécommunications 0.8 %.

Les données relatives au secteur des TIC montrent en outre l'importance de l'innovation, 44 % des entreprises du secteur ayant mis en œuvre en 2011 un produit ou un processus innovant, contre 28 % des entreprises de l'ensemble des secteurs. Au Brésil, les industries manufacturières des TIC enregistraient la plus forte proportion d'entreprises innovantes (52 %), suivies des services TIC (38 %) et des services de télécommunications (26 %).

Croissance de l'emploi du secteur des TIC et de ses différentes branches au Brésil

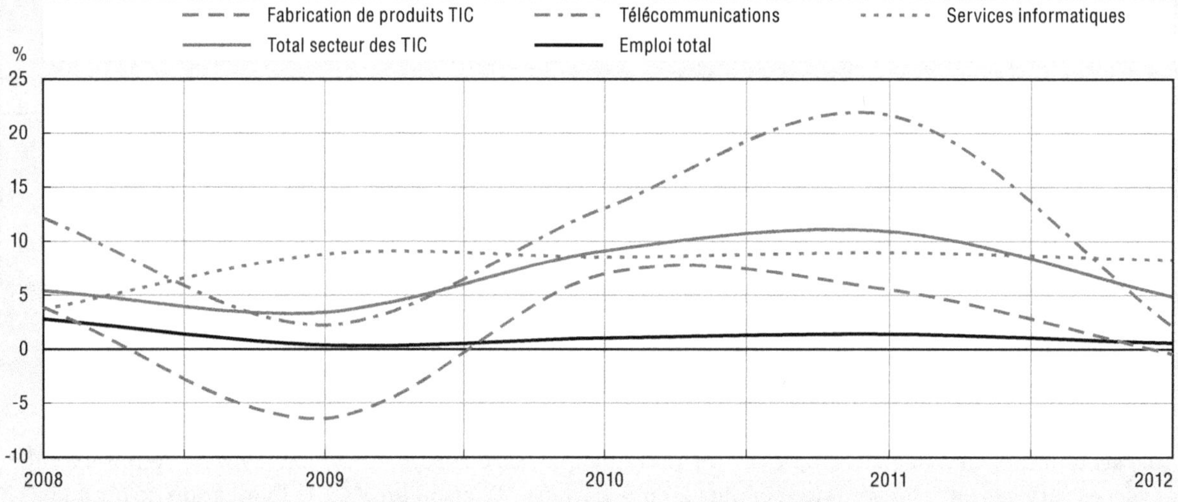

Source : Statistiques officielles de l'Institut brésilien de géographie et des statistiques (IBGE, 2014).

StatLink http://dx.doi.org/10.1787/888933307713

Encadré 2.1. **Évolution du secteur des TIC au Brésil** *(suite)*

Innovation et R-D dans les entreprises brésiliennes, 2011

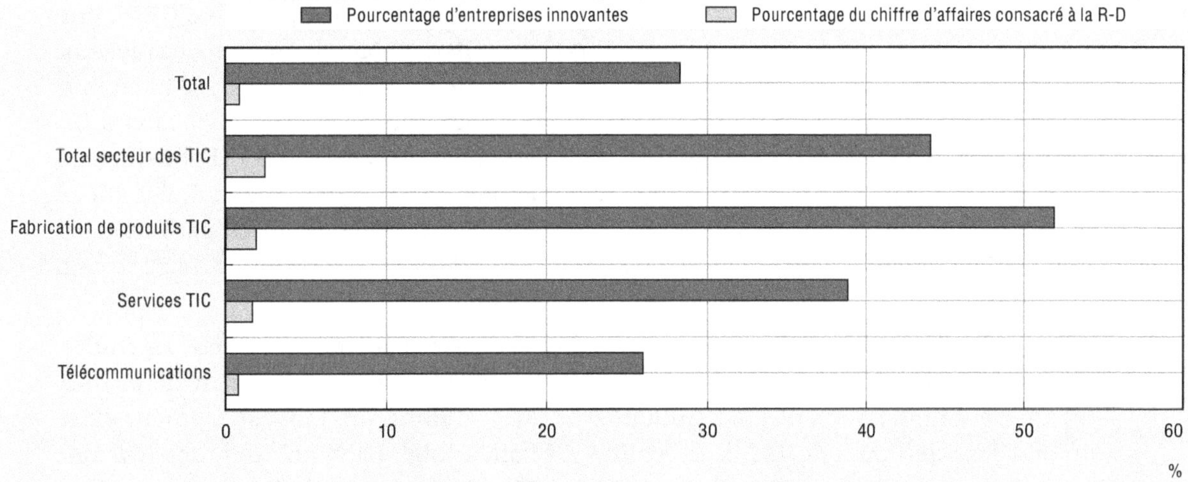

Note : Agrégats du secteur des TIC et de ses différentes industries réalisés par l'OCDE à partir de sources nationales.
Source : Statistiques officielles de l'Institut brésilien de géographie et des statistiques (IBGE, 2013).

StatLink http://dx.doi.org/10.1787/888933307723

2.2. Taille du marché des télécommunications et développement des réseaux

Cette section fait le point sur le développement des infrastructures de télécommunications et l'évolution de leurs performances. Des réseaux plus robustes, plus performants et plus étendu constituent une assise fiable qui facilite les échanges sociaux et économiques dans nos sociétés modernes. Plus spécifiquement, les réseaux haut débit – fixes ou mobiles – sont devenus des infrastructures essentielles qui doivent être accessibles de partout, à des prix compétitifs et offrir des débits suffisants. À cet égard, l'évaluation du développement des réseaux en termes de couverture, de débit ou autres critères de qualité demeure très importante pour estimer l'aptitude des pays à faire face aux besoins croissants de capacité liés aux applications et aux services dans le cyberespace.

En 2013, les industries des télécommunications représentaient 21 % de la valeur ajoutée totale et 17 % de l'emploi total dans la zone OCDE. Entre 2012 et 2014, les marchés des télécommunications des pays de l'OCDE sont restés relativement stables en termes d'abonnements, de taux de pénétration, de recettes et d'investissement. La diminution des abonnements à la téléphonie fixe a été compensée par la hausse des abonnements au haut débit mobile, qui a atteint 14 % par an (moins que les années précédentes).

Les abonnements au haut débit fixe ont peu progressé – de 3.6 % par an entre juin 2012 et juin 2014. Cela dit, la part de la fibre y a augmenté, pour atteindre 16.5 % en juin 2014. À cette date, le taux de pénétration moyen du haut débit fixe dans la zone OCDE était de 27 abonnements pour 100 habitants dans la zone OCDE, mais dépassait 40 abonnements au Danemark, aux Pays-Bas et en Suisse. S'agissant du taux de pénétration de la fibre jusqu'au domicile (FTTH), le Japon et la Corée se situaient clairement au-dessus du lot, avec plus de 71 %. Entre 2012 et 2014, le taux de pénétration de la fibre a doublé chaque année dans les grandes économies de l'OCDE (par exemple l'Australie, le Chili, l'Espagne, le Mexique et la Nouvelle-Zélande), quoique partant de niveaux relativement bas.

En complément du taux de pénétration du haut débit fixe, les pays de l'OCDE ont commencé à publier des données sur la pénétration du haut débit en fonction des niveaux de débit annoncés. Ainsi, le taux de pénétration moyen était de 15.07 lignes/100 habitants pour les débits supérieurs à 10 Mbit/s et de 5.83 lignes pour ceux de plus de 25/30 Mbit/s. En juin 2014, le taux de pénétration moyen du haut débit mobile était de 78.23 abonnements/ 100 habitants dans la zone OCDE, sachant que l'Australie, la Corée, le Danemark, les États-Unis, la Finlande, le Japon et la Suède enregistraient plus d'un abonnement par habitant. Le taux de croissance composé de juin 2012 à juin 2014 s'élevait en moyenne à 14.22 %, soit nettement moins que les 20 à 30 % des années précédentes.

Le niveau des recettes et de l'investissement est resté relativement stable. Le chiffre d'affaires global des télécommunications dans la zone OCDE s'est élevé à 1 353 milliards USD – soit un peu moins que les 1 372 milliards de 2011 –, alors que l'investissement s'est maintenu aux alentours de 14.5 % du chiffre d'affaires total. La ventilation des niveaux d'investissement par technologie n'est guère aisée. L'utilisation croissante de la capacité et de la couverture des réseaux fixes pour alimenter les nouveaux réseaux mobiles 4G brouille les frontières entre les deux types de réseaux, la fibre étant utilisée sur la dorsale et le réseau de collecte, à la fois pour les télécommunications fixes et mobiles (graphique 2.21). Cette tendance devrait s'amplifier dans les années à venir, du fait du succès grandissant des offres groupées fixe-mobile dans les pays de l'OCDE.

Graphique 2.21. **Évolution des recettes, de l'investissement et des voies d'accès dans le secteur des télécommunications, 1980-2013**

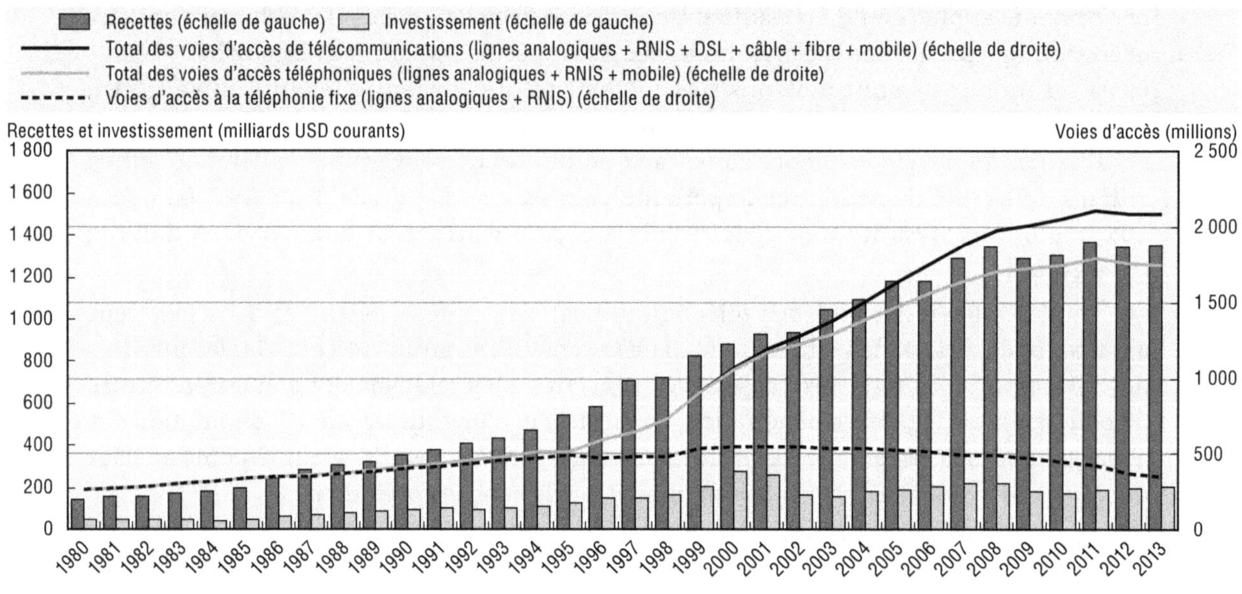

StatLink http://dx.doi.org/10.1787/888933307732

Entre 2012 et 2014, le trafic internet n'a cessé de croître, quoique plus lentement que les années précédentes. À l'échelle mondiale, il a augmenté de 20 % en 2013, contre 40 % au cours de la période 2005-09 (mais partant d'un niveau inférieur). Les services mobiles de données en représentent une part croissante, même si leur importance relative dans le trafic IP mondial demeure faible.

Après de nombreuses années d'efforts coordonnés, l'utilisation de l'IPv6 est en forte augmentation depuis deux ans – même si le niveau de départ était très bas –, les opérateurs de certains pays ayant lancé d'ambitieuses initiatives de déploiement. Suite à l'épuisement des adresses IPv4 dans tous les registres régionaux (à l'exception de ceux de l'Afrique et de l'Amérique du Nord), le taux d'utilisation d'adresses IPv6 a dépassé 30 % en Belgique et 10 % en Allemagne, aux États-Unis, au Luxembourg, en Norvège et en Suisse. Cela représente un formidable progrès lorsque l'on sait qu'en 2012, le pays le plus avancé en la matière était la France, avec un taux d'utilisation de moins de 5 %. Malgré cette progression, la part de l'IPv6 dans le trafic internet reste faible, aux alentours de 3.5 % en avril 2014. Il est clair que des efforts supplémentaires sont nécessaires pour véritablement développer l'utilisation de l'IPv6.

Dans un contexte de stabilité des recettes et de l'investissement, les performances des réseaux de communications ont continué à considérablement s'améliorer. Outre le déploiement rapide de la technologie de l'évolution à long terme (LTE), les opérateurs de téléphonie fixe et mobile amènent la fibre de plus en plus près de l'utilisateur final, que ce soit via les réseaux de collecte ou d'accès. Dans la zone OCDE, les débits descendants annoncés par les opérateurs qui ont été retenus pour l'étude sont les suivants : 23.65 Mbit/s pour la DSL, 56.68 Mbit/s pour le câble et 124.59 Mbit/s pour la fibre.

Les débits effectifs peuvent toutefois être très différents des débits annoncés. Il faut, pour mesurer en particulier la qualité de service ainsi que les débits montants et descendants, disposer d'un choix de méthodes lié aux outils disponibles. Dans cette section, un certain nombre de sources de données (MLab de Google, Akamai et Ookla) fournissant des statistiques sur les vitesses effectives du haut débit ont été retenues. Des mesures officielles font également leur apparition dans la zone OCDE. Ainsi, la Commission européenne (depuis 2012) et la FCC aux États-Unis (depuis 2011) mesurent toutes deux les vitesses effectives du haut débit (UE, 2014 ; FCC, 2014).

Pour soutenir l'élargissement et l'adoption des services, les responsables de l'action publique doivent maintenir les prix des télécommunications à des niveaux abordables, afin que les services puissent être utilisés par une grande majorité de la population et que les consommateurs et les entreprises n'aient pas en à assumer injustement la charge. Depuis le début des années 90, l'OCDE mesure les prix des télécommunications en établissant le profil de consommation des services par les consommateurs et les entreprises. Au fil des ans, l'Organisation a mis au point des paniers de tarifs pour la téléphonie fixe, la téléphonie mobile, le haut débit fixe et mobile, ainsi que les lignes louées. Depuis peu, elle expérimente des méthodes pour établir des paniers de tarifs pour les offres de services groupées, qui occupent aujourd'hui une place grandissante sur les marchés des télécommunications. Elle a par ailleurs modifié récemment ses paniers de tarifs du haut débit fixe pour y inclure des débits plus élevés et les aligner sur les niveaux de débit utilisés pour comparer les taux de pénétration. Les nouveaux niveaux de débit sont définis en fonction des débits descendants annoncés : plus de 256 kbit/s (haut débit de base), plus de 1.5/2 Mbit/s, plus de 10 Mbit/s, plus de 25/30 Mbit/s, plus de 100 Mbit/s et égal ou supérieur à 1 Gbit/s.

Les tarifs du haut débit fixe par mégabit/seconde de débit descendant annoncé ont beaucoup diminué entre 2012 et 2014, davantage du fait de l'augmentation des débits que de la baisse des prix en valeur absolue. En septembre 2014, des offres haut débit annoncé à moins de 0.75 USD par mégabit/seconde étaient disponibles dans tous les pays de l'OCDE (quoique, dans certains cas, uniquement dans les grandes villes).

Les tarifs des services mobiles (téléphonie, SMS et haut débit) ont considérablement baissé, à quelques exceptions près. Dans la zone OCDE, les paniers de tarifs du haut débit mobile pour les smartphones ont enregistré en moyenne un recul compris entre 13 et 52 %. Les baisses sont plus marquées dans le cas des paniers de tarifs élevés, ce qui peut être la conséquence naturelle de la diminution des tarifs de terminaison d'appel ainsi que de l'augmentation du nombre de minutes et du volume de données proposés par les opérateurs de télécommunications.

Développement du réseau

Fin 2013, le nombre total de voies d'accès de télécommunications dans la zone OCDE était légèrement inférieur à 2.1 milliards – soit plus ou moins le même niveau qu'en 2011 –, dont 67 % correspondaient à des abonnements mobiles. Pour la première fois depuis que l'OCDE a commencé à recueillir des statistiques sur le nombre de voies d'accès, celui-ci est resté stable, ne diminuant que légèrement entre 2011 et 2013. Ces données agrégées ne tiennent pas compte des abonnements au haut débit hertzien couplés avec des forfaits mobiles, car l'on considère que ces formules représentent une seule et même voie de communication. Les abonnements au haut débit mobile pour les ordinateurs portables, les tablettes et les smartphones qui nécessitent un abonnement ou un paiement séparé (c'est-à-dire un abonnement dédié au haut débit mobile) sont comptabilisés à part.

Dans la plupart des pays de l'OCDE, les marchés de la téléphonie mobile ont atteint le stade de la maturité, tout au moins en termes de taux de pénétration. Le taux de croissance annuel composé (TCAC) des abonnements mobiles était de 1.59 % entre 2012 et 2014, ce qui n'a pas eu d'incidence sur la diminution continue du nombre de lignes de téléphonie fixe. Entre 2012 et 2014, les abonnements au haut débit fixe ont progressé eux aussi au rythme modeste de 3 à 4 % par an environ. Au cours de la même période, la baisse du nombre de lignes de téléphonie fixe s'est accélérée (10 % par an), tendance qui s'était amorcée après le niveau record de leur taux de pénétration en 2001 (le TCAM était de -4.23 % entre 2003 et 2013). Cette tendance met en évidence la substitution croissante de la téléphonie fixe par la téléphonie mobile, voire le remplacement des services traditionnels de téléphonie fixe par des applications *over-the-top* (OTT) telles que Skype, Viber ou FaceTime. Le taux de pénétration élevé du haut débit fixe et mobile fournit évidemment les conditions propices à cette substitution.

Le nombre d'abonnements mobiles pour 100 habitants est resté relativement stable. Le taux de pénétration moyen des voies d'accès mobiles dans la zone OCDE était de 111.4 lignes pour 100 habitants à la fin 2013, certains pays enregistrant même un léger fléchissement. La République tchèque, l'Espagne et le Luxembourg ont par exemple connu au cours de la période 2012-14 des baisses annuelles respectives de 1 %, 2.1 % et 3.5 %. Ce recul peut s'expliquer par la diminution des abonnements prépayés (qui représentent 38.34 % des abonnements mobiles, contre 42.6 % en 2009) et la baisse des tarifs de terminaison d'appel, qui a considérablement réduit les différences de prix entre les appels intra-réseau et hors réseau dans la plupart des pays. L'utilisation de cartes SIM de différents opérateurs – pour éviter les coûts élevés des appels hors réseau – est devenue de ce fait moins intéressante. Par ailleurs, il se peut que certains opérateurs aient réévalué les critères en vigueur, selon lesquels une carte SIM prépayée est comptabilisée comme un client actif. Enfin, le lancement dans certains pays européens de forfaits permettant d'utiliser le portable à l'étranger aux mêmes conditions que dans le pays de résidence a réduit la nécessité pour les utilisateurs d'acheter des cartes SIM étrangères lorsqu'ils se rendent régulièrement dans un autre pays.

Les taux de croissance des voies d'accès de communication, ventilés par technologie, fournissent une vue d'ensemble intéressante des évolutions survenues entre 2012 et 2014. Les abonnements au haut débit mobile ont maintenu une croissance dynamique de 18.14 % (pour le haut débit mobile dédié) et de 13.61 % (pour le haut débit mobile standard) par an. Les abonnements au haut débit fixe ont progressé en moyenne de 3.7 % par an, mais avec des disparités marquées selon la technologie utilisée. La croissance soutenue des abonnements fibre (TCAM de 11.79 %) est le signe que la technologie FTTH remplace progressivement la DSL et le câble. Sans surprise, les abonnements DSL ont très faiblement augmenté en valeur relative (TCAM de 0.4 % au cours de la même période), alors que le haut débit câblé a progressé à un rythme modéré (5.49 % en glissement annuel). La raison à cela est que les réseaux DSL sont plus faciles à remplacer par la FTTH que le câble, dont la norme DOCSIS 3.0 est plus accomplie et fournit des débits plus élevés que les technologies VDSL (chapitre 1, graphique 1.12).

En juin 2014, le taux de pénétration du haut débit fixe (filaire) dans la zone OCDE était en moyenne de 27 abonnements pour 100 habitants (graphique 2.22). Les taux les plus élevés étaient enregistrés en Suisse (47.3 abonnements), aux Pays-Bas (40.8) et au Danemark (40.6). Le DSL était la technologie la plus largement utilisée (51.54 % des abonnements), mais sa part était en baisse, à l'instar de celle du câble (31.36 %). Les abonnements fibre évoluent en revanche à la hausse (16.46 %) et remplacent progressivement les autres technologies (graphique 2.23). Entre juin 2012 et juin 2014, le

Graphique 2.22. **Abonnements au haut débit fixe (filaire) pour 100 habitants, par technologie, juin 2014**

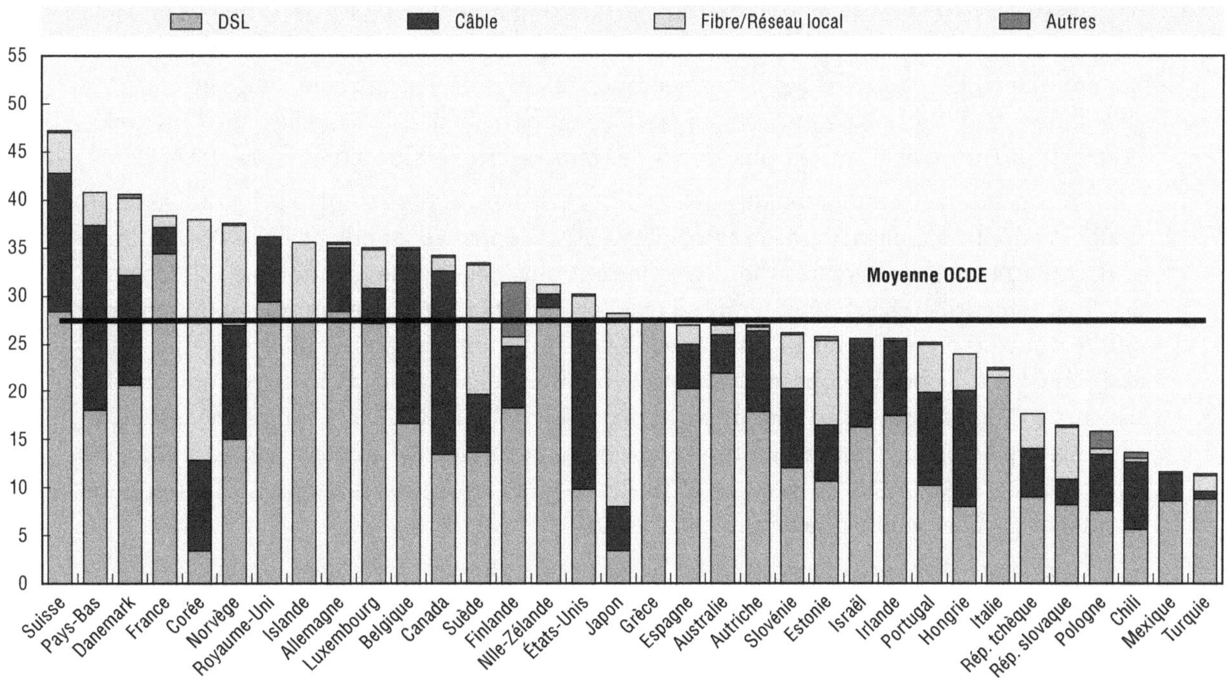

Note : La fibre inclut les technologies FTTH/B/P, mais pas FTTC.

StatLink http://dx.doi.org/10.1787/888933307742

Graphique 2.23. **Augmentation du nombre de raccordements à la fibre dans les pays faisant état d'abonnements fibre, en pourcentage, juin 2012-juin 14**

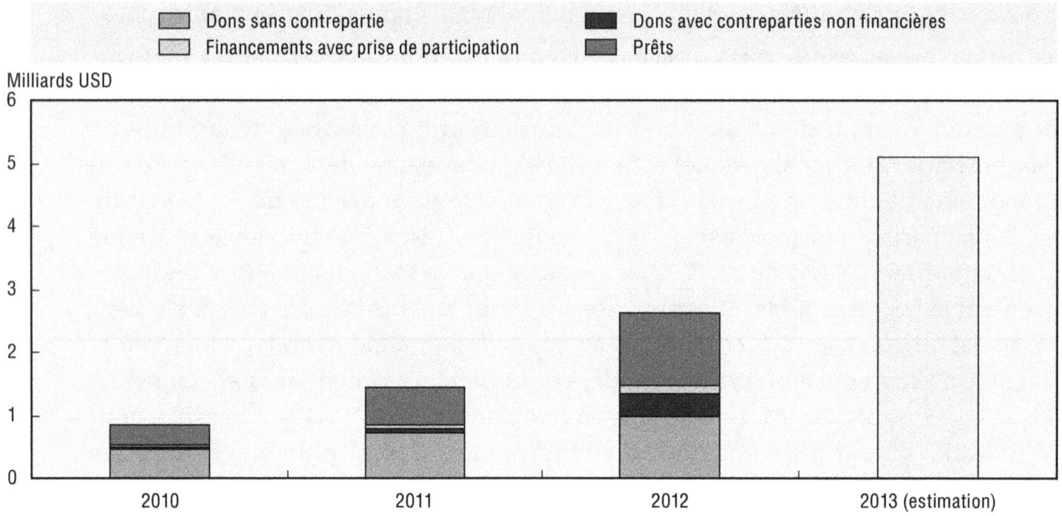

Note : La fibre inclut les technologies FTTH/B/P, mais pas FTTC.

StatLink http://dx.doi.org/10.1787/888933307759

taux de croissance annuelle (TCAC) de la pénétration du haut débit dans les pays de l'OCDE était de 3.66 %, un petit nombre de pays enregistrant toutefois des taux supérieurs, notamment la Grèce (18.12 %), suivie par le Chili, l'Irlande, le Mexique et la Suisse (entre 14 et 15 % pour chacun d'eux).

Entre 2012 et 2014, certains pays de l'OCDE dont le taux de pénétration des réseaux haut débit fibre était relativement faible ont enregistré des hausses spectaculaires. Cela dit, il faudra à la plupart d'entre eux plusieurs années pour atteindre les taux de pénétration des pays les plus avancés, à savoir le Japon (71.5 % des abonnements au haut débit fixe) et la Corée (66.3 %). La Nouvelle-Zélande (272 %), le Luxembourg (139 %) et le Chili (122 %) sont les pays qui ont obtenu les pourcentages d'augmentation les plus élevés entre juin 2013 et juin 2014 (graphique 2.23). Entre 2012 et 2014, les grandes économies de l'OCDE telles que l'Australie, l'Espagne, la France et la Turquie ont affiché des taux de progression situés entre 180 et 290 %.

En conclusion, la transition du cuivre et du câble vers la fibre s'opère progressivement, malgré l'adoption croissante de la technologie FTTH dans les grands pays de l'OCDE. À ce jour, seuls 14 pays de l'Organisation enregistrent plus de 10 % de technologie FTTH parmi les abonnements au haut débit (graphique 2.24). L'OCDE ne compte comme abonnements « fibre » que les technologies FTTH, FTTB (fibre jusqu'à l'immeuble) et FTTP (fibre jusqu'au site), mais il est possible que certains pays incluent également dans cette rubrique les réseaux FTTC (fibre jusqu'au sous-répartiteur) et le câble (DOCSIS 3.0), d'où la nécessité de faire preuve de prudence dans l'interprétation des résultats. De surcroît, des technologies comme la norme DOCSIS 3.0 peuvent offrir des débits élevés sans pour autant figurer dans la catégorie « fibre » telle que définie par l'OCDE.

Le nombre d'abonnements au haut débit hertzien est en forte augmentation dans la zone OCDE, malgré un ralentissement entre 2012 et 2014. Le taux de croissance annuel (TCAC) entre juin 2012 et juin 2014 était de 14.23 %, soit en dessous des 20 à 30 % obtenus les années précédentes en partant d'une base moins élevée. Ces chiffres doivent être examinés avec prudence car dans certains cas, la méthodologie employée par l'OCDE pour

Graphique 2.24. **Part de la fibre dans le total des abonnements au haut débit fixe, juin 2014**

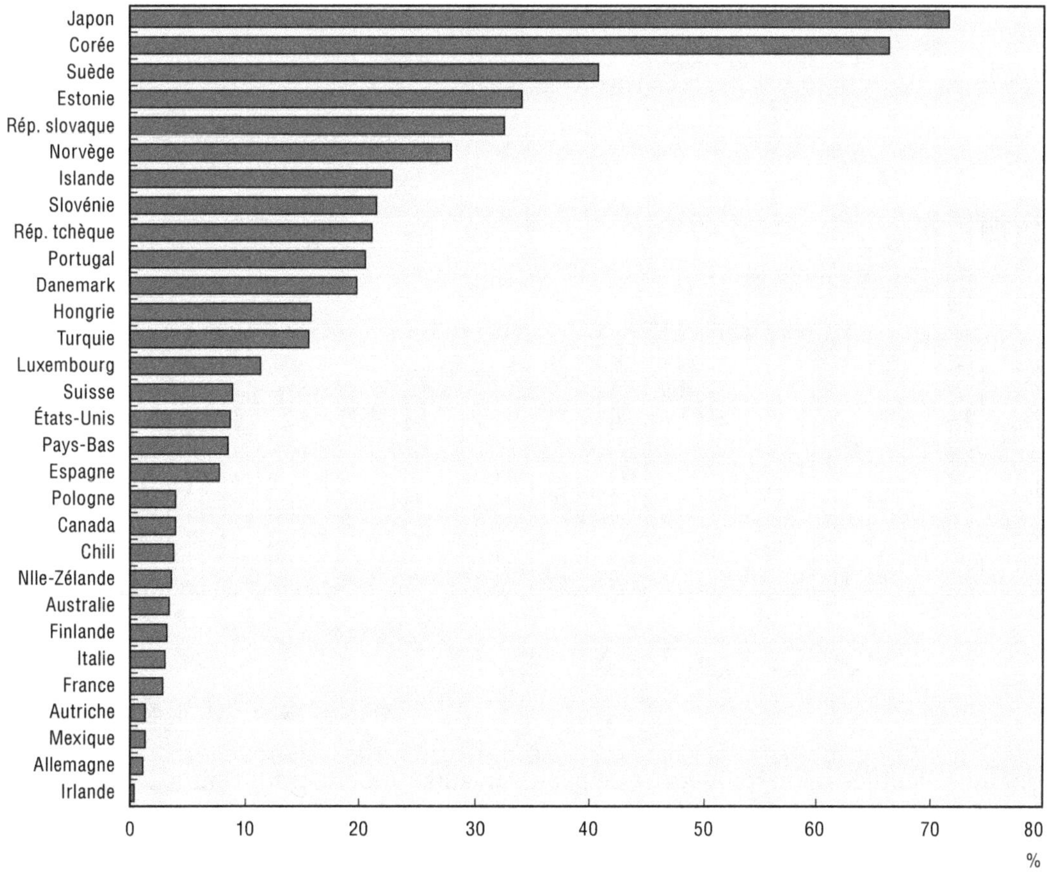

Note : La fibre inclut les technologies FTTH/B/P, mais pas FTTC.

StatLink http://dx.doi.org/10.1787/888933307762

comptabiliser le nombre d'abonnements au haut débit hertzien peut avoir des conséquences importantes sur la mesure des taux de pénétration. Cela dit, cette méthodologie, mise en œuvre pour la première fois en 2009, a été suffisamment éprouvée pour fournir un bon aperçu de la pénétration et de la progression des services dans les pays de l'OCDE.

En juin 2014, la pénétration moyenne du haut débit hertzien dans la zone OCDE était de 78.23 abonnements pour 100 habitants. Quelques pays comptaient plus d'un abonnement par habitant, à savoir : la Finlande (131.58), le Japon (116.4), l'Australie (115.23), la Suède (113.19), le Danemark (111.56), la Corée (105.27) et les États-Unis (101.43). Le nombre d'abonnements au haut débit hertzien s'élevait au total à 983 millions en juin 2014 ; sont inclus dans ce total les abonnements standard à la téléphonie mobile, ceux dédiés à la transmission de données, ainsi que les abonnements aux réseaux de transmission hertzienne fixe et par satellite, ces derniers représentant une part beaucoup plus faible de l'ensemble (graphique 2.25).

Débits et qualité de service

En 2012, l'OCDE a adopté une grille harmonisée pour la notification des débits descendants annoncés par les opérateurs. Cette grille peut être utilisée pour établir des statistiques sur le haut débit, à la fois concernant son tarif et sa pénétration. Les abonnements

Graphique 2.25. **Nombre d'abonnements au haut débit hertzien pour 100 habitants dans la zone OCDE, par technologie, juin 2014**

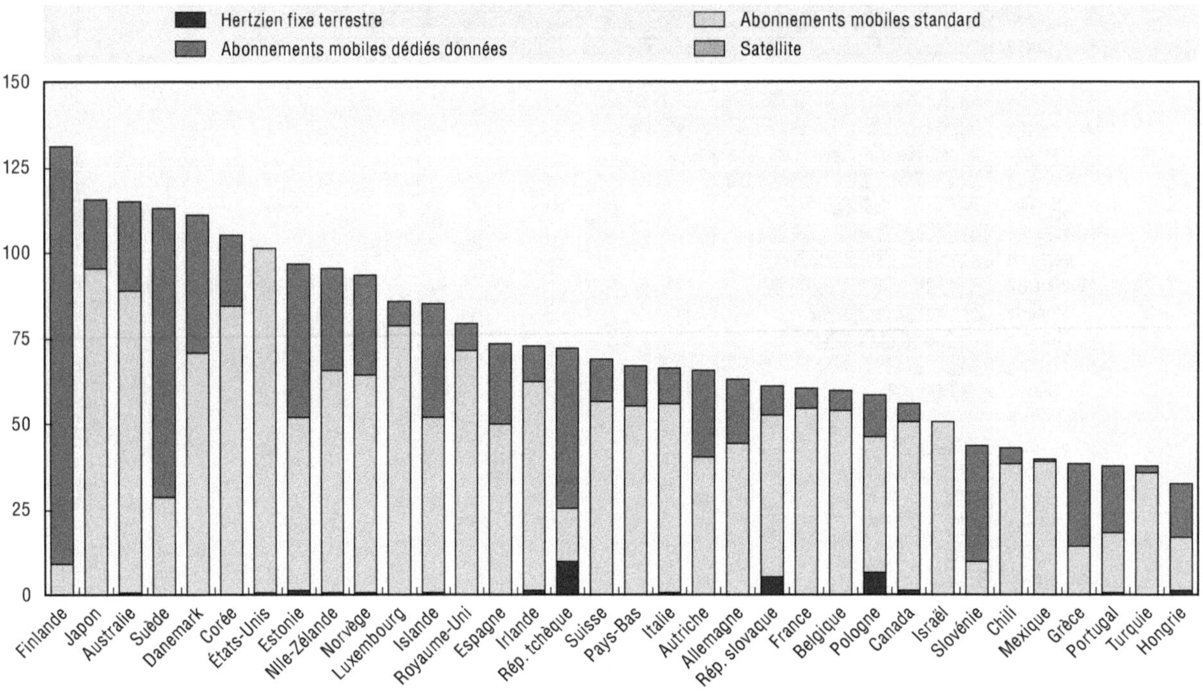

StatLink http://dx.doi.org/10.1787/888933307779

sont ainsi ventilés selon les niveaux de débit suivants : supérieur à 1 Gbit/s, à 100 Mbit/s, à 25/30 Mbit/s, à 10 Mbit/s, à 1.5/2 Mbit/s et à 256 kbit/s (niveau minimal pour être classé dans la catégorie du haut débit). La plupart des pays de l'OCDE appliquent cette grille pour rendre compte de leurs abonnements au haut débit (graphique 2.26).

Graphique 2.26. **Pénétration du haut débit fixe (filaire) par niveau de débit, juin 2014**

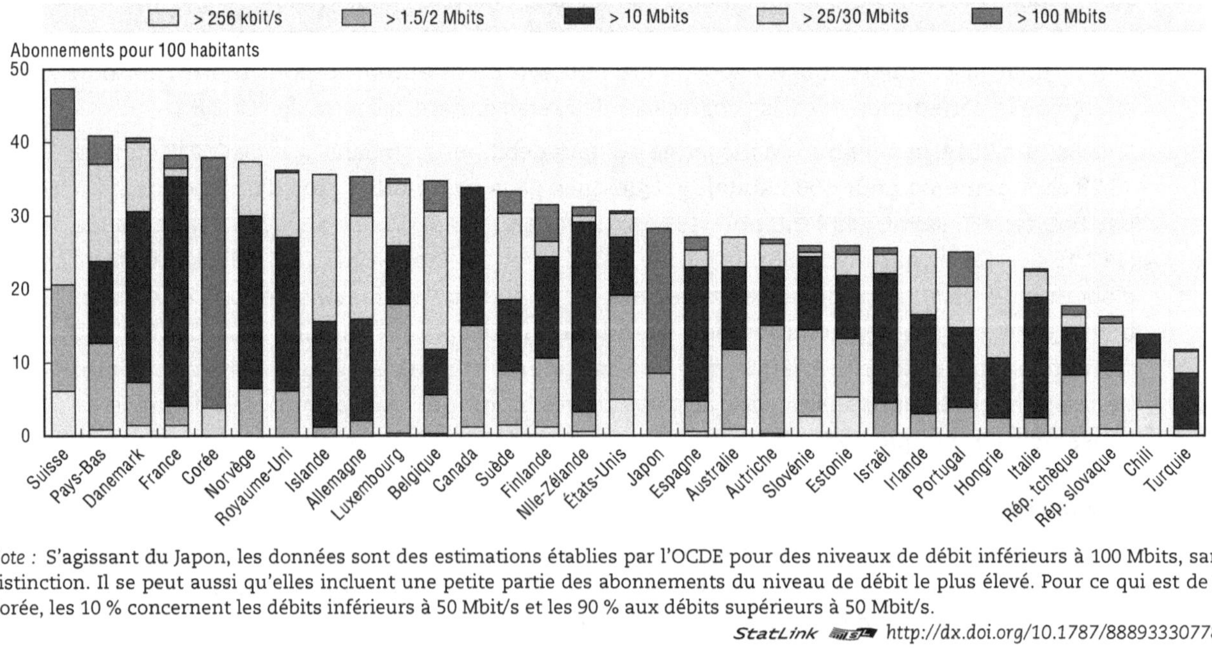

Note : S'agissant du Japon, les données sont des estimations établies par l'OCDE pour des niveaux de débit inférieurs à 100 Mbits, sans distinction. Il se peut aussi qu'elles incluent une petite partie des abonnements du niveau de débit le plus élevé. Pour ce qui est de la Corée, les 10 % concernent les débits inférieurs à 50 Mbit/s et les 90 % aux débits supérieurs à 50 Mbit/s.

StatLink http://dx.doi.org/10.1787/888933307780

Si l'OCDE devait classer les taux de pénétration du haut débit fixe en tenant compte uniquement des abonnements pour lesquels le débit descendant annoncé est de 10 Mbit/s ou plus, les premiers pays du classement seraient la Corée (37.9), l'Islande (35.5), la France (31.1) et le Japon (28.2). Si le classement tenait seulement compte des débits supérieurs à 25/30 Mbit/s, les pays arrivant en tête seraient la Corée (37.9), le Japon (28.2), la Suisse (21.2) et l'Islande (19.9). Pour ce qui est des débits de 100 Mbit/s ou plus, la Corée et le Japon sont clairement les champions du classement, avec un taux de pénétration bien supérieur à celui de tout autre pays de l'OCDE. Ces chiffres permettent de calculer une moyenne OCDE pour les débits supérieurs à 10 Mbit/s (12.6) et une autre pour ceux de plus de 25/30 Mbit/s (7.3), mais les résultats obtenus sont bien en deçà de la moyenne OCDE de la pénétration du haut débit fixe, à savoir 27 abonnements pour 100 habitants.

Une autre façon d'examiner les débits annoncés consiste à se fonder sur les offres de haut débit dans les pays de l'OCDE, même si cela présente l'inconvénient de ne pas fournir d'informations sur la répartition des utilisateurs entre les niveaux de débit (taux effectifs d'adoption selon les différents niveaux de débit). Malgré tout, ces statistiques fournissent un bon aperçu des types d'offres proposées aux consommateurs (pour les abonnés résidentiels uniquement). Le graphique 2.27 représente les débits descendants annoncés, moyens et médians, pour les différents pays. Si les valeurs moyennes sont instructives, les valeurs médianes donnent une vision plus fiable des débits annoncés (les moyennes peuvent en effet donner des résultats très différents, en particulier lorsqu'il existe des offres de 1 Gbit/s). La Suède (100 Mbit/s), les Pays-Bas (95 Mbit/s) et la Corée (75 Mbit/s) sont les pays affichant les débits descendants médians les plus élevés de la zone OCDE. La Slovénie et le Mexique (15.36 Mbit/s), les plus faibles. Dans le cas de la Slovénie, les résultats peuvent être légèrement abaissés en raison du grand nombre d'offres existantes, avec des combinaisons de débit montant et descendant différentes en entrée de gamme, et seulement une ou deux options pour les débits plus élevés. La moyenne OCDE des vitesses médianes du haut débit fixe a considérablement augmenté, passant de 20.48 Mbit/s en 2011 à 30 Mbit/s à la fin 2013 (graphique 2.27). Des données complémentaires sur les débits montants du haut débit fixe dans la zone OCDE – pays par pays – peuvent être consultées en ligne[2].

Il est également possible d'examiner les débits descendants du haut débit fixe en faisant la distinction entre les différentes technologies d'accès. Cet exercice n'est pas sans difficulté car dans de nombreux cas, le classement des offres haut débit entre la « fibre » (FTTH), le câble ou la DSL n'est pas forcément évident. De nombreux opérateurs présentent la technologie VDSL et DOCSIS 3.0 comme de la « fibre », et l'état du déploiement peut varier selon les différentes régions d'un même pays. En septembre 2012, les débits descendants moyens étaient de 16.54 Mbit/s (DSL), 44.14 Mbit/s (câble) et 89.03 Mbit/s (fibre). En septembre 2014, les débits montants et descendants avaient fortement augmenté (graphique 2.28).

Entre 2012 et 2014, les performances des réseaux haut débit mobiles se sont considérablement améliorées grâce aux déploiements de la LTE. Selon les données de Teligen/Strategy Analytics datant de septembre 2014, dans 21 des 34 pays de l'OCDE, un opérateur de téléphonie mobile au moins proposait des débits descendants de 100 Mbit/s pour les ordinateurs portables et les tablettes, ces valeurs étant des débits théoriques annoncés (c'est-à-dire obtenus dans des conditions très particulières, notamment en ce

Graphique 2.27. **Débits descendants annoncés, moyens et médians, haut débit fixe, septembre 2014**

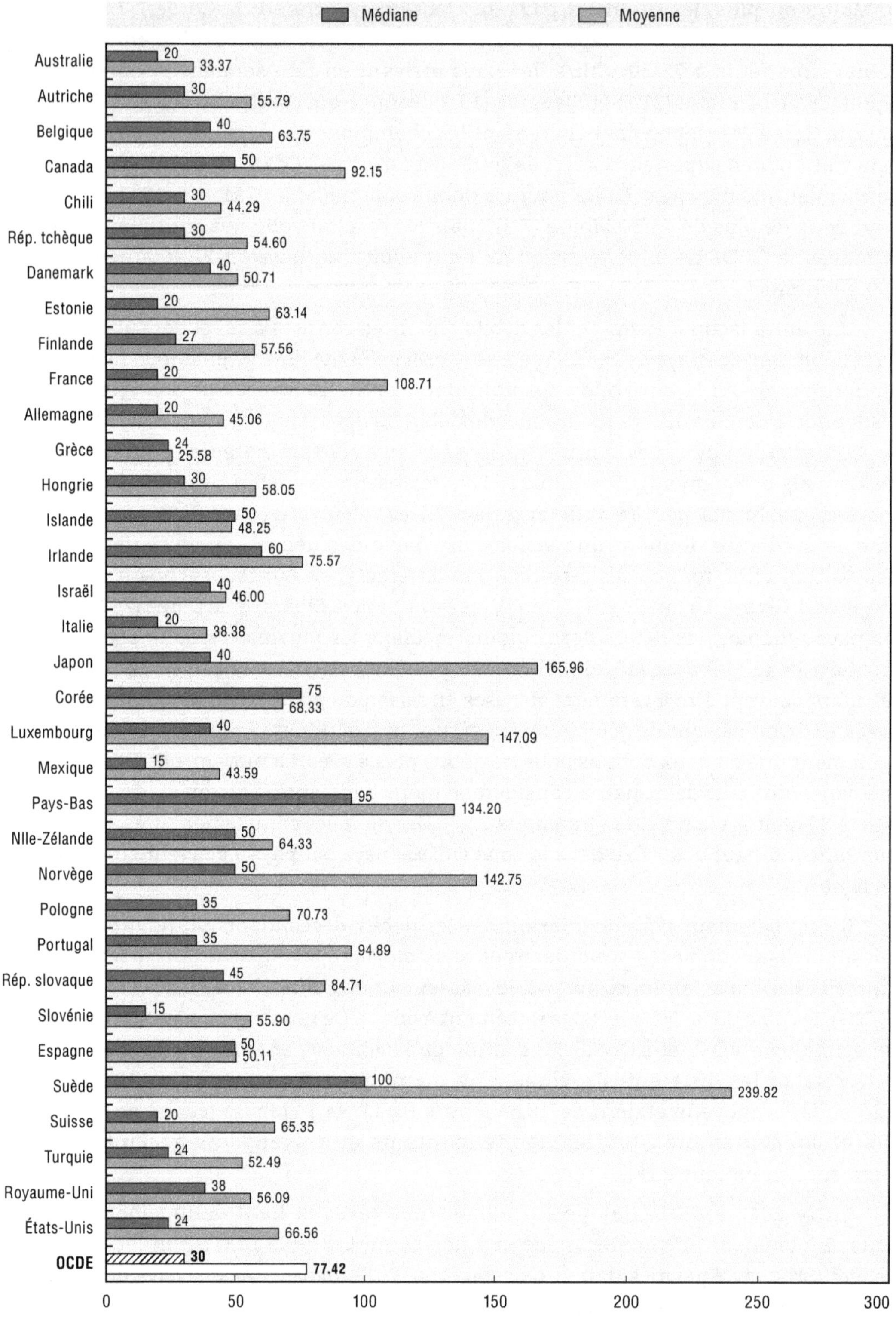

StatLink http://dx.doi.org/10.1787/888933307796

Graphique 2.28. **Moyenne des débits montants et descendants annoncés par technologie, haut débit fixe, septembre 2014**

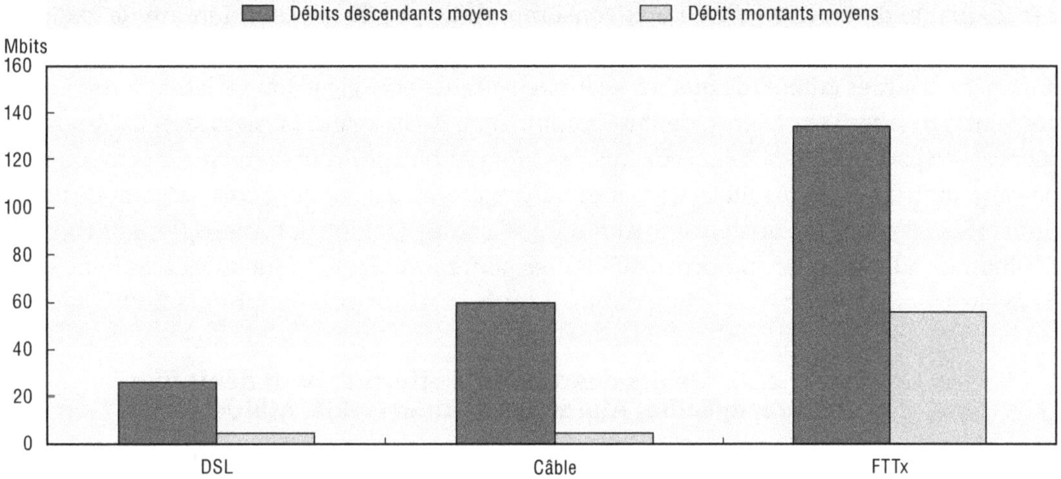

StatLink http://dx.doi.org/10.1787/888933307803

qui concerne le nombre d'utilisateurs dans une cellule, la distance par rapport à un pylône, etc.). En septembre 2012, seuls huit pays de l'OCDE comptaient un opérateur proposant des débits comparables (graphique 2.29).

Graphique 2.29. **Vitesses annoncées du haut débit mobile, échelle logarithmique, septembre 2014**

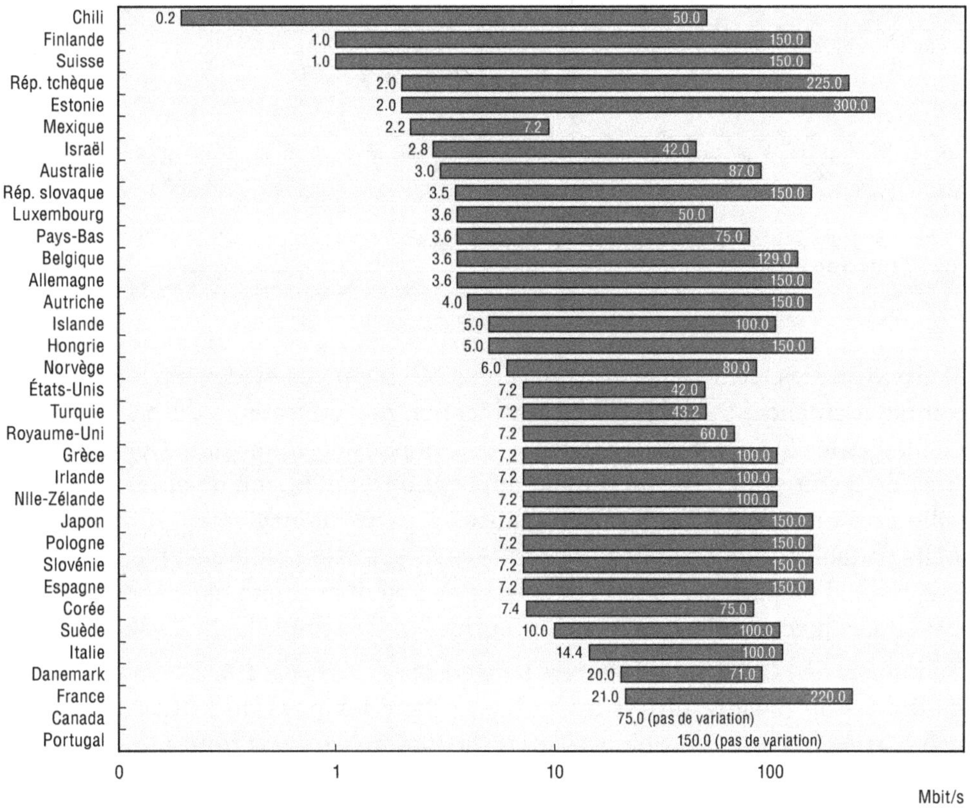

StatLink http://dx.doi.org/10.1787/888933307819

Vitesses effectives du haut débit

Les responsables de l'action publique et les régulateurs sont de plus en plus préoccupés par la qualité de service fournie aux consommateurs, parfois très différente de celle que laissent supposer les débits annoncés. Outre les écarts potentiels entre les débits effectifs et annoncés, d'autres critères de qualité – comme l'attente et la gigue (ou variation temporelle) – peuvent perturber l'expérience de l'utilisateur final. À cet égard, la mesure de la qualité de service – en particulier des débits effectifs – se prête à un large éventail de choix techniques qui peuvent influer sur les résultats. Certaines parties prenantes ont donc mis au point des outils pour mesurer les performances. Akamai, M-Lab et Ookla, par exemple, sont autant d'initiatives adoptant des approches différentes pour mesurer et rendre publics les indicateurs de la vitesse effective du haut débit pour un large éventail de pays (graphique 2.30)[3].

Graphique 2.30. **Débits descendants effectifs, haut débit fixe ou non spécifié, Akamai, M-Lab et Ookla, Mbit/s**

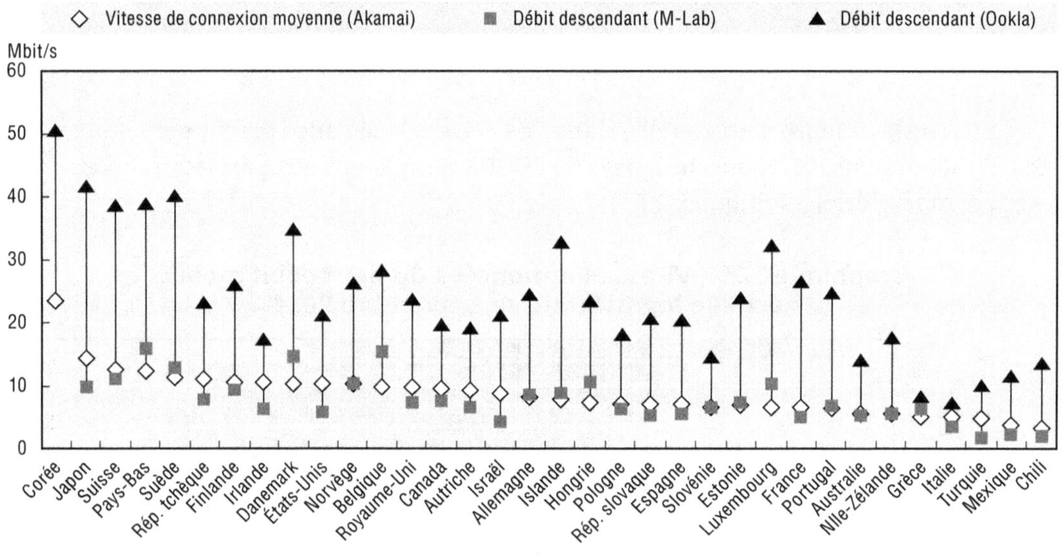

Source : Akamai (*www.akamai.com*), M-Lab (*www.measurementlab.net*) et Ookla (*www.ookla.com*). Données collectées au cours du 1er trimestre 2014.

StatLink http://dx.doi.org/10.1787/888933307825

Il arrive que les technologies sous-jacentes ne soient pas évidentes, même si Akamai a récemment amélioré sa méthode d'identification des utilisateurs du haut débit mobile afin de ne pas les inclure dans la moyenne des vitesses de connexion. Ookla présente les mesures de façon séparée pour chaque application mobile, même si les données qu'il recueille proviennent parfois de tests réalisés à partir de navigateurs internet sur des appareils portables. Quant à M-Lab, ses données ne précisent pas quel type de réseau a été mesuré, mais la plupart de ses tests de vitesse semblent avoir été réalisés sur des réseaux fixes, si l'on en juge par d'autres données fournies (par exemple la durée de l'aller-retour).

Le rapport de l'OCDE intitulé *Access Network Speed Tests* (OCDE, 2014c) passe en revue les méthodes de mesure officielles utilisées dans les pays de l'OCDE, ainsi que les difficultés rencontrées pour avoir une approche homogène. On y trouve une classification de ces méthodes ainsi que des suggestions sur la manière de les choisir et de les appliquer en fonction des objectifs de l'action publique. La mesure des débits effectifs est en train de devenir un outil important car elle fournit des données utilisables pour différents aspects de l'action publique, comme la responsabilisation des consommateurs, le développement du réseau ou la concurrence. Les outils de mesure officiels peuvent aussi permettre de surmonter le biais éventuel de la sélection (les utilisateurs plus soucieux de la qualité de service risquent d'effectuer plus de tests de vitesse que l'utilisateur moyen)[4].

Trafic internet

Selon l'indice VNI (*Visual Networking Index*) de Cisco, le trafic internet mondial n'a cessé de croître entre 2012 et 2014 : de 14.7 Po (pétaoctets) en 2009, il est passé à 30.7 Po en 2011 et à 51.2 Po en 2013. Bien que la croissance du trafic total reste à deux chiffres, elle s'est considérablement ralentie entre 2011 et 2013, année où le taux de croissance du trafic internet était de 24 % par an, soit nettement moins qu'en 2012 (39 %) ou 2007 (61 %). En 2013 toujours, l'augmentation du trafic de données mobile était de 81 % en glissement annuel, soit moins que les 140 à 160 % enregistrés entre 2008 et 2011 (graphique 2.31). Bien que le trafic internet mobile et global continue de croître à un rythme incroyable, le tassement de la progression présenté ici est peut-être le signe de l'arrivée à maturité de l'adoption de l'internet, qui est aujourd'hui utilisé par plus des deux tiers de la population dans de nombreux pays de l'OCDE.

Graphique 2.31. **Trafic internet global, 2005-13**

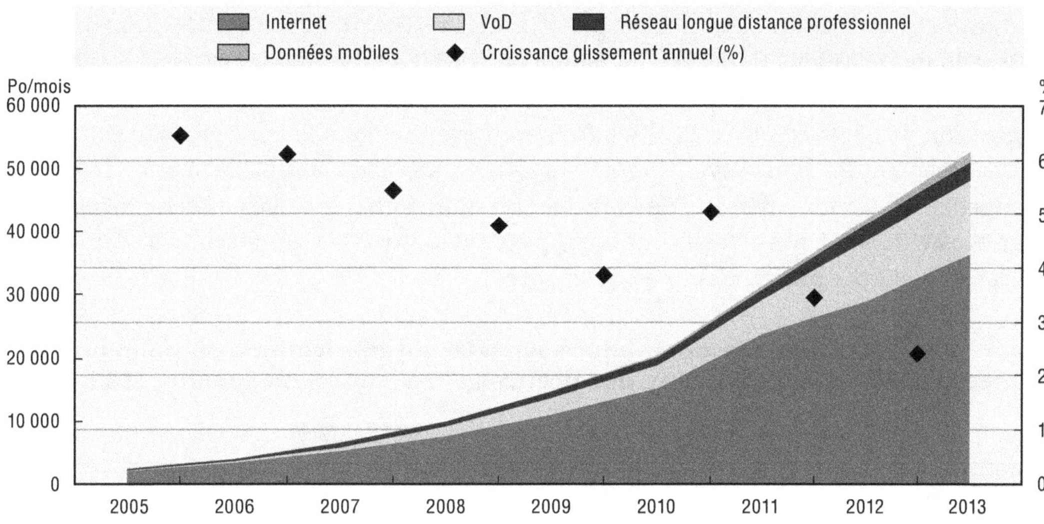

Source : Cisco, octobre 2014, *www.cisco.com*.

StatLink http://dx.doi.org/10.1787/888933307834

Recettes et investissement dans le secteur

Comme indiqué plus haut, le chiffre d'affaires du secteur des télécommunications dans la zone OCDE est resté stable sur la période 2012-14, avec un montant de 1 353 milliards USD (en légère baisse par rapport aux 1 372 milliards USD de 2011). Si l'on rapporte ce chiffre à chaque voie d'accès, on constate que la tendance à la baisse observée entre 2000 et 2010 s'est stabilisée. Les recettes par voie d'accès avaient en effet baissé progressivement entre 2000 et 2009 (de 823 à 629 USD), pour ensuite repartir à la hausse en 2011 (648 USD) et conserver ce niveau en 2013. Certains pays comme l'Australie et les États-Unis ont enregistré une croissance positive, alors que dans la plupart des pays de l'OCDE, les recettes par voie d'accès ont baissé de 5 à 10 % (graphique 2.32).

Graphique 2.32. **Recettes du secteur des télécommunications par voie d'accès, 2011 et 2013**

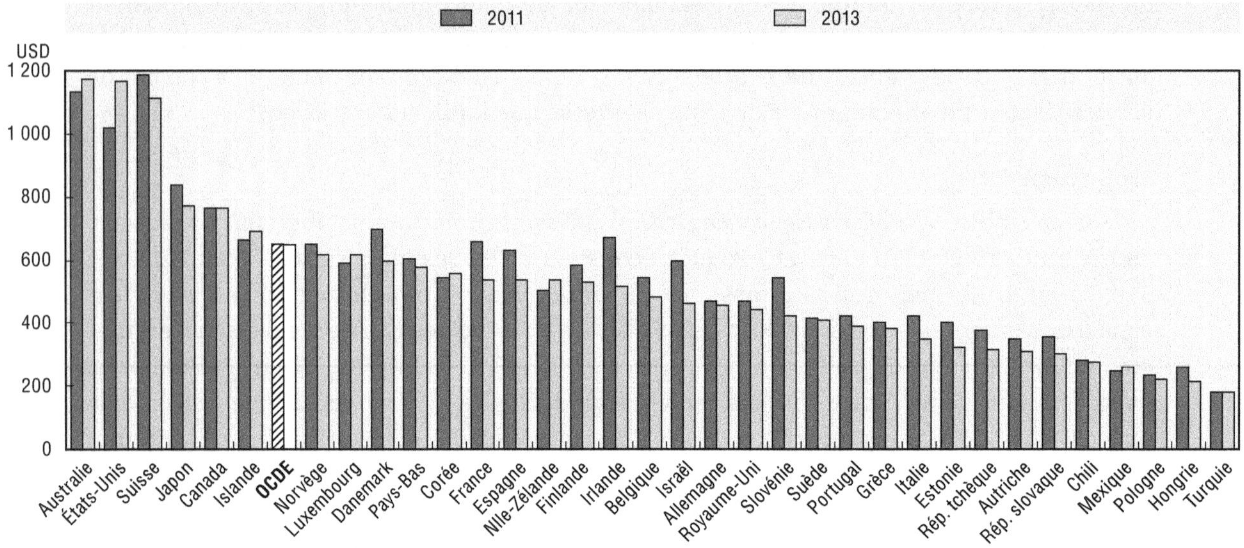

StatLink http://dx.doi.org/10.1787/888933307843

Tandis que les recettes étaient stables, l'investissement du secteur des télécommunications a augmenté de façon régulière après la crise financière de 2009, passant de 190.5 milliards USD en 2011 à 196.7 milliards en 2013. Le ratio investissement-recettes est lui aussi resté relativement stable entre 2011 et 2013, avec simplement une légère progression de 13.9 % (2011) à 14.5 % (2013) en moyenne dans la zone OCDE. Les niveaux d'investissement les plus élevés ont été enregistrés aux Pays-Bas (32.1 %) et en Nouvelle-Zélande (30.3 %), où des réseaux de fibre sont en train d'être déployés à l'échelle nationale (graphique 2.33). Un autre indicateur, présenté dans les tableaux en ligne[5], est l'investissement par habitant ou par voie d'accès.

Graphique 2.33. **Investissement dans les télécommunications en pourcentage des recettes totales, à l'exclusion des licences d'utilisation du spectre, 2011 et 2013**

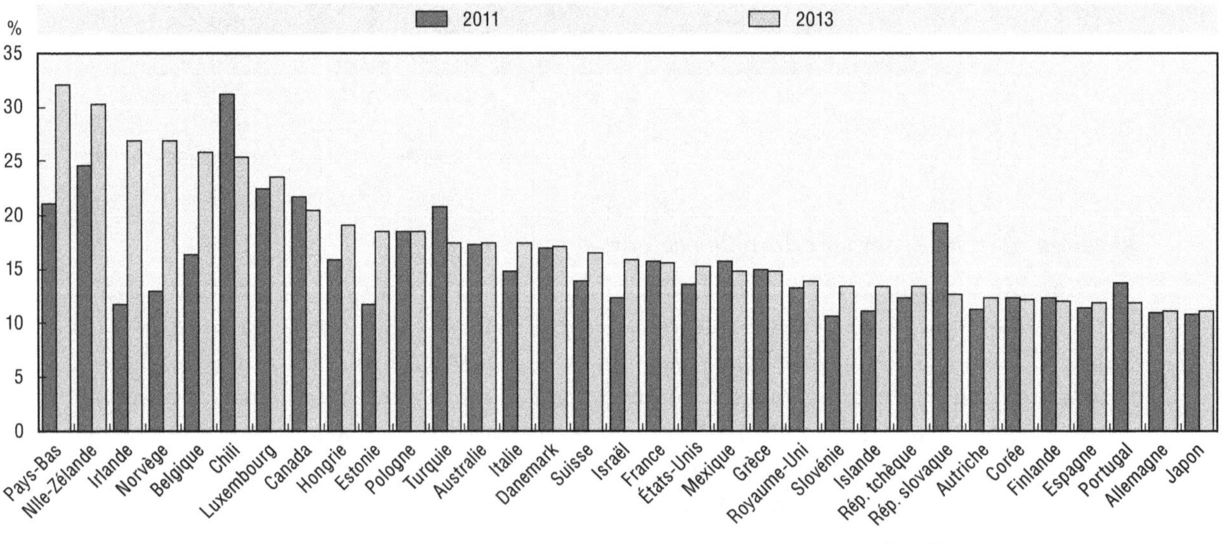

StatLink http://dx.doi.org/10.1787/888933307850

Statistiques de prix comparatives

Un facteur important de l'adoption des technologies est leur prix. Au fil des ans, l'OCDE a mis au point des paniers de tarifs des télécommunications afin de produire un ensemble complet d'indicateurs pour informer les responsables de l'action publique sur le coût des services de télécommunications et, plus généralement, fournir un aperçu de l'efficience du secteur. Seuls sont abordés dans la présente section quelques-uns des paniers de tarifs existants pour les différents services (par exemple : téléphonie fixe/mobile, haut débit fixe/mobile et lignes louées). Les données de tous les paniers de tarifs OCDE du secteur des télécommunications sont disponibles en ligne[6]. Compte tenu de l'importance des services haut débit dans l'économie numérique, la présente section met l'accent sur les paniers de tarifs relatifs au haut débit fixe et hertzien. Elle décrit par ailleurs les travaux qui sont menés actuellement pour élaborer un panier de tarifs des offres de services groupées, de plus en plus populaires auprès des consommateurs.

Les chiffres et les analyses des tarifs des télécommunications figurant dans le présent rapport s'appuient sur la parité de pouvoir d'achat (PPA), qui donne un meilleur aperçu des prix effectifs devant être payés par le consommateur que les prix intérieurs des biens et des services. Dans les tableaux disponibles en ligne[7], les prix sont exprimés sur la base des taux de change et en PPA, ainsi que sur la base des taux de change nominaux (USD), afin de dresser un panorama complet des tarifs des services de télécommunications. L'OCDE utilise les parités de pouvoir d'achat pour pallier les deux lacunes que présente l'utilisation des taux de change nominaux au regard de la comparaison des paniers de tarifs entre les pays. D'une part, les taux de change varient d'un jour à l'autre, et parfois brutalement. D'autre part, ils ne reflètent pas simplement le prix relatif des biens et services produits dans un pays puisqu'ils sont influencés par le prix relatif des biens marchands ainsi que par des facteurs comme les taux d'intérêt et les flux financiers. Les indicateurs de prix doivent en outre être analysés en lien avec d'autres indicateurs tels que la pénétration, les performances et l'efficience, qui sont abordés dans le présent rapport. Le principal inconvénient de la PPA est la difficulté à l'établir.

Paniers de tarifs du haut débit fixe

Suite aux ateliers de l'OCDE sur les indicateurs du haut débit organisés en 2011 et 2012, les paniers de tarifs existants du haut débit fixe ont été modifiés pour prendre en compte les changements récents des modes de consommation et coïncider avec les niveaux de débit utilisés pour les données relatives à la pénétration du haut débit. Les nouveaux niveaux de débit ont donc été fixés comme suit : haut débit de base (supérieur à 256 kbit/s), plus de 1.5/2 Mbit/s, 10 Mbit/s, 25/30 Mbit/s, 10 Mbit/s, plus de 100 Mbit/s et plus de 1 Gbit/s. Pour chaque niveau, un débit montant minimal est requis et trois profils d'utilisation de la bande passante sont proposés (tableau 2.1).

Les paniers de tarifs du haut débit fixe applicables en septembre 2014 – tels que compilés par Teligen/Strategy Analytics pour l'OCDE – sont présentés dans les tableaux disponibles en ligne[8]. Deux exemples de ces paniers sont fournis ci-après : le premier pour une faible utilisation à 1.5/2 Mbit/s, et le second pour une utilisation intensive à 25/30 Mbit/s (graphiques 2.34 et 2.35). Conformément à la définition des paniers, le débit minimal pris comme échantillon pour un pays et un panier donnés peut être plus élevé que le minimum exigé pour ce même panier.

Tableau 2.1. **Paniers de tarifs du haut débit fixe, débit descendant, débit montant minimal et profils d'utilisation de la bande passante**

Vitesses de service		Profils d'utilisation de la bande passante (en Go/mois)		
Débit descendant (en Mbit/s)	Débit montant minimal	Faible	Moyenne	Intensive
≤ 1.5/2.0	256 kbit/s	5	10	20
> 1.5/2.0-≤ 10	512 kbit/s	5	15	50
> 10-≤ 25/30	768 kbit/s	10	25	100
> 25/30-≤ 100	1 Mbit/s	15	50	200
> 100-≤ 1 000	3 Mbit/s	25	100	400
> 1 000	10 Mbit/s	100	250	1 000

Graphique 2.34. **Panier de tarifs du haut débit fixe pour une faible utilisation, débit > 1.5/2 Mbit/s, PPA USD**

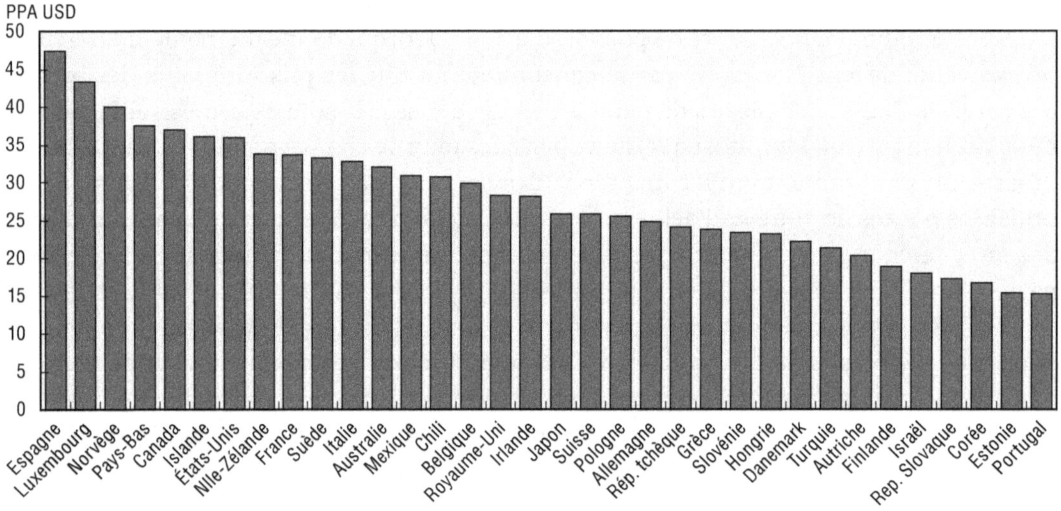

StatLink http://dx.doi.org/10.1787/888933307867

Graphique 2.35. **Panier de tarifs du haut débit fixe pour une utilisation intensive, débit > 25/30 Mbit/s, PPA USD**

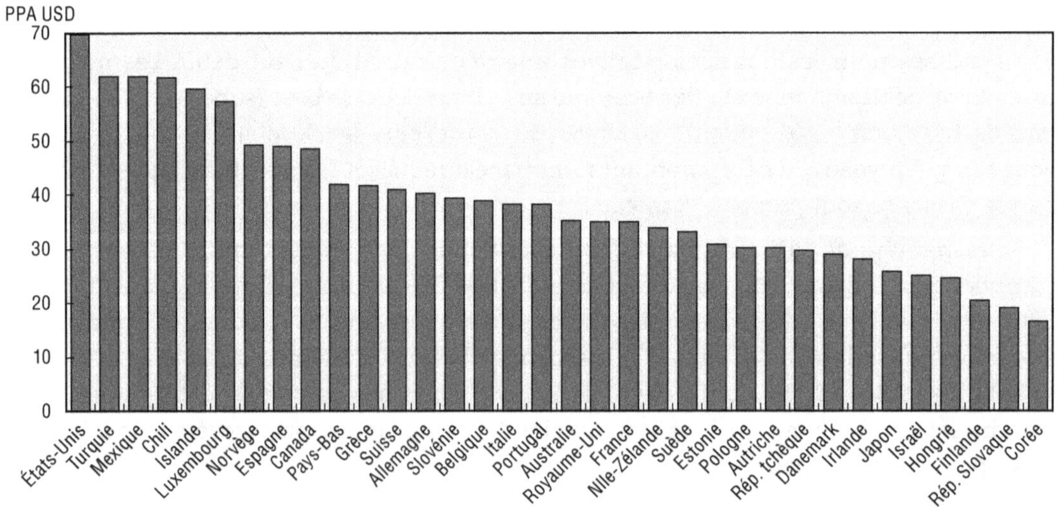

StatLink http://dx.doi.org/10.1787/888933307877

Les fourchettes de prix (graphique 2.36) sont un indicateur important des tarifs que paient les consommateurs et de la diversité des offres haut débit. Bien que le tarif minimum des abonnements au haut débit puisse être faussé par l'adoption de certaines offres groupées, dans la mesure où les offres de haut débit seul sont rares – voire inexistantes – dans beaucoup de pays, le prix minimum correspond bien au tarif le plus bas qui est proposé aux abonnés pour les services haut débit, y compris à des débits peu élevés. Entre septembre 2012 et septembre 2014, cet indicateur a peu évolué. Le prix d'entrée le plus bas était compris entre 13 et 15 USD/mois (par exemple en Estonie, au Portugal et en Turquie), alors que le plus élevé se situait aux alentours de 40 USD/mois (par exemple au Luxembourg, en Espagne, en Norvège et en Islande). Le prix d'entrée moyen du haut débit dans la zone OCDE était donc de 26.84 USD, soit seulement 0.8 USD de moins par mois qu'en 2012.

Graphique 2.36. **Fourchettes de prix des abonnements au haut débit fixe, septembre 2014, toutes plateformes, échelle logarithmique, PPA USD**

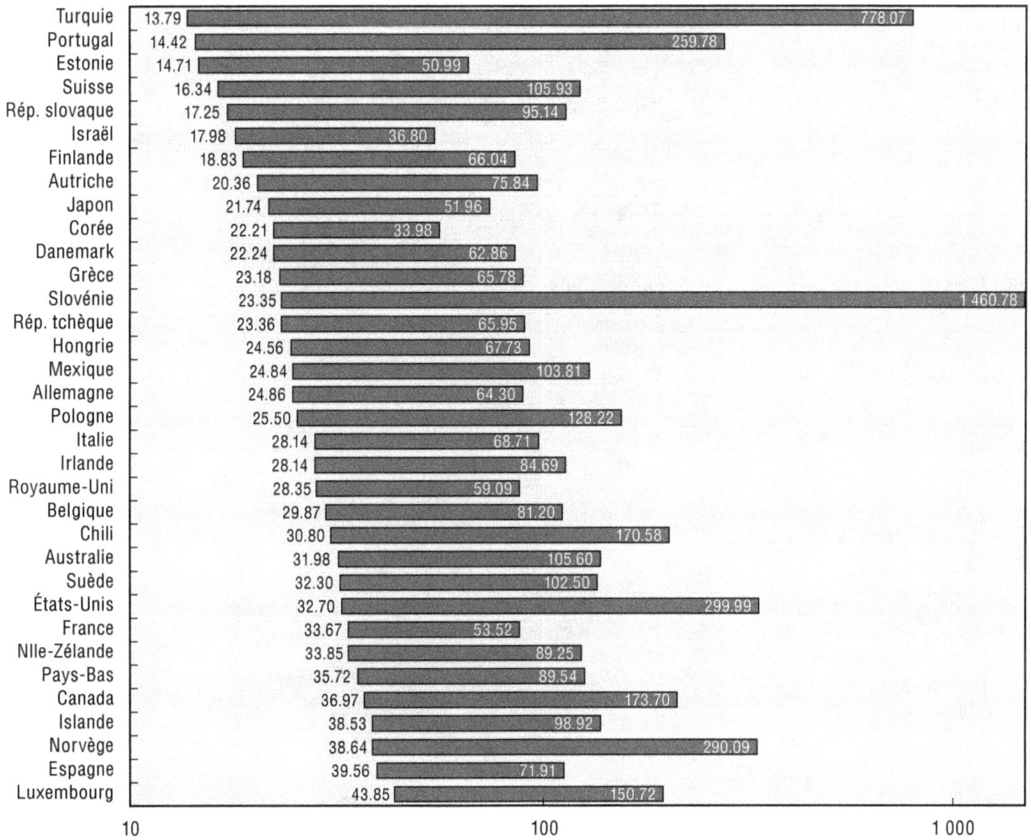

StatLink http://dx.doi.org/10.1787/888933307880

L'une des principales variations de cet indicateur est la fourchette de prix par mégabit/s, qui tient compte d'une caractéristique de qualité importante des services haut débit, à savoir le débit descendant annoncé. Le fait de prendre en considération une caractéristique de qualité (en l'occurrence le débit descendant) équivaut à la version simplifiée d'une analyse hédonique des prix. En règle générale, le prix d'entrée le plus bas par mégabit/s de débit annoncé est pratiqué par les opérateurs qui proposent des débits élevés (de l'ordre de 200 Mbit/s, 500 Mbit/s ou 1 Gbit/s).

Inversement, dans les pays où les débits proposés sont plus faibles, les tarifs au mégabit/s sont plus élevés. Les pays où les tarifs au mégabit/s sont les plus bas sont le Japon (0.02 USD), la Suède (0.08 USD) et la France (0.10 USD) (graphique 2.37). Dans de nombreux pays, des progrès énormes ont été accomplis pour faire baisser les prix d'entrée par mégabit/s. En 2012, trois pays de l'OCDE enregistraient des prix planchers supérieurs à 1 USD, alors qu'en septembre 2014, le pays le plus cher était la Grèce, avec 0.74 USD. Certains pays ont considérablement réduit leurs prix d'entrée, notamment le Mexique (de 1.69 à 0.52 USD) et Israël (de 0.77 à 0.32 USD). Dans ces pays, les opérateurs ont également commencé à proposer des débits plus élevés, généralement via la fibre ; toutefois, le déploiement de ces réseaux est parfois limité aux grandes villes.

Graphique 2.37. **Fourchettes de prix du haut débit fixe par mégabit/s de vitesse annoncée, septembre 2014, PPA USD**

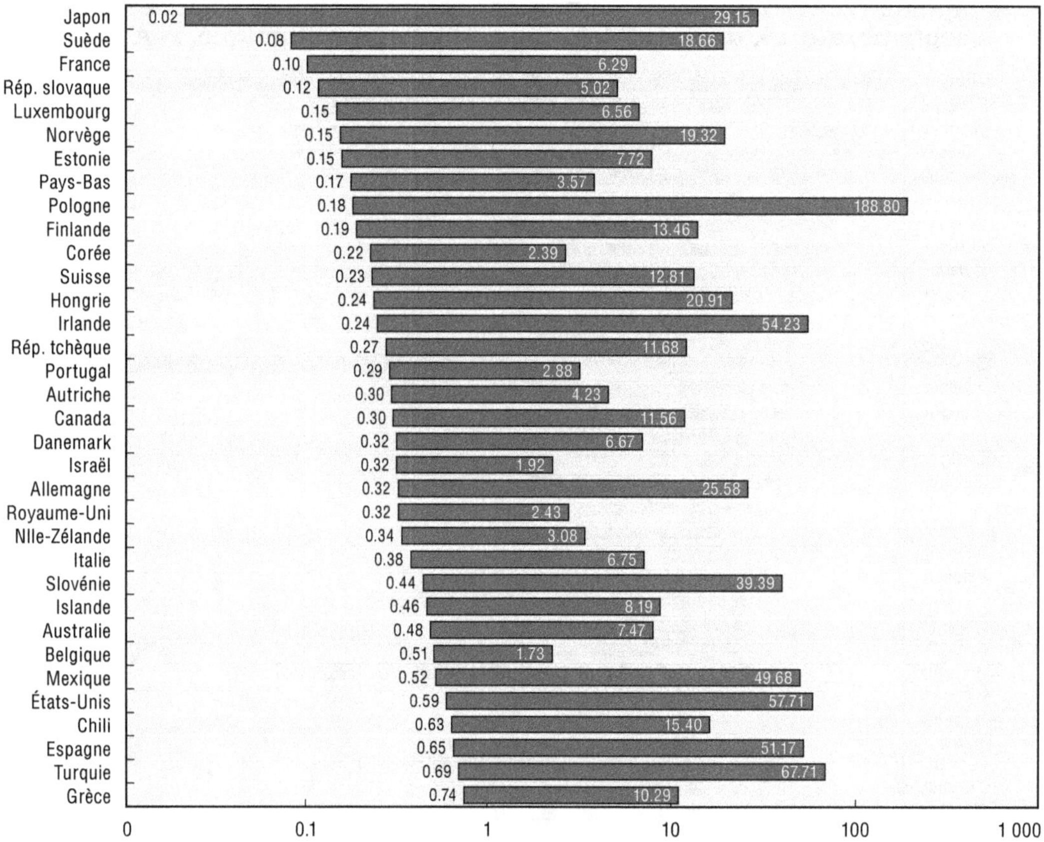

StatLink http://dx.doi.org/10.1787/888933307893

Paniers de tarifs du haut débit hertzien

Les nouveaux paniers de tarifs OCDE du haut débit hertzien incluent les services mobiles pour ordinateurs portables, tablettes et smartphones, chacun de ces paniers intégrant des paramètres distincts du fait des grandes différences d'utilisation entre ces appareils. Par ailleurs, alors que les paniers se rapportant aux ordinateurs portables et aux tablettes incluent un seul service (le haut débit mobile uniquement), ceux concernant les smartphones renvoient à des offres groupées (c'est-à-dire à un ensemble de services, généralement la téléphonie mobile, les SMS et les données), en comparant les tarifs entre les pays et les opérateurs. Ces nouveaux paniers s'appuient sur les paniers existants – comprenant la téléphonie mobile et les SMS –, en y ajoutant le haut débit mobile. Par conséquent, les paniers recouvrent des offres diverses : 30 appels + 100 Mo, 100 appels + 500 Mo, 900 appels + 2 Go, et ainsi de suite.

Les tarifs des services mobiles ont considérablement baissé entre 2012 et 2014. Le prix des offres de 30 appels + 100 Mo a reculé en moyenne de 10.24 %, passant de 19.74 à 17.72 USD/mois. Les forfaits de 100 appels + 500 Mo ont chuté de 17 %, ceux de 300 appels + 1 Go de 31 %, ceux de 900 appels + 2 Go de 44 %, et ceux de 100 appels + 2 Go de 15 %. Les pays où la baisse des tarifs a été la plus forte sont l'Italie (52 % en moyenne pour l'ensemble des paniers), la Nouvelle-Zélande (46 %) et la Turquie (44 %) ; au Canada, en France, en Irlande, en République slovaque et en Suisse, en revanche, les prix sont restés relativement stables. Sur la période de deux ans considérée, les prix ont augmenté en Autriche (36 %) – suite à une fusion qui a ramené le nombre d'opérateurs de quatre à trois – et en Grèce (13 %) (tableau 2.2).

Contrairement à ce qui est fait pour les smartphones – où les services haut débit hertzien sont, pour les besoins de la comparaison des prix, intégrés à des offres mobiles –, dans le cas des ordinateurs portables et des tablettes, les services haut débit mobiles sont étudiés de façon isolée, selon les différents modes de consommation : de 500 Mo à 10 Go (pour les ordinateurs portables) et de 250 Mo à 5 Go (pour les tablettes). Pour citer un exemple, en septembre 2014, le prix moyen d'une offre de services haut débit hertzien de 2 Go pour ordinateur portable était de 18.49 USD par mois, alors que la fourchette de prix dans la zone OCDE était comprise entre 5.89 USD (Finlande) et 37.25 USD (Canada) (graphique 2.38).

Application des méthodes de calcul des paniers de tarifs de l'OCDE aux offres de télécommunications groupées

Les méthodes utilisées par l'OCDE pour élaborer les paniers de tarifs recouvrent un large éventail de services, mais ne s'appliquent pas aux offres groupées, à l'exception des paniers de tarifs du haut débit mobile pour smartphones. Cela signifie que lorsque l'offre sélectionnée pour un pays ou un opérateur donné intègre un ensemble de services, les services groupés peuvent être pris en compte dans le calcul des paniers, mais qu'en règle générale, la comparaison des tarifs ne porte pas sur les offres groupées. Le rapport de l'OCDE intitulé *Triple and Quadruple-play Bundles of Communication Services* (OCDE, 2015) présente pour la première fois un ensemble d'offres triservices (téléphonie fixe, haut débit et télévision payante) et quadriservices (les trois services précédents plus les services mobiles), qu'il compare entre un certain nombre de grands pays de l'OCDE. L'un des aspects les plus difficiles de la comparaison est de mettre en parallèle les services de télévision payante, qui constituent sans doute la composante le plus hétérogène des offres tri- et quadriservices. Dans le cas présent, le critère employé pour inclure l'offre dans la catégorie des « services supérieurs » est qu'elle devait proposer au minimum 40 chaînes, plus des contenus sports et cinéma haut de gamme. Les offres tri- et quadriservices proposées reprennent les paniers de tarifs élaborés par l'OCDE pour les services séparés (services mobiles, haut débit fixe, etc.). Celles qui ont été prises en compte dans les paniers de tarifs ont été réparties en deux catégories : service de base (inspiré des services séparés de base) et service supérieur (tableau 2.3).

À titre d'exemple, l'offre triservices de niveau supérieur coûte en moyenne 100 USD par mois dans les 12 pays de l'OCDE sélectionnés (graphique 2.39) et comprend la téléphonie fixe, l'internet haut débit à 30 Mbit/s en débit descendant avec au moins 200 Go

Tableau 2.2. **Paniers de tarifs des offres mobiles, comparaison entre septembre 2012 et septembre 2014, PPA USD**

	30 appels + 100 Mo		100 appels + 500 Mo		300 appels + 1 Go		900 appels + 2 Go		100 appels + 2 Go		30 appels + 100 Mo	100 appels + 500 Mo	300 appels + 1 Go	900 appels + 2 Go	100 appels + 2 Go
	2012	2014	2012	2014	2012	2014	2012	2014	2012	2014					
Australie	16.78	12.51	20.13	19.26	26.83	19.56	26.83	25.72	26.83	25.72	-25.46 %	-4.32 %	-27.08 %	-4.14 %	-4.14 %
Autriche	8.97	11.56	10.08	11.56	10.08	11.56	17.83	22.82	10.08	19.37	28.87 %	14.73 %	14.73 %	28.01 %	92.17 %
Belgique	12.83	13.62	37.79	22.70	62.11	45.12	94.48	51.07	56.69	28.37	6.14 %	-39.94 %	-27.35 %	-45.95 %	-49.95 %
Canada	23.61	28.40	37.97	36.76	60.48	48.72	74.13	56.70	51.53	56.70	20.30 %	-3.20 %	-19.45 %	-23.52 %	10.02 %
Chili	32.35	28.00	62.90	50.97	137.34	77.96	235.37	166.57	61.34	58.44	-13.45 %	-18.96 %	-43.24 %	-29.23 %	-4.73 %
Rép. tchèque	26.70	22.97	54.35	47.27	90.63	50.52	132.79	63.94	69.06	60.76	-13.97 %	-13.03 %	-44.26 %	-51.85 %	-12.02 %
Danemark	11.89	9.92	20.11	12.57	27.90	21.48	41.55	23.84	19.51	15.57	-16.54 %	-37.47 %	-23.00 %	-42.63 %	-20.20 %
Estonie	8.38	8.07	11.05	11.91	15.30	15.30	29.06	17.85	10.96	11.81	-3.79 %	7.75 %	0.02 %	-38.57 %	7.75 %
Finlande	11.51	10.10	16.35	15.90	19.25	19.90	37.63	24.16	18.28	15.90	-12.21 %	-2.73 %	3.38 %	-35.80 %	-13.02 %
France	12.82	9.07	21.25	22.69	21.25	22.69	21.25	22.69	21.25	22.69	-29.25 %	6.74 %	6.74 %	6.74 %	6.74 %
Allemagne	17.70	14.49	36.61	27.44	92.72	47.59	104.09	59.26	84.87	59.26	-18.15 %	-25.03 %	-48.67 %	-43.07 %	-30.18 %
Grèce	21.56	24.79	31.61	39.92	66.33	82.68	135.57	96.74	47.41	60.42	14.98 %	26.29 %	24.65 %	-28.64 %	27.45 %
Hongrie	29.60	26.57	45.59	56.57	107.72	79.48	272.47	103.14	64.21	70.67	-10.22 %	24.07 %	-26.22 %	-62.15 %	10.06 %
Islande	11.10	7.70	22.74	23.90	39.63	47.16	133.34	57.22	28.00	23.90	-30.61 %	5.07 %	19.00 %	-57.09 %	-14.65 %
Irlande	17.16	21.09	25.88	30.58	36.36	31.63	49.21	36.91	39.62	36.91	22.92 %	18.15 %	-12.99 %	-25.00 %	-6.85 %
Israël	25.36	16.51	25.36	16.51	25.36	26.08	27.49	26.08	27.49	26.08	-34.89 %	-34.89 %	2.85 %	-5.12 %	-5.12 %
Italie	29.07	18.04	43.62	18.04	56.03	22.82	115.83	51.61	53.79	27.45	-37.95 %	-58.66 %	-59.28 %	-55.44 %	-48.98 %
Japon	62.68	49.05	74.40	61.54	109.78	63.96	214.30	67.50	74.40	61.54	-21.75 %	-17.28 %	-41.74 %	-68.50 %	-17.28 %
Corée	15.79	10.84	29.92	18.07	51.50	27.71	73.71	43.37	31.44	25.30	-31.34 %	-39.60 %	-46.20 %	-41.16 %	-19.53 %
Luxembourg	14.91	18.59	32.61	21.59	44.58	34.98	44.58	34.98	42.47	34.98	24.62 %	-33.77 %	-21.53 %	-21.53 %	-17.63 %
Mexique	17.68	20.93	39.57	31.53	87.30	41.46	159.60	131.75	42.40	56.87	18.36 %	-20.32 %	-52.51 %	-17.45 %	34.12 %
Pays-Bas	19.63	14.94	26.31	26.61	41.91	35.32	72.85	39.86	44.06	39.86	-23.87 %	1.14 %	-15.72 %	-45.29 %	-9.55 %
Nlle-Zélande	16.61	12.04	43.07	18.33	59.14	33.22	115.70	49.71	68.52	37.12	-27.48 %	-57.43 %	-43.83 %	-57.04 %	-45.82 %
Norvège	15.33	8.14	20.61	19.71	30.97	19.71	49.50	25.66	36.97	25.66	-46.86 %	-4.34 %	-36.33 %	-48.17 %	-30.60 %
Pologne	11.21	15.19	25.57	25.61	58.86	35.44	58.86	43.22	40.28	28.42	35.44 %	0.15 %	-39.78 %	-26.56 %	-29.44 %
Portugal	21.94	16.72	35.55	41.16	74.73	43.52	127.92	58.07	55.75	58.07	-23.78 %	15.80 %	-41.76 %	-54.61 %	4.15 %
Rép. slovaque	24.84	17.92	39.22	38.26	52.20	56.17	73.16	70.04	43.60	47.67	-27.84 %	-2.44 %	7.61 %	-4.27 %	9.35 %
Slovénie	21.23	15.08	27.91	26.97	40.20	26.97	72.65	34.34	46.40	31.39	-28.95 %	-3.37 %	-32.90 %	-52.73 %	-32.36 %
Espagne	15.63	19.32	53.39	31.55	84.98	41.21	180.46	41.21	58.92	41.21	23.56 %	-40.91 %	-51.51 %	-77.17 %	-30.06 %
Suède	11.15	10.89	22.05	18.32	28.18	21.45	37.95	26.95	26.65	26.95	-2.35 %	-16.94 %	-23.87 %	-28.99 %	1.12 %
Suisse	19.06	18.70	35.33	33.09	35.33	33.09	35.33	38.91	35.33	38.91	-1.88 %	-6.34 %	-6.34 %	10.15 %	10.15 %
Turquie	28.83	20.57	34.80	20.57	54.69	27.66	69.60	39.01	61.55	27.66	-28.67 %	-40.90 %	-49.42 %	-43.95 %	-55.06 %
Royaume-Uni	8.32	10.32	11.10	11.60	23.38	20.64	29.73	23.22	29.73	19.35	23.98 %	4.46 %	-11.74 %	-21.89 %	-34.91 %
États-Unis	29.09	39.94	55.00	45.44	55.00	52.04	55.00	67.44	55.00	62.74	37.29 %	-17.38 %	-5.38 %	22.62 %	14.06 %
Moyenne OCDE	19.74	17.72	33.63	28.07	54.58	37.79	90.70	51.22	44.17	37.76	-10.24 %	-16.51 %	-30.77 %	-43.52 %	-14.52 %

Source : OCDE et Teligen.

StatLink http://dx.doi.org/10.1787/888933307988

de données (grande largeur de bande), ainsi que des chaînes de télévision payantes de qualité (contenus sport et cinéma haut de gamme). En comparaison, l'offre quadriservices de base coûte en moyenne 65 USD par mois dans les 12 pays examinés et comprend la location de ligne fixe uniquement, la connexion haut débit à 10 Mbit/s, des chaînes de télévision payantes de base ainsi qu'un forfait de 30 appels mobiles (graphique 2.40).

Une méthode complémentaire pour comparer les prix est l'analyse de prix hédoniques, qui prend en considération les critères de qualité. Cette analyse tient compte des différents niveaux de qualité ou des caractéristiques spécifiques des produits et des services. Les économistes ont par exemple mis au point des indices de prix hédoniques pour les automobiles et les ordinateurs (Griliches, 1961 ; OCDE, 2006). Dans la théorie hédonique, le

Graphique 2.38. Panier de tarifs du haut débit mobile pour les ordinateurs portables, 2 Go, septembre 2014, PPA USD

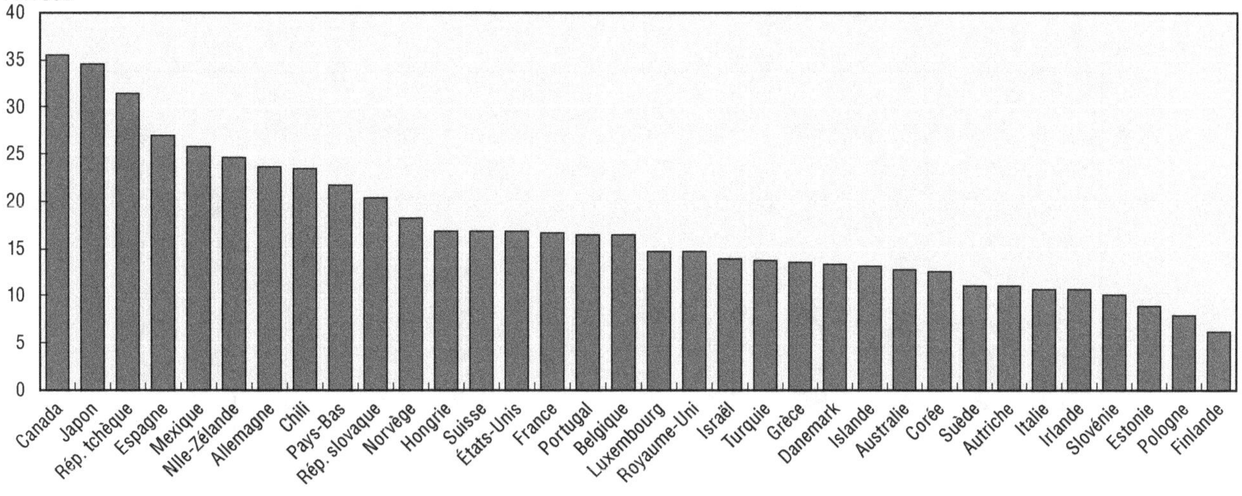

StatLink http://dx.doi.org/10.1787/888933307909

Tableau 2.3. Éléments inclus dans les paniers de tarifs des offres groupées

	Téléphonie fixe	Haut débit fixe	Télévision payante	Mobile
Service de base	Location de la ligne uniquement	Au moins 10 Mbit/s en débit descendant et 25 Go de données	Chaînes payantes de base (non disponibles en clair)	30 appels
Service supérieur	Appels illimités vers les lignes terrestres nationales (ou 420 appels)	Au moins 30 Mbit/s en débit descendant et 200 Go de données	Au moins 40 chaînes, dont des contenus sports et cinéma haut de gamme	300 appels + 1 Go de données

Graphique 2.39. Panier de tarifs d'une offre triservices (30 Mbit/s en débit descendant et 200 Go de bande passante, appels fixes illimités, télévision payante de qualité avec sports et cinéma), avril 2014, PPA USD

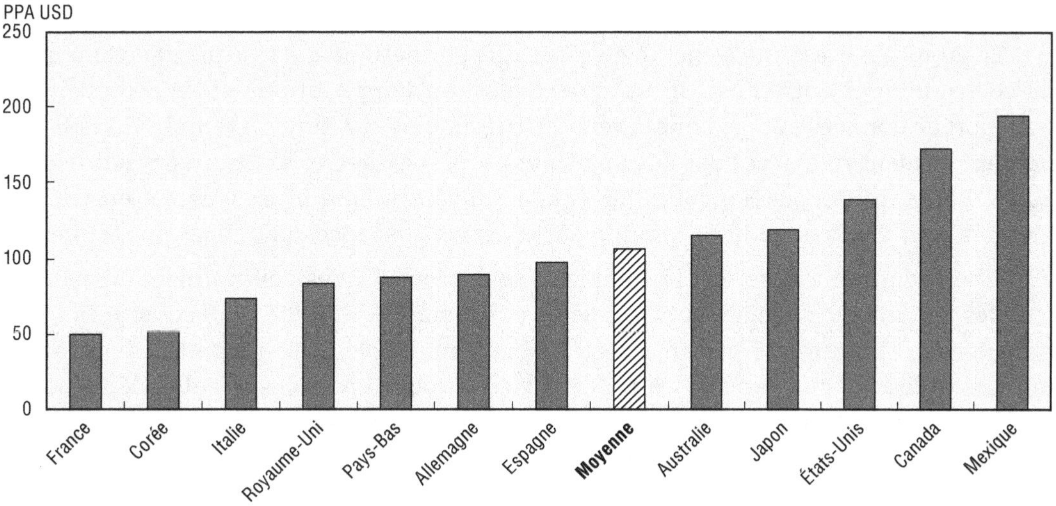

Source : OCDE (2015).

StatLink http://dx.doi.org/10.1787/888933307917

Graphique 2.40. **Panier de tarifs d'une offre quadriservices « de base » (au moins 10 Mbit/s en débit descendant et 25 Go de données, location de la ligne fixe, télévision payante de base et 30 appels mobiles), avril 2014, PPA USD**

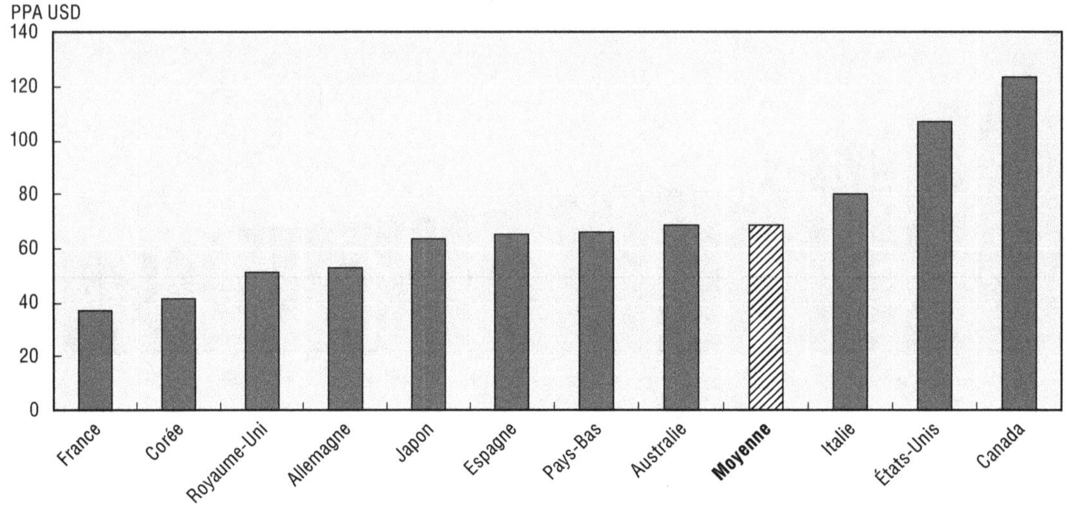

Source : OCDE (2015).

StatLink http://dx.doi.org/10.1787/888933307921

prix d'un bien ou d'un service est lié aux caractéristiques de qualité de ce bien ou ce service, et repose sur l'hypothèse selon laquelle le prix du bien/service (par exemple, un ordinateur ou un autre produit TIC) est égal au total des dépenses engagées par le consommateur pour chacune des caractéristiques incluses dans le lot. Cela signifie que le consommateur accorde en soi de la valeur à un ensemble de caractéristiques, et non à un produit/service spécifique. L'OCDE cherche actuellement à établir si l'analyse hédonique des prix pourrait être utilisée pour les services de télécommunications, que ce soit pour mettre en correspondance la tarification et les caractéristiques de qualité, ou pour comparer les prix entre les pays ou les opérateurs en tenant compte des différences de qualité.

Infrastructure internet

Le protocole IP est une technologie générique permettant aux réseaux et aux appareils de communiquer entre eux. Un nombre croissant d'applications et de protocoles de transport de données ont déjà migré vers cette technologie. À titre d'exemple, les SMS sont progressivement remplacés par des applications de messagerie fonctionnant sur IP telles que WhatsApp, Google Hangouts ou Kakao Talk. Le même processus est en train de s'opérer pour d'autres services, qui migrent aussi vers des réseaux IP, fixes ou mobiles.

Une évolution à noter est le remplacement prochain des communications vocales mobiles par une technologie tout IP, appelée « voix sur LTE » (VoLTE), qui consistera à faire transiter tous les services par un réseau mobile compatible IP. La plupart des opérateurs mobiles utilisent actuellement les technologies 2G ou 3G pour les appels téléphoniques entrants et sortants, même s'ils possèdent en parallèle un réseau 4G/LTE. L'étape suivante sera l'essor des appareils intelligents communiquant de machine à machine (technologie M2M), dont certains estiment déjà le nombre à pas moins de 50 milliards en 2022.

L'internet se compose de millions de réseaux distincts, qu'il s'agisse des réseaux résidentiels ou des vastes réseaux d'envergure mondiale. Le trafic provenant des réseaux (qui correspond par exemple à une habitation ou un local professionnel) est acheminé vers un fournisseur d'accès internet (FAI). Des frontières existent, certes, entre ces réseaux, mais ce ne sont plus des frontières nationales. Le protocole BGP (*Border Gateway Protocol*) permet d'acheminer le trafic d'un réseau à un autre. Le principe du BGP est que le propriétaire d'un réseau compile des listes de blocs d'adresses IP qui sont directement accessibles depuis son réseau. Chaque réseau est identifié par un numéro ASN (*Autonomous System Number*, pour « numéro de système autonome ») unique, qui lui est attribué par un registre internet régional (RIR). Ce type de réseau est dit « autonome » car il peut, dans une certaine mesure, déterminer l'acheminement de son trafic entrant ou sortant indépendamment de tout autre réseau.

Le nombre de systèmes autonomes (AS) de routage dont dispose un pays peut servir d'indicateur supplétif du niveau de concurrence sur un marché. Il renseigne sur la facilité avec laquelle une entreprise peut prendre le contrôle du routage de son trafic ainsi que de l'échange de ce trafic avec les autres réseaux. L'Islande est le pays qui présente le plus grand nombre d'AS de routage par habitant, avec 13.46 AS pour 100 000 habitants (graphique 2.41). À la fin 2014, la moyenne de l'OCDE était de 2.43, et 19 pays se situaient

Graphique 2.41. **Nombre d'AS de routage pour 100 000 habitants, 2012 et 2014**

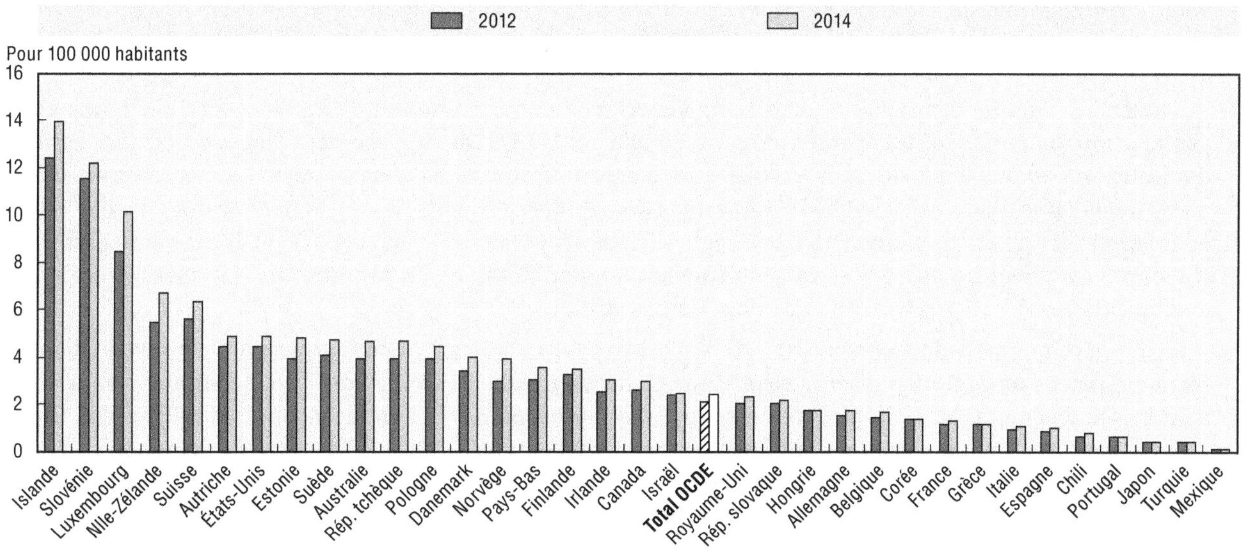

Source : Potaroo, RIR.

StatLink http://dx.doi.org/10.1787/888933307930

au-dessus. Tous les pays, sauf la Corée, ont enregistré une augmentation du nombre d'AS par habitant entre 2012 et 2014. Le nombre moyen d'AS par habitant dans la zone OCDE s'est accru de 15.17 %.

Épuisement des adresses IPv4 et adoption de l'IPv6

L'*Internet Assigned Numbers Authority* (IANA) confie des blocs d'adresses IP et des numéros de systèmes autonomes (AS) à chaque registre internet régional (RIR), afin de répondre aux besoins de la région concernée. Les RIR se conforment aux règles régionales pour allouer les ressources aux registres internet locaux (LIR) ou aux registres internet nationaux (NIR). Les LIR attribuent l'espace d'adressage soit aux utilisateurs finals, soit aux FAI qui, à leur tour, attribuent des adresses IP aux entreprises et aux particuliers. Les cinq

Encadré 2.2. **Estimation du nombre d'utilisateurs de systèmes autonomes**

La taille des réseaux et leur nombre d'utilisateurs peuvent constituer des indicateurs utiles pour les responsables de l'action publique et les régulateurs étudiant des questions aussi diverses que le niveau de concurrence et la pénétration, ainsi que la croissance du marché. Il faut pour cela se demander combien d'utilisateurs sont desservis par un fournisseur d'accès internet donné. Si certains opérateurs de réseau rendent ces informations publiques, d'autres les considèrent comme commercialement sensibles. Un certain nombre de techniques peuvent toutefois être utilisées pour évaluer l'ampleur de la clientèle de chaque fournisseur d'accès à partir des sources d'information publiques, notamment le nombre d'adresses IP annoncées par le réseau ou le nombre de clients qui utilisent le réseau de façon transitoire. Pour autant, l'utilisation très répandue d'outils de traduction d'adresses réseau (NAT) sous IPv4, les plans d'adressage divers utilisés par les fournisseurs d'accès IPv6, et ce que l'on appelle les systèmes autonomes « de remplacement » utilisés par les fournisseurs d'accès de détail ajoutent une très grande part d'incertitude à ces mesures indirectes.

Une autre méthode consiste à utiliser le réseau de distribution publicitaire de Google dans un programme de diffusion non ciblé, afin de recueillir un très large ensemble d'adresses IP sur une longue période. Si l'on utilise ensuite le protocole de routage BGP, chaque adresse IP peut permettre d'identifier le numéro d'AS correspondant. Si la stratégie publicitaire permettait de cibler uniformément chaque AS de l'internet – quel que soit l'endroit où il se trouve –, alors le nombre d'empreintes publicitaires[1] par AS serait un bon indicateur de la taille relative de chaque AS en termes de nombre de clients desservis par chacun d'eux. Ce n'est cependant pas le cas car les publicités ne sont pas diffusées au même rythme dans tous les pays. Un ajustement au niveau national est donc nécessaire pour obtenir une estimation uniforme du nombre de clients desservis par chaque AS.

L'ensemble de données utilisées pour homogénéiser le nombre original d'empreintes publicitaires est l'estimation du nombre d'internautes par pays, publié par l'UIT[2]. On suppose par ailleurs que le processus de diffusion des publicités de Google s'opère de façon uniforme dans chaque pays. Cela permet ensuite d'évaluer la taille relative de chaque AS en termes de nombre de clients desservis par chacun d'eux[3]. Cette estimation part du postulat que chaque AS gère sa base d'utilisateurs dans le pays où il a été enregistré. Il convient également de noter que certains réseaux de grande taille gèrent plusieurs AS ; c'est le cas par exemple de Level 3, AT&T, Verizon et de nombreux autres.

Bien que ce qui précède soit souvent vrai, il n'est pas rare que les grands fournisseurs d'accès de détail recouvrent sous un seul AS plusieurs pays. Dans ce cas de figure, les connexions sécurisées au serveur qui sont prises en compte dans la mesure ne sont pas utilisées. Bien que l'on ait pris soin d'utiliser des URL uniques pour l'estimation, celle-ci continue de prendre en compte l'utilisation, au titre de mandataire, d'un logiciel web médiateur, ce qui a pour effet de surestimer le nombre de réseaux utilisant des services web mandataires. Cette approche pose plus particulièrement problème lorsque le mandataire ne dépend pas du même AS que l'utilisateur final. Par ailleurs, les instruments fournis dans les publicités ne sont pas accessibles sur tous les types d'appareils mobiles, raison pour laquelle cette méthode tend à sous-estimer le nombre de clients lorsqu'il s'agit de réseaux comptant un grand nombre d'utilisateurs mobiles. Néanmoins, les données fournies ici donnent une indication de la taille relative des réseaux les plus vastes du monde (voir tableau 2.4). De surcroît, les changements qui sont en train d'être apportés au processus de mesure ont pour but d'en améliorer certaines hypothèses et d'en corriger certaines imperfections.

1. Dans le contexte de la publicité en ligne, une « empreinte » désigne le moment où une publicité est visualisée, et est comptabilisable. Chaque fois qu'une publicité apparaît, une empreinte est comptabilisée. La distribution publicitaire en ligne est évaluée par la taille, le lieu et l'efficacité des publicités, ainsi que par la demande du marché.
2. Voir *www.itu.int/net4/itu-d/icteye/*.
3. Voir *http://stats.labs.apnic.net/cgi-bin/aspop*.

derniers blocs d'adresses IPv4 disponibles ont été alloués par l'IANA aux registres régionaux (RIR) en février 2011. Le registre Asie-Pacifique (APNIC) a attribué tous les blocs IPv4 à usage général qui lui restaient en 2011, tandis que le RIPE NCC (qui s'occupe de

Tableau 2.4. **Cinq modes d'estimation des dix plus grands réseaux au monde, 2014**

« Customer Cone »

ASN	Nom	Customer Cone
AS3356	Level 3 Communications, Inc.	72 %
AS2914	NTT America, Inc.	43 %
AS3257	Tinet SpA	39 %
AS1299	TeliaSonera International Carrier	36 %
AS174	Cogent Communications	34 %
AS6453	Tata Communications (America), Inc.	28 %
AS3549	Level 3 Communications, Inc. (GBLX)	26 %
AS6762	Telecom Italia Sparkle S.p.A	18 %
AS6939	Hurricane Electric, Inc.	13 %
AS1273	Cable and Wireless Worldwide plc	11 %

Contigüités IPv4

ASN	Nom	Nombre
AS174	Cogent Communications	4 452
AS3356	Level 3 Communications, Inc.	4 061
AS6939	Hurricane Electric, Inc.	3 492
AS3549	Level 3 Communications, Inc. (GBLX)	3 162
AS7018	AT&T Services, Inc.	2 390
AS4323	tw telecom holdings, inc.	1 963
AS24482	SG.GS	1 760
AS9002	RETN Limited	1 747
AS209	Qwest Communications Company, LLC	1 601
AS701	Verizon Business/UUnet	1 600

Préfixes IPv4 annoncés

ASN	Nom	Nombre
AS3356	Level 3 Communications, Inc.	151 181
AS2914	NTT America, Inc.	83 170
AS1299	TeliaSonera International Carrier	66 446
AS6939	Hurricane Electric, Inc.	58 744
AS174	Cogent Communications	54 410
AS6453	Tata Communications (America), Inc.	51 018
AS3257	Tinet SpA	40 208
AS6762	Telecom Italia Sparkle S.p.A	37 703
AS3491	PCCW Global	30 040
AS7018	AT&T Services, Inc.	25 694

Adresses IPv4 produites

ASN	Nom	Nombre
AS4134	China Telecom Backbone	116.6 M
AS7018	AT&T Services, Inc.	76.7 M
AS721	DoD Network Information Center	72.3 M
AS7922	Comcast Cable Communications, Inc.	71.2 M
AS4837	China Unicom Backbone	56.1 M
AS4766	Korea Telecom	47.4 M
AS3549	Level 3 Communications, Inc. (GBLX)	46.3 M
AS701	Verizon Business/UUnet	46.1 M
AS17676	Softbank BB Corp.	44.5 M
AS3356	Level 3 Communications, Inc.	43.8 M

Estimation du nombre d'utilisateurs

ASN	Nom	Nombre
AS4134	China Telecom Backbone	272 968 573
AS4837	China Unicom Backbone	138 857 993
AS7922	Comcast Cable Communications, Inc.	41 167 618
AS9829	National Internet Backbone	32 717 138
AS8151	Uninet S.A. de C.V.	30 510 175
AS4713	OCN NTT Communications Corporation	28 705 061
AS9121	TTNET Turk Telekomunikasyon Anonim Sirketi	24 613 012
AS3320	DTAG Deutsche Telekom AG	22 786 268
AS7018	ATT Services, Inc.	21 014 943
AS4812	China Telecom (Group)	20 426 799

Note : Le point de données correspond au 1er mars 2014 pour le « Customer cone » et au 27 octobre 2014 pour le reste. Le « Customer cone » illustre le pourcentage de l'ensemble des adresses IPv4 pour chaque AS.
Source : Route Views (*www.routeviews.org*), CAIDA (*www.caida.org*), APNIC (*www.apnic.net*).

StatLink http://dx.doi.org/10.1787/888933307994

l'Europe, du Moyen-Orient et de certaines parties de l'Asie centrale) a fait de même en septembre 2012. Le registre LACNIC a épuisé ses derniers blocs IPv4 à usage général en mai 2014. Le registre régional pour l'Amérique du Nord (ARIN) devrait avoir épuisé toutes les adresses non allouées début 2015, tandis que l'AFRINIC devrait attendre quelque temps encore avant d'écouler le petit nombre de blocs qu'il lui reste (graphique 2.42).

S'agissant de la diminution des blocs d'adresses IPv4 encore disponibles, un indicateur intéressant est le nombre de points d'adresses utilisant le protocole IPv4. Cet indicateur peut renseigner sur les astuces utilisées par les FAI pour fonctionner avec un nombre limité

Graphique 2.42. **Épuisement des adresses IPv4 par RIR, 2014**

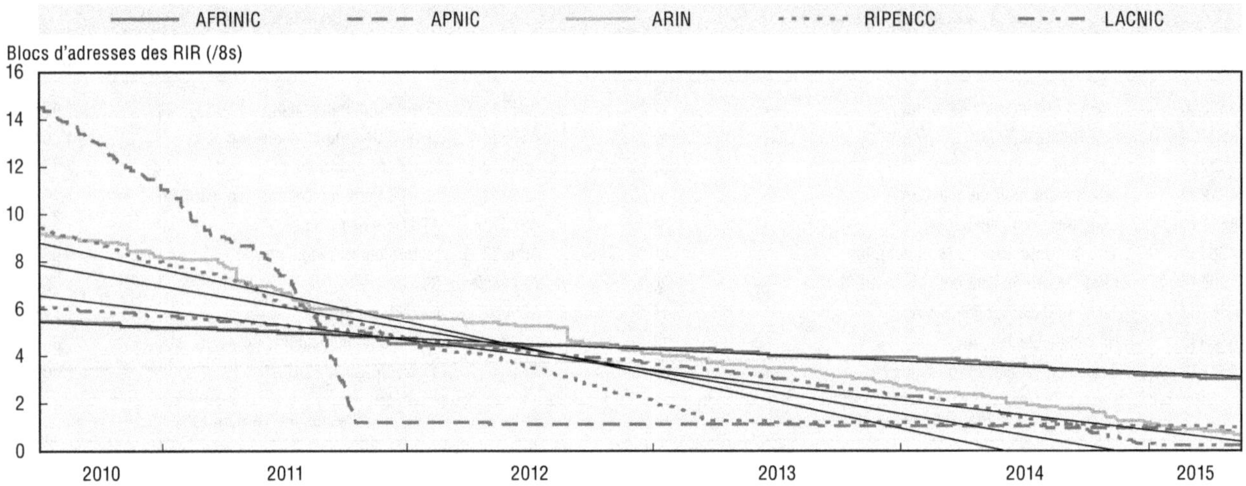

Source : Potaroo, 28 octobre 2014, *www.potaroo.net*.

StatLink http://dx.doi.org/10.1787/888933307947

d'adresses IPv4, compte tenu du faible degré d'adoption de l'IPv6 par eux-mêmes ou par d'autres parties prenantes. Selon le rapport *State of the Internet* d'Akamai concernant le 2e trimestre 2014, le nombre d'adresses IPv4 actives (non « disponibles ») a diminué d'environ 7 milliards depuis le 1er trimestre de la même année, ce qui représente environ 0.9 % de l'espace total[9].

Une explication possible est que certains fournisseurs utilisent des technologies de traduction d'adresses réseau (NAT) ou améliorent la prise en charge du protocole IPv6 par les opérateurs. À cet égard, certains s'interrogent sur le dispositif qui mettra prochainement en service « l'internet des objets », et se demandent en particulier si les appareils connectés raccordés à des réseaux de petite taille utiliseront des adresses publiques IPv4 ou IPv6, ou s'ils seront reliés à un concentrateur. Ce dernier aurait généralement la seule adresse publique, ce qui limiterait la nécessité d'en avoir d'autres. Malgré les inquiétudes que suscite la question de l'épuisement des adresses, le nombre d'adresses IPv4 de routage par habitant fournit toujours une indication du niveau de développement de l'infrastructure internet (graphique 2.43).

La taille des préfixes IPv6 attribués peut fournir une indication de l'ampleur des déploiements envisagés. Le problème est que des espaces extrêmement grands (compte tenu de l'étendue de l'espace d'adressage IPv6) ont été alloués par le passé à certains opérateurs et à de gros utilisateurs, ce qui fausse les résultats « par taille ». Un indicateur sans doute plus approprié est le nombre d'adresses IPv6 attribuées. À la fin de l'année 2014, les États-Unis étaient les leaders en la matière (384 adresses allouées), suivis du Royaume-Uni (198) et de l'Allemagne (174) (graphique 2.44).

Pénétration de l'IPv6 auprès des utilisateurs

Un autre indicateur du déploiement de l'IPv6 est le taux de pénétration du protocole auprès des utilisateurs. Les données publiées par Google à cet égard correspondent au pourcentage de terminaux qui « parlent » le langage IPv6. L'APNIC a calculé ce taux en utilisant la diffusion publicitaire de YouTube pour ainsi obtenir un échantillon très représentatif de l'ensemble des internautes. Le test mesure, dans chaque pays, le

Graphique 2.43. **Nombre d'adresses IPv4 de routage par habitant, mi-2014**

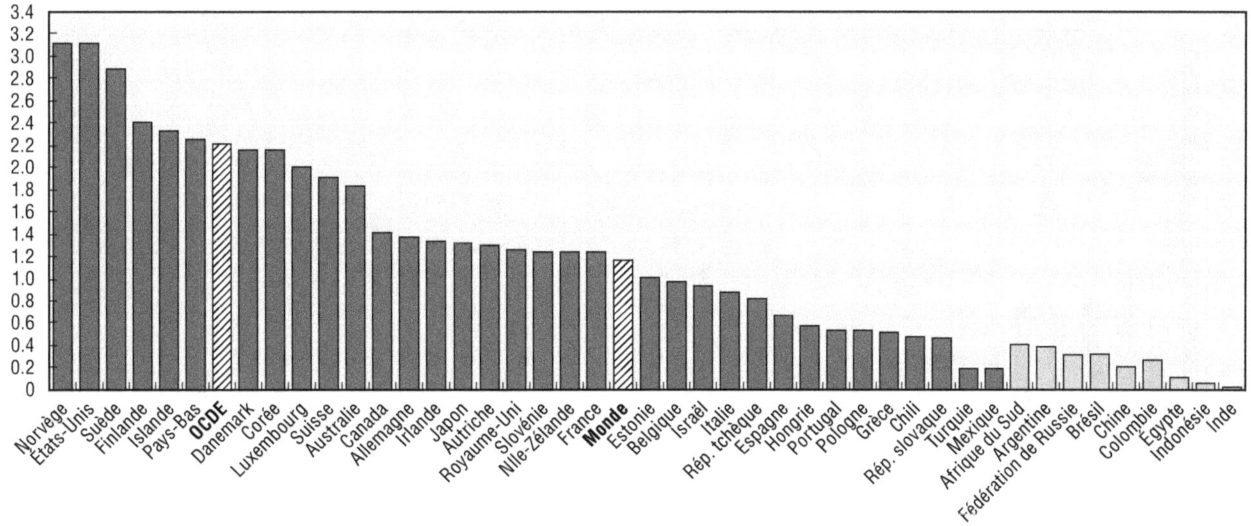

Source : Potaroo, 28 octobre 2014, *www.potaroo.net*.

StatLink http://dx.doi.org/10.1787/888933307957

Graphique 2.44. **Nombre d'adresses IPv6 attribuées par an dans les dix principaux pays de l'OCDE, 1999-2014 (fin d'année)**

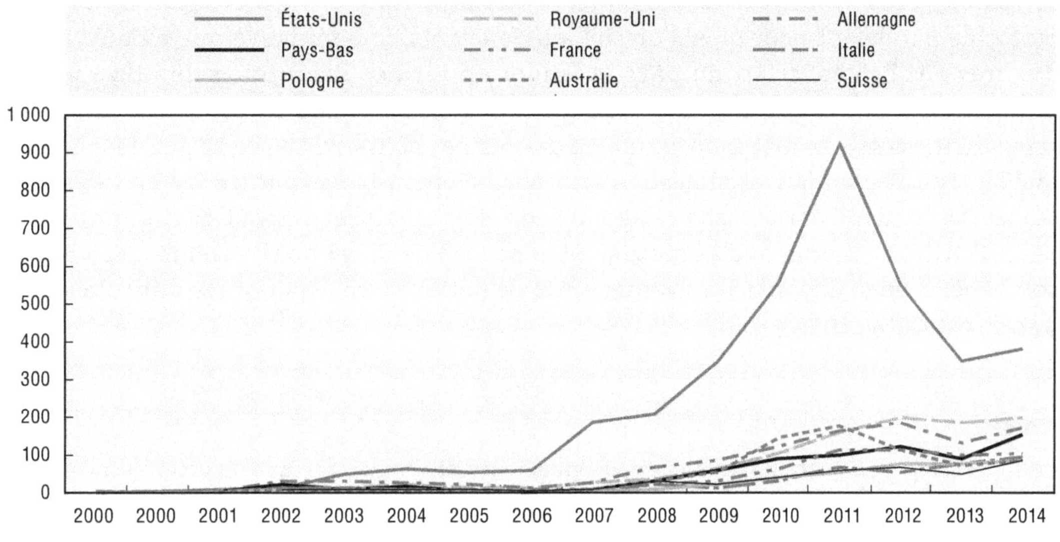

Source : Potaroo, 28 octobre 2014, *www.potaroo.net*.

StatLink http://dx.doi.org/10.1787/888933307960

pourcentage d'internautes qui préfèrent utiliser l'IPv6 pour télécharger un objet web à double adresse IP. Cet indicateur est appelé « taux d'utilisation de l'IPv6 ». Comme le montrent les données de l'APNIC, le taux de pénétration global de l'IPv6 auprès des utilisateurs est passé d'environ 0.71 % à la mi-2012 à 2.53 % à la fin octobre 2014, soit plus du triple. Les pays de l'OCDE où ce taux est le plus élevé sont les suivants : Belgique (33.3 %), Allemagne (13.89 %) et Norvège (12.91 %). Les grands pays comme le Japon (7.16 %) et les États-Unis (10.53 %) ont elles aussi enregistré des hausses considérables de ce taux au cours des deux dernières années (graphique 2.45). À la mi-2012, le pays de l'OCDE où le

Graphique 2.45. **Taux d'utilisation de l'IPv6, octobre 2014**

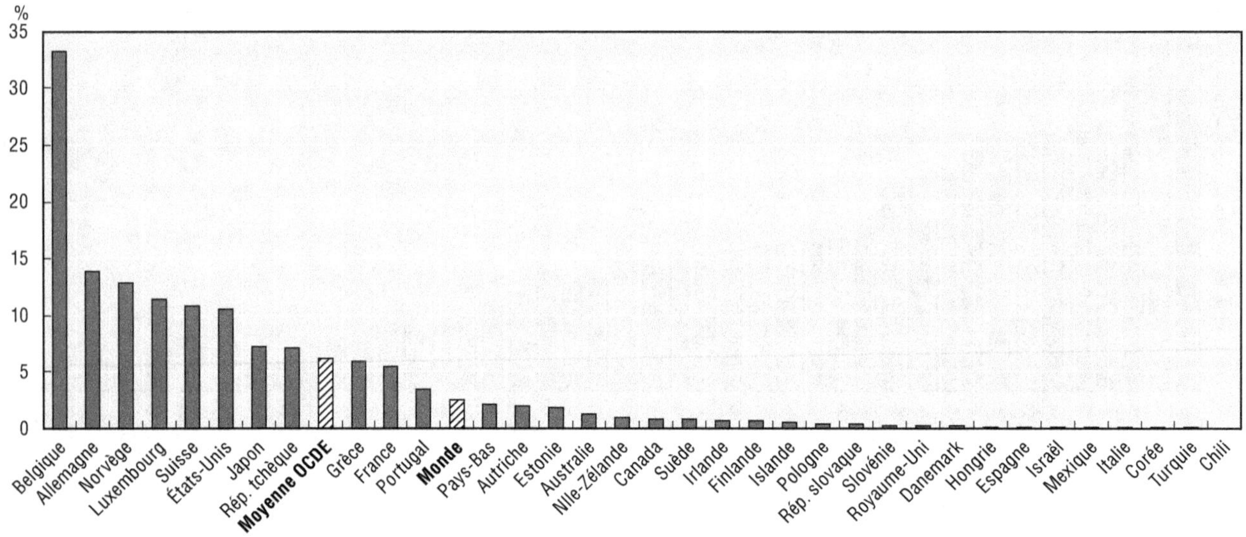

Source : Potaroo, 28 octobre 2014, *www.potaroo.net*.

StatLink http://dx.doi.org/10.1787/888933307974

taux d'utilisation de l'IPv6 était le plus élevé était la France, avec 4.7 %. De plus en plus de réseaux adoptent aujourd'hui ce protocole, qui est également installé par défaut dans les contenus et les systèmes. En Belgique, le câblo-opérateur Telenet a fait de l'IPv6 le protocole par défaut pour plus d'un million de clients, une initiative qui, ajoutée à celle d'autres FAI belges, a fait du pays le leader en termes d'adoption de l'IPv6 par les internautes. Les fournisseurs de contenus et les distributeurs de systèmes ne se sont cependant pas mis au diapason, ce qui ne permet pas au trafic IPv6 de se développer aussi rapidement. Des initiatives similaires sont actuellement prises par les FAI en Allemagne (Kabel Deutschland et Deutsche Telekom) et en Norvège (Lyse), pour ne citer que quelques pays. L'OCDE a recommandé un usage plus poussé de l'IPv6 par l'ensemble des parties concernées, en soulignant les avantages de ce protocole mais aussi les difficultés de la transition (OCDE, 2014b).

Notes

1. Cette catégorie englobe les appareils photographiques, cinématographiques et optiques incorporant généralement des TIC.
2. Voir le tableau 2.39. Débits annoncés, haut débit fixe, septembre 2014, voir *www.oecd.org/sti/DEO-tables-2015.htm*.
3. Pour en savoir plus, voir les sites Web d'Akamai (www.akamai.com/stateoftheinternet/), de M-Lab (*www.measurementlab.net/*) et d'Ookla (*www.ookla.com/*).
4. Une liste des projets officiels de mesure du débit est disponible sur le Portail de l'OCDE sur le haut débit, à l'adresse *www.oecd.org/sti/broadband/speed-tests.htm*.
5. Voir les tableaux 2.30 (Public telecommunication investment per total communication access path) et 2.31 (Public telecommunication investment per capita), voir at *www.oecd.org/sti/DEO-tables-2015.htm*.
6. Voir les tableaux sur les paniers de tarifs 2.58 à 2.103 : *www.oecd.org/sti/DEO-tables-2015.htm*.
7. Voir les tableaux sur les paniers de tarifs 2.58 à 2.103 : *www.oecd.org/sti/DEO-tables-2015.htm*.
8. Voir les tableaux sur les paniers de tarifs 2.58 à 2.103 : *www.oecd.org/sti/DEO-tables-2015.htm*.
9. Voir *www.fierceenterprisecommunications.com/story/akamai-reports-l*.

Références

ANATEL (2014), Dados, *www.anatel.gov.br/dados/* (consulté en novembre 2014).

FCC (2014), *Measuring Fixed Broadband: 2014 Report*, Federal Communications Commission, Washington, DC, *www.fcc.gov/encyclopedia/measuring-broadband-america-measuring-fixed-broadband* (consulté le 15 avril 2015).

Griliches, Z. (1961), « Hedonic prices indexes for automobiles: An econometric study of quality change », in *The Price Statistics of the Federal Government*, Columbia University Press for the National Bureau of Economic Research, New York, pp. 137-196.

IBGE (2013), Pesquisa de Inovação (PINTEC) 2011, *www.ibge.gov.br/home/estatistica/economia/industria/pintec/2011/*.

IBGE (2014), *SIDRA Database*, *www.sidra.ibge.gov.br/bda/pesquisas/* (consulté en novembre 2014).

IPEA (2013), « Análise dos dados da PINTEC 2011 », *Nota Técnica*, n° 15, Brasilia.

Kamada, T. et S. Kawai (1989), « An algorithm for drawing general undirected graphs », *Information Processing Letters*, n° 31, pp. 7-15.

Ministère du Travail, Brésil (2014), « Cadastro Geral de Empregados e Desempregados – CAGED », *Dados e Estatísticas*, Brasilia, ministère du Travail, *http://portal.mte.gov.br/caged/estatisticas.htm*.

OCDE (2005), « New perspectives on ICT skills and employment », *OECD Digital Economy Papers*, n° 96, Éditions OCDE, Paris, *http://dx.doi.org/10.1787/232342747761*.

OCDE (2006), *Handbook on Hedonic Indexes and Quality Adjustments in Price Indexes: Special Application to Information Technology Products*, Éditions OCDE, Paris, *http://dx.doi.org/10.1787/9789264028159-en*.

OCDE (2011), *OECD Guide to Measuring the Information Society 2011*, Éditions OCDE, Paris, *http://dx.doi.org/10.1787/9789264113541-en*.

OCDE (2012a), « ICT skills and employment: New competences and jobs for a greener and smarter economy », *OECD Digital Economy Papers*, n° 198, Éditions OCDE, *http://dx.doi.org/10.1787/5k994f3prlr5-en*.

OCDE (2012b), *OECD Internet Economy Outlook 2012*, Éditions OCDE, Paris, *www.oecd.org/sti/ieconomy/oecd-internet-economy-outlook-2012-9789264086463-en.htm*.

OCDE (2013), *ICT Jobs and Skills: New Estimates and the Work Ahead*, Groupe de travail sur les indicateurs pour la société de l'information, OCDE, Paris, DSTI/ICCP/IIS(2013)6.

OCDE (2014a), *Measuring the Digital Economy: A New Perspective*, Éditions OCDE, Paris, *http://dx.doi.org/10.1787/9789264221796-en*.

OCDE (2014b), « The economics of transition to Internet Protocol version 6 (IPv6) », *OECD Digital Economy Papers*, n° 244, Éditions OCDE, Paris, *http://dx.doi.org/10.1787/5jxt46d07bhc-en*.

OCDE (2014c), « Access network speed tests », *OECD Digital Economy Papers*, n° 237, Éditions OCDE, Paris, *http://dx.doi.org/10.1787/5jz2m5mr66f5-en*.

OCDE (2015), « Triple- and quadruple play bundles of communication services », *Digital Economy Papers*, à paraître, Éditions OCDE, Paris.

PricewaterhouseCoopers (2015), MoneyTree Survey Report, février, Londres, Pwc.

Sci2 Team (2009). *Science of Science (Sci2) Tool*, Bloomington, Indiana University and SciTech Strategies, *https://sci2.cns.iu.edu*.

UE (2014), « Quality of broadband services in the EU – SamKnows study on Internet speeds (second report) », *Digital Agenda for Europe*, communiqué de presse, 23 mars 2014, Commission européenne, Bruxelles, *https://ec.europa.eu/digital-agenda/en/news/quality-broadband-services-eu-samknows-study-internet-speeds* (consulté le 15 avril 2015).

WSTS (World Semiconductor Trade Statistics) (2014), *WSTS Semiconductor Market Forecast Autumn 2014*, *www.wsts.org/PRESS/PRESS-ARCHIVE/WSTS-Semiconductor-Market-Forecast-Autumn-2014*.

Chapitre 3

Une économie numérique en expansion

L'économie numérique ne se limite pas au secteur des TIC. Certes, l'internet, le haut débit, les applications mobiles et les services informatiques en constituent les fondations, mais elle englobe aujourd'hui tous les secteurs de l'économie et de la société. La façon dont les particuliers utilisent les biens et services des TIC influe sur les avantages qu'ils retirent de l'économie numérique. La réussite et la croissance des entreprises sont aussi étroitement tributaires de la capacité de celles-ci à affronter la concurrence dans ce nouvel environnement économique que les TIC contribuent à façonner. Bien que ces technologies soient universellement disponibles, leur utilisation continue de varier suivant les entreprises, les individus et les pays. L'âge et le niveau d'instruction sont déterminants dans la façon dont les gens se servent de l'internet. La taille des entreprises et les caractéristiques de leurs marchés influent sur la diffusion de la cyberactivité. Le présent chapitre examine l'usage que les particuliers et les entreprises font des TIC, l'émergence de nouveaux secteurs et de nouveaux modèles économiques, et la contribution globale de l'économie numérique à la croissance et à l'emploi.

3.1. Les TIC dans l'ensemble des activités économiques et sociales

Adoption et utilisation des TIC par les entreprises

La grande majorité des entreprises font aujourd'hui appel aux TIC. En 2014, en moyenne 95 % des entreprises des pays de l'OCDE disposaient d'une connexion haut débit (graphique 3.1), contre 86 % en 2010. La progression de la connectivité a été particulièrement forte au Mexique (28 points de pourcentage), en Lettonie (27) et en Pologne (21). Les progrès de la diffusion ont également resserré l'écart entre petites et grandes entreprises[1] à moins de 5 points de pourcentage en moyenne, bien que celui-ci soit encore important au

Graphique 3.1. **Connectivité haut débit, par taille, 2010 et 2014**

Pourcentage d'entreprises dans chaque classe de taille

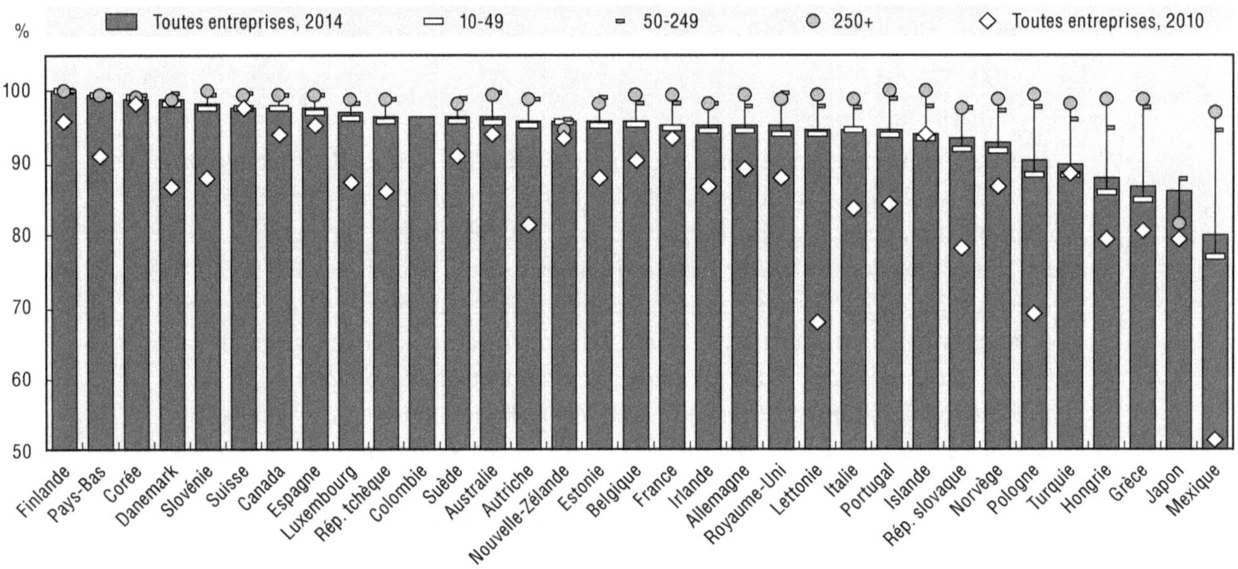

Note : Les connexions haut débit comprennent à la fois les connexions internet fixes et mobiles qui revendiquent un débit descendant de 256 kbit/s au minimum, ce qui comprend les connexions utilisant les technologies d'accès suivantes : xDSL, modem-câble, fibre optique (FTTX, par exemple), lignes louées, Ethernet, courant porteur en ligne (CPL), wifi public, hertzien satellite et hertzien fixe terrestre, tel que WiMAX fixe, LMDS et MMDS, 3G/LTE/4G, UMTS et CDMA2000. Pour le Japon, les connexions haut débit ne comprennent que les technologies fibre optique (FTTH), modem-câble, DSL et hertzien fixe terrestre (FWA et BWA). Pour l'Australie, le Canada, le Japon, la Corée et la Colombie, les données se rapportent à 2013. Pour l'Australie et la Nouvelle-Zélande, à l'exercice budgétaire se terminant le 30 juin 2013, au lieu de 2014. Pour l'Australie, Le total comprend l'agriculture, la sylviculture et la pêche. Pour le Canada, les données se rapportent à 2007, au lieu de 2010. Les entreprises moyennes emploient de 50 à299 personnes, les grandes, 300 ou plus. Pour le Japon, les données se rapportent aux entreprises comptant 100 salariés ou plus, au lieu de 10 ou plus. Les entreprises moyennes emploient de 100 à 299 personnes et les grandes, 300 ou plus. Pour le Mexique, les données se rapportent à 2008 et 2012, au lieu de 2010 et 2014. En 2008, les données se rapportent aux entreprises de 20 salariés ou plus, au lieu de 10 ou plus. Pour la Suisse, les données se rapportent à 2008 et 2011. Pour la Colombie, les données se rapportent aux entreprises de dix salariés ou plus dans le secteur manufacturier (à l'exclusion des divisions 12-14, 17, 21 et 33 de la CITI Rév. 4) et aux entreprises de 75 salariés ou plus dans les services marchands non financiers (à l'exclusion des divisions 49-51, 58, 75 et 77 de la CITI Rév. 4). En outre, la population considérée exclut les entreprises de moins de 20 salariés dans le secteur du commerce de gros et de détail, et les entreprises de moins de 40 salariés dans les secteurs du transport et de l'entreposage, des activités d'hébergement et de restauration, et de l'information et de la communication.

Source : OCDE, *Base de données sur les TIC* ; Eurostat, Statistiques sur la société de l'information ; et sources nationales, mars 2015.

StatLink http://dx.doi.org/10.1787/888933308003

Mexique (20 points), en Grèce (14), en Hongrie (12) ainsi qu'en Pologne et en Turquie (juste au-dessus de 10).

Plus de 76 % de l'ensemble des entreprises de la zone OCDE avaient un site web ou une page d'accueil en 2014, contre 70 % en 2009 (graphique 3.2). La part des entreprises présentes sur le web varie de plus de 90 % au Danemark, en Finlande et en Suisse, à 54 % au Portugal et 42 % au Mexique. La progression depuis 2009 a été particulièrement forte en Espagne (17 points de pourcentage), en Slovénie (15) ainsi qu'en Lettonie et en Nouvelle-Zélande (14).

Graphique 3.2. **Entreprises disposant d'un site web ou d'une page d'accueil, par taille, 2009 et 2014**

En pourcentage des entreprises dans chaque classe de taille

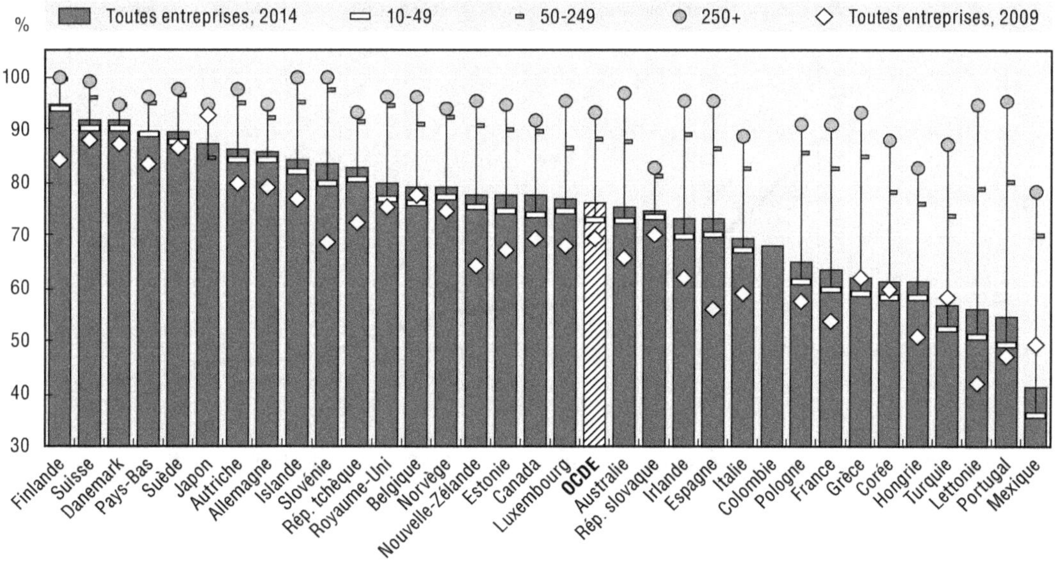

Note : Sauf indication contraire, la couverture sectorielle comprend toutes les activités du secteur manufacturier et du secteur des services marchands non financiers. Seules les entreprises de dix salariés ou plus sont prises en compte. Les classes de taille sont les suivantes : petites entreprises (10-49 salariés), moyennes entreprises (50-249), grandes entreprises (250 et plus). Pour l'Australie, le Canada, le Japon, la Corée et la Colombie, les données se rapportent à 2013 au lieu de 2014. Pour l'Australie, les données se rapportent aux exercices budgétaires 2008-09 et 2012-13, se terminant le 30 juin, au lieu de 2009 et 2014. Les données de l'exercice budgétaire 2012-13 comprennent l'agriculture, la sylviculture et la pêche. Pour le Canada, les données se rapportent à 2007 au lieu de 2009. Les entreprises moyennes emploient de 50 à 299 personnes, les grandes, 300 ou plus. Pour le Japon, les données se rapportent aux entreprises de 100 salariés ou plus. Les entreprises moyennes emploient de 100 à 299 personnes, les grandes en emploient 300 ou plus. Pour le Mexique, les données se rapportent à 2012. Les petites entreprises emploient de 10 à 50 personnes, les moyennes, de 51 à 250 et les grandes, 251 ou plus. Pour la Nouvelle-Zélande, les données se rapportent aux exercices budgétaires 2007-08 et 2011-12, se terminant le 31 mars, au lieu de 2009 et 2014. Pour la Suisse, les données se rapportent à 2011. Pour la Colombie, elles se rapportent aux entreprises de 10 salariés ou plus dans le secteur manufacturier (à l'exclusion des divisions 12-14, 17, 21 et 33 de la CITI Rév. 4) et aux entreprises de 75 salariés ou plus dans les services marchands non financiers (à l'exclusion des divisions 49-51, 58, 75 et 77 de la CITI Rév. 4). En outre, la population considérée exclut les entreprises de moins de 20 salariés dans le secteur du commerce de gros et de détail, et les entreprises de moins de 40 salariés dans les secteurs du transport et de l'entreposage, des activités d'hébergement et de restauration, et de l'information et de la communication.
Source : OCDE, *Base de données sur les TIC* ; Eurostat, Statistiques sur la société de l'information ; et sources nationales, mars 2015.

StatLink http://dx.doi.org/10.1787/888933308011

Comme pour l'accès haut débit, la présence sur le web est plus rare dans les petites entreprises. Dans 27 pays membres de l'OCDE sur 32, au moins 90 % des grandes entreprises ont un site web, tandis que la proportion des PME présentes sur le web varie de 90 % et plus au Danemark, en Finlande et en Suisse, à 50 % ou moins en Lettonie, au Portugal et au Mexique.

Le rythme d'adoption dépend dans certains cas de la diffusion qui a précédé. Il a fallu 15 à 20 ans pour qu'à peine plus des trois quarts des entreprises créent leur site web, mais seulement quelques années ensuite pour que 30 % des entreprises deviennent actives sur les réseaux sociaux. Les chiffres de participation au commerce électronique sont inférieurs. Dans les pays déclarants de l'OCDE, 21 % des entreprises d'au moins 10 salariés ont reçu des commandes électroniques en 2014 (graphique 3.3), soit une augmentation de 4 points par rapport à 2009.

Graphique 3.3. **Diffusion dans les entreprises d'une sélection d'outils et d'activités informatiques, 2014**

Pourcentage des entreprises d' au moins dix salariés

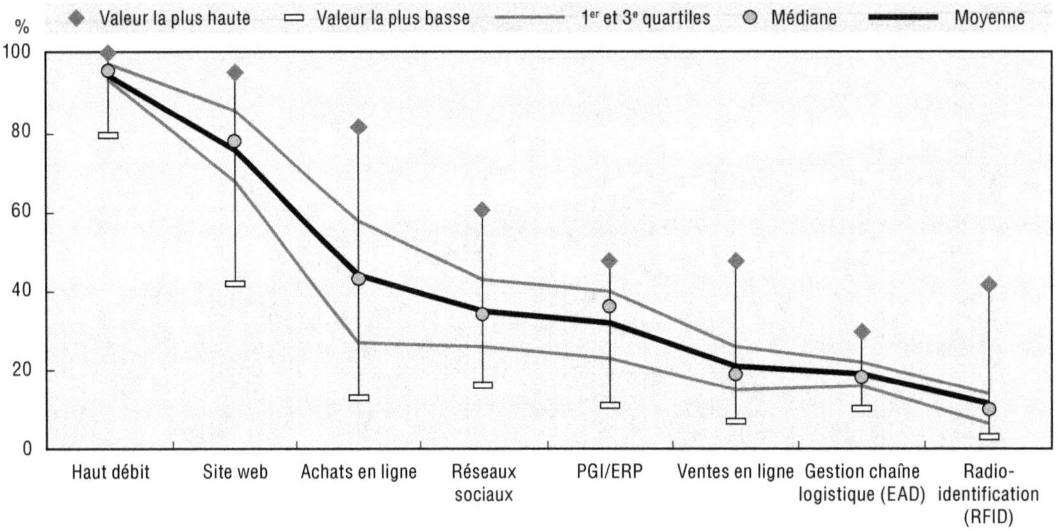

Note : La valeur Gestion de la chaîne logistique renvoie à l'utilisation d'applications d'échange automatique de données (EAD). Pour les pays du Système statistique européen, les variables du commerce électronique (Achats en ligne et Ventes en ligne) se rapportent à 2013. Pour l'Australie, le Canada, la Corée et le Japon, les données se rapportent à 2013. Pour le Mexique et la Nouvelle-Zélande, les données se rapportent à 2012. Pour la Suisse, elles se rapportent à 2011.
Source : OCDE, *Base de données sur les TIC* ; Eurostat, Statistiques sur la société de l'information ; et sources nationales, mars 2015.

StatLink http://dx.doi.org/10.1787/888933308021

Concernant les ventes en ligne, les écarts entre pays demeurent considérables. Supérieure à 45 % en Nouvelle-Zélande, la proportion tombe à 10 % ou moins en Grèce, en Turquie, en Italie et au Mexique. Ces écarts suivent de près ceux observés dans la proportion d'entreprises de plus petite taille. Pour les entreprises de 250 salariés ou plus, la participation au commerce électronique est de 40 % et elle dépasse les 30 % même dans certains pays retardataires. Les différences entre petites et grandes entreprises sont encore plus marquées si l'on considère le chiffre d'affaires réalisé en ligne.

Les ventes en ligne représentent en moyenne 17.1 % du chiffre d'affaires total dans les pays déclarants. Une proportion pouvant atteindre 90 % de la valeur du commerce électronique provient de transactions entre entreprises (B2B) exécutées par l'intermédiaire d'applications d'échange électronique de données (EDI). Les profils observés reflètent la domination économique des grandes entreprises, dont les ventes en ligne représentent en moyenne 22.1 % du chiffre d'affaires contre 9 % pour les petites.

L'utilisation des technologies informatiques les plus évoluées est moins répandue. Celles-ci comprennent les applications utilisées pour gérer les flux d'informations, dont la mise en œuvre impose aux entreprises des changements d'organisation, et la radio-identification (RFID), dont la diffusion est limitée à certains types d'activités.

En 2013, la grande majorité des entreprises de la zone OCDE (90 %) géraient en ligne leurs échanges avec les pouvoirs publics. Comparé à 2010, la part des entreprises remplissant et transmettant des formulaires électroniques a augmenté de près de 20 points de pourcentage en Italie et en République tchèque, et de plus de 10 en Irlande, en Norvège et en Nouvelle-Zélande.

Les différences entre pays demeurent bien plus marquées concernant la gestion des flux d'informations à l'intérieur des entreprises (graphique 3.4). Le rôle de la cyberactivité dans le traitement des flux internes d'informations des entreprises apparaît dans la diffusion des progiciels de gestion intégrés (PGI/ERP). En 2014, l'échange d'informations se faisait à l'aide de ces technologies dans 31 % des entreprises en moyenne, contre moins de 22 % en 2010. En effet, si 75 % des entreprises les plus grandes (et les plus complexes) étaient équipées d'un PGI, cet outil est longtemps resté inabordable pour les plus petites, qui étaient moins de 25 % à l'utiliser.

Graphique 3.4. **Utilisation des progiciels de gestion intégrés, par taille, 2010 et 2014**

En pourcentage des entreprises dans chaque classe de taille

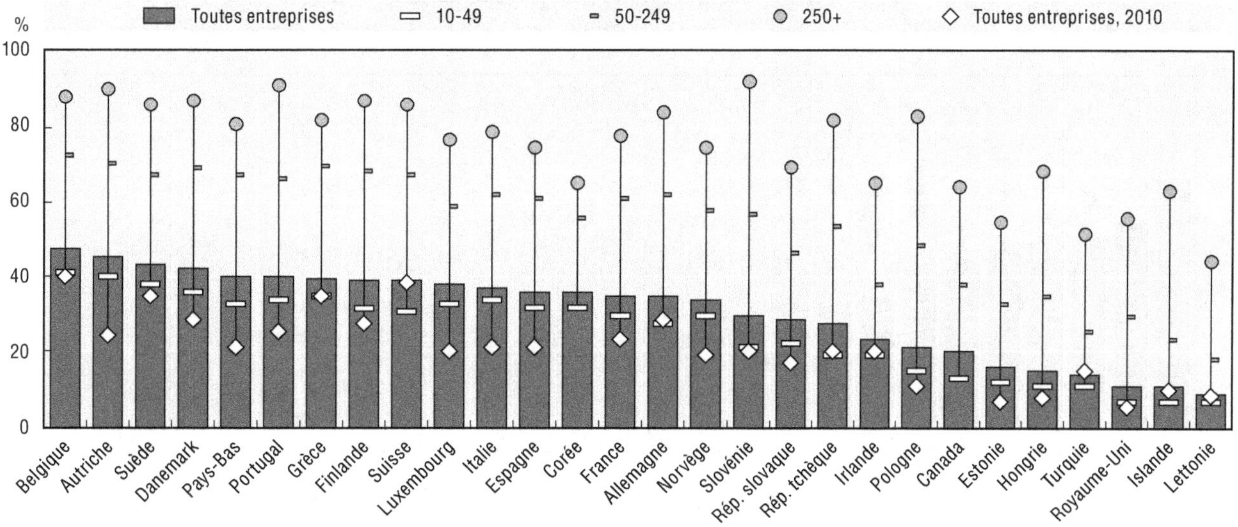

Note : Sauf indication contraire, la couverture sectorielle comprend toutes les activités du secteur manufacturier et du secteur des services marchands non financiers. Seules les entreprises de dix salariés ou plus sont prises en compte. Les classes de taille sont les suivantes : petites entreprises (10-49 salariés), moyennes entreprises (50-249), grandes entreprises (250 et plus). Pour le Canada, les entreprises moyennes emploient de 50 à 299 personnes, les grandes en emploient 300 ou plus. Pour la Corée, les données se rapportent à 2013. Pour la Suisse, à 2011.

Source : OCDE, *Base de données sur les TIC* ; Eurostat, Statistiques sur la société de l'information ; et sources nationales, mars 2015.

StatLink http://dx.doi.org/10.1787/888933308030

Les taux d'adoption du PGI dans les différents pays varient de 44 % à 92 % pour les plus grandes entreprises, et de 7 % à 41 % pour les plus petites, avec, en tête, la Belgique, l'Autriche, la Suède et le Danemark, et en queue, la Lettonie, l'Islande et le Royaume-Uni, toutes tailles d'entreprises confondues.

Parmi les technologies informatiques nouvellement adoptées par les entreprises, l'infonuagique mérite une attention spéciale. L'infonuagique peut se comprendre comme un modèle de services informatiques reposant sur un ensemble de ressources auxquelles on accède de façon souple, à la demande, et qui ne requièrent que peu d'opérations de gestion (OCDE, 2014a).

Les services infonuagiques mettent à disposition des utilisateurs, entre autres, des logiciels, de la puissance de calcul et une capacité de stockage. Ils peuvent être aisément développés ou réduits, être utilisés à la demande, et sont payés sur la base du nombre d'utilisateurs ou de la capacité utilisée. Ils peuvent se limiter à l'exploitation d'un logiciel ou s'étendre à des plateformes ou des infrastructures, et leur déploiement peut se faire sur une base privée (utilisation exclusive par une organisation et une seule), publique (utilisation ouverte au grand public) ou hybride (association des deux formes précédentes).

La diffusion de l'infonuagique dans les entreprises s'est accélérée ces dernières années : en 2014, elles étaient plus de 22 % à recourir à des services de ce type. Cette proportion varie de plus de 50 % en Finlande à 6 % en Pologne. Dans la plupart des pays, la diffusion est plus forte dans les grandes entreprises (proche de 40 %) que dans les petites et les moyennes (autour de 21 % et 27 % respectivement). C'est toutefois l'inverse en Suisse et en République slovaque, où ce sont les petites entreprises qui ont le plus recours à l'infonuagique (graphique 3.5).

Graphique 3.5. **Entreprises utilisatrices de services infonuagiques, par taille, 2014**

En pourcentage des entreprises dans chaque classe de taille

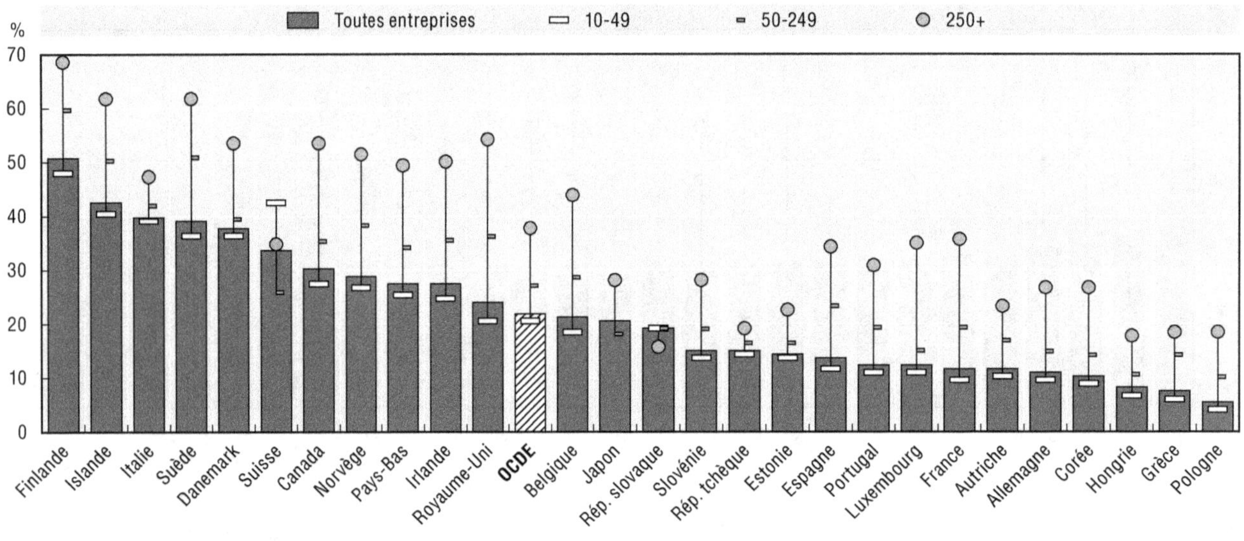

Note : Sauf indication contraire, la couverture sectorielle comprend toutes les activités du secteur manufacturier et du secteur des services marchands non financiers. Seules les entreprises de dix salariés ou plus sont prises en compte. Les classes de taille sont les suivantes : petites entreprises (10-49 salariés), moyennes entreprises (50-249), grandes entreprises (250 et plus). Pour le Canada, les données se rapportent aux entreprises utilisant des solutions de logiciel-service (SaaS, pour *Software-as-a-Service*), parmi lesquelles figure l'infonuagique. Les entreprises moyennes emploient de 50 à 299 personnes, les grandes en emploient 300 ou plus. Pour le Japon, les données se rapportent aux entreprises de 100 salariés ou plus. Les entreprises moyennes emploient de 100 à 299 personnes, les grandes en emploient 300 ou plus. Pour le Canada et la Corée, les données se rapportent à 2012 au lieu de 2014. Pour le Japon et la Suisse, les données se rapportent à 2011 au lieu de 2014. Pour la Suisse, les données se rapportent aux entreprises d'au moins cinq personnes.

Source : OCDE, *Base de données sur les TIC* ; Eurostat, Statistiques sur la société de l'information ; et sources nationales, janvier 2015.

StatLink http://dx.doi.org/10.1787/888933308041

Les entreprises investissent plus fréquemment dans des services infonuagiques très élaborés, tels que les logiciels comptables et financiers, les logiciels de gestion de la relation client (GRC), ou la capacité de traitement, que dans des services plus élémentaires, comme la messagerie électronique, la bureautique ou l'archivage de fichiers (graphique 3.6). En Finlande, par exemple, 53 % des entreprises qui ont recours à l'infonuagique achètent

Graphique 3.6. **Entreprises utilisatrices de services infonuagiques, par type de services, 2014**

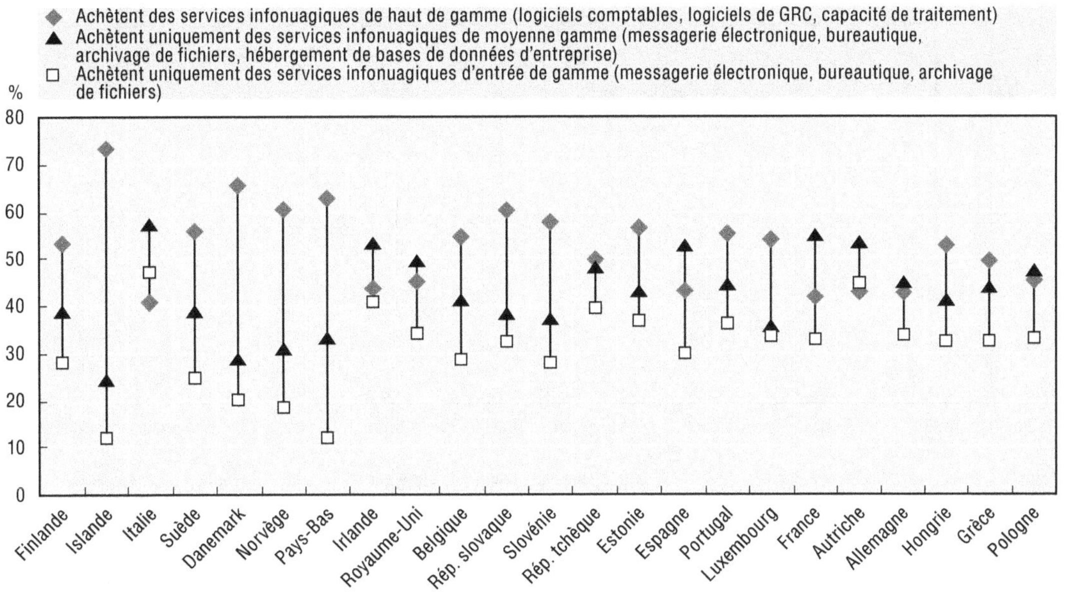

Source : Eurostat, Statistiques sur la société de l'information, janvier 2015.

StatLink http://dx.doi.org/10.1787/888933308052

des services de haut de gamme alors qu'elles ne sont que 28 % à acquérir des services d'entrée de gamme.

Les principaux avantages de l'infonuagique, tels que les entreprises européennes les perçoivent, sont un déploiement rapide et facile de solutions, une plus grande souplesse due au dimensionnement variable des services et une réduction des dépenses informatiques (graphique 3.7). En Autriche, en Islande, en Norvège et aux Pays-Bas, une large majorité des entreprises qui achètent des services infonuagiques n'y ont pas trouvé d'avantages en termes de réduction des dépenses informatiques, ou guère.

Les facteurs qui freinent l'adoption de ce type de services par les entreprises tiennent principalement au risque de violation de sécurité ; les grandes entreprises évoquent l'incertitude quant au lieu de stockage des données, tandis que les plus petites soulignent l'absence de connaissances suffisantes.

Adoption et utilisation des TIC par les particuliers

En 2014, 81 % de la population adulte de la zone OCDE avait accès à l'internet, dont plus de 75 % l'utilisait quotidiennement. Les évolutions de la technologie mobile ont aussi permis à chacun de mener « en continu » ses activités informatiques et de communications. En 2013, plus de 40 % des adultes de la zone OCDE se connectaient à l'internet par l'intermédiaire d'un téléphone portable ou d'un smartphone.

L'utilisation de l'internet est toujours extrêmement variable selon les pays de l'OCDE et selon les catégories sociales. En 2014, au Danemark, en Islande, au Luxembourg et en Norvège, 95 % au moins des adultes avaient accès à l'internet, mais ils étaient moins de 50 % au Mexique et en Turquie. En Islande et en Italie, la part des utilisateurs quotidiens est très proche du total des utilisateurs. Au Chili, au Japon et au Mexique, en revanche, de nombreux utilisateurs ne se connectent que rarement à l'internet.

Graphique 3.7. **Effets perçus des services infonuagiques dans 15 pays de l'UE**

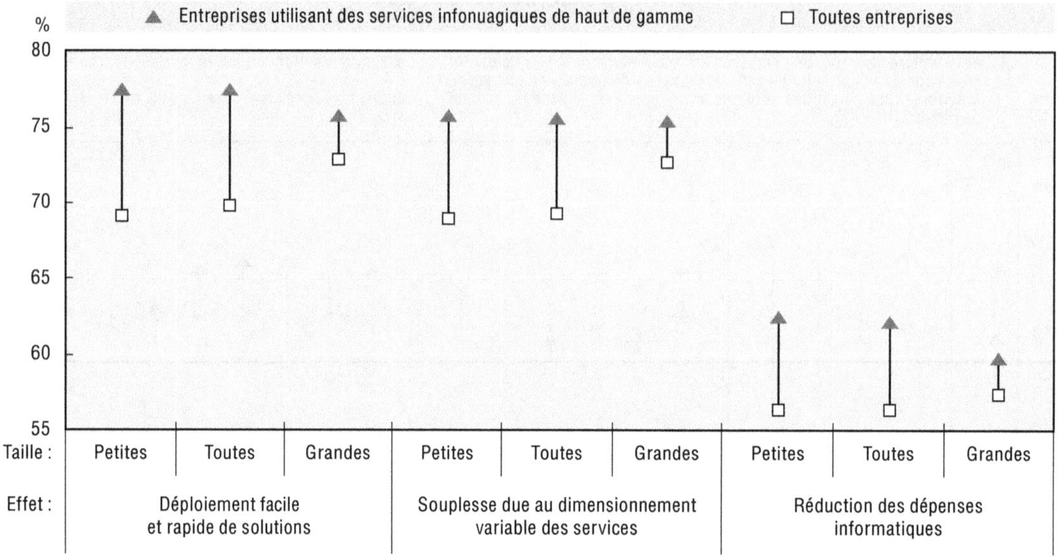

Note : Les effets perçus correspondent aux niveaux « dans une certaine ou large mesure ». Les services infonuagiques de haut de gamme comprennent les logiciels comptables et financiers (utilisés comme services infonuagiques), les logiciels de gestion de la relation client (GRC) (utilisés comme services infonuagiques) et la puissance de calcul nécessaire pour exécuter les logiciels dont l'entreprise est propriétaire (utilisée comme service infonuagique).
Les données se rapportent à la moyenne des pays de l'UE suivants : Autriche, Danemark, Espagne, Estonie, Grèce, Hongrie, Islande, Italie, Luxembourg, Norvège, Pays-Bas, Pologne, Portugal, République slovaque et Slovénie.
Source : D'après Eurostat, Statistiques sur la société de l'information, janvier 2015.

StatLink http://dx.doi.org/10.1787/888933308063

Ces écarts dans l'adoption de l'internet sont principalement liés à l'âge et au niveau d'instruction, souvent combinés aux revenus. Si l'adoption d'internet est presque universelle chez les jeunes dans la plupart des pays, son utilisation par les générations précédentes présente de plus larges variations (graphique 3.8). Dans la zone OCDE, plus de 95 % des personnes âgées de 16-24 ans utilisaient l'internet en 2014, contre 49 % chez les 65-74 ans.

L'instruction semble jouer un rôle beaucoup plus déterminant chez les personnes plus âgées que chez les jeunes. Parmi les 65-74 ans qui ont suivi des études supérieures, les taux d'utilisation sont à peu près alignés sur ceux de la population globale ; dans les pays de tête, ils sont même proches des taux observés chez les 16-24 ans. Les différences entre hauts et faibles niveaux d'instruction sur la tranche d'âge 65-74 ans sont particulièrement grandes en Espagne, en Hongrie et en Pologne (OCDE, 2014c).

D'après le Programme international de l'OCDE pour le suivi des acquis des élèves (PISA), 90 % des jeunes interrogés avaient accédé à l'internet pour la première fois avant l'âge de 13 ans. En moyenne, dans les pays pour lesquels ces données sont disponibles, les jeunes de 15 ans étaient moins de 0.5 % à déclarer ne s'être jamais connectés au réseau.

Toutefois, l'âge du premier accès à l'internet varie considérablement selon les pays. Plus d'un tiers des élèves ont commencé à se connecter à l'âge de six ans, ou même avant au Danemark et aux Pays-Bas. Dans les pays nordiques, aux Pays-Bas et en Estonie, ils sont 80 % à avoir accédé à l'internet avant l'âge de dix ans, contre 30 % en Grèce et en République slovaque.

L'utilisation précoce de l'internet semble corrélée avec le temps passé en ligne par les jeunes de 15 ans dans l'ensemble des pays. En Australie, au Danemark et en Suède, un

Graphique 3.8. **Utilisateurs de l'internet, par âge, 16-24 ans et 65-74 ans, 2014**

En pourcentage de la population dans chaque tranche d'âge

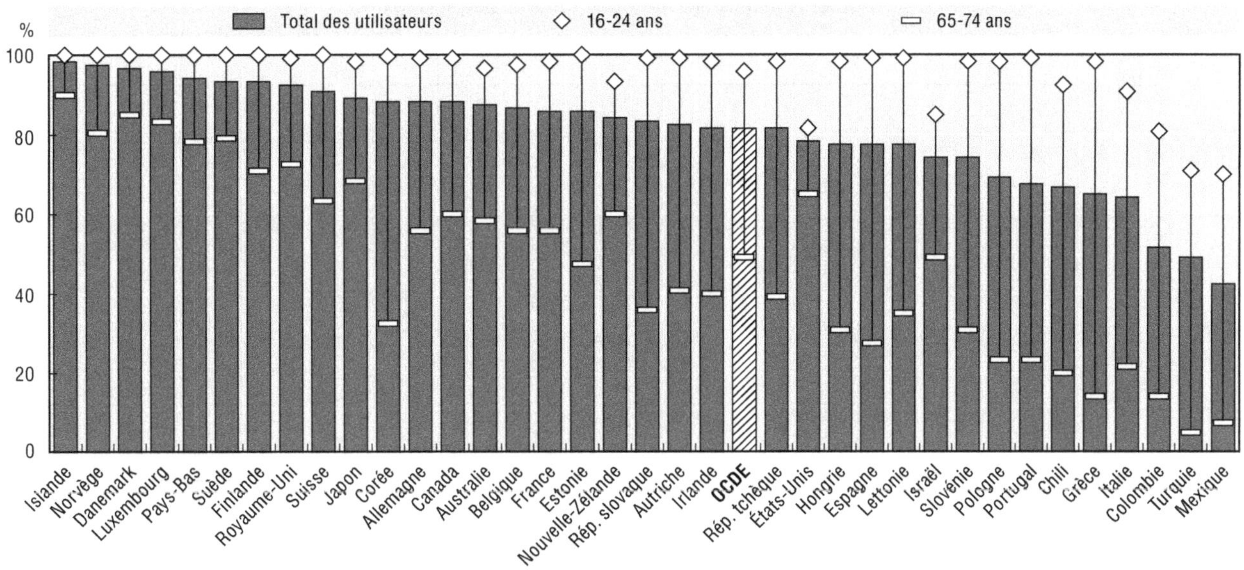

Note : Sauf indication contraire, la période de référence prise en compte pour définir les utilisateurs de l'internet est de 12 mois. Pour la Suisse, la période de référence est de six mois. Pour les États-Unis, la définition des utilisateurs de l'internet ne spécifie aucune période de référence. Toujours pour les États-Unis, les données portent sur les individus âgés de 18 ans ou plus et disposant d'une connexion à l'internet à leur domicile, et correspondent aux groupes d'âge 18-34 ans au lieu de 16-24 ans, et 65 ans ou plus au lieu de 65-74 ans. Les données sont fournies par l'*US Census Bureau*. Pour l'Australie, les données se rapportent à l'exercice budgétaire 2012-13 (se terminant en juin 2013) au lieu de 2013, et correspondent aux individus âgés de 65 ans ou plus au lieu de 65-74 ans. Pour le Canada, le Japon et la Nouvelle-Zélande, les données se rapportent à 2012 au lieu de 2014. Pour le Chili, Israël, les États-Unis et la Colombie, elles se rapportent à 2013 au lieu de 2014. Pour Israël, les données correspondent aux individus âgés de 20 ans ou plus au lieu de 16-74 ans, et de 20-24 ans au lieu de 16-24 ans. Pour la Colombie, les données portent sur les individus âgés de 12 ans ou plus au lieu de 16-74 ans, de 12-24 ans au lieu de 16-24 ans, et de 55 ans ou plus au lieu de 55-74 ans. Pour le Japon, les données correspondent aux 15-69 ans au lieu de 16-74 ans, 15-28 ans au lieu de 16-24 ans, et 60-69 ans au lieu de 55-74 ans.

Source : OCDE, Base de données sur les TIC ; Eurostat, Statistiques sur la société de l'information ; et sources nationales, mars 2015.

StatLink http://dx.doi.org/10.1787/888933308078

élève passe en moyenne quatre heures en ligne un jour de semaine normal, alors qu'en Corée, ce temps de connexion tombe à moins d'une heure et demie. Dans la plupart des cas, les élèves se servent de l'internet en dehors de l'école. Le temps de connexion à l'école est légèrement supérieur à une demi-heure par jour dans la zone OCDE et varie peu d'un pays à l'autre.

Sur la période 2013-14, en moyenne 87 % des internautes déclaraient envoyer des courriels, 82 % accédaient à l'internet pour s'informer sur des biens et des produits, et 72 % pour y lire la presse en ligne. Si 58 % des utilisateurs de l'internet commandaient des produits en ligne, ils n'étaient que 21 % à en vendre par ce biais (graphique 3.9).

Sur des activités telles que l'envoi de courriels, la recherche d'informations sur les produits ou l'utilisation des réseaux sociaux, les écarts entre pays sont faibles. En revanche, on observe généralement une plus forte variabilité entre pays de la proportion des internautes qui effectuent des activités généralement associées à un haut niveau d'instruction (comme celles utilisant des composantes culturelles ou des infrastructures de service plus élaborées). C'est le cas, par exemple, de la banque, des achats ou de la lecture de la presse en ligne, ou encore des échanges électroniques avec l'administration.

La palette des activités menées sur l'internet peut être considérée comme une indication du niveau de maîtrise de l'internaute. En 2013, l'internaute moyen pratiquait

Graphique 3.9. **Diffusion d'une sélection d'activités en ligne parmi les internautes, 2013-14**

Pourcentage d'internautes pratiquant chaque activité

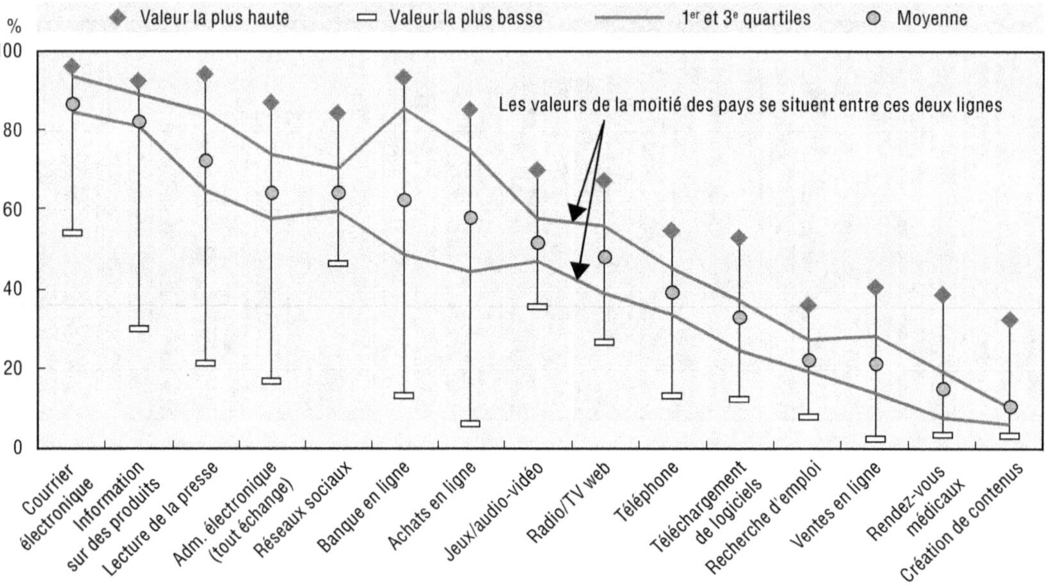

Note : Sauf indication contraire, la période de référence prise en compte pour recenser les internautes est de trois mois. Pour l'Australie, le Canada, le Chili, la Corée, le Japon, le Mexique et la Nouvelle-Zélande, elle est de 12 mois. Pour la Suisse, de six mois. Pour les États-Unis, la définition des utilisateurs de l'internet ne spécifie aucune période de référence. Pour la catégorie Radio/télévision web, les données se rapportent à 2012. Pour les catégories Recherche d'emploi et Téléchargement de logiciels, elles se rapportent à 2013. Pour les catégories Achats en ligne et Administration électronique (tout échange), la période de référence est de 12 mois au lieu de 3, et les données se rapportent aux individus ayant utilisé l'internet durant les 12 derniers mois au lieu des 3 derniers mois. Pour les pays du Système statistique européen et le Mexique, les données se rapportent à 2014. Pour l'Australie, le Canada et la Nouvelle-Zélande, elles se rapportent à 2012. Pour le Chili, Israël et le Japon, les données se rapportent à 2013. Pour l'Australie, le Chili et la Nouvelle-Zélande, les données relatives aux échanges avec l'administration publique renvoient à l'obtention d'informations auprès de l'administration. Pour le Japon, les données correspondent aux individus du groupe d'âge 15-69 ans. Pour la catégorie Recherche d'emploi, les données se rapportent à 2012.

Source : OCDE, *Base de données sur les TIC* ; Eurostat, Statistiques sur la société de l'information ; et sources nationales, avril 2015.

StatLink http://dx.doi.org/10.1787/888933308080

6.3 des 12 activités sélectionnées, contre 5.4 en 2009. Ce chiffre varie entre 7.5 à 8 activités dans les pays nordiques et aux Pays-Bas, et 5 activités ou moins en Grèce, en Italie, en Corée, en Pologne et en Turquie.

Le niveau d'instruction joue un rôle essentiel dans le profil d'activité dans le cyberespace. Alors que les personnes ayant fait des études supérieures pratiquent en moyenne 7.3 activités par le biais de l'internet, ce chiffre tombe à 4.6 activités pour celles dont le niveau d'étude ne dépasse pas le premier cycle du secondaire. Les différences en fonction du niveau d'instruction sont particulièrement marquées en Belgique, en Corée, en Hongrie, en Irlande et en Turquie.

La moitié des particuliers de la zone OCDE ont acheté des produits en ligne en 2014, contre 31 % en 2007 (graphique 3.10). L'augmentation des achats en ligne sur cette période a été particulièrement forte en Belgique, en Estonie, en France, en République slovaque et en Suisse. Cette tendance devrait se maintenir à court terme et produit déjà un bouleversement des circuits commerciaux traditionnels pour certaines catégories de produits. Du fait de la diffusion rapide des appareils mobiles connectés, le nombre de particuliers faisant des achats par ce biais ne cesse de croître.

Graphique 3.10. **Diffusion des achats en ligne, y compris par le biais des appareils portables, 2007 et 2014**

Pourcentage des individus ayant commandé des biens ou des services en ligne

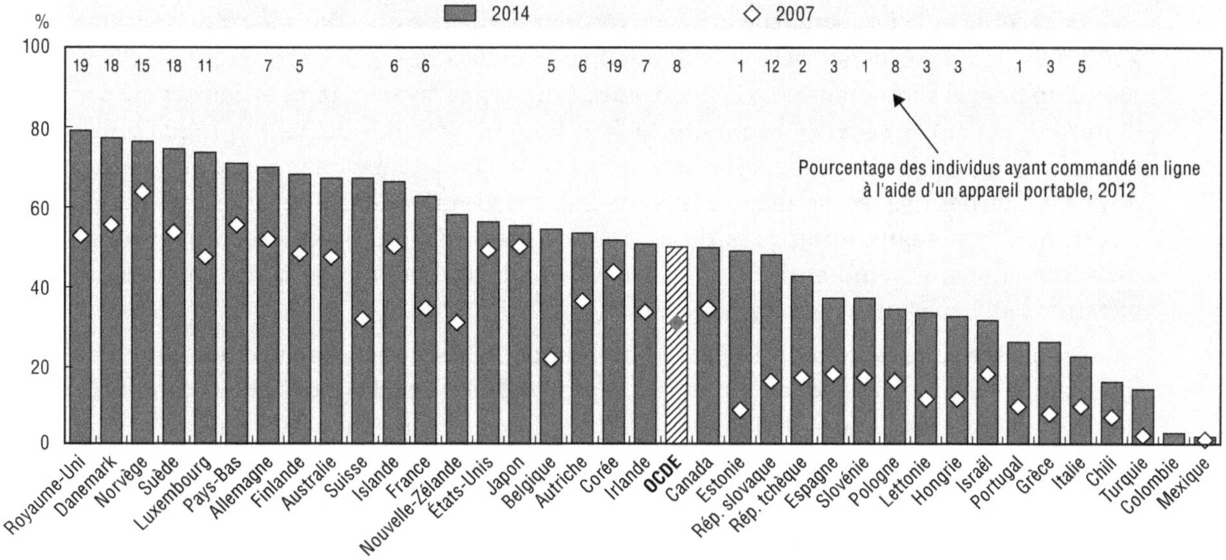

Note : Pour l'Australie, les données se rapportent à 2012-13 (exercice budgétaire se terminant en juin 2013) au lieu de 2013. Pour 2007, les données se rapportent à 2006-07 (exercice budgétaire se terminant en juin 2007) et correspondent aux individus âgés de 15 ans ou plus au lieu de 16-74 ans. Pour le Canada, les données se rapportent à 2012 et correspondent aux particuliers ayant commandé des biens ou des services (à des fins personnelles ou familiales) par le biais de l'internet, quel que soit leur point de connexion. Pour le Chili, les données se rapportent à 2009 et 2013. Pour Israël, les données se rapportent à tous les individus âgés de 20 ans ou plus qui ont utilisé l'internet pour acheter tous types de biens ou de services. Pour le Japon, les données se rapportent à 2013 et correspondent aux individus âgés de 15-69 ans au lieu de 16-74 ans. Pour la Corée, les données se rapportent à 2013 au lieu de 2014. Pour les achats en ligne effectués à l'aide d'un appareil portable, les données se rapportent à la population âgée de 12 ans ou plus. Ce point de données est une estimation de l'OCDE à partir des informations de l'enquête *Survey on Internet Usage 2012*. En 2013, la proportion d'individus ayant fait des achats à l'aide d'appareils portables a atteint 35.5 %. Pour la Nouvelle-Zélande, les données se rapportent à 2006 et 2012, et correspondent aux individus ayant utilisé l'internet pour faire un achat destiné à un usage personnel et nécessitant un paiement en ligne. Pour la Suisse, les données se rapportent à 2005 au lieu de 2007. Pour les États-Unis, les données proviennent des enquêtes de PEW sur l'internet réalisées en septembre 2007 et mai 2011, et correspondent aux individus âgés de 18 ans ou plus. Pour la Colombie, les données se rapportent aux individus de 12 ans ou plus au lieu de 16-74 ans.

Source : OCDE, *Base de données sur les TIC* ; Eurostat, Statistiques sur la société de l'information ; et sources nationales, mars 2015.

StatLink http://dx.doi.org/10.1787/888933308094

La part des achats effectués en ligne varie fortement selon les pays et les catégories de produits, sachant que l'âge, le niveau d'instruction, le revenu et l'expérience jouent un rôle déterminant dans l'adoption du commerce électronique par les particuliers.

Au Danemark, en Norvège et au Royaume-Uni, plus de 75 % des adultes ont effectué des achats en ligne. La proportion comprise entre 10 % et 20 % au Chili et en Turquie, et inférieure à 5 % en Colombie et au Mexique. La tendance est à la hausse toutefois, et les différences s'estompent entre les premiers et les derniers pays du classement si l'on considère uniquement la population d'internautes. Au Danemark, en Allemagne et au Royaume-Uni, 80 % ou plus des utilisateurs de l'internet ont fait des achats en ligne, contre moins de 30 % au Chili, en Estonie ou en Turquie, et moins de 10 % au Mexique.

Les articles les plus communément acquis par ce canal sont des voyages, séjours et services associés (environ la moitié des consommateurs en ligne en moyenne), des billets d'accès à des manifestations, des produits numériques et des livres. D'autres catégories, comme les aliments et les produits d'épicerie, connaissent une croissance rapide depuis quelques dernières années. La diffusion de différentes catégories de produits grâce aux achats en ligne dépend probablement du niveau de revenu, des habitudes de consommation, de la mise à disposition de sites de commerce électronique par les fournisseurs locaux et des stratégies de tarification des entreprises qui vendent sur l'internet.

La sécurité et la protection de la vie privée font partie des questions les plus délicates à résoudre pour les cyberservices et le développement du commerce électronique. En 2009, plus d'un tiers des internautes de l'Union européenne qui n'avaient jamais rien acheté sur l'internet citaient la sécurité comme principal frein à l'achat en ligne. Les inquiétudes touchant à la vie privée arrivaient juste derrière (30 %). Étant donné les grandes différences de perception des risques d'atteinte à la sécurité et à la vie privée entre des pays présentant pourtant des niveaux analogues de répression des infractions et de compétences technologiques, il semblerait que les attitudes culturelles à l'égard des opérations effectuées en ligne jouent en rôle essentiel.

On observe une nette progression de l'utilisation de services infonuagiques parmi les internautes. Le nuage fonctionne comme un espace virtuel de stockage de fichiers contenant des documents, des photos, de la musique ou des vidéos, qui sont ainsi sauvegardés ou partagés avec d'autres utilisateurs. L'infonuagique répond également à la demande de souplesse et de facilité d'accès aux logiciels et aux contenus, puisque ceux-ci demeurent accessibles quel que soit le moment ou le lieu de connexion.

En 2014, le taux d'adoption des services infonuagiques par les internautes des pays européens variait de 13 % en Pologne à 46 % au Danemark. Dans tous les pays, la propension à utiliser ce type de services est beaucoup plus marquée chez les plus jeunes et chez les personnes les plus éduquées (graphique 3.11). La proportion d'internautes qui paient pour ces services demeure basse toutefois, comprise entre 10 % en Norvège et moins de 1 % en Slovénie.

Graphique 3.11. **Utilisation de l'infonuagique par les individus dans une sélection de pays de l'OCDE, par groupe d'âge, 2014**

En pourcentage des internautes

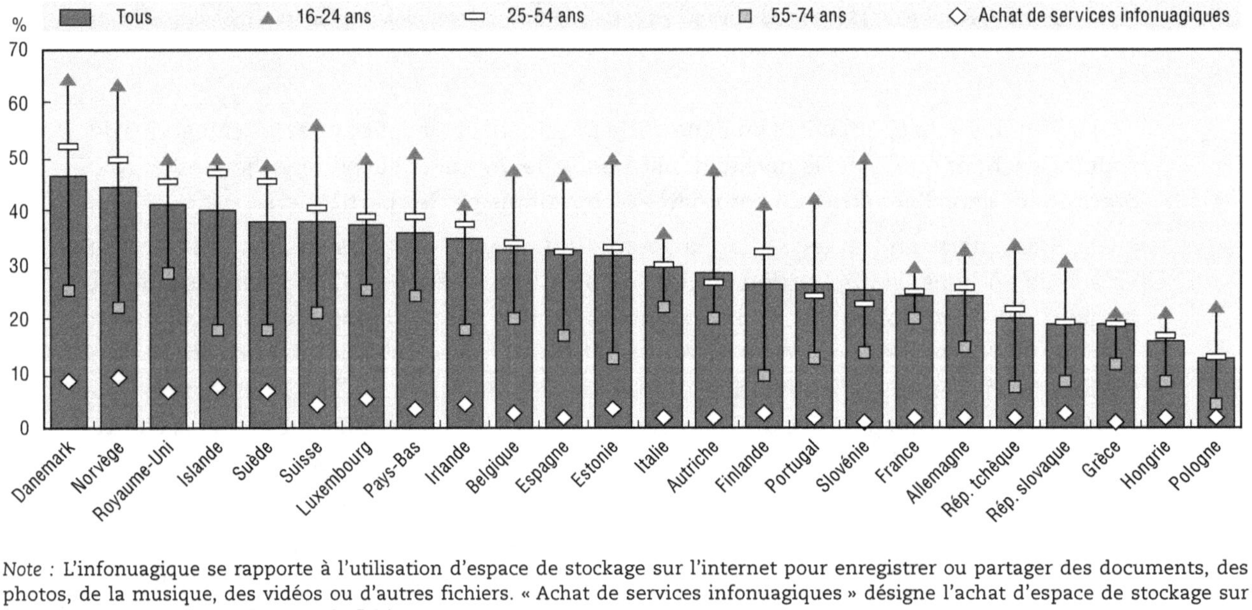

Note : L'infonuagique se rapporte à l'utilisation d'espace de stockage sur l'internet pour enregistrer ou partager des documents, des photos, de la musique, des vidéos ou d'autres fichiers. « Achat de services infonuagiques » désigne l'achat d'espace de stockage sur l'internet ou de services d'échange de fichiers.

Source : Eurostat, Statistiques sur la société de l'information, janvier 2015.

StatLink http://dx.doi.org/10.1787/888933308109

La proportion d'individus utilisant les services de l'administration électronique a augmenté ces dernières années, mais de grands écarts subsistent entre les pays : de 88 % en Islande à moins de 40 % au Chili, en Italie et en Pologne, pour 2014. Ces écarts s'expliquent notamment par l'insuffisance des infrastructures et de l'offre de services publics en ligne et par des problèmes structurels liés à des facteurs institutionnels, culturels ou économiques.

La façon dont les services ainsi fournis par les autorités sont perçus, leur utilité et leur adéquation avec les besoins individuels des utilisateurs jouent aussi un rôle essentiel. La facilité d'accès et la facilité d'utilisation du site web apparaissent comme des facteurs stratégiques pour encourager le recours à ces services et la satisfaction des utilisateurs (graphique 3.12).

Graphique 3.12. **Problèmes rencontrés dans l'utilisation des services de l'administration électronique, 2013**

Pourcentage des individus ayant utilisé les services de l'administration électronique au cours des 12 derniers mois

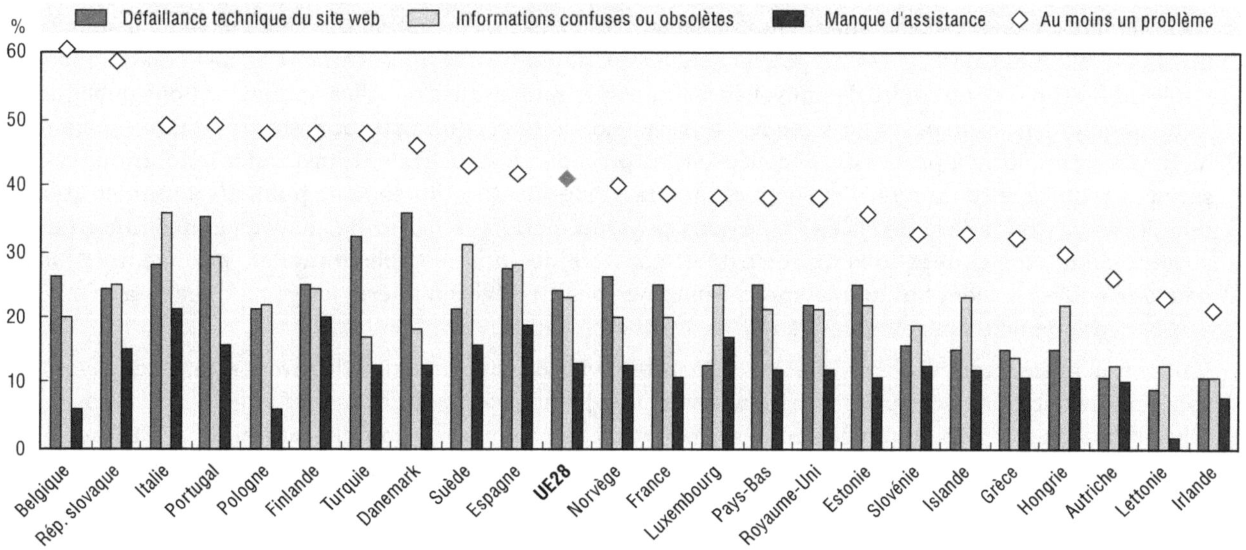

Note : La catégorie « Au moins un problème » comprend la défaillance technique du site web, les informations confuses ou obsolètes, le manque d'assistance (en ligne ou hors ligne) et d'autres problèmes (non spécifiés).
Source : Eurostat, Statistiques sur la société de l'information, mars 2015.

StatLink http://dx.doi.org/10.1787/888933308113

Encadré 3.1. **Transformer le secteur public au moyen des technologies numériques**

Dans tous les pays de l'OCDE, on assiste à une profonde transformation du secteur public à mesure que sont mises à profit les possibilités offertes par les technologies numériques. L'un des objectifs clés qui donnent forme à ce processus de transformation est d'améliorer l'efficience, l'efficacité et la gouvernance de la conception et de la prestation des services publics. On attend des pouvoirs publics qu'ils adoptent une nouvelle approche de la fourniture des services, non plus centrée sur le citoyen, mais à l'écoute de celui-ci, ce qui permettrait aux particuliers comme aux entreprises de déterminer eux-mêmes leurs besoins et d'y répondre en partenariat avec les autorités. Quand les choses n'évoluent pas comme prévu, les individus et les organisations peuvent exercer une pression au moyen des technologies numériques : pétitions en ligne, applications mobiles, données (publiques) mises à disposition en accès libre, financement participatif et médias sociaux.

Encadré 3.1. **Transformer le secteur public au moyen des technologies numériques** *(suite)*

Peu de changements technologiques illustrent mieux cette réalité nouvelle que les médias sociaux. La majorité des États de par le monde se servent désormais des réseaux sociaux pour communiquer et nouer le dialogue avec leurs administrés. En novembre 2014, sur les 34 pays de l'OCDE, 28 avaient ouvert un compte Twitter pour la fonction représentant le sommet de l'exécutif (chef de l'État, chef du gouvernement ou gouvernement dans son ensemble) et 21, un compte Facebook. Certains gouvernements ont ainsi obtenu des taux de popularité importants (calculés en rapportant le nombre d'abonnés au compte Twitter à la population du pays, voir chapitre 1, graphique 1.17) (Androsoff et Mickoleit, 2015).

Une analyse de l'OCDE met toutefois en lumière l'incertitude qui règne dans les institutions gouvernementales quant à la façon de tirer parti des médias sociaux pour améliorer les services publics ou créer des relations de confiance avec les citoyens. En outre, ces médias ne font pas nécessairement participer tous les groupes sociaux au même titre. On observe notamment que, dans de nombreux pays de l'OCDE, la probabilité d'utilisation des médias sociaux est déterminée par le niveau d'instruction. Il faut donc envisager des stratégies adaptées au contexte et de meilleures méthodes d'évaluation de l'impact, bâties autour des buts et objectifs spécifiques du secteur public (OCDE, 2014b).

L'emploi des technologies numériques pour mieux répondre à l'évolution du contexte général suppose un renouvellement des cadres de gouvernance, des modalités de financement et des compétences. L'objectif n'est pas d'introduire de nouvelles technologies numériques dans les administrations publiques ni de simplement transposer en ligne les services existants (« administration électronique »), mais de mettre la technologie à profit pour reconcevoir les procédures actuelles et transformer la fourniture des services publics, et d'intégrer l'ensemble dans la modernisation du secteur public (« administration numérique »). Pour relever les défis de ce passage au numérique et sortir des nouveaux dilemmes qu'il suscite (déontologie, questions de sécurité et contrôle des données personnelles, par exemple), les pouvoirs publics doivent formuler et mettre en œuvre des stratégies numériques gouvernementales et les associer intimement aux politiques générales de modernisation.

Il est tout aussi essentiel d'améliorer les cadres de suivi et de concrétisation des avantages, et les pays qui sont en tête ont adopté des techniques d'analyse et de justification pour examiner et guider les décisions d'investissement informatique des pouvoirs publics. La Recommandation du Conseil de l'OCDE sur les stratégies numériques gouvernementales a été adoptée en 2014 pour aider les pouvoirs publics à mettre ces cadres en place et pour les guider, dans leurs initiatives de transformation numérique, vers la concrétisation des possibilités qu'offre cette évolution (OCDE, 2014d).

Enfin, de nombreux gouvernements font de l'ouverture des données publiques un moyen stratégique essentiel d'accroître la transparence du secteur public et de générer des effets bénéfiques pour la société et l'économie. La réutilisation de ces données permet aux ONG d'améliorer leur suivi des activités gouvernementales, aux sociétés de créer de nouveaux types de contenus et de services commerciaux, aux individus de prendre des décisions plus éclairées dans leur vie quotidienne et aux administrations de collaborer avec les citoyens à la création d'espaces publics plus agréables. Quel que soit leur niveau de développement, les pays tirent profit des possibilités qu'offrent les données en accès libre. Cependant, de nombreuses questions – juridiques, institutionnelles ou stratégiques – doivent encore être résolues avant que les États et les citoyens puissent profiter pleinement de l'utilisation de ces données pour transformer les opérations, les services et l'élaboration des politiques, et parvenir à des services et des secteurs publics davantage nourris de données et plus inclusifs (OCDE, 2013a).

Les résultats du Programme international de l'OCDE pour le suivi des acquis des élèves (PISA) de 2012 indiquent que 70 % des élèves de la zone OCDE utilisent l'internet en classe. Cette proportion varie de 97 % au Danemark à 40 % en Turquie. Au Japon et au Mexique, 30 % des élèves ont déclaré ne pas avoir accès à l'internet dans leur école, contre 10 % en moyenne sur l'ensemble de la zone OCDE. En Corée, plus de 40 % des jeunes âgés de 15 ans ont indiqué qu'ils n'utilisaient pas l'internet à l'école bien que ce soit possible.

Dans la plupart des pays, la majorité des élèves se servent d'un ordinateur pour des séances d'entraînement et de répétition, une ou deux fois par mois, mais la proportion de ceux qui utilisent un ordinateur quotidiennement à cette fin demeure faible : 12 % au Danemark, 10 % en Norvège et environ 2 % en Finlande et en Allemagne.

En quelques années, les TIC ont permis d'ouvrir de multiples possibilités d'apprentissage et de proposer une large palette de programmes d'éducation grâce au développement des cours en ligne et, en particulier, des cours en lignes ouverts et massifs (MOOC). En 2013, 7.8 % des internautes de l'Union européenne suivaient un cours en ligne, contre 4.7 % en 2007 (graphique 3.13). Ce pourcentage variait de 16 % en Finlande à moins de 3 % en République tchèque.

Graphique 3.13. **Individus ayant assisté à un cours en ligne, 2007 et 2013**

En pourcentage des individus ayant utilisé l'internet dans les trois derniers mois

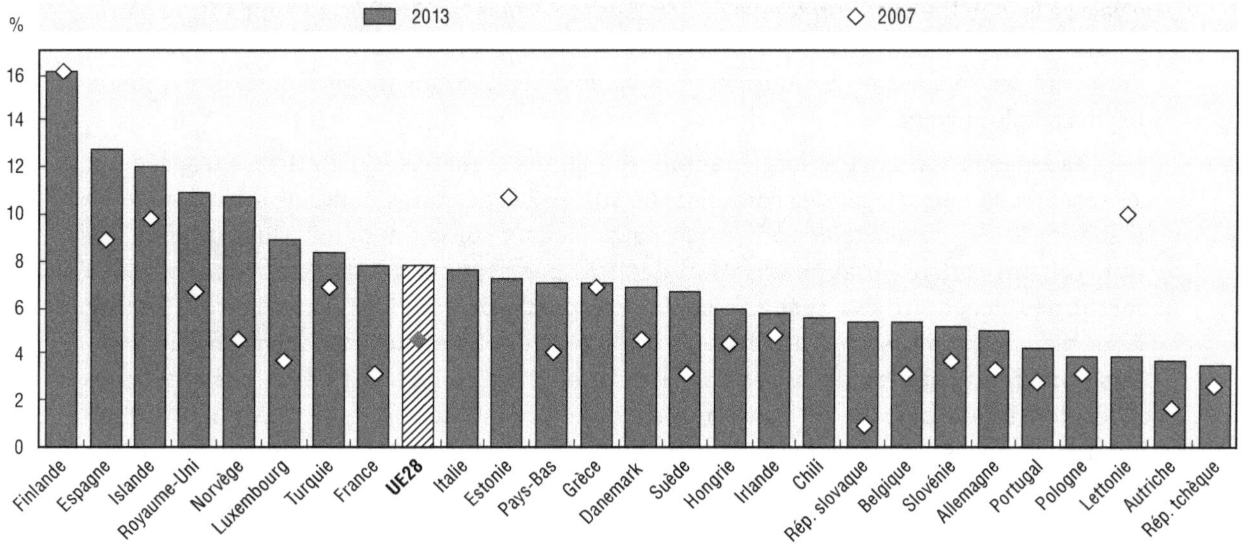

Note : Pour le Chili, les données se rapportent à 2012, avec une période de référence de 12 mois. Pour la Pologne, les données se rapportent à 2008 et 2011, au lieu de 2007 et 2013.

Source : OCDE, *Base de données sur les TIC* ; Eurostat, Statistiques sur la société de l'information, avril 2015.

StatLink http://dx.doi.org/10.1787/888933308126

3.2. Renouvellement et évolution des modèles économiques et des marchés

Principales tendances numériques influant sur les modèles économiques et les marchés

Plusieurs tendances numériques déterminent l'émergence de nouveaux modèles économiques et la transformation des marchés existants. Trois d'entre elles méritent une attention particulière : l'intensité de pratique et la diversité des activités menées sur les smartphones ; l'essor des réseaux sociaux mobiles ; et l'exploitation de larges volumes de données (les données massives ou *big data*) à l'aide d'outils d'analyse afin de stimuler la création de valeur et de favoriser l'apparition de nouveaux produits, de nouveaux processus et de nouveaux marchés (autrement dit, l'innovation fondée sur les données) (voir OCDE, 2015a). Chacune de ces tendances joue un rôle dans l'évolution des modèles économiques et dans l'orientation de la transformation des marchés existants.

La pénétration des smartphones et les activités qu'ils offrent croissent à un rythme élevé. D'après *Our Mobile Planet* (2013), la pénétration moyenne des smartphones dans la zone OCDE a progressé de 30 % en 2012-13, pour atteindre presque 50 % en 2013. Les activités que les propriétaires de smartphones pratiquent sur cet appareil n'ont cessé de croître en diversité et en intensité. *Our Mobile Planet* (2013) indique que les activités sur smartphones autres que le fait de téléphoner ou d'envoyer des SMS ont progressé de 24 % sur la période 2011-13. De même, certaines activités traditionnellement pratiquées sur un ordinateur, comme naviguer sur l'internet, envoyer un courriel ou se connecter à un réseau social, sont de plus en plus souvent effectuées sur un smartphone. Plus élaborées encore, les opérations bancaires en ligne, ou les achats et la recherche d'emploi sur un appareil mobile connaissent aussi une croissance rapide.

De nombreuses activités proposées sur smartphones sont exécutées à l'aide d'applications mobiles spécialisées. Depuis plusieurs années, les applications pour les réseaux sociaux et les applications de jeu en ligne occupent de plus en plus nombreuses le haut du classement des téléchargements des principaux magasins. Les applications liées au voyage, à la mobilité et au commerce de détail ont toutefois fait une récente apparition parmi les applications les plus téléchargées (TechCrunch, 2014), témoignant de l'importance croissante des services numériques gérés à l'aide d'applications mobiles dans des secteurs de plus en plus divers.

Les réseaux sociaux ont largement investi l'univers mobile, qu'il s'agisse d'accéder à ces réseaux ou de partager des contenus. En 2013, 42 % des utilisateurs de smartphone de la zone OCDE se connectaient à leurs réseaux sociaux sur cet appareil plusieurs fois par jour, soit un chiffre en augmentation de 19 % par rapport à 2012. La proportion des personnes accédant aux réseaux sociaux à partir de leur ordinateur était encore légèrement supérieure en 2013 (46 %), mais n'évolue plus depuis 2012 (graphique 3.14). Plusieurs composantes de la réticularité sociale, telles que le fait de posséder une cyberidentité, le partage de contenus en ligne et sur mobile (graphique 3.15) et les fréquentes mises à jour de statut, jouent un rôle essentiel pour préparer le terrain sur lequel fleuriront les nouveaux modèles économiques, en particulier ceux qui s'appuient sur la consommation collective de l'économie du partage et ceux qui étudient les perspectives de la production collaborative.

Outre qu'elles fonctionnent avec des données, de nombreuses applications en produisent également, et ces données peuvent être utilisées par des entrepreneurs novateurs pour offrir de nouveaux services. La croissance exponentielle des informations ainsi générées et collectées, conjuguée à la puissance omniprésente des outils d'analyse, grâce notamment à l'infonuagique, a permis une exploitation des données au service de l'innovation dans des proportions sans précédent (OCDE, 2015a). Les smartphones sont une source de données importante, mais le volume de celles générées par d'autres appareils intelligents, intégrés aux objets connectés et activés par la communication entre machines (M2M), ne cesse de croître (voir chapitre 6). Les données provenant de ces autres appareils sont collectées et utilisées par nombre d'applications et de services mobiles (fonctionnant de plus en plus souvent en temps réel), tels que les cartes, la navigation et les systèmes de recommandation en ligne. En 2013, par exemple, 68 % des utilisateurs de smartphone de la zone OCDE consultaient des itinéraires ou utilisaient une carte sur cet appareil, en hausse de 18 % par rapport à 2012 ; par ailleurs, plus de 32 % recherchaient des informations sur les commerces locaux, dans lesquels ils se rendaient ensuite pour 14 % d'entre eux (graphique 3.16). Au-delà de leur utilisation pour des services de cartographie numérique

Graphique 3.14. **Accès à l'information sur les réseaux sociaux, 2013**

En pourcentage des utilisateurs de smartphone se servant de l'internet

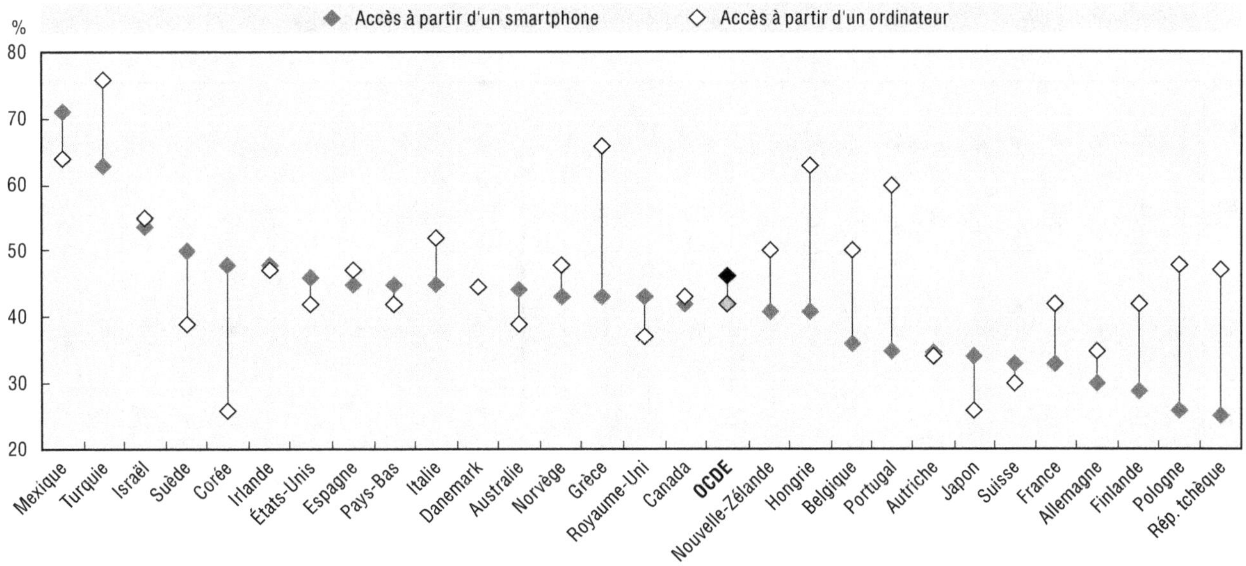

Note : Aucune donnée disponible pour le Chili, l'Estonie, l'Islande, le Luxembourg, la République slovaque ou la Slovénie. L'échantillon couvre les utilisateurs de smartphone qui se servent de l'internet en général. Le terme « Accès » fait référence à de multiples visites par jour.

Source : *Our Mobile Planet*, 2013.

StatLink http://dx.doi.org/10.1787/888933308134

Graphique 3.15. **Partage de l'information sur les réseaux sociaux, 2013**

En pourcentage des utilisateurs de smartphone se servant de l'internet

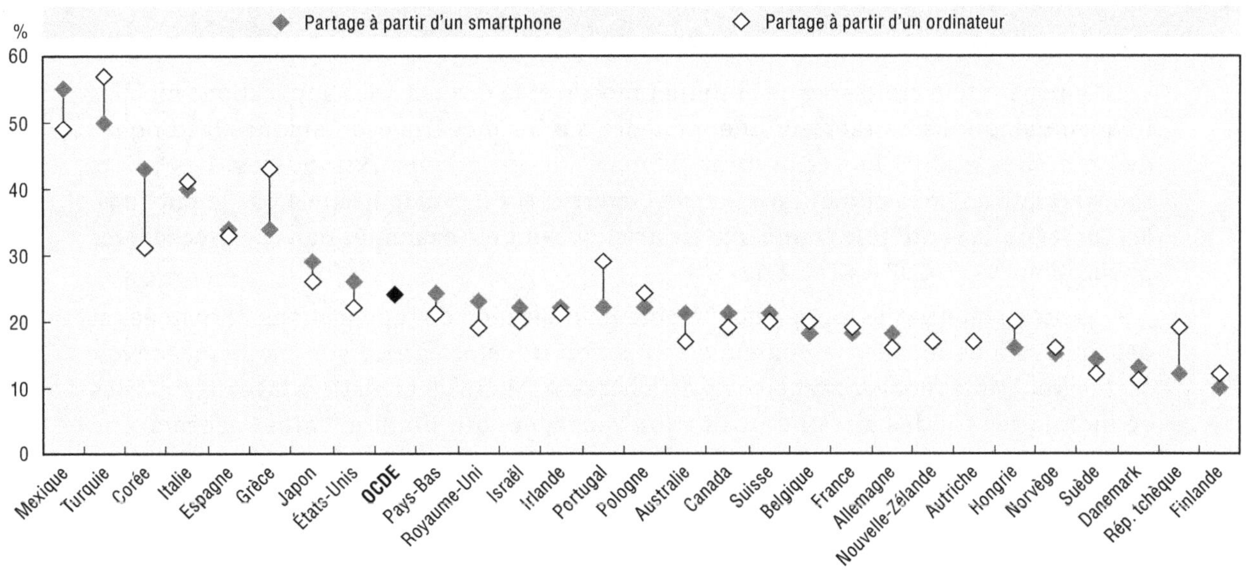

Note : Aucune donnée disponible pour le Chili, l'Estonie, l'Islande, le Luxembourg, la République slovaque ou la Slovénie. L'échantillon couvre les utilisateurs de smartphone privés qui se servent de l'internet en général. Le terme « Partage » fait référence à des visites quotidiennes.

Source : *Our Mobile Planet*, 2013.

StatLink http://dx.doi.org/10.1787/888933308141

Graphique 3.16. **Utilisation de services de localisation sur les smartphones, 2013**

En pourcentage des utilisateurs de smartphone se servant de l'internet

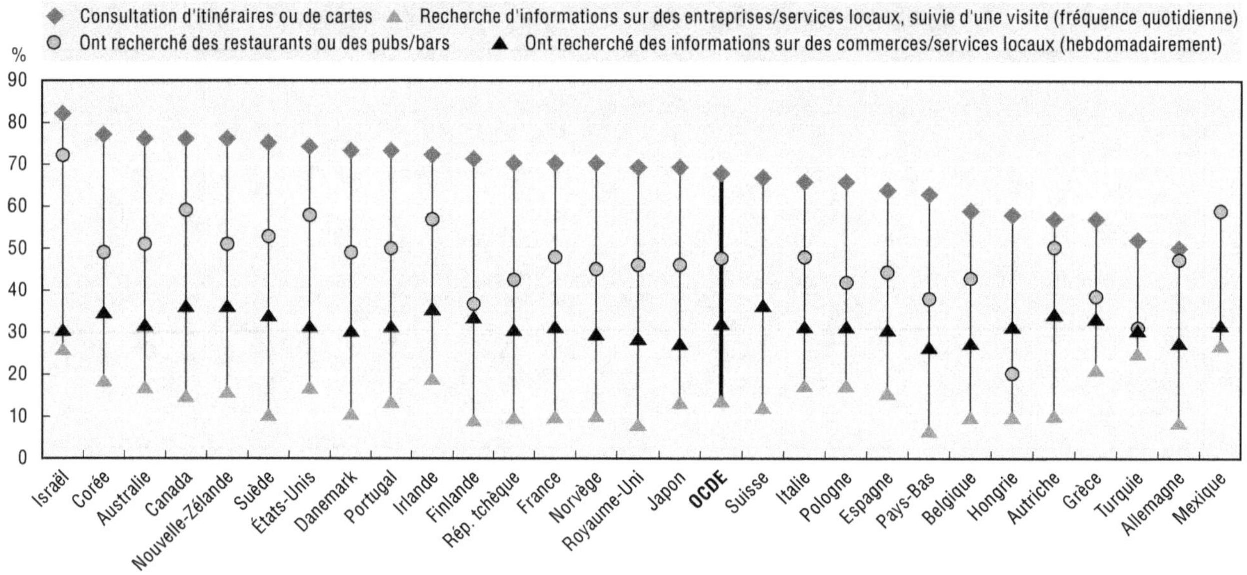

Note : Aucune donnée disponible pour le Chili, l'Estonie, l'Islande, le Luxembourg, la République slovaque et la Slovénie. L'échantillon couvre les particuliers qui utilisent un smartphone et consultent l'internet en général.

Source : *Our Mobile Planet*, 2013.

StatLink http://dx.doi.org/10.1787/888933308152

sur mobile, les données en temps réel de géolocalisation favorisent l'innovation dans des domaines tels que les services de mobilité entre particuliers et le commerce de détail multicanal.

Renouvellement et évolution des modèles économiques et des marchés

La pénétration croissante de l'internet mobile et la diversité des applications mobiles fréquemment utilisées exercent une influence sur les modèles économiques historiques des marchés établis et permettent l'apparition de nouveaux modèles. Les effets transformateurs de la numérisation et de l'internet sur des marchés tels que la publicité, les contenus, la santé et le commerce électronique ont été examinés dans de précédentes publications de l'OCDE (OCDE, 2012).

Depuis, l'internet, et tout particulièrement l'utilisation des applications de données et des applications mobiles, a poursuivi son action transformatrice sur les marchés (voir sections suivantes sur le commerce de détail et le secteur bancaire). De nouveaux modèles économiques fondés sur une utilisation partagée, qui donnent ainsi accès à une consommation collective, sont en cours d'examen dans des marchés restés jusqu'ici en marge de l'internet (mobilité et hébergement), tandis que d'autres modèles, en pleine évolution, sollicitent le public pour la recherche et le développement ou pour réunir un financement. Nombre d'entre eux s'appuient sur des plateformes ancrées sur les données, dont les services reposent sur la collecte et l'analyse de données. Les fournisseurs de ces plateformes peuvent réaliser de substantielles marges bénéficiaires en tirant parti des effets de réseau et des marchés multifaces (voir encadré 3.2). Certaines des entreprises qui dépendent de modèles économiques liés à l'internet et fondés sur les données, examinés ci-après, ont surmonté d'importants obstacles à l'entrée et, dans de nombreux pays,

Encadré 3.2. **Les données favorisent la création de marchés multifaces**

Les marchés bifaces ou multifaces « sont globalement définis comme des marchés sur lesquels une ou plusieurs plateformes permettent des interactions entre les utilisateurs finaux et essaient de faire participer les diverses parties en facturant chacune d'elles comme il convient » (Rochet et Tirole, 2005). Les plateformes de services bien établies ou émergentes comme Amazon, eBay, Google, Facebook, l'iOS d'Apple, Microsoft et TomTom sont actives sur des marchés multifaces. eBay est un marché en ligne qui met en relation vendeurs et acheteurs ; Amazon est un autre type de lieu de vente, qui s'apparente plus au modèle du commerce de détail ; Google et Facebook fournissent des services aux consommateurs et aux publicitaires ; l'iOS d'Apple est une plateforme qui met en contact les développeurs d'applications et les utilisateurs (« l'économie des applications mobiles »), ainsi que les musiciens et les amateurs de musique (iTunes) ; la plateforme Xbox de Microsoft sert d'intermédiaire entre les consommateurs et les développeurs de jeux ; enfin, les services de navigation TomTom bénéficient aussi bien aux fournisseurs de solutions de gestion du trafic qu'à leurs utilisateurs. Bien que ces exemples soient très différents les uns des autres, leur point commun est que les données relatives au comportement des utilisateurs sont primordiales pour gérer la plateforme et proposer des services attractifs sur les marchés multifaces.

Le concept général d'un marché multiface est que la réussite sur l'un des versants du marché renforce la réussite sur un autre versant. Pour citer un exemple, les consommateurs qui apprécient la personnalisation des résultats de leurs recherches et des publicités sur la plateforme Google de recherche et de messagerie électronique passeront plus de temps sur le site, ce qui permettra à Google de recueillir encore plus de données utiles sur le comportement des consommateurs et d'améliorer encore ses services, pour les consommateurs comme pour les publicitaires. Ces effets à la chaîne sont susceptibles de s'accroître à mesure que le nombre d'applications proposées sur une plateforme augmente (par exemple, fonction de groupage des messages, messagerie, vidéos, musique et téléphonie). Les données collectées dans le cadre d'une application peuvent être utilisées pour améliorer d'autres applications. Là encore, cela accroît le nombre de marchés en interaction. La relation commerciale entre les plateformes de services et les consommateurs peut devenir bilatérale lorsque les utilisateurs sont explicitement récompensés s'ils partagent des données concernant leur comportement, leurs préférences et les réseaux sociaux. Les plateformes de services ne doivent pas compter uniquement sur les données des consommateurs. Elles peuvent aussi se procurer des données (brutes), des informations et des renseignements auprès de tierces parties. De la même manière, elles peuvent vendre (partiellement, sous forme agrégée, en différé, etc.) les données, informations et renseignements dont elles disposent à des tierces parties.

Source : OCDE, 2015a.

exercent leurs activités dans des cadres juridiques et réglementaires inadaptés à leurs nouveaux modèles économiques. Les questions que cela pose aux décideurs publics sont abordées ici, selon qu'il convient.

Transformations en cours dans le commerce de détail

Un nombre croissant d'utilisateurs de smartphone de la zone OCDE achètent des biens et des services à l'aide de cet appareil. La proportion des utilisateurs de smartphone ayant commandé un bien ou un service sur leur appareil mobile a progressé, de 24 % en 2001 à 38 % en 2013 (graphique 3.17). Les informations sur les produits recueillies à partir d'un smartphone influent également sur les décisions d'achat, en ligne et en magasin. D'après *Our Mobile Planet* (2013), 26 % des utilisateurs de smartphone de l'OCDE qui avaient effectué des recherches sur un produit à l'aide de leur portable ont ensuite choisi d'acheter le produit sur ce même appareil, tandis que 32 % l'achetaient en magasin et 40 % à partir d'un ordinateur. Les grandes entreprises s'adaptent à ces évolutions au moyen du commerce de

Graphique 3.17. **Achat de biens ou de service sur des smartphones**

En pourcentage des utilisateurs de smartphone se servant de l'internet

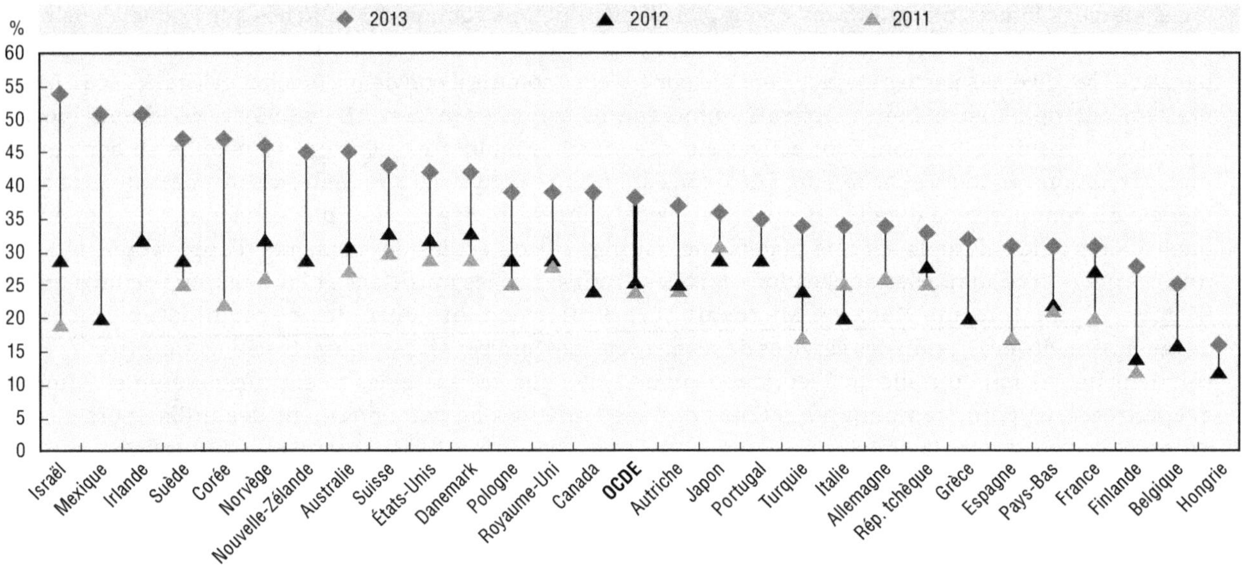

Note : Aucune donnée disponible pour le Chili, l'Estonie, l'Islande, le Luxembourg, la République slovaque ou la Slovénie. L'échantillon couvre les utilisateurs de smartphone qui se servent de l'internet en général.
Source : *Our Mobile Planet*, 2013.

StatLink http://dx.doi.org/10.1787/888933308165

détail multicanal, c'est-à-dire en augmentant leur présence dans les magasins, sur les médias sociaux et chez les détaillants en ligne. Du point de vue du consommateur, le commerce mobile et la recherche d'informations sur les produits à l'aide d'un appareil de ce type se traduisent généralement par un choix plus étendu, une plus grande commodité et des coûts de transaction réduits, surtout en ce qui concerne les recherches.

Pour les entreprises, en particulier les petites et les moyennes (PME), les conséquences de ces évolutions sont nuancées. Les PME disposent rarement des ressources nécessaires à l'élaboration de stratégies de vente et de marketing efficaces pour plusieurs canaux et dans différents pays. Ces évolutions se produisent dans un environnement où le commerce électronique international est nettement moins important dans les PME que dans les grandes entreprises. Dans les 28 pays de l'UE, par exemple, 12 % des grandes entreprises (plus de 250 salariés) vendent en ligne à l'international, ce qui n'est vrai que pour 6 % des moyennes entreprises (50-249 salariés) et 3 % des petites (10-49 salariés) (Eurostat, 2013).

Plusieurs obstacles pourraient expliquer la diffusion modérée du commerce électronique parmi les PME, surtout lorsque celui-ci sort des frontières. La principale raison avancée par un tiers des internautes de l'UE est la sécurité (OCDE, 2014c), les achats transfrontières, quant à eux, étant souvent empêchés par la méfiance des consommateurs. Outre cela, plusieurs obstacles doivent être levés du côté de l'offre, notamment des barrières commerciales et réglementaires. Ces dernières ont été désignées comme le problème le plus pressant dans l'accès à des marchés étrangers par 12 % des PME de la zone Euro en 2012, contre 7 % en 2009. Parmi les obstacles les plus courants à l'accès aux marchés étrangers, y compris dans le cas du commerce en ligne, citons (OCDE, 2009, 2013b) :

- les coûts élevés d'expédition et des procédures douanières, qui freinent en particulier les transactions économiques de « longue traîne », et donc les PME ;

- les tarifs douaniers élevés, tels que les taxes excessives sur les biens importés ; les classifications tarifaires arbitraires[2] ; ou les concurrents bénéficiant de tarifs douaniers préférentiels du fait d'accords commerciaux régionaux ; des quotas et des embargos défavorables ;
- une protection inadéquate des droits de propriété, y compris des droits d'auteur, des brevets et des marques ;
- un fonds de roulement insuffisant pour financer les exportations, un déficit d'information s'agissant de situer et d'analyser les marchés, et un manque de temps, de compétences et de connaissances des dirigeants.

Les mesures gouvernementales susceptibles de réduire ces obstacles seront particulièrement utiles aux PME, qui disposent généralement de ressources et de compétences limitées pour s'attaquer à ces questions. Actuellement, les PME font de plus en plus souvent appel à des intermédiaires ou des marchés du commerce électronique, comme Amazon ou eBay. Ces intermédiaires leur facilitent l'accès aux marchés étrangers et leur permettent de bénéficier d'effets de réseau et d'économies d'échelle importants, mais le rôle essentiel qu'ils jouent sur les marchés en ligne et les marchés mobiles pourrait entraîner une dépendance des PME à leur égard.

De nouveaux concurrents dans le secteur bancaire

Les banques de détail sont confrontées à une évolution progressive de la demande vers les services bancaires en ligne et mobiles, mais aussi à la concurrence nouvelle des plateformes de prêt entre particuliers. Plus de la moitié des internautes des pays de l'OCDE utilisent des services bancaires en ligne, et les services mobiles gagnent du terrain. En 2013, 60 % des internautes de la zone OCDE avaient recours aux services bancaires en ligne, contre 42 % en 2011 et 31 % en 2007 (OCDE, 2012, 2014c). L'adoption des services bancaires mobiles et d'autres activités d'ordre financier sur smartphones a également progressé, à un rythme analogue, passant de 35 % des utilisateurs de smartphone en 2012 à 47 % en 2013 (graphique 3.18).

L'essor des services bancaires en ligne et mobiles fait bouger les frontières des marchés et modifie les paramètres de la concurrence dans le secteur bancaire traditionnel. Alors que leur réseau d'agences locales représente, pour les banques traditionnelles, un atout concurrentiel primordial, la question de la proximité physique avec les clients ne se pose plus pour les banques en ligne. Leurs frontières ne sont plus définies par la géographie, mais par la technologie, la réglementation et les budgets marketing (PwC, 2014a). Pour faire face à la concurrence accrue des banques en ligne, les autres établissements ont le choix entre se spécialiser sur des activités axées sur le contexte local (agriculteurs, par exemple) ou intensifier leur réponse à la concurrence en ligne, ce qui entraîne des coûts importants. L'évolution prévue va dans le sens d'une réduction du nombre d'agences locales. Sur les marchés où le maillage bancaire est dense, comme les États-Unis, on prévoit que 20 % des agences locales disparaîtront d'ici à 2020 et que cette évolution touchera principalement les petites banques régionales et banques de proximité (PwC, 2014a).

La concurrence à laquelle les banques de détail doivent faire face vient également du prêt entre particuliers. Dans une période de taux d'intérêt bas et de resserrement du crédit, le prêt entre particuliers s'est développé rapidement jusqu'à atteindre une taille de marché non négligeable. Les plateformes concernées mettent en rapport prêteurs et emprunteurs,

Graphique 3.18. **Adoption des services bancaires mobiles**

Pourcentage d'utilisateurs de smartphone se servant de l'internet et effectuant des opérations bancaires et d'autres activités d'ordre financier en ligne sur leur smartphone

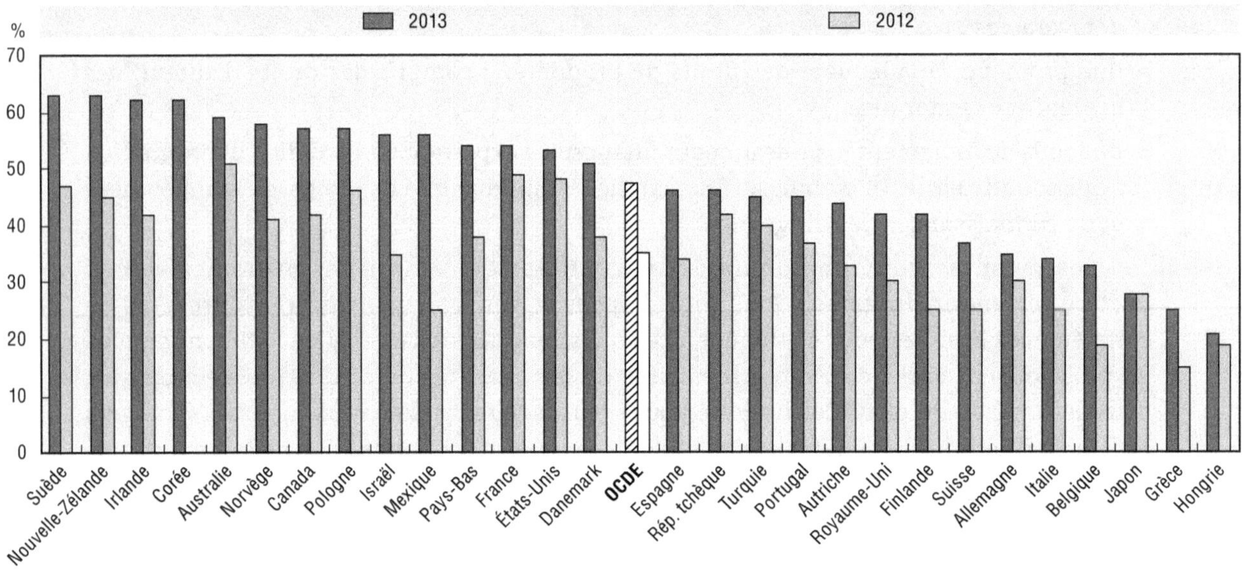

Note : Aucune donnée disponible pour le Chili, l'Estonie, l'Islande, le Luxembourg, la République slovaque ou la Slovénie. L'échantillon couvre les utilisateurs de smartphone qui se servent de l'internet en général.
Source : *Our Mobile Planet*, 2013.

StatLink http://dx.doi.org/10.1787/888933308174

le plus souvent au moyen d'enchères en ligne, et offrent aux deux parties de meilleures conditions que la plupart des banques. Les prêteurs s'inscrivent sur la plateforme pour un montant de prêt et, s'ils sont acceptés, sont classés dans les types de profil de risques qui leur correspondent. Les emprunteurs peuvent choisir le profil de risques des prêts qu'ils contractent, généralement par tranches pour diversifier le risque. Jusqu'ici, les plateformes de prêt entre particuliers ont ciblé principalement le marché du crédit à la consommation, les prêts aux entreprises ne représentant qu'une petite part sur les deux plateformes les plus importantes, *Prosper et Lending Club*. Ces derniers temps, toutefois, des plateformes telles que *Funding Circle* ont commencé à cibler le prêt aux petites entreprises. D'autres plateformes, plus spécialisées, visent des marchés aussi divers que l'immobilier (Relendex, Realtymugol, Fundrise) ou les prêts aux étudiants (Prodigy Finance).

Les plateformes de prêt entre particuliers n'ont encore jamais été sérieusement mises à l'épreuve, il est donc difficile de savoir si elles survivront à une crise financière, par exemple. Si leur forte croissance se poursuit et si elles se montrent capables de faire face aux incertitudes économiques, ces plateformes pourraient devenir à brève échéance une force concurrentielle potentiellement perturbatrice pour les marchés du crédit à la consommation.

Jusqu'ici, les autorités de réglementation ne se sont guère intéressées au prêt entre particuliers. Le Royaume-Uni est l'un des rares pays à avoir adopté une attitude proactive en la matière. Le texte intitulé « Financial Conduct Authority's regulatory approach to crowdfunding over the Internet, and the promotion of non-readily realisable securities by other media » (FCA, 2014) prévoit des règles et règlements clairs, qui tiennent compte des risques propres à ce secteur et des caractéristiques de son fonctionnement. Les grandes questions abordées dans ce cadre sont les suivantes :

- *Exigences minimales de fonds propres*. Les plateformes doivent détenir un montant minimum de fonds propres réglementaires afin d'être en mesure de résister à d'éventuels chocs financiers.
- *Arrangements futurs relatifs au service des prêts*. Les plateformes doivent prendre des mesures permettant de garantir que les prêts continueront d'être administrés en cas de cessation d'activité de la plateforme.
- *Règlement des différends*. Les investisseurs ont le droit de formuler une réclamation auprès de la plateforme, puis, dans un deuxième temps, auprès du Service du médiateur financier (*Financial Ombudsman Service*). Le traitement des différends suit un processus normalisé.
- *Règles de protection des avoirs des clients*. Les plateformes sont assujetties à ces règles, qui imposent à toutes les entreprises détenant des fonds confiés par leurs clients dans la perspective d'opérations d'investissement de s'assurer que ces avoirs sont correctement protégés.
- *Règles de divulgation*. Les plateformes sont tenues de communiquer aux investisseurs, de façon équitable, claire et non trompeuse, toutes les informations dont ceux-ci ont besoin pour prendre des décisions d'investissement éclairées.
- *Rapports réguliers*. Les plateformes sont tenues de publier des rapports trimestriels sur leur situation financière, les avoirs détenus au nom des clients, les plaintes et le détail des prêts octroyés.

Encadré 3.3. **Plateformes de prêt entre particuliers**

Le plus grand marché de prêt entre particuliers est celui des États-Unis, actuellement dominé par deux plateformes, Prosper et Lending Club, qui combinent à elles deux 98 % des prêts de ce type accordés à ce jour. Leur réussite attire non seulement des prêteurs individuels, mais aussi des investisseurs institutionnels. Ainsi, chez Lending Club, un tiers seulement des participants sont de petits investisseurs, les autres sont soit des investisseurs institutionnels, soit de riches particuliers (*Economist*, 2014).

De sa création, en 2007, à fin 2014, Lending Club a prêté 7.6 milliards USD. Ce chiffre est encore faible comparé aux 3 000 milliards USD du marché des prêts à la consommation aux États-Unis, mais la somme totale prêtée par l'entremise de la plateforme a doublé régulièrement chaque année (Lending Club, 2014). En août 2014, Lending Club a été la première plateforme de ce type à demander son introduction en Bourse, pour une valeur estimée à 5 milliards USD, un chiffre que d'aucuns considèrent toutefois comme surévalué (Cinelli, 2014).

Les prêts octroyés par ce type de plateformes sont en grande partie des prêts à la consommation. Les données fournies par Lending Club indiquent que 61 % des emprunts servent au refinancement (dont 22 % au remboursement de dettes accumulées sur des cartes de crédit), 9 % à acheter d'autres biens de consommation et 6 % à financer des améliorations de l'habitat. Les prêts aux entreprises ne représentent que 2 % et, de façon générale, se révèlent nettement plus chers que ceux octroyés par les établissements de crédit traditionnels (Mach, Carter et Slattery, 2014).

Source : Cinelli, 2014 ; *Economist*, 2014 ; Lending Club, 2014 ; Mach, Carter et Slattery, 2014.

Secteurs des contenus et de la création

La disponibilité et la consommation en ligne de contenus numériques continuent de croître. Ainsi, Spotify, un service en ligne de diffusion de musique en flux, offre au total plus de 20 millions de titres sous licence et y ajoute en moyenne plus de 20 000 chansons par jour[3]. Le magasin iTunes, l'un des magasins de musique en ligne les plus populaires, disponible dans 119 pays, propose une sélection de plus de 26 millions de chansons (Apple, 2013). Cependant, malgré les transformations qu'ont connues les grands marchés des contenus, la dématérialisation est loin d'être complète (graphique 3.19).

Graphique 3.19. **Dématérialisation des grands marchés des contenus, 2013**

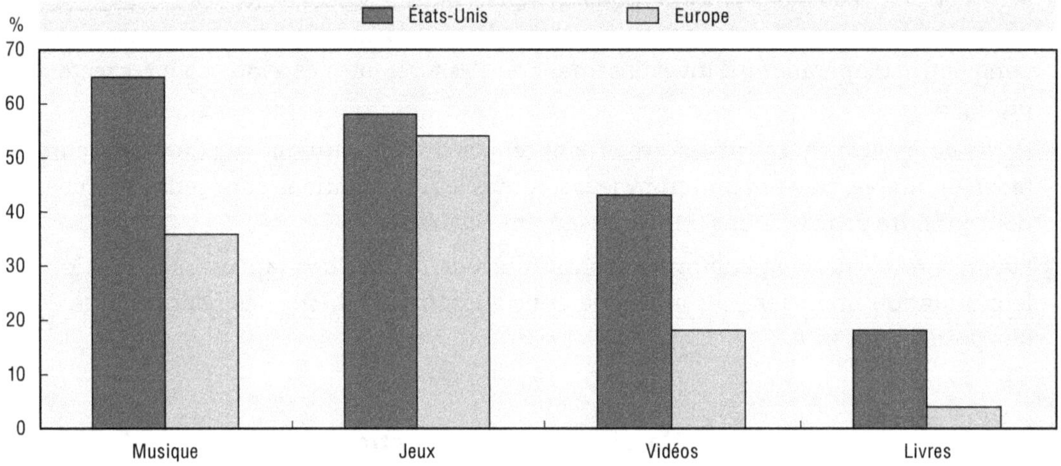

Source : IDATE, 2014.

StatLink http://dx.doi.org/10.1787/888933308188

Les contenus créés par les utilisateurs, en particulier les images et les vidéos, sont toujours en forte progression. En 2013, le site de partage de photos Flickr a atteint la moyenne de 1.6 million de photos chargées quotidiennement sur sa plateforme[4]. En septembre 2013, Facebook annonçait que ses utilisateurs avaient chargé au total 250 milliards de photos sur la plateforme (Wagner, 2013) ; quant à Instagram, la société a déclaré récemment que ses membres avaient publié 20 milliards de photos, soit une moyenne de 70 millions de chargements par jour[5]. YouTube, l'une des plateformes de partage de vidéos en ligne les plus populaires, déclarait à la mi-2014 que ses utilisateurs y regardaient (en flux) mensuellement plus de 6 milliards d'heures de vidéo et y chargeaient 100 heures de vidéo par minute[6].

Les contenus numériques sont de plus en plus souvent consommés et partagés sur des appareils mobiles. En 2013, 70 % des utilisateurs de smartphone de la zone OCDE accédaient à un réseau social et 24 % partageaient des informations les concernant quotidiennement (*Our Mobile Plan*et, 2014). Il semble que la réticularité sociale mobile détermine aussi d'autres manières de consommer des contenus sur smartphone, comme regarder des vidéos ou suivre l'actualité.

La tendance évoquée ci-dessus amplifie la migration continue des journaux de l'imprimé vers le numérique. Dans les cinq dernières années, le tirage des journaux a baissé de 10 % en Amérique du Nord et de 30 % en Europe, entraînant un recul de la publicité imprimée de 23 % et 18 % respectivement dans ces deux régions. Aujourd'hui, environ 2.5 milliards de personnes dans le monde lisent des journaux sous forme imprimée et 800 millions sur des plateformes numériques (WAN-IFRA, 2014).

La télévision aussi est en cours de transformation, avec une diffusion sur l'internet qui cible l'individu et offre une plus grande souplesse. Contrairement à la télévision linéaire analogique dont les émissions sont reçues sur un poste de télévision fixe dans un foyer, le contenu audiovisuel proposé sur l'internet permet aux utilisateurs de visionner les films et les programmes de leur choix sur tout appareil et à tout moment. Netflix, par exemple, revendique une offre de plus de 10 000 films et émissions de télévision à regarder en flux à la demande par le truchement de sa plateforme aux États-Unis[7]. De plus en plus, ces offres

Encadré 3.4. **Secteur des médias et des contenus : vue d'ensemble**

Le secteur des médias et des contenus contribue à la production, à la publication et/ou à la diffusion électronique de contenus (OCDE, 2011). En 2013, il employait près de 3.5 millions de personnes, soit 0.7 % de l'emploi total des 29 pays de l'OCDE pour lesquels des données sont disponibles. Le Royaume-Uni et la Suède enregistrent la plus forte proportion, suivis par le Danemark, l'Estonie, le Canada et la Finlande (proportion supérieure à 1 % de l'emploi total). Sur la période 2001-13, le nombre d'emplois de ce secteur a chuté en valeur relative dans la plupart des pays, notamment en Norvège (-0.5 point de pourcentage), mais aussi au Danemark, en Grèce, au Luxembourg et aux États-Unis (-0.2). Le Japon et la Hongrie font partie des rares exceptions, où la part du secteur des médias et des contenus dans l'emploi total progresse depuis 2001.

Évolution de l'emploi dans le secteur des contenus et des médias, 2001, 2007 et 2013

En pourcentage de l'emploi total

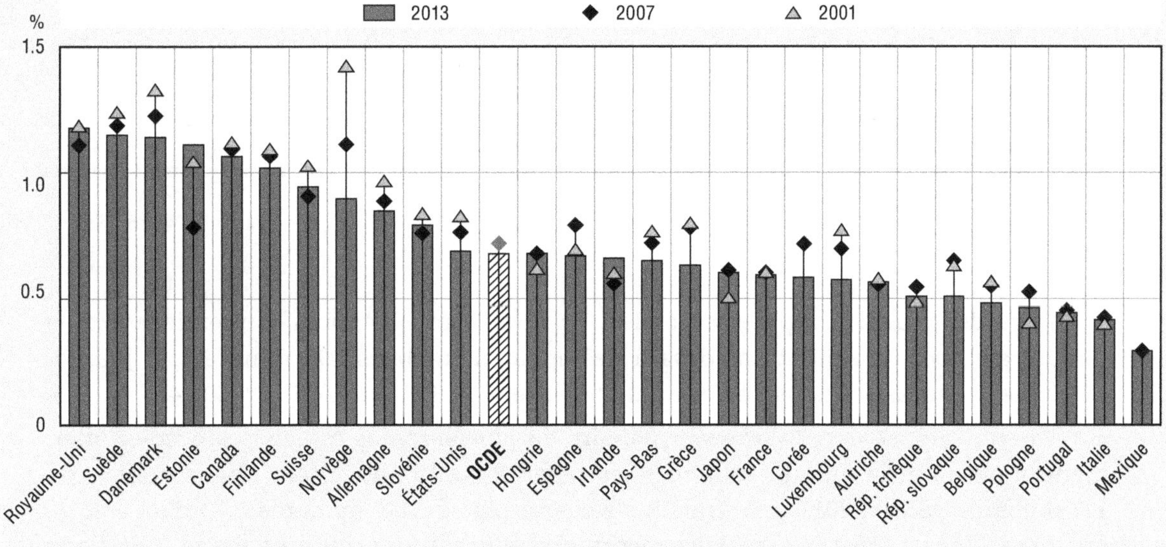

Note : Pour la France, l'Allemagne, l'Irlande, le Japon et la Suisse, les données se rapportent à 2012. Pour le Mexique, le Portugal et la Suède, elles se rapportent à 2011. Pour la Suisse, les données se rapportent à 2008 au lieu de 2007. Le secteur des médias et des contenus est défini ici comme la somme des divisions 58-60, Activités d'édition ; de production de films cinématographiques et vidéo, de programmes de télévision, d'enregistrements sonores et d'édition musicale ; et de programmation et de diffusion ; à l'exclusion du groupe 582, Édition de logiciels. Font exception le Canada, l'Irlande, le Japon, le Mexique, les Pays-Bas, le Portugal, la Suisse et la Suède, pour lesquels le groupe 582 n'a pas été exclu.

Source : D'après OCDE, *Base de données des Comptes nationaux* ; CITI Rév. 4 ; Eurostat, Statistiques sur les comptes nationaux ; et sources nationales, avril 2015.

StatLink http://dx.doi.org/10.1787/888933308196

Encadré 3.4. **Secteur des médias et des contenus : vue d'ensemble** *(suite)*

En 2013, le secteur des médias et des contenus représentait 1.2 % de la valeur ajoutée totale de la zone OCDE. La part de ce secteur était nettement plus élevée en Irlande (4.2 %), au Royaume-Uni et aux États-Unis (1.7 %). Comme pour l'emploi, sa part dans la valeur ajoutée de la plupart des pays a chuté au cours de la période 2001-13, la principale exception étant l'Irlande (+1.65 point de pourcentage), la Hongrie (0.31), la République tchèque (0.12) et les États-Unis (0.09).

Évolution de la valeur ajoutée du secteur des contenus et des médias, 2001, 2007 et 2013

En pourcentage de la valeur ajoutée totale

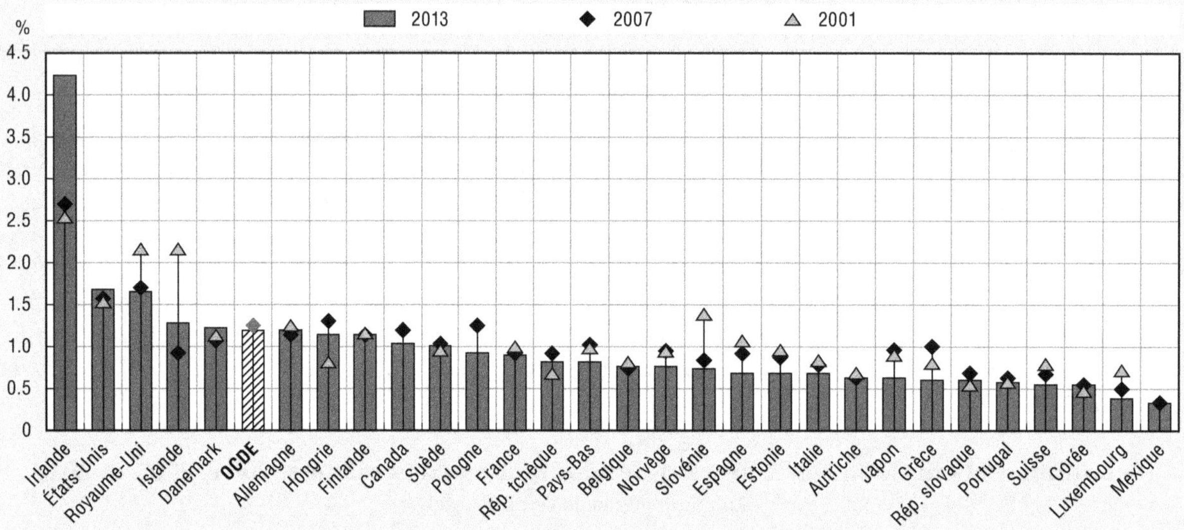

Note : Pour l'Allemagne, l'Islande, l'Irlande, le Japon, le Mexique, la Pologne, le Royaume-Uni, la Suède et la Suisse, les données se rapportent à 2012. Pour le Canada et le Portugal, elles se rapportent à 2011. Pour la Suisse, les données se rapportent à 2008 au lieu de 2007. Le secteur des médias et des contenus est défini ici comme la somme des divisions 58-60, Activités d'édition ; de production de films cinématographiques et vidéo, de programmes de télévision, d'enregistrements sonores et d'édition musicale ; et de programmation et de diffusion ; à l'exclusion du groupe 582, Édition de logiciels. Font exception le Canada, l'Islande, l'Irlande, le Japon, le Mexique et la Suisse, pour lesquels le groupe 582 n'a pas été exclu.

Source : D'après OCDE, *Base de données des Comptes nationaux* ; CITI Rév. 4 ; Eurostat, Statistiques sur les comptes nationaux ; et sources nationales, avril 2015.

StatLink http://dx.doi.org/10.1787/888933308207

sont regardées sur des appareils mobiles. En novembre 2014, pour la première fois, le temps passé par les Américains devant des appareils mobiles (177 minutes par jour en moyenne) a dépassé celui passé devant un téléviseur (168 minutes) (Flurry, 2014).

La publicité, source de revenus majeure de plusieurs des marchés précédemment mentionnés, suit la même tendance. Les recettes de la publicité en ligne étaient de 117 milliards USD en 2013 et devraient s'élever à plus de 190 milliards USD d'ici à 2018, comblant l'écart avec le total des recettes publicitaires de la télévision. Les liens promotionnels représentent la plus grosse part de la publicité en ligne (48 milliards USD en 2013), suivie par la publicité liée aux vidéos et la publicité mobile, qui devraient enregistrer la plus forte croissance d'ici à 2018, avec des taux de croissance annuels composés de 23.8 % et 21.5 % respectivement (PwC, 2014b). Google domine actuellement le marché de la publicité en ligne et partage la maîtrise du segment de la publicité mobile avec Facebook (graphique 3.20).

Graphique 3.20. **Principaux acteurs de la publicité en ligne et de la publicité mobile**

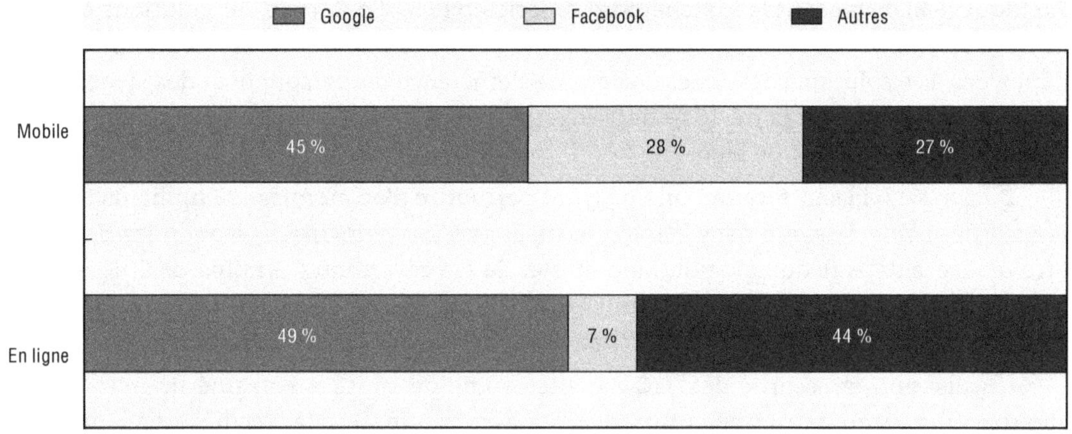

Source : IDATE, 2014.

StatLink http://dx.doi.org/10.1787/888933308216

L'essor de la « santé sur mobile »

La convergence des technologies de communication sans fil et des dispositifs médicaux a commencé à redessiner le secteur de la santé. Les perspectives de prestation de soins de santé qui s'ouvrent avec les TIC, conjuguées à la tendance démographique au vieillissement des populations, créent de nouveaux marchés à fort potentiel de croissance. Les évolutions des TIC non seulement modifient les modalités de prestation des soins, mais offrent aussi aux patients un rôle plus actif dans la prévention et le suivi de la maladie.

Les smartphones, en particulier, donnent la possibilité de populariser l'autosurveillance, le retour d'information, l'autogestion et le soutien clinique, et ce à une plus grande échelle, pour un faible coût et de façon plus intensive. Ces dispositifs sont compatibles avec un ensemble multiple de flux de données et d'activités de surveillance, parmi lesquelles le suivi automatique des mouvements du corps, la localisation et autres données susceptibles de renseigner sur les activités physiques, le sommeil et l'environnement ; des mesures physiologiques automatiques ou saisies (lecture d'un glucomètre, par exemple) ; et des comptes rendus, sollicités ou spontanés, de l'utilisateur sur ses symptômes ou ses comportements.

Correctement administrées, ces informations peuvent être exploitées pour déclencher des interventions personnalisées, et améliorer ainsi nettement la capacité d'un individu à comprendre et gérer ses propres comportements. Les données de cette nature (mesures, images médicales, description de symptômes) peuvent aussi être stockées dans de grandes bases de données, susceptibles de dynamiser la recherche et l'innovation médicales.

Le marché des applications mobiles de santé et de bien-être s'est développé rapidement ces dernières années. Le nombre d'applications publiées sur les deux principales plateformes, iOS et Android, a plus que doublé en seulement deux ans et demi, pour dépasser les 100 000 applications (1er trimestre 2014). Aux États-Unis, en 2012, 69 % des propriétaires de smartphone déclaraient suivre au moins un indicateur de santé, comme le poids, le régime alimentaire, l'exercice physique ou des symptômes, à l'aide d'une application mobile de santé (Fox et Duggan, 2013).

D'après certaines estimations, le marché mondial des applications mobiles de santé pourrait atteindre 23 milliards USD en 2017, l'Europe (6.9 milliards USD) et l'Asie et le Pacifique (6.8) devançant le marché nord-américain (6.5). En Europe, les solutions de suivi et de traitement à distance constitueraient presque 60 % du total des applications déployées. Les solutions destinées à accroître l'efficience du personnel et des systèmes de santé représentent près de 15 % de l'ensemble des déploiements, parallèlement aux applications de santé et de bien-être.

D'ici à 2017, la santé sur mobile pourrait permettre d'économiser 99 milliards EUR sur le coût des soins de santé dans l'Union européenne. Les principales économies devraient être réalisées dans le domaine du bien-être et de la prévention (69 milliards EUR) et dans celui du traitement et du suivi (32 milliards EUR), la masse salariale des travailleurs du secteur de la santé sur mobile augmentant de 6.2 milliards EUR (GSMA, 2013).

L'utilisation croissante des TIC dans les soins de santé a entraîné une croissance rapide du volume de données numérisées disponible. Sur la dernière décennie, en particulier, les dossiers médicaux électroniques (DME) suscitent un intérêt croissant dans les pays de l'OCDE.

Tous les pays investissent dans l'infrastructure de données, mais une enquête de l'OCDE menée en 2013 a indiqué qu'en 2011-12, la plupart des pays avaient un plan ou une politique national(e) de mise en œuvre des DME (22 pays sur 25) et que la grande majorité d'entre eux (20 pays) en avaient déjà commencé l'exécution. Le système DME de certains pays comprend des données sur les caractéristiques fondamentales et les principaux problèmes de santé du patient ainsi que sur l'historique de ses prises en charge par le système de santé et des traitements reçus de divers prestataires de soins. La contribution majeure de ces systèmes, à mesure qu'ils vont se développer, sera de permettre une analyse secondaire des données lors de la conduite et du suivi de travaux de recherche, dans l'optique d'améliorer la santé de la population ainsi que la qualité, la sécurité et l'efficience des soins de santé.

Sur les 25 pays étudiés, 18 avaient prévu une forme ou une autre d'analyse secondaire des DME dans leur plan national (graphique 3.21). D'après les personnes interrogées, les utilisations secondaires les plus couramment prévues étaient le suivi de la santé publique et des performances du système de santé. En outre, 14 pays ont précisé qu'il était envisagé que les médecins puissent lancer des requêtes sur les données pour étayer leurs décisions de traitement. L'utilisation des données la plus rarement prévue (10 pays) était de faciliter les essais cliniques ou d'y contribuer.

Consommation collective

Ces dernières années, plusieurs modèles économiques innovants sont apparus sous le terme générique d'« économie du partage ». Ils favorisent une consommation collective de biens durables privés en donnant accès à la surcapacité de ces biens. Plusieurs facteurs semblent avoir créé les conditions de l'émergence de ces modèles économiques :

- une pénétration de l'internet mobile, lequel devient progressivement omniprésent, et une adoption et une utilisation croissantes des smartphones ;
- des réseaux sociaux qui ont normalisé le partage de l'information en ligne et mobile, et donné aux individus une cyberidentité favorisant la confiance entre internautes ;
- des données en temps réel et géolocalisées qui permettent un rapprochement direct de la demande et de l'offre de trajets, de voitures ou de vélos ;

Graphique 3.21. **Utilisations prévues et mises en œuvre des données issues des systèmes de gestion des dossiers médicaux électroniques**

Nombre de pays

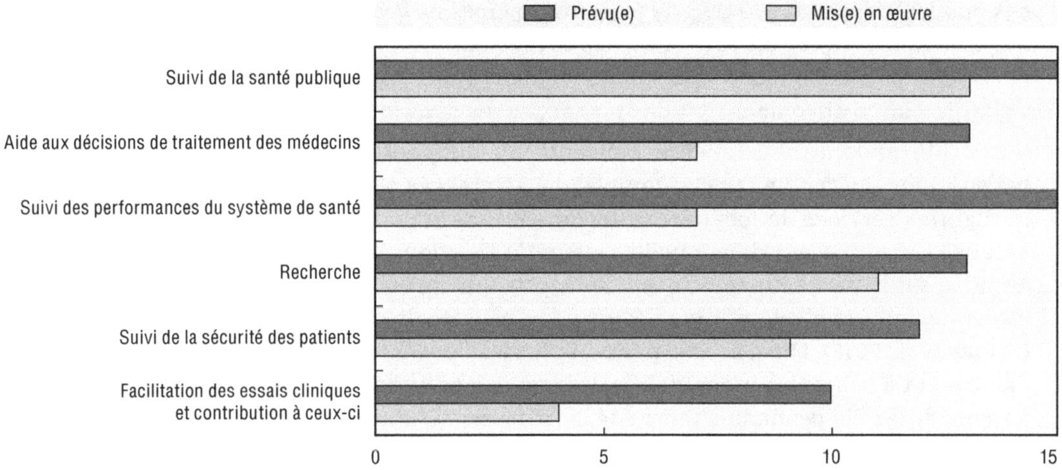

Note : Vingt-cinq pays ont répondu à l'enquête.
Source : OCDE, Enquête HCQI (indicateurs de la qualité des soins de santé) par pays, 2012.

StatLink http://dx.doi.org/10.1787/888933308222

- des notes et des avis qui constituent un outil essentiel de contrôle de la qualité de l'échange en permettant l'évaluation réciproque des vendeurs et des acheteurs ;
- des conditions économiques difficiles depuis la crise financière de 2008, qui pourraient avoir encouragé les propriétaires à saisir les occasions supplémentaires de monnayer leurs biens, et les consommateurs à rechercher des offres meilleur marché (la plus grande plateforme de location de logements entre particuliers, Airbnb, lancée en 2008, et la plus grande application de covoiturage, Uber, lancée un an plus tard).

Les principales entreprises de l'« économie du partage » sont des plateformes qui offrent des locations d'espace, principalement des résidences privées, sur une courte période. Les échanges ou les locations de courte durée de maisons ne sont certes pas chose nouvelle, mais la vitesse et l'échelle auxquelles des plateformes telles que Airbnb ont démocratisé cette pratique de location entre particuliers est sans précédent. Cependant, si la croissance de quelques plateformes de location de logements entre particuliers a été spectaculaire ces dernières années, leurs répercussions économiques globales ne sont pas encore entièrement claires (encadré 3.5).

Encadré 3.5. **Retombées économiques potentielles de la location de logements entre particuliers**

Aucune évaluation des retombées économiques de cette activité n'a encore été réalisée, mais des observations ponctuelles apportent un premier éclairage. Ainsi, si l'on prend le cas de New York, Airbnb affirme que ses hôtes devraient générer plus de recettes pour la ville que ceux des hôtels, et qu'ils dépensent généralement leur argent dans des domaines qui ne profitaient guère de la clientèle des hôtels et du tourisme jusqu'ici.

L'étude d'Airbnb affirme qu'en 2013, 416 000 visiteurs ont réservé un hébergement à New York par l'entremise de la plateforme, générant 632 millions USD d'activité économique. Un hôte Airbnb a passé 6.4 nuits en moyenne sur place (contre 3.9 pour ceux

Encadré 3.5. **Retombées économiques potentielles de la location de logements entre particuliers** *(suite)*

des hôtels) et dépensé 880 USD dans les commerces new yorkais (690 USD pour le visiteur moyen à New York). La plupart (82 %) des offres d'Airbnb à New York sont situées en dehors de la principale zone touristique, Midtown Manhattan, contre 30 % pour les hôtels, or les visiteurs Airbnb effectuent 57 % de leurs dépenses dans le quartier où ils logent.

Ces chiffres donnent certes une indication du comportement des utilisateurs d'Airbnb, mais ne brossent pas un tableau complet des retombées économiques de cette plateforme ni d'autres services de location de logements entre particuliers dans une ville. Ainsi, l'étude n'examine pas dans quelle mesure la location de logements entre particuliers empiète sur la part de marché des hôtels, pas plus qu'elle ne prend en considération les effets négatifs que cela pourrait avoir sur l'assiette des impôts locaux et sur l'emploi (Zervas *et al.*, 2015). Elle n'aborde pas non plus les dépenses locales des salariés des hôtels par rapport à celles des propriétaires des logements Airbnb, qui sont vraisemblablement absents de la ville pendant le temps de la location.

Il est donc nécessaire de procéder à une évaluation plus complète des conséquences économiques de la location de logements entre particuliers et d'autres activités de l'économie du partage, afin de mieux appréhender l'impact économique global de ces services aux niveaux local et national.

Source : Airbnb, 2014 ; Zervas et al., 2015.

L'économie du partage s'est rapidement développée aussi sur le marché de la mobilité urbaine. Reposant sur des applications mobiles (dans la plupart des cas) et exploitant la géolocalisation en temps réel, les options de mobilité partagée sont très variées : location de véhicules privés (Zipcar), de trajets (Uber, Lyft, blablacar) et de places de parking (justpark) ; partage de véhicules garés librement (Car2go, DriveNow) ou dans des stations (Autolib') ; ou location de vélos (Vélib'). Ces services connaissent un grand succès auprès des utilisateurs, mais leur impact sur la mobilité urbaine reste à évaluer (encadré 3.6).

Encadré 3.6. **Effets potentiels de la mobilité partagée sur le transport urbain**

La voiture est un bien abondant, qui figure parmi les postes de dépense les plus lourds du budget des ménages. Dans les villes, les véhicules sont garés durant 95 % du temps et, aux États-Unis, un ménage dépense en moyenne 8 776 USD par an pour sa voiture, en comptant le carburant, l'assurance, l'amortissement du véhicule, les remboursements d'emprunt et les autres dépenses (FIT, 2012 ; *Time*, 2012).

Le fait de partager des voitures, des trajets et des vélos élargit l'offre de transport en ville, réduit la consommation de ressources et peut transformer radicalement la question de la mobilité urbaine. Ratti et Claudel (2014) ont établi qu'à Singapour, on pourrait satisfaire la demande de mobilité routière avec 30 % seulement des véhicules présents en ville. Le Forum international des transports (FIT) estime pour sa part que la pratique de l'autopartage pourrait réduire de moitié la taille du parc automobile dans les villes, et présente un scénario combinant des transports publics à haute capacité et des « TaxiBots » sans chauffeur (véhicules autonomes en utilisation partagée), scénario dans lequel 10 % seulement des voitures seraient nécessaires (TIF, 2014).

Encadré 3.6. **Effets potentiels de la mobilité partagée sur le transport urbain** *(suite)*

Ces scénarios optimistes , ont peu de chances de se concrétiser à brève échéance. Dans un premier temps, les services de mobilité partagée pourraient en fait accroître le nombre de voitures dans les villes, comme l'ont indiqué les premières évaluations des systèmes d'autopartage. La principale raison à cela est que, d'une part, les utilisateurs des véhicules partagés qui possèdent eux-mêmes une voiture ne renoncent pas nécessairement à celle-ci et que, d'autre part, de nombreux utilisateurs du système d'autopartage ne possèdent pas de véhicules (*Le Monde*, 2013)

Ces systèmes de partage n'en étant qu'aux premiers stades de leur développement, il faut davantage de temps, d'expérience et de données probantes pour juger de leur effet global sur la mobilité urbaine. Toutefois, étant donné leur succès et leur potentiel économique, il faudra examiner leurs répercussions. Les systèmes de partage de véhicules garés librement devraient générer des recettes annuelles estimées à 1.4 milliard EUR dans les villes de plus de 500 000 habitants de la zone OCDE d'ici à 2020 (Civity, 2014).

Source : Civity, 2014 ; TIF, 2012, 2014 ; *Le Monde*, 2013 ; Ratti et Claudel, 2014 ; *Time*, 2012.

De nombreux modèles de l'économie du partage reposent actuellement sur l'autoréglementation, notamment par le biais de notes et d'avis. Dans l'économie du partage, la réputation est un guide essentiel pour les consommateurs comme pour les fournisseurs. Si les notes et les avis sont, pour les deux parties, une incitation à tenir leurs promesses, ils présentent toutefois plusieurs défauts (faibles taux de réponse, informations incomplètes, etc.).

L'économie du partage donne aux consommateurs la possibilité d'accéder à une grande diversité de services à des prix moins élevés, mais son modèle économique n'est pas toujours cohérent avec les lois et règlements en vigueur, ceux-ci datant d'une époque où la technologie sous-jacente n'était pas disponible. Cette situation a déclenché des réactions virulentes de la part des associations des professionnels concernés (qui considèrent ces activités comme une concurrence déloyale), des syndicats (préoccupés par l'absence de statut clair des personnes travaillant dans ces nouvelles entreprises) et des décideurs publics (soucieux de protéger les consommateurs et les travailleurs), au point que ces activités ont été interdites dans certains pays ou certaines villes. Le défi à relever sur le plan législatif et réglementaire est d'assurer une protection efficace des consommateurs et des travailleurs dans ce nouvel environnement économique, sans se priver des avantages potentiels de cette nouvelle forme d'économie.

Production collaborative

Si l'économie du partage traite de la « consommation collective », la contribution participative (*crowdsourcing*) *et* le financement participatif fournissent deux exemples intéressants de « production collaborative ».

Le principe de *contribution participative* peut s'appliquer à une vaste palette d'activités, de tâches et de défis, dont les plus courants sont la création d'idées, la conception de produits, la résolution de problèmes, le développement de produits, le marketing et la publicité (Simula et Ahola, 2014). En général, les grandes entreprises ou organisations, comme IBM, General Electric, la NASA, la DARPA ou l'USAID, organisent une forme de contribution participative au sein de leurs réseaux internes respectifs. N'ayant ni la taille ni les ressources pour procéder ainsi, les plus petites entreprises s'adressent plutôt à des communautés externes, le plus souvent par l'entremise d'une plateforme spécialisée. Les plateformes de contribution participative invitent alors des groupes de personnes partageant un intérêt ou une compétence spécifique à accomplir une tâche bien définie pour l'entreprise ou à proposer une solution aux difficultés que celle-ci rencontre. La contribution participative prend habituellement la forme d'un concours dont le prix récompense l'idée, la solution ou le dessin vainqueur. Les concours semblent efficaces dans de nombreux cas, mais ils mettent généralement les individus en concurrence au lieu de les inciter à la collaboration (Majchrzak et Malhotra, 2013). Les plateformes qui permettent la collaboration en ligne, comme Wikipedia, ou invitent à la co-création sur l'internet, comme Quirky, sont encore rares.

Si la contribution participative au développement de produits n'est pas une pratique très répandue, quelques entreprises en font un usage intensif avec d'excellents résultats. La démarche la plus courante consiste à s'assurer la participation des clients par l'entremise des médias sociaux et à travers les retours d'information. Dans les (28) pays de l'UE, 25 % des entreprises se servent des médias sociaux pour communiquer avec leurs clients et presque 10 % associent ces derniers au développement ou à l'évolution de biens et de services (graphique 3.22). Xiaomi, le fabricant chinois de smartphones, a bien intégré cette pratique : son entreprise diffuse une nouvelle version de son logiciel MIUI chaque semaine, sur la base des retours d'information des clients. Ceux-ci font des suggestions et votent pour choisir les modifications à apporter, via Weibo, l'équivalent chinois de Twitter (*Economist*, 2013).

Graphique 3.22. **Entreprises associant leurs clients au développement des produits, 2013**

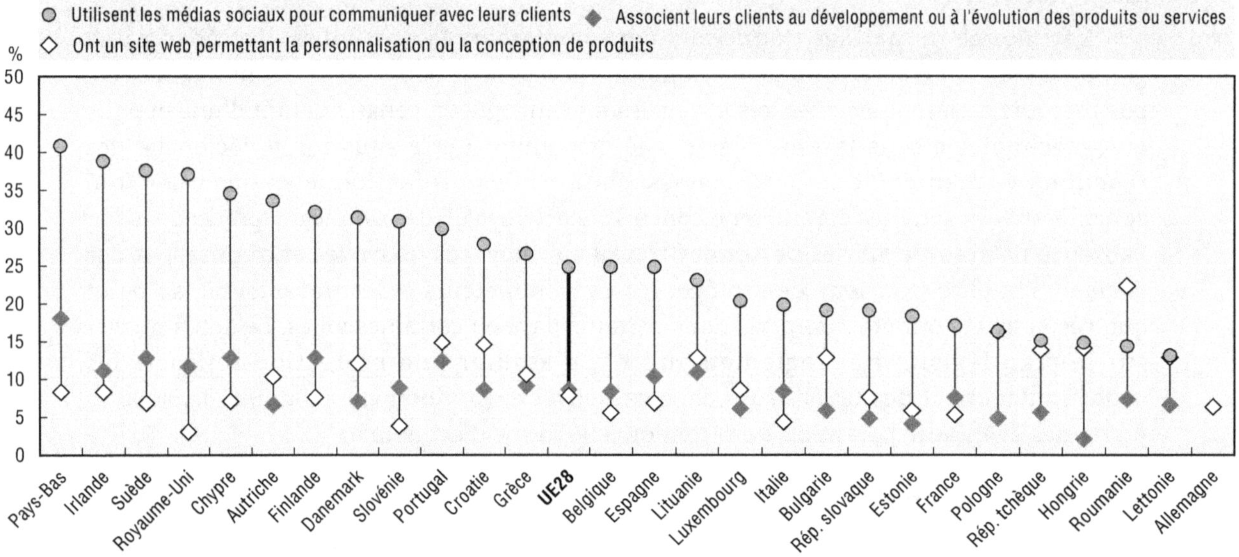

Note : Sauf indication contraire, la couverture sectorielle comprend toutes les activités du secteur manufacturier et du secteur des services marchands non financiers. Seules les entreprises de dix salariés ou plus sont prises en compte.
Source : Eurostat, Statistiques sur la société de l'information, janvier 2015.

StatLink http://dx.doi.org/10.1787/888933308233

D'autres entreprises, comme Tesla ou Adidas, permettent à leurs clients d'individualiser leurs produits en ligne. Quirky, une jeune entreprise innovante, va plus loin : elle offre une plateforme sur laquelle chacun peut fournir des idées et des dessins de produit, demande ensuite à la communauté de voter pour désigner le produit à fabriquer, puis laisse les concepteurs influer sur le processus de développement final. Idées, dessins et influence sont ensuite rémunérés par des redevances versées sur chaque produit vendu par Quirky. Depuis 2009, Quirky a développé 417 produits avec sa communauté, dont l'effectif dépasse aujourd'hui le million d'inventeurs (Quirky, 2015).

Il n'existe pratiquement aucun règlement régissant la contribution participative dans les pays de l'OCDE, mais un certain nombre de problèmes importants pourraient nécessiter que l'on s'y intéresse :

- L'emploi et la rémunération des personnes qui collaborent en ligne, éventuellement depuis l'étranger, dans le cadre de contrats à court terme doivent obéir à des règles. Les concours ont peu de chances de constituer un modèle équitable et pourraient ne pas être le moyen le plus efficace.
- Il existe un risque d'exploitation abusive des motivations extrinsèques (raisons financières, renforcement des connaissances et des compétences, construction d'une notoriété) ou intrinsèques (sentiments communautaires, plaisir, stimulation intellectuelle) des membres de la collectivité (Simula et Ahola, 2014).
- Tous les systèmes de propriété intellectuelle actuels n'encadrent pas correctement les initiatives d'invention collaborative, ce qui pose un problème pour les brevets comme pour les droits d'auteur.

Le terme *financement participatif* (*crowdfunding*) désigne différents types de plateformes. Il peut faire référence : i) au prêt de pair à pair ; ii) au financement sous forme de dons, consentis sans contrepartie ou en échange d'une contrepartie non financière ; iii) au financement avec prise de participation par une communauté d'investisseurs. Les premières plateformes de financement participatif sont apparues dans les secteurs de la création (musique, films, jeux, arts vivants, mode et design), mais se sont ensuite diversifiées sur une large palette d'activités.

Le marché du financement participatif a connu une forte croissance ces dernières années, principalement emmenée par ses déclinaisons non capitalistiques (graphique 3.23). Il est particulièrement développé aux États-Unis et en Europe, qui représentaient respectivement 60 % et 35 % du marché total en 2012 (Massolution, 2013).

Graphique 3.23. **Marché global du financement participatif**

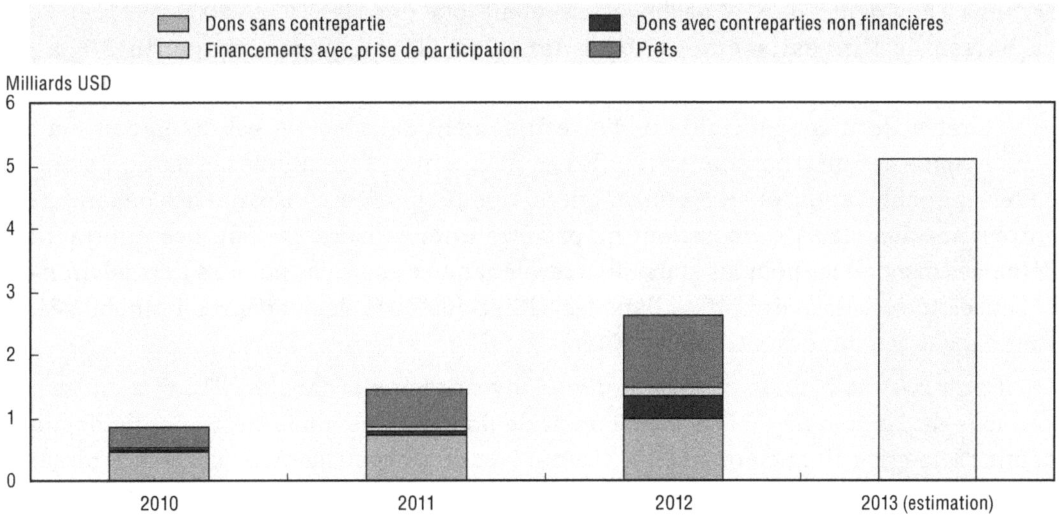

Source : Massolution (2013).

StatLink http://dx.doi.org/10.1787/888933308242

Les plateformes de financement participatif non capitalistique (dons sans contrepartie ou consentis en échange de contreparties non financières) ouvrent des perspectives aux innovateurs, à moindre risque pour les commanditaires qui n'attendent aucun intérêt financier de leur contribution, uniquement préoccupés du (futur) produit ou des « avantages liés à la communauté » (Belleflamme et Lambert, 2014). Les possibilités qu'offrent les plateformes de financement avec prise de participation, aux entrepreneurs comme aux investisseurs, doivent être examinées parallèlement aux risques, pour les seconds notamment (Agrawal, Catalini et Goldfarb, 2013). Compte tenu des perspectives qu'ouvrent ces sources complémentaires pour financer les premiers stades de développement des startups, un cadre réglementaire clair s'impose afin de réduire au maximum les risques de ce mode de financement tout en développant son potentiel (Wilson et Testoni, 2014).

Peu de pays s'y sont attaqués jusqu'ici. En Europe, notamment, deuxième plus grand marché du financement participatif, différents règlements nationaux doivent être clarifiés (voir l'annexe). Les États-Unis, de leur côté, ont adopté un cadre juridique complet de ce mode de financement (*Jumpstart Our Business Startups [JOBS] Act*), en cours de mise en œuvre.

3.3. Mesure des effets de l'économie numérique : croissance, productivité et emplois

L'investissement dans les biens et services des TIC est un moteur de croissance important. En 2013, dans la zone OCDE, ce type d'investissement représentait 13.5 % de la formation de capital fixe[8] et 2.7 % du PIB. Les logiciels et les bases de données absorbent plus des deux tiers de l'investissement dans les TIC. Dans l'ensemble des pays de l'OCDE, cet investissement varie, de près de 4 % du PIB en Suisse et en République tchèque à moins de 2 % en Grèce et en Irlande. Ces écarts reflètent généralement les différences de spécialisation des pays et leurs positions respectives dans le cycle économique (graphique 3.24).

Durant la période 2001-13, l'investissement dans les TIC a diminué, passant de 3.4 % à 2.7 % du PIB et de 14.8 % à 13.5 % de la formation de capital fixe (graphique 3.25). Cette baisse recouvre deux mouvements opposés : un recul des équipements informatiques et des équipements de télécommunication, et une progression des logiciels. La part de ces derniers a augmenté, de 51 % de l'investissement total dans les TIC en 2000 à 69 % en 2013. La baisse de l'investissement total dans les TIC en pourcentage du PIB a été particulièrement marquée en Corée (-1.4 point) ainsi qu'en Slovénie et en Suède (-1.2).

Le ralentissement généralisé de l'investissement dans les TIC est dû en partie à une baisse rapide des prix, notamment sur les équipements informatiques et les équipements de télécommunication, et en partie au fait qu'une proportion croissante des dépenses des entreprises dans les TIC pourraient ne pas être immobilisées. De fait, des informations détaillées disponibles pour les États-Unis révèlent que c'est le cas pour un tiers environ des dépenses totales des entreprises dans les TIC et que 40 % des dépenses immobilisées le sont dans le secteur des TIC (OCDE, 2014c).

Entre 2001 et 2013, la contribution de l'investissement dans les TIC à la croissance annuelle du PIB a varié de 0.15 à 0.52 point de pourcentage, mais s'est ralentie depuis le début de la crise financière en 2007. La part de cet investissement dans la croissance anuelle du PIB est restée comprise entre 0.07 et 0.45 point (graphique 3.26), contre 0.22-0.59 pour la période 2001-07 (graphique 3.27)[9].

Graphique 3.24. **Investissement dans les TIC par type d'actifs, 2013**

En pourcentage du PIB et de la formation brute de capital fixe

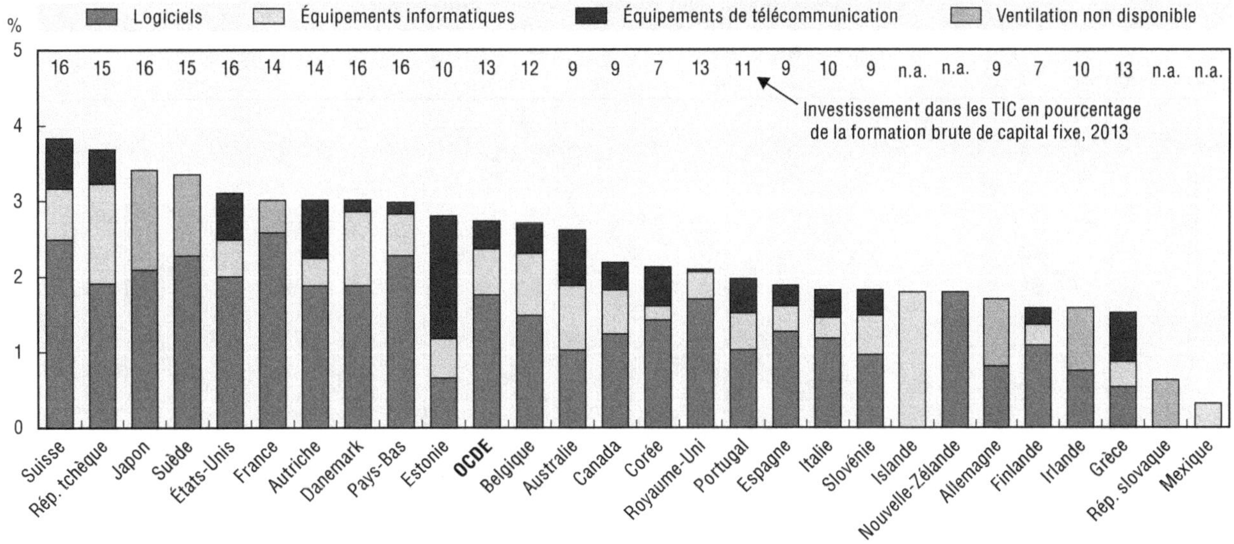

Note : Pour l'Australie, l'Espagne et la Suède, les données se rapportent à 2012 au lieu de 2013, pour le Portugal, elles se rapportent à 2011. Pour l'Islande, le Mexique, la Nouvelle-Zélande et la République slovaque, les données étaient incomplètes, disponibles uniquement pour le type d'actifs représenté. La série « Ventilation non disponible » représente l'ensemble des équipements informatiques et des équipements de télécommunication dans tous les cas.

Source : OCDE, *Base de données des Comptes nationaux annuels* ; Eurostat, Statistiques sur les comptes nationaux ; et sources nationales, février 2015.

StatLink http://dx.doi.org/10.1787/888933308256

Graphique 3.25. **Dynamique de l'investissement dans les TIC, 2001, 2007 et 2013**

En pourcentage du PIB et de la formation brute de capital fixe

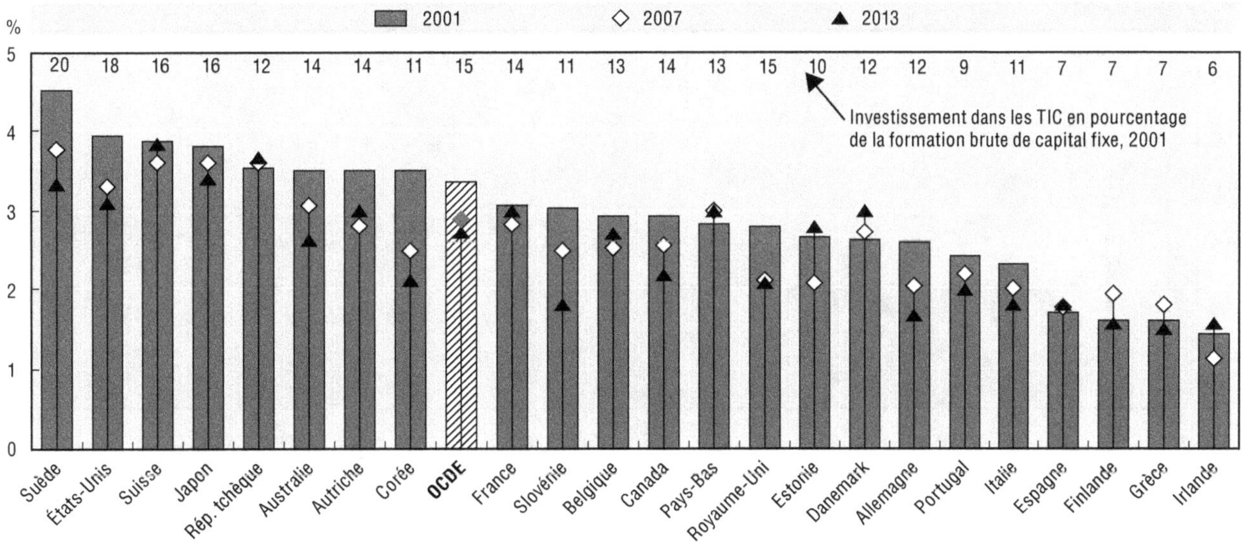

Note : Pour l'Australie, l'Espagne et la Suède, les données se rapportent à 2012 au lieu de 2013. Pour le Portugal, elles se rapportent à 2011.

Source : OCDE, *Base de données des Comptes nationaux annuels* ; Eurostat, Statistiques sur les comptes nationaux ; et sources nationales, février 2015.

StatLink http://dx.doi.org/10.1787/888933308267

Graphique 3.26. **Contribution de l'investissement dans les TIC et de l'investissement hors TIC à la croissance du PIB, 2008-13**

En points de pourcentage, moyenne annuelle

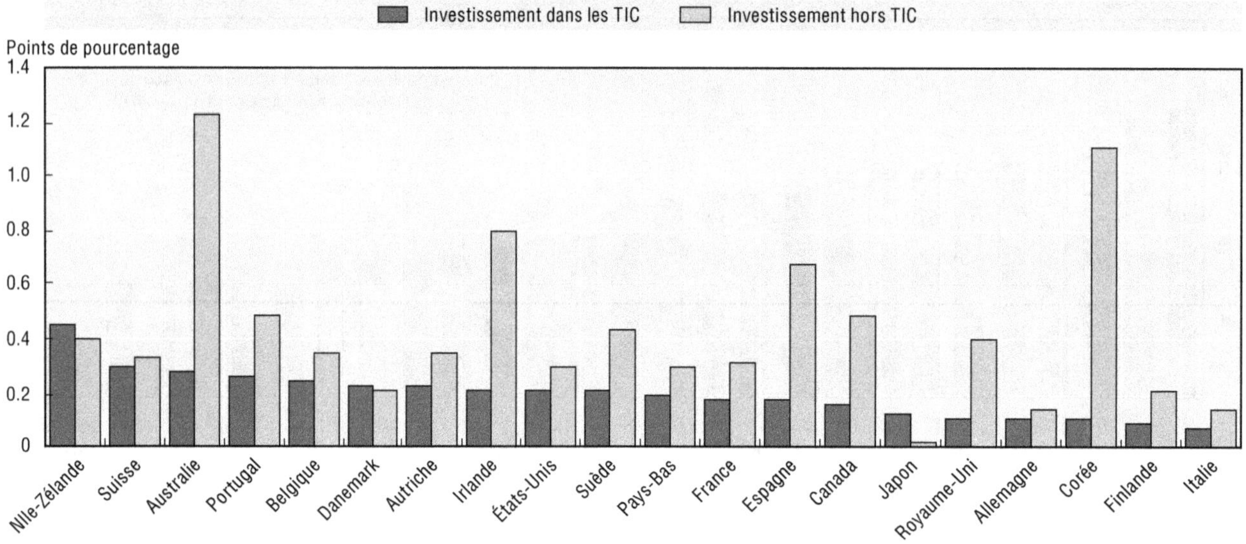

Note : Pour l'Australie et le Japon, les données se rapportent à la période 2008-12. Pour le Portugal, la période considérée est 2008-11.
Source : OCDE, *Base de données sur la productivité*, février 2015.

StatLink http://dx.doi.org/10.1787/888933308278

Graphique 3.27. **Contribution de l'investissement dans les TIC et de l'investissement hors TIC à la croissance du PIB, 2001-07**

En points de pourcentage, moyenne annuelle

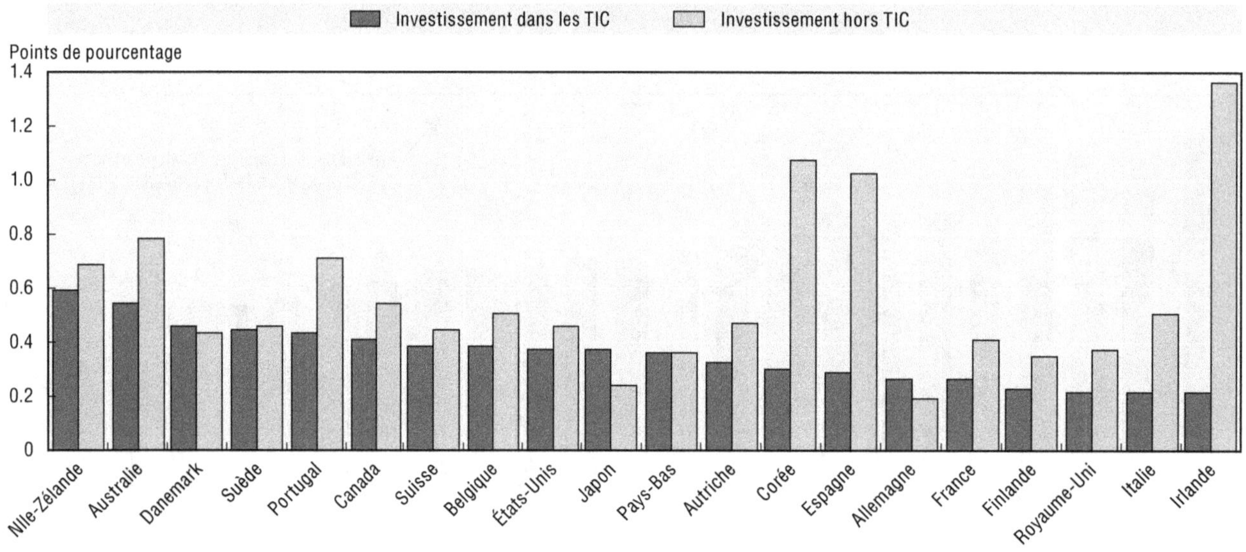

Source : OCDE, *Base de données sur la productivité*, février 2015.

StatLink http://dx.doi.org/10.1787/888933308286

En 2013, dans la zone OCDE, la productivité de la main-d'œuvre (valeur ajoutée par personne occupée) du secteur des TIC était de 162 000 USD en PPA (soit 79 % de plus que dans le reste de l'économie). Les segments les plus démarqués étaient ceux des services de télécommunications (160 % de plus que l'économie totale) et de la fabrication d'ordinateurs (138 %) ; venaient ensuite l'édition de logiciels et les services informatiques, dont l'avance, quoique moins prononcée, est demeurée considérable, 103 % et 21 % respectivement.

Ces données présentent de fortes variations d'un pays à l'autre. La productivité de la main-d'œuvre du secteur des TIC par rapport à celle de l'économie totale va de plus de 200 000 USD en PPA aux États-Unis à plus de 74 000 USD en PPA en Hongrie (graphique 3.28).

Graphique 3.28. **Productivité de la main-d'œuvre du secteur des TIC et de l'économie totale, 2013**

USD courants en PPA, par personne occupée

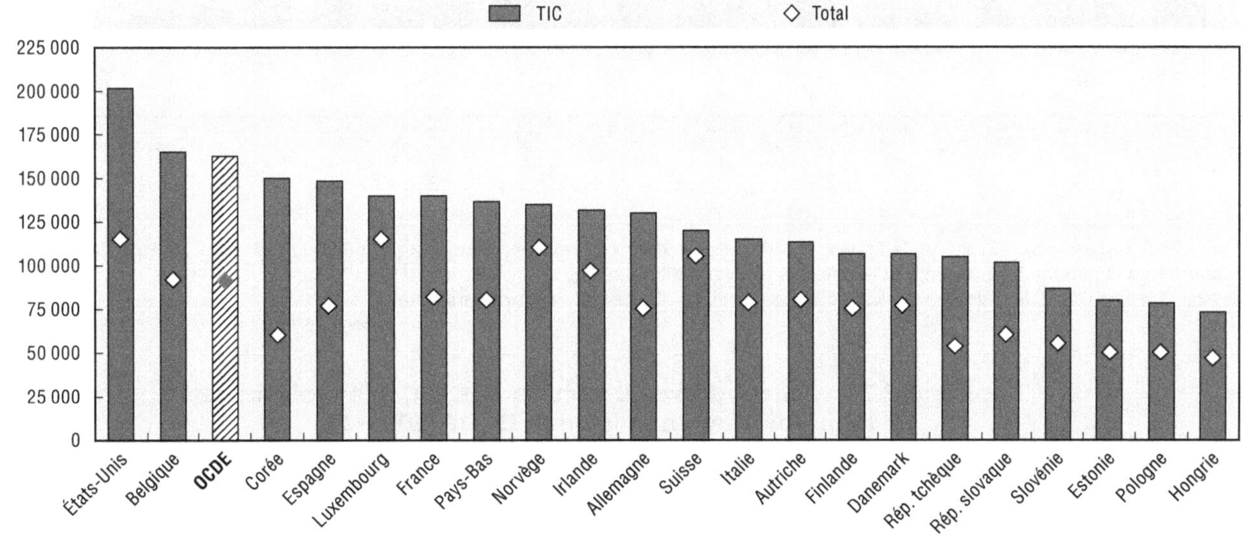

Note : Pour l'Allemagne, l'Espagne, la France, l'Irlande, la Pologne et la Suisse, les données se rapportent à 2012.
Source : D'après OCDE, *Base de données des Comptes nationaux* ; CITI Rév. 4 ; et sources nationales, mai 2015.
StatLink http://dx.doi.org/10.1787/888933308296

Sur la période 2001-13, le secteur des TIC a contribué largement à la croissance de la productivité totale de la main-d'œuvre dans une majorité de pays de l'OCDE (graphique 3.29). Ce secteur a fait augmenter la productivité totale de la main-d'œuvre de 4 % en Irlande, d'environ 3 % en Estonie, en République slovaque et aux États-Unis, et de plus de 2 % en Hongrie, en Norvège et en Suisse. Le ralentissement de la croissance de la productivité dans le secteur des TIC semble aussi avoir provoqué une nette baisse de la productivité totale de la main-d'œuvre en Finlande et au Luxembourg (-0.6 %).

La contribution du secteur des TIC à la croissance de l'emploi total a été inégale durant la dernière décennie (graphique 3.30). Près de 90 % de la chute de l'emploi total en 2001 et plus de 30 % en 2002 (les années de la bulle internet) sont imputables aux pertes d'emplois dans les métiers de l'information et de la communication. Leur contribution est devenue positive quoique limitée (4 % par an en moyenne) sur 2004-06. Au lendemain de la crise récente (2008-10), la contribution de l'information et des communications est redevenue négative, expliquant 8 % par an de la baisse de l'emploi total. En revanche, le secteur des TIC a participé à la croissance de l'emploi total à hauteur de 4 % en 2011 et 2012 et de 22 % en 2013. Ces derniers chiffres laissent penser que les TIC jouent un rôle non négligeable dans la reprise qui s'annonce.

Graphique 3.29. **Contribution du secteur des TIC à la croissance de la productivité totale de la main-d'œuvre, 2001-13**

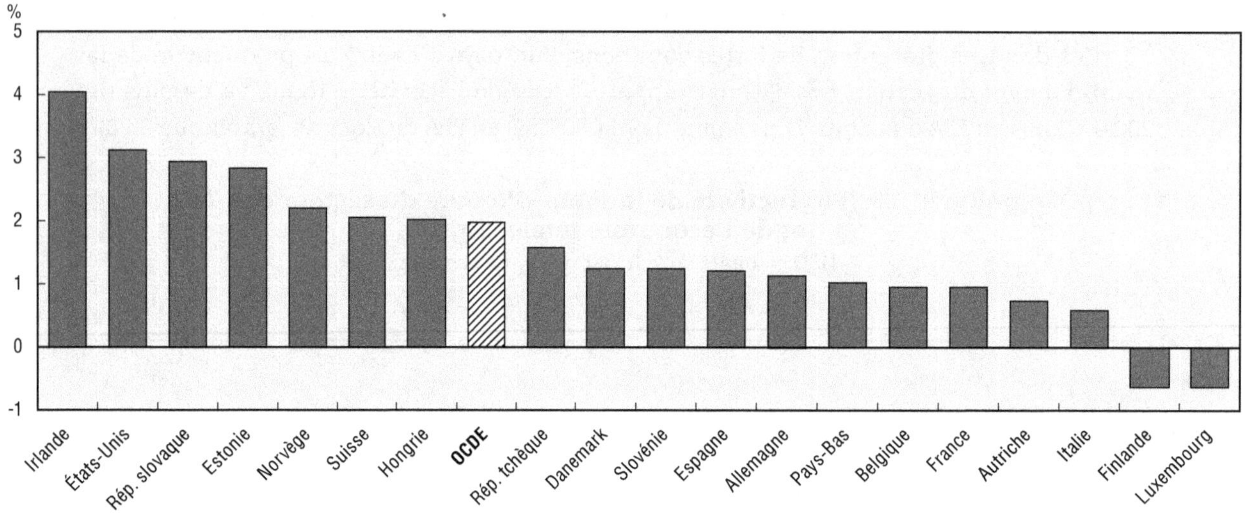

Note : Pour l'Allemagne, l'Espagne, la France et l'Irlande, les données se rapportent à la période 2001-12. Pour les Pays-Bas, elles se rapportent à la période 2002-13. Pour la Suisse, à la période 2002-12.
Source : D'après OCDE, *Base de données des Comptes nationaux* ; CITI Rév. 4 ; et sources nationales, mai 2015.

StatLink http://dx.doi.org/10.1787/888933308308

Graphique 3.30. **Contribution du secteur des TIC à la croissance de l'emploi total dans la zone OCDE, 2001-13**

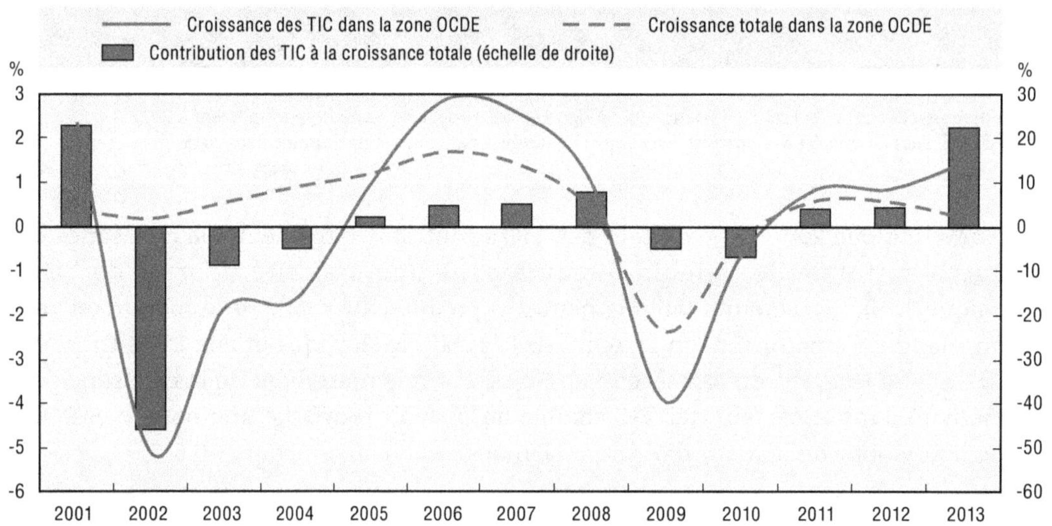

Note : L'ensemble de la zone OCDE comprend 27 pays membres de l'Organisation pour lesquels on disposait de séries de données complètes. Les données de 2013 sont des estimations.
Source : D'après OCDE, *Base de données des Comptes nationaux* ; CITI Rév. 4 ; et sources nationales, mars 2015.

StatLink http://dx.doi.org/10.1787/888933308314

Encadré 3.7. **Stimuler la demande pour développer les TIC en Colombie**

Ces dernières années, la République de Colombie a connu une tendance à l'amélioration du niveau de vie et au développement politique (OCDE, 2015b), et a adopté de nouvelles stratégies dans le but de renforcer l'attractivité du pays aux yeux des investisseurs. Cependant, en dépit du travail accompli, plus de 29 % de la population vit encore dans la pauvreté. Les TIC sont considérées comme un outil essentiel non seulement pour rehausser la compétitivité de la Colombie dans l'environnement mondial, mais aussi pour améliorer la qualité de vie et faire progresser les compétences des Colombiens.

Dans de nombreux pays, les politiques relatives aux TIC se sont intéressées principalement au côté de l'offre. La qualité de l'infrastructure et des services des TIC est certes une condition requise pour promouvoir l'utilisation de ces technologies, mais la Colombie, pour sa part, a opté pour une approche holistique d'encouragement de tout l'écosystème numérique. Pour ce faire, le gouvernement a mis en place un programme d'action informatique intitulé *Plan Vive Digital* (2010-14), opérant simultanément sur quatre fronts : l'infrastructure et les services, côté offre, et les applications et les utilisateurs, côté demande. Ce plan devrait accroître nettement l'adoption de l'internet comme moyen de réduire la pauvreté, de créer des emplois et d'améliorer la compétitivité et la productivité.

La Colombie a installé quatre nouveaux câbles sous-marins à travers l'Atlantique et le Pacifique et a nettement amélioré sa connectivité internationale pour répondre à la demande croissante d'applications et de services dans le pays. À la stratégie nationale en matière de haut débit s'est ajouté le déploiement de la 4G sur tout le territoire, à l'occasion duquel le pays est passé de trois opérateurs (3G) en 2010 à six opérateurs (3G et 4G) et quatre opérateurs de téléphonie mobile sans réseau.

Le développement de l'infrastructure dorsale demeure toutefois insuffisant. L'une des composantes essentielles de la stratégie *Vive Digital* est d'atteindre les utilisateurs qui se trouvent en bas de la pyramide des revenus et ceux qui vivent dans les zones rurales du pays. Pour connecter les zones rurales et reculées, la Colombie a créé des centres sociaux spécialisés dans l'internet, afin que les citoyens aient accès à la formation, à la connectivité internet, à la téléphonie, au monde du spectacle et à d'autres services technologiques. À ce jour, on compte 449 *puntos Vive Digital* dans les zones urbaines les plus défavorisées et 6 548 *kioscos Vive Digital* dans les centres ruraux de plus de 100 habitants.

Exemples de punto Vive Digital (à gauche) et de kiosco Vive Digital (à droite)

Source : MinTIC, ministère colombien des TIC.

La stratégie numérique prévoit également, pour les populations à faible revenu, une aide aux services internet, financée par les contributions des opérateurs au fonds national des télécommunications (FONTIC). Les aides sont accordées aux utilisateurs par le truchement des fournisseurs d'accès à l'internet, qui déduisent ensuite les sommes versées de leur contribution au FONTIC. Les citoyens peuvent choisir d'utiliser cette aide pour couvrir en partie soit la valeur mensuelle de l'offre haut débit, soit la valeur d'un ordinateur ou d'un terminal.

Encadré 3.7. **Stimuler la demande pour développer les TIC en Colombie** *(suite)*

En matière fiscale, l'exonération de TVA accordée sur les ordinateurs a été étendue aux appareils mobiles, à condition que leur prix ne dépasse pas 900 USD pour les PC et les ordinateurs portables et 470 USD pour les appareils mobiles connectés. En outre, les tarifs douaniers sur les importations d'ordinateurs, de tablettes, de smartphones et de pièces détachées pour ces appareils ont été supprimés en 2011. Grâce à ces mesures, le taux de croissance des ventes de matériel informatique est parmi les plus élevés d'Amérique latine (+16 %), et les prix sont parmi les plus bas du continent. Au troisième trimestre 2014, le pays a atteint un taux de pénétration de 41.44 terminaux (ordinateurs et tablettes) pour 100 habitants.

Plusieurs programmes de la stratégie *Vive Digital* visent à accroître l'adoption des TIC dans les PME : cours de formation à l'internet, salons professionnels réservés aux PME et au secteur informatique, et promotion du commerce électronique. Certains programmes destinés aux PME sont exécutés par de grandes entreprises et cofinancés par les pouvoirs publics. L'objectif est de former les PME et de les inciter à utiliser les TIC, de façon à renforcer l'efficience de toute la chaîne de valeur dont elles font partie.

Pour favoriser la création de contenus, des *Viva Labs* ont été mis en place. Ces centres doivent contribuer au développement du secteur des contenus numériques dans des domaines tels que les jeux vidéo, l'animation et l'audiovisuel. *Apps.co*, le programme d'entrepreneuriat numérique, forme actuellement plus de 70 000 entrepreneurs sur des thèmes comme l'élaboration d'un modèle économique, la gestion d'une jeune entreprise innovante et l'acquisition de compétences informatiques.

Dans le domaine de l'éducation, le ministère colombien des Technologies de l'information et des communications (MinTIC) a fourni 2 millions d'ordinateurs et de tablettes aux écoles publiques et aux bibliothèques dans le cadre de l'initiative *Computadores par Educar*. Cette initiative prévoit également une formation approfondie des enseignants et des enfants, et une sensibilisation des parents.

Le programme de sensibilisation, *En TIC Confío* (j'ai confiance dans les TIC), s'emploie à promouvoir une utilisation responsable et sûre de l'internet, et à prévenir les risques auxquels sont exposés les enfants, les jeunes et les adultes lorsqu'ils évoluent dans le cyberespace.

Au cours des quatre dernières années, la Colombie a été largement saluée pour la stratégie ambitieuse que représentait *Vive Digital*. En 2012, elle a reçu le *Government Leadership Award*, décerné par la GSM Association, pour la qualité des politiques et des pratiques mises en place en matière de réglementation des télécommunications.

Plusieurs réalisations importantes peuvent ainsi être citées. Le plan *Vive Digital* a porté le nombre de connexions haut débit de 2.2 millions en 2010 à 9.7 millions en 2014. Le nombre de communes connectées à l'internet a bondi, passant de 17 % en 2010 à 96 % en 2014. La part des PME connectées a progressé également, de 7 % en 2010 à presque 61 % en 2014. Enfin, la proportion des ménages connectés à l'internet s'est accrue, de 17 % en 2010 à 44 % en 2014, et devrait atteindre 50 % d'ici à la fin 2015.

La prochaine phase de la stratégie, *Vive Digital 2014-2018*, vise à renforcer le côté demande de l'écosystème numérique (applications et utilisateurs), avec trois objectifs principaux : i) faire de la Colombie l'un des chefs de file mondiaux du développement d'applications sociales pour les familles et les populations à faible revenu et celles vivant dans des zones rurales ou reculées ; ii) accroître l'efficience et la transparence de l'administration publique grâce aux TIC ; et iii) promouvoir et développer les talents du numérique.

L'action menée dans le domaine de la connectivité, toutefois, se poursuivra jusqu'en 2018. La Colombie a pour ambition d'atteindre 27 millions de connexions haut débit et d'accroître la pénétration de la connectivité des ménages, de 50 % en 2014 à 63 % en 2018. Le pays entend également faire passer la pénétration de l'internet de 60 % à 70 % dans les PME d'ici à 2018.

Encadré 3.7. **Stimuler la demande pour développer les TIC en Colombie** *(suite)*

Il reste que la Colombie doit relever un défi de taille : faire éclore les talents nécessaires au développement d'un écosystème local d'innovation. Alors qu'en Chine et au Brésil, le nombre annuel de diplômés en ingénierie de systèmes progresse de 26 % et 10 % respectivement, la Colombie enregistre à cet égard un taux de croissance négatif de -5 %. C'est pourquoi le plan se donne également pour objectif d'accroître la main-d'œuvre des TI.

Le ministère des Technologies de l'information et des communications élabore à ce sujet une feuille de route destinée à promouvoir les carrières informatiques auprès des étudiants et à améliorer considérablement la qualité de l'enseignement. La Colombie a déjà organisé plusieurs « hackathons », qui réunissent une vaste palette de développeurs de logiciels et d'applications, de concepteurs d'interfaces utilisateur, d'analystes de données et autres spécialistes afin de les amener à collaborer au développement de services, de produits ou de solutions à un problème donné. Les hackathons ont eu pour but d'élaborer des applications sociales contribuant à résoudre certains problèmes auxquels se heurtaient les populations à faible revenu et à combattre la pauvreté.

Stimuler la demande de TIC n'est pas une question strictement sectorielle, dans la mesure où ces technologies ont gagné pratiquement tous les secteurs et transforment les économies en économies numériques. Une approche à l'échelle de l'administration tout entière est donc essentielle pour tirer parti des effets favorables des TIC. En Colombie, les ministères de la Défense nationale, de la Justice et du Droit, de l'Éducation nationale, de la Santé et de la Protection sociale, et du Commerce, de l'Industrie et du Tourisme se sont donc alliés pour encourager la demande dans chacun de ces secteurs.

Source : Alcaldía de Mutatá, 2014 ; MinTIC, 2013.

Notes

1. Les petites entreprises sont définies comme employant entre 10 et 49 personnes.
2. Comme lorsque les administrations des douanes classent les biens sans tenir compte des règles et principes de classification tarifaire acceptés à l'échelon international.
3. Pour plus d'informations, voir : *http://press.spotify.com/fr/information/*.
4. Voir *www.flickr.com/photos/franckmichel/6855169886/*.
5. Voir *http://instagram.com/press/*.
6. Pour plus d'informations, voir *www.youtube.com/yt/press/fr/statistics.html*.
7. Voir OCDE, d'après Instantwatcher (*http://instantwatcher.com/titles/all*).
8. Formation brute de capital fixe.
9. De façon générale, la contribution de l'investissement hors TIC a augmenté dans tous les pays en raison de la mise en œuvre du nouveau Système de comptabilité nationale (2008), qui a introduit quelques changements notables, comme l'immobilisation des dépenses de R-D et d'équipement militaire. Elle a été relativement plus élevée en Australie, au Canada, en Corée, en Espagne, en Irlande et au Portugal.

Références

Agrawal K., C. Catalini et A. Goldfarb (2013), « Some simple economics of crowdfunding », *NBER Working Paper Series*, Cambridge, MA, *www.nber.org/papers/w19133* (consulté le 14 octobre 2014).

Airbnb (2014), « The Airbnb community's economic effect on New York City », *Airbnb* blog, *http://blog.airbnb.com/wp-content/uploads/Airbnb-economic-impact-study-New-York-City.pdf*.

Alcaldía de Mutatá (2014), « Punto Vive Digital Municipio de Mutatá », communiqué de presse, 12 novembre 2014, Mutatá en Antioquia, *www.mutata-antioquia.gov.co/noticias.shtml?apc=ccx-1-&x=2785213* (consulté le 15 avril 2015).

Androsoff, R. et A. Mickoleit (2015), « Measuring government impact in a social media world », blog *OECD Insights*, 18 février 2015, *http://oecdinsights.org/2015/02/18/measuring-government-impact-in-a-social-media-world* (consulté le 15 avril 2015).

Apple (2013), « L'iTunes Store établit un nouveau record avec 25 milliards de chansons vendues », *Informations presse*, 6 février 2013, Cupertino, *www.apple.com/fr/pr/library/2013/02/06iTunes-Store-Sets-New-Record-with-25-Billion-Songs-Sold.html* (consulté le 15 avril 2015).

Bakhshi, H., A. Freeman et P. Higgs (2013), *A dynamic mapping of the UK's creative industries*, NESTA, *www.nesta.org.uk/sites/default/files/a_dynamic_mapping_of_the_creative_industries.pdf*.

Belleflamme, P. et T. Lambert (2014), « Crowdfunding: Some empirical findings and microeconomic underpinnings », document rédigé pour un numéro spécial de la *Revue bancaire et financière*, juillet 2014.

Cinelli, S. (2014), « Lending Club's IPO and the next phase of Crowdfunding », crowdfundingbeat, *http://crowdfundbeat.com/lending-clubs-ipo-and-the-next-phase-of-crowdfunding/* (consulté le 22 octobre 2014).

Civity (2014), « Urban mobility in transition? », *matters* No. 1, Civity Management Consultants, Berlin.

ECN (2013), *Review of Crowdfunding Regulation*, European Crowdfunding Network, Bruxelles, *www.europecrowdfunding.org/wp-content/blogs.dir/12/files/2013/12/ECN-Review-of-Crowdfunding-Regulation-2013.pdf*.

Economist (2014), « Banking without banks », *The Economist*, 1er mars 2014, *www.economist.com/news/finance-and-economics/21597932-offering-both-borrowers-and-lenders-better-deal-websites-put-two* (consulté le 22 octobre 2014).

Economist (2013), « Taking a bite out of Apple », *The Economist*, 12 septembre 2013, *www.economist.com/news/business/21586344-xiaomi-often-described-chinas-answer-apple-actually-quite-different-taking-bite-out* (consulté le 14 octobre 2014).

Eurostat (2013), Base de données sur la société de l'information, site web d'Eurostat, *http://ec.europa.eu/eurostat/web/information-society/data/comprehensive-database* (consulté le 4 novembre 2014).

FCA (2014), « The FCA's regulatory approach to crowdfunding over the internet, and the promotion of non-readily realisable securities by other media », *Feedback to CP13/13 and final rules*, Financial Conduct Authority, Londres, *www.fca.org.uk/static/documents/policy-statements/ps14-04.pdf*.

Flurry (2014), « Mobile to television », *Flurry Insights*, *www.flurry.com/blog/flurry-insights/mobile-television-we-interrupt-broadcast-again#.VG-PgPnF9HX* (consulté le 21 novembre 2014).

Fox, S. et M. Duggan (2013), « Tracking for health », *Pew Research Center*, 28 janvier 2013, Pew Research Center, Washington, DC, *www.pewinternet.org/2013/01/28/tracking-for-health/*.

GSMA (2013), *Socio-economic Impact of mHealth: An Assessment Report for the European Union*, Londres, Groupe Speciale Mobile Association et PricewaterhouseCoopers, *www.gsma.com/connectedliving/wp-content/uploads/2013/06/Socio-economic_impact-of-mHealth_EU_14062013V2.pdf*.

GSMA et PwC (2012), *Touching Lives through Mobile Health: Assessment of the Global Market Opportunity*, Londres, Groupe Speciale Mobile Association et PricewaterhouseCoopers, *www.gsma.com/connectedliving/gsma-pwc-report-touching-lives-through-mobile-health-assessment-of-the-global-market-opportunity/* (consulté le 21 novembre 2014).

IDATE (2014), *DigiWorld Yearbook 2014*, IDATE, Montpellier, France.

FIT (2014), *Urban Mobility: System Upgrade*, Forum international des transports et Comité de partenariat d'entreprise, Paris, *http://internationaltransportforum.org/cpb/pdf/urban-mobility.pdf*.

FIT (2012), « Smart Grids and Electric Vehicles: Made for Each Other? », *Document de référence 2012*, n° 2, Forum international des transports, Paris.

Le Monde (2013), « On a raté l'objectif. Autolib' ne supprime pas de voitures », blog *Le Monde*, 26 mars 2013, *http://transports.blog.lemonde.fr/2013/03/26/on-a-rate-lobjectif-autolib-ne-supprime-pas-de-voitures/* (consulté le 19 septembre 2014).

Lending Club (2014), « Lending Club – what we do », Lending Club, San Francisco, CA, *www.lendingclub.com/public/about-us.action* (consulté le 22 octobre 2014).

Mach, T.L, C.M. Carter et C.R. Slattery (2014), « Peer-to-peer lending to small businesses », *Finance and Economics Discussion Series*, Divisions of Research & Statistics and Monetary Affairs, Federal Reserve Board, Washington, DC, *www.federalreserve.gov/pubs/feds/2014/201410/201410pap.pdf*.

Majchrzak, A. et A. Malhotra (2013), « Towards an information systems perspective and research agenda on crowdsourcing for innovation », *Journal of Strategic Information Systems*, n° 22, pp. 257-268, *http://dx.doi.org/10.1016/j.jsis.2013.07.004.*

Massolution (2013), *2013CF: The Crowdfunding Industry Report*, Massolution, Los Angeles, CA, *www.crowdsourcing.org/editorial/2013cf-the-crowdfunding-industry-report/25107* (consulté le 14 avril 2015).

MinTIC (2013), « Más de 2.800 nuevas localidades de zonas rurales o apartadas tendrán Kioscos Vive Digital » (Plus de 2 800 localités situées dans des zones rurales ou reculées vont disposer de kiosques *Vive Digital*), site web *MinTIC*, 18 septembre 2013, ministère des Technologies de l'Information et des Communications, Bogota, *www.mintic.gov.co/portal/604/w3-article-4372.html* (consulté le 14 octobre 2014).

OCDE (2009), *Top Barriers and Drivers to SME Internationalisation*, Rapport du Groupe de travail de l'OCDE sur les petites et moyennes entreprises (PME) et l'entrepreneuriat, OCDE, Paris, *www.oecd.org/cfe/smes/43357832.pdf.*

OCDE (2011), *OECD Guide to Measuring the Information Society 2011*, Éditions OCDE, Paris, *http://dx.doi.org/10.1787/9789264113541-en.*

OCDE (2012), *OECD Internet Economy Outlook 2012*, Éditions OCDE, Paris, *www.oecd.org/sti/ieconomy/oecd-internet-economy-outlook-2012-9789264086463-en.htm.*

OCDE (2013a), « Open government data: Towards empirical analysis of open government data initiatives », *Documents de travail de l'OCDE sur la gouvernance publique*, n° 22, OCDE, Paris, *http://dx.doi.org/10.1787/5k46bj4f03s7-en.*

OCDE (2013b), *New Approaches to SME and Entrepreneurship Financing: Broadening the Range of Instruments*, Projet de rapport pour la 44e session du Groupe de travail de l'OCDE sur les petites et moyennes entreprises (PME) et l'entrepreneuriat, OCDE, Paris.

OCDE (2014a), « Cloud computing: The concept, impacts and the role of government policy », *OECD Digital Economy Papers*, n° 240, Éditions OCDE, Paris, *http://dx.doi.org/10.1787/5jxzf4lcc7f5-en.*

OCDE (2014b), « Social Media Use by Governments: A Policy Primer to Discuss Trends, Identify Policy Opportunities and Guide Decision Makers », *Documents de travail de l'OCDE sur la gouvernance publique*, n° 26, OCDE, Paris, *http://dx.doi.org/10.1787/5jxrcmghmk0s-en.*

OCDE (2014c), *Measuring the Digital Economy: A New Perspective*, Éditions OCDE, Paris, *http://dx.doi.org/10.1787/9789264221796-en.*

OCDE (2014d), *Recommandation du Conseil sur les stratégies numériques gouvernementales*, Éditions OCDE, Paris, *http://acts.oecd.org/Instruments/ShowInstrumentView.aspx?InstrumentID=306&InstrumentPID=326&Lang=fr&Book=False* (consulté le 14 avril 2015).

OCDE (2015a), *Data-driven Innovation for Growth and Well-being*, Éditions OCDE, Paris (à paraître).

OCDE (2015b), *OECD Economic Surveys: Colombia 2015*, Éditions OCDE, Paris, *http://dx.doi.org/10.1787/eco_surveys-col-2015-en.*

Our Mobile Planet (2013), *Our Mobile Planet – Full Data Sets and Country Reports*, *http://think.withgoogle.com/mobileplanet/en-gb/downloads/* (consulté le 13 avril 2015).

PwC (2014a), *Retail Banking 2020: Evolution or Revolution?* PricewaterhouseCoopers, Londres, *www.pwc.com/et_EE/EE/publications/assets/pub/pwc-retail-banking-2020-evolution-or-revolution.pdf.*

PwC (2014b), *Internet Advertising – Key Insights at a Glance*, PricewaterhouseCoopers, Londres, *www.pwc.com/gx/en/global-entertainment-media-outlook/segment-insights/internet-advertising.jhtml* (consulté le 20 novembre 2014).

Quirky (2015), « About », site web Quirk, *www.quirky.com/about* (consulté le 17 avril 2015).

Ratti, C. et M. Claudel (2014), *The Driverless City*, *www.project-syndicate.org/commentary/carlo-ratti-and-matthew-claudel-foresee-a-world-in-which-self-driving-cars-reconfigure-urban-life* (consulté le 15 mai 2014).

research2guidance (2014), *mHealth App Developer Economics 2014: The State of the Art of mHealth App Publishing*, research2guidance, Berlin, *http://research2guidance.com/r2g/research2guidance-mHealth-App-Developer-Economics-2014.pdf.*

Rochet J.-C. et J. Tirole (2006), « Two-sided markets: a progress report », *RAND Journal of Economics*, vol. 37, n° 3, pp. 645-667, *http://ideas.repec.org/a/bla/randje/v37y2006i3p645-667.html.*

Simula, H. et T. Ahola (2014), « A network perspective on idea and innovation crowdsourcing in industrial firms », *Industrial Marketing Management*, n° 43, pp. 400-408, *http://dx.doi.org/10.1016/j.indmarman.2013.12.008.*

TechCrunch (2014), « Travel, retail and media are 3 industries taking over the App Store », *TechCrunch*, 18 octobre 2014, *http://techcrunch.com/2014/10/18/travel-retail-and-media-are-3-industries-taking-over-the-app-store/* (consulté le 22 octobre 2014).

Time (2012), « What's Car Sharing Really Like? », *Time Business*, avril 2012, *http://business.time.com/2012/04/16/whats-car-sharing-really-like/* (consulté le 19 septembre 2014).

Wagner, K. (2013), « Facebook has a quarter of a trillion user photos », *Mashable*, 17 septembre 2013, *http://mashable.com/2013/09/16/facebook-photo-uploads/* (consulté le 15 avril 2015).

WAN-IFRA (2014), « Tendances mondiales de la presse », communiqué de presse, World Association of Newspapers and News Publishers, Francfort/Paris, *www.wan-ifra.org/fr/press-releases/2014/06/09/tendances-mondiales-de-la-presse-l-imprime-et-le-numerique-augmentent-ense* (consulté le 21 novembre 2014).

Wilson, K. et M. Testoni (2014), « Improving the role of equity crowdfunding in Europe's capital markets », *Bruegel Policy Contribution*, n° 2014/09.

Zervas et al. (2015), *The Rise of the Sharing Economy: Estimating the Impact of Airbnb on the Hotel Industry*, *http://people.bu.edu/zg/publications/airbnb.pdf*.

ANNEXE

Réglementation du financement participatif dans les pays de l'OCDE, 2013

Fonds propres : Fonds propres et financement :
Financement : Fonds propres et prêt :
Prêt : Tous types :

Exemptions : * Fonds propres ** Financement *** Prêt **** Tous types

Pays/Réglementation	Générale (financière)	Prospectus/seuil	Service de paiement	Crédit à la consommation	Loi/législation sur le financement participatif
Allemagne	*	* 100 k/émetteur/oui			
Autriche		240 k/émetteur/oui			
Belgique		100 k/émetteur/oui			
Canada	*		****		
Danemark	***	1 000 k/émetteur/oui			
Espagne		2 000 k/émetteur/oui			À l'étude
Estonie	***	5 000 k/émetteur/oui			
Finlande		1 500 k/émetteur/oui	Pas clair		
France		* 100 k/émetteur/oui	**		À l'étude
Grèce		100 k/émetteur/oui		Prêt par les banques uniquement	
Hongrie	* ***	100 k/émetteur/oui			
Irlande	*	Pas clair	Pas clair		
Israël	Pas clair		Pas clair	Pas clair	
Italie		5 000 k/émetteur/oui			
Luxembourg	Pas clair			Pas clair	
Pays-Bas	Pas clair	2 500 k/émetteur/oui			
Portugal					
République tchèque		1 000 k/émetteur/oui			
Royaume-Uni	*	5 000 k/émetteur/oui	****		
République slovaque		100 k/émetteur/oui			
Slovénie		* 100 k/émetteur/oui			
Suède		2 500 k/émetteur/oui	Pas clair		
Suisse	Pas clair				

Note : Aucune information disponible pour l'Australie, le Chili, l'Islande, le Japon, la Corée, le Mexique, la Nouvelle-Zélande, la Norvège ou la Pologne.
Source : ECN, 2013.

Chapitre 4

Principales évolutions de la politique publique et de la réglementation des communications

L'économie numérique s'appuie sur des réseaux et des services de communications fiables et efficients qui doivent être accessibles de partout, à des prix compétitifs et des débits suffisamment élevés. D'où le rôle croissant de la politique et de la réglementation des communications pour dynamiser l'économie numérique. Le présent chapitre examine les tendances nouvelles qui ont marqué l'action publique et la réglementation à l'égard des réseaux fixes et mobiles, en s'intéressant plus particulièrement à l'émergence de prestataires proposant des services – traditionnels et nouveaux – dits « over-the-top *(OTT)». Les réponses apportées par les pouvoirs publics au débat sur la concentration du secteur et la neutralité des réseaux font l'objet d'une étude approfondie, de même que la politique à l'égard de la gestion du spectre, la question de l'itinérance mobile internationale, le financement public des réseaux de communications et les initiatives concernant l'IPv6. Les tendances en matière de convergence, l'émergence des téléviseurs connectés et les offres groupées de services de communications sont également examinées, afin de déterminer dans quelle mesure elles aident à servir au mieux les intérêts des consommateurs.*

L'action publique et la réglementation dans le domaine des communications sont essentielles pour promouvoir des réseaux et des services de communications fiables et efficients, qui permettront, en retour, d'exploiter pleinement le potentiel de l'économie numérique. La convergence des réseaux fixes et mobiles est de plus en plus une réalité, de même que celle de certains services autrefois fournis par des réseaux distincts. Aujourd'hui, la télévision, la vidéo ainsi que la téléphonie fixe et mobile transitent de plus en plus par l'internet, via la technologie IP. Les prestataires de services *over-the-top* (OTT) jouent par conséquent un rôle accru dans la fourniture des services de communications, ce qui soulève d'importantes questions sur le plan, notamment, de la neutralité des réseaux et de la hiérarchisation du trafic.

La tendance à la concentration de certains segments du secteur des télécommunications (par exemple les réseaux mobiles) a suscité des inquiétudes quant au niveau réel de concurrence. Dans certains pays, les autorités ont décidé d'ouvrir le marché aux nouveaux entrants, notamment en organisant des enchères pour l'attribution des fréquences ou en s'opposant aux fusions lorsque les possibilités d'accès pour les nouveaux entrants sont limitées. D'un autre côté, la convergence qui se met en place signifie de plus en plus que, tant que le cadre d'action favorise la concurrence, les acteurs aux modèles économiques originaux ont la possibilité de pénétrer sur le marché depuis d'autres secteurs de l'écosystème des communications.

S'agissant des télécommunications mobiles, les consommateurs ont bénéficié dans l'ensemble d'une baisse des prix unitaires due à la diminution des tarifs de terminaison d'appel, aux progrès technologiques (par exemple l'apparition de la technologie LTE, ou 4G) et à l'intensification de la concurrence. Ainsi, dans certains pays, des opérateurs ont commencé à inclure, sans coût différentiel, des services d'itinérance mobile internationale dans leurs offres de base. Des fabricants de téléphones ont en outre lancé les premières cartes SIM reprogrammables, qui permettent aux consommateurs de changer de fournisseur, à la fois sur le territoire national et dans certains pays étrangers.

Les régulateurs et les autorités de la concurrence des pays de l'OCDE ont évalué les avantages et les inconvénients de la concentration du secteur des communications mobiles, notamment en ce qui concerne les fusions et l'arrivée de nouveaux entrants. Rares sont, parmi ces entités, celles qui considèrent que la concentration accrue améliore la concurrence ; dans certains cas, les autorités ont obtenu des parties concernées par une fusion l'engagement de faciliter la présence d'opérateurs de réseau mobile virtuel (MVNO), ou une répartition plus équitable des ressources spectrales entre les opérateurs. Ces initiatives ont pour but de limiter la perte de concurrence, mais elles risquent de ne pas avoir l'efficacité escomptée, du fait des incertitudes qui pèsent sur les accords entre les MVNO et les opérateurs de réseau mobile (MNO), par exemple au sujet des prix, de l'itinérance, des capacités 4G et des plans de développement à long terme.

Des regroupements de MNO ont eu lieu ces dernières années en Allemagne, en Australie, en Autriche et en Irlande, et d'autres sont à venir au Royaume-Uni. Par ailleurs, de nouveaux entrants sont arrivés sur le marché au Canada, en France, en Israël, au Luxembourg et aux Pays-Bas, et d'autres devraient faire de même en Hongrie. Certains des regroupements se justifiaient par les contraintes financières pesant sur l'ensemble des fournisseurs d'infrastructure et les importants besoins en capitaux du secteur – en réponse à une augmentation encourageante de la demande, même si elle est synonyme de nouveaux défis. Dans d'autres cas, les acteurs ont eu davantage recours au partage des réseaux. Bien que cette pratique présente le risque de réduire la concurrence au niveau des infrastructures, elle peut aussi accroître la concurrence sur le marché de détail dans des zones ou des régions qui, sinon, ne seraient pas desservies. Ce type de dispositif a notamment été mis en place en France, en Israël et au Royaume-Uni ; le Japon en fait usage depuis longtemps pour améliorer le service dans les zones à faible couverture (telles que les tunnels et les centres commerciaux).

La nécessité des regroupements est une question qu'il est bon d'aborder en même temps que celle de la convergence. La convergence entre les réseaux fixes et mobiles – ou la fourniture conjointe de services fixes et de services mobiles – est devenue un moteur important sur les marchés des communications, comme l'attestent les récentes fusions très médiatisées entre des câblo-opérateurs et des fournisseurs de services mobiles. Bien que les consommateurs retirent des avantages d'une facturation unifiée ou d'une connexion transparente d'un réseau à un autre, le risque est que les opérateurs spécialisés dans un type de téléphonie (fixe ou mobile) n'aient pas la possibilité de proposer toute la gamme de services.

Les téléviseurs connectés ou les appareils dotés d'un écran permettant de visualiser les vidéos transmises via l'internet (à l'instar des tablettes, ordinateurs portables et smartphones) jouent un rôle central au regard de la convergence entre les opérateurs de télécommunications et les fournisseurs de chaînes de télévision. Certains fournisseurs traditionnels de télévision payante voient dans les nouveaux fournisseurs de vidéos en ligne une menace de taille pour leur modèle économique. Qui plus est, ces nouvelles pratiques peuvent parfois mettre en péril les cadres d'action et de réglementation existants. Outre le fait qu'elle permette un plus grand choix, favorise la concurrence et ouvre la voie à des services novateurs, la récente montée en puissance des fournisseurs de vidéos en ligne est l'occasion d'entreprendre la réforme de la réglementation rendue nécessaire par l'ère numérique. Dans la mesure où ces services impliquent l'échange d'importants volumes de données entre les réseaux, ils suscitent également le débat sur les questions relatives à la neutralité des réseaux, notamment la hiérarchisation du trafic et le principe de « non-facturation ».

Par ailleurs, certains prestataires OTT s'associent à des opérateurs traditionnels de réseaux câblés et de télécommunications en vue d'établir des relations mutuellement bénéfiques. Ces accords portent sur la mise au point d'offres groupées de services de communications qui, composées au départ de services de téléphonie fixe, d'accès à l'internet, de télévision payante et de téléphonie mobile, incluent aujourd'hui d'autres services. Au Royaume-Uni, par exemple, les opérateurs de réseaux câblés et de télécommunications BT et Virgin Media proposent, dans le cadre d'une offre groupée, le service optionnel Netflix, qui permet de visionner en flux des vidéos, accessibles en ligne à la demande. Quels que soient les effets des offres groupées sur la concurrence – positifs ou négatifs –, l'ajout, dans ces offres, de nouveaux services, de protection par exemple (à l'instar des systèmes de surveillance du domicile), pourrait offrir aux opérateurs de communications de nouveaux débouchés commerciaux.

Le spectre de radiofréquences reste un élément clé de l'économie numérique, car toute transaction par voie hertzienne doit s'effectuer sur un réseau permettant des communications non filaires fiables et rapides. Les responsables de l'action publique cherchent à allouer davantage de ressources spectrales aux communications mobiles et à améliorer l'efficience des bandes de fréquences déjà utilisées. Les nouveaux accords de licence, tels que le « Licensed Shared Access » (LSA) – ou partage sous licence –, qu'ils soient utilisés actuellement par le secteur public ou d'autres détenteurs de licence, ciblent les bandes de fréquences dont l'accès peut être partagé sur certains créneaux horaires ou dans certaines zones, afin de les ouvrir à un plus grand nombre d'utilisateurs. Bien que l'essentiel du spectre utilisé par les opérateurs de communications fasse toujours l'objet d'une licence exclusive, le LSA et les bandes de fréquences exemptes de licence gagnent du terrain. Le succès des technologies wi-fi et RFID prouve que les bandes sans licence, sous réserve des limitations de puissance des appareils, d'un certain degré de réutilisation et d'un suivi constant de la congestion, peuvent être très avantageuses pour les consommateurs.

Malgré l'importance croissante de la connectivité mobile au niveau de l'accès au réseau, les réseaux de collecte et les réseaux dorsaux utilisent principalement des technologies fixes, quel que soit le service fourni (fixe ou mobile). Par conséquent, les marchés des liaisons de raccordement jouent un rôle capital dans le maintien de tarifs concurrentiels pour les utilisateurs. Alors que la plupart des pays de l'OCDE sont relativement bien desservis – avec l'existence de plusieurs voies d'acheminement internationales et une concurrence soutenue –, d'autres régions – en particulier celles situées à l'écart de ces grandes voies – ont parfois besoin de l'aide des pouvoirs publics pour déployer une infrastructure de collecte et de raccordement au réseau international. Une fois que cette infrastructure est en place, les pays doivent mettre en œuvre et faire respecter des mesures permettant un accès ouvert, afin de s'assurer que les voies d'acheminement internationales, qui nécessitent souvent de gros investissements, soient fournies par un nombre suffisant d'acteurs du marché.

4.1. Concentration du secteur et réponses des pouvoirs publics

Le regroupement des entreprises n'est pas un phénomène nouveau dans le secteur des communications et des médias. Aux États-Unis, par exemple, suite au démantèlement, en 1984, du groupe Bell System, AT&T a cédé le contrôle des « Bell Operating Companies » ; les sept « Baby Bells » ainsi créées ont ensuite fusionné, après l'adoption de la loi sur les télécommunications, en 1996. Aux États-Unis et dans d'autres pays de l'OCDE, un nombre considérable de fusions ont également eu lieu entre les câblo-opérateurs régionaux. Bien que certaines régions comptent un grand nombre d'entreprises de petite taille, dans les pays où il existait, avant la libéralisation, un monopole régional plutôt que national, la tendance a été au regroupement de certaines de ces petites entités.

Dans la plupart des pays, une concurrence au niveau des infrastructures s'exerce aujourd'hui entre les opérateurs qui géraient autrefois les réseaux téléphoniques publics commutés traditionnels (ou RTPC, devenus plus tard les réseaux DSL) et les opérateurs de réseaux câblés (mis à niveau pour fournir des services d'accès à l'internet). Cela dit, la concurrence géographique entre les opérateurs de réseaux de même type (c'est-à-dire entre les fournisseurs d'infrastructure DSL ou entre les câblo-opérateurs d'une même zone) est limitée. Sur certains de ces marchés, d'autres acteurs peuvent être présents, qu'il s'agisse de nouveaux opérateurs privés utilisant la fibre ou la transmission hertzienne fixe, ou d'opérateurs de réseaux municipaux utilisant les mêmes technologies. Dans les pays pratiquant le dégroupage, une concurrence supplémentaire est exercée par les FAI utilisant les installations d'accès locales des opérateurs dotés de leur propre infrastructure.

Comme le font remarquer certains observateurs, la concurrence peut aussi venir des opérateurs mobiles. Bien que les réseaux mobiles représentent, sans conteste, une sérieuse concurrence pour les services traditionnels comme la téléphonie, ils sont toujours perçus comme largement complémentaires des réseaux fixes. Outre le fait que certains opérateurs mobiles ne proposent pas une gamme complète d'offres quadriservices, ou appartiennent aux opérateurs historiques de la téléphonie fixe, le constat est que les réseaux hertziens ne peuvent pas rivaliser avec les réseaux fixes. Cette situation est le résultat de nombreux facteurs, notamment la limitation du spectre et les stratégies de tarification, qui favorisent des modes d'utilisation radicalement différents pour les services fixes et les services sans fil. Pour preuve, dans la plupart des pays, 70 à 80 % des données téléchargées par les utilisateurs de smartphones le sont à partir de points d'accès privés (c'est-à-dire via le wi-fi installé dans les foyers ou les locaux professionnels).

Par conséquent, sur de nombreux marchés, le degré de concurrence dépend des performances du réseau. En septembre 2014, le président de la *Federal Communications Commission* (FCC) des États-Unis a indiqué que 75 % des ménages américains avaient le choix entre deux (60 %) ou trois (15 %) FAI proposant un débit descendant de 4 Mbit/s (FCC, 2014). Ce pourcentage tombait à 25 % des ménages pour un débit de 25 Mbit/s ; 20 % n'avaient quant à eux accès à aucune offre à ce niveau de débit. En d'autres termes, une proportion considérable de ménages ne peut se tourner que vers un seul opérateur (55 %), ou, au mieux, a le choix entre deux opérateurs (23 %) proposant des débits de 25 Mbit/s, une situation que le président de la FCC a jugé insuffisamment concurrentielle (graphique 4.1). Les choses peuvent néanmoins s'être améliorées suite à la mise à niveau des réseaux par les opérateurs, comme ce fut le cas récemment avec AT&T, qui a accru les débits maxima de 24 à 45 Mbit/s dans certaines zones.

Graphique 4.1. **Niveaux de débit du haut débit filaire et nombre de fournisseurs**

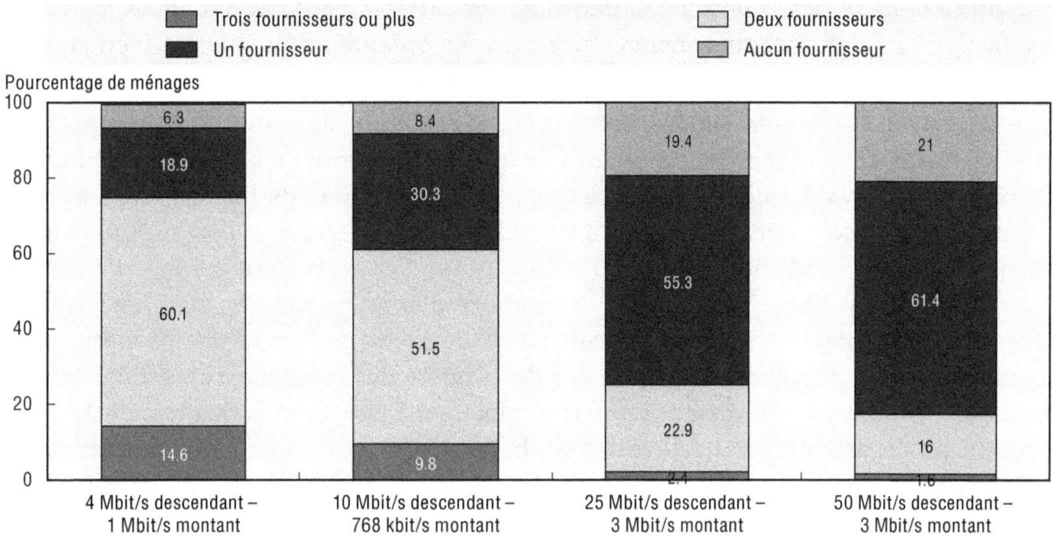

Source : FCC, 2014 ; *National Telecommunications and Information Administration* (NTIA), données de la *State Broadband Initiative* (décembre 2013). Ces données sont pour des débits montants de 3 Mbit/s et descendants de 768 kbit/s, des valeurs que la FCC utilise comme les plus approchantes de 4 Mbit/s et 1 Mbit/s. Voir par exemple FCC, 2010a.

StatLink http://dx.doi.org/10.1787/888933308327

Les défis des décideurs et des régulateurs : élargir le choix et satisfaire la demande croissante

Les États-Unis ne sont pas les seuls à être confrontés à la difficulté d'instaurer une concurrence suffisante sur les marchés fixes. D'autres pays aux grandes étendues géographiques et aux densités de population encore plus faibles, comme l'Australie et le Canada, font face à des obstacles similaires pour favoriser le choix et l'innovation nécessaires afin de répondre aux attentes des consommateurs. La plupart des pays de l'OCDE ont remédié à cette situation soit en utilisant des outils réglementaires tels que le dégroupage des boucles locales, soit en prenant des mesures comme la séparation fonctionnelle ou structurelle. Certains pays ont opté pour des investissements publics dans les réseaux, généralement assortis d'une obligation d'ouverture de l'accès – ce type d'approche présente toutefois le risque de créer un monopole sur le marché de gros. Dans d'autres cas, de nouveaux acteurs ont fait leur entrée sur le marché après avoir repéré un débouché commercial ou une zone spécifique négligée par les opérateurs historiques. En règle générale, cela implique la présence de réseaux municipaux, notamment parce qu'un acteur existant peut réagir à l'arrivée d'un nouvel opérateur en investissant et en améliorant ses services dans la zone concernée, de façon à réduire l'attrait de l'investissement pour le nouvel entrant.

Sur les marchés mobiles, la situation dans l'ensemble de la zone OCDE est beaucoup plus encourageante, même si elle pose un certain nombre de défis. Le rythme effréné de l'innovation dans le secteur hertzien – en comparaison avec la situation sur les marchés fixes – est le résultat d'une concurrence plus intense au niveau des installations. Alors que sur les réseaux fixes, il existe au mieux un ou deux opérateurs indépendants dotés de leurs propres installations, sur les réseaux mobiles, on compte dans tous les pays de l'OCDE au moins trois MNO et en majorité quatre. Sur les réseaux fixes et mobiles, les FAI utilisent des réseaux dégroupés qui assurent un niveau de concurrence élevé et, sur les réseaux hertziens, les MVNO exercent une pression concurrentielle sur les fournisseurs établis. Quoi qu'il en soit, l'extraordinaire innovation dont font l'objet les réseaux hertziens en comparaison avec les réseaux fixes est incontestablement due – entre autres – à la concurrence, comme l'atteste le développement des pratiques de téléphonie mobile ou le remarquable essor des applications. L'envolée des services haut débit mobiles a en outre été facilitée par les accords conclus entre certains opérateurs mobiles et fabricants de téléphones, dans le but d'acquérir un avantage concurrentiel.

S'agissant de l'avenir, les décideurs et les régulateurs sont au défi de maintenir et promouvoir la concurrence, notamment lorsqu'elle est encore insuffisante. Les marchés mobiles ont été ces dernières années le théâtre d'une pléthore de fusions, mais aussi de nombreuses entrées (voir les tableaux 4.1 et 4.2). Dans un récent rapport intitulé *Wireless Market Structures and Network Sharing* (OCDE, 2014a), l'OCDE a examiné les effets d'une augmentation ou d'une diminution du nombre d'acteurs sur ces marchés. Tout en affirmant que le nombre d'acteurs devrait, dans l'idéal, être déterminé par les mécanismes du marché, le rapport observe que, du fait de la rareté des ressources spectrales et de la nécessité d'investir massivement dans le déploiement des réseaux, les responsables de l'action publique pourraient devoir prendre position et définir – ou tout au moins influencer – le nombre d'acteurs présents sur les marchés mobiles en promouvant ou en empêchant les regroupements, selon les circonstances.

Depuis 2005, un certain nombre de nouveaux opérateurs ont également fait leur entrée sur les marchés mobiles, en particulier suite aux enchères organisées pour l'attribution des fréquences 4G. Le Chili, la France, Israël, la Nouvelle-Zélande et la Pologne,

Encadré 4.1. **Fusions des opérateurs mobiles dans l'Union européenne**

Les régulateurs du secteur et les autorités générales de la concurrence sont depuis longtemps conscients de la capacité des petits opérateurs à bouleverser la dynamique de la concurrence sur les marchés mobiles. En 2006, la Commission européenne a examiné un certain nombre de projets de fusion entre opérateurs mobiles et donné son feu vert à celle de T-Mobile Austria et Telering, qui a ramené de cinq à quatre le nombre d'opérateurs sur le marché autrichien. L'entreprise résultant de la fusion, qui détenait dès lors entre 30 et 40 % de parts de marché, devenait ainsi le deuxième opérateur du pays. T-Mobile Austria/Telering était le premier « gap case » examiné en Europe (opération n'aboutissant pas à une situation de position dominante, mais produisant des effets unilatéraux). La Commission européenne a qualifié Telering de « franc-tireur » ayant provoqué une dynamique concurrentielle, de l'innovation et des baisses de prix. La fusion a été autorisée, sous réserve de l'acceptation par T-Mobile Austria d'un certain nombre d'engagements, qui ont permis au pays de maintenir des prix mobiles inférieurs à ceux pratiqués dans la zone OCDE au cours de la période qui a suivi la fusion (CE, 2006). Depuis 2010, les projets de concentration – réussis ou non – ont été plus fréquents dans les pays de l'OCDE. Compte tenu des inquiétudes qu'elles suscitent, certaines fusions ont été rejetées, tandis que d'autres ont été autorisées sous conditions.

En 2013, toujours au sujet de l'Autriche, la Commission européenne a utilisé une méthode originale pour évaluer le projet de fusion Hutchinson/Orange Austria, lui aussi accepté sous conditions (CE, 2013). Pour la première fois, la Commission a appliqué la technique d'analyse UPP (pression à la hausse sur les prix) pour démontrer que les parties concernées par la fusion (et détenant conjointement quelque 25 % de parts de marché) exerçaient une pression considérable l'une sur l'autre – malgré leur part de marché conjointe relativement faible –, et que leur fusion entraînerait une forte diminution de la concurrence*. Selon cette logique, une fois fusionnées, les deux parties seraient incitées à augmenter les prix. Cette approche était inspirée du document interne de la FCC (États-Unis) concernant le projet de fusion AT&T/T-Mobile (FCC, 2011), qui a finalement été abandonné.

Courant 2014, la Commission européenne a également approuvé des fusions d'opérateurs mobiles en Irlande (O2 Ireland/H3G) et en Allemagne (Teléfonica Deutschland/E-Plus). Dans les deux cas, l'opération a entraîné une baisse du nombre d'opérateurs de réseaux indépendants (de quatre à trois), et était assortie d'engagements pris par les parties (CE, 2014a et 2014b). Ces engagements concernaient l'accessibilité du réseau par les MVNO et, dans les dossiers allemand et irlandais, l'établissement d'une relation commerciale entre le MNO et le MVNO sur la base des capacités (par opposition à une tarification en fonction du trafic), ce qui devait inciter le MVNO à acquérir des clients. À cela s'ajoutait l'abandon de certaines bandes de fréquences et de certains actifs. Malheureusement, dans le cas autrichien, les autorités n'ont pas réussi, malgré la réservation de bandes de fréquences, à attirer un quatrième opérateur, ce qui montre la difficulté, pour les nouveaux entrants, de pénétrer des marchés mobiles en phase de relative maturité.

* Pour en savoir plus sur la méthode UPP, voir la Table ronde de l'OCDE sur la définition du marché pertinent (2012), *www.oecd.org/daf/competition/Marketdefinition2012.pdf*.

pour ne citer que quelques pays, ont connu d'importantes modifications de la dynamique du marché ; la Hongrie prévoit elle aussi d'accueillir en 2015 un nouvel entrant sur le marché (tableau 4.2). Cela dit, si l'on tient compte du nombre total d'abonnés sur tous les marchés de la zone OCDE, on note que les concentrations ont tendance à dépasser les nouvelles entrées, même si le bilan général des entrées et des sorties est plus équilibré qu'on ne veut parfois le laisser paraître.

Tableau 4.1. **Fusions d'opérateurs mobiles dans les pays de l'OCDE**

Année	Pays	Opérateurs
2005	Pays-Bas	KPN acquiert Telfort.
2005	Autriche	T-Mobile rachète tele.ring.
2005	Chili	Telefonica Movistar acquiert Bellsouth.
2007	Pays-Bas	T-Mobile rachète Orange.
2009	Australie	Vodafone acquiert Hutchison-3.
2010	Royaume-Uni	Orange et T-Mobile fusionnent pour former EE.
2010	Suisse	Orange tente de racheter Sunrise, mais n'obtient pas l'accord du régulateur.
2011	États-Unis	AT&T tente de racheter T-Mobile, mais n'obtient pas l'accord du régulateur.
2012	Autriche	Hutchison 3G rachète Orange.
2012	Japon	Softbank acquiert eAccess.
2012	Grèce	Vodafone tente de racheter Wind Hellas – ce qui aurait ramené à deux le nombre d'opérateurs –, mais la transaction est rejetée par les régulateurs.
2013	États-Unis	T-Mobile rachète MetroPCS. SoftBank rachète Sprint et Clearwire. AT&T rachète Allied Wireless.
2013	Allemagne	Telefonica acquiert E-Plus.
2013	Irlande	Hutchison 3G UK rachète Telefonica Ireland.
2014	Japon	eAccess fusionne avec Willcom et devient Ymobile.
2014	Colombie	Tigo (téléphonie mobile) fusionne avec UNE (téléphonie fixe et mobile). Les régulateurs leur imposent de libérer des bandes de fréquences.
2014	États-Unis	AT&T rachète Leap.
2015	Mexique	AT&T présente une offre de rachat de Iusacell et Nextel.
2015	Japon	Softbank acquiert toutes les parts de Ymobile.

Source : OCDE (2014a).

Tableau 4.2. **Entrées récentes sur les marchés mobiles de la zone OCDE**

Année	Pays	Opérateurs
2006	Espagne	De 3 à 4 (Yoigo).
2007	République slovaque	De 2 à 3 (O2).
2008	Slovénie	De 3 à 4 (T-2).
2009	Nouvelle-Zélande	De 2 à 3 (2Degrees).
2009	Pologne	De 4 à 6 (Aero2, Centernet).
2012	France	De 3 à 4 (Iliad/Free Mobile).
2012	Israël	De 4 à 5 [Golan Telecom (Iliad)].
2012	Luxembourg	De 3 à 4 (Join Experience).
2013	Chili	De 3 à 7 (Nextel, VTR).
2014	Hongrie	De 3 à 4 (4e licence accordée en 2014).
2010-13	Canada	De 3 à 4.
2014	Pays-Bas	De 3 à 4.

Source : D'après OCDE (2014a).

Conséquences, pour l'action des pouvoirs publics, du partage des réseaux et de la présence d'opérateurs de réseau mobile virtuel (MVNO)

Les pays de l'OCDE ont connu ces dernières années un développement du partage de réseau entre les MNO. Cette pratique permet de réduire les coûts pour l'opérateur qui s'occupe seul du déploiement du réseau, et d'étendre la couverture à des localités qui risqueraient, sinon, de n'être pas desservies, en particulier dans les zones rurales. Les partisans du partage de réseau considèrent qu'il peut aider à préserver la concurrence sur le marché de détail tout en contribuant à servir les objectifs des MNO qui, à défaut, pourraient envisager de fusionner.

Le partage de réseau peut prendre au moins quatre formes : i) le partage passif (par exemple, des sites, des pylônes et des antennes) ; ii) le partage actif (du réseau d'accès hertzien) ; iii) le partage du réseau d'infrastructure ; et iv) l'itinérance. Le partage actif peut inclure le partage de fréquences, c'est-à-dire l'utilisation simultanée d'une bande de radiofréquences spécifique dans une zone géographique donnée par un certain nombre d'entités indépendantes (ORECE/RSPG, 2011). Il convient de noter que, dans ce cas, l'expression « partage de fréquences » fait référence à l'utilisation conjointe des fréquences par deux entités (généralement privées), par opposition au partage sous licence (ou LSA), décrit plus avant, qui est axé sur l'utilisation de ressources spectrales déjà attribuées sous licence à un utilisateur « historique ».

Un exemple de pratique du partage de réseau nous est fourni par le Japon. Dans ce pays, la *Japan Mobile Communications Infrastructure Association* (JMCIA), qui compte parmi ses membres tous les MNO japonais ainsi que les principaux concepteurs et fournisseurs d'installations, met en commun les installations situées dans des zones comme les tunnels. Si les stations d'émission-réception de base (BTS) sont gérées séparément par les MNO, la JMCIA fournit les installations de transmission entre les BTS et les antennes.

Le partage de réseau peut poser des problèmes de concurrence qu'il convient de traiter avant sa mise en place. Ces problèmes sont notamment : i) les effets unilatéraux, ii) la coordination éventuelle, et iii) le partage des informations. À titre d'exemple, la présence, sur un marché, de quatre MNO établissant deux accords de partage peut faciliter la coordination et se traduire de fait par des pratiques duopolistiques sur les transactions de gros. Par conséquent, les régulateurs et les autorités de la concurrence doivent faire preuve de vigilance et suivre de près les accords de partage. Un autre aspect du partage de réseau doit être pris en compte : le rôle des MVNO au regard de la concurrence, et la pression – suffisante ou non – qu'ils exercent sur les MNO. Aux États-Unis, la FCC a indiqué que les MVNO n'avaient pas une influence majeure sur toutes les dimensions concurrentielles du secteur (notamment certaines formes de rivalité portant sur d'autres critères que le prix) ; en revanche, on note une forte présence des MVNO sur de nombreux marchés européens (16.8 % en Belgique, 13.2 % en Espagne et 19.5 % aux Pays-Bas à la fin 2013)[1], ce qui laisse entendre qu'ils ont plus d'influence sur la dynamique concurrentielle dans ces pays.

Tendances au regard de la convergence fixe-mobile

On note, dans la zone OCDE, une multiplication des participations croisées entre les opérateurs de réseaux fixes et de réseaux mobiles. Si les opérateurs historiques des réseaux de télécommunications fixes ont longtemps détenu les MNO, la tendance récente est à la fusion ou au rachat mutuel entre les opérateurs de réseaux mobiles et câblés. En 2013-14, Vodafone a racheté ONO et Kabel Deutschland (respectivement les câblo-opérateurs leaders en Espagne et en Allemagne), tandis qu'en France, Numericable reprenait avec succès SFR. En Australie, Foxtel (câble) a fusionné en 2012 avec Austar (satellite) pour offrir un service complet de télévision payante à l'échelle nationale. Foxtel est détenu à 50 % par Telstra, qui possède le plus grand MNO du pays.

Les réseaux câblés ont eux aussi fait l'objet d'importantes opérations de concentration – tant nationales qu'internationales – dans un grand nombre de pays de l'OCDE. Aux États-Unis, l'offre de rachat de Comcast sur TimeWarner Cable (respectivement premier et deuxième câblo-opérateurs du pays) est en cours d'examen par les autorités. Certains considèrent que la fusion entre ces deux opérateurs aurait des répercussions sur le secteur américain de la télévision payante, y compris en ce qui concerne l'agrégation des contenus et l'acquisition des droits. Comcast détient déjà des participations non négligeables dans des fournisseurs de contenus télévisuels (comme par exemple les studios Universal et NBC). Par ailleurs, toute fusion aboutirait à l'émergence d'un puissant acteur dans les domaines de l'appairage et du transit, compte tenu du contrôle exercé sur une grande partie des réseaux d'accès grand public. Autre opération marquante : l'offre de rachat d'AT&T sur DirecTV, premier distributeur multicanal de programmes audiovisuels (MVPD) par satellite, un marché sur lequel AT&T est également présent. L'entité résultant de la fusion serait en mesure de proposer une gamme complète de services vocaux, internet haut débit et vidéo, notamment via la technologie mobile.

En 2014, Telefónica a fait part de son projet de rachat du premier fournisseur de télévision payante en Espagne (Digital Plus) pour la somme annoncée de 913 millions USD. Digital Plus détient 63 % de parts de marché en chiffre d'affaires. Si la transaction aboutit, Telefónica contrôlera presque 80 % du marché espagnol de la télévision payante (60 % des abonnés). La concentration du marché espagnol serait notamment motivée par la hausse du coût des contenus – en particulier la diffusion des matches de football en direct – et la baisse du nombre d'abonnés à la télévision payante consécutive à la crise économique. Des opérations similaires ont déjà eu lieu en Australie – où le premier opérateur de télécommunications est également propriétaire du plus grand fournisseur de télévision payante – et au Canada – où les sociétés de télécommunications détiennent d'importantes participations dans le domaine de la télévision. Liberty Global, dont le siège se trouve aux États-Unis, projette pour sa part de racheter plusieurs câblo-opérateurs dans de nombreux pays de l'OCDE. L'entreprise exploite des réseaux câblés en Allemagne, au Chili, aux Pays-Bas, en Pologne, en République tchèque et dans d'autres pays d'Europe centrale et orientale. Elle a, en 2013, racheté le premier câblo-opérateur du Royaume-Uni (Virgin Media) pour 24 milliards USD.

Encadré 4.2. **Concentration et compétitivité sur le marché européen**

Créer un véritable marché intérieur européen est l'un des objectifs suprêmes de l'Union européenne*. La concentration des entreprises occupe une place centrale dans le débat sur la politique industrielle et la promotion du marché intérieur de l'UE. Les commissaires européens successifs chargés de la Stratégie numérique pour l'Europe n'ont eu de cesse de rappeler la nécessité de dépasser les frontières nationales, et ont plaidé en faveur des regroupements conduisant à la création d'un marché unique numérique. L'Association européenne des exploitants de réseaux de télécommunications (ETNO) a également indiqué qu'un marché plus vaste permettrait aux opérateurs européens d'être plus compétitifs et de se positionner au sein des chaînes de valeur, où les fournisseurs de contenus internet jouent également un rôle majeur.

Pour ce qui est des marchés des télécommunications, le débat des pouvoirs publics semble porter davantage sur le fait d'autoriser ou non les consolidations au sein des territoires nationaux (par exemple en Allemagne, en Autriche ou en Irlande) que sur les fusions transnationales (Vodafone/ONO, Liberty Global/Virgin Media, etc.). Il est intéressant de noter qu'en Europe, la concentration du marché mobile semble être le résultat d'opérations menées plus souvent à l'intérieur des territoires nationaux que par des opérateurs européens cherchant à étendre leur présence à plusieurs pays. De fait, dans certains cas, les opérations entre différents MNO marquent un repli des participations transnationales détenues en Europe par des sociétés affiliées (à titre d'exemple, SFR a été vendu par Vodafone, puis racheté par un câblo-opérateur français).

Encadré 4.2. **Concentration et compétitivité sur le marché européen** *(suite)*

Il y a, à cet égard, un décalage apparent entre les appels à la création d'opérateurs paneuropéens capables de rivaliser avec les poids lourds américains ou chinois (même si ces derniers sont peu implantés sur les marchés étrangers), et la préférence du secteur pour les regroupements nationaux. L'intervention de l'UE sur la question de l'itinérance mobile internationale – via la réglementation, depuis 2007, des prix de gros et de détail – est l'exemple d'une situation dans laquelle les régulateurs ont jugé nécessaire d'agir, en l'absence d'entreprises paneuropéennes offrant aux consommateurs des solutions concurrentielles.

* Le marché intérieur constitue l'un des piliers de l'Union européenne. Pleinement réalisé en 1992, le marché unique est un espace sans frontières intérieures où les personnes, les marchandises, les services et les capitaux peuvent circuler librement, conformément au traité instituant la Communauté européenne. Le marché intérieur est essentiel à la prospérité, la croissance et l'emploi dans l'UE, dont il contribue à réaliser les objectifs dans le cadre de la stratégie de Lisbonne. Espace intégré, ouvert et concurrentiel, il favorise en effet la mobilité, la compétitivité et l'innovation, notamment en interaction avec les politiques sectorielles de l'UE. Pour que chacun, citoyens et entreprises, puisse tirer pleinement parti du marché unique, l'UE se concentre sur la suppression des obstacles qui entravent encore son fonctionnement. Elle cherche à harmoniser la législation afin de mieux répondre aux défis de la mondialisation et de s'adapter aux progrès, notamment en matière de nouvelles technologies. *http://europa.eu/legislation_summaries/internal_market/internal_market_general_framework/index_fr.htm.*

Du point de vue des pouvoirs publics, il importe de s'assurer que ces concentrations ne nuiront pas à la concurrence dans les années à venir, comme cela a été le cas suite aux fusions de fournisseurs de télévision payante menées en Europe au début des années 2000 – là aussi dans un contexte d'augmentation du coût des contenus[2]. Ces opérations sont la preuve que les acteurs du marché adoptent un positionnement leur permettant de dégager des économies d'échelle et de tirer parti de l'éventail des opérations fixes et mobiles, en mutualisant par exemple les réseaux dorsaux et les réseaux de collecte. Si, dans un avenir proche, le regroupement des services fixes et mobiles devient la norme, ces opérateurs seront également en mesure de proposer des offres unifiées et tireront avantage d'un positionnement anticipé sur le marché.

Les transactions citées ici reflètent les tendances en matière de convergence dans les pays de l'OCDE. Cette convergence s'opère entre les réseaux fixes et mobiles, ainsi qu'entre les fournisseurs d'infrastructure et de contenus ou programmes de télévision. Certains des services proposés par ces entreprises présentent également une convergence avec l'internet, un phénomène qu'il convient de prendre en compte lorsque l'on examine les fusions, dans la mesure où ces entreprises cherchent à limiter la concurrence des acteurs adjacents ou à mieux rivaliser avec d'autres acteurs qui ont eux-mêmes fusionné.

4.2. Convergence : offres de services groupées et montée en puissance des opérateurs OTT

Concurrence et offres de services groupées

Avec les offres groupées, les consommateurs peuvent bénéficier de réductions par rapport au prix cumulé de chacun des services inclus, d'une facturation unifiée, voire de services innovants à un prix marginal peu élevé. La facturation unifiée peut rendre les factures plus lisibles et moins complexes, mais elle peut aussi compliquer la comparaison des prix lorsque les offres de services diffèrent. La présente section met en évidence certaines des difficultés rencontrées pour comparer les prix des offres groupées. Selon l'Eurobaromètre spécial de janvier 2014, 46 % des ménages de la région étudiée ont souscrit à une offre groupée de services de communications, soit une hausse de 3 % depuis décembre 2011[3]. Certains responsables de l'action publique ont tenté d'améliorer la transparence de la tarification et de la facturation en obligeant les opérateurs à indiquer de manière distinctive le prix de chaque service (par exemple en Finlande, aux Pays-Bas pour les téléphones et en Slovénie) ; dans d'autres pays, les opérateurs le font de leur propre chef.

Un bon exemple d'offre groupée consiste à associer à un forfait de télécommunications mobiles un smartphone proposé à prix très réduit. Cette pratique a fortement incité les consommateurs à acquérir des smartphones ou à en changer pour des modèles plus récents. Néanmoins, comme l'indique le rapport de l'OCDE intitulé *Mobile Handset Acquisition Models*, les offres groupées peuvent rendre le changement d'opérateur plus difficile et s'avèrent, dans la plupart des cas, plus onéreuses pour le consommateur si l'on tient compte du coût total de possession (forfait de télécommunications mobiles plus téléphone) (OCDE, 2013). Entre 2012 et 2014, les offres de cartes SIM seules sont devenues plus nombreuses et certains pays ont mis en place des mesures de transparence, par exemple en obligeant les opérateurs à inscrire séparément le prix du téléphone sur les factures mensuelles (tel est le cas notamment de la Finlande, de la France, des Pays-Bas et de la Slovénie). Au Japon, conformément à une décision prise en novembre 2014 par le ministère de l'Intérieur et des Communications, les opérateurs sont désormais tenus de débloquer gratuitement les téléphones portables vendus à compter de mai 2015, si les utilisateurs en font la demande, afin de leur permettre de changer plus facilement d'opérateur. Les consommateurs disposeront ainsi d'un plus large choix et pourront utiliser plus facilement les cartes SIM d'autres opérateurs – ce qui était auparavant impossible avec un appareil verrouillé. Au niveau de l'UE, une proposition en cours d'examen vise à donner aux utilisateurs le droit de résilier leur contrat six mois ou plus après sa signature, sans autre frais que la valeur résiduelle du téléphone « subventionné » dans le cadre de l'offre groupée[4]. Aux États-Unis, la dissociation entre le téléphone et les services mobiles est en train de se mettre en place, en grande partie sous l'influence de la concurrence et de la demande des clients.

Il arrive que les offres groupées de services conduisent les consommateurs à acheter des éléments dont ils ne voudraient pas s'ils étaient vendus séparément. Tel est le cas, par exemple, lorsqu'un consommateur veut souscrire un accès à l'internet haut débit, mais reçoit dans l'offre un service de télévision de base. Autre cas de figure : un utilisateur souhaite disposer de la téléphonie et de la télévision, mais est moins intéressé par l'accès à l'internet. Les offres groupées peuvent néanmoins présenter l'avantage d'améliorer la pénétration des services (autrement dit, le surplus du consommateur lié à un service peut permettre de financer un autre élément jugé moins important) (OCDE, 2011). Cet effet est généralement perçu positivement car l'augmentation de la pénétration est supposée procurer des avantages sociaux et économiques au sens large, comme dans le cas de l'accès au haut débit. Inversement, le regroupement des services sans possibilité de les dissocier peut avoir des effets négatifs sur la concurrence.

Les entreprises peuvent choisir d'associer un bien ou un service concurrentiel à un autre bien ou service pour lequel elles possèdent une certaine puissance commerciale, dans le but de verrouiller horizontalement le marché (Rey et Tirole, 2006). Ce bien peut être un contenu télévisuel payant. L'Organe des régulateurs européens des communications électroniques (ORECE) a reconnu que le principal facteur de concurrence était l'incapacité des opérateurs à proposer des services de télévision payante (en particulier du contenu d'appel) et, par extension, des offres triservices (ORECE, 2010). De fait, dans la plupart des pays de l'OCDE, la question de l'accès au contenu d'appel a été réglée, selon les cas, par une réglementation *ex ante*, une loi sur la concurrence ou des décisions de fusion. En 2010, au Royaume-Uni, l'*Office of Communications* (OFCOM) a imposé (sur la base d'une réglementation *ex ante* de la radiodiffusion) au premier fournisseur de télévision payante (Sky) une obligation d'offre de gros qui le contraint à proposer à des fournisseurs tiers ses chaînes de sport à un tarif de gros réglementé.

Aux États-Unis, pour des raisons similaires (à savoir l'accès aux contenus, quoique sans lien avec les offres groupées), la loi sur le câble de 1992 a instauré des règles d'accès aux programmes (*Program Access Rules*, ou PAR) afin de permettre aux fournisseurs indépendants d'offres de télévision payante au détail d'accéder plus facilement aux contenus appréciés du public. En 2012, la FCC a progressivement abandonné les PAR en vue d'accroître la concurrence des fournisseurs de services par satellite. Avec l'arrivée sur le marché des distributeurs de vidéos en ligne tels que Hulu et Netflix, les autorités de la concurrence française (Autorité de la concurrence) et américaines (DoJ et FCC) ont pris soin de s'assurer que ces distributeurs pouvaient se procurer les contenus à des conditions équitables et raisonnables. La plupart de ces mesures ont été prises dans le contexte de fusions. En octobre 2014, pour la première fois, le président de la FCC a annoncé que la définition du « distributeur multicanal de programmes audiovisuels » (MVPD) serait révisée afin de permettre aux distributeurs de vidéos en ligne de bénéficier des mêmes protections que les fournisseurs traditionnels de télévision payante par câble ou satellite aux États-Unis, comme par exemple la possibilité de demander un arbitrage lors des négociations avec les programmateurs. Cette volonté de soumettre les acteurs de l'internet aux règles traditionnelles représente une première étape vers une réforme de la réglementation.

Les régulateurs du secteur des communications peuvent aussi avoir besoin de surveiller l'état de la concurrence qui s'exerce sur le marché des offres groupées – comme ils le font pour les services vendus séparément –, afin de s'assurer que le recours à de telles offres ne porte pas atteinte à la concurrence. En 2014, l'autorité portugaise de la concurrence a autorisé la fusion entre les deux principaux opérateurs de télécommunications du pays – Zon et Optimus (Sonaecom) – en définissant comme marché pertinent le segment des offres triservices (PCA, 2013 ; Pereira et al., 2013). Dans un certain nombre de pays, les opérateurs fixes dominants ou possédant une puissance commerciale significative n'ont pas le droit de composer des offres groupées déraisonnables, ou ont pour obligation de proposer des services séparés (c'est le cas pour les opérateurs historiques en Allemagne, en Autriche, en Belgique, en Corée, en Grèce, en Irlande, en Italie, en République slovaque, en Slovénie et en Suisse). Cela étant dit, les offres de services groupées, en particulier les offres combinées, sont parfois justifiées sur le plan économique, dans la mesure où elles permettent, par exemple, de répartir les coûts fixes entre plusieurs services distincts. Elles favorisent en outre le lancement de services novateurs et procurent aux consommateurs des avantages, tels que la facturation unifiée, voire des offres simplifiées.

La convergence fixe-mobile constitue un aspect semble-t-il moins problématique des offres de services groupées. Si la concurrence s'oriente vers des offres quadriservices (avec un service de téléphonie mobile en plus), les acteurs du marché ne proposant pas ce type de services pourraient en être exclus ; cela dit, les fournisseurs proposant uniquement de la téléphonie fixe pourraient tout à fait – s'ils y sont autorisés par les cadres réglementaires – devenir des MVNO afin de passer à leur tour au quadriservice. En 2014, l'OCDE a réalisé une étude en vue d'évaluer la diffusion des offres fixes-mobiles dans chacun des 34 pays membres (OCDE, 2015). Les résultats montrent que, sur 104 opérateurs de réseaux haut débit fixes sondés (la plupart du temps au nombre de trois dans chacun des 34 pays de l'OCDE), 61 détiennent une filiale MNO, et 17 autres mènent des activités de MVNO. Pourtant, il n'y a que cinq pays dans lesquels les trois opérateurs de haut débit fixe proposent une offre intégrée fixe-mobile. Ces trois opérateurs sont les principaux fournisseurs de services haut débit fixes de chaque pays, comptant en moyenne plus des deux tiers des abonnés de ce segment. Certains opérateurs de haut débit fixe de petite taille, non pris en compte dans l'étude, sont sans doute moins susceptibles de proposer des services mobiles.

Les offres triservices (haut débit fixe, téléphonie et télévision) sont les plus populaires dans la plupart des pays de l'OCDE, après les offres biservices (haut débit fixe et téléphonie, ou haut débit fixe et télévision payante). Les offres quadriservices, lorsqu'elles existent, sont généralement composées du haut débit fixe, de la téléphonie fixe, de la télévision payante et de services mobiles, lesquels incluent à leur tour la téléphonie mobile, le haut débit mobile et l'envoi de SMS. Il y a à ce tableau quelques exceptions, à savoir des pays où les services mobiles sont vendus dans des offres où la télévision n'est pas incluse. En 2012, Telefónica a lancé en Espagne un ensemble d'offres associant services fixes et mobiles, appelées « Fusión ». Ces offres groupées incluant le haut débit et la téléphonie fixes, ainsi que des services mobiles (hors télévision payante) représentaient à la fin 2013 46 % des abonnements au haut débit fixe (CNMC, 2014), en partie du fait de la duplication de ces offres par les concurrents. Depuis mai 2014, il n'est plus possible d'exclure les services de télévision payante des offres « Fusión ». Cette évolution marque un changement important sur le marché espagnol des communications et peut poser des problèmes de concurrence, notamment en ce qui concerne l'accès des concurrents aux services mobiles et aux contenus télévisuels.

La convergence, ou l'accès à n'importe quel service via l'internet

Outre la fourniture de services *over-the-top* (OTT) par des prestataires indépendants, la période 2012-14 a été marquée par une multiplication des partenariats entre des opérateurs de télécommunications traditionnels et des fournisseurs de services OTT. Ainsi, en Espagne, en Finlande, en France, en Irlande, en Nouvelle-Zélande, aux Pays-Bas, en République slovaque, en Slovénie et en Suède, les opérateurs traditionnels incluent désormais dans leurs offres des services de musique en ligne comme Spotify ou Deezer. D'autres opérateurs comme TDC Play (Danemark), Vodafone, NOS et Portugal Telecom (Portugal), ainsi que TTNet (Turquie), ont choisi de créer des sites de vente de musique en ligne.

Certains accords conclus entre les fournisseurs de services OTT et les opérateurs de télécommunications traditionnels risquent, on peut le penser, d'avoir d'importantes répercussions sur les marchés et l'ensemble de la chaîne de valeur. C'est le cas, par exemple, lorsque les accords font intervenir des fournisseurs de services vidéo comme YouTube, Dailymotion et Netflix. Les câblo-opérateurs proposant le boîtier TiVo (Virgin Media au Royaume-Uni, UPC et Comhem en Suède) ont mis en avant le fait que l'application Netflix était incluse dans l'interface du boîtier[5]. Les opérateurs français Orange, SFR et Bouygues Télécom devraient eux aussi intégrer l'application Netflix à leurs boîtiers numériques. Il en va de même pour trois petits câblo-opérateurs aux États-Unis (Atlantic Broadband, Grande Communications et RCN). Bien que ces services soient accessibles par d'autres biais (par exemple via un téléviseur connecté ou l'internet), ils pourraient s'avérer moins chers dans le cadre des offres groupées des opérateurs de télécommunications. Au Royaume-Uni, par exemple, Virgin Media a été, semble-t-il, le premier grand opérateur de la zone OCDE à promouvoir activement Netflix, proposant, au deuxième trimestre 2014, de prendre à sa charge les six premiers mois d'abonnement à ce service (graphique 4.2). Au Mexique, le service de vidéo en ligne Clarovideo est inclus, sans coût supplémentaire, dans certaines offres groupées de l'opérateur Telmex.

Graphique 4.2. **Offre VIP de Virgin Media, Royaume-Uni**

Source : Virgin Media, Royaume-Uni, *www.virginmedia.com/*.

Les fournisseurs d'accès haut débit choisissent eux aussi d'inclure à leurs offres des services supplémentaires pour renforcer leurs liens avec leurs clients et les fidéliser davantage. Ces services vont de la domotique aux services bancaires ou de paiement, en passant par les fonctionnalités modernes de connectivité telles que l'informatique en nuage ou les points d'accès wi-fi. La domotique est un bon exemple de la façon dont un fournisseur d'infrastructure de télécommunications peut tirer parti de sa présence physique (c'est-à-dire ses réseaux à destination des clients résidentiels et professionnels) pour collaborer avec des prestataires de services de sécurité. Au Canada, l'opérateur Rogers Communications propose dans ses offres, au même titre que l'accès à l'internet, la télévision et la téléphonie, des services de surveillance du domicile, preuve de l'importance majeure qui leur est accordée dans la stratégie commerciale de l'entreprise. Les appels internationaux sur IP transitant via les réseaux wi-fi sont un autre service additionnel proposé par les opérateurs mobiles, comme Fastweb en Italie ou AT&T aux États-Unis. Si les applications OTT telles que Skype ou Viber, pour en citer deux, proposent un service similaire, l'ajout d'une application par les opérateurs pourrait être source d'économies pour les clients et, pourquoi pas, améliorer l'expérience des utilisateurs. L'émergence de la technologie VoLTE (voix sur LTE) a donné une nouvelle impulsion au marché. Au lieu d'avoir besoin d'une application spéciale pour appeler en wi-fi, les téléphones qui prennent en charge la téléphonie sur IP via le LTE établiront la communication à partir de n'importe quelle connexion wi-fi disponible, même à l'étranger. Ce service est aujourd'hui proposé par des opérateurs comme Sprint.

L'adaptation des cadres d'action et de réglementation à ce nouveau type de convergence n'est pas une tâche facile. Le principe de neutralité technologique voudrait que des services similaires soient soumis aux mêmes règles et modalités ; or, ce principe risque de mettre à mal la plupart des cadres réglementaires, dans la mesure où l'internet et les services de téléphonie et de télévision traditionnels relèvent d'environnements radicalement différents. Le fait d'orienter la réforme réglementaire vers des cadres neutres vis-à-vis des technologies favorisera la mise en place d'un ensemble de règles plus claires, ce qui permettra d'améliorer l'efficience du marché. L'une des difficultés pour actualiser les cadres réglementaires réside dans la mesure de la production et de la diffusion des contenus sur l'internet (notamment les flux monétaires et les modèles économiques correspondants), pour laquelle il vaut mieux adopter une approche axée sur la demande plutôt que sur l'offre.

Un autre problème peut se poser lorsque les opérateurs de réseaux bloquent un service OTT, au motif qu'il « cannibalise » les recettes générées par certains de leurs services. Les forfaits de données vendus aux consommateurs pour utiliser un service de voix sur IP, par exemple, risquent d'entraîner une baisse des tarifs habituels de la téléphonie. Certains régulateurs ont réalisé des études pour évaluer l'ampleur de ces pratiques. Ainsi, une enquête menée conjointement par l'ORECE et la Commission européenne a montré que plus de 50 % des opérateurs mobiles, pondérés en fonction de leur nombre total d'utilisateurs, ont bloqué ou ralenti les applications de voix sur IP pour l'ensemble ou certains de leurs utilisateurs (ORECE, 2012) (graphique 4.3). Un nombre croissant d'opérateurs évitent ce type de problèmes en facturant les données et en incluant dans leurs offres des services vocaux et SMS. Certains pays ont adopté une législation pour garantir la neutralité des réseaux et interdire le blocage des services et la discrimination abusive à leur égard (voir plus bas).

Graphique 4.3. **Restrictions appliquées par les opérateurs, pondérées en fonction de leur nombre total d'utilisateurs**

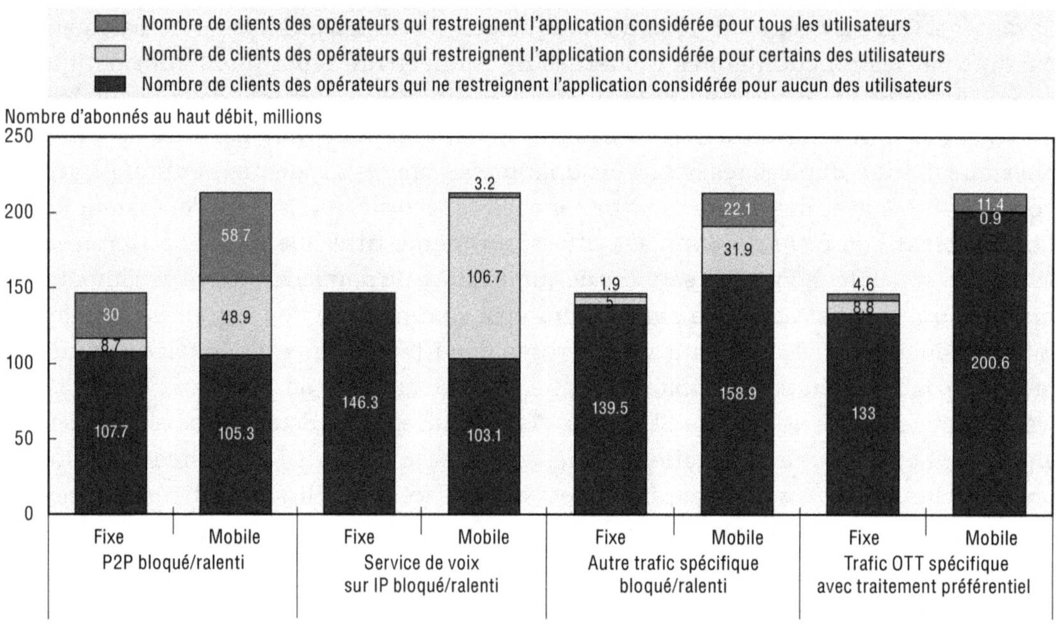

Source : ORECE (2012).

StatLink http://dx.doi.org/10.1787/888933308332

Téléviseurs connectés

De nombreux fournisseurs d'infrastructures de communications craignent que les nouveaux services de vidéo OTT (à l'instar de Netflix ou Hulu) ne provoquent un « tsunami de données », menaçant le fonctionnement global de l'internet. Selon certaines estimations, le trafic généré par Netflix représente 30 % du trafic internet aux heures de pointe aux États-Unis, bien que cela ne semble pas menacer la viabilité des réseaux ni des investissements. Il est peu probable, si l'on continue d'investir dans les réseaux, que l'augmentation du trafic de données devienne ingérable, dans la mesure où le taux de croissance du trafic moyen et de pointe, en termes relatifs par rapport à un niveau plus élevé, n'a jamais été aussi bas et ne cesse de diminuer (OCDE, 2014b). Les éventuels goulets d'étranglement sont donc davantage susceptibles de se produire entre deux réseaux particuliers – ou systèmes autonomes, pour être précis – que de perturber le fonctionnement général de l'internet.

Les services de vidéo OTT se caractérisent par une innovation technique et commerciale considérable. Face à cette situation, les télédiffuseurs et fournisseurs de télévision payante traditionnels migrent de plus en plus leurs contenus vers l'internet. À titre d'exemple, l'entreprise suédoise Magine propose des services de télévision en ligne et d'enregistrement vidéo numérique (DVR) en nuage en Suède, en Allemagne et en Espagne. Des services DVR en réseau et en nuage ont été lancés dans plusieurs pays, dont l'Australie (Optus), la France, la Suisse (FilmOn) et les États-Unis (Cablevision). Ils ont, dans certains cas, fait l'objet d'actions en justice, ce qui montre que les cadres réglementaires actuels ne sont pas adaptés aux services vidéo fournis via l'internet.

En comparaison, les marchés traditionnels de la télévision payante sont relativement rigides, les licences d'utilisation des contenus étant dans de nombreux cas soumises à des règles strictes, et les marchés relativement concentrés. En 2014, la Commission européenne a lancé une enquête sur les octrois de licences internationales, en vertu desquelles les droits attribués sur certains contenus font l'objet d'une exclusivité territoriale absolue. Prenons l'exemple d'un utilisateur abonné à la ligue allemande de football « Bundesliga » par l'intermédiaire du principal diffuseur de programmes de télévision payante du pays. S'il réside en France, cet abonné ne pourra pas regarder les matches. Or, il n'y aura pas forcément, en France, un diffuseur intéressé par l'achat de droits sur ces contenus.

Les distributeurs de vidéos en ligne peuvent avoir une influence considérable en termes d'intensification de la concurrence sur les marchés de la vidéo, à condition que toute la chaîne de valeur bénéficie du renforcement de la concurrence et de la transparence, et que les cadres réglementaires évoluent dans le sens de la neutralité technologique. Parmi les principaux acteurs, certains commencent à proposer des services sur IP, indépendamment du type d'abonnement de l'utilisateur (au câble, au satellite ou à un service de télévision payante de transition). Aux États-Unis, par exemple, les chaînes HBO et CBS de Time Warner ont annoncé, en 2014, le lancement d'offres de diffusion en flux similaires à celles proposées par Hulu Plus et Netflix. Déjà courantes dans les pays scandinaves, ces offres pourraient gagner du terrain dans d'autres pays de la zone OCDE et permettre ainsi aux consommateurs d'avoir accès à des services de télévision à la carte.

4.3. Débat sur la neutralité des réseaux

Le débat sur la neutralité des réseaux touche à des questions complexes de hiérarchisation du trafic et peut être abordé sous deux angles. Le premier concerne les facteurs ayant une incidence sur la capacité des utilisateurs à accéder aux contenus et aux services – différentiation par les prix, qualité de service ou blocage de l'accès (avec, par exemple, le blocage des services de voix sur IP). Le second a trait aux accords commerciaux qui permettent l'échange de trafic entre réseaux (accords d'appairage et de transit). Ces deux perspectives renvoient à la relation entre l'utilisateur et son fournisseur d'accès à l'internet – le premier payant le second pour accéder à l'internet – et aux conditions auxquelles les opérateurs de réseaux conviennent d'échanger du trafic. Aux États-Unis, la plupart des débats de fond sur la neutralité des réseaux ont été centrés jusqu'à présent sur la question du dernier tronçon d'acheminement des données jusqu'au domicile ou à l'entreprise[6], même si la FCC a cherché à approfondir la question des effets des accords commerciaux entre les FAI et des fournisseurs tiers sur le caractère ouvert de l'internet.

Si la littérature économique sur la neutralité des réseaux est relativement récente, elle évolue rapidement. Les sujets abordés vont des pratiques de gestion des réseaux aux marchés « à double face » de l'interconnexion sur l'internet, en passant par l'innovation ou la lutte contre les monopoles, sans que rien de définitif ne puisse être dégagé au niveau des conclusions ou des hypothèses. Krämer et al. (2013) ont effectué un tour d'horizon des publications existantes.

Neutralité des réseaux et services d'accès à l'internet

Les modifications des conditions d'accès aux contenus, aux services ou aux réseaux (notamment en termes de qualité) peuvent altérer l'expérience des utilisateurs d'un réseau et la capacité des utilisateurs d'autres réseaux de communiquer avec eux. Toute limitation excessive de cette capacité de communication sans le consentement de l'utilisateur et sans rapport avec les exigences de gestion du réseau peut donner lieu à des niveaux de qualité différents selon les voies d'accès au réseau qui, même si elles utilisent toutes la technologie IP (par exemple le service vidéo propre à un FAI), ne gèrent pas toujours le trafic de manière identique. Outre l'éventuelle « fragmentation » pouvant résulter de l'incapacité de l'utilisateur à accéder à l'internet – par opposition à la fourniture du service par un tiers indépendant –, les restrictions d'accès peuvent avoir des conséquences sur le rôle de l'internet en tant que plateforme d'innovation.

Un certain nombre de pays de l'OCDE ont adopté des lois pour garantir la neutralité des réseaux et ont interdit le blocage des services et la discrimination abusive à leur égard. En 2010, le Chili a été le premier pays de l'OCDE à légiférer en faveur de la neutralité des réseaux ; il a été suivi dans ce sens par les Pays-Bas (2011) et la Slovénie (2012). Après cela, en avril 2014, alors que le Brésil préparait le NETmundial, un sommet international sur la gouvernance de l'internet organisé à São Paulo, le Congrès brésilien a adopté un projet de loi instaurant un cadre de protection des droits civils sur l'internet (*Marco Civil da Internet*) et spécifiant que la neutralité des réseaux devait être la règle sur l'internet (les modalités de mise en œuvre restent à définir par décret présidentiel ; voir le chapitre 1, encadré 1.3). L'Italie, qui suit un processus similaire, a lancé en octobre 2014 une consultation publique au sujet d'une déclaration de principes sur les droits liés à l'internet. Cette déclaration énonce, entre autres, un « droit fondamental à l'accès à l'internet » et la neutralité des réseaux.

Il n'existe pas, au sein de la zone OCDE, d'approche unique de la neutralité des réseaux, et les cadres d'action varient d'un pays à l'autre. Certains pays ont pris des dispositions en la matière, en concertation avec les acteurs du secteur. Tel est le cas de la Norvège (qui a mis en place un modèle de corégulation) ou de la Corée (qui a publié, en décembre 2011, des Lignes directrices sur la neutralité des réseaux et la gestion du trafic sur l'internet). Le Royaume-Uni met l'accent sur la transparence et la concurrence en favorisant l'autorégulation, le but étant de fournir aux consommateurs des informations suffisantes pour qu'ils puissent faire des choix avisés. Les pays européens ont, sur le sujet de la neutralité des réseaux, des approches variées allant de l'autorégulation à la mise en œuvre d'une législation contraignante. Afin d'éviter la fragmentation du marché unique, la Commission européenne s'est fixée pour objectif de mettre en place dans l'ensemble des pays de l'UE des règles claires pour préserver le caractère ouvert de l'internet. Une proposition de loi est en cours de discussion au sein de l'UE pour faire en sorte que les utilisateurs finaux soient libres d'accéder aux informations et aux contenus et de les diffuser, ainsi que d'utiliser les applications et les services de leur choix sur l'internet. Ce texte protège l'accès ouvert et non discriminatoire à l'internet, tout en autorisant les services innovants satisfaisant à des exigences de qualité particulières. Le Parlement européen a arrêté sa position sur la proposition le 3 avril 2014, et le Conseil a confié un mandat de négociation à la présidence lettonne le 4 mars 2015. Le dialogue interinstitutionnel a débuté en mars 2015.

Le 12 mars 2015, aux États-Unis, la FCC a émis une ordonnance destinée à « protéger et promouvoir l'internet ouvert » ; celle-ci définit trois règles très claires applicables aux services d'accès à l'internet haut débit fixe et mobile, à savoir : l'interdiction du blocage, du ralentissement du trafic et de l'accès prioritaire payant (FCC, 2015). En vertu de ces règles, les fournisseurs d'accès à l'internet haut débit ont l'interdiction, dans le cadre de la gestion raisonnable du réseau, de bloquer des contenus, des applications et des services licites, ou des terminaux ne présentant aucun danger. S'agissant du ralentissement du trafic, la FCC stipule que dans le cadre d'une gestion raisonnable du réseau, les FAI ne doivent ni empêcher, ni ralentir le trafic licite sur l'internet selon les contenus, les applications et les services, ou l'utilisation de dispositifs ne présentant aucun danger. Les FAI ne doivent pas non plus donner la priorité à des contenus ou services moyennant paiement. Cette pratique consiste, pour un opérateur de réseau haut débit, à favoriser – directement ou indirectement – un trafic plutôt qu'un autre, notamment à l'aide de techniques telles que le lissage ou la hiérarchisation du trafic, la réservation des ressources ou d'autres formes de gestion préférentielle du trafic, que ce soit en échange d'une compensation (financière ou autre) octroyée par un tiers, ou pour avantager une société affiliée. Afin de pallier tout problème futur pouvant résulter de ces nouvelles pratiques, l'ordonnance inclut une norme de bonne conduite qui interdit aux FAI d'influencer ou de perturber abusivement la capacité des consommateurs à choisir les contenus, applications, services ou dispositifs licites de leur choix, à y accéder et à les utiliser, ou la capacité des fournisseurs (que la FCC nomme *edge providers*) à mettre à la disposition des consommateurs des contenus, applications, services ou dispositifs licites. La gestion raisonnable du réseau n'est pas considérée comme contrevenant à cette règle. La FCC sera habilitée à examiner au cas par cas les pratiques contestables, en s'appuyant sur des facteurs destinés à fournir des orientations sur l'application des règles dans la pratique. L'ordonnance renforce par ailleurs la règle de transparence adoptée en 2010 à l'intention à la fois des utilisateurs finaux et des fournisseurs de contenus, d'applications, de services et de dispositifs, notamment : en obligeant les fournisseurs d'accès haut débit à communiquer systématiquement les tarifs promotionnels, l'intégralité des frais et/ou majorations, ainsi que l'ensemble des plafonds et volumes de données autorisés ; en ajoutant la perte de paquets aux indicateurs de mesure de performance des réseaux devant être rendus publics ; et en exigeant que les consommateurs soient informés des « pratiques du réseau » susceptibles de nuire sensiblement à leur utilisation du service (FCC, 2010b).

L'ordonnance stipule par ailleurs que la FCC peut être saisie des réclamations et prendre les mesures d'exécution appropriées si elle établit que les activités des FAI en matière d'interconnexion ne sont pas justes et raisonnables. L'ordonnance reclassifie l'accès à l'internet haut débit en tant que service de télécommunications au titre de l'article II de la loi sur les télécommunications, mais l'exclut des principales dispositions qu'il énonce, notamment la réglementation tarifaire, les dépôts de tarifs et le dégroupage.

Au Canada, le Conseil de la radiodiffusion et des télécommunications canadiennes (CRTC) a publié en 2009 un cadre sur la neutralité des réseaux qui fournit au secteur des télécommunications des orientations quant à la mise en œuvre de pratiques acceptables en matière de gestion du trafic. Lorsque de telles pratiques sont nécessaires, le cadre stipule que : les mesures économiques (par exemple des plafonds d'utilisation mensuels et des frais en cas de dépassement) doivent être mises en œuvre chaque fois que possible ; les mesures techniques (telles que la hiérarchisation du trafic) ne doivent être appliquées qu'en dernier recours ; le blocage ou le ralentissement du trafic urgent est interdit, sauf autorisation préalable du CRTC. Le cadre précise en outre que les FAI doivent faire preuve de transparence dans la gestion du trafic sur leurs réseaux.

Échange de trafic entre les réseaux : les accords d'appairage et de transit

Le système d'échange de trafic sur l'internet fonctionne extrêmement bien et a joué un rôle déterminant dans le développement à la fois rapide et universel du web. À la base de ce système se trouvent les internautes, qui paient pour accéder au réseau. De leur côté, les FAI assurent la connectivité au reste de l'internet en recourant soit à l'appairage (c'est-à-dire l'interconnexion directe), soit au transit. L'achat de transit permet à un FAI d'atteindre tous les réseaux du monde. L'appairage permet à deux FAI d'échanger directement du trafic, sans passer par les fournisseurs de transit. Les fournisseurs d'accès qui recourent à l'appairage n'ont pas besoin d'acheter du transit, d'où une réduction de leurs coûts. Pour réaliser des économies, les FAI mettent en place ou utilisent des points d'échange de trafic internet (IXP), qui permettent l'interconnexion simultanée de plusieurs réseaux. Les plus grands IXP peuvent interconnecter plus de 600 réseaux et supporter un trafic de plus de 3 térabits/seconde. L'achat de transit leur permet par ailleurs d'accéder au moindre coût à des réseaux là où ils ne disposent pas eux-mêmes d'installations.

Selon une étude réalisée dans l'optique d'un rapport de l'OCDE, portant sur 4 300 réseaux représentant 140 000 échanges directs de trafic sur l'internet, 99.5 % des accords d'appairage sont conclus de manière informelle, sans contrat écrit ni contrepartie financière à l'échange de données. Par ailleurs, des accords multilatéraux sont en vigueur au niveau de nombreux IXP, pour l'utilisation de ce que l'on appelle un serveur de routage : des centaines de réseaux acceptent d'échanger du trafic gratuitement avec n'importe quel réseau qui se joint à l'accord. Les parties à ces accords sont notamment les réseaux dorsaux, d'accès et de distribution de contenus, ainsi que des universités, des organisations non gouvernementales, des administrations publiques et des entreprises de toutes sortes.

Dans le système actuel, conçu sur la base du volontariat, les opérateurs sont incités à investir dans leur réseau et à l'étendre pour atteindre de nouveaux pairs, ainsi qu'à coopérer avec d'autres réseaux pour établir de nouveaux IXP dans des zones qui en sont dépourvues, afin d'économiser les frais de transit. De fait, des points d'échange de trafic ont été mis en place aux quatre coins de la planète, et les grands fournisseurs et réseaux de distribution de contenus (CDN) ont étendu leur présence pour les atteindre, dans les pays développés comme en développement. Cela leur a permis d'économiser – et de faire économiser à leurs clients (y compris les FAI avec lesquels ils ont des accords d'appairage, et leurs propres clients) – des milliards de dollars chaque année, tout en améliorant sensiblement la qualité de service. L'augmentation du nombre d'IXP aide à maintenir le trafic local au niveau local, soulage les liaisons interrégionales et stimule les investissements dans les réseaux locaux. C'est pourquoi l'OCDE continue d'encourager les pays à développer et utiliser les IXP.

En l'espace de dix ans, les réseaux de distribution de contenus (CDN) ont pris une part active dans la réduction des coûts du trafic, pour les fournisseurs de contenus comme pour les FAI, et dans l'amélioration de la qualité et des performances globales. Akamai, le plus grand réseau de ce type au monde, compte au minimum 50 concurrents à l'échelle mondiale et régionale (dont certains appartiennent à des réseaux de transit tels que Level3). Certains opérateurs de télécommunications traditionnels – comme TDC au Danemark – ont créé leurs propres CDN. La possibilité de conclure des contrats avec plusieurs de ces réseaux offre aux FAI et aux opérateurs de télécommunications un éventail de possibilités. En règle générale, les CDN possèdent des serveurs, des accords d'appairage et une connectivité réseau dans de nombreux pays, ce qui limite les risques de congestion et accroît les performances des réseaux, notamment en termes de latence et de capacité d'interconnexion.

De l'avis de certains observateurs, les réseaux de distribution de contenus représentent une catégorie spéciale de réseaux, différents de ceux des fournisseurs de contenus et des opérateurs de télécommunications. Selon eux, ils fournissent aux consommateurs des voies d'acheminement à haut débit non neutres vis-à-vis des technologies, mais uniquement pour les sites qui peuvent en supporter le coût. Cette analyse est contestable à plusieurs égards. Sur le plan technique, les réseaux ne peuvent faire la différence entre les CDN, les fournisseurs de contenus ou les opérateurs de télécommunications. Pour le protocole de routage BGP, tous les numéros de systèmes autonomes (AS) sont comparables et peuvent fournir les mêmes services. Du point de vue commercial, un CDN évite à ses clients de déployer et de gérer des serveurs dans le monde entier, ainsi que de négocier avec des centaines de réseaux les accords d'appairage et les coûts de transit. La plupart des clients n'ont pas la taille nécessaire pour investir de façon rentable dans des serveurs ou des accords d'IXP et d'appairage ; faire appel à un réseau de distribution de contenus leur permet donc d'en percevoir les avantages, sans avoir à supporter le coût des investissements. Cela dit, certains des plus grands acteurs de l'internet, comme Google, Microsoft et Netflix, ont mis au point leurs propres solutions de type CDN. Apple et Facebook y travailleraient également. Netflix, par exemple, a estimé à 20 % le gain d'efficience de l'utilisation des équipements et des ressources grâce à son CDN OpenConnect optimisé pour son trafic (par rapport aux services des CDN du marché qui, eux, ne le sont pas). Ce CDN peut permettre une amélioration des performances et une réduction des coûts d'utilisation des équipements et de transit IP, non seulement pour Netflix, mais aussi pour les FAI avec lesquels il a des interconnexions. De nombreux sites locaux et de plus petite taille n'utilisent pas les services d'un CDN parce que les coûts induits sont supérieurs aux avantages qu'ils peuvent en retirer, ou parce qu'ils peuvent obtenir les mêmes avantages en échangeant directement du trafic avec des réseaux locaux ou en plaçant leurs serveurs dans plusieurs installations de colocalisation.

L'internet a donc permis le développement d'un marché de la connectivité efficient, reposant sur des accords contractuels volontaires. Le système d'échange de trafic sur l'internet s'inscrit dans un environnement hautement concurrentiel, dans l'ensemble sans régulation ni organisation centralisée, ce qui a tiré les prix vers le bas, stimulé l'efficience et l'innovation, et attiré les investissements nécessaires pour suivre le rythme de progression de la demande. Néanmoins, lorsque des négociations commerciales ont lieu et que la concurrence est insuffisante, l'un des acteurs du marché peut profiter de sa position pour imposer aux autres des prix plus élevés. Le cas échéant, les FAI ont la possibilité de se contourner les uns les autres. C'est là l'une des raisons essentielles du succès de l'internet sur les marchés concurrentiels.

Lorsque la concurrence est insuffisante sur le marché de détail, la question est de savoir si les consommateurs reçoivent le service pour lequel ils ont payé. Y répondre peut s'avérer ardu, dans la mesure où l'internet est un réseau de réseaux, chacun ayant la responsabilité d'assurer la connectivité et de gérer le trafic pour ses propres clients. Cela dit, les experts en informatique mettent actuellement au point des outils d'analyse destinés à informer les parties prenantes sur des questions comme l'existence éventuelle d'une congestion et, le cas échéant, son origine. On citera par exemple le projet mené aux États-Unis par le laboratoire d'informatique et d'intelligence artificielle du *Massachusetts Institute of Technology*, en collaboration avec le *Centre for Applied Internet Data Analysis* (CAIDA/UCSD). En 2014, les conclusions du rapport préliminaire n'indiquaient pas de congestion généralisée du côté des FAI opérant dans le pays, la plupart des cas de congestion étant dus à des usages spécifiques de la part des entreprises, et les litiges d'interconnexion étant, semble-t-il, résolus par le jeu de négociations commerciales. Des projets similaires, menés dans d'autres régions du monde, seraient riches d'enseignements pour les régulateurs et les responsables de l'action publique.

Neutralité des réseaux et principe de « non-facturation »

Lorsqu'une partie du trafic envoyé et reçu par les consommateurs via l'internet est comptabilisée dans leur forfait, et qu'une autre ne l'est pas, on parle dans le second cas de « non-facturation » (ou *zero-rating*). Bien que l'expression soit employée surtout dans le contexte des données mobiles, elle s'applique à la fois aux services haut débit fixes et mobiles. À l'origine, seule une minorité de pays de l'OCDE tels que l'Australie, la Belgique, le Canada, l'Irlande, l'Islande et la Nouvelle-Zélande, appliquaient couramment des quotas de données explicites dans le cadre des forfaits haut débit fixe. Dans les autres pays, des règles d'utilisation équitable peuvent exister, avec un degré variable de mise en œuvre. Sur les marchés mobiles, où les seuils de données sont généralement beaucoup plus faibles, la « non-facturation » peut avoir des conséquences non négligeables sur la dynamique concurrentielle.

La non-facturation peut prendre différentes formes. Les FAI peuvent l'appliquer à leurs propres contenus ou à ceux de partenaires présélectionnés. Cela peut aller du contenu de l'écran d'accueil auquel le client du FAI accède, à des contenus exclusifs, tels que des services de vidéos ou de musique inclus dans l'offre groupée payée par le client. En Australie, par exemple, certains FAI achètent des droits sur les sports les plus populaires. L'accès à ces contenus n'est pas déduit du seuil de données octroyé à leurs clients. En revanche, si les clients d'un autre FAI y accèdent via l'internet, outre le fait qu'un abonnement au service leur est facturé, les données correspondantes sont décomptées du forfait contracté auprès de leur opérateur. Il est donc courant que les FAI proposent des services, comme des jeux ou d'autres contenus, qui ne soient pas déduits du forfait de données de leurs clients.

Il arrive que des opérateurs mobiles concluent explicitement un partenariat avec un fournisseur de vidéos ou de musique. D'autres (comme T-Mobile aux États-Unis) placent en liste blanche des services musicaux qui ne sont pas décomptés du quota de données de

Encadré 4.3. **Litiges d'interconnexion entre Comcast et Netflix**

Au deuxième semestre 2013, un litige d'interconnexion lié à un problème de congestion a éclaté entre Comcast et Netflix. Les mesures du trafic effectuées par le MIT et l'USCD ont mis en évidence une congestion jusqu'au début de l'année 2014. Pour y remédier, les deux entreprises auraient conclu, en février 2014, un accord d'échange direct de trafic. Dès lors, la congestion sur les liaisons concernées – enregistrée pour une grande part sur les réseaux de transit sélectionnés par Netflix – a pris fin (Clark et al., 2014a).

Durée estimée de la congestion sur les liaisons raccordant trois grands réseaux à Comcast

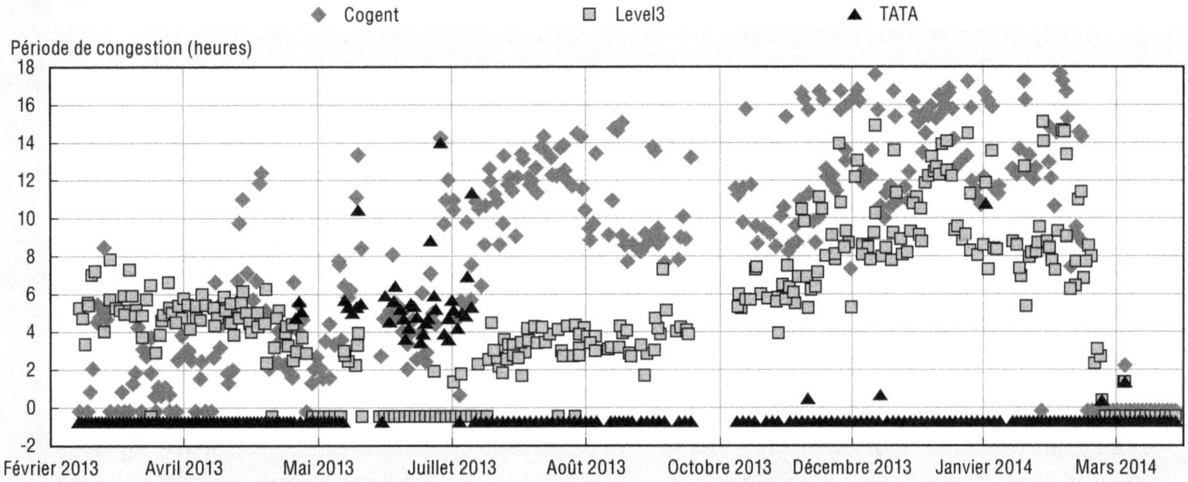

Source : Clark et al., 2014a, 2014b.

StatLink http://dx.doi.org/10.1787/888933308345

Si les litiges d'interconnexion peuvent être la conséquence de négociations commerciales (la dégradation de la qualité étant utilisée comme monnaie d'échange), ils représentent rarement un sujet de préoccupation pour les régulateurs, car les deux parties ont toujours la possibilité d'acheter du transit pour établir l'interconnexion. Les seuls cas dans lesquels ces litiges inquiètent les autorités sont ceux où la concurrence et la transparence sont insuffisantes et ne permettent pas aux consommateurs ni aux opérateurs de réseau de faire des choix avisés. Si, comme cela semble probable, Netflix a payé Comcast pour une interconnexion directe entre les deux réseaux, Comcast percevra à la fois les redevances de ses clients pour la fourniture de services tels que Netflix, et les redevances de Netflix (ce qui signifie que Netflix répercute ces coûts sur ses clients). Pour certains économistes, cela s'apparente à un marché à double face ; toutefois, cette situation exclut toute possibilité, pour Netflix, de disposer d'un transit concurrentiel. La question centrale est de savoir si les consommateurs bénéficient d'un choix suffisant pour accéder à un service comme Netflix via un autre FAI ou (étant donné que les services vidéo de Netflix comme de Comcast peuvent, dans une certaine mesure, être considérés comme des substituts) si Netflix a des fournisseurs de transit suffisamment compétitifs pour atteindre ses clients. Du point de vue de Comcast, l'objectif est d'optimiser le rendement de ses investissements dans les réseaux et les services.

La situation de congestion entre Netflix et Comcast a été réglée par l'interconnexion directe. Toutefois, au lieu de recourir à l'appairage ou à l'achat de transit pour faciliter cette interconnexion, les deux parties ont eu recours à un modèle appelé parfois « échange de trafic payant ». Dans ce cas, un réseau accepte d'en payer un autre pour échanger du trafic, mais pas pour que ce dernier achemine ce trafic sur un réseau tiers (ce qui équivaudrait à du transit). Netflix a indiqué qu'il acceptait à contrecœur de payer pour de l'échange direct de trafic car il n'avait pas réussi à trouver un fournisseur de transit dont le réseau n'était pas saturé ou qui ne l'obligeait pas purement et simplement à payer pour de l'échange de trafic par l'intermédiaire d'un tiers. Certains grands FAI proposent de facturer l'interconnexion selon le principe qui veut que ce soit

Encadré 4.3. **Litiges d'interconnexion entre Comcast et Netflix** *(suite)*

« le réseau de l'émetteur qui paie », considérant que la situation est comparable à la facturation de la terminaison d'appel dans la téléphonie. Cependant, contrairement à ce qui se passe dans la téléphonie, les marchés de l'échange de trafic sont généralement considérés comme concurrentiels. Dans le domaine de la téléphonie, les régulateurs de la zone OCDE ont presque tous constaté un monopole au niveau de l'accès de terminaison. À la base, le problème est le même : chacun des deux réseaux échangeant du trafic prétend être celui qui apporte la plus grande valeur ajoutée et que cela devrait être le fondement de la relation. Traditionnellement, cette situation était réglée sur le marché de l'appairage et du transit, précisément parce qu'aucun réseau n'était suffisamment étendu pour pouvoir se passer du transit pour atteindre le reste du monde. Le transit restait donc une alternative possible dans les cas où les deux parties ne pouvaient pas échanger du trafic, que ce soit pour des raisons géographiques ou à cause de divergences commerciales.

Le fait de garantir un accès local suffisamment concurrentiel, sans pour autant supprimer le pouvoir de monopole au niveau de l'accès de terminaison, rationalise les comportements en responsabilisant le consommateur. Par ailleurs, comme indiqué plus avant, la situation en Australie et en Nouvelle-Zélande, au début du XXIe siècle, avec un marché de l'appairage et du transit non concurrentiel, a montré que l'accès aux contenus en ligne selon le principe de « non-facturation » pouvait être utilisé comme un argument concurrentiel par les FAI et les fournisseurs de contenus concluant des accords d'échange direct de trafic.

leurs clients. En Hongrie, T-Mobile adopte une approche différente en facturant des frais supplémentaires pour offrir un accès gratuit à certains types d'usages tels que les services de vidéos ou les réseaux sociaux. Jusqu'à présent, les régulateurs ont adopté diverses approches à l'égard de ces pratiques. Au Canada, au Chili, en Norvège, aux Pays-Bas et en Slovénie, les autorités se sont prononcées explicitement contre cette pratique – qu'ils jugent anticoncurrentielle – ou ont appliqué des amendes pour violation de la réglementation nationale sur la neutralité des réseaux. Dans d'autres pays, différents opérateurs pratiquent la non-facturation sous diverses formes, et les régulateurs n'ont pris aucune mesure.

La non-facturation peut également prendre la forme d'une grande différence de prix entre le trafic sur réseau et hors réseau (le trafic assuré par le FAI lui-même et, gratuitement, par ses pairs, ou les contenus transmis via un réseau de transit IP, sont considérés, aux fins de la facturation, comme « hors réseau »). Dans les pays où la concurrence sur les marchés de transit ou de collecte est faible, la conclusion d'un accord d'échange direct de trafic peut s'avérer mutuellement bénéfique pour le FAI comme pour le fournisseur de contenus. Elle permet en effet à l'un comme à l'autre d'échanger gratuitement du trafic et d'en faire profiter leurs clients, ce qui n'est pas possible lorsqu'il n'existe pas d'accord d'appairage ou que le transit coûte cher. Ces types de dispositifs remportent un succès croissant dans les pays où, du fait de coûts de transit élevés, les seuils de données inclus dans les forfaits mensuels sont faibles. À mesure que les seuils augmentent – sous l'influence de facteurs tels que l'intensification de la concurrence et la baisse des coûts du transit –, la non-facturation devient moins intéressante pour attirer des utilisateurs finaux. De fait, il existe dans ce cas peu de différence, du point de vue du consommateur, entre un contenu non facturé et la consommation de données dans le cadre d'un forfait incluant un quota élevé ou un service illimité.

En Australie, les faibles seuils de données inclus dans les forfaits du fait de frais de transit IP élevés ont conduit à l'utilisation de la non-facturation en tant qu'outil concurrentiel. Les petits FAI et fournisseurs de contenus tels que les stations de radio échangeaient directement du trafic, et les FAI répercutaient la baisse des coûts sur leurs clients via la non-facturation. Les consommateurs bénéficiant de seuils de données peu élevés pouvaient ainsi écouter des flux audio diffusés par ces stations, une solution qui n'aurait pas été avantageuse si elle avait été décomptée du forfait. Si une réglementation avait contraint ces FAI à traiter ce trafic comme celui de n'importe quel autre fournisseur de contenus avec lequel ils n'auraient pas d'accord d'interconnexion directe, cela aurait faussé les incitations à l'appairage et au transit. En d'autres termes, la réduction des coûts rendue possible par l'appairage, puis la répercussion de cette baisse sur le consommateur, a permis aux FAI, ainsi qu'aux stations de radio, d'en retirer des avantages, au même titre que les utilisateurs. D'un autre côté, même si les FAI avaient intégré dans leurs prix de détail une moyenne des coûts – ceux des contenus provenant de l'appairage et du transit –, les consommateurs australiens n'auraient pu profiter de la diffusion en flux d'un tel service audio sans qu'elle soit décomptée de leur forfait.

Lorsque la concurrence sur le marché est insuffisante, les grands fournisseurs de transit disposant d'une importante base d'utilisateurs peuvent ne pas être incités à conclure des accords d'appairage. Ils peuvent chercher à amener les fournisseurs de contenus (comme les stations de radio) à conclure des accords d'échange de trafic payant et de transit pour accéder à la fois à leurs propres clients et à ceux des autres FAI. Une entreprise se trouvant dans cette position aura tendance à écarter la non-facturation des services des fournisseurs de contenus, c'est-à-dire ceux proposés en dehors de son propre réseau. Ce choix privilégierait par conséquent cet acteur dominant, puisque les FAI concurrents et les fournisseurs de contenus ne seraient pas en mesure de proposer un service non décompté du forfait.

Sur les marchés où les forfaits incluent des seuils de données élevés ou un service non décompté (comme dans le cas de l'accès à l'internet fixe dans la plupart des pays de l'OCDE), la question de la non-facturation n'est pas vraiment pertinente. Sur les réseaux mobiles, où les plafonds de données relativement peu élevés sont légion, la pratique est nettement plus courante que sur les réseaux fixes. Les incitations peuvent aussi être différentes par rapport aux réseaux fixes, où les FAI sont généralement beaucoup plus nombreux, en particulier lorsque le dégroupage de la boucle locale est appliqué.

Une autre forme de non-facturation est pratiquée dans les pays en développement, où le phénomène prend de l'ampleur. Des sites internet populaires tels que Facebook, WhatsApp, Twitter, Wikipedia et Google ont établi des partenariats avec des opérateurs de télécommunications afin d'offrir un accès gratuit à leurs services. Il convient toutefois de noter qu'il ne s'agit pas de fournir un accès à la totalité de l'internet, mais à un nombre limité de sites. L'objectif est de se servir de ces sites pour attirer les consommateurs et les encourager à utiliser l'internet. Cette approche peut aussi avoir une vocation sociale, dans la mesure où elle permet un accès illimité à des sites comme Wikipedia, ou à des sites d'informations médicales ou gouvernementales. L'accès non facturé à des services explique que, dans certains cas, les utilisateurs indiquent ne pas utiliser l'internet, alors qu'ils confirment accéder à Facebook ou à Wikipedia.

L'adoption rapide de ces offres dans les pays en développement est incontestablement due à plusieurs facteurs. D'une part, dans certains de ces pays, les marchés mobiles sont extrêmement concurrentiels, avec un nombre de MNO nationaux pouvant aller jusqu'à six. D'autre part, les consommateurs y sont à la fois très soucieux des coûts et n'ont souvent jamais eu accès à l'internet (en raison du faible taux de pénétration du réseau fixe). Dans ce contexte, il est dans l'intérêt à la fois du FAI et du fournisseur de contenus de stimuler l'utilisation de l'internet, laquelle peut avoir des retombées économiques et sociales sur le développement au sens large.

Si la non-facturation peut clairement favoriser la concurrence et avoir des effets positifs sur le développement économique et social, les régulateurs doivent néanmoins rester vigilants. L'expérience des pays de l'OCDE montre que cette pratique devient moins problématique lorsque la concurrence est plus vive et que les seuils de données sont plus élevés ou illimités. Elle peut en fait être utile pour accroître la concurrence. Son interdiction peut avoir des répercussions lorsque la concurrence entre les opérateurs de transit n'est pas très développée, de même qu'elle risque de réduire l'efficacité de l'appairage. Cela dit, la non-facturation peut être un sujet de préoccupation sur n'importe quel marché où l'accès est peu concurrentiel. Ainsi, une situation dans laquelle le contenu proposé par un fournisseur dominant est accessible gratuitement, alors que celui de ses concurrents ne l'est pas (et la position dudit fournisseur lui permet d'opter pour l'échange de trafic payant plutôt que l'appairage), peut entraver l'accès au marché d'entreprises nouvelles ou innovantes. De même, lorsqu'un FAI propose un service très consommateur de données mais fixe un plafond de données peu élevé, la concurrence peut en pâtir.

La non-facturation doit être examinée au cas par cas ou marché par marché. Si elle peut, dans certaines circonstances, favoriser et accroître la concurrence, elle risque aussi de donner lieu à des cas d'abus de position dominante. La transparence représente, à cet égard, une mesure de protection importante. Pour citer un exemple, certains sites dont l'utilisation n'est pas décomptée des forfaits ne facturent pas leurs contenus, mais comptabilisent les données publicitaires téléchargées, ce dont les utilisateurs n'ont pas toujours conscience. Par ailleurs, si la plupart des consommateurs peuvent envisager sans difficulté la non-facturation comme un service proposé en complément de leur offre groupée, comprendre les grilles tarifaires qui garantissent un accès illimité à un ensemble de services, mais facturent le volume des données téléchargées sur d'autres services, peut s'avérer plus ardu. La concurrence peut, à cet égard, jouer un rôle déterminant. Les marchés ouverts proposeront des offres tarifaires concurrentielles qui donnent accès à la totalité de l'internet – d'où l'essor actuel du haut débit mobile –, et pas seulement à un petit nombre de sites populaires qui pourraient en fait devenir un « jardin fermé ».

4.4. Réseaux fixes évolués et aspects réglementaires

Mise à niveau des réseaux fixes : fibre, VDSL, vectorisation et DOCSIS

Entre 2012 et 2014, l'utilisation de la technologie haut débit FTTH (fibre jusqu'au domicile) s'est considérablement étendue dans un certain nombre de pays de l'OCDE. En décembre 2013, la Corée et le Japon figuraient toujours en tête de classement, avec plus de 60 % d'abonnements au haut débit reposant sur cette technologie qui gagne également du terrain dans d'autres pays. Si la pénétration de la fibre demeure inférieure à la moyenne OCDE (16.6 abonnements pour 100 abonnements au haut débit fixe) en Espagne, au Royaume-Uni et en Turquie (avec respectivement des taux de 5.2 %, 14.3 % et 10.4 %), elle a néanmoins progressé de plus de 80 % en glissement annuel. En Irlande, Eircom a annoncé, en octobre 2014, le déploiement d'un service FTTH pour connecter 65 villes à des débits pouvant atteindre 1 Gbit/s. Elle sera en concurrence avec l'entreprise commune Vodafone/ ESB, dont la création a été approuvée par la Commission européenne et qui bénéficie d'un financement public de 563 millions USD pour déployer le très haut débit dans 50 villes (ou 500 000 locaux) via le réseau électrique d'ESB en laissant l'accès ouvert aux opérateurs tiers.

Malgré la couverture de plus en plus étendue du FTTH, la plupart des abonnés au haut débit utilisent toujours des réseaux cuivre ou à câble coaxial. Il est dès lors fondamental de trouver le moyen d'optimiser l'utilité desdits réseaux jusqu'à ce qu'ils soient totalement remplacés par la fibre. Les décisions qui seront prises dans ce domaine par les pouvoirs publics et les autorités de régulation auront une grande influence sur l'évolution de la concurrence et sur la transition vers le tout fibre. Les coûts de déploiement de la FTTH sont élevés tandis qu'une multitude de technologies concurrentes, comme la FTTN (fibre jusqu'au répartiteur) et les réseaux HFC (hybrides fibre-coaxial), offrent des débits pratiquement similaires à condition que les boucles locales soient suffisamment courtes. Certaines d'entre elles peuvent toutefois être difficilement compatibles avec les mesures visant à stimuler la concurrence, par exemple, le dégroupage de la boucle locale, ce qui rend la situation légèrement plus complexe que ne le laisse apparaître une simple analyse coûts-avantages du point de vue des entreprises intéressées. Ainsi certaines technologies, comme la VDSL2, requièrent de procéder sur les réseaux à des ajustements techniques qui rendent inapplicables ou excessivement onéreux les dispositifs habituellement employés pour ouvrir l'accès aux opérateurs tiers (comme le dégroupage de la sous-boucle locale). En pareils cas, il incombe aux régulateurs de déterminer avec soin si certaines de ces technologies, leur mise en œuvre ou leur topologie, peuvent entraîner un verrouillage du marché à l'égard des concurrents.

Que la FTTH s'impose ou non dans les années à venir, les technologies FTTN comme la vectorisation VDSL2 ou le G.fast pourraient bien coexister encore quelque temps avec elle. La VDSL2 peut offrir des débits descendants allant jusqu'à 80 voire 100 Mbit/s sur des boucles de faible longueur (400-800 mètres), et réduire les besoins d'investissement à court terme (de 1 500 à 500 USD par abonné) pour un scénario donné (WIK, 2014). Pour améliorer les performances et accroître les débits en téléchargement, la vectorisation évalue la diaphonie entre des paires de cuivre voisines et l'annule, en temps réel, au niveau du signal d'origine. Malheureusement, cette technologie – tout au moins dans sa première version – peut être un frein à la concurrence car elle ne produit pas les résultats souhaités lorsqu'il y a plus d'un opérateur au niveau du sous-répartiteur. Son utilisation limite ou empêche le dégroupage de la sous-boucle locale et nécessite que toutes les sous-boucles d'une boucle locale cuivre donnée soient gérées par le même opérateur.

Ces problèmes seront sans doute moindres dans les pays où le dégroupage de la sous-boucle locale n'est pas obligatoire (ORECE, 2014). De manière plus générale, la disponibilité des produits de gros sur les réseaux FTTN dépend dans une très large mesure de la topologie (par exemple, point à point ou point à multipoint). Plus récemment, certains régulateurs ont approuvé les produits de gros virtuels qui reproduisent les caractéristiques de solutions physiques telles que le dégroupage de la boucle locale. Ainsi, l'accès local virtuel dégroupé (VULA) permet d'exercer un réel contrôle sur les caractéristiques des connexions virtuelles et pourrait, sur les réseaux fibrés, suppléer au dégroupage de la boucle locale en attendant que celui-ci devienne possible.

Quatre pays européens au moins (l'Allemagne, l'Autriche, la Belgique et le Danemark) ont pris des décisions réglementaires qui autorisent l'opérateur historique à déployer la technologie de la vectorisation, sous réserve que certaines conditions soient réunies pour compenser l'impossibilité de procéder à un dégroupage au niveau de la sous-boucle locale.

Le dégroupage de la sous-boucle locale est utilisé dans certains pays sur les réseaux FTTN, où il fournit aux opérateurs tiers un accès à une boucle locale partielle[7]. En Allemagne, par exemple, l'autorité de régulation (*Bundesnetzagentur*) a autorisé les opérateurs à déployer la vectorisation et à interdire aux tiers l'accès à certains sous-répartiteurs, conformément au principe du « premier arrivé, premier servi », pour autant qu'ils leur proposent un accès virtuel via des solutions équivalant au dégroupage physique et qu'ils s'engagent à mettre en œuvre la vectorisation dans un délai d'un an.

Les fournisseurs de haut débit par câble suivent le rythme des progrès technologiques, notamment en ce qui concerne la montée en débit, et nombre d'entre eux proposent bien souvent des produits plus performants que leurs concurrents en DSL. Il existe ainsi des solutions DOCSIS 3.0 qui offrent des débits comparables à la FTTH. Aux États-Unis, Comcast annonce des débits de 505 Mbit/s en voie descendante et 100 Mbit/s en voie montante, de quoi rivaliser avec plus d'un opérateur FTTH. Au Royaume-Uni, les grands câblo-opérateurs que sont Comcast et Virgin Media sont en train d'expérimenter la technologie DOCSIS 3.1, dont les spécifications ont été publiées par CableLabs à la fin 2013[8], et qui pourrait permettre d'atteindre jusqu'à 10 Gbit/s en téléchargement.

Initiatives publiques visant à accroître la couverture et les débits

L'utilisation croissante du haut débit mobile pour les services de données encourage davantage d'intégration des réseaux fixes et mobiles. Les réseaux mobiles de troisième génération, et plus encore la technologie LTE, requièrent des mises à niveau, les stations de base devant en effet être raccordées au réseau d'infrastructure de l'opérateur par la fibre. De fait, les goulots d'étranglement qui empêchent la prise en charge d'un plus grand nombre d'utilisateurs du haut débit mobile par une station donnée sont souvent à rechercher au niveau du raccordement au réseau de collecte fixe. À mesure que la couverture de la LTE s'étend, les opérateurs investissent également dans les réseaux de collecte qui desservent les stations LTE.

En règle générale, les marchés des liaisons de raccordement entre les grandes villes de la zone OCDE sont extrêmement concurrentiels : les fournisseurs de connectivité y sont suffisamment nombreux pour garantir une baisse continue des prix à la faveur des progrès technologiques. Dans les zones rurales, par contre, la situation demeure problématique dans de nombreux pays de l'OCDE.

Les pays en développement risquent de rencontrer d'importantes difficultés pour étendre la connectivité haut débit sur les réseaux de collecte en dehors des grandes villes. Les meilleurs exemples à cet égard viennent notamment de pays comptant des régions isolées ou à terrain difficile, comme le bassin amazonien, à cheval sur le Brésil, la Colombie, l'Équateur et le Pérou. En Colombie, par exemple, l'appel d'offres lancé en 2011 pour le déploiement du réseau national en fibre optique a été remporté par l'entreprise commune mexicaine Total Play/TV Azteca. Il s'agissait de raccorder 753 municipalités au réseau de collecte fibré moyennant un investissement total de 640 millions USD (dont un tiers sous forme de dotation publique). TV Azteca s'est également vu confier la création du réseau en fibre optique du Pérou, qui doit desservir 180 des 195 chefs-lieux de province du pays. Il est prévu de déployer par la suite le réseau dans quelque 1 850 districts. Dans des pays comme le Nicaragua et le Pérou, où le transport fluvial occupe une place importante, des câbles à fibres optiques sont installés le long des cours d'eau afin de desservir les populations vivant dans leurs bassins versants. En Colombie, en Équateur et au Pérou, les réseaux en fibre sont financés par les pouvoirs publics, lesquels mettent l'accent sur le raccordement aux réseaux de collecte et aux réseaux dorsaux, ce qui permettra aux FAI d'atteindre leurs clients plus facilement et à moindre coût puisque les prix d'accès à ces réseaux seront réglementés. Dans d'autres pays, les projets d'infrastructure haut débit financés par le secteur public portent sur des réseaux d'un type différent. Il arrive ainsi, lorsque les réseaux fixes sont déficients, que l'on utilise des liaisons micro-ondes pour assurer la collecte de trafic.

Au Mexique, la réforme constitutionnelle de 2013 prévoyait notamment le déploiement d'un réseau national pour le marché de gros de téléphonie mobile dans la bande des 700 MHz, réseau qui, de pair avec l'infrastructure fixe propriété de la Commission fédérale de l'électricité (*Comisión Federal de Electricidad*), permettrait aux fournisseurs indépendants de contourner les obstacles existants, à savoir les prix excessifs demandés par l'opérateur historique pour assurer la connectivité aux réseaux dorsaux et de collecte. La démarche adoptée par le Mexique consiste à réaffecter la totalité du dividende numérique (90 MHz dans la bande des 700 MHz) à ce réseau national. L'approche est inédite dans la zone OCDE, mais au Rwanda, le réseau LTE est déjà en cours de déploiement dans le cadre d'un partenariat entre les pouvoirs publics et les opérateurs du pays ; le Kenya prévoit d'en faire autant d'ici la fin de l'année 2015[9]. Le réseau mexicain, qui devrait être lancé à l'horizon 2018, doit encore faire l'objet d'un appel d'offres et il est probable que le marché sera confié à un partenariat public-privé (PPP). Le Congrès mexicain déterminera par ailleurs si la bande des 700 MHz sera exempte ou non de redevances d'utilisation du spectre. L'aspect le plus important dans ce projet est que son succès dépendra des prix de gros pratiqués (qui, ainsi que la qualité et les conditions de couverture, seront réglementés) : ils devront être suffisamment faibles pour attirer des fournisseurs de services et notamment pour inciter les opérateurs existants à utiliser le réseau.

En Europe du Nord, les réseaux en fibre optique prennent de l'ampleur en grande partie grâce aux régies municipales qui profitent de leur base de clientèle pour déployer des services haut débit via la fibre. Des initiatives similaires ont vu le jour dans d'autres pays également (comme aux États-Unis, en Grèce et en Italie), mais ce sont celles mises en œuvre dans les pays scandinaves – en particulier en Suède – qui ont eu le plus d'impact en termes de population desservie. Des dotations publiques importantes ont permis la création de réseaux de substitution, s'appuyant la plupart du temps sur les réseaux métropolitains. En Suède, ces réseaux ont trois grandes caractéristiques : i) ils sont propriété du secteur public ; ii) leur assise géographique est limitée, et iii) ils misent principalement sur la fibre. Selon une étude, ces réseaux ont permis aux consommateurs de disposer d'un plus grand choix, et donc d'être moins dépendants à l'égard des opérateurs historiques (Sandgren et Molleryd, 2013).

En Australie, les pouvoirs publics ont créé en avril 2009 l'entreprise NBN Co. chargée de déployer, en partenariat avec le secteur privé, un réseau national haut débit en fibre optique. L'objectif était de connecter plus de 90 % des ménages, écoles et entreprises australiens à l'aide de la technologie FTTP (fibre jusqu'aux locaux), avec des débits pouvant atteindre 100 Mbit/s. Le projet incluait le rachat, à un stade ultérieur, des actifs de réseau cuivre de l'opérateur historique. En 2014, le gouvernement australien a réalisé une analyse coûts-avantages afin de déterminer si l'emploi combiné de la FTTP et de la technologie FTTN donnerait de meilleurs résultats, en plus de l'utilisation de la technologie fixe hertzienne et fixe par satellite pour desservir les zones rurales et isolées. S'appuyant sur les recommandations issues de cette analyse, les pouvoirs publics australiens ont choisi de privilégier la technologie FTTN au détriment de la FTTP, puisque cela doit leur permettre d'économiser 16 milliards USD et d'accélérer le déploiement (Gouvernement australien, 2014). En Nouvelle-Zélande, le gouvernement a lancé l'initiative *Ultra-Fast Broadband*, qui vise à étendre et développer les services haut débit. L'objectif est de connecter 75 % des habitants du pays au très haut débit à l'horizon 2020, ainsi que les écoles, les hôpitaux et 90 % des entreprises d'ici 2015. Grâce à cette initiative, les débits descendants pourront atteindre 100 Mbit/s et les débits montants 50 Mbit/s. Le gouvernement contribue à hauteur de 1.05 milliard USD (1.35 milliard NZD) au financement du programme.

En Union européenne, la Stratégie numérique pour l'Europe fixe trois grands objectifs de connectivité en ce qui concerne le débit descendant : i) couverture haut débit de base pour tous les Européens d'ici à 2013 ; ii) accès haut débit universel (30 Mbit/s au moins) d'ici à 2020 ; enfin iii) 50 % de foyers européens au moins abonnés à l'internet et disposant d'un débit supérieur à 100 Mbit/s. L'UE a encouragé l'adoption de plans nationaux en faveur du haut débit pour atteindre ces objectifs, et ses pays membres s'emploient à mettre en œuvre toute une série de mesures (initiatives visant à réduire les coûts et faciliter le déploiement, octroi de fonds publics pour le financement des réseaux haut débit, etc.).

D'autres pays se sont également fixé des objectifs en matière de connectivité ultra-haut débit (100 Mbit/s ou plus, par exemple). L'Islande ambitionne de fournir une couverture haut débit de 100 Mbit/s à 70 % des ménages et des entreprises à l'horizon 2014, et à 99 % d'entre eux à l'horizon 2022. Aux États-Unis, le *National Broadband Plan* de 2010 prévoit que 100 millions de foyers pourront bénéficier de débits de l'ordre de 100 Mbit/s-50 Mbit/s d'ici à 2020. Le programme d'action associé à ce plan comporte plus de 60 mesures, procédures et initiatives clés pour mettre en œuvre les recommandations qui y sont formulées. Il s'agit notamment de connecter l'Amérique rurale (moyennant une réforme complète du fonds de service universel), les Américains modestes et les communautés amérindiennes, avec notamment la promotion des technologies hertziennes auprès de ces dernières.

Des initiatives visant à étendre la couverture aux zones rurales et isolées sont en cours dans la plupart des pays – membres ou non de l'OCDE –, que ce soit de manière indépendante ou dans le cadre de différents programmes, et avec des modalités et des objectifs qui varient selon la situation de départ. En Indonésie, les pouvoirs publics ont lancé en octobre 2014 un plan national en faveur du haut débit, dont le but est de fournir un accès haut débit fixe (2 Mbit/s au moins) dans l'ensemble des administrations, hôtels, hôpitaux, écoles et bâtiments publics à l'horizon 2019. Une liste complète des programmes et objectifs des pays de l'OCDE en matière de haut débit est fournie dans les tableaux disponibles en ligne[10].

Passerelles et câbles internationaux

La connectivité internationale joue un rôle majeur dans l'accès à l'internet des entreprises, des particuliers et des administrations publiques. Les obstacles rencontrés mettent en péril l'élargissement de cet accès, en particulier dans les pays en développement (OCDE, 2014c). De gros progrès ont été accomplis ces dernières années, avec notamment la pose de nouveaux câbles sous-marins internationaux tout le long des côtes de l'Afrique tandis qu'en Amérique latine, un certain nombre de projets ont été dévoilés qui visent à améliorer la connectivité régionale et internationale. Les problèmes relatifs à la bande passante internationale sont en train d'être traités par les responsables de l'action publique, en partenariat avec des entreprises escomptant des débouchés commerciaux dans les pays où d'importants segments de population ne sont pas encore connectés. Le développement attendu de l'infrastructure des télécommunications mobiles en Afrique en est une illustration. Au Nigéria, le constructeur de tours de télécommunications IHS a annoncé, en novembre 2014, avoir levé 2.6 milliards USD, en fonds propres et en emprunt, pour financer ses dépenses d'infrastructure. Le secteur des antennes pour téléphonie mobile devrait connaître une forte croissance sur le continent africain, la demande contenue du haut débit mobile commençant à être satisfaite.

Exemple de partenariat, celui annoncé récemment entre Google et les opérateurs de télécommunications du Brésil (Algar Telecom), d'Uruguay (ANTEL) et d'Angola (Angola Cables), qui concerne un investissement de 400 millions USD pour la pose d'un nouveau câble sous-marin entre le Brésil et les États-Unis. L'opérateur public brésilien Telebras investit quant à lui 185 millions USD dans la mise en place d'un nouveau câble entre le Brésil et le Portugal. D'autres câbles sont en cours d'installation en plus de celui-ci pour résoudre les problèmes de connectivité internationale de la région qui font depuis longtemps obstacle à l'élargissement de l'accès à l'internet et à la réduction des prix du haut débit. Telmex et AMX ont eux aussi investi dans la pose d'un nouveau câble reliant Cancún (Mexique) et les États-Unis ainsi que d'autres pays de la région (dont le Brésil, la République dominicaine et le Guatemala). En 2011, l'Union des nations d'Amérique du Sud (UNASUR) avait proposé le déploiement d'une boucle en fibre optique qui relierait les réseaux fibrés nationaux existants à l'aide de passerelles établies d'un commun accord. Bien que des discussions bilatérales aient eu lieu entre certains pays pour faire avancer les choses, le projet est loin d'être achevé.

En dépit des grands engagements pris d'accroître la connectivité et de faire baisser les prix, certains pays n'en continuent pas moins d'appliquer des mesures qui restreignent la connectivité, font monter les prix et réduisent le choix offert au consommateur. C'est le cas de plusieurs pays d'Asie et d'Afrique, notamment du Ghana ou du Pakistan. Le gouvernement pakistanais a ainsi créé une entente sur la tarification des appels internationaux entrants, dont le prix est passé de 0.02 à 0.088 USD, en conséquence de quoi le trafic est tombé à 500 millions de minutes, contre plus de 2 milliards auparavant, d'où une stagnation des recettes, mais aussi une forte détérioration du bien-être des consommateurs. Une telle politique publique contraste avec celle mise en œuvre dans d'autres pays en développement, telle l'Inde, où les importants rabais sur les tarifs de terminaison des appels internationaux et la vive concurrence sur le marché intérieur ont provoqué une forte hausse du trafic (graphique 4.4).

Mesures prises concernant l'IPv6

Le protocole internet, ou protocole IP, définit l'espace d'adressage de l'internet. Le stock d'adresses disponibles avec la version 4 de ce protocole (IPv4) – qui est celle utilisée depuis le lancement de l'internet commercial – arrive aujourd'hui à épuisement. Or il existe depuis 1998 un successeur à l'IPv4, connu sous le nom d'IPv6, mais sa diffusion a été lente, malgré une nette progression ces deux dernières années. Les données de l'APNIC mettent en évidence une hausse du taux de pénétration mondial de l'IPv6 auprès des utilisateurs, qui est passé de 0.71 % environ à 2.53 % entre la mi-2012 et la fin octobre 2014.

Les acteurs – gouvernementaux ou non – de la communauté technique de l'internet, comme par exemple l'*Internet Society*, ont cherché à faciliter la transition vers l'IPv6, diffusant pour cela bonnes pratiques et renseignements concernant sa mise en œuvre et ses applications. Ces initiatives sont bienvenues en ce qu'elles permettent d'informer les acteurs intéressés par la nouvelle version du protocole au sujet des coûts éventuels et des

Graphique 4.4. **Tarifs moyens de terminaison des appels sortants effectués des États-Unis vers d'autres régions du monde (haut), durée en minutes des appels émis vers ces destinations depuis les réseaux d'opérateurs américains (bas)**

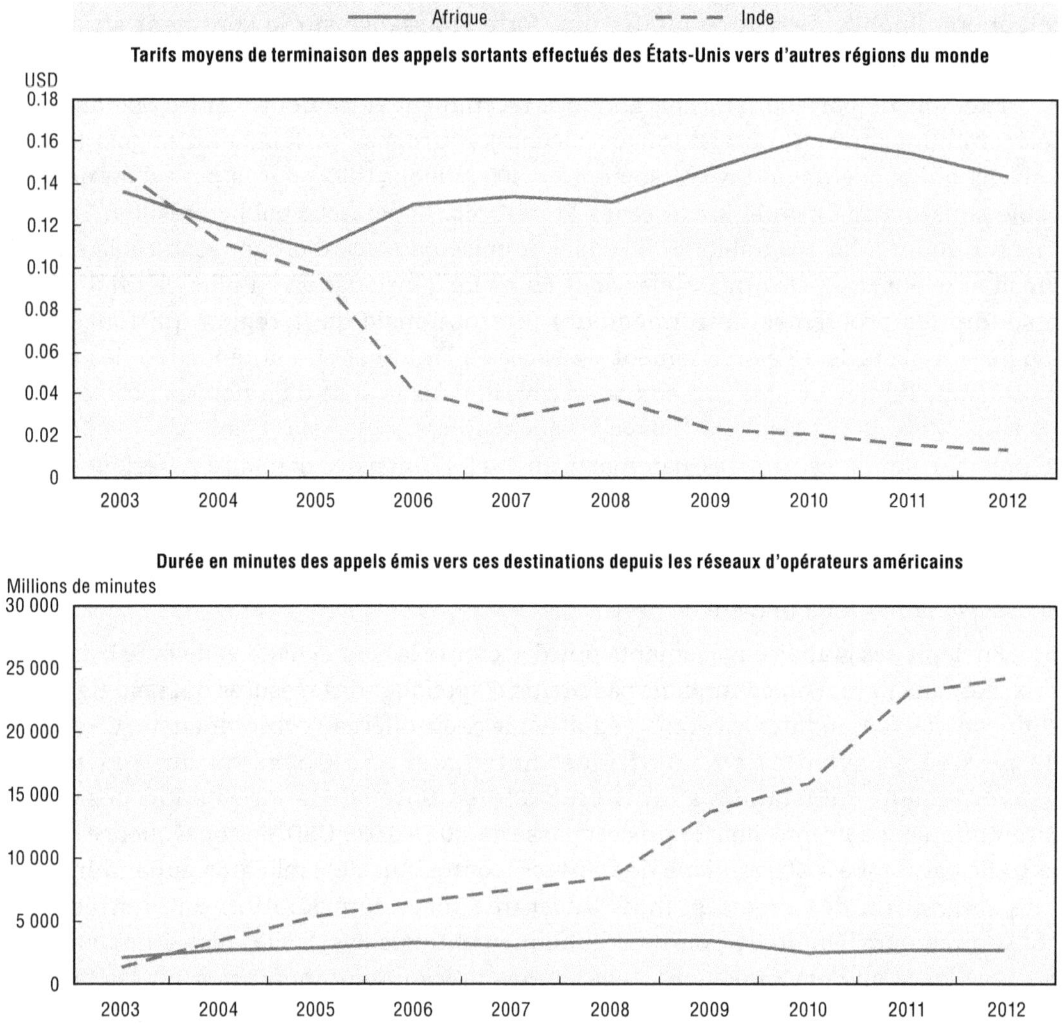

Source : D'après OCDE (2014d).

StatLink http://dx.doi.org/10.1787/888933308357

avantages de son adoption, même si un effort pourrait être fait pour ce qui est de la disponibilité de certains types de données propres à éclairer les responsables de l'action publique. Parmi les réussites sur le plan de la coordination du comportement des grands FAI et des fournisseurs de contenus, citons la publication de données relatives à la pénétration de l'IPv6 sur des sites comme *World IPv6 Launch*. Bien que le taux d'adoption du protocole reste très faible, ces mesures ont permis d'influencer, avec un certain succès, le comportement des utilisateurs jouant le rôle de précurseurs. Reste à savoir jusqu'à quel point elles seront susceptibles d'encourager l'adoption du protocole par d'autres utilisateurs.

Un plan national pour l'introduction de l'IPv6 a été mis sur pied en Belgique en 2012. Parmi les initiatives incluses dans ce plan, le gouvernement fédéral belge demandait aux administrations locales, régionales et fédérales, ainsi qu'aux universités, de faire en sorte que leurs sites web, leurs services en ligne et les réseaux/services publics soient compatibles IPv4 et IPv6. Ce plan spécifiait également certaines conditions relatives à l'IPv6 à prendre en considération dans le cadre d'appels d'offres, cependant que les entreprises TIC étaient invitées à tenir compte du nouveau protocole dans leurs plans de développement. Depuis octobre 2014, la Belgique arrive en tête des pays de l'OCDE pour le taux d'adoption de l'IPv6. D'autres pays de la zone, comme le Canada, la Corée, les États-Unis, la France, la République tchèque et la Suède (pour n'en citer que quelques-uns), ont lancé des initiatives nationales visant à promouvoir le déploiement et l'adoption des services en IPv6.

4.5. Faits nouveaux concernant les communications hertziennes

Le spectre radioélectrique reste l'un des principaux piliers de l'économie numérique. Tout signal hertzien doit être transmis par des ondes électromagnétiques avec un taux d'erreur suffisamment faible, que les ressources soient utilisées en exclusivité ou en partage, pour permettre la communication.

Numérotage et communication de machine à machine

L'apparition de la communication de machine à machine (M2M) représente un saut quantitatif pour l'internet, puisque des milliards d'appareils pourraient s'y connecter dans les années à venir. Si le chapitre 6 du présent rapport traite en profondeur la question de la communication M2M, nous en soulignerons ici les principales implications sur le plan de l'action gouvernementale et plus particulièrement sur la gestion des ressources de numérotage, très importante pour permettre des progrès dans ce domaine. Les plans de numérotage ont parfois été conçus de telle manière que ces ressources sont rares et doivent être utilisés de manière efficiente. Traditionnellement, les ressources de numérotage étaient attribuées aux opérateurs de télécommunications, qui les attribuaient à leur tour aux utilisateurs finals. À mesure que la libéralisation a pris de l'ampleur dans la plupart des pays de l'OCDE, de nouveaux mécanismes – comme la portabilité du numéro – ont dû être mis au point pour adapter la gestion des numéros au jeu de la concurrence. Avec l'émergence de la communication M2M et compte tenu des avantages très nets que présente la gestion par les entreprises (par exemple les constructeurs automobiles ou les fabricants de GPS) de ressources de numérotage qui leur sont propres, il convient de trouver de nouveaux modèles offrant davantage de souplesse.

La communication M2M devrait devenir d'ici dix ans l'une des principales sources de croissance et d'innovation dans l'économie numérique (voir le chapitre 6). En 2014, les Pays-Bas sont devenus le premier pays à réformer la réglementation en vigueur en matière de numérotage afin que les réseaux privés aient accès aux numéros mobiles ou aux identités internationales d'abonnement mobile (IMSI)[11]. L'option choisie a pour principal avantage de donner aux entreprises – en particulier celles qui font des services mobiles une utilisation intensive – plus de latitude quant à la fourniture de services M2M au-delà des frontières. C'est là une importante avancée que les responsables de l'action publique de tous les pays doivent envisager d'imiter pour garantir le caractère concurrentiel du secteur des communications mobiles ainsi que sa capacité à répondre à l'évolution rapide de la demande. Dans le même esprit, l'Allemagne a organisé une consultation publique sur l'utilisation des numéros ou des IMSI (Bundesnetzagentur, 2014). Dans la plupart des pays, il faudrait que les entreprises se fassent opérateurs réseau mobile virtuel (MVNO) pour se voir attribuer des numéros. Lever cette exigence et autoriser les entreprises à recevoir des numéros et des IMSI rendraient le marché plus souple et permettraient de changer d'opérateur (comme c'est le cas pour les MVNO), une opération impossible à l'heure actuelle, pour des raisons économiques, car sa réalisation implique le rappel de milliers, voire de millions, d'appareils.

Les ressources spectrales : vers un cadre d'assignation efficace

L'essor considérable des smartphones et des tablettes numériques a conduit de nombreux gouvernements et organismes de gestion du spectre à allouer de nouvelles bandes de fréquences pour les communications mobiles. La Conférence mondiale des radiocommunications (CMR-15) de l'Union internationale des télécommunications (UIT) aura lieu à Genève en novembre 2015 mais les questions relatives au spectre sont déjà examinées dans le cadre de ses réunions préparatoires. De précédentes décisions de la CMR avaient facilité la réaffectation du « dividende numérique » (bande des 700 MHz ou des 800 MHz, selon la région). L'UIT a mis au point une méthode pour évaluer les besoins de fréquences des pays, méthode qui tient compte de l'évolution des technologies et du niveau d'utilisation des moyens de télécommunication.

La plupart des pays ont déployé de gros efforts pour accroître la quantité de ressource spectrale dévolue aux télécommunications, comme le prouve la mise à disposition du dividende numérique, entre autres initiatives. Les questions connexes sont bien souvent une priorité pour les responsables de l'action publique. Aux États-Unis, par exemple, le Président a signé en 2010 un mémorandum intitulé « Unleashing the Wireless Broadband Revolution », dans lequel il demande au gouvernement fédéral de libérer, dans un délai de dix ans, 500 MHz sur les portions de spectre utilisées par des institutions – fédérales ou non – au bénéfice du haut débit hertzien à vocation commerciale, qu'il soit fixe ou mobile (Maison Blanche, 2010).

Une approche globale de la question implique l'établissement d'inventaires du spectre, de projections d'utilisation et de feuilles de route. L'inventaire du spectre répertorie les bandes de fréquences, précisant pour chacune d'elle son affectation et son taux d'occupation, tandis que projections et feuilles de route précisent les besoins de fréquences de tel ou tel pays ou de telle ou telle région. Toutes sortes d'éléments sont à prendre en compte, comme par exemple les éventuels brouillages préjudiciables ou les usages actuels du spectre (à des fins civiles ou militaires notamment). Exemple de projection d'utilisation, le document « Five-Year Spectrum Outlook » diffusé par l'Australie en septembre 2014, décrit la stratégie adoptée par le régulateur (l'*Australian Communication Markets Authority*) pour faire face aux demandes de fréquences, et établit le programme de travail pour la période 2014-18 (ACMA, 2014). Le Programme en matière de politique du spectre radioélectrique (PSR) de l'Union européenne accorde lui aussi une grande place aux inventaires du spectre et sert de base décisionnelle pour la politique à suivre concernant la gestion de la ressource spectrale (Parlement européen et Conseil européen, 2012), étant entendu que la charge administrative, les priorités d'action et les utilisations actuelles du spectre sont également à prendre en considération. Le Canada a quant à lui établi des « Perspectives du spectre mobile commercial » – similaires à celles de l'Australie – qui ont été diffusées en mars 2013 et couvrent la période s'étendant jusqu'à la fin 2017.

Utilisation du spectre sous licence

Selon la procédure traditionnelle, les fréquences sont mises à disposition au titre de licences exclusives. L'exploitation de fréquences sans licence est apparue récemment comme une formidable source d'innovation en même temps qu'un moyen de compléter les licences exclusives attribuées dans d'autres bandes. Les technologies wi-fi et RFID apportent la preuve qu'elle est à même, conjuguée à l'emploi de dispositifs à courte portée et à la réutilisation intensive du spectre spatial, de conférer aux particuliers et aux entreprises une autonomie nettement plus grande et de satisfaire leurs exigences en matière de connectivité sans fil.

De plus en plus de pays de l'OCDE envisagent la possibilité d'étendre l'exploitation sans licence à d'autres bandes de fréquences. La France, par exemple, a lancé une consultation en vue de l'identification d'autres « bandes libres » en plus de celles des 2.4 GHz et des 5 GHz (5 150-5 350 MHz et 5 470-5 725 MHz). Plus spécifiquement, le débat actuel tourne autour de l'utilisation de portions supplémentaires de la bande des 5 GHz, eu égard à la protection due aux utilisateurs actuels de cette bande (radars météorologiques, satellites d'observation de la Terre et systèmes de transport intelligents) (ARCEP, 2014). La décision finale sur cette question devra être harmonisée au niveau européen, en tenant compte des travaux techniques menés au sein de la Conférence européenne des administrations des postes et des télécommunications (CEPT). En Corée, le gouvernement prévoit d'ouvrir davantage de bandes à une utilisation sans licence, notamment pour les communications entre véhicules.

Procédé relativement novateur et encore peu usité pour optimiser le spectre, le partage sous licence (LSA) permet à deux entités ou plus d'exploiter en commun une bande de fréquences, que ce soit dans une certaine zone ou sur un certain créneau horaire, des conditions de licence particulières s'appliquant aux nouveaux utilisateurs qui peuvent venir s'ajouter à l'utilisateur « historique » de cette bande (OCDE, 2014e). En 2011, un consortium industriel a proposé un système d'exploitation en commun du spectre sur la base d'un accès partagé sous licence ou sur autorisation. Les utilisateurs actuels du spectre (utilisateurs historiques) partageraient les bandes de fréquences qui leur ont été affectées avec un ou plusieurs utilisateurs LSA (titulaires d'une licence) conformément à un ensemble de règles qui peuvent être statiques (durée limitée ou zones d'exclusion) ou dynamiques. Dans le second cas de figure, les récents progrès obtenus dans le domaine des techniques d'utilisation dynamique du spectre pourraient être mis à profit. Dans le cadre du LSA, les nouveaux utilisateurs sont autorisés à exploiter une bande de fréquences conformément aux règles de partage spécifiées dans l'autorisation (licence) qui leur a été délivrée, sans préjudice pour l'utilisateur historique, qui exploite cette bande de longue date.

Plus récemment, la FCC a émis un « avis de proposition de réglementation » concernant l'adoption de la méthode du partage sous licence dans la bande des 3.5 GHz (*Citizen's broadband radio service*). En Europe, la CEPT et le Groupe pour la politique en matière de spectre radioélectrique (RSPG) ont adopté le LSA dans le but d'encourager un partage homogène des bandes, notamment celles utilisées pour les télécommunications mobiles internationales (RSPG, 2013)[12]. La première bande dans laquelle le LSA pourrait être mis en œuvre est celle des 2.3-2.4 GHz, où il permettait une utilisation partagée entre l'utilisateur historique (les forces armées) et de nouveaux utilisateurs (les opérateurs de télécommunications).

De nombreux pays de l'OCDE cherchent activement à optimiser l'utilisation du spectre à l'aide de dispositifs de ce type. Au Royaume-Uni, le régulateur OFCOM a émis en avril 2014 un avis recensant les applications pour lesquelles on gagnerait tout particulièrement à développer l'accès partagé – sous licence ou non – à savoir : i) l'utilisation en intérieur ;

ii) l'utilisation en extérieur (par exemple via de petites cellules haut débit mobiles) ; iii) l'internet des objets (OFCOM, 2014). En France, le ministre des PME, de l'innovation et de l'économie numérique a demandé que des travaux sur la gestion dynamique du spectre soient entrepris afin de promouvoir l'innovation et la croissance (Toledano, 2014). Le rapport commandité à cette occasion contenait des recommandations à l'effet de mettre en place une gestion plus souple du spectre, recommandations qui tiennent compte des grands objectifs politiques, économiques, sociaux et culturels qui doivent être atteints grâce à une ressource spectrale plus abondante, ainsi que des gains d'efficacité rendus possibles, pour l'essentiel, par la gestion dynamique du spectre. Ces recommandations sont les suivantes : i) mettre à disposition plus de ressources sans condition de licence dans la bande des 900 MHz ou dans celle des 5 GHz ; ii) faciliter l'introduction des techniques d'accès dynamique au spectre, avec par exemple une expérimentation dans la bande des 2 300-2 400 MHz ou la mise en place d'un guichet unique (piloté par l'Agence nationale des fréquences) aux fins de projets innovants reposant sur l'exploitation des espaces blancs de la télévision. Le rapport préconise par ailleurs l'élaboration d'une stratégie de l'État en matière de spectre, en collaboration avec le secteur privé.

Appareils opérant dans les espaces blancs de la télévision et femtocellules

Des essais d'utilisation d'appareils opérant dans les espaces blancs de la télévision (*television white space devices*, TWSD) sont actuellement menés par un certain nombre de régulateurs des pays de l'OCDE. Bien que les régimes de licences applicables à ces appareils puissent être considérés comme moins contraignants que dans le cas du LSA, ils comportent néanmoins une obligation d'inscription dans une base de données. Cette approche se distingue du modèle proposé pour le LSA en ce sens que les utilisateurs des espaces blancs ne sont pas nécessairement tenus de s'enregistrer lorsqu'ils opèrent dans la bande correspondante, mais doivent malgré tout saisir certaines informations dans les bases de données.

En mars 2013, l'*Office of Engineering and Technology* (OET) de la FCC a autorisé les systèmes de gestion des espaces blancs de la télévision à prendre en charge les appareils radio utilisés sans licence sur ces plages de fréquences. Les règles exigent des utilisateurs de TWSD qu'ils obtiennent une liste des canaux dans lesquels ils peuvent exploiter leurs appareils. Au Royaume-Uni, l'OFCOM a testé cette technologie dans différents cas de figure, que ce soit pour diffuser en direct sur YouTube des reportages animaliers, dans le cadre d'une collaboration avec Google et le zoo de Londres, ou pour assurer la connectivité à l'internet des bateaux et navires au voisinage des îles Orcades[13]. L'utilisation des espaces blancs pour améliorer la couverture haut débit des zones rurales est à l'étude. Le Canada a rendu public, en octobre 2012, un cadre relatif à l'utilisation des espaces blancs de la télévision et des spécifications techniques détaillées sont en cours de définition pour en permettre la mise en œuvre[14].

Les femtocellules sont des stations de base de faible puissance qui permettent aux réseaux privés GSM/3G/4G d'assurer une couverture en intérieur et en extérieur. Elles assurent en outre une couverture supplémentaire sur une zone restreinte (généralement dans un rayon de 50 à 100 mètres) qui permet de compenser les lacunes du réseau macro-cellulaire. Aux Pays-Bas, 5 MHz de la bande de fréquences des 1 800 MHz ont été ouverts à l'utilisation des femtocellules sans obligation de licence. Le pays avait procédé au préalable à un test à petite échelle qui s'est avéré extrêmement concluant puisque plus de 3 000 entités ont fait enregistrer et déployé leurs propres stations de base.

D'autres pays, comme le Brésil et le Japon, leur ont emboîté le pas, mais seuls les opérateurs y sont autorisés à faire enregistrer des femtocellules. Dans le cas du Brésil, le régulateur a indiqué que le fait d'autoriser des tiers à utiliser des femtocellules augmenterait le risque de brouillages préjudiciables. Aux Pays-Bas cependant, la démarche adoptée permettra sans doute d'intensifier la concurrence pour la fourniture des dispositifs, lesquels peuvent s'avérer coûteux lorsqu'ils dépendent d'un opérateur déterminé, jouissant d'un monopole de fait. Pour donner un exemple, de nombreuses zones rurales des pays de l'OCDE ne sont desservies que par un seul réseau. Si un opérateur détient un monopole sur la fourniture de femtocellules, aucune pression concurrentielle ne vient s'exercer sur les prix pratiqués, alors même que le consommateur contribue à l'extension du réseau pour compenser l'insuffisance de la couverture. Dans ces régions faiblement peuplées où le réseau mobile est peu dense, la question est de savoir à quel type de service une femtocellule peut bien, dans la pratique, causer des brouillages lorsque l'on sait que les Pays-Bas possèdent l'une des densités de population les plus élevées de la zone OCDE.

Nouveautés concernant les mises aux enchères de fréquences

La répartition des ressources spectrales entre les acteurs du marché demeure une question très importante, qui plus est aux implications majeures. Entre 2012 et 2014, la plupart des pays ayant attribué des bandes de fréquences l'ont fait suivant une procédure de mise aux enchères assortie de conditions (par exemple : obligations en matière de couverture, plafonnement des fréquences). Il est possible également de procéder à une sélection comparative, parfois appelée « concours de beauté », afin d'attribuer les bandes sur la base d'un ensemble de critères plutôt que de laisser le marché fixer un prix.

En 2013-14, l'Autriche, la Belgique, le Canada, le Chili, la Corée, l'Estonie, la Finlande, la Hongrie, la Nouvelle-Zélande, la République slovaque, le Royaume-Uni et la Slovénie ont organisé des procédures d'adjudication des bandes de fréquences, tous par voie d'enchères, hormis le Chili (où les obligations imposées en matière de couverture et les investissements promis par les participants ont servi de critères de sélection) et l'Estonie (où un « concours de beauté » a précédé les enchères). La plupart des mises aux enchères portent sur la bande du « dividende numérique » (à savoir la bande des 800 MHz en Europe et celle des 700 MHz dans les régions 2 et 3) et sur celle des 2.5-2.6 GHz, qui servent au déploiement des réseaux LTE. Ces deux bandes peuvent être considérées comme largement complémentaires : celle des 700 MHz-800 MHz assure une bonne couverture en intérieur et une transmission des signaux sur de longues distances tandis que celle des 2.5-2.6 GHz offre des débits en téléchargement plus élevés sur des distances plus courtes.

Il est intéressant de noter que les autorités de gestion du spectre de la zone OCDE accordent énormément d'attention à deux grands enjeux de politique nationale en relation avec les procédures d'assignation des fréquences. Le premier est de continuer d'étendre la couverture à un rythme raisonnable en incluant les zones rurales, dans la mesure du possible. Le second est de mettre en place un environnement propice à la concurrence par une distribution équitable des fréquences. On peut à cet effet équilibrer les assignations faites dans les bandes basses et hautes et celles faites dans l'ensemble du spectre, tout en facilitant dans certains cas l'entrée de nouveaux acteurs (tableau 4.3). Comme nous l'avons vu plus haut, les concentrations à l'œuvre dans des pays comme l'Autriche (Hutchinson/Orange), l'Allemagne (Telefónica/EPlus) ou l'Irlande (O2/Hutchinson) ont reçu l'aval de la Commission européenne sous réserve du respect de certaines conditions afférentes aux portions de spectre détenues par les parties fusionnantes.

Tableau 4.3. **Exemples d'instruments réglementaires utilisés pour promouvoir la concurrence dans le cadre de la mise aux enchères de fréquences**

Instrument	Pays
Plafonnement des fréquences	Tous
Plafonnement des fréquences pour différentes bandes	Canada, Norvège, Portugal, République tchèque, Slovénie
Réservations/rabais	Canada, Corée, États-Unis, Pays-Bas, Slovénie
Itinérance nationale	Autriche, République tchèque
Dispositions concernant les MVNO	France, Portugal

Baisse des tarifs de terminaison des appels mobiles

Indépendamment du débat de fond actuel concernant le nombre d'opérateurs et les conséquences pour la concurrence et l'innovation, les marchés de téléphonie mobile ont bénéficié dans leur ensemble d'une baisse des tarifs de terminaison des appels. Cette baisse est régulière dans les pays de l'OCDE depuis le milieu de la dernière décennie, et en particulier depuis que la Commission européenne a publié sa Recommandation sur le traitement réglementaire des tarifs de terminaison d'appels fixe et mobile.

La diminution des tarifs de terminaison a généralement entraîné une baisse du chiffre d'affaires et un allègement des coûts pour les opérateurs. En d'autres termes, elle peut être une opération relativement neutre en termes de résultat net pour un grand nombre d'opérateurs car, même si elle occasionne un recul de la recette brute, elle s'accompagne également d'une réduction des coûts et n'a pas forcément une grande incidence sur la recette nette. Cela dit, les chiffres d'affaires ont bel et bien reculé dans certains pays où des tarifs élevés ont dû être ajustés pour faire face à la concurrence accrue ainsi qu'à l'évolution des modèles économiques et des préférences des consommateurs (ainsi de la diminution des tarifs des services vocaux ou SMS avec l'utilisation plus intensive des données et des services OTT). En octobre 2014, le tarif moyen de terminaison d'appel mobile (TAM) dans la zone OCDE s'établissait à 0.0197 USD, en recul de 51 % par rapport aux 0.0402 USD d'octobre 2012 (voir les graphiques 4.5 et 4.6). Dans ce contexte de diminution générale des tarifs de TAM, la baisse a été considérable dans certains pays de l'OCDE comme le Chili, l'Estonie ou le Luxembourg. Au Mexique, depuis l'adoption de la nouvelle loi fédérale sur les télécommunications et la radiodiffusion, en août 2014, la TAM est gratuite sur le réseau du principal opérateur du pays (graphique 4.5) mais continue d'être facturée pour les appels aboutissant sur d'autres réseaux.

Par le passé, cette dynamique concurrentielle était limitée par l'existence de fait d'un prix de détail minimum (à savoir la redevance de terminaison applicable aux appels de téléphonie mobile). Dans certains cas, le fléchissement des recettes traditionnelles liées aux appels vocaux et aux SMS a été compensé par la hausse des celles provenant de la fourniture de services haut débit mobile. C'est donc là l'une des raisons pour lesquelles le secteur s'est orienté vers les technologies de pointe, comme la LTE, à la recherche de nouvelles sources de revenu. D'un autre côté, le recul du prix des équipements a également pu favoriser des baisses de tarif induites par la technologie, dont le bénéfice, sur les marchés concurrentiels, a été répercuté sur le consommateur.

Itinérance mobile internationale

Depuis l'adoption, en 2012, par le Conseil de l'OCDE, de la Recommandation sur les services d'itinérance mobile internationale, les tarifs de l'itinérance internationale ont fortement baissé et toute une série de nouvelles offres de services connexes ont fait leur

Graphique 4.5. **Tarifs de terminaison d'appels mobile dans les pays de l'OCDE, USD**

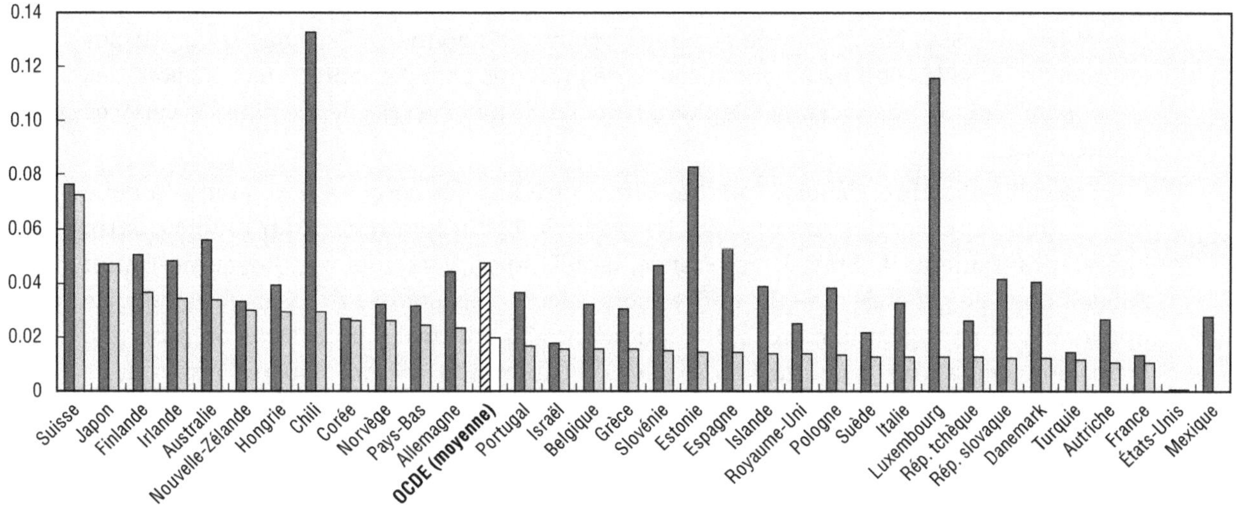

Note : Les barres bleues correspondent aux tarifs de TAM relevés le 28 octobre 2012, et les barres grises à ceux constatés le 5 novembre 2014.

StatLink http://dx.doi.org/10.1787/888933308366

Graphique 4.6. **Tarifs de TAM moyens et maxima dans les pays de l'OCDE, USD**

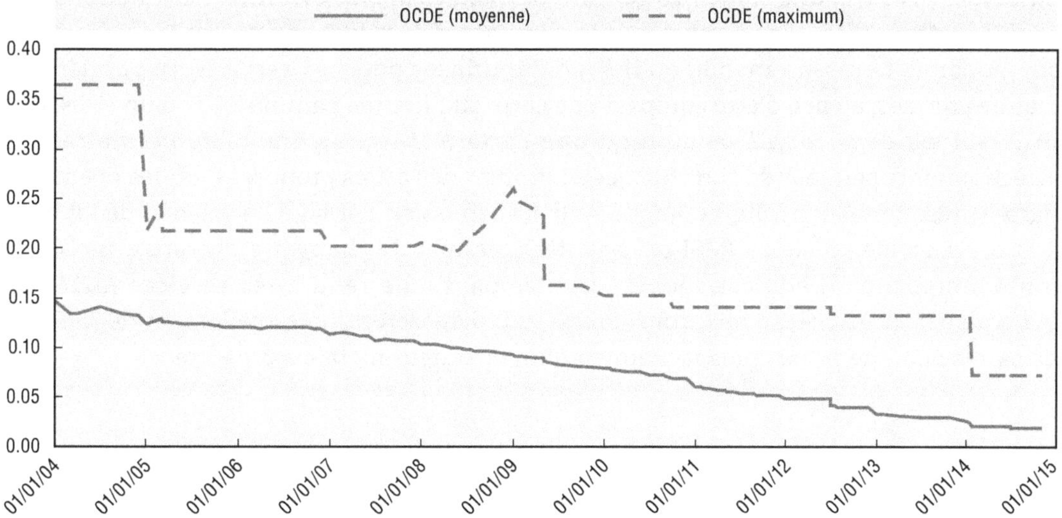

StatLink http://dx.doi.org/10.1787/888933308378

apparition – en particulier concernant les données. Les MNO ont ainsi cherché à répondre aux besoins des utilisateurs en itinérance. Les abonnés au mobile ont, dans l'ensemble, pris davantage conscience des tarifs élevés de l'itinérance et sont devenus plus prudents lorsqu'ils voyagent, ajustant leur consommation pour limiter les frais et observant de plus en plus les procédures permettant de restreindre leur consommation de données sur leur appareil.

Malgré leur baisse, les tarifs d'itinérance sont encore, dans de nombreux pays, loin d'être compétitifs. Cette baisse est perçue dans de nombreuses régions comme insuffisante, un sentiment renforcé par le fait que le prix des communications nationales (mobiles et fixes) a, lui, fortement diminué sur les marchés concurrentiels. Dans plusieurs pays, un certain nombre d'opérateurs mobiles proposent, pour les communications nationales, des forfaits mensuels comprenant des appels illimités vers les téléphones fixes et mobiles, des SMS illimités et de généreux volumes de données. Ces baisses de prix sur les marchés mobiles nationaux ont entraîné de profonds changements dans les habitudes de consommation de services de téléphonie mobile, ce qui n'est pas le cas pour les services d'itinérance.

On voit apparaître, depuis 2013, des offres incluant des services d'itinérance mobile internationale, essentiellement dans les pays de l'OCDE comptant au moins quatre opérateurs (Danemark, États-Unis, France, Israël, Japon, Luxembourg, Royaume-Uni et Suède). En règle générale, de telles offres sont encore inexistantes dans les pays où trois opérateurs se partagent le marché, exception faite du Portugal, où un MNO propose une offre haut de gamme incluant des services d'itinérance, à côté d'autres offres dans lesquelles l'itinérance est facturée en sus. Dans différents pays, l'investissement transnational a entraîné une baisse des frais d'itinérance ; ainsi au Japon, où Softbank a lancé dernièrement une offre d'itinérance depuis les États-Unis, avec appels et données illimités ; cette offre est toutefois réservée aux détenteurs d'iPhone 6 ayant souscrit un abonnement japonais comprenant un forfait d'appels et de données. L'offre est valable sur le réseau Sprint, un MNO des États-Unis dont Softbank est l'actionnaire majoritaire.

Un événement commercial important, susceptible de modifier la dynamique du marché de l'itinérance mobile internationale, est intervenu avec le lancement par Apple, en octobre 2014, d'une nouvelle gamme de tablettes iPad offrant une fonctionnalité appelée « Apple SIM », qui permet au consommateur de sélectionner, à partir du menu de son appareil, le réseau mobile qu'il souhaite utiliser pour les services de données. En d'autres termes, au lieu d'être équipé d'une carte SIM fournie par un MNO ou un MVNO, cet iPad, s'il est déverrouillé, comprend une carte SIM reprogrammable permettant de sélectionner l'opérateur de son choix et de profiter des offres proposées par les opérateurs partenaires. Cette approche, conjuguée à la transmission par voie hertzienne de l'IMSI ou à la présence de plusieurs IMSI préinstallées, permet de changer d'opérateur mobile en toute simplicité. Si elle est adoptée par les pays, elle rendra les services M2M plus dynamiques et permettra aux utilisateurs – qui disposeront potentiellement de milliards de cartes SIM – de passer plus facilement d'un opérateur mobile à un autre.

Notes

1. FCC, *16th Annual CMRS Competition Report* (p. 39), *https://apps.fcc.gov/edocs_public/attachmatch/FCC-13-34A1.pdf*.
2. Les fusions Newscorp/Telepiù (2003) en Italie, et CanalPlus/TPS en France (2006) en sont des exemples.
3. *http://ec.europa.eu/public_opinion/archives/ebs/ebs_414_sum_fr.pdf*. Une offre groupée est un ensemble de services de communication proposé par un même fournisseur à un prix global. Cette définition ne couvre pas la vente d'un smartphone à un prix très réduit, associée à un forfait de télécommunications mobiles, comme décrit au paragraphe 69.
4. COM/2013/627/FINAL
5. TiVo est un magnétoscope numérique de pointe. Voir *www.tivo.com/*.
6. Voir par exemple la note *Open Internet Notice of Proposed Rule Making*, publiée en 2014 par la FCC : *www.fcc.gov/document/protecting-and-promoting-open-internet-nprm*.
7. Le dégroupage de la sous-boucle locale ouvre l'accès à une boucle locale partielle. Celle-ci relie le point de terminaison du réseau dans les locaux de l'utilisateur à un point de concentration ou un point d'accès intermédiaire spécifié du réseau local. Nous assurons la mise à disposition,

l'entretien et la réparation du circuit de dégroupage de la sous-boucle locale, sur lequel l'accès aux lignes métalliques peut être partagé ou non. *www.openreach.co.uk/orpg/home/products/llu/subloopunbundling/subloopunbundling.do.*

8. Voir *www.lightreading.com/cable-video/docsis/docsis-31-whats-next/d/d-id/708425*, *www.ispreview.co.uk/index.php/2014/07/virgin-media-uk-lab-testing-10gbps-docsis-3-1-broadband-upgrade.html.*
9. Voir *www.bmi-t.co.za/content/open-access-wholesale-mobile-networks-not-necessarily-panacea.*
10. Voir tableau 4.10 (Broadband goals and funding), disponible en ligne à l'adresse *www.oecd.org/sti/DEO-tables-2015.htm.*
11. Rec. UIT-T. E.212 (05/2008), point 3.2. Identité internationale d'abonnement mobile (IMSI, *international mobile subscription identity*) : chaîne d'une longueur maximale de 15 chiffres identifiant un abonnement unique. L'IMSI se compose de trois champs : l'indicatif de pays du mobile (MCC), le code de réseau du mobile (MNC) et le numéro d'identification d'abonnement mobile (MSIN), *www.itu.int/rec/dologin_pub.asp?lang=f&id=T-REC-E.212-200805-I!!PDF-F&type=items.*
12. Selon la définition établie par le RSPG, le LSA est un « dispositif réglementaire visant à faciliter l'introduction de systèmes de radiocommunication exploités par un nombre limité de titulaires de licences dans le cadre d'un régime d'octroi de licences individuelles, sur une bande de fréquences déjà attribuée – ou devant l'être – à un ou plusieurs utilisateurs historiques. Selon ce dispositif, les utilisateurs supplémentaires sont autorisés à utiliser la bande considérée (ou une partie de celle-ci) conformément aux règles de partage spécifiées dans leurs droits d'utilisation du spectre, de sorte que tous les utilisateurs autorisés – y compris les utilisateurs historiques – soient en mesure d'assurer une certaine qualité de service. » (RSPG, 2013).
13. *http://media.ofcom.org.uk/news/2014/white-spaces-trials-oct14/.*
14. « Cadre visant l'utilisation de certaines applications autres que la radiodiffusion dans les bandes de télévision inférieures à 698 MHz », *www.ic.gc.ca/eic/site/smt-gst.nsf/fra/sf10493.html.*

Références

ACMA (2014), *Five-year Spectrum Outlook 2014-18: The ACMA's Spectrum Demand Analysis and Strategic Direction for the Next Five Years*, Australian Communications Markets Authority, Canberra, *www.acma.gov.au/~/media/Spectrum%20Outlook%20and%20Review/Report/FYSO%202014%20-%202018/ACMA_FYSO%202014-18%20pdf.pdf.*

ARCEP (2014), *Utilisation de fréquences sur des « bandes libres » et projet de décision de l'ARCEP relatif aux dispositifs à courte portée : Consultation publique du 25 juillet au 15 octobre 2014, juillet 2014*, Autorité de régulation des communications électroniques et des postes, Paris, *www.arcep.fr/uploads/tx_gspublication/consult-freqc-bande-libre-juil2014.pdf.*

Bundesnetzagentur (2014), « Marktbefragung zu einem zukünftigen Nummernplan für Internationale Kennungen für Mobile Teilnehmer », article n° 819/2014, Bonn, Bundesnetzagentur, *www.bundesnetzagentur. de/SharedDocs/Downloads/DE/Sachgebiete/Telekommunikation/Unternehmen_Institutionen/Nummerierung/Technische%20Nummern/IMSI/Mitteilung819_2014.pdf?__blob=publicationFile&v=5* (consulté le 15 avril 2015).

Clark, D. et al. (2014a), *Measurement and Analysis of Internet Interconnection and Congestion*, 21e TRPC (Telecommunication research policy conference), 9 septembre 2014, *http://papers.ssrn.com/sol3/papers.cfm?abstract_id=2417573* (consulté le 15 avril 2015).

Clark, D. et al. (2014b), *Challenges in Inferring Internet Interdomain Congestion*, compte rendu de la conférence IMC (Internet Measurement Conference), 5-7 novembre 2014, Vancouver, Colombie-Britannique, *http://dl.acm.org.libproxy.mit.edu/citation.cfm?id=2663741* (consulté le 15 avril 2015).

CNMC (2014), *Informe anual de telecomunicaciones y servicios audiovisuales 2014*, Comisión Nacional de Mercados y de la Competencia, Madrid, *http://informetelecom.cnmc.es/docs/Informe%20economico%20sectorial/Informe%20Telecomunicaciones%20CNMC%202014.pdf.*

CE (2006), *T-Mobile Austria/Telering*, affaire n° COMP/M.3916, Commission européenne, Bruxelles, *http://ec.europa.eu/competition/mergers/cases/decisions/m3916_20060426_20600_fr.pdf.*

CE (2013), *H3G/Orange Austria*, affaire n° COMP/M.6497, Commission européenne, Bruxelles, *http://ec.europa.eu/competition/mergers/cases/decisions/m6497_20121212_20600_3210969_EN.pdf.*

CE (2014a), *Telefónica Deutschland/E-Plus*, affaire n° COMP/M.7018 Telefonica Deutschland/E-Plus, Commission européenne, Bruxelles, *http://ec.europa.eu/competition/mergers/cases/decisions/m7018_20140702_20600_4149735_EN.pdf*.

CE (2014b), *H3G/O2 Ireland*, affaire n° COMP/M.6992 Hutchinson 3G UK/Telefonica Ireland, Commission européenne, Bruxelles, *http://ec.europa.eu/competition/mergers/cases/decisions/m6992_20140528_20600_4004267_EN.pdf*.

FCC (2010a), *Eighth Broadband Progress Report*, FCC 12-90, 29, Federal Communications Commission, Washington, DC, *www.fcc.gov/reports/eighth-broadband-progress-report* (consulté le 15 avril 2015).

FCC (2010b), *Open Internet Order*, Federal Communications Commission, Washington, DC, *http://hraunfoss.fcc.gov/edocs_public/attachmatch/FCC-10-201A1_Rcd.pdf*.

FCC (2011), « Bureau Staff Analysis and Findings », WT Docket n° 11-65, 29 novembre 2011, *https://apps.fcc.gov/edocs_public/attachmatch/DA-11-1955A2.pdf*.

FCC (2014), « FCC Chairman Tom Wheeler: More competition needed in high-speed broadband marketplace », Fact Sheet, *Daily Digest*, Vol. 33/167, 4 septembre 2014, Federal Communications Commission, Washington, DC, *https://apps.fcc.gov/edocs_public/attachmatch/DOC-329160A1.pdf*.

FCC (2015), *Report and Order on Remand, Declaratory Ruling, and Order, in the Matter of Protecting and Promoting the Open Internet*, 12 mars 2015, Federal Communications Commission, Washington, DC, *http://transition.fcc.gov/Daily_Releases/Daily_Business/2015/db0403/FCC-15-24A1.pdf*.

Gouvernement australien (2014), *Independent Cost-Benefit Analysis of the NBN*, Gouvernement australien, Canberra, *www.communications.gov.au/__data/assets/pdf_file/0003/243039/Cost-Benefit_Analysis_-_FINAL_-_For_Publication.pdf*.

Krämer, J., L. Wiewiorra et C. Weinhardt (2013), « Net neutrality: A progress report », *Telecommunications Policy*, vol. 37/9, pp. 794-813.

Maison Blanche (2010), *Presidential Memorandum: Unleashing the Wireless Broadband Revolution*, Memorandum for the Heads of Executive Departments and Agencies, Maison blanche, Washington, DC, *www.whitehouse.gov/the-press-office/presidential-memorandum-unleashing-wireless-broadband-revolution* (consulté le 15 avril 2015).

OCDE (2011), « Broadband bundling : Trends and policy implications », *OECD Digital Economy Papers*, n° 175, Éditions OCDE, Paris, *http://dx.doi.org/10.1787/5kghtc8znnbx-en*.

OCDE (2013), « Mobile handset acquisition models », *OECD Digital Economy Papers*, n° 224, Éditions OCDE, Paris, *http://dx.doi.org/10.1787/5k43n203mlbr-en*.

OCDE (2014a), « Wireless market structures and network sharing », *OECD Digital Economy Papers*, n° 243, Éditions OCDE, Paris, *http://dx.doi.org/10.1787/20716826*.

OCDE (2014b), « Connected televisions : Convergence and emerging business models », *OECD Digital Economy Papers*, n° 231, Éditions OCDE, Paris, *http://dx.doi.org/10.1787/5jzb36wjqkvg-en*.

OCDE (2014c), « International cables, gateways, backhaul and international exchange points », *OECD Digital Economy Papers*, n° 232, Éditions OCDE, Paris, *http://dx.doi.org/10.1787/5jz8m9jf3wkl-en*.

OCDE (2014d), « International traffic termination », *OECD Digital Economy Papers*, n° 238, Éditions OCDE, Paris, *http://dx.doi.org/10.1787/5jz2m5mnlvkc-en*.

OCDE (2014e), « New Approaches to Spectrum Management », *OECD Digital Economy Papers*, n° 235, Éditions OCDE, Paris, *http://dx.doi.org/10.1787/20716826*.

OCDE (2015), « Triple- and quadruple play bundles of communication services », *OECD Digital Economy Papers*, à paraître, Éditions OCDE, Paris.

OFCOM (2014), *The Future Role of Spectrum Sharing for Mobile and Wireless Data Services*, Statement, 30 avril 2014, *http://stakeholders.ofcom.org.uk/binaries/consultations/spectrum-sharing/statement/spectrum_sharing.pdf*.

ORECE (2014), *Case Studies on Regulatory Decisions Regarding Vectoring in the European Union*, BoR(14)122, Organe des régulateurs européens des communications électroniques, Riga, *http://berec.europa.eu/eng/document_register/subject_matter/berec/download/0/4587-berec-report-case-studies-on-regulatory-_0.pdf*.

ORECE (2012), *A View of Traffic Management and other Practices Resulting in Restrictions to the Open Internet in Europe*, BoR(12)30, Findings from BEREC's and the European Commission's joint investigation, Organe des régulateurs européens des communications électroniques, Riga, *http://ec.europa.eu/digital-agenda/sites/digital-agenda/files/Traffic%20Management%20Investigation%20BEREC_2.pdf*.

ORECE (2010), *BEREC Report on Impact of Bundled Offers in Retail and Wholesale Market Definition*, BoR(10)64, Organe des régulateurs européens des communications électroniques, Riga.

ORECE/RSPG (2011), *BEREC-RSPG Report on Infrastructure and Spectrum Sharing in Mobile/Wireless Networks*, BoR(11)26, RSPG11-375, Organe des régulateurs européens des communications électroniques/Groupe pour la politique en matière de spectre radioélectrique, Riga/Bruxelles, *http://berec.europa.eu/eng/document_register/subject_matter/berec/download/0/224-berec-rspg-report-on-infrastructure-and-_0.pdf*.

Parlement européen et Conseil européen (2012), « Décision n° 243/2012/UE du Parlement européen et du Conseil du 14 mars 2012 établissant un programme pluriannuel en matière de politique du spectre radioélectrique », 21 mars 2012, Bruxelles, *http://eur-lex.europa.eu/legal-content/FR/TXT/PDF/?uri=CELEX:32012D0243&from=FR* (consulté le 15 avril 2015).

PCA (2013), « AdC emite Decisão final de Não Oposição, acompanhado de condições e obrigações destinadas a garantir o cumprimento dos Compromissos assumidos pelas Notificantes, no processo envolvendo a fusão entre a Optimus e a ZON », Communication n° 18/2013, Autorité de la concurrence portugaise, Lisbonne, *www.concorrencia.pt/vPT/Noticias_Eventos/Comunicados/Paginas/Comunicado_AdC_201318.aspx* (consulté le 15 avril 2015).

Pereira, P., T. Ribeiro et J. Vareda (2013), « Delineating markets for bundles with consumer level data : The case of triple-play », *International Journal of Industrial Organisation*, vol. 31/6, pp. 760-773.

Rey, P. et J. Tirole (2006), « A primer on foreclosure », in M. Armstrong et R. Porter (dir. pub.), *Handbook of Industrial Organization*, vol. 3, Elsevier, New York.

RSPG, (2013), *RSPG Opinion on Licensed Shared Access*, Groupe pour la politique en matière de spectre radioélectrique, Bruxelles, *https://circabc.europa.eu/sd/d/3958ecef-c25e-4e4f-8e3b-469d1db6bc07/RSPG13-538_RSPG-Opinion-on-LSA%20.pdf*.

Sandgren, P. et B.G. Mölleryd (2013), « How liberalized is the optical fiber broadband market? Examining the role of public money in the fiber deployment in Sweden », document présenté lors de la 24e Conférence régionale européenne de l'International Telecommunication Society, Florence, Italie, 20-23 octobre 2013, *www.econstor.eu/bitstream/10419/88544/1/774543892.pdf*.

Toledano, J. (2014), *Une gestion dynamique du spectre pour l'innovation et la croissance*, rapport commandité par la ministre française déléguée aux PME, à l'innovation et à l'économie numérique, *www.economie.gouv.fr/files/files/PDF/rapport-gestion-dynamique-spectre-2014-06-30.pdf*.

Völcker, S.B. (2004), « Mind the Gap: Unilateral Effects Analysis arrives in EC Merger Control », *European Competition Law Review*, vol. 25/7, pp. 395-409, *www.wilmerhale.de/uploadedfiles/shared_content/editorial/publications/german_publications/mind_the_gap.pdf*.

WIK (2014), *Vectoring Benefits and Regulatory Challenges*, présentation PowerPoint lors du séminaire scientifique 2014 de FSR Communications Media, intitulé « Economics and Policy of Communications and Media, Policy Challenges in Digital Markets », Florence School of Regulation, 28-29 mars 2014, *www.wik.org/uploads/media/FSR_Vectoring_Benefits_and_RegChallenges_20140409.pdf*.

Chapitre 5

La confiance dans l'économie numérique : sécurité et protection de la vie privée

La confiance joue un rôle déterminant dans les échanges économiques et sociaux. Dans un environnement complexe, elle constitue un puissant moyen de réduire les incertitudes et permet de s'appuyer sur les autres acteurs. La confiance, qui est à la base des relations commerciales, institutionnelles et individuelles, est particulièrement importante dans le cyberespace mondial. Les opportunités qu'offre l'économie numérique ne pourront se concrétiser en l'absence de confiance. Le présent chapitre examine deux éléments clés de la confiance dans le cyberespace : la sécurité et le respect de la vie privée. Il aborde un certain nombre de tendances évolutives qui, ensemble, fournissent un aperçu général de la sécurité et du respect de la vie privée dans le monde numérique, à la fois sous l'angle des risques et des mesures adoptées pour y répondre.

5.1. L'attention croissante accordée à la sécurité numérique et aux risques d'atteinte à la vie privée

L'OCDE a commencé à élaborer un cadre d'action sur la confiance en ligne dans les années 90, afin d'aider les pouvoirs publics à réaliser le potentiel économique et social de l'internet. Deux décennies plus tard, les technologies de l'information et des communications (TIC) et l'internet sont largement intégrées aux activités économiques et sociales. La dépendance de l'économie des pays de l'OCDE, tous secteurs confondus, qui en résulte à l'égard de l'environnement numérique rend impérative la prise en compte des risques en matière de sécurité et de respect de la vie privée.

La sécurité numérique et la protection de la vie privée dans le cyberespace font régulièrement la une des journaux et trouvent leur place dans les stratégies gouvernementales et les discours de personnalités politiques ou de dirigeants d'entreprises. Dans une enquête sur l'économie numérique réalisée par l'OCDE en 2014, les gouvernements classent par ordre d'importance, parmi 31 domaines prioritaires possibles, la sécurité au deuxième rang et la protection de la vie privée au troisième ; seul le haut débit est jugé plus important (OCDE, 2014).

La question de la protection de la vie privée rejoint également la cybersécurité sur la liste établie par le gouvernement des États-Unis des risques importants associés aux progrès de la technologie, qui ont accru dans des proportions énormes la capacité des entités publiques ou privées à recueillir et à traiter un volume considérable d'informations à caractère personnel (US GAO, 2015). En 2013, les révélations d'Edward Snowden, qui travaillait auparavant comme sous-traitant de la NSA, ont évidemment contribué à renforcer la visibilité des questions de sécurité et de respect de la vie privée, mais l'attention croissante que suscitent ces questions est due à une évolution des modalités de production, d'échange et d'analyse des données, ainsi que des avantages qui en découlent en termes d'innovation, de croissance et de bien-être.

Dans le présent chapitre, nous revenons sur un certain nombre de questions abordées en 2012 dans une étude de l'OCDE sur la base de connaissances dont on dispose en matière de sécurité et de protection de la vie privée, qui a mis en évidence la grande diversité des données empiriques susceptibles d'améliorer l'élaboration des politiques dans ce secteur (OCDE, 2012a). Nous examinons les données disponibles dans plusieurs domaines distincts relevant de la sécurité et de la protection de la vie privée. Ces données révèlent l'attention croissante accordée à ces sujets, comme le montrent par exemple le développement très rapide de la catégorie professionnelle des spécialistes de la sécurité et de la protection de la vie privée ainsi que le renforcement notable, bien que moins spectaculaire, des organismes publics chargés de la protection de la sécurité et de la vie privée. Au niveau international, la révision en cours des *Lignes directrices de l'OCDE de 2002 régissant la sécurité des systèmes et réseaux d'information* constitue une évolution importante, qui vise à aider les acteurs concernés à mieux répondre aux risques de sécurité numérique.

Au niveau national, les gouvernements continuent de publier et de mettre à jour des stratégies nationales de cybersécurité (voir section 5.4). Les opportunités pour les professionnels de sécurité qualifiés continuent de croître (voir section 5.2) et le rôle des équipes nationales de réponse aux incidents de sécurité informatique (CSIRT) est considéré comme essentiel (voir section 5.3). Sous l'angle législatif, les normes de notification des atteintes à la sécurité des données, qui couvrent à la fois les risques de sécurité et les risques relatifs à la vie privée, se développent (voir section 5.4). Enfin, d'un point de vue technique, la mise en œuvre des extensions de sécurité des noms de domaine (DNSSEC) promet d'instaurer la sécurité dans le système des noms de domaine (section 5.4).

Les consommateurs sont de plus en plus préoccupés par la protection de leur vie privée

Les enquêtes indiquent que l'évolution de l'environnement de risque suscite des préoccupations au regard de la sécurité et du respect de la vie privée. Une enquête CIGI-Ipsos sur la sécurité en ligne et la confiance à l'égard de l'internet, réalisée en 2014 parmi les internautes de 24 pays, constate que 64 % des répondants étaient plus préoccupés par la protection de leur vie privée qu'ils ne l'étaient en 2013 (CIGI, 2014). D'après un sondage de 2014 du Pew Research Center, 91 % des Américains pensent que les consommateurs ont perdu le contrôle de leurs informations et données personnelles (Madden, 2014). Et, dans un rapport Eurobaromètre spécial de 2014 sur la cybersécurité, les consommateurs de l'UE qui utilisent l'internet pour leurs achats indiquent que l'utilisation abusive des données à caractère personnel et la sécurité des paiements en ligne sont leurs deux préoccupations principales. Le degré de préoccupation s'est accru dans les deux domaines depuis 2013 : le nombre de personnes exprimant leur crainte d'une utilisation abusive de leurs données personnelles a augmenté de 37 % à 43 % et celui des personnes déclarant être préoccupées par la sécurité en ligne est passé de 35 % à 42 % (CE, 2015).

Il importe de noter, cependant, que ces déclarations ne s'accompagnent pas toujours d'un changement de comportement. De nombreuses études montrent, par exemple, que des individus qui affirment craindre pour le respect de leur vie privée s'engagent néanmoins dans des comportements à risque mettant en jeu leurs données à caractère personnel, phénomène parfois qualifié de « paradoxal » du point de vue de la protection de la vie privée (Taddicken, 2014). Des enquêtes récentes suggèrent toutefois que les usagers prennent des mesures pour résoudre ces préoccupations. L'enquête CIGI-Ipsos de 2014 constate que parmi les 60 % d'internautes qui ont entendu parler d'Edward Snowden, 39 % ont pris des mesures pour protéger leur sécurité et leur vie privée à la suite de ses révélations. Les chiffres récents d'Eurobaromètre sont plus étonnants puisqu'en 2014, 88 % des répondants de l'UE ont déclaré avoir modifié la manière dont ils utilisent l'internet à cause de préoccupations de sécurité, soit une augmentation de 81 % par rapport à 2013. Parmi les mesures prises par ces internautes, on peut citer la gestion des mots de passe : 31 % d'entre eux indiquent utiliser un mot de passe différent pour chaque site et 27 % affirment changer régulièrement leurs mots de passe (CE, 2015).

De telles enquêtes, bien entendu, n'indiquent pas de façon conclusive le degré actuel de confiance des consommateurs dans l'environnement en ligne. Néanmoins, on est de plus en plus conscient de la nécessité de meilleurs indicateurs et autres élément d'appréciation pour aider les responsables des politiques publiques et les décideurs d'autres organisations à évaluer l'ampleur du problème et à élaborer des stratégies pour répondre aux défis qui se présentent en ce domaine (OCDE, 2011a, 2012a, 2013b). L'idée que la confiance des consommateurs est en jeu subsiste pourtant, comme le montrent certaines pratiques récentes des entreprises. On observe par exemple depuis plusieurs années une augmentation du nombre d'entreprises internet et de communication multinationales qui publient des rapports de transparence (voir section 5.4), ce qui témoigne d'une prise de conscience croissante du lien entre la confiance des consommateurs (dont les données et la loyauté sont essentiels dans une perspective de rentabilité) et le besoin de mesures publiques pour protéger la vie privée et assurer la sécurité des services dans le cyberespace.

Les atteintes à la sécurité des données peuvent avoir un impact grave

En 2014, des incidents de sécurité ont régulièrement fait la une des grands médias. On observe une tendance à l'augmentation des vols de numéros de carte et de références client, comme le montre l'exemple des affaires Target et Home Depot, deux grands détaillants américains. L'attaque dont a été victime Target aurait porté sur des cartes de paiement et d'autres données concernant 70 millions de clients. Selon le rapport annuel de Target pour 2013-14, elle aurait entraîné des dépenses s'élevant à 252 millions USD, ce qui, une fois déduite l'indemnisation de 90 millions USD versée par l'assurance, laisse 162 millions USD à la charge de l'entreprise. Les procédures judiciaires et réglementaires ont entraîné des coûts supplémentaires, dont environ 200 millions USD pour l'émission de nouvelles cartes, sans compter les dommages que cela aura pu causer à la réputation de l'entreprise. La violation des données de Home Depot portaient sur 56 millions de comptes de cartes de paiement et 53 millions d'adresses électroniques de clients (Home Depot, 2014). En Corée, en 2014, une autre attaque grave a été perpétrée contre trois sociétés de cartes de crédit, touchant 20 millions de personnes, soit 40 % de la population du pays. Plus d'une trentaine de dirigeants ont été démis de leurs fonctions à la suite de cet incident (Choe Sang-Hun, 2014). La tendance s'est poursuivie au début 2015 avec l'annonce par Anthem Inc., une grande entreprise d'assurances-santé basée aux États-Unis, que des hackers avaient réussi à pénétrer ses serveurs et avaient volé des numéros de sécurité sociale, des adresses, des données de messagerie et d'emploi dans tous les secteurs d'activité de l'entreprise qui, selon certaines estimations, concerneraient 80 millions de personnes.

De tels incidents de sécurité peuvent être lourds de conséquences pour les organisations concernées. Le cas le plus célèbre de violation de la sécurité est sans doute la cyber-attaque dont a été victime Sony Pictures Entertainment à la fin 2014, qui a exposé des films non encore distribués, des données relatives au personnel, des courriels internes et des informations commerciales sensibles telles que chiffres de vente et plans de marketing, par exemple. On ignore encore quelle a été la durée de cette action de piratage mais certains éléments semblent indiquer que l'intrusion se poursuivait depuis plus d'un an lorsqu'elle a été détectée en novembre 2014. Le coût financier direct de cette attaque sera peut-être couvert par des polices de cyber-assurance (voir section 5.4) ; néanmoins, le préjudice porté à la réputation de l'entreprise et à ses relations avec les autres entreprises du secteur, ainsi que les conséquences pour ses employés, pourraient être plus durables et difficiles à évaluer.

Seuls les incidents les plus graves font les gros titres de la presse mais les études montrent que les atteintes à la sécurité des données sont fréquentes. D'après une étude de 2014 commanditée par le gouvernement britannique, 81 % des grandes organisations du Royaume-Uni avaient subi une violation de leur sécurité au cours de l'année précédente

(BIS, 2014). Bien que ce chiffre paraisse élevé, il représente en fait une baisse de 5 % par rapport à l'enquête de 2013. Cependant, la gravité et l'impact des atteintes à la sécurité se sont accrus, le coût de chaque incident ayant presque doublé en une seule année. On estime que le coût des atteintes les plus graves pour les grandes organisations se situe entre 600 000 GBP et 1.15 million GBP. Comme indiqué plus loin dans la section 5.4, dans un rapport récent, le procureur général de la Californie signale que les secteurs du commerce de détail et de la santé sont de manière disproportionnée la cible des atteintes déclarées à la sécurité des données. Ces atteintes à la sécurité des données donnent lieu de plus en plus souvent à des actions en justice, les émetteurs de cartes de paiement cherchant à faire supporter à l'entreprise victime d'une intrusion le coût de l'émission de nouvelles cartes, tandis que s'accroît aussi la possibilité que les personnes affectées engagent une action collective en justice (section 5.4). En outre, les atteintes à la sécurité ne visent pas seulement le secteur privé. Au Canada, le Commissariat à la protection de la vie privée (CPVP) a indiqué que le nombre de violations des données déclarées par les entités gouvernementales canadiennes a plus que doublé pendant l'exercice 2013-14, plus des deux tiers de ces violations étant dues à une divulgation accidentelle.

Le paysage des menaces qui pèsent sur la sécurité numérique continue à évoluer avec l'usage fréquent de modèles commerciaux lucratifs. « Ransomware », par exemple, est un type de maliciel de cryptage de fichiers de plus en plus souvent utilisé par les cybercriminels pour crypter les fichiers informatiques d'une organisation ou d'un individu, qui sont ensuite obligés de payer une rançon pour obtenir le décryptage de leurs fichiers. La version la plus répandue de *ransomware* (ou « rançongiciel ») est « CryptoLocker », qui est diffusé au moyen de fichiers joints à des courriels. Les spécialistes estiment que CryptoLocker a réussi à infecter environ 234 000 ordinateurs, permettant d'extorquer, en deux mois seulement, pour plus de 27 millions USD de rançons, avant d'être neutralisé par une initiative multinationale des services de répression de plusieurs pays, dont l'Allemagne, le Canada, les États-Unis, le Luxembourg, les Pays-Bas, le Royaume-Uni et l'Ukraine (US DoJ, 2014).

De nouvelles failles de sécurité continuent à être détectées et, dans plusieurs cas récents, elles concernaient le fonctionnement de certains protocoles internet essentiels, comme la faille « Heartbleed » dans le protocole Open SSL (*Secure Sockets Layer*), une technologie de sécurité qu'utilisent couramment les sites internet pour le cryptage des communications avec les usagers. En exploitant cette vulnérabilité, un pirate a réussi à voler des noms d'usager, des mots de passe et des clés privées de cryptage. Le nom soigneusement choisi de « Heartbleed » montre que les chercheurs en sécurité qui découvrent ces vulnérabilités s'efforcent de plus en plus de faire connaître les résultats de leurs travaux. Il existe même un site internet consacré à Heartbleed : *http://heartbleed.com/*.

Une vulnérabilité similaire, appelée « Shellshock », a été révélée en septembre 2014. Elle concerne les sites web utilisant les systèmes d'exploitation Unix et Linux. Comme Heartbleed, Shellshock affecte de nombreux systèmes qui doivent maintenant être modifiés. En octobre 2014, une faille a également été révélée dans l'une des versions de SSL utilisée par la plupart des sites commerciaux pour protéger la sécurité et la vie privée des usagers. Les pirates peuvent aussi exploiter la vulnérabilité « Poodle » pour décrypter les mots de passe et d'autres données de transactions cryptées à l'aide de SSL et d'autres protocoles de sécurité.

Des mesures de types très divers ont été prises pour répondre à l'évolution générale des risques de sécurité. On en trouvera quelques exemples à la fin du présent chapitre.

Le paysage des risques d'atteinte à la vie privée évolue

Les questions touchant à la vie privée bénéficient également d'une attention accrue, y compris au niveau politique. Dans son discours sur l'état de l'Union devant le Congrès des États-Unis, le président Obama a mentionné à plusieurs reprises le respect de la vie privée, une première dans ce type de discours (White House, 2015). Aussi, dans son discours annonçant ses priorités législatives à la veille de son entrée en fonction comme président de la Commission européenne, Jean-Claude Juncker s'est engagé à « conclure rapidement les négociations sur l'adoption de règles européennes communes en matière de protection des données » (Junker, 2014).

N'étant plus le domaine réservé des spécialistes, la protection de la vie privée retient l'attention de la communauté scientifique et fait l'objet d'un numéro spécial de *Science* (2015). Un intérêt pour ces questions se manifeste également sur la scène artistique contemporaine, comme le montre par exemple l'ouverture d'une pièce intitulée *Privacy* dans le West End à Londres en 2014. Un commentateur a comparé le rôle de la protection de la vie privée dans l'économie numérique à celui qu'a joué la politique de la concurrence au début du XXe siècle pour répondre aux excès de la révolution industrielle (Tene, 2015).

Depuis les révélations de Snowden, les spécialistes de la protection de la vie privée et les médias suivent de près les activités des agences nationales de sécurité dans le domaine des communications et des données internet mais, la vie économique et sociale étant de plus en plus tributaire des données, une quantité d'autres évolutions suscitent des préoccupations au sujet du respect de la vie privée. Les données massives (« *Big data* »), l'internet des objets et les courtiers en données font maintenant partie, tout comme les moteurs de recherche internet et les réseaux sociaux, des sujets les plus fréquemment abordés ou débattus lors de conférences. Il n'est pas possible d'examiner l'évolution de l'environnement des risques d'atteinte à la vie privée sans rappeler que nombre des atteintes à la sécurité des données décrites plus haut portent sur des données à caractère personnel et constituent de ce fait des violations de la vie privée.

La législation demeure un outil essentiel pour faire face aux risques qui pèsent sur la vie privée, et les lois de protection de la vie privée incluent généralement des normes de notification des atteintes à la sécurité des données (voir section 5.2). Plusieurs évolutions sont intervenues en ce domaine dans les pays de l'OCDE. En Australie, des réformes de la législation renforçant les pouvoirs du commissariat à l'information (*Office of the Australian Information Commissioner*, OAIC), tout en actualisant les normes nationales de protection de la vie privée, sont entrées en vigueur en 2014. La Loi canadienne anti-pourriel (LCAP), qui exige d'une organisation qu'elle obtienne le consentement des destinataires avant d'envoyer des messages commerciaux électroniques par courriel, téléphone ou messagerie, est entrée en vigueur en juillet 2014. La Corée a fortement révisé sa législation sur la vie privée en 2012 de façon à exiger la notification des atteintes à la sécurité des données, puis de nouveau en 2014 pour augmenter le montant des amendes imposées en cas de violation des données et permettre aux individus de chercher à obtenir un indemnisation légale. Le Japon a créé sa première autorité indépendante de protection des données en 2014, dont les compétences englobent l'information à caractère personnel liée aux numéros d'identification émis par les pouvoirs publics en relation avec la sécurité sociale, les impôts et la gestion des catastrophes.

Certains pays non membres de l'OCDE ont également modifié leur législation de protection de la vie privée. La Chine a amendé sa Loi sur les droits des consommateurs –

avec effet à partir de mars 2015 – en y ajoutant un certain nombre de dispositions sur la protection de l'information à caractère personnel. En 2014, le Brésil a adopté une loi, attendue depuis longtemps, sur les droits des usagers de l'internet – le « *Marco Civil da Internet* » – qui définit certains droits fondamentaux à l'égard des données à caractère personnel, notamment en matière de consentement, de suppression des données et de spécification des finalités (voir chapitre 1, encadré 1.3). En novembre 2013, l'Afrique du Sud a adopté une Loi sur la protection de l'information à caractère personnel, dont certaines sections sont entrées en vigueur en 2014, notamment celle portant sur la création d'une instance de réglementation de l'information. La nouvelle loi de Singapour régissant la collecte et l'utilisation des données à caractère personnel par les organisations du secteur privé est entrée en vigueur en juillet 2014. Parmi les autres pays ayant modifié leur législation, on peut citer également la République dominicaine et Dubaï (NYMITY, 2014).

En ce qui concerne les initiatives législatives majeures, le travail se poursuit en Europe et aux États-Unis sur des propositions de lois de protection de la vie privée. Les négociations sont en cours à Bruxelles et dans les capitales des États membres de l'UE en vue de l'achèvement d'une refonte majeure du cadre européen de protection des données, et le travail se poursuit pour finaliser les propositions annoncées par la Commission européenne en janvier 2012. L'administration Obama a publié pour discussion un projet de législation visant à mettre en œuvre la Déclaration des droits du consommateur au respect de la vie privée et elle soutient l'adoption de mesures plus ciblées sur la notification des atteintes à la sécurité des données et le respect de la vie privée des élèves et des étudiants. D'autre part, au Canada, un processus de réforme de la Loi PIPEDA sur le secteur privé est en cours et le Japon révise actuellement sa Loi de protection des données à caractère personnel, afin de l'adapter à la situation nouvelle créée par les données massives et d'améliorer sa compatibilité au niveau mondial (Cabinet du Japon, 2014).

Bien que les questions de protection de la vie privée soient rarement examinées isolément, certaines initiatives se distinguent par leur volonté d'établir un lien entre la vie privée et d'autres domaines de l'action publique. Les efforts s'intensifient en vue d'articuler politique des échanges et protection de la vie privée, en particulier dans le cadre des négociations entre l'UE et les États-Unis en vue d'un Partenariat transatlantique de commerce et d'investissement. Le Contrôleur européen de la protection des données a pris des mesures pour resserrer les liens entre protection des données et politique de la concurrence (CEPD, 2014), les données à caractère personnel remplaçant les ressources naturelles comme facteur clé de la puissance de marché (Tene, 2015). Dans le milieu de la recherche, les efforts se poursuivent en vue d'appliquer les enseignements tirés de l'économie comportementale aux politiques de protection de la vie privée.

S'agissant de l'évolution internationale, le Conseil de l'Europe travaille à l'actualisation de la Convention n° 108, son principal instrument sur la protection des données. D'autre part, le Forum de coopération économique Asie-Pacifique (APEC) a entamé le réexamen de son cadre de protection de la vie privée de 2004, pour lequel il envisage de s'appuyer sur certains éléments des Lignes directrices de l'OCDE sur la vie privée actualisées en 2013. L'APEC travaille aussi à la mise en œuvre de son système de règles internationales de protection de la vie privée (*Cross-border Privacy Rules*, CBPR), auquel participent le Japon, le Mexique, les États-Unis et, depuis peu, le Canada. Des représentants des économies membres de l'APEC et du Groupe de travail « Article 29 » de l'UE poursuivent également leur collaboration en vue d'améliorer l'interopérabilité entre le système CBPR et le système de règles d'entreprise contraignantes de l'UE. Enfin, l'Organisation des États américains travaille à l'élaboration d'un modèle de loi sur la protection des données à caractère personnel.

L'utilisation de méthodes de cryptage pour protéger les données se répand parmi les usagers

Sur le front technologique, suite aux divulgations de Snowden, Apple, Google et d'autres entreprises recourent plus fréquemment au cryptage par défaut. Le système le plus récent d'exploitation mobile d'Apple assure le cryptage par défaut de pratiquement toutes les données des iPhones et des iPads. Gmail de Google utilise maintenant une connexion cryptée lors de la lecture ou de l'envoi de courriels via un navigateur. L'entreprise a également produit une nouvelle extension de navigateur pour simplifier l'utilisation d'Open PGP, un outil de cryptage courant (Somogyi, 2014). WhatsApp, un outil de messagerie aujourd'hui très répandu, a annoncé qu'il assurera dorénavant le chiffrement de bout-en-bout des données. Apple, dont la capitalisation boursière est la première mondiale, fait aussi de ses pratiques de protection de la vie privée un argument commercial auprès au niveau des directions d'entreprise, insistant sur le fait que la sécurité et la confidentialité font partie intégrante de la conception de ses produits et services. Ces évolutions sont encourageantes pour les décideurs qui attendent depuis longtemps des entreprises qu'elles fassent de la protection de la vie privée un élément de différenciation commerciale.

D'autres évolutions concernant la protection contre les atteintes à la vie privée sont évoquées dans la suite du présent chapitre. On notera en particulier le rôle croissant des tribunaux, notamment l'arrêt *Costeja* de la Cour européenne de justice qui a établi le droit d'un individu à obtenir la suppression de certains résultats d'un moteur de recherche (ce qu'on appelle couramment le « droit à l'oubli ») (section 5.4). Un autre fait nouveau à signaler est l'augmentation du nombre de spécialistes de la protection de la vie privée travaillant dans le secteur privé. L'essor de cette profession est particulièrement frappant puisque, selon une estimation, le total des dépenses consacrées à la mise en place de systèmes de protection de la vie privée parmi les entreprises du Fortune 1000 atteindrait 2.4 milliards USD par an (section 5.2).

Néanmoins, l'attention croissante accordée aux questions de sécurité et de protection de la vie privée ne s'est pas accompagnée d'une accélération équivalente de la production d'indicateurs ou autres éléments d'appréciation, dont les responsables des politiques publiques et les décideurs des entreprises ont besoin pour évaluer l'ampleur des problèmes et répondre aux défis posés par l'environnement actuel (voir OCDE, 2011a, 2012a et 2013b). En outre, contrairement à ce que l'on observe dans le domaine de la cybersécurité, les gouvernements n'ont pas encore commencé à définir des stratégies nationales de protection de la vie privée, comme les appelaient à le faire les Lignes directrices de l'OCDE sur la vie privée, et à aborder ces questions de manière globale et coordonnée afin de permettre aux parties prenantes de clarifier l'étendue de la protection à assurer aux individus et les restrictions que la société est prête à accepter dans l'intérêt général.

5.2. Le marché de l'emploi de la sécurité et les professionnels de la protection de la vie privée

L'importance et la visibilité croissantes des risques de sécurité et d'atteinte à la vie privée ont favorisé le développement des débouchés professionnels pour les spécialistes de ces domaines. La demande de compétences spécialisées en sécurité continue à augmenter régulièrement, comme elle le fait depuis la dernière décennie, tandis que la demande de spécialistes de la protection de la vie privée s'est intensifiée ces dernières années. Un nouveau site web consacré exclusivement à l'emploi des professionnels de la cybersécurité et de la protection de la vie privée est apparu (*www.dataprivacycareers.com*) et de nouvelles offres d'emploi y sont publiées quotidiennement. Néanmoins, parvenir à localiser les professionnels disponibles et dotés des compétences requises en matière de sécurité et de protection de la vie privée reste un défi pour les organisations qui cherchent à renforcer leurs capacités dans ces domaines.

L'offre de professionnels de la sécurité est insuffisante pour répondre à l'augmentation de la demande

La question de la cybersécurité figure aujourd'hui en bonne place sur les agendas nationaux des politiques. La disponibilité de professionnels qualifiés capables d'aider les organisations à gérer les risques de cybersécurité en est l'un des aspects cruciaux. Le nombre de professionnels continue à augmenter régulièrement dans le monde. Les organismes de certification professionnelle en matière de cybersécurité constituent une source utile de données sur la croissance du nombre des professionnels dans ce secteur. Par exemple, l'*International Information Systems Security Certification Consortium* ou (ISC)^2 certifie toute une gamme de compétences. À la fin 2013, (ISC)^2 avait délivré 95 781 certifications individuelles dans le monde (graphique 5.1), soit quatre fois plus que dix ans auparavant.

Graphique 5.1. **Nombre de personnes certifiées par (ISC)^2 dans le monde, 2003-13**

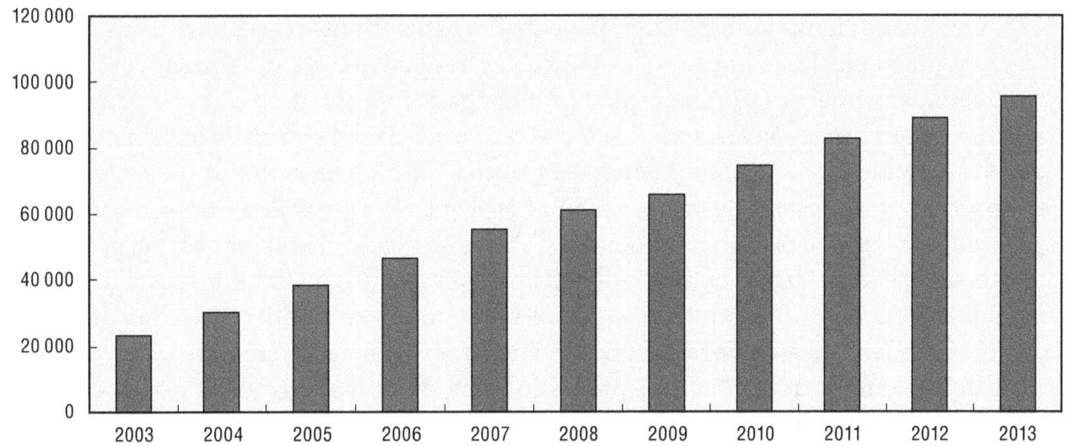

Source : (ISC)^2, 2011, et correspondance par courriel avec cet organisme.

StatLink http://dx.doi.org/10.1787/888933308388

Malgré cette augmentation, l'offre de professionnels qualifiés de la cybersécurité reste bien en-deçà de la demande. Selon un rapport de 2013 du Centre national pour la sécurité de l'information, le Japon ferait face à un déficit de 80 000 ingénieurs informaticiens spécialistes de la sécurité. Ce rapport note en outre que la plupart des professionnels de la cybersécurité en activité ne disposent pas des compétences requises pour combattre effectivement les menaces en ligne (Humber et Reidy, 2014).

Aux États-Unis, le Bureau des statistiques sur l'emploi (*Bureau of Labor Statistics*) prévoit une augmentation de 37 % de la demande de spécialistes de la cybersécurité de formation universitaire pendant la prochaine décennie – plus de deux fois le taux d'augmentation prévu pour l'ensemble de l'industrie informatique (Coughlan, 2014).

Au Royaume-Uni, une analyse des statistiques gouvernementales sur les étudiants issus de l'enseignement supérieur en 2012-13 a montré que moins de 0.6 % des diplômés récents en informatique travaillent dans le domaine de la cybersécurité (Barrett, 2014). Selon la Cour des comptes britannique, une vingtaine d'années seront nécessaires pour combler le déficit de compétences du personnel qualifié de cybersécurité (Coughlan, 2014). Le programme national de cybersécurité, le ministère des Entreprises, de l'innovation et des compétences, le quartier général des communications du gouvernement et le Bureau du Cabinet ont depuis uni leurs efforts pour diriger et soutenir les activités visant à renforcer les compétences de cybersécurité à tous les niveaux de l'enseignement (Gouvernement du Royaume-Uni, 2014).

En résumé, les données disponibles semblent indiquer que malgré l'essor de la profession des spécialistes de la cybersécurité, les organisations des secteurs public et privé sont toujours confrontées à un grave déficit de compétences.

Les spécialistes de la protection de la vie privée sont très recherchés

L'apparition d'une catégorie professionnelle de responsables et de spécialistes de la protection de la vie privée au sein des organisations est l'une des évolutions les plus importantes destinées à assurer une protection efficace de la vie privée (Bamberger et Mulligan, 2010). Dans certains pays, la législation soutient ou promeut le rôle des spécialistes de la protection de la vie privée. En Allemagne, par exemple, la Loi fédérale sur la protection des données (*Bundesdatenschutzgesetz*) établit des normes spécifiques s'appliquant aux responsables de la protection des données au sein des organisations. La loi fédérale canadienne dite PIPEDA exige des organisations du secteur privé qu'elles désignent un ou plusieurs individus responsables des activités de traitement des données à caractère personnel et la Directive de l'UE fait également mention d'un responsable du traitement des données à caractère personnel. La Loi sur la protection de la vie privée de la Nouvelle-Zélande fait obligation à toutes les entités du secteur public et du secteur privé de nommer un responsable de la protection de la vie privée et, aux États-Unis, divers textes législatifs requièrent des agences fédérales qu'elles se dotent d'un responsable général de la protection de la vie privée ou confient cette responsabilité à un haut dirigeant. En Corée, les deux lois sur la protection de la vie privée exigent des entreprises qu'elles désignent une personne responsable de la gestion de l'information à caractère personnel. Enfin, le projet de règlement de l'UE sur la protection des données exigera la nomination de responsables de la protection des données dans toutes les administrations publiques et dans les entreprises traitant des données concernant plus de 5 000 personnes, ce qui contribuera encore à l'augmentation du nombre de professionnels.

Cette évolution a été encouragée et soutenue par des associations professionnelles qui ont défini les paramètres nécessaires au développement d'une main-d'œuvre spécialisée incluant les responsables de la protection des données à caractère personnel et leur personnel (Clearwater et Hughes, 2013). Ces associations assurent la formation et la certification des compétences, organisent des conférences, éditent des publications et offrent des ressources professionnelles et l'accès à des études spécialisées à un nombre croissant d'adhérents. La plus importante d'entre elles, l'Association internationale des professionnels de la protection de la vie privée (IAPP), dont l'extension mondiale est aussi la plus grande, compte aujourd'hui plus de 18 000 membres (soit une augmentation de 24 % depuis septembre 2013) répartis dans 83 pays (graphique 5.2). Il faut mentionner également le *Privacy Officers Network*, qui permet à de hauts responsables de la protection

Graphique 5.2. **Nombre total de membres de l'IAPP, 2001-14**

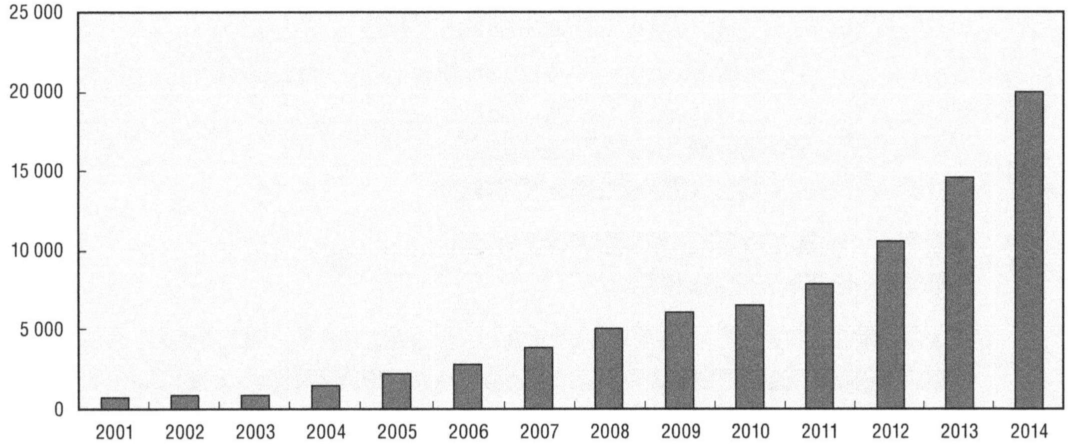

Note : Le chiffre pour 2014 est une projection. En octobre 2014, le nombre de membres était de 18 000.
Source : IAPP (2014), *https://privacyassociation.org*.

StatLink http://dx.doi.org/10.1787/888933308390

de la vie privée s'occupant de la mise en œuvre concrète d'initiatives en ce domaine de se rencontrer et d'échanger via un réseau de soutien professionnel[1], et des organismes nationaux comme l'Association française des correspondants à la protection des données à caractère personnel en France[2] et l'*Asociación Profesional Española de Privacidad* en Espagne[3].

L'augmentation très forte du nombre de membres de l'IAPP – de plus de 10 000 en 2012 à près de 20 000 prévus à la fin 2014 – témoigne de la reconnaissance croissante de l'importance des bonnes pratiques de gouvernance des données. Bien que les budgets des entreprises du Fortune 1000 varient énormément, une étude comparative des programmes de protection de la vie privée de ces entreprises réalisée par l'IAPP constate que le budget consacré à la protection de la vie privée est en moyenne de 2.4 millions USD, dont 80 % sont dépensés en interne dans des domaines tels que l'élaboration de politiques, la formation, la certification, la communication, les audits et les inventaires de données. Les entreprises du Fortune 1000 dépensent en moyenne 76 USD par employé pour la protection des données à caractère personnel (IAPP, 2014). L'IAPP chiffre le total des dépenses de ces entreprises consacrées à la protection de la vie privée à 2.4 milliards USD par an.

La majorité des répondants (59 %) ont déclaré avoir créé eux-mêmes le programme de protection de la vie privée de leur entreprise. Cela montre que le secteur de la protection de la vie privée est encore à l'état naissant et qu'il présente de fortes perspectives de croissance. Il est probable en effet que les budgets affectés à la protection de la vie privée vont augmenter ; près de 40 % des professionnels prévoient une augmentation moyenne de leur budget de 34 % dans les années à venir, et 33 % d'entre eux envisagent de recruter du personnel supplémentaire.

L'enquête annuelle de l'IAPP sur les salaires corrobore les résultats de l'étude comparative citée ci-dessus. Elle fait apparaître une augmentation régulière de la rémunération du personnel chargé de la protection de la vie privée (graphique 5.3), les dirigeants (*Chief Privacy Officers*, CPO) gagnant en moyenne 180 000 USD par an aux États-Unis, tandis que les autres responsables de la confidentialité des données (n'ayant pas le titre de CPO) gagnent en moyenne 131 000 USD aux États-Unis et 125 000 USD dans le monde (IAPP, 2013).

Graphique 5.3. **Revenu annuel d'un responsable de la protection de la vie privée dans une entreprise du Fortune 1 000**

En milliers USD

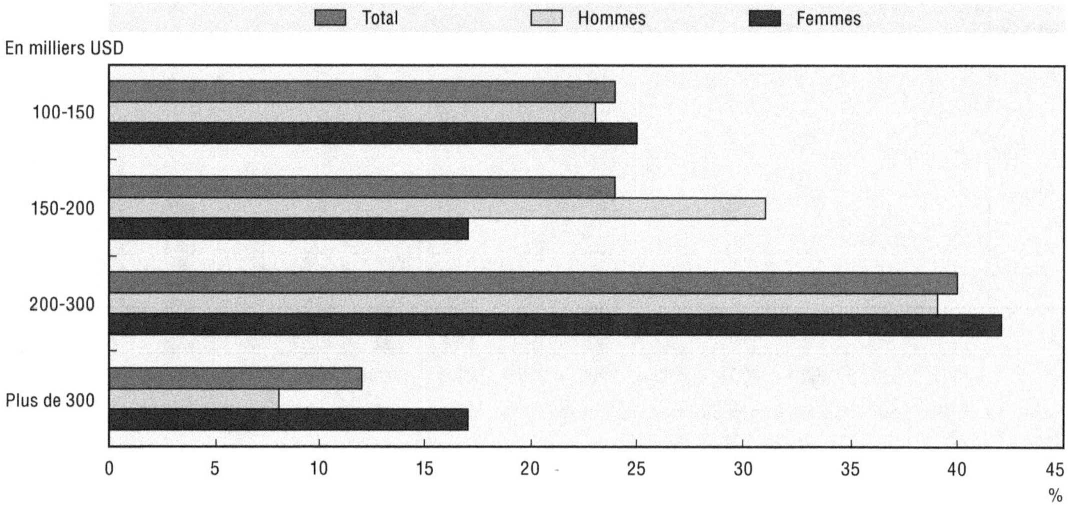

Source : IAPP (2013), *https://privacyassociation.org*.

StatLink http://dx.doi.org/10.1787/888933308409

Pour les organisations qui reposent sur l'utilisation de données, répondre aux attentes en matière de respect de la vie privée n'exige pas seulement de respecter les normes légales et d'appliquer de bonnes pratiques de sécurité. Aux termes des Lignes directrices de l'OCDE actualisées en 2013, les organisations responsables doivent mettre en place un programme polyvalent de gestion de la vie privée, et pouvoir en faire la preuve à la demande d'une autorité chargée de la protection de la vie privée (OCDE, 2013a, par. 15). La mise en œuvre d'un tel programme requiert notamment des compétences juridiques, techniques, de communication, de gouvernance et de relations publiques. Il en résulte une attention accrue accordée à la formation, à l'éducation et aux activités de certification des compétences.

L'essor de l'innovation fondée sur les données, alimentée en partie par l'analytique des données, contribue aussi à mettre en lumière le rôle clé de l'éthique des données aux fins de la protection de la vie privée (OCDE, 2015a, à paraître, chapitre 6). Les entreprises devront réévaluer leur conception de la confidentialité des données, qui en fait un simple problème de conformité à régler par les services juridiques ou une question technique à traiter par les services informatiques, et mettre en place des procédures de contrôle éthique. Elles devront aussi veiller à désigner dans l'ensemble de leur organisation des employés formés aux questions de protection de la vie privée, chargés de détecter les problèmes éventuels. Le développement des connaissances et des compétences requises pour répondre à l'évolution des besoins assurera sans doute le maintien de la demande pour les réseaux professionnels et les associations de spécialistes de la protection de la vie privée. Cependant, cette demande pourrait avoir un impact négatif sur les autorités de protection de la vie privée si le secteur privé était amené à recruter de plus en plus fréquemment dans leurs rangs le personnel possédant les compétences et l'expérience dont il a besoin.

L'augmentation de l'effectif de professionnels de la sécurité et de la protection de la vie privée décrite ici est à la fois importante et spectaculaire, mais elle ne permet pas de saisir pleinement l'évolution qui a conduit certaines organisations à intégrer ces questions à l'ensemble de leurs flux de travail. Dans ces organisations, en effet, les responsabilités en matière de sécurité/protection de la vie privée n'incombent pas uniquement à un personnel désigné à cette fin, mais à l'ensemble des secteurs de l'organisation qui traitent des données à caractère personnel ou s'occupent d'activités ayant des incidences sur la sécurité.

5.3. L'application des normes de protection de la vie privée et la réaction aux incidents de sécurité

Le rôle des autorités chargées de protéger la vie privée est reconnu dans les Lignes directrices de l'OCDE actualisées en 2013, qui comprennent une nouvelle disposition appelant spécifiquement à la mise en place d'autorités chargées de la protection de la vie privée qui soient « dotées de la gouvernance, des ressources et de l'expertise technique nécessaires pour exercer leurs pouvoirs efficacement » (OCDE 2013a, par. 19). Environ un tiers des pays de l'OCDE avaient déjà mis en place une telle autorité en 1980, date de la première adoption des Lignes directrices. Aujourd'hui, pratiquement tous les pays de l'OCDE déclarent avoir établi un ou plusieurs organismes de protection de la vie privée.

Encadré 5.1. **Qu'est-ce qu'une autorité chargée de protéger la vie privée ?**

« Par "autorité chargée de protéger la vie privée", on entend toute instance publique, telle que déterminée par chaque pays Membre, qui est chargée de faire appliquer les lois protégeant la vie privée, et qui est habilitée à conduire des investigations ou engager des poursuites en cas de non-respect. »

Dans les pays à structure fédérale peuvent exister des autorités régionales ou locales qui correspondent à cette définition.

Source : OCDE (2013a, par. 1).

Ressources budgétaires

En 2013, le consortium de recherche européen PHAEDRA, créé pour améliorer la coopération entre autorités de protection des données, a réalisé une enquête auprès de 79 organismes de protection des données et commissaires à la protection de la vie privée dans le monde. Cette enquête incluait une question à propos du personnel : « Combien d'employés à temps complet travaillent dans votre organisation ? » Les résultats montrent que la taille du personnel varie fortement selon les pays : d'un nombre très restreint à un nombre assez élevé (graphique 5.4). Avec 350 employés à temps complet, le Royaume-Uni est le pays qui compte le plus gros effectif à temps complet (ETC).

On notera cependant qu'il est difficile pour certains pays de répondre à cette question. Au Japon, par exemple, il n'existait pas, avant 2014, d'autorité spécifique de protection de la vie privée. Seize ministères différents remplissaient auparavant des fonctions de contrôle de l'application des normes de protection de la vie privée dans les secteurs relevant de leur compétence. Dans certains pays également, les organismes de niveau infranational peuvent être assez nombreux et jouer un rôle important. Il est donc délicat d'avancer des généralisations sur le niveau des effectifs affectés à la protection de la vie privée.

Graphique 5.4. **Nombre d'employés à temps complet des autorités de protection de la vie privée dans le monde, mars 2014**

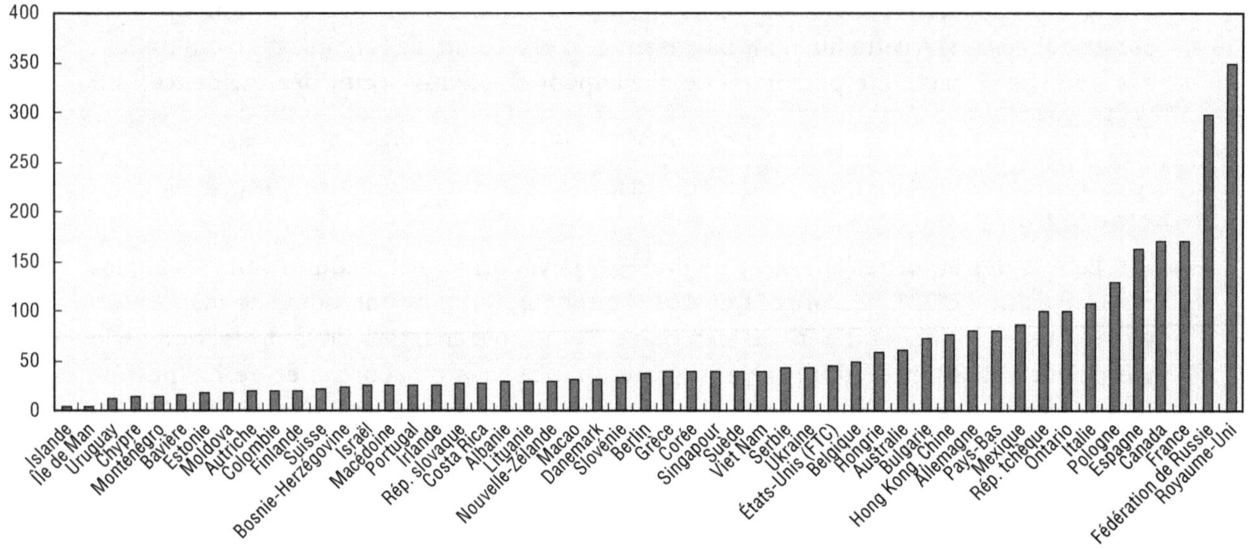

Source : PHAEDRA (2014).

StatLink http://dx.doi.org/10.1787/888933308417

Ressources techniques

Les progrès technologiques suscitent généralement de nouvelles inquiétudes relatives à la vie privée. Au cours des dernières années, l'évolution rapide des modèles et pratiques d'entreprise fondés sur la technologie a posé de nouveaux défis aux autorités chargées de protéger la vie privée, qui s'efforcent de comprendre les conséquences de ces changements pour la vie privée. La poursuite de l'intégration de l'innovation guidée par les données à l'intérieur des entreprises contribuera à exacerber ces défis (OCDE, 2015a).

Dans l'exposé des motifs de ses Lignes directrices actualisées sur la vie privée, l'OCDE souligne l'importance de l'expertise technique face à la complexité croissante de l'utilisation des données et souscrit à la tendance des autorités de protection de la vie privée à renforcer cette expertise en recrutant un personnel de formation technique, qui semble se dégager d'un petit échantillon de pays. Néanmoins, parmi les neuf pays ayant fourni des données à ce sujet pour la période 2011-13, la part représentée par les experts en technologie dans le personnel des autorités demeure assez faible (tableau 5.1).

Ces données ne montrent pas la situation en Corée (pays non inclus), où l'effectif du personnel technique est beaucoup plus nombreux et représente plus de la moitié des employés du secteur de la vie privée, non plus qu'aux États-Unis, qui attachent de l'importance à ce que les décisions se fondent sur une expertise technique suffisante. La création en 2010 du poste de Directeur de la technologie (*Chief Technology Officer*) au sein de la *Federal Trade Commission* (FTC), un poste de haut niveau occupé par des informaticiens éminents, témoigne de cette volonté. La FTC déclare également employer aux États-Unis un grand nombre d'enquêteurs et de juristes dotés de compétences techniques mais sans pouvoir donner de chiffres exacts. Au Japon, où 16 ministères s'occupent de différents aspects de la protection de la vie privée, la situation est complexe. Chacun d'eux affecte de 2 à 13 employés à la protection de la vie privée, dont beaucoup travaillent en coopération avec des organismes externes afin de pouvoir bénéficier d'une expertise supplémentaire.

Tableau 5.1. **Part des experts en technologie dans l'ensemble du personnel des autorités chargées de protéger la vie privée dans quelques pays**

	2011	2012	2013
Belgique	1/52	1/52	1/52
Canada	3/160	5/161	5/173
Hongrie	Pas de données	3/47	3/56
Irlande	0/21	0/27	1/28
Italie	4/123	4/122	4/122
Lituanie	4/30	4/30	4/30
Nouvelle-Zélande	0/30	0/30	0/30
Suède	1/40	1/40	4/41
Royaume-Uni[1]	2/256	3/280	3/288
Nombre total d'experts	*15*	*21*	*25*

1. Les chiffres de personnel indiqués pour le Royaume-Uni dans le graphique 5.4 sont plus élevés car ils incluent les employés travaillant sur les questions de liberté de l'information.

Source : OCDE, *Enquête des Perspectives de l'économie numérique 2014.*

La coopération entre autorités de protection de la vie privée se développe

Depuis l'adoption d'une recommandation de l'OCDE en 2007, la coopération entre autorités de protection de la vie privée est devenue une priorité (OCDE, 2007). Un rapport publié par l'OCDE en 2011 recense un certain nombre de progrès, notamment la création du réseau mondial d'application des lois de protection de la vie privée (*Global Privacy Enforcement Network*, GPEN) (voir plus bas). Ce rapport énumère également les défis et les obstacles à une coopération plus efficace, en particulier dans le domaine de l'échange d'information (OCDE, 2011b). Conscientes de la nécessité d'autres mesures, les autorités de protection de la vie privée ont conclu une « Entente mondiale de coopération transfrontière dans l'application des lois » qui :

> *encourage et facilite la coopération entre toutes les autorités [de protection de la vie privée] grâce à la communication d'information, en particulier de l'information confidentielle concernant l'application des lois en lien avec des enquêtes éventuelles ou en cours, et s'il y a lieu, l'entente régit en outre la coordination des activités d'application de la loi par ces autorités pour leur permettre d'utiliser leurs ressources limitées de façon aussi efficiente et efficace que possible (CPVP, 2014b).*

En octobre 2014, la Conférence internationale des commissaires à la protection des données et de la vie privée a adopté une résolution approuvant la nouvelle Entente comme base pour faciliter la coopération entre ses membres, en encourageant toutes les autorités de protection de la vie privée à y participer (CPVP et ICO, 2014). Bien que non juridiquement contraignante, l'Entente prévoit un certain nombre de mesures importantes pour renforcer le cadre de coopération entre les autorités. Elle vise à mettre en œuvre nombre des bonnes pratiques issues de la Recommandation de 2007 de l'OCDE, y compris certaines dispositions détaillées en matière de réciprocité et de confidentialité. Elle va également au-delà des recommandations de l'OCDE, en particulier dans le domaine de la coordination des activités internationales, et charge le Comité de direction de la Conférence internationale d'aider à mettre en œuvre l'Entente.

... comme le montrent les activités du GPEN

Comme indiqué plus haut, les activités du réseau mondial d'application des lois de protection de la vie privée (GPEN), créé en 2010 sur la recommandation de l'OCDE, montrent les progrès accomplis dans la coopération en matière d'application des lois. Le

GPEN a pour but de faciliter la coopération entre les instances de régulation et autorités de protection des données partout dans le monde, afin de renforcer le respect de la vie privée individuelle au niveau mondial. Le GPEN regroupe actuellement 51 autorités chargées de la protection des données, représentant pas moins de 39 pays ou territoires. L'adhésion de nouvelles autorités ne faisant pas partie du groupe habituel des organismes de protection des données constitue à cet égard une évolution intéressante ; c'est ainsi, par exemple, que la *Federal Communications Commission* des États-Unis a rejoint le GPEN en octobre 2014 (FCC, 2014).

Le GPEN a réalisé une enquête collective pour étudier les pratiques de divulgation concernant l'utilisation de données à caractère personnel dans les applications mobiles. En mai 2014, pendant une semaine, les autorités participant à l'enquête du GPEN – 26 autorités de protection des données, de 19 pays ou territoires – ont téléchargé et utilisé pendant une courte durée plus de 1 200 des applications les plus répandues produites par des concepteurs. Le but de l'enquête était de sensibiliser davantage le public et les entreprises à leurs droits et à leurs responsabilités en matière de protection des données, et d'identifier les questions spécifiques qui pourraient faire l'objet à l'avenir d'actions et d'initiatives aux fins de l'application des lois (encadré 5.2).

Encadré 5.2. **Résultats de l'enquête du GPEN**

L'enquête a permis d'identifier les problèmes suivants en matière de protection de la vie privée :

- 85 % des applications n'indiquent pas clairement comment est traitée l'information à caractère personnel.
- 59 % des applications ne fournissent pas de renseignements généraux clairs sur la protection de la vie privée (et 11 % n'incluent aucune information sur la protection de la vie privée).
- 31 % des applications recourent à des moyens excessifs pour obtenir l'accès à l'information à caractère personnel.
- 43 % des applications n'ont pas suffisamment adapté le contenu de leurs communications sur la protection de la vie privée à la plateforme mobile et renvoient fréquemment à la version complète de leur politique de confidentialité publiée sur leur site internet.

L'enquête a permis d'identifier les bonnes pratiques suivantes :

- De nombreuses applications fournissent des explications claires, concises et faciles à lire indiquant exactement quelles données seront collectées, de quelle façon, et quand elles seront utilisées et, dans certains cas, mentionnent clairement les utilisations spécifiques qui sont exclues.
- Certaines applications incluent des liens aux politiques de confidentialité de leurs partenaires publicitaires et offrent des choix d'exclusion en ce qui concerne l'analyse des données.
- Certaines applications fournissent de bons exemples de politiques de confidentialité conçues spécifiquement pour la plateforme de l'application. Celles-ci incluent l'utilisation de notifications immédiates (pour avertir les usagers lorsque des données à caractère personnel sont sur le point d'être collectées ou utilisées), de menus contextuels et d'information hiérarchisée permettant aux usagers d'obtenir, le cas échéant, des renseignements plus détaillés.

Source : UK Information Commissioner's Office.

Le 10 septembre 2014, le GPEN a publié les résultats de son enquête, qui montrent qu'une forte proportion des applications téléchargées n'indiquent pas suffisamment de quelle façon les informations à caractère personnel concernant les usagers sont recueillies et utilisées. Souvent, les applications qui semblent recueillir des renseignements personnels ne comportent pas de politique de confidentialité (ou d'autres informations préalables sur le respect de la vie privée), ôtant ainsi la possibilité aux usagers d'être correctement informés lorsqu'ils doivent prendre des décisions sur la collecte, l'utilisation et/ou la divulgation de l'information les concernant.

En décembre 2014, 23 autorités de protection de la vie privée du monde entier ont signé une lettre ouverte adressée aux exploitants de sept cyberboutiques d'applications, en les appelant instamment à rendre obligatoire, pour les applications qui collectent des données à caractère personnel, la mise en place de liens aux politiques de confidentialité (CPVP, 2014a). Cette lettre a été envoyée à Apple, Google, Samsung, Microsoft, Nokia, BlackBerry et Amazon.com mais s'adresse en fait à toutes les entreprises qui gèrent des sites de vente d'applications. Elle appelle les exploitants de ces sites à exiger de toutes les applications pouvant avoir accès à des renseignements personnels ou en recueillir qu'elles fournissent aux usagers la possibilité d'avoir accès en temps opportun à leur politique de confidentialité.

... et les interventions croissantes des équipes de réaction aux incidents de sécurité informatique

La réaction en cas d'incident est un élément fondamental de la gestion des risques de cybersécurité. Cette nécessité est reconnue dans les *Lignes directrices de l'OCDE régissant la sécurité des systèmes et réseaux d'information* (« Lignes directrices sur la sécurité », 2002)[4], incluent un « principe de réaction ».

> *Du fait de l'interconnectivité des systèmes et réseaux d'information et de la propension des dommages à se répandre rapidement et massivement, les parties prenantes doivent réagir avec promptitude et dans un esprit de coopération aux incidents de sécurité. Elles doivent échanger leurs informations sur les menaces et vulnérabilités de manière appropriée et mettre en place des procédures pour une coopération rapide et efficace afin de prévenir et détecter les incidents de sécurité et y répondre. Lorsque cela est autorisé, cela peut impliquer des échanges d'informations et une coopération transfrontières.*

Une équipe de réponse aux incidents de sécurité informatique (CSIRT) est un point de contact fiable pour réagir aux incidents qui mettent en jeu la sécurité informatique et les traiter. Tous les acteurs ont évidemment un rôle à jouer en cas d'incident mais les CSIRT ont pour fonction spécifique de coordonner les activités de réponse. Leur responsabilité principale est de maîtriser et de résoudre les incidents de sécurité informatique dans le but de protéger les acteurs relevant de leurs compétences (par exemple, leur clientèle). Les CSIRT peuvent fournir des services très divers tels que l'émission d'alertes, la fourniture de conseils sur les menaces informatiques actuelles ou imminentes, ou encore la collecte et le rassemblement de données pour analyser les incidents et proposer aux utilisateurs concernés des solutions ou des manières de procéder permettant de réduire les risques et de minimiser les dommages prévisibles. Les CSIRT peuvent aussi donner des avis sur les vulnérabilités et les programmes malveillants présents dans les systèmes matériels et logiciels de leurs correspondants, en leur permettant d'intervenir rapidement ou de moderniser leurs systèmes pour empêcher qu'ils soient contaminés ou subissent des dommages plus graves.

Le principe de réaction des Lignes directrices de l'OCDE sur la sécurité souligne également le caractère coopératif de la réponse aux urgences informatiques et la nécessité d'une coopération internationale dans certains cas. Ce principe a inspiré de nombreux engagements et déclarations de politique de haut niveau à l'échelon régional, national et international. Par exemple, l'*International Strategy for Cyberspace* des États-Unis[5], la Déclaration du Forum régional de 2006 de l'Association des nations de l'Asie du Sud-Est (ASEAN) sur la coopération dans la lutte contre les cyberattaques et l'utilisation du cyberespace à des fins de terrorisme, et la Résolution 130[6] de l'Union internationale des télécommunications insistent toutes les trois sur l'importance de la coopération internationale dans la réaction aux incidents informatiques.

En 2013, le Groupe d'experts gouvernementaux de l'ONU a recommandé, pour instaurer la confiance, de renforcer l'échange d'informations et la coopération en réponse aux incidents de sécurité, en notant l'importance du :

> *partage accru entre les États d'informations sur les incidents de sécurité informatique, par le biais d'une utilisation plus efficace des canaux de communication disponibles ou par la mise en place de nouveaux canaux et mécanismes adéquats pour recevoir, rassembler, analyser et partager les informations sur ces incidents, en vue de leur apporter une réponse immédiate, les résoudre et atténuer leurs effets. Les États devront prévoir de se communiquer les informations relatives à leurs points de contact nationaux, afin de développer et d'améliorer les canaux de communication actuels pour la gestion des crises, et favoriser la création de dispositifs d'alerte (ONU, 2013, p. 10).*

Bien qu'il n'existe actuellement pas de données quantitatives permettant de mesurer directement la coopération internationale entre CSIRT, on note des signes d'intérêt pour un resserrement des liens entre équipes au niveau mondial. Les statistiques du *Forum of Incident Response and Security Teams* (FIRST) montrent une augmentation régulière de la participation des CSIRT à la Conférence FIRST, qui a lieu tous les ans et constitue aujourd'hui pour les CSIRT le principal événement international (graphique 5.5). Ainsi, 299 équipes ont participé à la conférence de Boston en 2014. Ces statistiques donnent une idée du développement des échanges, du partage d'information, de la collaboration et de la coopération entre les équipes, qui devrait conduire à son tour à une amélioration de la réponse aux incidents et de la gestion des risques de cybersécurité.

Graphique 5.5. **Participants à la Conférence annuelle FIRST**

Nombre d'équipes de réponse aux incidents de sécurité informatique (CSIRT)

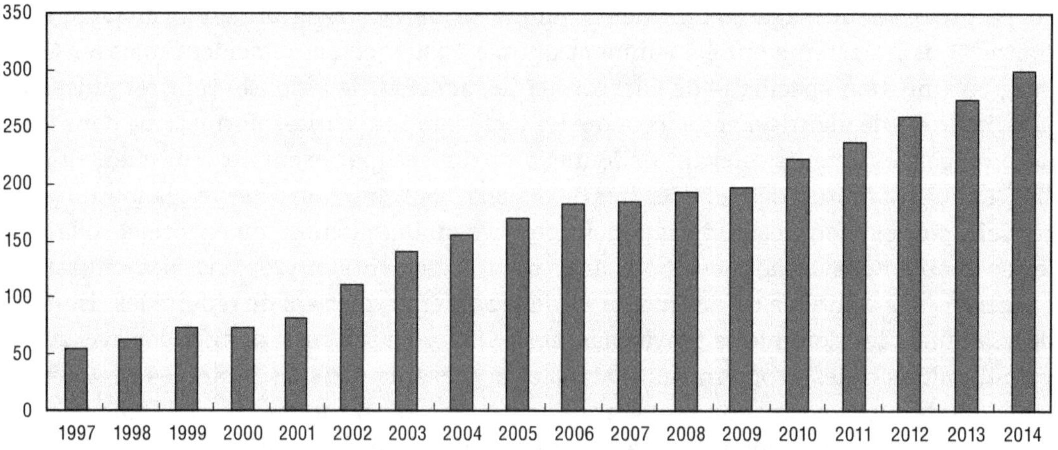

Source : D'après les statistiques du *Forum of Incident Response and Security Teams* (FIRST).

StatLink http://dx.doi.org/10.1787/888933308427

La reconnaissance grandissante du rôle essentiel des CSIRT dans la gestion des risques de cybersécurité s'accompagne d'attentes accrues en ce qui concerne l'étendue de leurs responsabilités, notamment de la part des décideurs, de plus en plus demandeurs d'informations fiables et solides sur l'évolution passée et actuelle des risques de cybersécurité et sur l'efficacité des mesures de réponse. Les statistiques des CSIRT suscitent un intérêt croissant parmi les responsables de l'élaboration des politiques mais, pour que ces statistiques puissent informer le processus de décision, elles doivent être de grande qualité et comparables au niveau international.

Dans son rapport de 2012 intitulé *Improving the Evidence Base for Information Security and Privacy Policies*, l'OCDE note que de nombreuses CSIRT produisent déjà des statistiques à partir de leurs activités quotidiennes, notamment sur le nombre d'incidents qu'elles ont à traiter (OCDE, 2012a). Les CSIRT collectent également des données ou ont potentiellement accès à des données qui pourraient être utilisées pour produire des statistiques sur d'autres aspects pertinents s'il existait des directives adéquates à ce sujet. Cependant, la qualité et la comparabilité internationale des statistiques existantes ou de ces statistiques potentielles posent de nombreuses difficultés. C'est pourquoi l'OCDE travaille avec des spécialistes de la réponse aux incidents de sécurité informatique à élaborer des directives pour améliorer la comparabilité internationale des statistiques produites par les CSIRT (voir OCDE, 2015b, à paraître).

5.4. Autres évolutions susceptibles d'agir sur la confiance

Il est difficile d'obtenir des données fiables sur les tendances évolutives à ce sujet. C'est pourquoi, dans les six sous-sections suivantes, nous nous penchons sur des aspects très différents de l'environnement de confiance. La première examine le développement en cours de **stratégies nationales de cybersécurité** dans les pays membres et non membres de l'OCDE. La deuxième porte sur les **atteintes à la sécurité des données** à caractère personnel et le développement des normes de **notification**. L'un des buts de la notification est de permettre aux organismes chargés de l'application de la loi de réagir par des mesures mieux adaptées. La notification est aussi requise dans certains cas pour alerter les individus affectés, qui pourront ainsi prendre les dispositions nécessaires. La notification des atteintes à la sécurité des données permet également aux autorités de recueillir des données statistiques afin de mieux saisir les dimensions du problème que posent ces atteintes. La troisième sous-section examine la croissance du marché de l'**assurance contre les cyber-risques**. La quatrième évoque le déploiement d'une nouvelle mesure de sécurité prometteuse : les **extensions de sécurité des noms de domaine (DNSSEC)**. La cinquième sous-section traite du développement des **rapports de transparence** comme outil pour mieux comprendre l'étendue de l'accès des pouvoirs publics aux données commerciales. La sixième et dernière sous-section met en lumière le **rôle croissant des tribunaux** dans la gouvernance de la protection des données et de la vie privée.

Une nouvelle génération de stratégies nationales de cybersécurité

En 2012, l'OCDE a publié une étude comparative sur la nouvelle génération de stratégies nationales de cybersécurité. Cette étude montre que, dans nombre de pays, la cybersécurité est devenue une priorité des politiques nationales soutenue à l'échelon le plus haut. Elle constate également que les nouvelles stratégies nationales sont des stratégies détaillées et intégrées, qui abordent la cybersécurité dans une optique globale en prenant en compte à la fois ses aspects économiques, sociaux, éducatifs, juridiques et d'application de la loi, techniques, diplomatiques, militaires et de renseignement, et que les questions de « souveraineté » gagnent en importance (OCDE, 2012c).

Le rapport de 2012 examine les stratégies de dix pays membres de l'OCDE : Allemagne, Australie, Canada, Espagne, États-Unis, Finlande, France, Japon, Pays-Bas et Royaume-Uni. Ces stratégies se fondent sur le constat que l'économie, la société et le gouvernement dépendent aujourd'hui de l'internet pour un grand nombre de fonctions essentielles et que les cybermenaces augmentent et évoluent rapidement. La plupart des stratégies ont pour but de renforcer les politiques gouvernementales et la coordination opérationnelle, en précisant les rôles et les responsabilités des divers acteurs, et appellent à une amélioration de la coordination internationale.

Depuis la publication de ce rapport, plusieurs autres pays ont poursuivi le développement de stratégies nationales de cybersécurité. Parmi les pays membres de l'OCDE, de nouvelles stratégies ont été rendues publiques en Autriche (2013), Belgique (2013), Hongrie (2013), Italie (2013), Norvège (2012), Suisse (2012) et Turquie (2013). De plus, le Japon (2013), les Pays-Bas (2013) et l'Estonie (2014) ont publié des mises à jour de leurs stratégies nationales. En novembre 2014, l'Australie a annoncé qu'elle entreprenait un réexamen de six mois de sa stratégie afin d'en recenser les points forts et les points faibles (Gouvernement de l'Australie, 2014).

En novembre 2014, le Japon a adopté une Loi fondamentale sur la cybersécurité. Cette loi stipule que les politiques de cybersécurité doivent être guidées par les principes suivants : i) assurer la libre circulation de l'information ; ii) respecter les droits des citoyens ; iii) appliquer une approche multipartite ; iv) coopérer au niveau international ; et v) promouvoir une société réticulaire avancée sur la base de l'informatique et des télécommunications. En janvier 2015, le Japon a établi un quartier général stratégique pour la cybersécurité qui formulera, sous l'égide du Cabinet, le projet de stratégie nationale de cybersécurité. Le Japon a également créé un centre national pour la réponse aux incidents et la stratégie de cybersécurité (NISC), qui fonctionne comme le secrétariat du quartier général et comme centre opérationnel national pour la cybersécurité.

De nombreux pays non membres de l'OCDE ont adopté ou révisé récemment leur stratégie nationale de cybersécurité, notamment l'Afrique du Sud (2013), la Fédération de Russie (2013), l'Inde (2013), le Kenya (2013), la Lettonie (2014), l'Ouganda (2013), le Qatar (2014), Singapour (2013) et Trinité-et-Tobago (2012) et. Plusieurs autres pays travaillent actuellement à l'élaboration de leur stratégie nationale.

En 2014, le gouvernement chinois a établi un groupe de travail de haut niveau sur la cybersécurité et la gestion de l'internet, qui est présidé par le président du pays. Ce groupe a été créé pour une part afin d'assurer une meilleure coordination des politiques chinoises de sécurité de l'internet. Actuellement, pas moins de six organismes et ministères différents contribuent aux politiques de cybersécurité de la Chine, à savoir le ministère de la Sécurité publique, le Bureau national du chiffrement, le Bureau des secrets d'État, le ministère de la Sécurité nationale, le ministère de l'Industrie et des technologies de l'information et l'Armée populaire de libération. Le groupe de travail vise à améliorer la coopération entre ces différents organismes et ministères, tout en renforçant la visibilité des questions de cybersécurité parmi les dirigeants (Segal, 2014).

Une tendance notable est le rôle croissant que jouent les organisations régionales et internationales dans le développement, la mise en œuvre et l'évaluation des stratégies nationales de cybersécurité. En Europe, la Stratégie de cybersécurité de l'Union européenne (2013) s'accompagne d'un projet de législation qui obligera les États membres à adopter une stratégie nationale de cybersécurité. Dix-huit des 28 États membres de l'Union l'ont déjà fait (ENISA, 2013).

L'Organisation des États américains (OEA) a aidé la Colombie, Panama et Trinité-et-Tobago à élaborer et adopter une stratégie nationale de cybersécurité. L'OEA a également initié un processus en ce sens avec les gouvernements de la Dominique, de la Jamaïque et du Surinam, et elle prévoit d'apporter une aide similaire au Paraguay et au Pérou (OEA, 2014).

La Convention de l'Union africaine sur la cybersécurité et la protection des données à caractère personnel (2014) appelle les États membres de l'Union à développer des stratégies nationales de cybersécurité, en mettant l'accent en particulier sur la réforme et le développement de la législation, le renforcement des capacités, les partenariats public-privé et la coopération internationale. Elle souligne en outre que ces stratégies devraient définir des structures organisationnelles, fixer des objectifs et un calendrier de mise en œuvre effective et jeter les bases d'une gestion efficace des incidents de cybersécurité et de la coopération internationale.

Fin 2014, l'Agence européenne chargée de la sécurité des réseaux et de l'information (ENISA) a publié un cadre d'évaluation des stratégies nationales de cybersécurité. Elle note que beaucoup de pays ont des avis divergents sur les résultats ou l'impact qu'ils attendent de leurs stratégies, ou sur les moyens de les atteindre (ENISA, 2014). Le rapport de l'ENISA propose plusieurs indicateurs clés de performance pour les stratégies nationales de cybersécurité en relation avec cinq objectifs de l'action publique : i) développer les capacités de cyberdéfense ; ii) parvenir à la cyber-résilience ; iii) réduire la cybercriminalité ; iv) développer les ressources industrielles et technologiques de cybersécurité ; et v) assurer la sécurité des infrastructures informationnelles critiques.

Le processus de révision des Lignes directrices de l'OCDE sur la sécurité de 2002 a souligné que les stratégies nationales devraient poursuivre les objectifs complémentaires suivants : i) créer les conditions nécessaires à la gestion, par l'ensemble des parties prenantes, du risque de sécurité numérique qui pèse sur les activités économiques et sociales, et à l'instauration d'un climat de confiance dans l'environnement numérique ; ii) préserver la sécurité nationale et internationale ; et iii) protéger les droits de l'homme. Les discussions menées à l'appui de la révision de la Recommandation de 2002 de l'OCDE ont également insisté sur la nécessité de poursuivre la réflexion sur les moyens d'aider au mieux les petites et moyennes entreprises et les individus à gérer les risques de sécurité numérique qui pèsent sur leurs activités.

La notification des atteintes à la sécurité des données

Les normes de notification des atteintes à la sécurité qui affectent les données à caractère personnel sont nées aux États-Unis, où pratiquement tous les États ont suivi l'exemple de la Californie qui a adopté dès 2003 une loi sur la notification des atteintes à la sécurité des données. Les Lignes directrices actualisées de l'OCDE sur la vie privée appellent les maîtres de fichier à aviser les autorités compétentes en cas d'atteintes significatives à la sécurité qui affectent des données à caractère personnel (OCDE, 2013a, paragraphe 15c). D'autres pays que les États-Unis ont aussi commencé à inclure des normes de notification des atteintes à la sécurité des données dans leur législation et leurs politiques.

S'agissant des lois générales, en Corée, la Loi de protection de l'information à caractère personnel instaure une obligation générale de notification des autorités compétentes en cas d'atteinte à la sécurité des données. D'autre part, les réformes législatives actuellement proposées au Canada rendraient la notification obligatoire dans ce pays.

Des règles sectorielles spécifiques s'appliquent dans les pays de l'UE/EEE, où les normes de notification des atteintes à la sécurité des données dans le secteur des télécommunications sont fixées par la Directive « Vie privée et communications électroniques » (Directive 2002/58/CE). La notification requise concerne l'autorité pertinente de protection des données ou, dans certains cas qui varient selon les pays, les individus. La notification d'un individu est requise en Irlande lorsque l'atteinte à la sécurité est susceptible d'affecter ses données personnelles ou sa vie privée. En Italie, un avis préliminaire doit être transmis à l'autorité chargée de la protection des données dans un délai de 24 heures, et des informations supplémentaires communiquées dans un délai de trois jours au moyen d'un formulaire accessible sur le site web de l'autorité. En Hongrie, la notification doit être adressée à l'instance de régulation des communications, qui peut décider d'informer le public dans les cas pertinents. La Corée, compte tenu des dommages que peuvent entraîner les atteintes à la sécurité des données dans le secteur des communications, a inclus dans ses dispositions générales en matière de notification des obligations supplémentaires pour les prestataires de services de communication, qui sont tenus d'aviser les personnes concernées et les autorités pertinentes dans un délai de 24 heures après l'incident. Il existe aussi au Canada des normes sectorielles spécifiques s'appliquant au secteur public et prévoyant l'obligation de notifier le Commissariat à l'information et à la protection de la vie privée et le Conseil du Trésor.

De nombreuses lignes directrices ou codes de pratiques à caractère non contraignant précisent également les cas où une notification est indiquée. Ces textes sont parfois d'application générale (Irlande, Nouvelle-Zélande), parfois de portée seulement sectorielle : le domaine de la santé par exemple (Royaume-Uni). Dans certains cas, l'autorité a produit des directives d'application. L'autorité italienne de protection des données, par exemple, a émis en 2013 des lignes directrices (DPA, 2013) abordant notamment la question de l'application dans certaines entités particulières.

Les normes de notification ont pour avantage important de fournir le moyen de mesurer la fréquence des atteintes à la sécurité des données. Aux États-Unis, par exemple, le rapport publié par l'État de Californie en octobre 2014 signale 167 atteintes à la sécurité des données en 2013, soit une augmentation de 28 % par rapport à 2012 (OAG California, 2014).

Ces atteintes à la sécurité ont affecté les données à caractère personnel de plus de 18.5 millions d'habitants de la Californie, soit une augmentation de plus de 600 % par rapport à 2012. Cette augmentation est due en grande partie à deux violations massives des données détenues par des détaillants, dont l'une – celle dont Target a été la victime – a porté sur les données de carte de paiement de 41 millions d'individus, dont 7.5 millions vivant en Californie. La majorité des atteintes à la sécurité des données déclarées (53-%) étaient dues à des logiciels malveillants ou à des actes de piratage, qui ont affecté 93-% de l'ensemble des fichiers compromis.

Plusieurs autorités nationales de protection de la vie privée ont commencé à publier des informations sur le nombre de notifications d'atteintes à la sécurité des données qu'elles reçoivent, souvent dans un rapport annuel (par exemple, l'Irlande, la Nouveau-Zélande et le Royaume-Uni). Certains éléments empiriques suggèrent que les mesures

Graphique 5.6. **Types de données affectées en Californie, 2012-13**

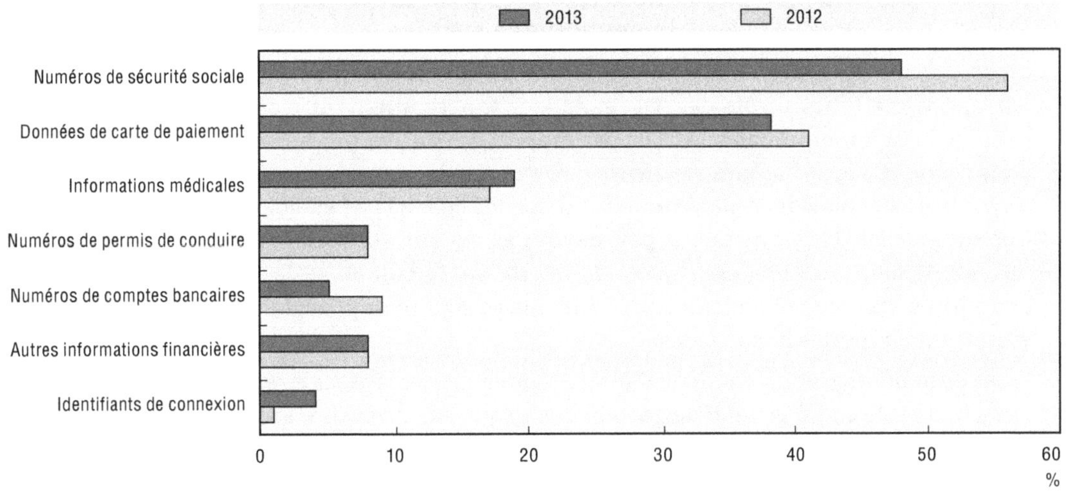

Note : Le total est supérieur à 100 % car certaines violations concernent plusieurs types de données.
Source : OAG California (2014).

StatLink http://dx.doi.org/10.1787/888933308431

d'application de la loi en réponse à des incidents de sécurité augmentent. Le régulateur français, par exemple, a adressé un avertissement public à Orange France suite aux incidents ayant abouti à une atteinte à la sécurité qui a compromis les données à caractère personnel de plus d'un million de clients de l'entreprise[7].

Les polices de cyber-assurance

Étendre les polices d'assurance existantes, par exemple celles qui couvrent les biens commerciaux de l'assuré ou les pertes d'exploitation, à la protection des entreprises ou des usagers individuels contre les cyber-risques – ou plus généralement les risques liés aux infrastructures et activités informatiques – serait sans doute suffisant pour couvrir certains incidents de cybersécurité. En pratique, cependant, les compagnies d'assurance se montrent généralement réticentes à couvrir les risques liés à l'utilisation, très répandue dans les entreprises, des infrastructures de TI (y compris l'internet) ou les risques associés à des actifs immatériels comme les données. La plupart des polices d'assurance sur les biens, les pertes d'exploitation, le vol et le terrorisme reposent, par exemple, sur la perte – ou l'endommagement – d'actifs matériels (les données ne sont pas généralement considérées comme des biens) (Marsh, 2013, p. 5). Aussi bien la couverture-responsabilité que la couverture des erreurs ou des omissions reposent généralement sur une négligence de l'assuré et n'englobent pas les dépenses résultant d'une atteinte à la sécurité des données comme les frais de notification des clients ou les amendes imposées par le régulateur (Marsh, 2013, p. 10). Même les assurances contre l'enlèvement et les demandes de rançon ne couvrent pas en général les formes de « cyber-extorsion » sans un avenant spécifique au contrat (encadré 5.3).

Le marché de l'assurance, cependant, évolue pour répondre à la demande croissante de nouveaux produits d'assurance contre les risques de cybersécurité. L'assurance spécialisée contre les risques de cybersécurité, parfois appelée « assurance cyber-risques » ou simplement « cyber-assurance », est conçue pour atténuer les pertes dues à des incidents de cybersécurité comme les atteintes à la sécurité des données, les pertes d'exploitation et les dommages subis par un réseau informatique. Un incident peut en effet

Encadré 5.3. **Des polices de cyber-assurance pour améliorer la gestion des risques**

Les polices de cyber-assurance reflètent depuis longtemps la conception que les entreprises se font du rôle des TIC dans leur fonctionnement global (que montre, par exemple, l'isolement relatif des TIC par rapport à d'autres processus d'entreprise). C'est pourquoi les polices d'assurance envisagent l'exposition au risque informatique en termes de risques technologiques (par exemple, les risques liées à la « technologie opérationnelle »). Cependant, les TIC sont peu à peu devenues essentielles au fonctionnement et au développement de tous les aspects de la chaîne de valeur et de la compétitivité des entreprises. Dans le même temps, les incidents se sont multipliés dans tous les secteurs et entraînent des pertes importantes.

Les entreprises s'efforcent donc d'intégrer progressivement les risques liés à l'utilisation des TIC dans le cadre général de gestion des risques d'entreprise, en abordant ces risques du point de vue des besoins commerciaux. Cette approche assez nouvelle permet aux entreprises d'envisager l'option du transfert de risques, en permettant le développement d'un marché de l'assurance contre les risques de « cybersécurité ».

entraîner des coûts importants, par exemple sous la forme d'enquête technique, d'action en justice, de dépenses de notification de l'atteinte à la sécurité des données, d'enquête des instances de régulation, d'amende réglementaire, de frais d'avocats, de consultants et de professionnels de la communication, et de mesures correctives (Ferrillo, 2014).

On estime qu'en 2014, plus de 50 assureurs offraient des polices d'assurance distinctes contre les risques de cybersécurité (Armerding, 2014). La plupart de ces assureurs sont basés aux États-Unis, où les polices sont fréquemment conçues de manière à transférer les risques là où existe une législation contraignante sur la notification des atteintes à la sécurité des données obligeant les entreprises à informer leurs clients en cas de perte ou de vol des données les concernant. D'après le Ponemon Institute (2014), 26 % des entreprises des États-Unis étaient assurées contre les risques de cybersécurité en 2014, contre 10 % seulement en 2013.

Toutefois, si on le compare à d'autres marchés de l'assurance, celui de l'assurance contre les risques de cybersécurité est encore à l'état naissant. Aux États-Unis, où ce marché est le plus mûr, le revenu des primes affiché par les assureurs en ce domaine dépasse légèrement 2.5 milliards USD par an, ce qui représente moins de 0.5 % du marché de l'assurance commerciale dans ce pays (Gray, 2014). Le marché des risques de cybersécurité est encore plus réduit en Europe, où le montant des primes spécialisées est estimé à 150 millions USD par an (Gray, 2014). Néanmoins, le nombre de produits d'assurance contre les risques de cybersécurité augmente. En 2013, les assureurs ont introduit 38 nouveaux produits de cyber-assurance (Advisen, 2014).

La réglementation nationale et régionale influe sans doute sur la taille et l'attrait du marché de la cyber-assurance. Par exemple, les lois sur la notification des atteintes à la sécurité des données adoptées aux États-Unis ont probablement stimulé ce marché, car les coûts de notification des usagers touchés peuvent être très élevés. L'évolution de la réglementation de l'Union européenne sur la protection des infrastructures critiques pourrait avoir un impact similaire sur le marché européen de la cyber-assurance.

Les pouvoirs publics commencent à réfléchir aux mesures qui pourraient favoriser la croissance du marché de l'assurance contre les risques de cybersécurité, en tant que moyen d'améliorer la gestion globale des risques de cybersécurité dans les entreprises. Un marché vigoureux de la cyber-assurance aiderait, par exemple, à réduire le nombre de cyber-attaques qui réussissent : i) en favorisant l'adoption de mesures de réduction des risques en échange d'une meilleure couverture ; et ii) en encourageant la mise en œuvre des meilleures pratiques en faisant dépendre le montant des primes du niveau de protection de l'assuré (DHS, 2014). La question des obstacles et freins potentiels à une extension plus rapide du marché de la cyber-assurance est donc une question essentielle qui devrait faire l'objet de nouvelles études.

Du côté de l'offre, le développement des polices d'assurance a été entravé par l'absence de données actuarielles. Le prix élevé des polices existantes reflète l'incertitude des assureurs qui ont du mal à quantifier les risques car ils ne peuvent s'appuyer sur des demandes d'indemnisation antérieures. En outre, la couverture des cyber-risques oblige les assureurs à des investissements importants pour obtenir l'expertise technique nécessaire à l'évaluation de ce type de risques. Les assureurs ont besoin de développer une base de données et d'affiner leurs méthodes d'évaluation des risques de cybersécurité dans différents secteurs et entreprises – élément important car les risques de cybersécurité ne sont pas les mêmes dans tous les secteurs.

Du côté de la demande, la lenteur manifestée par les entreprises pour adopter une approche plus large de la gestion des risques opérationnels constitue un facteur de limitation important. En effet, si de nombreuses entreprises adaptent progressivement leur gouvernance de la gestion des risques de sécurité numérique, afin de mieux l'intégrer au cadre général de gestion des risques de l'entreprise, de nombreux décideurs et dirigeants continuent à considérer la « cybersécurité » comme un problème technique, réduisant ainsi les possibilités de développement de l'assurance.

On sait également que de nombreuses entreprises rechignent à contracter certaines polices d'assurance existantes en raison de leur coût, perçu comme trop élevé, et de l'incertitude sur ce qu'elles couvrent et sur le volume d'assurance requis, mais aussi sur l'évaluation des cyber-risques (DHS, 2014). Il sera intéressant de suivre comment les pouvoirs publics répondront à l'évolution du marché de la cyber-assurance, en analysant plus précisément quelles mesures se révèlent efficaces pour renforcer et soutenir ce marché.

Les extensions de sécurité du système de noms de domaine (DNSSEC)

Le système de noms de domaine (DNS) est l'un des éléments clés de l'internet mais aussi un point de vulnérabilité critique. Les cyber-attaques qui réussissent à remplacer une réponse DNS authentique par une réponse falsifiée peuvent dérouter le trafic internet d'un usager dans une direction qu'il n'a pas choisie. Cela peut entraîner une violation de la confidentialité des données (espionnage de données) et/ou permettre de lancer diverses formes d'attaques trompeuses contre l'usager. Les internautes sont obligés de faire confiance aux réponses qu'ils reçoivent mais n'ont aucun moyen sûr de vérifier qu'ils ne sont pas induits en erreur par un tiers malveillant.

Pour résoudre cette vulnérabilité du DNS, il faut inclure de nouvelles signatures numériques dans les enregistrements de ressources de la base DNS. Cela ne suffit pas pour empêcher des tiers de tenter d'injecter de fausses informations dans le DNS, mais permet au résolveur DNS de valider la réponse DNS qu'il reçoit en contrôlant la signature numérique figurant dans la réponse et en confirmant ainsi l'authenticité de l'information DNS reçue. La technologie de sécurité DNSSEC (extensions de sécurité du système de noms de domaine) fournit à la fois une méthode pour ajouter de nouvelles signatures numériques dans une zone DNS et une procédure de validation permettant d'authentifier à la fois les réponses DNS et les assertions de non-existence dans le DNS pour préserver l'accès aux zones protégées.

L'adoption très large du protocole DNSSEC devrait contribuer fortement à améliorer la sûreté et la fiabilité de l'internet, en fournissant un moyen efficace de détecter les tentatives de détournement du système d'affectation de noms de l'internet et d'empêcher l'utilisation de réponses DNS falsifiées. L'efficacité globale du DNSSEC dépend de deux facteurs : le degré d'utilisation du DNSSEC par les administrateurs de noms de domaine pour authentifier les contenus dans leur zone DNS et le degré d'utilisation par les clients de résolveurs DNS effectuant la validation DNSSEC lorsqu'ils reçoivent une réponse signée numériquement. Plus il y aura de clients utilisant un résolveur DNS effectuant la validation DNSSEC, plus les administrateurs de zone DNS seront motivés à utiliser le DNSSEC pour authentifier leur zone et renforcer ainsi la confiance en l'intégrité des services en ligne fournis sous un nom DNS particulier.

Il est possible d'évaluer la proportion d'utilisateurs finaux qui transmettent leurs requêtes DNS à un résolveur DNS effectuant la validation DNSSEC. La méthode expérimentale[8] employée pour recueillir automatiquement des données à cette fin (graphique 5.7) repose sur la présentation à un échantillon très large d'usagers d'une série de tâches DNS simples, y compris la résolution d'un nom DNS signé à l'aide du DNSSEC. Les usagers ayant contribué aux résultats expérimentaux avaient été sélectionnés au moyen d'un réseau publicitaire en ligne à forte pénétration dans l'ensemble de la population internaute. Le graphique 5.7montre le pourcentage estimé d'internautes des pays de l'OCDE qui ont introduit la validation DNSSEC dans leurs résolveurs DNS. Le degré d'adoption de la validation DNSSEC dans les résolveurs DNS varie fortement d'un pays à l'autre.

Graphique 5.7. **Utilisation de la validation DNSSEC, 2015**

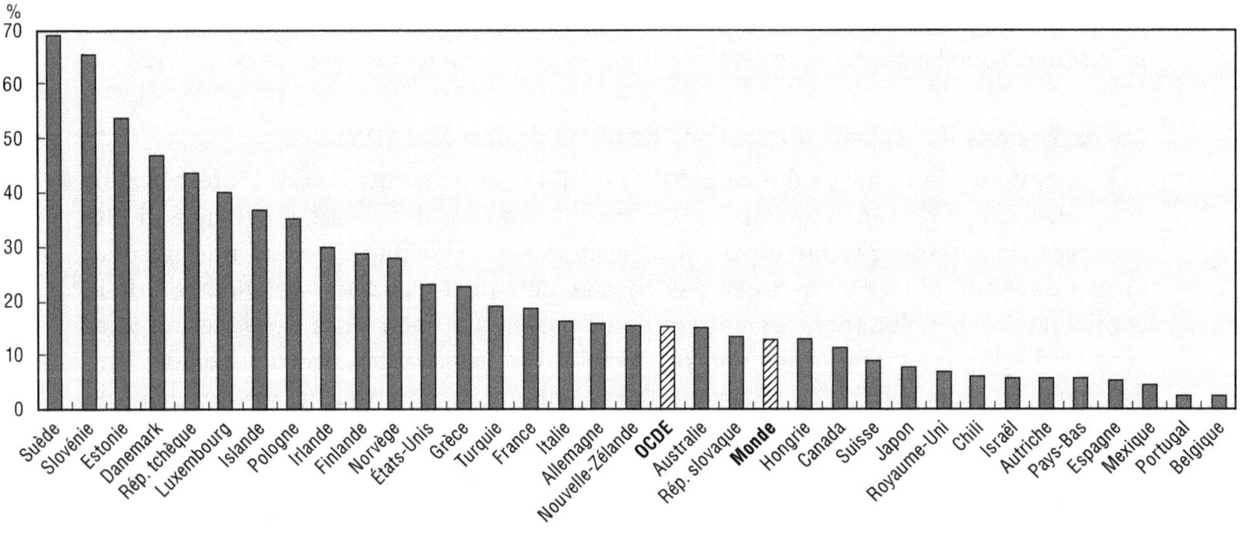

Note : Ces statistiques montrent le pourcentage d'utilisateurs finaux qui transmettaient leurs requêtes DNS à un résolveur DNS effectuant la validation DNSSEC entre le 1er janvier 2015 et le 22 avril 2015. Elles n'indiquent pas la fréquence d'utilisation du DNSSEC par les administrateurs de noms de domaine pour signer les contenus dans leur zone DNS.

Source : Asia Pacific Network Information Center, avril 2015, *http://stats.labs.apnic.net/dnssec*.

StatLink http://dx.doi.org/10.1787/888933308441

Plusieurs facteurs s'opposent à l'adoption généralisée de la validation DNSSEC, notamment le sentiment que les mesures visant à renforcer l'intégrité des transactions élémentaires du type question/réponse dans le fonctionnement du DNS ne présentent pas un degré de priorité aussi élevé que, par exemple, la mise au point de méthodes pour réduire l'utilisation du DNS comme plateforme de lancement de divers types d'attaques par déni de service. Un autre facteur est sans doute l'attitude assez prudente de nombreux prestataires de services à l'égard des modifications de l'infrastructure DNS opérationnelle existante que pourrait rendre nécessaires l'adoption du DNSSEC. Étant donné que presque toutes les transactions internet reposent intrinsèquement sur une demande de résolution de nom via DNS, et que la stabilité et la cohérence des opérations du résolveur DNS sont essentielles à la fourniture de services en ligne, une certaine prudence vis-à-vis de la modification du fonctionnement des services DNS paraît assez justifiée.

De nouvelles études sur les pratiques de validation seront nécessaires pour corroborer les résultats reproduits au graphique 5.7. Ce graphique, cependant, fait apparaître d'importantes différences dans l'utilisation de résolveurs configurés pour la validation DNSSEC entre les pays membres de l'OCDE. Les résultats exceptionnels observés en Suède, où près des trois quarts de la population nationale d'internautes utilisent des résolveurs à validation DNSSEC, sont le produit de la coordination des efforts entre titulaires de noms de domaine, organismes d'attribution des noms de domaine, exploitants de résolveurs DNS et agences gouvernementales dans le pays. L'organisme d'attribution des noms de domaine en .se a mis en place une incitation financière sous la forme d'une réduction des droits d'enregistrement pour l'adoption d'un nom de domaine en .se signé avec DNSSEC. Le travail d'information et de sensibilisation mené par le registre national des noms de domaine en .se en direction des principaux exploitants de résolveurs DNS en Suède a également incité un certain nombre de prestataires de services d'accès à tester le passage à la validation DNSSEC pour leurs clients. Après que l'un des plus grands prestataires de services d'accès a décidé d'adopter la validation DNSSEC – et une fois qu'il est apparu que ce changement n'avait pas d'impact négatif –, d'autres grands prestataires de services d'accès en Suède lui ont emboîté le pas. En conséquence, les demandes de nom de près des trois quarts des internautes suédois sont aujourd'hui traitées par des résolveurs DNS qui utilisent le DNSSEC pour valider les réponses DNS lorsque la requête porte sur un nom signé DNSSEC. L'expérience de la Suède montre que la coordination des efforts entre les principales parties prenantes peut avoir un impact positif sur le taux d'adoption de cette technologie prometteuse.

Les rapports de transparence

Les gouvernements sont depuis longtemps conscients de la nécessité d'avoir accès aux données des citoyens pour atteindre certains objectifs d'intérêt public, notamment en matière d'application de la loi et de sécurité nationale. Des activités humaines toujours plus nombreuses générant des données qui circulent dans les réseaux commerciaux mondiaux, les acteurs gouvernementaux se tournent de plus en plus vers les prestataires de services de communication et les intermédiaires internet pour satisfaire leurs besoins de données. L'accès des organismes publics à ces données est soumis à la législation et à des mécanismes de surveillance mais les pouvoirs publics incitent parfois les entreprises à coopérer avec eux au-delà de ce que prévoient les dispositions sur l'accès aux données.

Des inquiétudes s'expriment aujourd'hui sur le degré de transparence de l'accès aux données commerciales à des fins d'application de la loi et de sécurité nationale et, en particulier, son étendue et sa portée. La législation et les pratiques des organismes publics dans ces domaines imposent généralement une obligation de secret aux entreprises commerciales visées par les demandes d'accès. Il en résulte un flux croissant de données circulant des entreprises vers les pouvoirs publics, et cela dans une très large opacité pour les clients et les citoyens dont les données sont en cause.

Promouvoir la confiance dans l'économie numérique en renforçant la transparence est depuis longtemps un objectif de l'OCDE. Le « principe d'ouverture » des Lignes directrices de l'OCDE sur la vie privée, qui remonte au texte original adopté en 1980, plaide en faveur d'une politique générale d'ouverture au sujet du traitement des données à caractère personnel. La *Recommandation du Conseil de l'OCDE de 2011 sur les principes pour l'élaboration des politiques de l'internet* appelle également à concevoir des politiques assurant la transparence, l'égalité de traitement et l'imputabilité des actes. Elle affirme que l'élaboration des politiques de l'internet doit promouvoir l'ouverture et être fondée sur le respect des droits de l'homme et la prééminence du droit.

La transparence est aussi un moyen important d'assurer la confiance à l'égard d'une organisation, en particulier lorsque celle-ci traite des données à caractère personnel. L'inquiétude suscitée par les demandes d'accès des pouvoirs publics – en particulier aux données confiées à des prestataires de services infonuagiques – est antérieure aux révélations d'Edward Snowden en 2013 et ne concerne pas uniquement les activités de renseignement. Néanmoins, il est clair que ces révélations ont mis plus fortement en évidence le besoin de transparence. Le marché incite aujourd'hui les entreprises internet et de communications qui détiennent d'importantes quantités de données individuelles à faire montre d'une plus grande ouverture au sujet de leurs réponses aux demandes d'accès des pouvoirs publics.

Répondre aux incitations du marché tout en respectant les normes et pratiques publiques pourrait être source de difficultés pour les entreprises. Comme indiqué plus haut, la législation en matière d'application de la loi et de sécurité nationale inclut fréquemment des dispositions restrictives qui empêchent les entreprises de divulguer l'information relative aux demandes d'accès des pouvoirs publics, et leur interdisent même de publier des données agrégées à ce sujet. Dans nombre de pays, il est aussi interdit aux opérateurs commerciaux de fournir au public un aperçu quelconque de la manière dont ils répondent à ces demandes. Ces restrictions font qu'il est difficile pour les entreprises d'améliorer la transparence comme le demande le public.

En 2011, *The Privacy Projects* (TPP) ont commencé à étudier les questions posées par l'accès systématique des pouvoirs publics aux données commerciales en s'appuyant sur une série de rapports d'experts et de tables rondes. L'une des conclusions essentielles de ce travail est qu'il existe un grave déficit de transparence aussi bien dans la législation que dans les pratiques des organismes gouvernementaux (encadré 5.4).

Pour répondre à cette situation, les entreprises se sont efforcées de faire la lumière sur la question en publiant des rapports de transparence. Depuis la publication du premier rapport de ce type par Google en 2009, plus de 30 entreprises ont publié des rapports[9]. D'après le *Transparency Reporting Index*, en novembre 2014, 37 entreprises publiaient des informations sur la transparence. Parmi ces entreprises, 65 % sont des entreprises internet et 35-% des entreprises de télécommunications, et les deux tiers d'entre elles environ ont commencé à publier un rapport de transparence en 2014. La majorité des entreprises (54 %) publient un rapport tous les six mois et 32 % une fois par an seulement (graphique 5.8).

Encadré 5.4. **Conclusions préliminaires de l'étude des TPP**

- Les demandes d'accès systématique semblent augmenter, alors que les divulgations récentes montrent clairement que les pouvoirs publics n'exigent pas seulement l'accès aux données stockées en gros mais se connectent aussi directement aux câbles pour recueillir ou filtrer de grandes quantités de données circulant sur l'internet.
- La législation et les pratiques des pays se caractérisent par une profonde absence de transparence. Les lois pertinentes sont au mieux rédigées en termes vagues et elles font souvent l'objet d'une interprétation secrète par le gouvernement, en particulier dans le domaine de la sécurité nationale.
- Les lois et politiques qui ont été rendues publiques ne traitent pas, en particulier, des enjeux exceptionnels associés à la collecte massive de données.
- La baisse rapide des coûts de stockage des données et le renforcement des capacités d'analyse stimulent la volonté des pouvoirs publics de collecter encore plus de données.
- Avec l'internationalisation des services basés sur l'internet, la surveillance est devenue une surveillance transfrontière, ce qui pose des risques juridiques et de réputation croissants pour les entreprises d'envergure mondiale.

Graphique 5.8. **Publication d'informations sur la transparence par les entreprises, 2009-14**

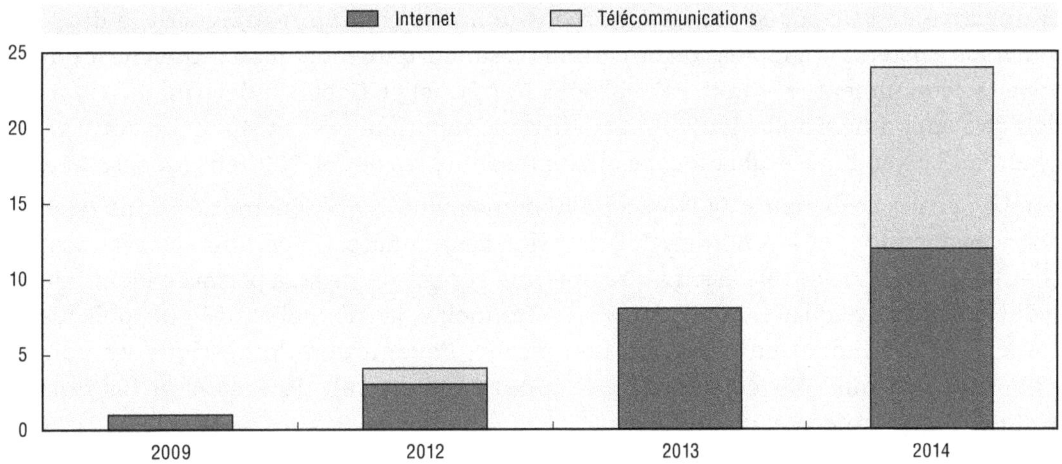

Source : D'après les données du *Transparency Reporting Index*, novembre 2014, *www.accessnow.org/pages/transparency-reporting-index*.

StatLink http://dx.doi.org/10.1787/888933308454

La publication de ces rapports représente un pas en avant important pour l'amélioration de la transparence au sujet de l'accès des pouvoirs publics aux données commerciales. Cependant, les informations contenues dans les rapports produits à ce jour ne sont guère cohérentes, ni comparables. Par exemple :

- Certains rapports indiquent le nombre de demandes individuelles reçues, tandis que d'autres mentionnent le nombre cumulé de comptes, services de communications ou abonnés concernés.
- Dans certains cas, plusieurs moyens légaux sont utilisés pour obtenir l'accès aux mêmes données, ce qui crée des problèmes de classification.

- Une même demande peut être décrite ou divulguée de manière différente par des entreprises différentes. Il existe donc un risque important de surestimation/sous-estimation (Vodaphone, 2014).

Les pouvoirs publics commencent à reconnaître le besoin d'accroître la transparence et prennent des mesures en ce sens[10], mais il faut poursuivre les efforts pour permettre au public de mieux comprendre comment ceux-ci ont accès aux données commerciales et les utilisent. Les rapports de transparence constituent un progrès important, mais il est nécessaire d'en améliorer la qualité et la comparabilité, et d'identifier les obstacles injustifiés à cette amélioration.

Le rôle des tribunaux

L'influence des tribunaux sur les normes qui régissent la protection de la vie privée et des données commence à se faire sentir. Cette évolution est particulièrement sensible à l'intérieur de l'Union européenne où la Cour de justice a rendu trois arrêts importants en 2014[11]. L'un de ces arrêts a invalidé la directive de l'UE sur la conservation des données, qui obligeait les entreprises de communications à conserver des métadonnées sur les communications aux fins de l'accès des organes chargés de l'application de la loi. La Cour a jugé que la directive portait atteinte au droit fondamental au respect de la vie privée et à la protection des données à caractère personnel.

Un deuxième arrêt important concernant le moteur de recherche Google a interprété la directive de l'UE sur la conservation des données comme restreignant le droit des individus à obtenir la suppression de certains résultats d'un moteur de recherche (ce qu'on appelle couramment le « droit à l'oubli »)[12]. L'arrêt oblige Google à déterminer si un lien doit être supprimé. En janvier 2015, Google avait supprimé environ 40-% des 700 000 URL ayant fait l'objet d'une évaluation, ce qui représente près de 250 000 liens (Google, 2014).

Le dernier arrêt concerne l'« exception domestique », qui soustrait certains types de données domestiques aux normes de protection des données. Un propriétaire avait installé chez lui un système de télévision à circuit fermé et ce système lui a permis d'identifier des individus qui s'attaquaient à sa propriété. Néanmoins, le tribunal a jugé que, puisque les caméras surveillaient en partie un lieu public, l'exemption domestique ne pouvait s'appliquer et que, par conséquent, le propriétaire aurait dû respecter les normes pertinentes de protection des données.

Selon un observateur, l'effet cumulé de ces arrêts semble indiquer que la Cour de Justice s'inquiète de plus en plus de la dépendance de la société à l'égard des données (Ustaran, 2014). Ces arrêts, dont l'impact va bien au-delà des seules parties aux affaires en cause, auront des retombées normatives dans toute l'Europe. L'affaire Google, en particulier, soulève certaines questions au sujet du rôle des intermédiaires, de la compétence extraterritoriale et des enjeux touchant à l'équilibre entre la protection des données et d'autres droits fondamentaux. Une procédure engagée contre l'accord sur la sphère de sécurité – accord « Safe Harbor » – au titre de la Charte des droits fondamentaux de l'Union européenne, qui a été référée par la Haute Cour d'Irlande à la Cour de justice de l'UE en juin 2014, pourrait également aboutir à infirmer la décision de la Commission européenne affirmant le caractère adéquat de cet accord. Si l'arrêt de la Cour de justice conduit à une invalidation de l'accord, cela aura des conséquences directes sur la gouvernance des flux de données.

L'évolution du rôle des tribunaux est particulièrement notable au sein de l'Union européenne, mais d'autres décisions de justice pourraient avoir des implications importantes pour l'action publique. Dans une affaire encore en instance, un tribunal de New York doit examiner l'action engagée par Microsoft pour s'opposer à la tentative d'un procureur des États-Unis d'obtenir directement accès à des courriels conservés dans un serveur de Microsoft en Irlande, sans se référer aux dispositions des traités existant entre les deux pays. Le gouvernement irlandais est intervenu dans l'affaire à l'appui de Microsoft, en faisant valoir qu'il serait illégal pour Microsoft, aux termes de la législation irlandaise sur la protection des données, de fournir les données aux autorités américaines sans l'approbation des tribunaux irlandais. Cette affaire soulève de graves questions sur la confiance qu'un individu peut accorder à la protection de sa vie privée par les lois et tribunaux de son propre pays. Plusieurs associations d'entreprises des États-Unis ont déposé des mémoires dans cette procédure, en insistant sur le fait que les demandes d'accès des organes chargés de l'application de la loi mettent en danger une grande part des avantages escomptés du développement de l'informatique en nuage[13].

Bien que le rôle des tribunaux, et en particulier des cours d'appel, semble moins évident en matière de sécurité, certains observateurs notent des signes d'évolution en ce qui concerne la responsabilité délictuelle dans les affaires de violation de la cybersécurité (Rosenzweig, 2013). Lorsqu'une atteinte à la sécurité affecte des données de cartes de paiement, les émetteurs de cartes commencent à se tourner vers le détaillant concerné pour recouvrer le coût de l'émission de nouvelles cartes[14]. Certaines initiatives gouvernementales visant à promouvoir les bonnes pratiques, comme le Cadre pour l'amélioration de la cybersécurité des infrastructures critiques publié par le *National Institute of Standards and Technology* des États-Unis en 2014, pourraient donc jouer *de facto* un rôle normatif pour déterminer s'il y a eu négligence en cas de cyber-incident (NIST, 2014).

Notes

1. Pour plus d'informations, voir *www.privacylaws.com/Privacy-Officers-Network/*.
2. Pour plus d'informations, voir *www.afcdp.net/*.
3. Pour plus d'informations, voir *www.apep.es/*.
4. Ces lignes directrices sont en cours de réexamen. Pour plus d'informations, voir *http://oe.cd/security-guidelines-review*.
5. « Aucune nation ne peut avoir à elle seule une pleine connaissance des réseaux du monde ; nous sommes donc dans l'obligation de partager nos connaissances sur nos propres réseaux et de collaborer avec d'autres lorsque des événements nous menacent tous. Au fur et à mesure de la poursuite du développement et du renforcement de nos propres capacités de réponse, nous travaillerons avec d'autres pays à étendre les réseaux internationaux nécessaires pour améliorer la connaissance de la situation et la réponse aux incidents au niveau mondial, y compris entre le gouvernement et l'industrie. » (Maison Blanche, 2011: 19)
6. « Une action coordonnée au niveau régional, national et international est requise aux fins de la prévention des incidents de sécurité informatique, ainsi qu'en matière de préparation et de réaction à ces incidents et de rétablissement ultérieur de la sécurité. » (UIT, 2010)
7. La CNIL a été notifiée en avril 2014 de cette atteinte à la sécurité, qui était due à une erreur technique d'un des prestataires de services de la compagnie de téléphone (tous les services de communications électroniques accessibles au public à l'intérieur de l'UE sont tenus de déclarer au régulateur les atteintes à la sécurité des données). En mai, la CNIL a effectué une inspection chez Orange et ses sous-traitants et constaté des lacunes en matière de sécurité des données. D'après la CNIL, la compagnie avait affirmé avoir pris toutes les mesures nécessaires pour respecter ses obligations relatives à la sécurité des données, mais n'avait pas réalisé d'audit de sécurité suffisant avant d'utiliser une méthode technique particulière pour les campagnes de courriels.
8. Pour plus de précisions sur cette méthode, voir Huston (2012, 2013).

9. Ces documents sont recueillis sur le site d'Access : *www.accessnow.org/pages/transparency-reporting-index.*

10. En janvier 2014, suite à une action en justice engagée par plusieurs entreprises internet, le ministère de la Justice des États-Unis a élargi le champ des divulgations autorisées. Dans un discours de février 2014, le président Obama a appelé à accroître encore la transparence.

11. Notamment les arrêts C-293/12 et C-594/12 Digital Rights Ireland Ltd. Pour plus d'informations, voir : *http://curia.europa.eu/juris/document/document.jsf?text=&docid=150642&pageIndex=0&doclang=EN&mode=req&dir=&occ=first&part=1&cid=313440.*

12. L'arrêt est disponible en ligne à l'adresse suivante : *http://curia.europa.eu/juris/document/document_print.jsf?doclang=EN&text=&pageIndex=0&part=1&mode=lst&docid=152065&occ=first&dir=&cid=45442.*

13. Pour de la documentation – y compris les mémoires et avis juridiques – et des commentaires sur cette affaire, voir : *www.digitialconstitution.com* (consulté le 6 janvier 2015).

14. Pour plus d'informations, voir « In re : Target Corp. Customer data Security Breach Litigation », Memorandum and Order (US Dist. Ct. Minn.) (2 décembre 2014), *http://cdn.arstechnica.net/wp-content/uploads/2014/12/document3.pdf.*

Références

Advisen (2014), *20% New Cyber Insurance Products Uptick in 2013*, Advisen, New York, *www.cyberrisknetwork.com/2014/01/31/new-cyber-insurance-products-20-percent-uptick-in-2013/* (consulté le 25 avril 2015).

Armerding, T. (2014), « Cyber insurance : Worth it, but beware of the exclusions », *CSO Online*, 20 août 2014, *www.csoonline.com/article/2835274/cyber-attacks-espionage/cyber-insurance-worth-it-but-beware-of-the-exclusions.html* (consulté le 25 avril 2015).

Bamberger, K. et D. Mulligan (2010), « Privacy on the Books and on the Ground », *Stanford Law Review*, vol. 63/2, pp. 247-315.

Barrett, C. (2014), « Skills gap leaves UK vulnerable to cyber attack, says business », *Financial Times*, 6 août 2014, *www.ft.com/intl/cms/s/0/76b1eef4-1d3c-11e4-8b03-00144feabdc0.html#axzz3XOcYy48T* (consulté le 15 avril 2015).

BIS (2014), *Information Security Breaches Survey 2014 : Technical Report*, ministère des Entreprises, de l'Innovation et des Compétences du Royaume-Uni, Londres, *www.pwc.co.uk/assets/pdf/cyber-security-2014-technical-report.pdf.*

Cabinet du Japon (2014), « Policy Outline of the Institutional Revision for Utilization of Personal Data » Cabinet du Japon, Tokyo, *http://japan.kantei.go.jp/policy/it/20140715_2.pdf.*

CE (2015), *Special Eurobarometer 423 : Cyber Security Report*, Commission européenne, Bruxelles, *http://ec.europa.eu/public_opinion/archives/ebs/ebs_423_en.pdf.*

CEPD (2014), "Privacy and Competitiveness in the Age of Big Data : The Interplay Between Data Protection, Competition and Consumer Protection in the Digital Economy", Contrôleur européen de la protection des données, Bruxelles, *https://secure.edps.europa.eu/EDPSWEB/webdav/shared/Documents/Consultation/Opinions/2014/14-03-26_competitition_law_big_data_EN.pdf.*

Choe Sang-Hun (2014), « Theft of data fuels worries in South Korea », *New York Times*, 20 janvier 2014, *www.nytimes.com/2014/01/21/business/international/theft-of-data-fuels-worries-in-south-korea.html?_r=1* (consulté le 15 avril 2015).

CIGI (2014), *CIGI-Ipsos Global Survey on Internet Security and Trust*, Centre for International Governance Innovation, Waterloo, ON, *www.cigionline.org/internet-survey* (consulté le 15 avril 2015).

Clearwater, A. et J.T. Hughes (2013), « In the Beginning ... An Early History of the Privacy Profession », *Ohio State Law Journal*, vol. 74/6, pp. 897-921, *http://moritzlaw.osu.edu/students/groups/oslj/files/2013/12/8-Clearwater-Hughes.pdf.*

Coughlan, S. (2014), « Cyber-attacks increase leads to jobs boom », *BBC News*, *www.bbc.com/news/business-26647795* (consulté le 15 avril 2015).

CPVP (2014a), *Lettre ouverte commune aux boutiques virtuelles d'applications*, Commissariat à l'information et à la protection de la vie privée du Canada, Ottawa, *www.priv.gc.ca/media/nr-c/2014/let_141210_e.asp* (consulté le 15 avril 2015).

CPVP (2014b), *Entente mondiale de coopération transfrontière dans l'application des lois*, Commissariat à l'information et à la protection de la vie privée du Canada, Ottawa, *www.privacyconference2014.org/media/16667/Enforcement-Cooperation-Agreement-adopted.pdf*.

CPVP et ICO (2014), *Resolution on Enforcement Cooperation*, 36e Conférence internationale des commissaires à la protection des données et de la vie privée, Commissariat à l'information et à la protection de la vie privée du Canada, Ottawa, et Information Commissioner's Office, Wilmslow, UK, *www.privacyconference2014.org/media/16430/Resolution-International-cooperation.pdf*.

DHS (2014), *Cybersecurity Insurance*, Département de la Sécurité intérieure des États-Unis, Washington, DC, *www.dhs.gov/publication/cybersecurity-insurance* (consulté le 15 avril 2015).

DPA (2013), *Implementing Measures with Regard to the Notification of Personal Data Breaches*, 4 avril 2013, Autorité italienne de protection des données, Rome, *www.garanteprivacy.it/web/guest/home/docweb/-/docweb-display/docweb/2414592* (consulté le 15 avril 2015).

ENISA (2014), *An Evaluation Framework for Cyber Security Strategies*, Agence européenne chargée de la sécurité des réseaux et de l'information, Héraklion, Crète, *www.enisa.europa.eu/activities/Resilience-and-CIIP/national-cyber-security-strategies-ncsss/an-evaluation-framework-for-cyber-security-strategies-1* (consulté le 15 avril 2015).

ENISA (2013), *National Cyber Security Strategies in the World*, Agence européenne chargée de la sécurité des réseaux et de l'information, Héraklion, Crète, *www.enisa.europa.eu/activities/Resilience-and-CIIP/national-cyber-security-strategies-ncsss/national-cyber-security-strategies-in-the-world* (consulté le 15 avril 2015).

FCC (2014), *FCC Joins Global Privacy Enforcement Network*, communiqué de presse, Federal Communications Commission, Washington, DC, *www.fcc.gov/document/fcc-joins-global-privacy-enforcement-network* (consulté le 15 avril 2015).

Ferrillo, P. (2014), *Cyber Security, Cyber Governance, and Cyber Insurance*, Harvard Law School Forum on Corporate Governance and Financial Regulation, Cambridge, MA, *http://corpgov.law.harvard.edu/2014/11/13/cyber-security-cyber-governance-and-cyber-insurance/* (consulté le 25 avril 2015).

Google (2014), « Demandes de suppression de contenus liés à la vie privée dans les résultats de recherche dans l'Union européenne », *Tranparence des informations*, *www.google.com/transparencyreport/removals/europeprivacy/?hl=fr* (consulté le 15 avril 2015).

Gouvernement de l'Australie (2014), *Cyber Security Review*, Gouvernement de l'Australie, Canberra, *www.pm.gov.au/media/2014-11-27/cyber-security-review-0* (consulté le 15 avril 2015).

Gouvernement du Royaume-Uni (2014), *Cyber Security Skills : Business Perspectives and Government's Next Steps*, Gouvernement du Royaume-Uni, Londres, *www.gov.uk/government/uploads/system/uploads/attachment_data/file/289806/bis-14-647-cyber-security-skills-business-perspectives-and-governments-next-steps.pdf*.

Gray, A. (2014), « Cyber insurance market tempts new participants », *Financial Times*, 6 octobre 2014, *www.ft.com/intl/cms/s/0/69db580c-4d37-11e4-8f75-00144feab7de.html* (consulté le 15 avril 2015).

Home Depot (2014), *The Home Depot Reports Findings in Payment Data Breach Investigation*, communiqué de presse, *https://corporate.homedepot.com/MediaCenter/Documents/Press%20Release.pdf*.

Humber, Y. et G. Reidy (2014), « Japan takes its first step to fight hackers », *Bloomberg Business*, 24 juillet 2014, *www.bloomberg.com/bw/articles/2014-07-24/proposed-law-would-fix-japans-lax-cybersecurity* (consulté le 15 avril 2015).

Huston, G. (2013), « DNS, DNSSEC and Google's public DNS service », blog *CircleID*, 17 juillet 2013, *www.circleid.com/posts/20130717_dns_dnssec_and_googles_public_dns_service/* (consulté le 15 avril 2015).

Huston, G. (2012), « Counting DNSSEC », *RIPE Network Coordination Centre*, *https://labs.ripe.net/Members/gih/counting-dnssec* (consulté le 15 avril 2015).

IAPP (2014), « Benchmarking privacy management and investments of the Fortune 1000 », site internet de l'Association internationale des professionnels de la protection de la vie privée (IAPP), *https://privacyassociation.org/resources/article/benchmarking-privacy-management-and-investments-of-the-fortune-1000-2/* (consulté le 15 avril 2015).

IAPP (2013), « IAPP Privacy Professionals Role, Function and Salary Survey », site internet de l'Association internationale des professionnels de la protection de la vie privée (IAPP), *https://privacyassociation.org/resources/article/2013-iapp-privacy-professionals-role-function-and-salary-survey* (consulté le 15 avril 2015).

(ISC)^2 (2011), *Annual Report 2010*, International Information Systems Security Certification Consortium, Palm Harbor, FL, *www.isc2.org/uploadedFiles/(ISC)2_Public_Content/Annual_Reports/2010%20 Annual%20Report.pdf*.

Junker, J.-C. (2014), *Un nouvel élan pour l'Europe : Mon programme pour l'emploi, la croissance, l'équité et le changement démocratique*, Strasbourg, *http://ec.europa.eu/priorities/docs/pg_en.pdf#page=6*.

Madden, M. (2014), « Few feel that the government or advertisers can be trusted », *Pew Research Center*, 12 novembre 2014, *www.pewinternet.org/2014/11/12/few-feel-that-the-government-or-advertisers-can-be-trusted/* (consulté le 15 avril 2015).

Maison Blanche (2015), « State of the Union Address », Maison Blanche, Washington, DC, *www.whitehouse.gov/the-press-office/2015/01/20/remarks-president-state-union-address-january-20-2015* (consulté le 15 avril 2015).

Maison Blanche (2011), *International Strategy for Cyberspace : Prosperity, Security, and Openness in a Networked World*, Maison Blanche, Washington, DC, *www.whitehouse.gov/sites/default/files/rss_viewer/international_strategy_for_cyberspace.pdf*.

Marsh (2013), *Cyber Risks Explained : What They Are, What They Could Cost and How to Protect Against Them*, March & McLennan Companies, New York, *http://uk.marsh.com/Portals/18/Documents/Cyber_risk_client_briefing_FINAL_exp%20Apr13.pdf*.

NIST (2014), *Framework for Improving Critical Infrastructure Cybersecurity*, National Institute of Standards and Technology, Gaithersburg, MD, *www.nist.gov/cyberframework/upload/cybersecurity-framework-021214.pdf*.

NYMITY (2014), *Global Privacy Research Report 2014*, NYMITY, Toronto, ON, *www.nymity.com/innovations/privacy-research-2014-infographic/~/media/NymityAura/Resources/Research/Global-Privacy-Research-Report-2014.pdf*.

OAG California (2014), *California Data Breach Report 2014*, Office du Procureur Général, Département de la Justice de Californie, Sacramento, CA, *http://oag.ca.gov/sites/all/files/agweb/pdfs/privacy/2014data_breach_rpt.pdf*.

OCDE (2007), *Recommandation du Conseil sur la coopération transfrontière dans l'application des législations protégeant la vie privée*, OCDE, Paris, *www.oecd.org/sti/ieconomy/privacylawenforcementco-operation.htm* (consulté le 15 avril 2015).

OCDE (2011a), *Recommandation du Conseil sur les principes pour l'élaboration des politiques de l'Internet*, OCDE, Paris, *www.oecd.org/sti/ieconomy/49258588.pdf*.

OCDE (2011b), *Report on the Implementation of the OECD Recommendation on Cross-border Co-operation in the Enforcement of Laws Protecting Privacy*, OCDE, Paris, *http://dx.doi.org/10.1787/5kgdpm9wg9xs-en*.

OCDE (2012a), *Improving the Evidence Base for Information Security and Privacy Policies : Understanding the Opportunities and Challenges related to Measuring Information Security, Privacy and the Protection of Children Online*, Éditions OCDE, Paris, *http://dx.doi.org/10.1787/5k4dq3rkb19n-en*.

OCDE (2012b), *Internet Economy Outlook 2012*, Éditions OCDE, Paris, *www.oecd.org/sti/ieconomy/oecd-internet-economy-outlook-2012-9789264086463-en.htm*.

OCDE (2012c), « Cybersecurity Policy Making at a Turning Point: Analysing a New Generation of National Cybersecurity Strategies for the Internet Economy », *OECD Digital Economy Papers*, n° 211, Éditions OCDE, Paris, *http://dx.doi.org/10.1787/5k8zq92vdgtl-en*.

OCDE (2013a), *Recommandation du Conseil concernant les Lignes directrices régissant la protection de la vie privée et les flux transfrontières de données à caractère personnel*, OCDE, Paris, *http://oe.cd/privacy*.

OCDE (2013b), *The OECD Privacy Framework*, Éditions OCDE, Paris, *www.oecd.org/sti/ieconomy/oecd_privacy_framework.pdf*.

OCDE (2014), *Measuring the Digital Economy : A New Perspective*, Éditions OCDE, Paris, *http://dx.doi.org/10.1787/9789264221796-en*.

OCDE (2015a), *Data Driven Innovation for Growth and Well-Being*, Éditions OCDE, Paris.

OCDE (2015b), *Improving the International Comparability of Statistics Produced by Computer Security Incident Response Team*, Éditions OCDE, Paris.

OEA (2014), « OAS begins supporting Suriname in the development of a national cyber security plan », communiqué de presse, Organisation des États américains, Washington, DC, *www.oas.org/en/media_center/press_release.asp?sCodigo=E-555/14* (consulté le 15 avril 2015).

ONU (2013), Groupe d'experts gouvernementaux chargé d'examiner les progrès de la téléinformatique dans le contexte de la sécurité internationale, Nations Unies, New York, *www.un.org/ga/search/view_doc.asp?symbol=A/68/98* (consulté le 24 avril 2014).

PHAEDRA (2014), *Workstream 1 Report : Co-ordination and Co-operation Between Data Protection Authorities*, PHAEDRA, *www.phaedra-project.eu/wp-content/uploads/PHAEDRA-D1-30-Dec-2014.pdf.*

Ponemon Institute (2014), « 2014 Cost of Data Breach Study », *www-935.ibm.com/services/us/en/it--services/security-services/cost-of-data-breach/* (consulté le 15 avril 2015).

Rosenzweig, P. (2013), « When companies are hacked, customers bear the brunt. But not for long », *New Republic*, 15 octobre 2013, *www.newrepublic.com/article/115187/cybersecurity-liability-court-cases-are-changing-blame-game* (consulté le 15 avril 2015).

Science (2015), « The end of privacy », *Science*, numéro spécial, 30 janvier 2015, *www.sciencemag.org/site/special/privacy/index.xhtml* (consulté le 15 avril 2015).

Segal, A. (2014), « China's new small leading group on cybersecurity and Internet management », *Forbes*, 27 février 2014, *www.forbes.com/sites/adamsegal/2014/02/27/chinas-new-small-leading-group-on-cybersecurity-and-internet-management/* (consulté le 15 avril 2015).

Somogyi, S. (2014), « Making end-to-end encryption easier to use », *Google Online Security Blog*, 3 juin 2014, *http://googleonlinesecurity.blogspot.fr/2014/06/making-end-to-end-encryption-easier-to.html* (consulté le 15 avril 2015).

Taddicken, M. (2014), « The "privacy paradox" in the social web: The impact of privacy concerns, individual characteristics, and the perceived societal relevance on different forms of self-disclosure », *Journal of Computer-Mediated Communication*, vol. 19, pp. 248-273. DOI: 10.111/jcc4.12052.

Tene, O. (2015), « Privacy is the New Antitrust: Launching the FTC Casebook », site internet de l'Association internationale des professionnels de la protection de la vie privée (IAPP), 15 janvier 2015, *https://privacyassociation.org/news/a/privacy-is-the-new-antitrust-launching-the-ftc-casebook/* (consulté le 15 avril 2015).

UIT (2010), Résolution 130 : Renforcement du rôle de l'UIT dans l'instauration de la confiance et de la sécurité dans l'utilisation des technologies de l'information et de la communication, Conférence de plénipotentiaires de l'Union internationale des télécommunications, Guadalajara, *www.itu.int/osg/csd/cybersecurity/WSIS/RESOLUTION_130.pdf.*

US DoJ (2014), « U.S. Leads Multi-National Action Against "Gameover Zeus" Botnet and "Cryptolocker" Ransomware, Charges Botnet Administrator », Département de la Justice des États-Unis, Washington, DC, *www.justice.gov/opa/pr/us-leads-multi-national-action-against-gameover-zeus-botnet-and-cryptolocker-ransomware* (consulté le 15 avril 2015).

US GAO (2015), *High Risk List*, US Government Accountability Office, Washington, DC, *www.gao.gov/highrisk/overview* (consulté le 15 avril 2015).

Ustaran, E. (2014), « The judiciary v. the surveillance society », blog *LinkedIn*, 15 décembre 2014, *www.linkedin.com/pulse/judiciary-v-surveillance-eduardo-ustaran?trk=object-title* (consulté le 15 avril 2015).

Vodaphone (2014), *Sustainability Report 2013/14*, Vodaphone, Newbury, UK, *www.vodafone.com/content/dam/sustainability/2014/pdf/vodafone_full_report_2014.pdf.*

Chapitre 6

Nouveaux enjeux : l'internet des objets

Ce chapitre examine la convergence à grande échelle entre les TIC et l'économie vers ce qu'il est convenu d'appeler « l'internet des objets (IDO) » ou « l'internet des choses », c'est-à-dire la connexion à plus ou moins long terme de la plupart des objets et appareils au réseau de réseaux qu'est l'internet. Cette notion englobe les évolutions touchant la communication de machine à machine, l'informatique en nuage, les données massives, les capteurs, les actionneurs et les individus. Cette convergence favorisera l'apprentissage automatique, le téléguidage et, ultérieurement, le développement de machines et systèmes autonomes. On estime à 50 milliards le nombre d'appareils qui pourraient potentiellement être connectés en 2020, mais la collecte de données concrètes fiables sur l'extension – aujourd'hui et demain – de l'utilisation de la technologie IDO continue de poser certaines difficultés. L'adoption de cette technologie dépendra dans une large mesure de l'aptitude des pouvoirs publics à établir un cadre réglementaire adéquat dans plusieurs domaines clés, notamment les télécommunications, la protection de la vie privée et la consommation.

La convergence entre réseaux fixes et mobiles, et entre télécommunications et radiodiffusion, suscite un vif intérêt parmi les responsables de l'élaboration des politiques et les régulateurs. Ceux-ci comprennent aujourd'hui que l'internet des objets (IDO) constitue la prochaine étape de convergence, d'une ampleur sans précédent, entre les TIC et l'économie. L'expression « internet des objets » désigne la connexion progressive de la plupart des appareils et des objets à l'internet, le « réseau des réseaux ». On parle aussi parfois d'« internet multidimensionnel », d'« internet industriel » ou de « communication de machine à machine » (M2M). L'expression « internet multidimensionnel » est de plus en plus considérée comme la plus appropriée car les capteurs et actionneurs connectés à l'internet[1] ne seront pas seulement reliés à des objets, mais permettront aussi de suivre la santé, la localisation et les activités des individus et des animaux, ainsi que l'état de l'environnement naturel, la qualité de l'alimentation et bien d'autres choses.

L'internet des objets a de profondes implications pour tous les aspects et secteurs de l'économie, notamment les processus industriels et commerciaux, les services à la clientèle et les services à domicile, l'énergie, les systèmes de transport, les soins de santé, l'info-divertissement et les services publics. L'introduction d'appareils équipés d'un processeur, d'une mémoire et de ressources électriques limitées ouvre la possibilité de développer des applications dans tous les domaines. Des données pourraient par exemple être collectées dans les bâtiments, les usines ou les écosystèmes naturels aux fins de la planification urbaine, de la production manufacturière ou de la surveillance de l'environnement. Les résultats se combineront avec l'infonuagique, les données massives et l'apprentissage automatique pour produire des machines autonomes et des systèmes intelligents. Le présent chapitre des *Perspectives de l'économie numérique* examine comment différentes politiques et approches réglementaires peuvent faciliter ou nuire au développement croissant de l'IDO. Les questions qui se posent dans le domaine des communications incluent notamment la gestion du spectre radioélectrique et de la numérotation et les pratiques concernant les cartes SIM. D'autres questions plus générales comme le respect de la vie privée, la sécurité, et la protection et la responsabilisation des consommateurs devront aussi être prises en compte dans ce contexte.

6.1. L'internet des objets : origine, définition et principaux éléments

L'idée d'objets intelligents qui communiquent entre eux n'est pas nouvelle ; elle est apparue en fait bien avant que l'internet ne devienne une réalité, il y a 45 ans[2]. Au début des années 90, les concepts d'informatique ubiquitaire et de virtualité incorporée étaient déjà bien développés. Par exemple, des spécialistes de Xerox PARC ont imaginé la possibilité que « des éléments matériels et logiciels spécialisés, reliés par fil, onde radio ou infrarouge, deviennent si répandus que personne n'en remarquera la présence » (voir Weiser, 1991). Néanmoins, les fabricants de produits de consommation intelligents continuent à s'interroger sur les fonctions les plus à même d'attirer les consommateurs, en se demandant s'il existe effectivement une demande pour la connexion de certains appareils à l'internet (Harwell, 2014).

Les prédictions concernant l'ampleur de l'IDO se heurtent également à un certain scepticisme, dû en partie au rythme d'adoption de la radio-identification (RFID), qui est moins rapide que ce que l'on prévoyait il y a une dizaine d'années. L'utilisation limitée de la RFID s'explique principalement par l'absence de normes, le manque de sécurité et le coût assez élevé des lecteurs et des balises RFID[3]. Cependant, la très grande diffusion des smartphones intégrant la technologie NFC (communication en champ proche), qui rend possible la communication avec des appareils très rapprochés, pourrait aider à surmonter ces obstacles. Le marché des balises RFID, qui stagnait il y a peu encore, connaît aujourd'hui une forte croissance, dix ans plus tard que prévu, principalement grâce à l'adoption de la RFID par les détaillants pour gérer leurs réassorts (Das et Harrop, 2014). La très grande diffusion des smartphones devrait faciliter non seulement la gestion de la chaîne de l'offre mais aussi, par exemple, les contacts entre détaillants et clients dans les magasins. Grâce aux capacités dont sont équipés les smartphones – qui incluent aussi bien la technologie NFC que Bluetooth basse consommation – et à leur adoption généralisée en très peu de temps, des appareils pouvant lire des données et en échanger avec l'IDO sont maintenant pour la première fois disponibles à grande échelle.

Les smartphones ont rapproché l'IDO du consommateur et fonctionnent de plus en plus comme une plateforme permettant de relier d'autres appareils à l'ensemble du réseau (Yared, 2013), y compris divers produits électriques de consommation (encadré 6.1). Des entreprises comme Philips et General Electric produisent des ampoules électriques pouvant être contrôlées via l'internet, et l'on trouve sur le marché des télévisions, des radios, des haut-parleurs et des téléphones à connectivité internet intégrée. Des appareils ménagers tels que fours, machines à laver et réfrigérateurs sont de plus en plus fréquemment commercialisés avec cette connectivité et, en 2013-14, de grandes marques comme General Electric, Philips, Samsung et Whirlpool ont commencé à mettre en vente un plus grand nombre et une gamme plus étendue d'appareils ménagers connectés à l'internet, d'abord en Amérique du Nord puis en Europe et en Asie. Un nombre croissant de produits sportifs – comme le matériel de golf ou de basket-ball – peuvent aussi être connectés à l'internet. La Fédération internationale de tennis a déjà certifié pour usage en compétition une raquette de tennis connectée à l'internet qui est aisément accessible sur le marché (Kelly, 2014). Cette raquette permet aux joueurs d'analyser leur jeu pour en perfectionner certains éléments, le swing par exemple.

Encadré 6.1. **Les smartphones comme plateforme de l'internet des objets**

Les smartphones jouent un rôle déterminant dans l'utilisation de l'IDO par les consommateurs. Les montres intelligentes, les bracelets d'activité, les chaussures d'entrainement et les cardiomètres connectés à l'internet font partie des produits que les consommateurs peuvent acheter et connecter à l'internet via leur smartphone et qui leur permettent d'échanger des informations avec d'autres usagers ou de surveiller leur condition physique. Presque tous les produits connectés à l'IDO sont accompagnés d'une application pour smartphone.

Le développement des smartphones et des tablettes crée un environnement entièrement nouveau pour les interfaces utilisateurs. Celles-ci se réduisaient auparavant, pour tous les types d'objets et d'appareils, à des boutons et à des voyants LED, ce qui limitait les possibilités de programmation. Éviter un nombre de fonctions trop grand et maintenir la simplicité de l'interface étaient perçus comme les exigences essentielles. La difficulté

> Encadré 6.1. **Les smartphones comme plateforme de l'internet des objets** *(suite)*
>
> de nombre de gens à programmer leur enregistreur vidéo illustre bien les problèmes que pose la conception de telles interfaces. L'interface écran des smartphones permet aujourd'hui de faire assez facilement des choix qui étaient auparavant difficiles. Les fonctions de recherche et de soutien offertes aujourd'hui aux usagers leur apportent une aide inconnue jusque-là. Les smartphones n'offrent pas seulement des interfaces utilisateurs plus souples ; ils permettent aussi aux usagers de les adapter à leurs besoins.
>
> La diffusion des smartphones a eu un impact énorme sur le coût des composants qui entrent dans la fabrication des appareils IDO. La production de smartphones se mesure en milliards d'unités et, par conséquent, des capteurs comme les capteurs GPS, les magnétomètres, les baromètres, les gyroscopes et les caméras doivent aussi être produits en nombre équivalent. La conséquence en est que les capteurs sont devenus plus petits et moins chers, ce qui a favorisé leur utilisation croissante dans d'autres produits comme les jouets, les hélicoptères téléguidés, les stations météo domestiques et de nombreux autres appareils. On observe une évolution similaire dans le domaine des écrans et puces de communication, les écrans de petite taille et de faible qualité ayant été remplacés par des versions de meilleure qualité, ce qui a permis l'installation à grande échelle de terminaux points de vente et d'autres appareils. Les lunettes de réalité virtuelle *Oculus Rift*, par exemple, incorporent les meilleurs écrans de smartphone existants. Des écrans de haute qualité sont aussi maintenant intégrés aux montres intelligentes, aux thermostats, aux véhicules et aux appareils consommation de l'électricité.

Les exemples ci-dessus concernent des appareils utilisés à des fins récréatives ; cependant, la première ligne d'appareils certifiés de surveillance de la santé est aujourd'hui disponible sur le marché. En outre, l'IDO intéresse de plus en plus les concepteurs. Un nombre croissant de projets présentés sur le site de financement participatif Kickstarter ont une composante IDO, par exemple les serrures, les balises de capteurs et les ampoules électriques connectés à l'internet (tableau 6.1). Les entrepreneurs qui sont à l'origine de ces projets se tournent vers le public pour préfinancer leur développement et leur production. La contribution à ce financement ne permet pas d'acquérir une participation dans l'entreprise, mais seulement en général d'acheter le produit fini ou bien de recevoir du matériel publicitaire, selon le niveau de financement apporté. Kickstarter, l'une des principales plateformes de financement participatif, fournit un aperçu intéressant des domaines ciblés par les innovateurs.

Définir l'internet des objets

Il n'est pas facile de définir l'internet des objets. Un rapport précédent de l'OCDE sur la communication de machine à machine (M2M) notait que l'expression est utilisée principalement en relation avec des applications faisant appel à la RFID (OCDE, 2012a). La RFID s'appuie sur des « balises », de minuscules puces informatiques à antennes qui transmettent des données lorsqu'elles entrent en contact avec un champ électromagnétique. C'est ce qu'on appelle des appareils de communication passifs, par opposition aux appareils actifs qui transmettent des données lorsqu'ils sont connectés à une source d'électricité, une batterie par exemple. L'acronyme « M2M » sert à désigner :

les appareils qui communiquent activement au moyen de réseaux filaires ou sans fil, ne sont pas des ordinateurs au sens classique du terme et utilisent l'internet sous une forme ou une

Tableau 6.1. **Exemples de projets incluant une composante IDO présentés sur le site Kickstarter**

Nom	Description	Pour plus d'informations	Fonds promis (USD)
EasyTouch : transformez votre environnement en un capteur tactile	EasyTouch est le capteur tactile capacitif le plus facile à utiliser du monde. Transformez une banane, un dessin, de l'eau ou un tissu en un bouton à touche.	*www.kickstarter.com/projects/54060271/ easytouch-turn-your-world-into-a-touch-sensor?ref=category*	13 023
Ambi Climate : le complément intelligent de votre climatiseur	Ambi Climate apprend à connaître vos habitudes et votre environnement intérieur. Il adapte automatiquement la consommation d'électricité pour une température idéale et des économies d'énergie. Accès à distance via Android/iPhone.	*www.kickstarter.com/projects/ambi-labs/ ambi-climate-the-smart-add-on-for-your-air-conditi*	94 865
Digitsole : la première semelle intérieure interactive pour vous réchauffer les pieds	Digitsole est la seule semelle intérieure connectée existant sur le marché. Contrôlée via votre smartphone: gardez vos pieds au chaud, mesurez votre distance et vos calories.	*www.kickstarter.com/projects/1308642275/ digitsole-the-first-interactive-insole-to-heat-you?play=video_pitch&ref=home_featured*	90 074
Prizm : transformez vos haut-parleurs en un instrument de musique intelligent	Prizm est un appareil intelligent qui joue automatiquement la musique la mieux adaptée sur vos haut-parleurs, en tenant compte des personnes présentes dans la pièce et du contexte.	*www.kickstarter.com/projects/prizm/ prizm-turn-your-speakers-into-a-learning-music-pla?ref=category*	105 594
Notti : une lumière intelligente plus belle	Cette lumière joliment conçue et contrôlée par une application transmet des notifications visuelles sur mesure et d'autres informations utiles via votre téléphone.	*www.kickstarter.com/projects/26398080/ notti-a-more-beautiful-smart-light?ref=category*	44 727
PLAYBULB color : Lumière colorée et haut-parleur sans fil (2 produits en 1)	PLAYBULB est une ampoule couleur LED intelligente de haut-parleur qui fonctionne avec l'application PLAYBULB X free App. Que la couleur et la musique emplissent votre espace de vie !	*www.kickstarter.com/projects/mipowusa/ playbulb-color-smart-color-light-and-wireless-spea?ref=category*	37 446

Source : Kickstarter, 3 novembre 2014, *www.kickstarter.com*.

autre. La communication M2M ne constitue qu'un élément des compteurs, des villes et de l'éclairage intelligents. Ce n'est qu'en se combinant avec les services infonuagiques, ainsi que la commande et l'interaction à distance, que ces applications deviendront vraiment « intelligentes ». La RFID est aussi un élément d'un environnement plus intelligent pouvant être utilisé en conjonction avec la communication M2M et les services infonuagiques (OCDE, 2012a).

Depuis 2011 cependant, l'acronyme « M2M » a perdu quelque peu de sa prééminence tandis qu'« IDO » gagne en importance en raison d'évolutions très diverses permettant de relier des « objets » ou des « choses » à l'internet. L'IDO comprend plusieurs éléments tels que l'informatique en nuage, les données massives, la communication de machine à machine, les capteurs et les actionneurs dont il sera question plus loin dans le présent chapitre. Comme indiqué précédemment, l'expression « internet multidimensionnel » serait plus exacte, mais elle ne s'est pas encore répandue dans l'usage et il n'est pas sûr qu'elle s'impose à l'avenir.

L'IDO devrait être défini au sens strict sur la base des seuls objets capables de communiquer via l'internet. Cette définition, cependant, présente un certain nombre d'inconvénients : elle se limite aux objets, ou aux choses, ne prend pas en compte les effets et ignore les nouvelles propriétés qui se font jour. En premier lieu, tout ce qui est directement connecté à l'internet est évidemment une chose, ou un objet. Il n'est pas possible de communiquer via l'internet sans cette médiation. De ce point de vue, l'expression « internet des objets » ou « internet des choses » est mal choisie, puisque toutes les connexions internet ont lieu entre des objets/choses. De nombreuses définitions, cependant, excluent volontairement les appareils activés/contrôlés par une personne comme les smartphones, les tablettes et d'autres ordinateurs. Par exemple, une machine à laver communiquant avec une application de smartphone n'est pas considérée comme faisant partie de l'IDO parce qu'elle nécessite une intervention humaine. Cela peut avoir des conséquences pratiques. Au Brésil, par exemple, la communication M2M entre appareils est exemptée de certaines taxes lorsque la communication n'implique pas une intervention humaine à des fins de surveillance, de mesure ou de contrôle d'appareils[4]. Étant donné que les smartphones et les tablettes sont les principaux appareils utilisés pour activer une grande partie de l'IDO, cette définition pourrait se révéler quelque peu restrictive. Les appareils de surveillance de la santé comme les cardiofréquencemètres et les podomètres sportifs, par exemple, tomberaient hors de cette définition parce qu'ils ont parfois besoin d'un téléphone portable comme plateforme pour fonctionner[5].

Définir l'IDO est encore plus difficile si l'on tient compte de certaines conséquences. Par exemple, il est possible d'utiliser des capteurs pour déterminer si des places de parking sont occupées, mais les véhicules modernes équipés d'une caméra et de capteurs de parking peuvent aussi enregistrer l'emplacement et la taille des places libres simplement en passant à côté. Cette information permet de produire une vue d'ensemble en temps réel des places de parking libres dans une ville, sans que des capteurs enchâssés dans la chaussée soient nécessaires. Pour les usagers, les places de parking sont donc liées à l'internet. Mais peut-on définir une place de parking comme une chose ou un objet ?

Lorsque des capteurs multiples sont intégrés à un système comme un véhicule, il est difficile de dire combien de choses ou d'objets exactement sont connectées à l'internet. Dans certaines analyses, les capteurs et les actionneurs sont comptés comme des choses/objets de manière individuelle ; cependant, un véhicule peut contenir entre 30 et 200 capteurs différents. Est-ce que c'est le véhicule qui doit être considéré comme une chose ou un objet, ou bien chaque capteur ? En outre, certaines propriétés émergentes résultent de la combinaison de capteurs et d'actionneurs différents. Autrement dit, avec le temps, la fonctionnalité des capteurs peut être reconfigurée ou étendue. Un thermostat intelligent peut être équipé d'un capteur de mouvement dont la fonction peut être reconfigurée ou étendue afin qu'il puisse servir également d'interrupteur électrique ou de composante d'un système d'alarme. Même si le propriétaire n'a pas fait l'acquisition d'un système d'alarme, il pourra, en combinant différents capteurs, actionneurs et logiciels, créer un système d'alarme dans son logement.

L'autre aspect de la définition – à partir de quel moment peut-on dire que quelque chose fait partie de l'internet – pose également problème. Pour certains, une chose ou un objet connecté à l'internet doit pouvoir s'intégrer à une pile de protocoles IP. Cela semble exclure les appareils comme les balises RFID, les périphériques Bluetooth et les ampoules électriques connectées, qui ne peuvent être reliées à l'internet qu'au moyen d'une passerelle servant de médiateur entre l'appareil et l'internet. Dans le présent rapport, ces appareils sont considérés comme faisant partie de l'IDO. Par conséquent, si une ampoule électrique n'est pas compatible IP mais peut être actionnée via une passerelle reliée à l'internet, elle est considérée comme connectée à l'internet. Il en va de même pour les balises RFID, les bracelets d'activité ou les chaussures d'entrainement connectées.

Dans le présent chapitre, l'IDO est par conséquent envisagé en un sens large comme englobant tous les appareils et objets dont l'état peut être modifié via l'internet, avec ou sans l'intervention active d'un individu. Cela inclut les ordinateurs portables, les routeurs, les serveurs, les tablettes et les smartphones, souvent considérés comme faisant partie de « l'internet classique ». Néanmoins, ces appareils sont essentiels pour l'activation, la lecture et l'analyse de l'état des appareils IDO et ils constituent fréquemment « le cœur et le cerveau » du système. Ils ne sauraient donc être exclus.

Principaux facteurs de développement de l'internet des objets

Le développement de l'IDO est sous-tendu par quatre grands domaines d'évolution des TIC : les données massives, l'informatique en nuage, la communication M2M et les capteurs (graphique 6.1). L'informatique en nuage et l'analytique de données massives permettent conjointement une amélioration des applications reposant sur l'apprentissage automatique, qui atteignent un degré nouveau d'intelligence artificielle. Elles ouvrent également la voie à de nouveaux progrès dans le domaine de l'apprentissage automatique et du contrôle à distance. Celui-ci exige toujours une intervention humaine, mais la machine prend en charge les principales fonctions opérationnelles, l'intervention humaine se limitant à certaines actions spécifiques. Les machines et systèmes télécommandés, associés à l'apprentissage automatique, aboutiront en définitive au développement de machines autonomes et de systèmes intelligents, notamment les robots.

Graphique 6.1. **Principaux facteurs de développement de l'internet des objets**

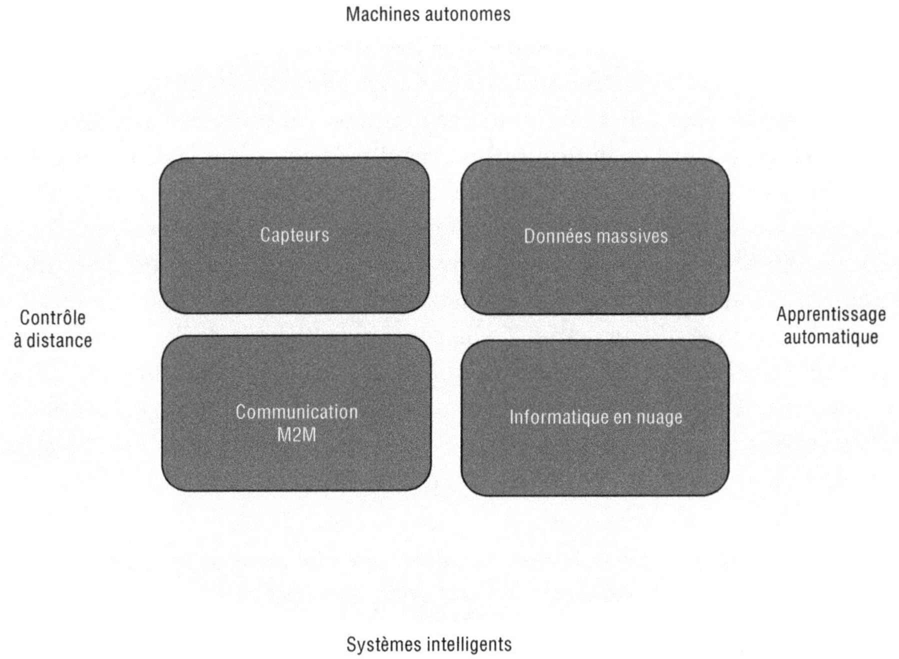

Un rapport précédent de l'OCDE a examiné la contribution des capteurs et des actionneurs à la « croissance verte » (OCDE, 2010, p. 227-256). Ce rapport indiquait que les capteurs, qui peuvent mesurer de nombreuses propriétés physiques, englobent les capteurs électroniques, les biocapteurs et les capteurs chimiques. Les capteurs peuvent être considérés comme « l'interface entre le monde physique et le monde des appareils électriques comme les ordinateurs » (Wilson, 2008). Les actionneurs, par contre, convertissent un signal électrique en un phénomène physique comme, par exemple, les affichages de compteurs de vitesse ou de thermostats (dont les données sont mesurées par des capteurs), ou contrôlent le mouvement de machines.

Les premiers systèmes de capteurs et d'actionneurs comme les moteurs de véhicule mesuraient et traitaient des données afin de les intégrer à leur fonctionnement, puis rejetaient ces données. Aujourd'hui, les données produites sont de plus en plus souvent communiquées à d'autres machines et à un ordinateur central et conservées à des fins de corrélation et d'analyse ultérieure. La transmission des données s'effectue par des moyens très divers : réseau filaire ou sans fil, à courte ou longue portée, de faible ou forte puissance, à bas ou haut débit. Deux rapports de l'OCDE, *Machine-to-Machine communications: connecting billions of devices* (2012a) et *The building blocks for smart networks* (2013a), étudient nombre de ces options.

La communication entre des capteurs contrôlés par une unité centrale de traitement a permis aux machines de mieux répondre à leur environnement et stimulé le développement de nouveaux actionneurs exécutant une gamme de fonctions de plus en plus étendue. En conséquence, le fonctionnement à distance est devenu possible selon des modalités jusque-là impensables, la machine prenant en charge la majorité des tâches, avec une intervention humaine réduite. Dans le secteur minier, par exemple, un opérateur à distance peut maintenant contrôler plusieurs transporteurs de minerai.

Données massives, analytique de données et infonuagique

La collecte, la compilation, la mise en relation et l'analyse de flux de données considérables en temps réel requièrent de nouvelles techniques analytiques puissantes et de nouveaux modèles de partage des données, afin de pouvoir embrasser l'ampleur et la complexité des opérations de traitement des données qui sont nécessaires. L'apparition de nouvelles techniques et l'évolution qui en résulte dans l'organisation de ces opérations signalent le passage à un modèle socioéconomique fondé ou centré sur les données, généralement désigné sous le terme générique de « données massives » (encadré 6.2). Dans ce monde nouveau, les données constituent un actif primordial et une ressource vitale pour l'innovation, les nouvelles industries et les nouvelles applications, et aussi pour maintenir un avantage concurrentiel. La baisse rapide du coût de l'analytique, y compris la puissance de calcul et le stockage des données, ainsi que la poursuite de l'expansion des réseaux haut débit rendent les données toujours plus accessibles. Les coûts de stockage, par exemple, ont baissé à un point tel qu'il est maintenant possible de conserver des données pour de très longues périodes – ou même indéfiniment.

Encadré 6.2. **Le volume, la vélocité et la variété suffisent-ils à définir les données massives ?**

Une définition claire des « données massives » se fait encore attendre. Initialement, le terme désignait les ensembles de données dont le volume devenait problématique en termes de gestion et de traitement. Cependant, privilégier le volume, que celui-ci soit mesuré en gigaoctets, en pétaoctets (millions de gigaoctets) ou en exaoctets (milliards de gigaoctets), peut être source de confusion. Dans certains cas, le volume est moins pertinent que le nombre de mesures, l'utilisation qui est faite des données et la complexité qui en résulte. Par exemple, réussir à gérer les données recueillies pendant une journée par des milliers de capteurs en temps quasi réel est plus difficile que gérer une collection de vidéos de taille équivalente en octets. Cette distinction est prise en compte dans la définition dite des « 3 V » des données massives, qui fait ressortir trois caractéristiques principales :

- le **volume** des données, tel qu'envisagé dans la plupart des définitions aujourd'hui (voir Loukides, 2010 ; MGI, 2011 ; et aussi McGuire et al., 2012, cité *in* OCDE, 2013c) ;
- la **variété** des données, qui renvoie aux données pour l'essentiel non structurées provenant de sources aussi diverses que les journaux web, les médias sociaux, les communications mobiles, les capteurs et les transactions financières. La variété va aussi de pair avec la capacité de mettre en relation ces différents ensembles de données ;

Encadré 6.2. **Le volume, la vélocité et la variété suffisent-ils à définir les données massives ?** *(suite)*

- la **vélocité** des données ou vitesse à laquelle les données sont générées, recueillies, traitées et analysées. Le suivi en temps réel et la prévision immédiate sont maintenant souvent considérés comme des avantages résultant de la vélocité des « données massives ».

Cependant, la définition « 3 V » et d'autres définitions similaires reposent sur des propriétés techniques liées à l'évolution des méthodes les plus récentes de stockage et de traitement des données et qui, par conséquent, sont en état de flux constant. En outre, ces définitions impliquent que les données massives ne reposent que sur un seul élément : les données. Cela est vrai pour le volume, mais la variété et la vélocité dépendent principalement de l'analytique des données – la capacité à traiter et analyser des données diverses non structurées en temps (quasi) réel. De plus, le terme « données massives » n'indique pas comment les données sont utilisées, quelles formes d'innovation elles peuvent stimuler, non plus que leur relation à d'autres concepts comme ceux de « données ouvertes », « données corrélées », « données composites » et ainsi de suite. C'est la raison pour laquelle le projet KBC2 : DATA de l'OCDE a choisi de ne pas s'en tenir au concept de « données massives » mais de mettre en avant l'« innovation basée sur les données », c'est-à-dire *l'utilisation des données et l'analytique au service de l'innovation* pour la croissance et le bien-être.

Source : OCDE, 2013c.

Les données massives sont particulièrement indiquées dans le cas des procédures qui privilégient le traitement massivement parallèle (MPP). Les données sont divisées en unités de plus petite taille avant d'être traitées, et les différents résultats sont ensuite combinés. Cette méthode diffère de l'informatique classique dans laquelle des processeurs et une mémoire plus rapides sont censés permettre les augmentations de vitesse requises. Les systèmes aptes au MPP sont constitués essentiellement d'un grand nombre de serveurs reliés entre eux par un réseau commun et d'une pile logicielle qui traite les serveurs comme un pool commun de traitement et de stockage. L'informatique en nuage est définie comme « un modèle de service pour les services informatiques reposant sur un ensemble de ressources informatiques accessibles selon des modalités très souples et à la demande, nécessitant peu de moyens de gestion » (OCDE, 2013b).

Les capteurs, la communication M2M et l'informatique en nuage génèrent une quantité gigantesque de données, dont l'analyse statistique présente un énorme intérêt pour la science, les entreprises et les consommateurs. Les données massives, la communication M2M et l'informatique en nuage sont aussi à l'origine d'une ère entièrement nouvelle de l'apprentissage automatique ou de ce qu'on appelle l'intelligence artificielle. Considérée il y a peu encore comme un rêve des débuts de l'informatique qui n'aurait pas tenu ses promesses, l'intelligence artificielle revient sur le devant de la scène grâce à la prise en compte de la statistique bayésienne. Celle-ci ne s'appuie pas sur des modèles a priori, mais sur des distributions de probabilités tenant compte des expériences antérieures et permet le développement de nouveaux outils d'« apprentissage automatique »[6].

En combinant apprentissage automatique et machines téléguidées, des véhicules par exemple, il est possible de concevoir des machines autonomes et des systèmes intelligents capables de fonctionner sans aucun contrôle humain. Les machines seront contrôlées soit de façon interne, soit à distance via un ordinateur situé ailleurs. Pour fonctionner et apprendre, les machines et le système intelligent dont elles constitueront un élément s'appuieront à la fois sur l'analyse de données massives, l'informatique en nuage et la communication M2M, ainsi que des capteurs et des actionneurs.

En général, les robots sont surtout utilisés dans des industries où leur rapidité, leur précision, leur dextérité et leur aptitude à travailler dans des conditions dangereuses sont particulièrement appréciées. L'utilisation de ces capacités, cependant, exige un environnement de haute précision ; la création d'une usine robotisée peut prendre des mois, sinon des années, car il est nécessaire de planifier tous les mouvements robotiques au millimètre près. La situation évolue aujourd'hui grâce à l'utilisation combinée de capteurs, de l'apprentissage automatique et de l'informatique en nuage. L'IDO permet aux robots d'acquérir une plus grande flexibilité et d'apprendre. On peut citer comme exemple de cette évolution les entrepôts entièrement robotisés où l'intervention humaine se limite à surveiller le chargement et le déchargement des camions par les robots.

Le passage à des systèmes intelligents utilisables non seulement dans un environnement contrôlé comme une usine mais pouvant interagir avec un environnement non technologique n'est pas encore tout à fait pour demain, mais les premiers signes en sont visibles dans le secteur des transports. Nombre de spécialistes de l'industrie pensent que l'application concrète de ces systèmes ne saurait tarder, une fois surmontés les obstacles techniques. On ignore encore si les véhicules autonomes finiront par devenir chose courante mais, selon les estimations de l'industrie, leur introduction devrait intervenir dans une dizaine d'années. À ce stade, il est difficile d'évaluer quels seront les avantages principaux des véhicules autonomes, mais plusieurs semblent s'imposer :

- **Utilisation.** La plupart des véhicules ne sont pas actuellement utilisés pendant la majorité de leur durée de vie. Les véhicules autonomes pourront accroître l'utilisation des véhicules, par exemple au moyen de systèmes d'abonnement.
- **Efficacité énergétique.** Une importante quantité d'énergie est utilisée et perdue pendant l'accélération et la décélération. Les machines seront mieux à même d'équilibrer ces deux phases. En outre, selon certaines prévisions, les véhicules autonomes seront plus légers car ils feront l'objet de normes moins exigeantes quant aux équipements de sécurité.
- **Sécurité.** Avec un temps de réaction de l'ordre de la milliseconde et grâce à la communication entre véhicules, les véhicules autonomes seront mieux à même de répondre aux changements soudains de situation et anticiperont mieux les situations dangereuses.
- **Autonomisation.** L'industrie et les chercheurs pensent que la possession et l'utilisation d'un véhicule autonome seront moins coûteuses et exigeront moins de compétences – sinon aucune – de la part de l'occupant (Lee, 2015)[7]. Les véhicules autonomes pourraient donc se substituer aux transports publics pour un nombre relativement élevé de personnes (par ex. les personnes âgées et les handicapés).

L'IDO est en grande partie concentré dans les villes et nombre d'applications IDO seront utiles à la vie urbaine ainsi qu'à la gouvernance, la planification et la gestion des infrastructures et services urbains. Par exemple, les systèmes de transport intelligents ou les maisons et réseaux électriques intelligents permettront aux habitants des villes et de leur périphérie d'économiser du temps, de l'énergie et de l'argent. Les collectivités locales auront accès à une quantité croissante de données qui favoriseront une planification et des investissements plus judicieux, ainsi qu'une gestion plus efficiente des systèmes de transport, d'eau, d'énergie et de traitement des déchets. Les villes promouvront également une interaction bénéfique entre choses, machines et systèmes connectés dans des domaines ayant fonctionné jusqu'ici de manière essentiellement séparée les uns des autres. Connecter les systèmes d'eau, d'énergie, de transport et de traitement des déchets, afin de favoriser la réutilisation des ressources et l'élimination des capacités excédentaires et des redondances de chaque système, pourrait par exemple avoir des effets synergiques. Cependant, l'interopérabilité entre appareils, machines et systèmes sera essentielle pour optimiser le potentiel de transformation des villes qu'offre l'IDO, et les technologies, les normes, les règles et les protocoles devront être harmonisés entre secteurs.

6.2. Évolutions techniques concernant l'internet des objets

L'internet des objets repose sur la connectivité d'appareils et de capteurs. Différents types de connectivité peuvent être envisagés en fonction de la dispersion et de la mobilité géographiques sous-jacentes (graphique 6.2). Plus l'application considérée sera exigeante à cet égard, plus son fonctionnement nécessitera d'énergie, et plus grande sera la taille de l'antenne requise (s'il s'agit d'un appareil sans fil). L'utilisation d'énergie et la taille de l'antenne déterminent à leur tour le *facteur forme* (c'est-à-dire les dimensions, la configuration ou les caractéristiques physiques d'un objet d'équipement informatique) et les applications de l'appareil. Les capteurs et les actionneurs les plus petits récoltent l'énergie électromagnétique au moyen d'un circuit sans fil, comme les balises RFID, ou sont connectés en filaire à une source d'électricité et à un réseau de communications. L'évolution de la technologie des batteries est malheureusement restée linéaire en comparaison avec les progrès exponentiels accomplis dans le domaine des circuits intégrés, où la miniaturisation croissante et le développement des capacités se paient d'une plus grande consommation d'énergie.

Graphique 6.2. **Applications et technologies machine à machine, par type de dispersion et de mobilité**

	Réseau géographiquement fixe	Réseau géographiquement mobile
Réseau géographiquement dispersé	**Application :** réseau intelligent, compteur intelligent et ville intelligente, contrôle à distance **Technologie requise :** RTPC, haut débit, 2G/3G/4G, courant porteur en ligne (CPL)	**Application :** véhicule automatisé, cybersanté, logistique, appareils électroniques portables grand public **Technologie requise :** 2G/3G/4G, satellite
Réseau géographiquement concentré	**Application :** domotique, automatisation industrielle, cybersanté **Technologie requise :** réseau personnel sans fil (WPAN), réseaux filaires, câblage électrique intérieur, Wi-Fi, RFID, communication en champ proche	**Application :** logistique sur site **Technologie requise :** Wi-Fi, WPAN

Réseaux de faible portée et réseaux domestiques

Les réseaux filaires et les réseaux sans fil sont essentiels pour l'IDO. Les réseaux filaires offrent de grandes capacités mais leur localisation est fixe. Les réseaux sans fil offrent une grande flexibilité en termes de lieu et de mouvement mais sont souvent limités par des facteurs de débit et de consommation d'énergie. Les réseaux filaires utilisent les technologies de réseau standard comme Ethernet (pour les réseaux d'entreprise et les réseaux fibre), GPON (pour les réseaux fibre), DSL (pour les réseaux de téléphonie publique) et Docsis (pour les réseaux câblés). Bien qu'il existe des normes pour la communication par courant porteur en ligne et que *Power over Ethernet* soit fréquemment utilisé dans les entreprises pour les téléphones VoIP et d'autres matériels, les protocoles de réseau filaire pour l'IDO n'ont guère évolué. Les normes existantes sont souvent applicables lorsqu'il est possible d'utiliser une connexion filaire[8].

Le domaine le moins avancé, et par conséquent celui qui évolue le plus rapidement, est celui des normes sans fil à courte portée pour le domicile et l'entreprise (en bas à gauche dans le graphique 6.2). Des technologies comme la radio-identification (RFID), la communication en champ proche (NFC), Zigbee, 6LowPan, Bluetooth et Wi-Fi (par ordre de complexité croissant) ont toutes été promues comme des normes mondiales, et chacune d'entre elles a son propre créneau. La technologie RFID est un protocole de communication unidirectionnelle permettant à de petites puces électroniques (balises) de transmettre des données de localisation. En 2003, lorsque l'entreprise Walmart a annoncé qu'elle exigerait dorénavant de ses principaux fournisseurs qu'ils utilisent la RFID pour toutes leurs palettes et cartons, cette technologie a semblé promise à un grand avenir dans le commerce de détail. Nombre d'observateurs ont alors prédit que les boîtes de lait seraient bientôt toutes équipées d'une balise RFID et que les réfrigérateurs seraient capables de scanner leur contenu et d'en dresser l'inventaire. Certains commentateurs ont même prédit que, d'ici une décennie, 100 milliards de balises seraient utilisées chaque année. Si ces prévisions ne sont pas devenues réalité, c'est en partie parce que le prix des balises n'a pas suffisamment diminué, mais aussi parce que les fréquences radio traversent difficilement les emballages en aluminium ou les produits (en partie) liquides. L'utilisation des puces RFID, par conséquent, est demeurée limitée dans le secteur des produits de grande consommation, à faible marge et à rotation rapide.

En 2014, le marché de la RFID a franchi un nouveau seuil avec le développement de l'utilisation des balises RFID dans les boutiques d'habillement et de prêt-à-porter. La technologie RFID permet de scanner un rayon de vêtements pour savoir si telle ou telle taille est encore disponible ou si un réassort à partir des réserves est nécessaire, en réduisant ainsi le temps d'attente du client pendant qu'un vendeur cherche une taille particulière. La RFID est aussi utilisée dans l'aérospatiale et le secteur manufacturier pour connaître l'emplacement d'outils ou de pièces détachées, et pour vérifier que la bonne pièce a été utilisée et connaître son âge exact. Dans le secteur de la santé, la RFID est utilisée pour assurer le suivi des marchandises, des médicaments et des patients, ainsi que pour contrôler le lavage des mains et l'hygiène du personnel. L'utilisation de distributeurs de savon contrôlés par RFID a permis d'accroître l'utilisation de savon dans les hôpitaux, réduisant ainsi le nombre des infections. Dans le secteur des transports, des balises RFID sont intégrées aux tickets simples et aux forfaits valables plusieurs jours. La RFID est aussi utilisée pour l'identification du bétail, afin de respecter les normes de traçabilité des animaux tout au long de leur vie mises en place par les pouvoirs publics. Selon un cabinet d'analyse, 5.8 milliards de balises auraient été vendues en 2013, et l'on devrait en compter 6.9 milliards en 2014 (Das et Harrop, 2014).

La NFC est une technologie bidirectionnelle conçue pour les interactions du type paiement ou entrée dans un immeuble. Son fonctionnement exige la présence rapprochée de deux appareils équipés de la technologie NFC. Celle-ci est intégrée aux cartes magnétiques d'accès à un bâtiment ou aux transports publics (par ex. le passe *Navigo* à Paris, la carte *Oyster* à Londres et la carte *Suica* au Japon). Son usage s'étend actuellement aux paiements sans contact, des banques de plus en plus nombreuses introduisant des cartes de débit et de crédit utilisant la technologie NFC. Depuis le lancement de l'iPhone 6 d'Apple, toutes les grandes plateformes de smartphone permettent l'utilisation de la NFC. En outre, certaines cartes de transport public, comme la *T-card* à Séoul et la carte *Suica* au Japon, peuvent être utilisées pour régler des dépenses d'épicerie, de repas léger, de taxi ou autres.

Le problème principal que pose la NFC est celui de la standardisation. La plupart des systèmes qui emploient la NFC sont des systèmes à circuit fermé. Par conséquent, seules les cartes émises par une organisation peuvent être utilisées pour le type de transactions qu'elle autorise. Cela limite leur usage. Un organisme de transport public, par exemple, accepte uniquement les cartes de transport émises par lui et non les cartes utilisées dans une région voisine ou les cartes bancaires (la carte parisienne *Navigo* ne peut être utilisée en dehors de la région Île-de-France). Un système à circuit ouvert permet aux clients d'utiliser des cartes émises par d'autres organisations, par exemple d'autres organismes de transport public, des banques ou des entreprises de téléphonie mobile. L'obstacle principal à la standardisation est d'obtenir des organisations qu'elles ouvrent l'accès à ce qu'elles considèrent comme leur clientèle. Il est difficile de mettre en place un système destiné uniquement aux clients de la banque W et de l'organisme de transport public X utilisant un smartphone de marque Y fourni par l'opérateur mobile Z. Dans ces conditions, le groupe cible ne pourra qu'être restreint. Les premiers essais d'application de la technologie NFC ont souvent échoué parce qu'ils se limitaient à une seule banque ou un seul opérateur mobile.

Les systèmes à circuit ouvert suscitent aujourd'hui de plus en plus d'intérêt. Depuis septembre 2014, *Transport for London* accepte les paiements effectués au moyen d'un smartphone via *Cash on Tap* d'EE ou le *Smartpass* de Vodafone. L'utilisation d'une carte de débit prépayée ou d'une carte de crédit signifie que seule la coopération de la banque/ entreprise de carte de crédit est nécessaire[9]. Le système introduit par *Transport for London* a obtenu un certain succès puisqu'au bout d'une semaine, 5 % des trajets étaient réglés via le système à circuit ouvert. L'un des problèmes de ce genre de système, cependant, est le risque de « contamination des cartes » qui peut se produire lorsque plusieurs cartes sont acceptées pour le règlement d'un trajet de transport, par exemple. Si le portefeuille de l'usager entre en contact avec le portail d'accès, le système pourra enregistrer automatiquement un paiement pour chacune des cartes détectées.

Les smartphones ont aussi permis d'intégrer la technologie NFC à d'autres applications. Il est possible, par exemple, de connecter un smartphone à un haut-parleur sans fil en touchant simplement le haut-parleur avec le téléphone. Cette fonctionnalité, qui est intégrée à de nombreux téléphones Android et à la plupart des haut-parleurs et des écouteurs sans fil Bluetooth, s'étend maintenant aux claviers, aux imprimantes, aux téléviseurs et à d'autres appareils. Elle permet à l'usager de mettre en relation des appareils sans avoir besoin de connaître ou de comprendre les technologies sans fil sous-jacentes (Wi-Fi/Bluetooth), l'authentification étant automatique et n'exigeant pas de connaître les clés des appareils. Dans certains cas, l'usager peut déclencher automatiquement le changement de configuration de son téléphone portable en effleurant du doigt un autocollant NFC, par exemple lorsqu'il le pose sur la station d'accueil de son véhicule.

Bluetooth a été conçu à l'origine comme un réseau personnel sans fil (WPAN) pour la connexion à faible portée d'appareils périphériques tels qu'écouteurs ou claviers à un téléphone mobile ou à un ordinateur. Plus de 90 % des téléphones, tablettes et ordinateurs portables sont équipés de Bluetooth, et aussi certains véhicules. Il s'agit d'une technologie à plus large bande passante et à plus longue portée que la NFC, pouvant fonctionner jusqu'à 10 ou 20 mètres dans un réseau en étoile avec un contrôleur central où tous les appareils se connectent l'un à l'autre[10]. La version la plus récente est Bluetooth 4.0 ; cependant, le développement en cours de Bluetooth 4.1 devrait aboutir à l'introduction d'un réseau maillé et de l'IPv6, ce qui permettra aux appareils de se connecter directement l'un à l'autre et via l'IPv6 à l'internet au lieu de passer par un contrôleur central. Bluetooth deviendra ainsi un concurrent direct des réseaux basés sur le protocole IEEE 802.15.4 (voir plus bas).

Les capacités de Bluetooth 4.0 au regard de l'IDO ont été étendues car elles permettent maintenant de prendre en charge les appareils de faible puissance. Cela a stimulé l'innovation autour d'un certain nombre de capteurs et de balises à faible puissance, comme iBeacon d'Apple, et de normes concurrentes. Divers types d'utilisations ont été identifiées dans le domicile, notamment avec des capteurs pouvant saisir conjointement la température, le mouvement, la position et d'autres données. Ces derniers peuvent être utilisés pour localiser des objets comme les clés de voiture mais aussi pour signaler lorsqu'un placard (contenant de l'alcool ou des armes à feu, par exemple) a été ouvert. D'autres utilisations de Bluetooth se sont également révélées possibles en dehors du domicile, par exemple dans les centres commerciaux et les magasins. Dans les aéroports d'Amsterdam et de Miami, des balises Bluetooth guident les passagers utilisant un smartphone jusqu'à leur porte d'embarquement au moyen d'une application spécifique. SITA (une organisation spécialisée dans les solutions informatiques et de communication pour les aéroports) tient un registre ouvert permettant aux aéroports de notifier les balises qu'ils ont mises en place et aux fabricants d'applications d'échanger des informations en vue de développer des services[11]. D'ici quelques années, les compagnies aériennes se serviront peut-être couramment de balises pour localiser leurs clients, et les voyageurs pour trouver leur avion. Des balises comprenant l'information pertinente pourront être placées partout – aux arrêts de bus par exemple – et consultées au moyen d'un smartphone. Dans une veine similaire, Microsoft a conçu des écouteurs permettant de communiquer vocalement des informations aux malvoyants par exemple.

Le protocole IEEE 802.15.4 (pour les réseaux à dimension personnelle du type LR-WPAN) est une norme de réseau qui se distingue par sa capacité à prendre en charge à la fois les réseaux en étoile et les réseaux maillés pour les applications de faible puissance. Il est conçu pour utiliser très peu d'électricité, ce qui lui permet de fonctionner pendant des années avec une batterie, même lorsque l'appareil est en veille. Il ne dépasse pas 250 kbit/s, ce qui le rend idéal pour les applications IDO à domicile et dans un contexte industriel. Le protocole IEEE 802.15.4 précise les modalités de radiodiffusion et de connexion des appareils mais non certaines interactions de niveau plus élevé nécessaires à un co-fonctionnement efficace[12]. Un certain nombre d'autres normes ouvertes ou privées viennent compléter IEEE 802.15.4, notamment WirelessHart, MiWi, ISA100.11A, Zigbee et Thread, chacune d'elles répondant à des configurations d'usage différentes. L'IEEE 802.15.4, cependant, fonctionne assez mal avec une pile IP standard, ce qui a conduit l'*Internet Engineering Task Force* (IETF) à élaborer la norme 6LowPan pour activer la connectivité native IPv6[13]. Le problème est dû à la taille du paquet qui, dans le cas d'IEEE 802.15.4, est trop petite pour prendre en charge un paquet IP standard et à la consommation d'énergie requise par une connexion en principe constante à l'internet. Toutefois, contrairement à Bluetooth, l'IEEE 802.15.4 est rarement pris en charge directement par les téléphones mobiles, les tablettes et les ordinateurs portables, et une passerelle spécifique est donc nécessaire à son fonctionnement.

Zigbee est la norme la plus connue s'appuyant sur l'IEEE 802.15.4. Cependant, plusieurs versions incompatibles de Zigbee sont disponibles sur le marché, ce qui en freine l'adoption. Zigbee est présente dans les ampoules électriques fabriquées par GE et Philips et dans le nouveau boîtier décodeur de Comcast. La plupart des versions de Zigbee ne prennent pas en charge les fonctionnalités réseau natives fondées sur un protocole internet, mais certaines le font. Cela dépend, entre autres choses, des besoins d'électricité. Par exemple, Zigbee Green Power permet l'utilisation d'un réseau Zigbee avec des appareils n'ayant aucune source permanente d'énergie, comme une batterie ou une autre forme d'alimentation électrique. Ces appareils peuvent récolter l'énergie à partir du mouvement, par exemple la pression exercée sur un interrupteur.

En 2014, Google Nest, Samsung, ARM et plusieurs autres entreprises ont annoncé le lancement de Thread, une norme pour le domicile et ses alentours, comme alternative à Zigbee. Thread s'appuie sur le protocole 802.15.4 et est associée à la connectivité native 6LowPan. Bien qu'incompatible avec Zigbee, cette norme est conçue de manière à pouvoir utiliser les mêmes puces et radios. On ignore encore quel en sera le succès.

Il existe plusieurs technologies brevetées pouvant se substituer aux technologies s'appuyant sur l'IEEE 802.15.4, en particulier ANT, Peanut et Z-Wave. De ces trois, Z-Wave est la plus utilisée. GE, par exemple, propose une large gamme de produits basés sur Z-Wave. Ces technologies brevetées sont contrôlées par une entreprise ou un groupe d'entreprises, contrairement aux normes ouvertes qui sont accessibles à tous (sous certaines conditions). Un nombre réduit de fournisseurs vendent les puces et radios correspondantes, mais il est probable que des fournisseurs plus nombreux cherchent à développer des groupes de produits autour de cette technologie.

Le Wi-Fi (IEEE 802.11x) est le dernier protocole de réseau à examiner dans cette série. Il constitue la base de nombreux appareils IDO à l'intérieur et à proximité du domicile, puisque pratiquement tous les prestataires de services internet fournissent à leurs clients un modem/commutateur Wi-Fi. Bien qu'utilisant une bande de fréquences non soumise à licence, le Wi-Fi est devenu le mode préféré de connexion à l'internet de nombreux consommateurs. Optimisé à des fins d'utilisation par les ordinateurs dans les réseaux locaux, il peut atteindre des vitesses de 1 Gbit/s au lieu de donner la priorité à l'efficacité énergétique comme le fait l'IEEE 802.15.4[14]. Cela fait du Wi-Fi la technologie de choix pour les applications à large bande passante et faible latence comme les applications voix et vidéo. En conséquence, le Wi-Fi nécessite plus d'énergie et est peu indiqué pour prendre en charge les appareils à batterie. Il est donc utilisé pour connecter différents types d'appareils qui sont (régulièrement) connectés à une prise de courant.

Les technologies réseau à faible portée sont le domaine le plus discuté du développement des réseaux IDO, car en raison de l'incompatibilité des normes entre elles, il est difficile de prévoir quelle technologie l'emportera. Celles basées sur la norme IEEE 802.15.4 ou sur Bluetooth semblent avoir la préférence pour les appareils devant fonctionner pendant des années avec une seule charge, mais pour des usages nécessitant des débits élevés, le Wi-Fi est probablement le choix le plus indiqué. Cependant, quelle que soit la technologie choisie, un arbitrage est à faire. Une solution éventuelle serait que certains fabricants intègrent plusieurs technologies réseau dans les jeux de puces servant à la mise en réseau IDO. Cela augmenterait sans doute le coût de ces puces informatiques mais en permettant une plus grande souplesse d'utilisation et en évitant le risque de verrouillage technologique.

Réseaux de grande portée et réseaux mobiles

Dans le cas des réseaux géographiquement dispersés, les options filaires ne sont viables que là où la connectivité filaire existe déjà, ou bien seulement pour certaines organisations comme celles qui gèrent un réseau routier ou ferroviaire dans le cadre d'une infrastructure globale. Pour d'autres, le coût des travaux de génie civil nécessaires au câblage de sites distants les uns des autres est souvent prohibitif. C'est la raison pour laquelle l'utilisation de réseaux mobiles hertziens est essentielle dans le cas des applications IDO disséminées sur une aire géographique étendue. Qu'il s'agisse de contrôler des feux de signalisation ou d'assurer la surveillance à distance de pompes ou de véhicules, les réseaux hertziens constituent le seul moyen de connexion d'un bon rapport coût-efficacité.

Les réseaux 2G/3G/4G, tels que développés par 3GPP2, sont les principaux réseaux de déploiement de l'IDO :

- Les réseaux 2G (GSM) offrent une couverture mondiale, aussi bien à l'intérieur de locaux qu'en plein air, et sont donc considérés les plus prometteurs pour l'avenir. Certains opérateurs mobiles prévoient d'abandonner leurs réseaux 2G (par exemple, AT&T en 2017) mais la couverture de ces derniers est souvent supérieure à celle des réseaux 3G et 4G et la base GSM installée est si importante, en particulier en Europe, que leur démantèlement risque de poser de grandes difficultés.
- La 3G (UMTS/HSDPA) est parfois considérée dans la profession comme moins utile parce qu'elle utilise principalement la bande de 2 100 Mhz, qui n'offre pas une bonne couverture à l'intérieur de locaux. Toutefois, certains pays utilisent la 3G dans d'autres bandes et certains modules M2M sont compatibles 3G.
- Les réseaux 4G sont de plus en plus prisés à cause de leurs possibilités d'utilisation sur une gamme de fréquences étendue, y compris en-dessous de 1 GHz, de leur haut débit et de leur faible latence. Les réseaux 4G peuvent aussi fonctionner dans les bandes qui accueillent actuellement les réseaux 2G et 3G. Les modules IDO 4G sont encore considérés comme chers mais leurs prix baissent. Les observateurs prévoient que, d'ici 2022, 70% des modules M2M utiliseront la 4G. Cependant, 30 % du marché continuera à s'appuyer sur des modules 2G. Compte tenu de la durée de vie du M2M – de 10 à 20 ans –, cela signifie en fait que les réseaux 2G devront rester opérationnels bien au-delà de 2030 (Connected World, 2014).
- Toutefois, l'utilisation de réseaux 2G/3G/4G pour le déploiement de l'IDO à grande échelle ne va pas sans inconvénients. L'obstacle principal est l'effet de verrouillage dû à la carte SIM. Il est difficile – sinon impossible – de changer d'opérateur mobile pendant la durée de vie d'un appareil, car tout changement d'opérateur oblige à remplacer physiquement la carte SIM, ce qui crée une dépendance à l'égard d'un opérateur particulier. Cela nuit à la concurrence. En outre, il devient difficile, dans ces conditions, d'obtenir la couverture voulue car même dans un environnement urbain dense, aucun réseau ne peut prétendre à une couverture complète (à l'intérieur de locaux). Lorsqu'un réseau concurrent couvre un site particulier, les grands utilisateurs pourront opter pour l'utilisation conjointe de plusieurs réseaux. De plus, les réseaux mobiles ne sont pas statiques et leurs caractéristiques opérationnelles se modifient en fonction des exigences de la charge de réseau et des opérations d'entretien. Une enquête a montré qu'en Norvège, jusqu'à 20 % des appareils sont déconnectés du réseau au moins dix minutes par jour, même dans les villes à forte densité, sans compter les pannes de réseau graves (Kvalbein, 2012)[15]. En outre, certains sites sont saturés pendant les heures de pointe. Cela n'est sans doute pas grave dans le cas des compteurs électriques intelligents, qui peuvent reporter la transmission des données, mais pose effectivement problème s'agissant du rechargement d'un véhicule électrique, de feux de circulation ou

de terminaux de paiement pour lesquels une intervention humaine directe est nécessaire. Certains auteurs suggèrent que des mécanismes supplémentaires de maintien de la qualité du service seront nécessaires pour respecter le principe d'obligation de moyens de l'internet et assurer la prise en charge d'applications IDO critiques comme les véhicules autonomes et les applications de cybersanté. D'autres, par contre, font valoir qu'étant donné le manque de fiabilité intrinsèque du réseau sous-jacent et l'incapacité des protocoles réseau supérieurs, comme le protocole internet, à évoluer, des mesures plus radicales sont nécessaires. Il s'agirait de rendre les applications plus résilientes et de permettre aux usagers de changer rapidement de réseau sous-jacent au moyen de cartes SIM qui ne seraient plus liées à un opérateur spécifique. En outre, l'itinérance mobile internationale, même prise en charge de manière adéquate, coûte cher et aucun opérateur de réseau mobile ou groupe d'opérateurs n'a une empreinte suffisamment large pour offrir une bonne couverture et des tarifs adéquats en réponse à certains besoins des utilisateurs.

Une possibilité serait que les gouvernements modifient la réglementation afin de permettre à des entreprises privées (non des réseaux publics de télécommunications) de gérer les numéros nécessaires à l'utilisation des réseaux mobiles, comme les numéros IMSI pour les cartes SIM, les numéros de téléphone et les codes de réseaux mobiles. Le marché de la connectivité 2G/3G/4G deviendrait ainsi un marché concurrentiel libéré des effets de verrouillage à long terme vis-à-vis d'un réseau particulier. Les clients auraient donc la possibilité de choisir un ou plusieurs réseaux par territoire en fonction de leurs besoins, et même d'utiliser d'autres réseaux comme les réseaux Wi-Fi en utilisant leur carte SIM pour l'authentification. Aux Pays-Bas, le gouvernement a modifié la réglementation existante, en partie à la demande du secteur de l'énergie en vue du déploiement des compteurs intelligents. Enexis, une entreprise de service public réglementée gérant un réseau électrique, est le premier opérateur privé de réseau virtuel du pays à utiliser ses propres cartes SIM[16]. L'entreprise a choisi cette solution pour éviter la dépendance à l'égard d'un opérateur et pour s'assurer la flexibilité nécessaire à l'avenir. Les gouvernements belge et allemand examinent aussi la possibilité de modifier la réglementation en ce domaine. Dans un rapport sur les numéros IMSI pour cartes SIM, le groupe de travail de la Conférence européenne des administrations des postes et des télécommunications (CEPT/ECC) sur le nommage et le numérotage formule la recommandation suivante :

> Les pays de la CEPT devraient revoir les critères d'attribution des codes de réseau mobile (MNC) définis par la norme E.212 de l'UIT et examiner la possibilité d'introduire une plus grande flexibilité dans l'attribution des MNC :
>
> a. aux acteurs traditionnels du marché comme les MVNO, les MVNE et les revendeurs ; et
>
> b. aux modèles d'entreprise émergents comme les prestataires de services M2M et de services SMS (ECC, 2014).

Certains gouvernements sont d'avis que les recommandations pertinentes de l'UIT devraient être modifiées afin de donner aux réseaux privés accès aux numéros IMSI et aux numéros apparentés. En 2015, la Commission d'études 2 de l'UIT discutera des amendements proposés à la réglementation pertinente.

En raison des risques potentiels de dépendance à l'égard des réseaux mobiles et des difficultés à obtenir la couverture voulue, les fournisseurs et utilisateurs à grande échelle de l'IDO se tournent vers de nouvelles options. L'examen des différentes solutions utilisées pour la lecture automatique de compteurs et les réseaux intelligents est instructif à cet égard. Telefonica a décroché avec Connode (Suède) un contrat de 15 ans pour la fourniture de méthodes intelligentes de comptage au Royaume-Uni, en s'appuyant à la fois sur un réseau maillé IPv6 sur trame 802.15.4 et la connectivité cellulaire. Le réseau maillé permet aux compteurs intelligents de se servir d'autres compteurs intelligents pour atteindre une plateforme dotée de la connectivité cellulaire. En cas de perte de couverture à l'un des nœuds du réseau, un autre nœud peut servir de plateforme. Aux Pays-Bas, Alliander (une entreprise de service public réglementée gérant un réseau énergétique) a acquis, à partir d'une licence existante, une licence CDMA450 pour offrir des services de réseau intelligent à ses propres sociétés d'exploitation et à des tiers. La technologie CDMA450 offre une meilleure couverture que les réseaux de fréquence supérieure et est utilisée par certaines entreprises pour déployer la téléphonie sans fil dans les zones rurales. Ses capacités de communication vocale sont limitées mais le CDMA450 ou le LTE450 assurent une meilleure couverture pour la communication des données que les technologies hertziennes existantes. Dans d'autres pays, les entreprises d'électricité ont opté pour le courant porteur en ligne, qui demande parfois jusqu'à une journée pour l'acheminement d'un message. Bien que trop lente pour les services en temps réel, cette option se révèle souvent fiable et demeure sous le contrôle de l'entreprise d'électricité. Dans certains cas, les entreprises de comptage ont opté pour un système à faible portée dans lequel le compteur n'est pas connecté en permanence mais peut communiquer des données à un véhicule de l'entreprise passant à proximité.

Au Royaume-Uni, une entreprise appelée Neul (acquise récemment par Huawei) promeut l'utilisation des fréquences libres du spectre de diffusion de la télévision (*white space*). Sa technologie fonctionne dans la bande 470-790 Mhz. En France, Sigfox prévoit d'utiliser la bande de fréquences industrielle, scientifique et médicale non soumise à licence (868 Mhz en Europe et 902 Mhz aux États-Unis) avec des réseaux UNB (*Ultra Narrow Band*). Un appareil permet d'envoyer jusqu'à 140 messages de 12 octets par jour. Bien que disponible actuellement dans quelques pays seulement, cette technologie a bénéficié pour son déploiement d'un financement de 115 millions USD en 2015. Une autre entreprise française, Semtech, promeut la technologie LoRa pour la communication à plus longue portée (jusqu'à 15 km) à bas débit avec des appareils IDO.

Ces évolutions montrent que les besoins de communication de nombreux utilisateurs portent sur une aire très dispersée et exigent une couverture étendue. Des solutions de substitution aux réseaux 2G/3G/4G sont en cours d'élaboration, mais seules quelques-unes d'entre elles peuvent utiliser les bandes de fréquence normalisées au niveau mondial et les bandes de fréquences disponibles sont étroites, ce qui réduit leur utilisation.

L'IPv6 et l'internet des objets

L'IPv6 et l'IDO sont souvent perçus comme très fortement harmonisés, voire interdépendants. L'IDO a besoin de l'espace d'adressage énormément élargi que seul peut lui fournir l'IPv6, tandis que l'IPv6 a besoin d'une base importante pour justifier les dépenses supplémentaires requises pour son déploiement à grande échelle. D'aucuns pensent aussi que l'utilisation de l'IPv6 permettra d'atténuer la pénurie de numéros de téléphone et de numéros IMSI. Toutefois, ces numéros resteront nécessaires pour identifier un appareil dans un réseau mobile sur lequel fonctionne l'IPv6[17].

Les données recueillies à ce jour sur les déploiements d'appareils ne semblent pas confirmer cette vision des choses. Les réseaux de capteurs, d'appareils mobiles et d'autres types d'appareils électroniques déployés aujourd'hui utilisent tous le réseau IPv4.

On considère généralement qu'il s'agit là d'un choix pragmatique dicté par des considérations de disponibilité. Les estimations varient mais on s'accorde à reconnaître qu'entre 8 et 10 milliards d'appareils étaient connectés à l'internet en 2012. À cette date, l'internet comprenait environ 2.5 milliards d'adresses, ce qui indique que la majorité de ces appareils se trouvaient en-deçà d'un serveur conventionnel de traduction d'adresses réseau (NAT) permettant à une adresse IPv4 d'être utilisée simultanément par plusieurs appareils.

Cela soulève la question de savoir si l'IPv6 est une condition préalable à l'IDO, ou si la population de micro-appareils qui ne cesse de croître pourra continuer à être déployée avec le système actuel de partage d'adresses de l'IPv4, ou associant l'IPv4 et l'IPv6 avec traduction entre les différentes parties d'un même réseau. Cette question pose aussi celle de la nature des appareils enchâssés et de la manière dont ils communiquent avec leur environnement extérieur.

Les appareils reposant sur l'exploitation « par appels sélectifs » recueillent et conservent des données dans la mémoire locale, puis transmettent ces données à un contrôleur quand on les interroge. Dans ce modèle, l'appareil est la cible de demandes de connexion et a donc généralement besoin d'une adresse publique IP qui lui est propre. Étant donné le grand nombre d'appareils envisagé dans l'IDO, l'exploitation par appels sélectifs aura besoin de la plus grande quantité d'adresses que peut lui fournir l'IPv6, mais non l'IPv4.

Un autre mode de transmission des données provenant des capteurs est le mode « signalement à la base » dans lequel les appareils recueillent les données et établissent régulièrement une connexion avec le contrôleur afin de lui transmettre ces données. Ce deuxième modèle est bien adapté à un environnement avec IPv4 et traductions d'adresses réseau (NAT), car c'est l'appareil qui est à l'origine des demandes de connexion et une adresse publique ne lui est attribuée que pour la durée de la connexion. D'autre part, dans ce modèle, le capteur reste « caché » de l'internet extérieur, car la fonction NAT empêche en fait tout agent extérieur d'établir une communication avec l'appareil.

Une grande partie du travail effectué à ce jour dans le domaine des réseaux de capteurs et d'autres contextes similaires d'utilisation d'appareils automatiques enchâssés s'appuie sur le mode« signalement à la base » pour les connexions, ce qui permet de localiser les appareils en-deçà des NAT et d'utiliser le réseau IPv4 existant. Ces appareils ne contribuent pas à promouvoir un large déploiement de l'IPv6. Cependant, si l'on se tourne vers les modèles de capteurs continus (par ex. flux vidéo ou capteurs environnementaux permanents), ainsi que d'autres formes de collecte de données « juste à temps », les possibilités offertes en temps voulu par les appareils reposant sur le mode « par appels sélectifs » représentent un atout significatif, les NAT devenant aussi un obstacle. En pareils cas, l'utilisation de l'IPv6 est généralement considérée comme une condition préalable. Toutefois, le fait de ne pas utiliser la NAT expose les micro-appareils non surveillés à l'internet. Il en résulte certains risques de sécurité et de détournement, en particulier le risque que ces appareils adressables soient inclus dans divers types d'attaques par déni de service distribué de grande envergure. La question de savoir si l'espace d'adressage plus important de l'IPv6 peut effectivement empêcher le détournement opportuniste des appareils à capteurs, ou si la prudence opérationnelle exige que les capteurs exposés soient équipés de solides dispositifs de sécurité et fassent l'objet d'une surveillance et d'un entretien constants, demeure une question ouverte pour l'industrie des capteurs.

Prévisions et mesure des dimensions de l'internet des objets

Les dimensions que devrait atteindre l'IDO dans un avenir proche font l'objet de nombreuses prévisions. La plus fréquemment citée est celle d'Ericsson, qui a déclaré en 2010 que 50 milliards d'appareils seraient connectés en 2020. Auparavant, Intel avait estimé en 2009 que 5 milliards d'appareils étaient déjà connectés à l'internet, en prédisant que ce chiffre atteindrait 15 milliards en 2015 (GigaOm, 2014). Cisco, dans son *Visual Networking Index* de 2014, a également prédit que 15 milliards d'appareils seraient connectés, mais seulement en 2018, tandis qu'en 2013, le *Cisco Internet Business Group* avait estimé à 50 milliards le nombre d'objets qui seront connectés en 2020[18]. Ces chiffres pourront paraître excessifs – ou peut-être inexacts à quelques années près. Cependant, l'OCDE a examiné les calculs sous-jacents et ceux-ci lui paraissent bien fondés. Les principaux facteurs qui détermineront l'évolution du nombre d'appareils sont le déploiement des réseaux haut débit fixes et mobiles, et la baisse du coût des appareils.

En 2012, l'OCDE a produit ses propres estimations de l'ampleur de l'utilisation de l'IDO à domicile, afin de vérifier certaines de ces prévisions. Aujourd'hui, dans ses pays membres, une famille moyenne de quatre personnes, dont deux adolescents, dispose de dix appareils connectés à l'internet à l'intérieur et aux alentours du domicile. Selon certaines évaluations, elle pourrait en compter 50 en 2022 (tableau 6.2). En conséquence, le nombre d'appareils connectés dans les pays de l'OCDE passerait de plus d'un milliard aujourd'hui à 14 milliards en 2022[19]. Ce calcul couvre uniquement les ménages des pays de l'OCDE et ne prend pas en compte la croissance estimée du nombre d'appareils connectés en dehors des pays de l'Organisation ou dans l'industrie, le commerce, l'agriculture et les lieux publics. On peut raisonnablement supposer que le marché de l'IDO est au moins aussi important en dehors qu'à l'intérieur de la zone OCDE.

Il est plus difficile, cependant, de mesurer les dimensions effectives de l'IDO. Un appareil connecté via Bluetooth ou Zigbee, comme une ampoule électrique, un bracelet d'activité ou autre, n'apparaît pas nécessairement sur le réseau. Ces appareils fonctionnent par l'intermédiaire de passerelles comme les smartphones et les passerelles spécifiques de domicile, et ces passerelles fonctionnent elles-mêmes parfois à l'abri de pare-feux, de serveurs proxy ou de routeurs qui effectuent la traduction des adresses réseau. En pratique, il est donc difficile de savoir ce qui existe au-delà du routeur à l'intérieur du domicile ou de connaître le nombre d'appareils connectés via le réseau mobile et les smartphones. Néanmoins, l'OCDE et les régulateurs ont trouvé certains moyens de mesurer la croissance de l'IDO.

L'un des moyens de mesurer l'IDO est de recenser le nombre de cartes SIM et de numéros de téléphone attribués à des appareils de communication M2M sur des réseaux mobiles (graphique 6.3). Les pouvoirs publics exigent de plus en plus fréquemment des opérateurs mobiles qu'ils déclarent le nombre d'appareils M2M reliés à leurs réseaux. Certains pays sont même allés plus loin en exigeant que soit attribué un numéro M2M (plus long qu'un numéro de téléphone classique) à tout appareil ne servant pas à la téléphonie[20]. Les données actuelles font apparaître une forte croissance du marché des cartes SIM et des numéros de téléphone dans de nombreux pays. La plupart des pays affichent une croissance à deux chiffres entre 2012 et 2013 mais, comme presque tous ne disposent pas de données pour 2011, il est difficile d'analyser cette évolution. Certains opérateurs déclarent aussi le nombre d'appareils connectés. Aux États-Unis, par exemple, AT&T rapporte avoir connecté 1.3 million d'appareils, dont 500 000 véhicules, sur son réseau mobile pendant le deuxième trimestre 2014.

Tableau 6.2. **Nombre d'appareils connectés par foyer**

2012	2017	2022
2 smartphones	4 smartphones	4 smartphones
2 ordinateurs/ordinateurs portables	2 ordinateurs portables	2 ordinateurs portables
1 tablette	2 tablettes	2 tablettes
1 modem DSL/câble/fibre/Wi-Fi modem	1 télévision connectée	3 télévisions connectées
1 imprimante/scanner	2 boîtiers décodeurs connectés	3 boîtiers décodeurs connectés
1 console de jeux	1 support de stockage lié au réseau	2 liseuses
	2 liseuses	1 imprimante/scanner
	1 imprimante/scanner	1 compteur intelligent
	1 console de jeux	3 systèmes stéréo connectés
	1 compteur intelligent	1 appareil photo numérique
	2 systèmes stéréo connectés	1 affichage consom. d'énergie
	1 affichage consom. d'énergie	2 voitures connectées
	1 voiture connectée à l'internet	7 ampoules électriques intelligentes
	1 paire de chaussures connectées	3 appareils sportifs connectés
	1 appareil de paiement à distance	5 prises électriques connectées
		1 balance
		1 appareil de cybersanté
		2 appareils de paiement à distance
		1 thermostat intelligent
		1 support de stockage lié au réseau
		4 capteurs domotiques
Appareils probables mais dont l'utilisation n'est pas générale		
Liseuses	Balance	Système d'alarme
Matériel sportif	ampoule électrique intelligente	caméras intérieures
Support de stockage lié au réseau	appareil de cybersanté	serrures connectées
Appareil de navigation connecté	appareil photo numérique	
Boîtier décodeur		
Compteur intelligent		

La prudence s'impose dans l'interprétation de ces données, car les numéros sont attribués aux opérateurs mobiles d'un pays particulier mais les appareils peuvent être utilisés en dehors de ce pays. Le fait est particulièrement notable dans les pays européens où les entreprises multinationales peuvent obtenir d'un opérateur la connectivité nécessaire pour couvrir tout ou partie de l'Europe. En Suède, par exemple, l'entreprise Telenor Connexion a des activités importantes dans le domaine de la communication M2M mais une grande part des numéros qu'elle cède à ses clients sont utilisés hors du pays. En outre, certains opérateurs mobiles attribuent des numéros de petits pays comme le Luxembourg ou Malte, afin que les appareils puissent, en principe, naviguer sur tous les réseaux d'autres pays européens. On aboutit donc à un surdénombrement pour ces pays, mais à un sous-dénombrement pour d'autres.

D'après les organismes de régulation, au moins 83 millions de numéros M2M seraient actuellement utilisés dans l'ensemble des pays de l'OCDE. Toutefois, les données manquent pour une douzaine de pays. Même en supposant une augmentation nulle entre 2012 et 2013 dans les pays où l'on manque de données pour 2012, l'augmentation de 21 % – ou 12 millions d'appareils – du nombre de connexions M2M semble néanmoins vigoureuse. Ces données ne prennent pas en compte la totalité des appareils M2M connectés via des réseaux mobiles, car on ignore le nombre d'usagers qui connectent des appareils en se servant de leur abonnement de connexion. Les États-Unis sont en tête pour le nombre d'appareils connectés, mais la Suède vient en première place pour le nombre d'appareils connectés par habitant, même si tous ces appareils ne se trouvent peut-être pas dans le pays (graphique 6.4).

Graphique 6.3. **Nombre de cartes SIM M2M par pays**

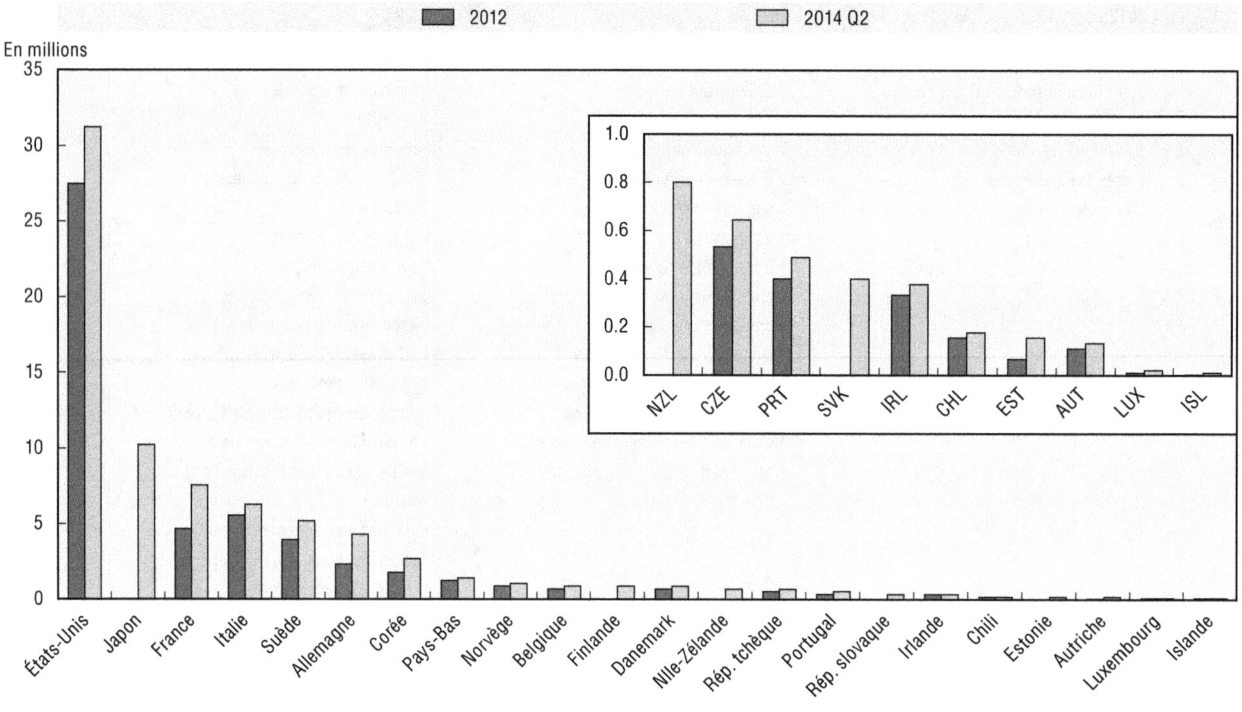

StatLink http://dx.doi.org/10.1787/888933308460

Graphique 6.4. **Nombre d'abonnés à la téléphonie cellulaire mobile intégrant la communication M2M, par centaine d'habitants**

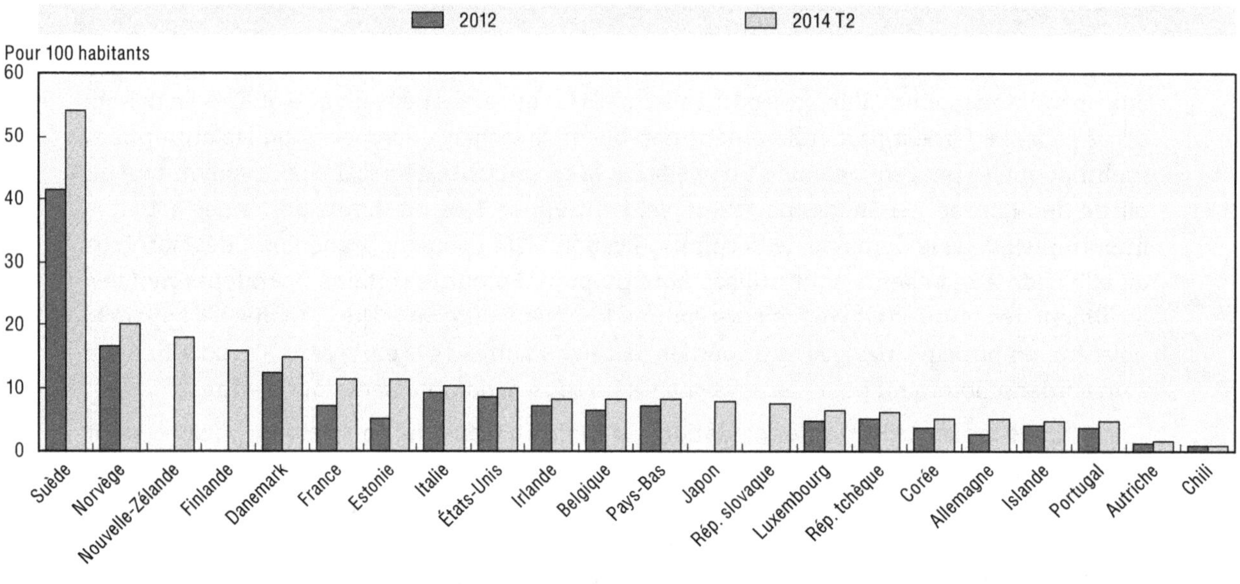

StatLink http://dx.doi.org/10.1787/888933308471

Un autre moyen de mesurer l'IDO est de scanner les adresses IP pour identifier les catégories d'appareils connectés à l'internet. Les données d'entreprises comme Shodan peuvent être utilisées à cette fin. Les appareils fournissent fréquemment eux-mêmes des données sur leur marque et leur type, ou cela peut être déduit du type de réponse de chaque appareil. Cette approche est prometteuse, mais en l'absence de classification des appareils qui génèrent les données brutes, il n'est pas possible d'utiliser ces dernières pour mesurer l'IDO. Des chercheurs dans le domaine de la sécurité ont défini le profil de certains appareils, comme les systèmes SCADA pour le contrôle des usines et des centrales énergétiques, mais il n'existe pas encore de classification générale des appareils. Il est probable que l'on disposera bientôt d'un cadre plus englobant permettant d'analyser les données obtenues en scannant l'internet.

Même si l'on scanne toutes les adresses IPv4, les données obtenues présentent certaines limites. Les appareils connectés à l'internet ne répondent pas tous à chaque demande d'identification. Les administrateurs de système peuvent restreindre les types de requêtes auxquelles répond un appareil, et un grand nombre d'appareils connectés en-deçà de routeurs DSL de domicile ou d'entreprise, de modems câble et de pare-feux d'entreprise utilisant la traduction des adresses réseau (NAT) ne répondent pas aux demandes aléatoires. Avec la traduction d'adresses réseau de classe opérateur (*Carrier Grade NAT*) qu'utilisent les réseaux mobiles, il est souvent impossible d'atteindre les appareils individuels[21]. Si les réseaux optent pour l'IPv6, cela sera encore plus difficile, car il est impossible de scanner de manière efficace toutes les adresses IPv6. Il faut de quelques heures à une journée entière pour scanner la totalité des 4 milliards d'adresses IPv4, mais l'espace IPv6 est 4 milliards de fois plus important. L'assignation des adresses IP à chaque pays peut aussi poser des difficultés. Si l'on utilise les données des registres internet régionaux (RIR), certains pays risquent d'être surreprésentés. Dans certaines cartographies IP, par exemple, le réseau de *Liberty Global*, qui couvre de nombreux pays d'Europe, est considéré comme un réseau autrichien. Cela est dû au fait que le réseau régional internet RIPE-NCC a assigné l'espace adresse à la branche autrichienne de *Liberty Global*, alors que cet espace est utilisé par toutes les filiales européennes de *Liberty Global*.

En dépit de ces limites, les données fournissent une vue approximative de la localisation des appareils sur l'internet. Shodan recense 363 millions d'appareils en ligne (graphique 6.5), dont 84 millions attribués à la Chine et 78 millions aux États-Unis. Viennent ensuite la Corée, le Brésil et l'Allemagne avec 18 millions d'appareils connectés, puis le Japon, l'Espagne, le Royaume-Uni et le Mexique avec entre 8 et 10 millions d'appareils. Il est difficile d'établir le nombre d'appareils par habitant sur la base des données actuelles, mais un classement provisoire des dix premiers pays est proposé ci-dessous (graphique 6.6). Si le Luxembourg, par exemple, n'obtient pas une place très élevée dans ce classement, c'est parce que certains opérateurs utilisent pour leur réseau FTTH la traduction d'adresses réseau de classe opérateur (*Carrier Grade* NAT), dissimulant ainsi de fait tous les appareils derrière la NAT.

D'autres méthodes de comptage s'appuyant sur les livraisons de puces Bluetooth, Ethernet, IEEE 802.15.4, Wi-Fi et 2G/3G/4G peuvent être envisagées. Il est possible d'obtenir des estimations de ces livraisons auprès des experts de l'industrie, mais les méthodologies utilisées par ces derniers ne sont pas toujours transparentes. Des difficultés peuvent en outre survenir au niveau de la combinaison des données, car certains appareils sont équipés de plusieurs puces ou jeux de puces. LaWi-Fi Alliance estime que 2 milliards d'appareils équipés Wi-Fi et plus de 2 milliards de jeux de puces Bluetooth ont été livrés en 2013, les smartphones représentant 61 % de ce dernier marché. Le recoupement est sans doute presque total entre les smartphones, les ordinateurs portables et les tablettes équipés à la fois du Wi-Fi et de Bluetooth, mais il n'est pas certain que les chiffres de ventes

Graphique 6.5. **Nombre d'appareils en ligne : 25 premiers pays**

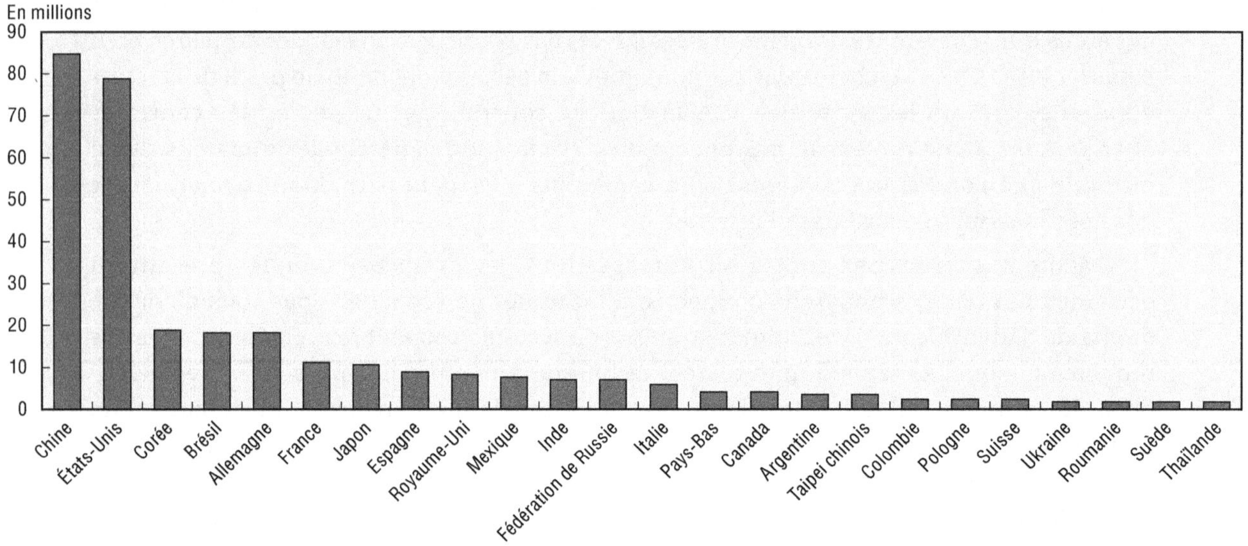

Source : D'après Shodan, *www.shodanhq.com*.

StatLink http://dx.doi.org/10.1787/888933308482

Graphique 6.6. **Nombre d'appareils en ligne par centaine d'habitants : pays de l'OCDE en tête**

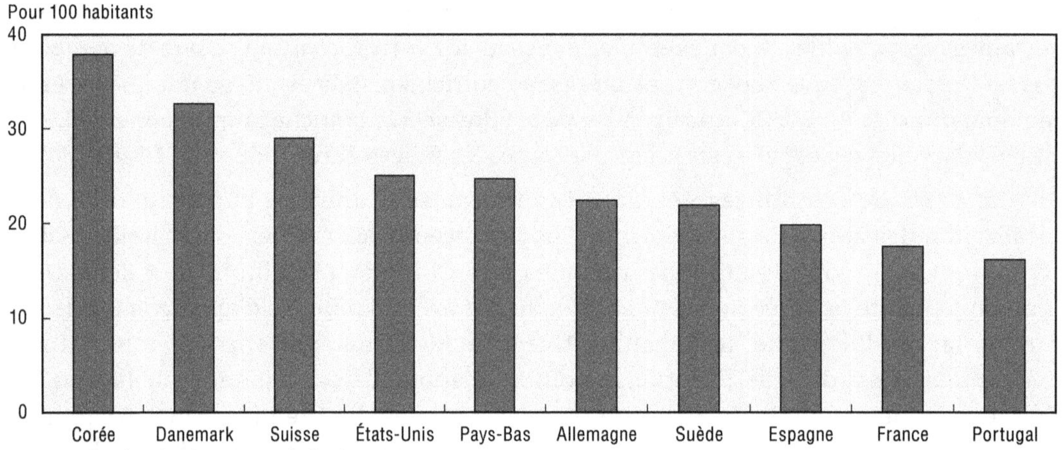

Source : D'après Shodan, *www.shodanhq.com*.

StatLink http://dx.doi.org/10.1787/888933308499

distinguent correctement les deux systèmes lorsque Bluetooth et Wi-Fi sont intégrés à un même jeu de puces. Les ventes d'ordinateurs portables, de tablettes et de smartphones atteignant près de 1.5 milliard d'unités, on pourrait estimer les ventes d'autres appareils sans fil connectés à pas moins d'un milliard. Malheureusement, les chiffres des ventes de puces 802.15.4 ne sont pas disponibles.

6.3. Promouvoir certains objectifs des politiques publiques grâce à l'internet des objets

Plusieurs pays ont introduit des réglementations fondées sur des données IDO. Par exemple, la surveillance à distance des feux de circulation et des digues permet aux pouvoirs publics d'optimiser les flux de circulation et de mieux comprendre les risques d'inondation. L'IDO permet aussi d'innover pour atteindre des objectifs de l'action publique. Dans certains pays, par exemple, on utilise aujourd'hui le GPS et la communication mobile pour moduler la tarification routière en fonction de l'heure de la journée et de la distance parcourue, afin de réduire la congestion. Cela marque un tournant par rapport aux systèmes de tarification classiques qui reposaient sur des postes de péage sur les autoroutes, ou un périmètre numérique et l'imposition d'un péage de congestion unique pour limiter l'accès des véhicules au centre-ville.

Cybersanté

Analystes et pouvoirs publics attendent beaucoup des appareils de cybersanté, qui permettront le suivi à distance des patients à leur domicile et sur leur lieu de travail. Cependant, rares sont encore les appareils certifiés disponibles sur le marché. Cette situation semble due non pas à l'absence de recherche ou d'engagement des pouvoirs publics en ce domaine, mais à des difficultés de mise en œuvre, posées par exemple par l'utilisation de matériel portable avec transmission en temps quasi réel d'un flux continu de données à un serveur central. Les utilisateurs d'électrocardiogrammes mobiles font état d'une inquiétude accrue due aux appels de soignants constatant des relevés anormaux lorsqu'ils se trouvent hors de portée d'un appareil de transmission, cette inquiétude étant accentuée par l'inaptitude à distinguer entre un appel d'urgence et un appel de service[22]. Les appareils et applications associées doivent aussi être certifiés par l'instance de réglementation. Dans le cas d'une application radiologique, par exemple, celle-ci doit vérifier que l'écran iPad permet l'affichage des images avec un niveau de qualité et de luminescence adéquat. Pour résoudre ces problèmes, un simple changement de politique n'est pas suffisant. L'évaluation systématique de chaque application nouvelle est nécessaire afin de limiter les risques au minimum pour les usagers tout en maximisant les avantages.

Transports

Dans la plupart des pays de l'OCDE, les systèmes de péage routier reposent sur la technologie RFID, qui est activée lorsque l'usager franchit une gare de péage. Ces systèmes ont un inconvénient : ils sont immuables. Ils fonctionnent uniquement sur les grands axes et leur installation sur de nouvelles routes peut être coûteuse car elle nécessite un réaménagement. Les systèmes basés sur le GPS qui utilisent des réseaux hertziens peuvent fonctionner sur n'importe quelle route et ne nécessitent pas d'infrastructure physique. Néanmoins, leur mise en œuvre s'est révélée plus difficile que prévu dans les pays qui en ont fait l'expérience, soit parce que les parties prenantes n'ont pu parvenir à un accord, soit en raison de divers problèmes d'ordre technologique ou de coût[23]. L'Allemagne et la Hongrie ont introduit des systèmes de péage basés sur le GPS, respectivement pour les camions de plus de 12 tonnes et de plus de 3.5 tonnes. La Belgique appliquera le même système que l'Allemagne pour les camions à partir de 2016. Le système allemand est un système intégré dans lequel l'unité embarquée à bord des camions et le système de gestion sont fournis par une seule entreprise, Toll-Collect. Le système hongrois est de type plus modulaire et s'appuie sur un certain nombre de fabricants et de prestataires de services pour l'unité embarquée à bord des camions. Ces entreprises offrent aussi aux transporteurs des services de gestion de véhicules (localisation, consommation d'essence) et le système hongrois sert donc également de plateforme pour la fourniture de services complémentaires aux entreprises de transport routier.

La Commission européenne a proposé d'installer le système eCall dans tous les véhicules en vente dans l'Union européenne. Cette initiative devrait permettre de venir rapidement en aide aux conducteurs en cas d'accident sur tout le territoire de l'Union. Les projets de textes législatifs de la Commission prévoyaient la pleine mise en œuvre et le fonctionnement sans heurt du système eCall dans l'ensemble de l'Europe à la fin 2015. Cependant, la procédure d'adoption de ces textes par le Parlement européen et le Conseil n'est pas achevée et le délai de mise en œuvre sera donc très probablement reporté à la fin 2017 ou au début 2018. Le Brésil devrait déployer en 2015 un système obligatoire similaire (Denatran/SIMRAV), qui vise à prévenir les vols de véhicule mais permettra aussi d'autres services. Les constructeurs automobiles espèrent aussi que le système eCall pourra servir de plateforme pour d'autres services accessibles à bord des véhicules.

Les services en ligne accessibles à bord des véhicules grâce à un système de communication mobile intégré sont actuellement plus répandus en Amérique du Nord où, par exemple, OnStar (General Motors), Bluelink (Hyundai) et Assist (BMW) offrent des services d'urgence, de protection contre le vol et d'autres services similaires. La plupart des constructeurs ont opté pour un système hybride reposant à la fois sur une unité de communication mobile installée à bord du véhicule pour les services d'urgence et le téléphone mobile du conducteur pour d'autres services. Ce système permet également de se connecter à un véhicule avec un smartphone pour le localiser, vérifier la pression de ses pneus et d'autres paramètres mécaniques, ou pour chauffer le véhicule avant de partir. Il est difficile d'obtenir des données précises pour tous les fabricants présents sur le marché nord-américain. Ce type de service devient un élément standard des véhicules neufs, et AT&T déclare connecter jusqu'à deux millions de véhicules par an. OnStar compte plus de six millions d'utilisateurs au Canada, en Chine et aux États-Unis, et BMW Assist, plus d'un million.

L'IDO peut aussi être utilisé pour mettre en correspondance l'information routière avec les véhicules et les feux de circulation. Plusieurs prestataires de services de navigation, comme Garmin, Google et TomTom, se servent de données obtenues auprès des pouvoirs publics et des réseaux mobiles sur la vitesse des véhicules dans certaines localités pour fournir des points circulation en temps réel à leurs clients. *Transport for London* est allé plus loin en jumelant les données sur l'utilisation du réseau routier et le contrôle en temps réel des feux de circulation en ville. Les données collectées alimentent un algorithme d'apprentissage automatique qui vise à optimiser les flux de circulation. Le système SCOOT permettrait en moyenne une amélioration de l'ordre de 12 % de l'écoulement du trafic. D'autres villes vont sans doute installer des systèmes similaires pour améliorer la circulation urbaine.

Énergie

Les réseaux intelligents sont aussi l'un des domaines de l'IDO dont les pays attendent des retombées positives pour l'économie. Ils permettront la communication bidirectionnelle entre le domicile/l'entreprise et le réseau énergétique. Non seulement les consommateurs seront mieux informés de leur consommation d'énergie, ce qui, espèrent les décideurs, devrait les encourager à la réduire, mais il sera également possible de réinjecter de l'énergie dans le réseau, ce qui devrait contribuer à promouvoir l'utilisation de sources d'énergie renouvelables comme le solaire et l'éolien. La Commission européenne a demandé à tous les États membres de l'Union européenne de réaliser une analyse coûts-avantages des compteurs intelligents, dans l'optique du déploiement d'ici 2020 de compteurs intelligents dans 80 % des sites ayant fait l'objet d'une évaluation positive. Dans

16 États membres de l'Union, l'analyse coûts-avantages s'est révélée positive et le déploiement des compteurs intelligents va commencer. Dans sept pays, l'analyse a donné des résultats négatifs ou non concluants mais certains d'entre eux, comme l'Allemagne, déploieront néanmoins des compteurs intelligents pour certaines catégories de consommateurs (CE, 2014).

Au Royaume-Uni, les consommateurs équipés d'un compteur intelligent disposeront d'un écran d'affichage à domicile qui leur permettra de connaître leur consommation d'énergie et le coût correspondant. De plus, la plateforme de communication intégrée au compteur permettra aux usagers de se connecter à d'autres appareils et services et d'accéder ainsi, à partir du compteur, à divers services proposés par des tiers[24]. Les compteurs intelligents fonctionneront comme une plateforme pour le développement de l'IDO. Parmi les avantages attendus, on peut citer :

- l'information en temps quasi réel sur la consommation d'énergie, exprimée en termes de coût précis ;
- l'aptitude à gérer l'utilisation d'énergie, à réduire les dépenses d'énergie et à diminuer les émissions de gaz à effet de serre et d'autres gaz et particules nocifs ;
- la fin de la facturation estimée, seule l'énergie effectivement utilisée étant facturée aux consommateurs, en les aidant ainsi à mieux gérer leur budget ;
- la possibilité de changer plus facilement et plus rapidement de fournisseur d'énergie pour obtenir un contrat plus avantageux ;
- l'accès des fournisseurs à des données exactes aux fins de la facturation, en supprimant le besoin de relevé manuel des compteurs.

La crise de l'énergie intervenue au Japon à la suite du séisme qui s'est produit sur la côte Pacifique du Tōhoku et du tsunami que celui-ci a provoqué en 2011 a conduit Tepco, la compagnie d'électricité de Tokyo, à accélérer ses projets de déploiement de compteurs intelligents. Tepco prévoit de déployer d'ici 2018 un réseau de compteurs intelligents couvrant 80 % de ses clients. Ce réseau innovant sera basé sur l'IPv6 et fonctionnera sur un maillage hertzien, un réseau cellulaire et la technique du courant porteur en ligne. Les données des compteurs seront transmises toutes les 30 minutes, c'est-à-dire à un rythme beaucoup plus élevé que dans la plupart des systèmes existants. En outre, ce réseau servira de système de communication bidirectionnel prenant en charge un système de messagerie automatique du type demande/réponse et rendant possible la gestion de l'énergie jusqu'au niveau des appareils individuels à domicile. Afin de garantir la sécurité, Tepco a opté pour un modèle entièrement sécurisé. Le système servira à terme de base pour le développement des véhicules électriques, des cellules photovoltaïques et des systèmes de gestion de l'énergie (St. John, 2014).

Aux États-Unis, un programme fédéral de relance visant à répondre à la crise économique mondiale avait pour but de promouvoir le déploiement de réseaux intelligents pour favoriser l'efficacité énergétique. Grâce à ce programme, on dénombrait, en septembre 2014, 50 millions de ménages (43% du nombre total de ménages) équipé de compteurs intelligents à communication bidirectionnelle (IEI, 2014). Plus de 8 millions de consommateurs peuvent participer à divers programmes de « tarification intelligente » récompensant ceux qui réduisent volontairement leur consommation d'énergie lorsque la demande et les prix de l'électricité sont particulièrement élevés. Dans certains cas, les usagers se servent de thermostats connectés et d'autres appareils pour modifier automatiquement leur consommation d'énergie en fonction de ces programmes de tarification.

Villes

Aux exemples présentés ci-dessus dans les domaines des transports et de l'électricité, il convient d'ajouter celui des municipalités, qui utilisent de plus en plus de l'IDO pour atteindre certains objectifs de leurs politiques. La ville de Boston, par exemple, a mis au point une application mobile, StreetBump, qui permet la transmission de données à partir des smartphones des automobilistes circulant dans la ville. Au moyen de l'accéléromètre (détecteur de mouvement) et du GPS, StreetBump localise les dos d'âne et nids-de-poule du réseau routier et communique leur emplacement. On peut citer également l'application 2.0 *incidències* utilisée à Barcelone, qui transmet des informations sur les interruptions ou les retards du service de trains de banlieue dans la région métropolitaine de Barcelone, ou l'application Cycle Track mise en place à San Francisco qui informe les planificateurs des transports sur le nombre de trajets en vélo dans la ville et donc sur l'utilisation effective des voies cyclables et le besoin éventuel de nouvelles voies. Plusieurs autorités municipales réfléchissent actuellement aux moyens de moderniser les poubelles publiques afin qu'elles communiquent des données sur leur degré de remplissage, en permettant ainsi aux sociétés de ramassage des déchets d'optimiser leurs circuits et la fréquence des arrêts. La quantité croissante de données IDO fines en temps réel permet de mieux cibler l'entretien des infrastructures, l'amélioration des services et les décisions d'investissement en milieu urbain, et d'en améliorer le rapport coût-efficacité.

Politiques publiques susceptibles de promouvoir ou d'affecter l'utilisation de l'internet des objets

Les politiques publiques prennent de plus en plus en compte les avantages potentiels de l'IDO, soit comme moyen de réaliser certains objectifs, soit comme domaine de recherche. Bien que l'approche de l'IDO varie, il est possible d'en retenir quelques exemples.

L'Union européenne a fait de l'IDO un élément essentiel de sa Stratégie numérique pour l'Europe 2020, qui est axée sur les applications, la recherche, l'innovation et le cadre d'action. L'Union européenne est intervenue de façon particulièrement active pour promouvoir la recherche et l'innovation :

> *Le pôle de recherche européen sur l'internet des objets regroupe les projets IDO financés par les programmes cadres de recherche européens, ainsi que les initiatives nationales concernant l'IDO. Les besoins de l'IDO seront aussi pris en compte dans la recherche sur les technologies clés génériques de réseau, comme les réseaux mobiles 5G. Le Partenariat public-privé sur l'internet du futur développera des éléments qui seront utiles aux applications IDO, tandis que l'informatique en nuage fournira aux objets des ressources de services et de stockage de données. Sur le versant des applications, des initiatives comme The Sensing Enterprise et Factory of the Future aideront les entreprises à se servir de la technologie pour innover, et des sites d'expérimentation comme celui de FIRE (Future Internet Research and Experimentation) sont disponibles pour des expérimentations à grande échelle*[25].

En février 2014, le gouvernement coréen a publié son plan de développement de l'IDO afin d'engager une « révolution numérique » hyper-connectée pour la réalisation de certains objectifs d'action. L'un de ses buts est de promouvoir le développement économique fondé sur l'IDO, dont la ville intelligente de Songdo et les installations intelligentes d'anguilliculture sont déjà des exemples (encadré 6.3). Le plan vise à développer le marché de la communication mobile de cinquième génération (5G) d'ici à 2020, avec l'objectif d'étendre à 90 % du territoire la couverture internet gigabit d'ici 2017.

De plus, une largeur de bande de 1 GHz sera libérée d'ici 2023 et le développement de l'infrastructure IPv6 sur les réseaux d'abonnés se poursuivra jusqu'en 2017. Le plan prévoit aussi le développement des technologies de communication de faible puissance et à grande portée sur une bande de fréquences non soumise à licence pour la connexion des objets dans les régions isolées (Ministère de la Science, des TIC et de la Planification, 2014).

Encadré 6.3. **Progrès réalisés dans le domaine de l'IDO en Corée**

Projets de pisciculture intelligente

En janvier 2014, SK Telecom a introduit un système de gestion de l'anguilliculture qui repose sur une technologie IDO. Ce système permet aux éleveurs de surveiller leurs aquariums en temps réel au moyen d'appareils intelligents, y compris le smartphone. Chaque installation compte en général de 20 à 60 aquariums permettant chacun l'élevage d'environ 10 000 anguilles, pour une valeur de plus 100 000 USD. L'anguilliculture est une activité à forte valeur ajoutée mais qui exige la surveillance fréquente de plusieurs indicateurs car toute modification, même infime, de l'environnement peut être fatale aux anguilles. Le système de gestion de l'anguilliculture basé sur l'IDO comprend trois capteurs installés sur chaque aquarium qui mesurent la température de l'eau, sa qualité et son niveau d'oxygène. L'éleveur peut activer à distance les capteurs et les appareils lorsqu'une intervention est nécessaire.

Ville intelligente de Songdo

Songdo est une ville nouvelle construite sur une péninsule à proximité de Séoul, qui devrait accueillir 200 000 habitants. La ville est entièrement équipée de réseaux à fibre optique qui relient les différents systèmes nécessaires à son fonctionnement. La téléprésence est accessible dans les logements, les bureaux, les hôpitaux et les centres commerciaux afin de permettre aux habitants de faire un appel vidéo partout où ils le souhaitent. Des capteurs enchâssés dans les rues et intégrés aux bâtiments surveillent aussi bien la température que les conditions de circulation. Ces capteurs permettent également de surveiller les risques d'incendie et la sécurité à l'intérieur de nombreuses tours. Les réseaux de capteurs hertziens utilisés à Songdo sont conçus spécialement pour le développement des villes intelligentes. L'objectif est la mise en place d'un réseau distribué de nœuds de capteurs intelligents qui mesurent différents paramètres pour assurer une gestion plus efficiente de la ville. Les données sont transmises par voie hertzienne et en temps réel aux habitants et aux autorités compétentes. Les habitants peuvent surveiller le niveau de pollution dans chacune des rues de la ville. Les autorités peuvent également optimiser l'irrigation des jardins publics ou l'éclairage dans toute la ville. Les fuites d'eau peuvent être détectées rapidement et la surveillance de la circulation routière permet d'ajuster les feux de circulation. D'autre part, la mise en place de systèmes de détection et de transmission de données sur les places de parking disponibles permettra de réduire les encombrements et la pollution, de gagner du temps et de réduire la consommation d'essence.

Le déploiement de services IDO à l'échelle nationale peut être entravé par la réglementation en vigueur ou l'incertitude réglementaire. La réglementation médicale existante, par exemple, peut freiner la mise en place de services innovants en exigeant qu'un médecin soit présent des deux côtés d'une consultation de télémédecine. Une telle disposition annule l'un des avantages clés de la télémédecine, à savoir le fait qu'elle permet de consulter un médecin dans les situations où certains facteurs – comme la distance – l'interdiraient. C'est pour répondre à ce type de problèmes que le gouvernement coréen a créé un « conseil pour la stratégie de télécommunications », qui sera chargé d'améliorer la réglementation générale. Il prévoit également de créer un banc d'essai pour l'IDO sous la forme d'une zone « hors-réglementation » et d'améliorer la législation pertinente.

En Allemagne, le gouvernement a créé des pôles d'innovation liés directement à l'IDO. Par exemple, le pôle d'innovation *Cool Silicon*, dans le sud du pays, est axé sur le développement de processeurs et de capteurs à faible consommation d'énergie ou énergétiquement autonomes. Un autre pôle d'innovation appelé « IT's OWL », dans le centre de l'Allemagne, est spécialisé dans la création d'industries intelligentes et autonomes grâce à l'utilisation de robots. En Allemagne également, le pôle *MicroTEC Südwest* a pour but le développement de nouveaux capteurs, de microsystèmes et de puces flexibles, pliables. Un quatrième pôle d'innovation est consacré à la conception de logiciels pour les nouvelles industries. Chacun de ces pôles de recherche est lié à un grand nombre d'entreprises, d'universités et de centres de recherche de la région qui associent leurs efforts pour produire des résultats.

D'autres pays tiennent compte des perspectives de développement de l'IDO dans leurs politiques, ainsi que des évolutions sous-jacentes ou concomitantes dans le domaine de l'informatique en nuage, des données massives, des capteurs et des actionneurs, et des finalités des machines et systèmes autonomes. Certains ont commencé à réexaminer les politiques en place pour déterminer si elles demeurent compatibles avec ces perspectives d'avenir (encadré 6.4). Au Royaume-Uni, par exemple, l'Ofcom a lancé une consultation sur les implications de l'IDO pour les politiques de gestion du spectre et de numérotation (Ofcom, 2014). Les Pays-Bas, premier pays à avoir libéralisé l'attribution des numéros IMSI pour les cartes SIM, mènent des consultations sur les nouvelles mesures concernant l'attribution des codes de points sémaphores nécessaires au routage du trafic sur les réseaux mobiles[26]. La libéralisation de l'attribution des numéros IMSI a permis à Enexis, une compagnie d'électricité néerlandaise, de déployer 500 000 cartes SIM (non liées à un opérateur mobile particulier) pour ses compteurs intelligents. En Belgique, les autorités se sont déclarées favorables à cette approche (IBPT, 2014). Toutefois, certains pays sont d'avis qu'une modification de la recommandation UIT E.212 est nécessaire, et cette question doit être débattue en 2015.

Les gouvernements vont aussi devoir réévaluer bon nombre de leurs politiques, notamment celles qui concernent le nommage et la numérotation, et en particulier les numéros utilisés sur les réseaux mobiles, où la poursuite de la libéralisation et l'accès des réseaux privés pourraient entraîner d'importants avantages économiques. Les politiques de numérotation relatives à l'IPv4 et à l'IPv6 ne semblent pas nécessiter de modifications fondamentales, car ces numéros sont déjà accessibles à toutes les parties intéressées, bien que le nombre d'adresses IPv4 disponibles soit limité.

Les politiques concernant l'utilisation des numéros « nationaux » à l'échelle internationale devront aussi être examinées. Par exemple, doit-on accepter que des numéros « nationaux » soient utilisés en dehors du territoire national ? À l'inverse, un appareil associé à un numéro IMSI étranger ou un numéro E.164 (téléphone) étranger peut-il être utilisé à l'intérieur du territoire national ? Bien que cette pratique soit fréquente pour les adresses IP, qui ne sont pas strictement liées à un pays, ces questions sont aujourd'hui soulevées par les régulateurs nationaux des télécommunications. Il est déjà arrivé que les autorités et les opérateurs en place refusent d'autoriser à des appareils « étrangers » l'itinérance permanente dans un pays, même en payant toutes les redevances et taxes applicables.

L'IDO utilise des radiofréquences mais on ignore encore quelle seront l'étendue de ses besoins en la matière. L'attribution de bandes harmonisées au niveau mondial serait préférable mais elle n'est peut-être pas réaliste. À l'intérieur et autour des habitations et des entreprises, les fréquences non soumises à licence se sont révélées très utiles. L'absence d'offres concurrentielles adaptées à leurs besoins a conduit certains grands utilisateurs de l'IDO à essayer d'obtenir accès à des fréquences propres ou à rechercher d'autres types de solutions. D'autres se sont efforcés de créer des bandes de fréquences réservées à la communication IDO, parfois avec des prestataires de services en situation de monopole.

La normalisation se révèle difficile. Comme l'IDO englobe tout, depuis le niveau technique en montant, il affecte aussi les processus d'entreprise et même les décisions politiques. C'est pourquoi il n'existe pas de norme unique et celles qui existent sont fragmentaires. Les grands fabricants soutiennent fréquemment plusieurs normes concurrentes à chaque niveau, ce qui ne leur permet pas de gagner la confiance des consommateurs. Il est possible que divers pays et secteurs d'activité décident d'utiliser des normes concurrentielles différentes, créant ainsi une situation d'inopérabilité et de morcellement du marché. Toutefois, il est également possible que se développent des cadres flexibles permettant l'interopérabilité des appareils régis par plusieurs normes parallèles.

Encadré 6.4. **Politiques de l'internet des objets aux États-Unis**

Au sein de la *Federal Communications Commission* (FCC), le TAC (Conseil consultatif pour les technologies, qui regroupe des universitaires et des experts de l'industrie nommés par le président de la FCC) réfléchit aux incidences que l'IDO pourrait avoir sur les réseaux de communications dans les dix à vingt prochaines années. En décembre 2014, le Groupe de travail sur l'IDO a adressé au TAC les recommandations suivantes :

- La FCC devrait engager un programme de surveillance de l'impact des réseaux IDO de consommateurs sur les réseaux WLAN et WWAN, en particulier en ce qui concerne les nouvelles applications à large bande passante.
- La FCC devrait prêter attention à la disponibilité des fréquences non soumises à licence qui sont adaptées à toute une gamme de services PAN/WLAN, en évitant d'attribuer certaines fréquences exclusivement à l'IDO et en veillant à la disponibilité de fréquences à courte portée en nombre suffisant pour répondre à l'augmentation des besoins PAN/WLAN, et de capacités de réseau suffisantes en amont des appareils et systèmes proxy IDO.
- La FCC devrait préciser son rôle dans le cadre d'un dispositif de cybersécurité global, en consacrant des ressources et en participant aux activités sur la sécurité de l'IDO avec d'autres acteurs gouvernementaux.
- La FCC (en collaboration avec d'autres organes) devrait mener une campagne de sensibilisation des consommateurs aux questions de sécurité et de protection de la vie privée liées à l'IDO.
- La FCC devrait conduire régulièrement des exercices internes de mise en situation afin de déterminer la réponse appropriée aux incidents à grande échelle affectant les usagers de l'IDO.

En février 2014, le *National Institute for Standards and Technology* (NIST) a publié un cadre pour l'amélioration de la cybersécurité des infrastructures critiques, qui fournit aux organisations, aux régulateurs, aux consommateurs et aux clients une structure utile pour créer, guider, évaluer ou améliorer des programmes détaillés de cybersécurité. Les concepteurs de systèmes informatiques et de communication (y compris les systèmes incluant des éléments IDO) de tous les pays peuvent utiliser ce cadre pour améliorer la sécurité de leurs systèmes. En août 2014, le NIST a convoqué la première réunion du Groupe de travail public sur les systèmes cyber-physiques pour concevoir et mettre en œuvre un cadre de cybersécurité pour l'IDO en vue de l'établissement d'un système interopérable intégré dans tous les secteurs de l'économie/de l'industrie. Le NIST prévoyait de produire un projet d'« architecture de référence » pour le début 2015.

Encadré 6.4. **Politiques de l'internet des objets aux États-Unis** *(suite)*

En novembre 2014, le *National Security Telecommunications Advisory Committee* (NSTAC), un groupe de représentants de grandes entreprises d'information et de communications faisant rapport au Président, a publié un projet de rapport sur l'IDO, en appelant instamment le gouvernement des États-Unis à prendre des mesures pour sécuriser l'IDO. Ce rapport recense les différents risques associés à l'IDO, en mettant l'accent sur les infrastructures critiques, et conclut qu'il existe une petite possibilité – qui diminue rapidement – de mettre à profit les opportunités offertes par l'IDO afin de maximiser la sécurité et de réduire les risques au minimum. Si le pays ne la saisit pas, il en subira les conséquences sur plusieurs générations. En outre, selon le rapport, il ne reste que trois ans – et certainement pas plus de cinq – pour agir sur les modalités d'adoption de l'IDO ». Tout en soulignant les avantages de l'IDO, le rapport lance l'avertissement selon lequel la connexion rapide et massive de ces appareils est aussi source de risques, en créant de nouveaux vecteurs d'attaque, de nouvelles vulnérabilités et, ce qui est peut-être le plus préoccupant, des capacités extrêmement accrues de provoquer des destructions matérielles à distance.

Le rapport du NSTAC soumet plusieurs recommandations à l'administration Obama. Le ministère du Commerce, plus précisément le NIST, avait été chargé d'élaborer une définition de l'IDO à l'intention des agences et ministères dans le cadre des évaluations se rapportant à l'IDO. Le NSTAC recommande que le Bureau de la gestion et du budget (OMB) de la Maison Blanche exige de toutes les agences et tous les ministères fédéraux qu'ils réalisent une évaluation interne des capacités d'IDO actuellement ou potentiellement susceptibles de prendre en charge des fonctions de sécurité nationale et de protection civile. Il indique en outre que l'OMB devrait ordonner aux agences et ministères fédéraux d'établir des plans d'urgence pour identifier et gérer les problèmes de sécurité créés par le déploiement actuel et futur de l'IDO à l'intérieur du gouvernement des États-Unis. Ces plans devront envisager un environnement ne pouvant être entièrement sécurisé en raison du caractère dynamique de l'IDO et des menaces potentielles. Le NSTAC recommande au Président de créer une *task force* inter-agences pour coordonner les instances organisationnelles existantes et promouvoir une approche équilibrée prenant en compte à la fois la sécurité, les avantages économiques et les risques potentiels. Cette *task force* devra comprendre, au minimum, des représentants des ministères du Commerce, de la Sécurité intérieure et de la Défense, et définir un calendrier pour un ensemble d'activités pertinentes aux fins de la sécurité nationale et de la protection civile.

L'omniprésence de l'IDO aura des incidences sur nombre de politiques gouvernementales. Les responsables de l'élaboration des politiques devraient donc non seulement identifier les avantages potentiels de l'IDO, mais aussi chercher à déterminer les domaines où les données et la fonctionnalité offertes par l'IDO pourraient être le mieux mises à profit, y compris en les combinant ailleurs avec d'autres données. La création décrite plus haut, en Hongrie, d'un système ouvert de péage routier, où les transporteurs peuvent avoir accès aux données aux fins de leurs processus logistiques, en est un exemple.

Construire l'internet de la confiance

Selon certains, si l'on veut que l'IDO fonctionne dans l'intérêt des individus, il doit être conçu comme l'« internet de la confiance », car la confiance sera essentielle pour améliorer l'expérience des usagers et résoudre certains enjeux juridiques clés comme la protection de la vie privée des utilisateurs. Un élément décisif à prendre en compte à cet égard est que, « l'IDO a des ramifications mondiales, (...) contrairement à la loi » (Capgemini, 2014). L'OCDE considère d'une manière générale que la sécurité, le respect de la vie privée et la protection des consommateurs sont essentiels au développement de la confiance dans les nouvelles technologies comme l'IDO (OCDE, 2015). Il importe donc de donner la priorité à la protection des appareils connectés à l'IDO contre les cyber-attaques et d'assurer la confidentialité et l'intégrité des données transmises entre les appareils. Comme mentionné précédemment, cela exige un changement de mentalité et le remplacement de l'approche traditionnelle par une approche fondée sur la sécurité (OCDE, 2015).

La question de la protection des données à caractère personnel est plus complexe. De façon générale, les enjeux que soulève l'IDO du point de vue de la vie privée ne sont pas nouveaux. Cependant, l'énorme intensification de la collecte et de l'utilisation des données, les formes d'utilisation nouvelles et imprévues de ces données, ainsi que la complexité croissante et l'omniprésence de l'IDO, remettent en question sous un nouvel angle les principes classiques de minimisation des données, de notification et de consentement. Face à cette complexité, il sera plus difficile aux individus de surveiller et de maîtriser la collecte des données, en particulier dans les situations où ils n'y interviennent pas directement ou ignorent même qu'elle a lieu (OCDE, 2015).

Les préférences individuelles concernant l'utilisation des données à caractère personnel résultent d'appréciations contextuelles nuancées, et sont influencées par des éléments comme la confiance dans le prestataire de services, l'évaluation de l'échange en jeu et d'autres facteurs psychologiques, culturels ou démographiques. Les pratiques considérées comme acceptables reposent, par conséquent, sur des facteurs subjectifs et elles seront sans doute amenées à évoluer (WEF, 2014). Les politiques d'utilisation des données à prétention universelle qui envisagent toutes les données de la même façon ne sont guère appropriées et manquent de souplesse. Il est donc nécessaire de reconnaître la difficulté que pose le développement d'une approche contextuelle nuancée, afin de mettre en place des sauvegardes adéquates dans la réglementation.

Une approche possible serait de s'inspirer de l'expérience de la gestion des risques de sécurité. La gestion des risques pourrait être envisagée comme une stratégie de protection de la vie privée dans un environnement de type fortement contextuel qui évolue rapidement. Pour ce faire, en particulier, des programmes de gestion de la protection de la vie privée pourraient être mis au point dans un but de responsabilisation (OCDE, 2013a). Cette approche tiendrait compte à la fois de l'origine et de la qualité des données, ainsi que du caractère plus ou moins sensible des utilisations envisagées, dans une perspective d'atténuation des risques d'utilisation abusive ou de détournement des données. Elle exigerait l'examen d'un large éventail de dommages et de bienfaits éventuels, et devrait être suffisamment simple pour pouvoir être appliquée de façon régulière et systématique. Les technologies de protection de la vie privée pourraient aussi contribuer à réduire l'« identifiabilité » des individus, et à améliorer la traçabilité et l'imputabilité.

Un troisième élément est nécessaire au développement de la confiance : la protection et l'autonomisation des consommateurs, dont les fondements sont la divulgation d'une information adéquate, le caractère équitable des pratiques commerciales – qualité de service comprise – et l'existence de voies de règlement des litiges et de recours. Dans un environnement de plus en plus complexe impliquant des appareils et des acteurs très nombreux, les consommateurs auront plus de mal à déterminer où se situe tel ou tel problème et à qui faire appel pour le résoudre. Prenons l'exemple d'appareils équipés de microprogrammes et de logiciels prenant en charge une application de surveillance de la santé. Si l'application cesse de fonctionner suite à la mise à jour d'un logiciel, qui sera responsable ? En supposant que l'utilisateur soit en mesure d'identifier le problème, à qui devra-t-il demander de l'aide ? En outre, quelle doit être la durée de fonctionnement de ce type de matériel ou de logiciel ?

Il reste à déterminer dans quelle mesure les cadres de protection des consommateurs sont adaptés à ces défis (ou s'ils le seront effectivement) – question récemment examinée par le Comité de la politique à l'égard des consommateurs dans le cadre de la révision des *Lignes directrices de l'OCDE régissant la protection des consommateurs dans le contexte du commerce électronique* (1999)[27]. Certaines organisations de consommateurs comme *Consumer Action* aux États-Unis se sont déjà exprimées lors de conférences sur l'évolution des cadres de protection des consommateurs dans le contexte de l'IDO.

Gestion des risques de sécurité

La gestion des risques de sécurité numérique est depuis longtemps un problème dans les réseaux de communication et la commercialisation de l'internet ne fait qu'étendre et accentuer les préoccupations en la matière. Comme la dépendance des infrastructures critiques à l'égard des TIC et des réseaux de communication ne cesse de croître, la protection contre les interférences accidentelles ou malveillantes devient chaque jour plus importante. La sécurité de bout en bout est cruciale pour l'IDO et doit donc être intégrée aux réseaux et aux appareils. La gestion efficace des risques de sécurité sera de plus essentielle.

Prenons, par exemple, un système intelligent reposant sur un réseau de compteurs d'électricité qui mesurent la consommation des usagers et transmettent des données aux serveurs d'un fournisseur d'énergie. Un système de ce genre peut être compromis de multiples façons, notamment par l'envoi de données fausses à partir d'un compteur fictif, la manipulation d'un compteur existant pour transmettre des données erronées, l'interception des données d'un compteur et leur modification par un intrus sur le réseau, ou encore l'installation d'un faux serveur ou le détournement d'un serveur existant par des utilisateurs malintentionnés pour communiquer des instructions inappropriées aux compteurs du réseau ou y télécharger des microprogrammes malveillants (Rubens, 2014).

De tels actes de piratage, lorsqu'ils réussissent, peuvent entraîner des conséquences dévastatrices. En 2012, le FBI a révélé que plusieurs actes de piratage de compteurs intelligents s'étaient produits au cours des années précédentes aux États-Unis, pour un coût annuel s'élevant à plusieurs centaines de millions de dollars (KrebsOnSecurity, 2012). Selon un observateur, les trois formes d'attaques les plus probables sont les suivantes (Baudoin, 2014) :

- l'accès clandestin à des données ou à des commandes permettrait d'obtenir des informations confidentielles sur le fonctionnement d'une infrastructure ;
- l'insertion de fausses données dans un réseau serait susceptible de perturber les processus de contrôle et de provoquer une réaction inadéquate ou dangereuse, ou pourrait servir à dissimuler une attaque matérielle ;
- l'envoi d'instructions incorrectes servirait utilisé à déclencher des événements imprévus ou à détourner des ressources matérielles (eau, pétrole, électricité, etc.).

Toujours aux États-Unis, la *Federal Trade Commission* (FTC) a pris des mesures pour faire respecter les normes de sécurité. En 2013, elle a accusé TRENDnet, fabricant de caméras de télésurveillance utilisées par des particuliers, de négligence ayant conduit à l'exposition publique sur l'internet de la vie privée de centaines de ses clients. Dans sa plainte, la FTC alléguait que, depuis avril 2010 au moins, TRENDnet n'avait pas suffisamment tenu compte des questions de sécurité dans les phases de conception et d'essai de son logiciel, omettant en particulier de mettre en place un contrôle par mot de passe pour l'accès aux caméras. L'accord négocié entre la FTC et TRENDnet impose à cette dernière de faire désormais preuve de transparence quant à la sécurité de ses caméras ou quant à la sécurité, la protection, la confidentialité ou l'intégrité des informations transmises par celles-ci comme par d'autres appareils. En outre, TRENDnet est tenu de mettre en place un programme exhaustif de sécurité de l'information pour prévenir les risques de sécurité pouvant se traduire par une intrusion ou par une utilisation non autorisée de ses appareils, et pour protéger la sécurité, la confidentialité et l'intégrité des données saisies, conservées, traitées ou transmises par ceux-ci. L'accord conclu avec la FTC exige aussi de TRENDnet qu'il informe ses clients des problèmes de sécurité liés à ses caméras et de l'existence d'une mise à jour logicielle permettant d'y remédier, et leur fournisse pendant deux ans une aide technique gratuite pour les aider à mettre à jour ou à désinstaller leurs systèmes de caméras (US FTC, 2014).

L'OCDE travaille actuellement à la révision de ses *Lignes directrices de 2002 régissant la sécurité des systèmes et réseaux d'information*, afin de tenir compte de l'évolution de la situation en ce domaine (OCDE, 2012b) :

- La nature et l'ampleur des menaces ont évolué. Depuis 2002, la cybercriminalité s'est considérablement développée et l'exploitation des vulnérabilités des systèmes d'information offre de multiples possibilités de perturber la vie économique, sociale et politique (« hacktivisme »).
- Les contours des systèmes d'information sont de plus en plus flous. Dans un monde hyper-connecté – où tous les processus, les appareils et les infrastructures sont d'une manière ou d'une autre interconnectés –, il devient difficile de définir les limites des systèmes d'information ou des réseaux d'entreprise.
- L'informatique et l'internet ne sont plus seulement utiles aux individus et aux organisations mais sont désormais essentiels à l'ensemble de la société.
- Les politiques de cybersécurité sont aujourd'hui à un tournant. Dans de nombreux pays, répondre aux défis en matière de cybersécurité est devenu une priorité des politiques nationales.

L'approche fondée sur le risque part du principe qu'il est impossible de garantir la sécurité de bout en bout dans l'IDO et qu'il revient à chacun, y compris aux consommateurs, d'évaluer la probabilité de rencontrer tel ou tel problème et les conséquences qui pourraient s'ensuivre, et d'assumer la responsabilité de ses actes. Le message clé est que les usagers ne peuvent sécuriser leur environnement numérique ni attendre des « fournisseurs » qu'ils fassent tout à leur place. La question devient alors une question d'évaluation et de gestion des risques. Les pouvoirs publics ont un rôle particulier à jouer pour sensibiliser et former les consommateurs et les citoyens à cet égard. Toutefois, le message est assez subtil et complexe et il est possible que de nombreux consommateurs ne soient pas en mesure de prendre des décisions rationnelles. Peut-être verra-t-on apparaître une nouvelle catégorie d'intermédiaires fiables pour gérer les interactions avec l'IDO au nom des consommateurs.

Les gouvernements peuvent aussi contribuer à promouvoir la définition d'un ensemble de normes communes qui serviront de référence quant au niveau de sécurité attendu d'un appareil. Il ne s'agit pas de garantir un niveau absolu de sécurité mais d'inspirer confiance au consommateur afin qu'en cas d'atteinte à la sécurité de l'un de ses appareils (notamment en relation avec l'apparition de nouvelles vulnérabilités), il ne doute pas que le problème sera traité. L'adoption d'un corpus normatif harmonisé permettrait aussi d'éviter les obstacles commerciaux découlant de l'existence de normes différentes d'un pays à l'autre.

Protection de la vie privée

La protection des données et de la vie privée est un sujet de préoccupation essentiel en relation avec l'IDO. Cependant, depuis l'invention du téléphone et de la photographie, l'introduction de technologies nouvelles a chaque fois posé des difficultés en lien avec la vie privée. Face à l'existence de milliards d'appareils connectés à l'IDO et qui transmettent et reçoivent d'énormes quantités de données, pour beaucoup des données sensibles à caractère personnel, la question clé est la suivante : « Dans quelle mesure est-il nécessaire de repenser notre approche de la protection des données et de la vie privée ? » Comme le déclare M. Brill, membre de la FTC, « nous devrions tous être préoccupés par le fait que les incertitudes concernant la protection de la vie privée risquent d'amener les consommateurs à s'abstenir d'utiliser l'IDO parce qu'ils n'ont pas confiance en lui » (Brill, 2014).

L'un des aspects essentiels de la protection de la vie privée tourne autour de la question du consentement, en particulier quant à la possibilité d'une utilisation ultérieure des données en dehors du cadre initialement convenu. Les utilisateurs de l'IDO conserveront-ils le contrôle de leurs données ou se trouveront-ils malgré eux à faire partie d'un système où leur volonté n'est pas respectée et où l'on se passe de leur consentement ? Cette crainte est renforcée par le nombre considérable d'organisations susceptibles d'utiliser les données à caractère personnel et d'exploiter les nouvelles potentialités offertes par l'analytique de données.

Les appareils connectés à l'IDO émettront et recevront des flux de données de manière fréquentés, parfois en continu. Si la collecte de ces données devait être soumise aux modalités habituelles de notification et de consentement, les utilisateurs seraient sollicités des centaines sinon des milliers de fois par jour. Outre le dérangement qui en résulterait pour eux, cela risquerait de ralentir le fonctionnement de l'IDO jusqu'à le paralyser complètement (Wolf et Polonetsky, 2013). Le maintien de la méthode classique de notification et de consentement pour protéger la vie privée pourrait conduire les usagers à accepter ou refuser les demandes de ce type sous la forme d'une option par défaut. La divulgation effective d'informations aux consommateurs en tant que base de la protection de la vie privée étant déjà problématique, l'IDO ne fera qu'ajouter aux difficultés.

D'aucuns affirment que, par son ampleur et sa complexité, l'IDO sonne le glas de la vie privée (Rauhofer, 2008). D'autres leur rétorquent qu'il n'y là rien de fondamentalement nouveau du point de vue de l'impact sur la vie privée (Pasiewicz, 2008). Néanmoins, plusieurs approches se développent comme, par exemple, celle consistant à incorporer la protection de cette dernière dans l'IDO de manière proactive, au stade de la conception des systèmes[28]. Certains pensent que l'IDO favorisera l'émergence d'intermédiaires (ou « infomédiaires ») de confiance, comme OpenPDS, qui géreront l'utilisation des données au nom des consommateurs (Co.Exist, 2014). D'autres sont d'avis que ces approches ne suffiront pas à résoudre les problèmes et soutiennent que la question de la propriété des données devrait être entièrement repensée. Tim Berners-Lee, l'inventeur du World Wide Web, pense ainsi que les données produites par les individus à leur propre sujet devraient être la propriété de ces mêmes individus et non celle des grandes entreprises qui les récoltent (Hearn, 2014 ; voir aussi *Edge*, 2012).

Wolf et Polonetsky, coprésidents du groupe de réflexion *Future of Privacy Forum*, considèrent qu'au lieu de se focaliser sur la collecte et la communication d'informations, il vaudrait mieux prêter attention à la manière dont les données personnelles sont utilisées (encadré 6.5). Toutefois, la question de savoir si un modèle basé sur l'utilisation assurerait une protection plus efficace en pratique continue à être débattue parmi les experts (OCDE, 2014).

Encadré 6.5. **Protection de la vie privée dans l'IDO selon une approche basée sur l'utilisation**

- « Utiliser des données anonymisées lorsque cela est possible ».
- « Tenir compte du contexte dans lequel les informations d'identification personnelle sont recueillies ».
- « Faire preuve de transparence à propos de l'utilisation des données ».
- « Automatiser les mécanismes d'imputabilité ».
- « Élaborer des codes de conduite ».
- « Fournir aux individus des possibilités d'accès raisonnables aux information d'identification personnelle ».

Source : Wolf et Polonetsky, 2013.

Protection et autonomisation du consommateur

Comme indiqué plus haut, il est probable que les principales questions intéressant le consommateur et auxquelles les pouvoirs publics accordent déjà beaucoup d'attention dans le contexte du cybercommerce – protection de la vie privée, divulgation d'une information adéquate, loyauté des pratiques commerciales, règlement des différends et voies de recours, etc. – gagneront encore en gravité dans le contexte de l'IDO où un ensemble complexe de transactions doit intervenir entre les consommateurs et une multitude de parties.

En ce qui concerne la divulgation d'informations, l'*Alzheimer's Society* a établi une charte (2014) dans laquelle elle propose aux individus atteints de démence et à leurs soignants une liste de points à examiner avant d'acquérir ou d'utiliser des technologies destinées à limiter les effets de la maladie (encadré 6.6).

Encadré 6.6. **Questions à examiner lors de l'achat de matériel IDO en relation avec la démence**

Questions à examiner par les professionnels

- Quelles sont les limites de la technologie envisagée ?
- Cette technologie peut-elle être connectée à d'autres appareils ? Si oui, existe-t-il un problème de compatibilité ?
- L'utilisation de la technologie est-elle celle prévue par le fabricant ?
- La durée de vie de la batterie est-elle adaptée ? Qui en aura le souci ?
- Le produit doit-il être étanche ?
- Quels problèmes peuvent survenir avec la technologie envisagée ?
- En cas de panne de la technologie, quels sont les risques ?
- Quelles sont les modalités d'entretien du produit ? Est-il couvert par une garantie ?
- Qui est chargé de tester le matériel et à quelle fréquence ?

Questions à examiner par les malades, les familles et les soignants

- Comment la technologie fonctionne-t-elle ? Qui me montrera comment m'en servir ? Le mode d'emploi est-il facile à comprendre ?

Encadré 6.6. **Questions à examiner lors de l'achat de matériel IDO en relation avec la démence** *(suite)*

- Ai-je besoin d'une ligne téléphonique ou d'une connexion internet pour utiliser la technologie ?
- Qui dois-je contacter en cas de panne ou de problème ?
- Dois-je changer ou recharger la batterie, à quelle fréquence ?
- Qui installera le matériel ? Cela va-t-il perturber mon quotidien ?
- Si mes besoins évoluent, la technologie me sera-t-elle encore utile ?
- Existe-t-il des informations ou des données pour m'aider à choisir la technologie dont j'ai besoin ?
- Existe-t-il un service d'assistance téléphonique à appeler en cas de problème ?
- Un service est-il chargé d'intervenir en cas de déclenchement d'un signal d'alarme particulier ?

Source : Alzheimer's Society, 2014.

Les différentes questions répertoriées dans l'encadré 6.6 ne sont sans doute pas adaptées à tous les produits IDO, mais elles fournissent un aperçu intéressant du type d'information à communiquer aux consommateurs dès un stade précoce, afin que ceux-ci puissent s'équiper en connaissance de cause. Cette information doit permettre aux consommateurs :

- d'accéder aux appareils et aux services connexes facilement et à tout moment et de les utiliser de même ;
- de déterminer le degré d'interopérabilité des appareils IDO ;
- de savoir à qui s'adresser en cas de problème avec ces appareils.

Le désir de se simplifier la vie est sans doute l'un des principaux motifs d'adoption de l'IDO par les consommateurs. Néanmoins, un appareil comme un contrôleur de chauffage intelligent peut être assez difficile à programmer et à gérer, et quiconque dispose de plusieurs appareils peut avoir besoin d'une aide pour apprendre comment y accéder et les utiliser. À cela s'ajoute la nécessité d'assurer aux consommateurs la possibilité de solliciter et d'utiliser leurs appareils et les services connexes via le réseau IDO ou une connexion internet de manière efficace et sans interruption, afin d'éviter les situations où l'accès aux appareils est impossible parce qu'un élément du réseau est déconnecté. Il conviendra de même de s'intéresser de plus près à la durée de vie des appareils, ce qui exigera d'étudier les conditions de mise à jour des logiciels et le fonctionnement en continu des appareils dans un réseau IDO. Conscient qu'une meilleure compréhension des fonctionnalités et limites des appareils IDO par les consommateurs et la mise en place de processus de conformité fiables tout le long de la chaîne de l'offre IDO étaient une double nécessité, le *United Kingdom Information Economy Council* a élaboré un ensemble de recommandations non contraignantes axées sur le consommateur. Le but est de mieux répondre aux attentes de ce dernier et de lui fournir une information adéquate sur les droits et obligations qui sont les siens dans un écosystème de type IDO (BT, 2014).

Assurer un plus grand degré d'interopérabilité des appareils connectés et fournir aux consommateurs une information adéquate seront essentiels aux fins du développement d'un écosystème IDO fiable et reconnu comme tel. Il sera également essentiel de réfléchir aux moyens de surmonter les difficultés que présente la gestion des mises à jour logicielles si l'on veut maintenir l'interopérabilité entre les différentes générations d'appareils IDO grand public. Dans le domaine des paiements, cela exigera de résoudre les problèmes liés à la diversité des systèmes NFC en usage, comme souligné dans une étude sur la technologie NFC dans les transports publics (Liebenau et al., 2011). Les propriétaires de ces systèmes ne voient aujourd'hui aucun intérêt à rendre leurs cartes de paiement compatibles avec d'autres systèmes, malgré les avantages que cela présenterait pour le consommateur.

Compte tenu toutefois de la complexité structurelle du marché de l'IDO, il sera sans doute difficile de déterminer non seulement quel fournisseur est responsable d'un problème particulier le long de la chaîne de valeur, mais aussi quelle autorité pourra aider le consommateur et prendre part à la définition et à l'application des politiques. Ainsi, dans le domaine de la NFC, les compétences réglementaires, tant pour la définition que pour la mise en œuvre de normes spécifiques, sont encore assez fragmentées dans certains pays. L'Australie en est un exemple (encadré 6.7) mais il est probable que des structures similaires subsistent dans d'autres pays.

Encadré 6.7. **Réglementation de la technologie NFC en Australie**

L'*Australian Communications and Media Authority* (ACMA) exige de l'industrie le développement de codes et de normes propres à assurer la protection des consommateurs dans le secteur des télécommunications, qui passe notamment par la protection de la vie privée, le respect de normes de service et la mise en place de voies de recours appropriées.

L'ACMA, en tant qu'autorité de régulation des fréquences, est chargée de la planification et de la gestion de la ressource publique que constitue le spectre radioélectrique. L'adoption et l'utilisation croissantes des services reposant sur la technologie NFC devront aussi être prises en compte dans la planification future de la demande de fréquences et la gestion des brouillages.

L'ACMA assure en outre la protection des consommateurs en exigeant que les appareils en état d'activité, comme les lecteurs associés aux caisses enregistreuses ou les téléphones mobiles équipés d'une puce NFC, répondent aux normes pertinentes en matière de compatibilité électromagnétique et de rayonnement.

L'*Australian Securities and Investments Commission* (ASIC) est chargée de la mise en application du code des cyberpaiements et des mesures connexes prévues par la loi sur les sociétés (*Corporations Act*) de 2001, qui encadrent les paiements électroniques, y compris les paiements internet/en ligne et les services bancaires sur mobile.

L'*Australian Competition and Consumer Commission* (ACCC), ainsi que les autorités de la concurrence au niveau des États et territoires, sont chargés de l'application de la législation australienne sur la protection des consommateurs et fournissent à ces derniers des garanties en cas de transaction NFC erronée due à une erreur du commerçant sur le prix à payer ou à un dysfonctionnement du terminal de paiement sans contact.

Le Ministère de la Justice, soutenu par l'***Office of the Australian Information Commissioner* (OAIC)**, veille à l'application de la loi sur la protection de la vie privée (*Privacy Act*) de 1988 qui a établi les Principes nationaux de protection de la vie privée (NPP). Les organisations chargées de faciliter les transactions NFC sont tenues de respecter les dispositions de cette loi en relation avec l'information qu'elles détiennent.

Source : ACMA, 2013.

À développer en permanence des normes distinctes pour accompagner l'évolution des technologies émergentes, on risque de perdre toute cohérence réglementaire, ce qui pénalisera les acteurs de l'industrie du fait de l'alourdissement des coûts de conformité qui en résultera. D'autre part, avec la complexité et la fragmentation croissantes du cadre réglementaire, les consommateurs peuvent avoir d'autant plus de mal à gérer leurs communications. Un cadre réglementaire unique ou, tout au moins, une approche conjointe face à l'amplification des activités IDO permettrait à la fois aux entreprises et aux consommateurs qui s'engagent dans ces activités d'évoluer dans un environnement plus cohérent.

Le malaise entourant l'IDO résulte sans aucun doute en grande partie du manque de connaissances et de sensibilisation des consommateurs. Il ressort d'une étude récente que, bien que l'adoption généralisée des technologies connectées soit à long terme probable, les consommateurs, dans leur majorité (87%), n'ont encore jamais entendu l'expression « internet des objets » (Aquity Group, 2014). Les auteurs de l'étude concluent que l'obstacle principal à l'utilisation massive de l'IDO n'est pas tant le coût ou les préoccupations au sujet du respect de la vie privée que l'absence de sensibilisation des consommateurs et leur méconnaissance de l'intérêt présenté par cet écosystème nouveau. Cela suggère fortement que l'amélioration de l'expérience des clients en ce domaine, et la familiarisation des consommateurs avec l'essentiel des caractéristiques fonctionnelles (connectivité, interactivité, téléprésence, intelligence, fonctionnalité, sécurité, etc.) et des avantages (par ex. offres personnalisées et économies) des technologies connectées, devraient être des moyens privilégiés pour ce qui est de renforcer la confiance et de stimuler la demande à l'égard de l'IDO (YaPing et al., 2014). En outre, lorsqu'un ménage disposera de dizaines, voire de centaines, d'appareils connectés, il deviendra alors indispensable de mettre en place des systèmes globaux de gestion de ces appareils. Avec la prolifération des applications IDO, et face à un marché qui pourrait bien devenir de plus en plus complexe, des interfaces consommateur intégrées seront absolument nécessaires pour conserver à l'IDO le degré de simplicité voulu.

6.4. Machines autonomes et politiques publiques

L'IDO aura une incidence sur les machines télécommandées, l'apprentissage automatique et les machines autonomes et ses implications pour l'économie et pour les réglementations sectorielles pourront faire l'objet de travaux futurs. Certaines de ces implications parmi les plus importantes concernent l'emploi ainsi que le développement des machines autonomes. En outre, la réglementation en vigueur, en particulier dans le domaine des transports, présuppose que les véhicules sont soumis à un contrôle humain direct, ce qui n'est le cas ni des véhicules télécommandés ni des véhicules autonomes. Il n'existe pas actuellement de règlementation autorisant explicitement l'utilisation de machines contrôlées à distance ou de machines autonomes et/ou définissant les conditions de cette utilisation.

Conséquences pour l'action publique dans les domaines de l'emploi et de la croissance

L'une des questions qui se pose en relation avec l'IDO est celle de ses conséquences pour l'emploi. Dans leur livre *Race against the machine*, Brynjolffson et McAfee (2011) décrivent, de manière plausible, un avenir où l'apprentissage automatique aura permis de remplacer l'homme par des robots dans de nombreux emplois peu qualifiés. Leur ouvrage cherche à introduire la technologie dans le périmètre des discussions sur le chômage et la récession financière mondiale. De nombreux économistes mettent en avant l'idée d'une « fin du travail », reprenant en cela l'hypothèse défendue par Jeremy Rifkin dans un traité éponyme, mais cette idée n'est guère prise au sérieux, car les changements technologiques s'accompagnent généralement d'une progression de l'emploi dans d'autres secteurs de l'économie, comme celui des services ou l'industrie informatique. Beaucoup d'autres économistes la considèrent par conséquent comme un sophisme luddite (*Economist*, 2011). John Maynard Keynes en parlait dès 1930, employant un vocable différent :

> *Nous sommes actuellement affligés d'une maladie nouvelle dont certains lecteurs peuvent bien ignorer encore le nom, mais dont ils entendront beaucoup parler dans les années à venir, et qui est le chômage technologique. Il faut entendre par là le chômage qui est dû au fait que nous découvrons des moyens d'économiser de la main-d'œuvre à une vitesse plus grande que nous ne savons trouver de nouvelles utilisations du travail humain. Mais ce n'est là qu'une période passagère d'inadaptation* (Keynes, 1930).

Ce qu'un économiste comme Alex Tabarrok résumera ainsi : « si la théorie des luddites était vraie, nous serions tous sans travail car la productivité augmente depuis deux siècles » (Tabarrok, 2003). Robert Gordon, de son côté, indique :

> *Certains m'accusent de manque d'imagination parce que j'ai présenté des arguments à l'appui de l'hypothèse pessimiste. Les inventions nouvelles ont toujours été à l'origine de nouveaux modes de croissance et l'histoire offre de nombreux exemples de sceptiques qui ont mis en doute les bienfaits futurs. Cependant, je ne prédis pas la fin de l'innovation mais seulement une baisse de l'utilité des inventions futures par rapport aux grandes inventions du passé* (Gordon, 2012).

Ses propos évoquent un scepticisme général quant à la capacité d'une grande partie des nouvelles technologies de contribuer à la croissance de l'économie.

Bien que les avis diffèrent sur les conséquences du progrès technologique pour l'emploi, l'IDO promet d'en accroître l'ampleur et la portée. Brynjolffson et McAfee rappellent que l'introduction de la mécanisation au début du vingtième siècle a conduit à l'abandon presque complet de la traction hippomobile en l'espace de deux décennies seulement. De bien des manières, le monde aujourd'hui, à l'aube de l'apprentissage automatique, se trouve dans une situation similaire à celle qu'il a connue en 1994 au regard de l'internet. On dispose donc d'exemples commerciaux concrets mais il reste encore beaucoup à apprendre. La technologie a évolué rapidement tandis que le faible coût des composants électroniques, l'accroissement de la puissance de calcul et la création de réseaux ubiquitaires permettaient ensemble l'apparition de nouvelles générations de machines autonomes ou semi-autonomes. Ces machines gagnent tous les secteurs de l'économie, se substituant au travail humain dans plusieurs d'entre eux. Cela pourrait théoriquement aboutir à la création d'usines sans travailleurs. Même si cette évolution ne provoque que des frictions temporaires dans l'économie, comme le suggérait Keynes en son temps, elle ne peut être ignorée des décideurs. L'apprentissage automatique intéresse autant la compétitivité de l'économie que les politiques de l'emploi.

La compétitivité de marché d'une économie exige que celle-ci dispose des outils et processus les plus efficients qui soient. Il est donc probable que les pays qui investissent le plus en faveur du développement de l'apprentissage automatique et des systèmes autonomes en tireront les bénéfices plus larges. La question de savoir si cela contribuera à la croissance économique et/ou agira sur l'emploi alimente les débats entre économistes. Néanmoins, il est probable que, si les entrepôts automatisés fonctionnent aussi bien que le prévoient leurs promoteurs, le nombre d'emplois dans le secteur de la logistique va diminuer et ce sera à l'entreprise qui bâtira l'entrepôt le plus efficient. Les gains d'efficacité qui s'ensuivront se traduiront par une augmentation du pouvoir d'achat des consommateurs. Il pourra en résulter aussi des pertes d'emploi et des frictions dans l'économie qui auront un certain coût pour la société en termes de croissance. Le cas de Wehkamp.nl illustre l'orientation prise par le marché : cette entreprise néerlandaise de commerce en ligne a annoncé en octobre 2013 sa décision de construire la plus grande plateforme de distribution robotisée du monde pour remplacer son entrepôt actuel, conçu sur un modèle classique. La robotisation doit lui permettre de réduire à 30 minutes le délai entre la commande et l'emballage et d'assurer la livraison le jour même, ce que les consommateurs apprécieront certainement[29]. Les robots gèreront l'entrepôt, iront chercher les marchandises et feront des allées et venues vers les postes de travail, où des employés se chargeront de préparer les colis.

Il est probable que, dans le secteur manufacturier, des robots effectueront à terme des tâches à forte intensité de main-d'œuvre qu'il est encore impossible de leur confier. À l'heure où certains décideurs souhaitent faire revenir dans leur pays les entreprises manufacturières parties s'installer dans des régions où le coût de la main-d'œuvre est moins élevé, une telle relocalisation pourrait bien ne pas générer autant d'emplois que l'on serait fondé à en attendre dans le secteur. Quant aux économies moins avancées, elles ne pourront plus suivre l'itinéraire de développement classique allant de l'assemblage de vêtements et de produits peu coûteux à la haute technologie en passant par la fabrication de produits électroniques bon marché, puisque l'assemblage de produits à plus forte valeur sera effectué, par des robots, dans les pays développés.

De nombreux autres emplois « répétitifs » risquent eux aussi de disparaître dans les années à venir. Si les véhicules autonomes rencontrent le succès, les taxis, bus et camions sans conducteur seront sans doute appelés à se développer. Certaines activités qui absorbaient dans le passé une main-d'œuvre pas ou peu qualifiée cesseront peut-être d'exister. Des emplois resteront associés à la réalisation des tâches correspondantes mais beaucoup d'entre eux exigeront des compétences plus élevées, par exemple pour réparer ou programmer des fonctions robotiques. Aussi est-il essentiel de disposer d'une main-d'œuvre qualifiée. D'autre part, les machines autonomes sont aussi pourvoyeuses d'économies qui permettront peut-être de réemployer certaines personnes dans d'autres secteurs.

Les machines autonomes, que ce soit dans les transports ou le secteur manufacturier, requièrent des infrastructures fiables. Les technologies autonomes ne fourniront leurs pleins avantages qu'à la condition qu'existent dans le pays des réseaux de transport, de distribution d'énergie et de communications fiables. Le dessein d'un processus de production entièrement robotisé ne pourra se concrétiser que si chaque élément de la chaîne est bien ajusté au suivant car, malgré toute sa souplesse, l'apprentissage automatique ne sera pas en mesure de faire face à une situation contraire alors qu'un ouvrier, par exemple, est capable de réorganiser une partie du travail en cas de panne d'électricité dans son usine. De même, toute interruption des systèmes de communication perturbera le fonctionnement des taxis autonomes, qui ne seront peut-être pas capables de trouver de nouveaux passagers alors qu'un conducteur humain saura toujours reconnaître un client qui attend. Le bon fonctionnement des infrastructures sera donc primordial.

Conséquences pour l'action publique dans le domaine de la réglementation

Les machines autonomes ou télécommandées sont pour l'instant utilisées principalement dans des environnements contrôlés. Cependant, elles sont appelées à former une part importante de l'IDO. La réglementation applicable dans les environnements contrôlés porte essentiellement sur la mise en place de mesures de santé et de sécurité adéquates, à savoir dans bien des cas l'installation d'un interrupteur pour arrêter un robot lorsqu'un employé pénètre dans son périmètre d'activité. Avec la nouvelle génération de machines autonomes, la situation sera différente à cause de l'interaction et de la coopération entre hommes et machines. Le cadre légal s'appliquant à ces machines devra par conséquent évoluer, et beaucoup.

Un certain nombre de pays et d'entreprises s'emploient à tester des voitures sans conducteur sur la voie publique. L'exemple de Google aux États-Unis est bien connu, mais tous les grands constructeurs automobiles ont leur propre programme pour développer des prototypes de véhicules autonomes. Dans l'immédiat, les entreprises font porter l'essentiel de leurs efforts sur les véhicules semi-autonomes. Les premières applications se trouvent dans les systèmes d'aide à la conduite dont certains sont déjà commercialisés, par exemple les dispositifs de conduite autonome dans les embouteillages ou les systèmes de stationnement automatique. Ces applications se développeront au fil du temps pour permettre la conduite automatique sur autoroute. Certains constructeurs, cependant, prévoient de mettre sur le marché des véhicules semi ou entièrement autonomes entre 2017 et 2020.

La situation des véhicules automatiques sur le plan légal – qu'ils se déplacent sur route ou dans les airs – est beaucoup plus complexe. Les traités internationaux existants, tout comme les réglementations nationales et locales, n'ont pas été conçus pour les véhicules autonomes ou télécommandés. Ces traités internationaux, dont la majorité des pays de l'OCDE sont signataires, comprennent la Convention de Genève sur la circulation routière (1949) et la Convention de Vienne sur la circulation routière (1968), lesquelles exigent la présence d'un conducteur à bord des véhicules. Cependant, les pays ne souscrivent pas tous à la définition donnée du terme « conducteur » dans ces traités ni ne sont unanimes sur la question de savoir si une fonction automatisée est compatible avec cette définition.

Le *Cyber Law Center* de l'Université Stanford est d'avis que, dans la mesure où qu'une prise de contrôle par un opérateur humain est possible, les traités n'interdisent pas les véhicules automatiques (Smith, 2012). « Un véhicule qui fonctionne dans les limites de l'appréciation humaine pourrait également satisfaire à cette condition. Ces interprétations n'exigent pas nécessairement qu'un être humain soit physiquement présent » (Smith, 2012). Il sera donc nécessaire de clarifier ou de modifier les définitions actuelles avant que les véhicules autonomes puissent devenir une réalité dans tous les pays signataires.

Aux États-Unis, certains États dont la Californie, la Floride et le Nevada ont d'ores et déjà adopté une législation autorisant l'utilisation de véhicules autonomes. Ces textes de loi ne résolvent pas tous les problèmes juridiques connexes, mais ils ont le mérite de reconnaître explicitement l'existence de ces véhicules. Selon l'analyse de l'Université de Stanford, les normes relatives aux véhicules, la responsabilité civile générale, les questions d'assurance, la collecte de données, la planification des transports et l'évaluation d'impact environnemental, entre autres, devront faire l'objet d'une attention particulière.

Le Royaume-Uni a organisé une consultation en 2014 et une première expérimentation doit avoir lieu à Greenwich en 2015. Les pouvoirs publics prévoyaient de publier, début 2015, un code de pratiques à l'intention des entreprises qui souhaitent procéder à des essais de véhicules sans conducteur sur les routes du pays. Les autorités britanniques ont déclaré être favorables à une « approche légère/non réglementaire » en la matière afin que la mise en circulation de tels véhicules intervienne plus rapidement. « Un code de pratiques sera plus facile à établir, moins contraignant et moins onéreux pour ceux qui souhaitent procéder à des essais que l'approche réglementaire adoptée dans d'autres pays » (Mlot, 2015). Aux Pays-Bas, le gouvernement a déclaré qu'il souhaitait faire du pays un banc d'essai pour les véhicules autonomes, dont il a autorisé l'utilisation en circulation. En Corée, par contre, malgré les travaux en cours dans les instituts nationaux de recherche, la loi sur la circulation routière continue à exiger la présence d'un conducteur à bord des véhicules.

Les systèmes d'aéronef (léger) télépiloté (RPAS, pour *Remote-Piloted Aircraft Systems*), également appelés véhicules aériens sans pilote (*Unmanned Aerial Vehicles*, UAV) ou drones, sont autorisés dans certains pays de l'OCDE. Au Japon, par exemple, 40 % des rizières sont traitées par des hélicoptères télécommandés. Une feuille de route sur les RPAS préparée à l'intention de la Commission européenne indique que la France, l'Irlande, l'Italie, la République tchèque, le Royaume-Uni, la Suède et la Suisse ont déjà mis en place une réglementation et des normes nationales. Une réglementation nationale est également en préparation en Belgique, au Danemark, en Espagne, en Norvège et aux Pays-Bas (CE, 2013). En Corée, où les RPAS de plus de 150 kilogrammes sont interdits, il faut déposer 18 documents sept jours avant la date prévue d'un vol. Seuls les RPAS de moins de 12 kilogrammes sont exemptés de cette obligation. Aux États-Unis, la *Federal Aviation Administration* (FAA) travaille à l'élaboration d'une réglementation, mais l'utilisation de RPAS à des fins commerciales fait déjà l'objet de restrictions. Les systèmes d'aéronef autonome avec pilote ne sont pas pris en compte dans ces projets réglementaires parce que l'Organisation de l'aviation civile internationale s'occupe aujourd'hui uniquement des RPAS. Ces derniers ont aussi de nombreuses applications militaires et figurent par conséquent sur la liste des biens dont les exportations sont contrôlées en vertu de l'Arrangement de Wassenaar, auquel de nombreux pays de l'OCDE ont adhéré (catégorie 9.A.12). C'est ainsi, par exemple, que les agriculteurs australiens ne peuvent acquérir des hélicoptères télécommandés fabriqués au Japon, mais sont obligés de les louer auprès du constructeur, qui les leur fournit avec un pilote. L'examen plus détaillé de la réglementation éventuelle dans ce secteur pourrait faire l'objet de travaux futurs.

Qu'une réglementation soit nécessaire, c'est ce qu'a montré clairement un incident survenu en Suède où la totalité du trafic au départ et à destination de l'aéroport de Stockholm-Bromma a dû être interrompue à cause d'un drone effectuant un vol commercial non autorisé dans la zone de contrôle de l'aéroport, au-dessus du centre de Stockholm[30]. L'aéroport est resté fermé pendant une heure jusqu'à ce que l'opérateur du drone soit localisé. Au Royaume-Uni, le pilote d'un Airbus 320 a signalé le passage d'un drone 7 mètres au-dessus de son aile gauche alors qu'il se préparait à atterrir à l'aéroport d'Heathrow et que l'appareil se trouvait à 213 mètres du sol. Une enquête a été menée mais l'opérateur du drone n'a pu être identifié. Ce ne sont pas là les seuls exemples connus d'incidents impliquant des aéronefs télépilotés, mais ils laissent imaginer la gravité des conséquences que de tels incidents pourraient avoir.

Notes

1. Le dictionnaire Larousse définit le terme « actionneur » comme « un appareil ou organe permettant d'agir sur une machine ou un processus utilisé pour déplacer ou contrôler un objet [...] ». Alors qu'un capteur sert à déterminer l'état d'un système, un actionneur peut être utilisé pour le modifier.
2. Pour une liste des grandes étapes de l'évolution ayant abouti à la rencontre du numérique et du physique, voir Gil Press (2014).

3. Pour plus de détails sur le coût des lecteurs RFID, voir : *www.rfidjournal.com/site/faqs#Anchor-If-36680*.

4. Décret n° 8234 du 2 mai 2014, *http://leisonline.blogspot.fr/2014/05/decreto-n-8234-de-2-de-maio-de-2014.html#!/2014/05/decreto-n-8234-de-2-de-maio-de-2014.html* (consulté le 15 avril 2015).

5. Pour un examen plus approfondi des définitions de l'internet des objets, voir Evans (2011). Pour une analyse plus théorique de ces définitions, voir Atzori, Iera et Morabito (2010).

6. Cette présentation des changements à l'œuvre dans le domaine de l'apprentissage automatique sous l'effet des progrès de l'analyse bayésienne n'est pas tout à fait exacte et pourra sembler minimiser les travaux antérieurs en ce domaine. Cependant, un propos plus nuancé exigerait d'entrer dans des considérations techniques qui n'ont pas leur place dans le présent rapport.

7. Des chercheurs et des ingénieurs travaillant pour des constructeurs automobiles ont fait des prévisions similaires lors d'échanges avec des membres du personnel de l'OCDE.

8. L'utilisation du courant porteur en ligne permet de transmettre des données via un conducteur utilisé simultanément pour le transport ou la distribution d'électricité sous forme de courant alternatif, tandis que dans le cas de l'alimentation électrique par câble Ethernet (*Power over Ethernet*, PoE), courant électrique et données sont transmis via le réseau Ethernet.

9. Transport for London, « What is a Contactless Payment card ? », *www.tfl.gov.uk/fares-and-payments/contactless/what-is-contactless?intcmp=8610* (consulté le 15 avril 2015).

10. Un réseau en étoile est une configuration topologique de réseau informatique dans laquelle un commutateur, un concentrateur ou un ordinateur en position centrale assure la transmission des messages.

11. Voir le site internet de la SITA : *www.sita.aero/about-us*.

12. Le protocole 802.15.4 est un protocole de couche 2 qui définit la modulation, la puissance délivrée, les fréquences utilisées et divers autres éléments nécessaires à la communication. Zigbee, Thread et 6LowPan sont des protocoles de couche 3 ou supérieure, qui définissent les modalités d'organisation du réseau, d'adressage, de routage et de conditionnement des données. Un appareil hertzien 802.15.4 utilisant un protocole de couche 3 est détectable par les appareils qui utilisent un protocole de couche 3 différent mais ne peut pas communiquer avec eux.

13. Le terme « natif » signifie ici que l'infrastructure prend en charge intégralement l'IPv6 et que chaque appareil reçoit une adresse IPv6. Une situation d'utilisation « non native » signifie que des dispositifs de traduction sont utilisés pour passer de l'IPv6 à un autre protocole sous-jacent.

14. Voir : *http://en.wikipedia.org/wiki/IEEE_802.15.4*.

15. Les périodes de déconnexion peuvent aller de quelques secondes seulement à plusieurs minutes.

16. Aux Pays-Bas, les opérateurs de réseau énergétique gèrent les connexions physiques au réseau d'électricité et de gaz. De par la distinction structurelle qui a été établie, ils ne peuvent produire d'électricité, fournir des services de détail aux utilisateurs finals ni gérer le réseau national de distribution électrique haute tension.

17. L'OCDE a publié plusieurs rapports sur l'IPv6. Pour un aperçu, voir : *www.oecd.org/sti/ieconomy/telecomandinternetreports.htm#Internet*.

18. Le *Cisco Visual Networking Index* 2014 indique : « Le nombre d'appareils connectés à des réseaux IP atteindra presque le double de la population mondiale en 2018. On comptera près de trois appareils en réseau par personne en 2018, contre deux seulement en 2013. Intensifié en partie à cause de l'augmentation du nombre d'appareils et du développement de leurs capacités, le trafic IP atteindra 17 Go par personne en 2018, contre 7 Go seulement en 2013 » (Cisco, 2014). Selon les estimations de l'ONU, la population mondiale atteindra 7.5 milliards en 2018. Les estimations du *Cisco Internet Business Group* sont citées *in* Evans (2011).

19. Dans ce calcul, l'estimation initiale, portant sur une famille de quatre personnes, a été ajustée à un ménage de taille moyenne.

20. Actuellement, les réseaux mobiles exigent toujours qu'au moins un numéro de téléphone E.164 soit attribué à chaque carte SIM. Cela pourrait changer dans l'avenir, mais les systèmes réclamant un numéro de téléphone à des fins de facturation et de gestion sont maintenant si nombreux que le passage à d'autres types de numérotation risque de demander énormément de temps.

21. On parle de « traduction d'adresses réseau de classe opérateur » (*Carrier Grade Network Translation* ou *Carrier Grade NAT*) lorsque la traduction d'adresses réseau (*Network Address Translation, NAT*) est effectuée au cœur du réseau et non en périphérie. Des millions d'appareils peuvent partager

simultanément un même lot d'adresses, ce qui exige un niveau de débit et de fiabilité beaucoup plus élevé que pour la NAT au niveau d'un routeur DSL domestique. La traduction d'adresses réseau de classe opérateur est le seul moyen d'effectuer la NAT dans un réseau mobile sans fil, car la traduction d'adresses réseau ne peut être assurée facilement par les appareils situés en périphérie.

22. Pour des articles en ligne traitant de ces préoccupations : *www.medhelp.org/posts/Heart-Rhythm/Why-does-cardionet-event-monitor-record-when-nothing-is-wrong/show/1393291* et *www.medhelp.org/posts/Heart-Rhythm/30--day-Cardionet-Monitor-going-off-by-itself/show/1089961*.

23. Plusieurs pays ont étudié des systèmes de péages basés sur le GPS mais n'ont pas encore donné suite. L'absence de soutien des instances normatives et la complexité de certaines exigences – par exemple la pré-réservation de certains créneaux horaires – contribuent sans doute à retarder l'introduction de tels systèmes. Voir par exemple : *http://roadpricing.blogspot.nl/2011/08/uk-concludes-gps-based-distance-road.html*, *http://en.wikipedia.org/wiki/Road_pricing* et *www.nce.co.uk/news/transport/government-collapse-scuppers-dutch-road-pricing-plans/5216811.article*.

24. Une brochure publiée par le ministère de l'Énergie et du Changement climatique du Royaume-Uni sous le titre « The Smart Metering System » est accessible en ligne : *www.gov.uk/government/uploads/system/uploads/attachment_data/file/336057/smart_metering_leaflet.pdf*.

25. Voir : *http://ec.europa.eu/digital-agenda/en/internet-things*.

26. Voir : Besluit van de Minister van Economische Zaken van 3 maart 2014, n° ETM/TM/14024019, houdende wijziging van het Nummerplan voor identiteitsnummers ten behoeve van internationale mobiliteit (IMSI-nummers) in verband met het gebruik van IMSI-nummers door besloten netwerken (en néerlandais seulement), *https://zoek.officielebekendmakingen.nl/stcrt-2014-6781.html*.

27. Voir : *www.oecd.org/sti/consumer/oecdguidelinesforconsumerprotectioninthecontextofelectroniccommerce1999.htm*.

28. Pour plus de détails, voir les « Sept principes fondamentaux » sur le site internet de *Privacy by Design*, *www.vieprivееintegree.ca/index.php/a-propos-de-la-pivp/sept-principes-fondamentaux/*.

29. On trouvera un clip vidéo sur cette annonce et le nouveau centre de distribution à l'adresse suivante : *www.youtube.com/watch?v=Q5eieOIgccY* (en néerlandais seulement).

30. Sur l'incident d'Heathrow, voir le rapport officiel « Air Proximity » (n° 2014117) : *www.airproxboard.org.uk/docs/423/2014117.pdf*. L'incident qui s'est produit en Suède a été rapporté dans la presse ; voir, par exemple, Airscoc (2014).

Références

ACMA (2013), *Near-field communications. Emerging Issues In Media and Communications*, Occasional Paper n° 2, Australia Communications and Media Authority, Canberra, *http://165.191.2.87/~/media/Regulatory%20Frameworks%20and%20International%20Coordination/Information/pdf/Near%20field%20communications%20Emerging%20issues%20in%20media%20and%20communications%20Occasional%20paper%202.pdf*.

Airsoc (2014), « Airspace around Stockholm-Bromma briefly closed following drone sighting », site Airsoc, *http://airsoc.com/articles/view/id/5480fa8d31394477768b456a/airspace-around-stockholm-bromma-briefly-closed-following-drone-sighting* (consulté le 15 avril, 2015).

Alzheimer's Society (2014), *Dementia-Friendly Technology : A Charter That Helps Every Person With Dementia Benefit From Technology That Meets Their Needs*, Alzheimer's Society, Londres, *www.telecare.org.uk/sites/default/files/file-directory/Publications/Dementia%20Friendly%20Technology%20Charter.pdf*.

Aquity Group (2014), *The Internet of Things: The Future of Consumer Adoption*, *www.acquitygroup.com/news-and-ideas/thought-leadership/article/detail/acquity-group-2014-internet-of-things-study* (consulté le 15 avril 2015).

Atzori, L., I. Antonio et G. Morabito (2010), « The Internet of Things: A survey », *Computer Networks*, vol. 54, n° 15, pp. 2787-2805, *www.sciencedirect.com/science/article/pii/S1389128610001568*.

Baudoin, C. (2014), « The Internet of things: Automation heaven or security hell? », site *Cutter Consortium*, *www.cutter.com/content/bia/fulltext/updates/2014/biau1403.html* (consulté le 15 avril 2015).

Brill, J. (2014), « The Internet of Things: Building trust to maximize consumer benefits », exposé présenté à l'occasion de la table ronde *The Internet of Things : Roundtable with FTC Commissioner Brill*, Center for Policy on Emerging Technologies, Washington, DC, 26 février 2014, *www.ftc.gov/system/files/documents/public_statements/203011/140226cpetspeech.pdf*.

Brynjolfsson, E. et A. McAfee (2011), *Race Against the Machine*, Lexington, MA, Digital Frontier Press.

BT (2014), *Promoting Investment and Innovation in the Internet of Things*, réponse de British Telecom à la consultation organisée par l'Ofcom au sujet de l'internet des objets, British Telecom, Londres, *http://stakeholders.ofcom.org.uk/binaries/consultations/iot/responses/BT.pdf*.

Capgemini (2014), « Internet of Things = Internet of trust », blog *Capping IT Off*, 19 septembre 2014, *www.capgemini.com/blog/capping-it-off/2014/09/internet-of-things-internet-of-trust*.

CE (2013), *Roadmap for the Integration of Civil Remotely-Piloted Aircraft Systems into the European Aviation System : Final Report from the European RPAS Steering Group*, Commission européenne, Bruxelles, *http://ec.europa.eu/enterprise/sectors/aerospace/files/rpas-roadmap_en.pdf*.

CE (2014), *Analyse comparative du déploiement de compteurs intelligents dans l'UE-27 visant plus particulièrement le marché de l'électricité*, Rapport de la Commission, n° COM(2014) 356 final, Commission européenne, Bruxelles, *http://eur-lex.europa.eu/legal-content/FR/TXT/PDF/?uri=CELEX:52014DC0356&from=EN*.

Cisco (2014), *Cisco Visual Networking Index: Forecast and Methodology, 2013–2018*, Cisco Systems, Inc., *www.cisco.com/c/en/us/solutions/collateral/service-provider/ip-ngn-ip-next-generation-network/white_paper_c11-481360.html* (consulté 15 avril 2015).

Co.Exist (2014), « 7 tools that let you control your own data », site CoExist, *www.fastcoexist.com/3024857/world-changing-ideas/7-tools-that-let-you-control-your-own-data* (consulté le 15 avril 2015).

Connected World (2014), *Two Views: Is It Too Soon to Move to 4G/LTE?*, août/septembre 2014, *http://connectedworld.com/two-views-is-it-too-soon-to-move-to-4glte/* (consulté le 15 avril 2015).

Das, R. et P. Harrop (2014), *RFID Forecasts, Players and Opportunities 2014-24*, IDTechEx, *www.idtechex.com/research/reports/rfid-forecasts-players-and-opportunities-2014-2024-000368.asp* (consulté le 15 avril 2015).

ECC (2014), *Evolution in the Use of E.212 Mobile Network Codes*, Rapport n° 212 du Comité des communications électroniques (ECC) de la CEPT, *www.erodocdb.dk/Docs/doc98/official/pdf/ECCREP212.PDF*.

Economist (2011), « Difference engine: Luddite legacy », *The Economist*, 4 novembre 2011, *www.economist.com/blogs/babbage/2011/11/artificial-intelligence* (consulté le 15 avril 2015).

Edge (2012), « Reinventing society in the wake of big data: a conversation with Alex (Sandy) Pentland », *Edge*, 30 août 2012, *http://edge.org/conversation/reinventing-society-in-the-wake-of-big-data* (consulté le 15 avril 2015).

Evans, D. (2011), *The Internet of Things: How the Next Evolution of the Internet Is Changing Everything*, Cisco White Paper, CISCO IBSG, *www.cisco.com/web/about/ac79/docs/innov/IoT_IBSG_0411FINAL.pdf*.

GigaOm (2014), « Ericsson CEO predicts 50 billion Internet connected devices by 2020 », *GigaOm*, 14 avril 2014, *https://gigaom.com/2010/04/14/ericsson-sees-the-internet-of-things-by-2020/* (consulté le 15 avril 2015).

GigaOm (2009), « Intel inside becomes Intel everywhere », *GigaOm*, 2 mars 2009, *https://gigaom.com/2009/03/02/intel-inside-becomes-intel-everywhere/* (consulté le 15 avril 2015).

Gil Press (2014), « A very short history of the Internet Of Things », *Forbes*, 18 juin 2014, *www.forbes.com/sites/gilpress/2014/06/18/a-very-short-history-of-the-internet-of-things/* (consulté le 15 avril 2015).

Gordon, R.J. (2012), "Why innovation won't save us", *Wall Street Journal*, 21 décembre 2012, *http://online.wsj.com/articles/SB10001424127887324461604578191781756437940* (consulté le 15 avril 2015).

Harwell, D. (2014), « Whirlpool's "Internet of Things" problem: No one really wants a 'smart' washing machine », *The Washington Post*, 28 octobre 2014, *www.washingtonpost.com/blogs/the-switch/wp/2014/10/28/whirlpools-internet-of-things-problem-no-one-really-wants-a-smart-washing-machine/* (consulté le 15 avril 2015).

Hearn, A. (2014), « Sir Tim Berners-Lee speaks out on data ownership », *The Guardian*, 8 octobre 2014, *www.theguardian.com/technology/2014/oct/08/sir-tim-berners-lee-speaks-out-on-data-ownership* (consulté le 15 avril 2015).

IBPT (2014), « Consultation à la demande du conseil de l'IBPT du 25 novembre 2014 concernant la révision de la politique en matière de gestion du plan de numérotation », Institut belge des services postaux et des télécommunications, Bruxelles, *www.bipt.be/public/files/fr/21394/Consult_review_KB_Nummering_FR.pdf*.

IEI (2014), *Utility-scale Smart Meter Deployments: Building Block of the Evolving Power Grid*, Institute for Electric Innovation, The Edison Foundation, Washington, DC, *www.edisonfoundation.net/iei/Documents/IEI_SmartMeterUpdate_0914.pdf*.

Kelly, S.M. (2014), « World's first connected tennis racquet will perfect your swing », *Mashable*, 7 janvier 2014, *http://mashable.com/2014/01/07/connected-tennis-racquet/* (consulté le 15 avril 2015).

Keynes, J.M. (1963), « Economic possibilities for our grandchildren », *Essays in Persuasion*, W.W.Norton & Co., New York, pp. 358-373, *www.econ.yale.edu/smith/econ116a/keynes1.pdf*.

KrebsonSecurity (2012), « FBI: Smart meter hacks likely to spread », *KrebsonSecurity*, 12 avril 2012, *http://krebsonsecurity.com/2012/04/fbi-smart-meter-hacks-likely-to-spread/* (consulté le 15 avril 2015).

Kvalbein, A. (2012), *Measuring Mobile Broadband in Norway*, Simula Research Laboratory, RIPE 64, *https://ripe64.ripe.net/presentations/172-Mobile_Broadband_Measurements.pdf*.

Lee, T.B. (2015), « 5 reasons self-driving taxis are going to be amazing », *Vox*, 17 mars 2015, *www.vox.com/2015/3/17/8231401/self-driving-taxis-amazing* (consulté le 15 avril 2015).

Liebenau, J. et al. (2011), *Near Field Communications: Privacy, Regulation & Business Models: A white paper of the LSE/Nokia* research collaboration, *www.lse.ac.uk/management/documents/LSE-White-Paper_-_Near-Field-Communications-Privacy-Regulation-Business-Models.pdf* (consulté le 15 avril 2015).

Ministère de la Science, des TIC et de la planification (République de Corée) (2014), *Master Plan for Building the Internet of Things (IoT) that leads the hyper-connected, digital revolution*, Ministères de la République de Corée, Séoul, *www.iotkorea.or.kr/2013_kor/uploadFiles/board/KOREA-%20IoT%28Internet%20of%20Things%29%20Master%20Plan%20-%202014.pdf*.

Mlot, S. (2015), « Driverless cars hitting U.K. roads this summer », *PC Magazine*, 11 février 2015, *www.pcmag.com/article2/0,2817,2476609,00.asp* (consulté le 15 avril 2015).

OCDE (2010), *OECD Information Technology Outlook 2010*, Éditions OCDE, Paris, *http://dx.doi.org/10.1787/it_outlook-2010-en* (consulté le 15 avril 2015).

OCDE (2012a), « Machine-to-machine communications : Connecting billions of devices », *OECD Digital Economy Papers*, n° 192, Éditions OCDE, Paris, *http://dx.doi.org/10.1787/5k9gsh2gp043-en*.

OCDE (2012b), « Terms of Reference for the Review of the OECD Guidelines for the Security of Information Systems and Networks », *OECD Digital Economy Papers*, n° 210, Éditions OCDE, Paris, *http://dx.doi.org/10.1787/5k8zq92zhqhl-en*.

OCDE (2013a), « Building blocks for smart networks », *OECD Digital Economy Papers*, n° 215, Éditions OCDE, Paris, *http://dx.doi.org/10.1787/5k4dkhvnzv35-en*.

OCDE (2013b), « Cloud computing: The concept, impacts and the role of government policy », *OECD Digital Economy Papers, n° 240, Éditions OCDE, Paris, http://dx.doi.org/10.1787/5jxzf4lcc7f5-en*.

OCDE (2013c), « Exploring data-driven innovation as a new source of growth: Mapping the policy issues raised by "big data" », *OECD Digital Economy Papers*, n° 222, Éditions OCDE, Paris, *http://dx.doi.org/10.1787/5k47zw3fcp43-en*.

OCDE (2014), *Summary of the OECD Privacy Expert Roundtable on Protecting Privacy in a Data-driven Economy : Taking Stock of Current Thinking*, Éditions OCDE, Paris, *www.oecd.org/officialdocuments/publicdisplaydocumentpdf/?cote=dsti/iccp/reg(2014)3&doclanguage=en* (consulté le 15 avril 2015).

OCDE (2015), *Trust in a Data-Driven Economy: Data and Analytics: Prospects for Growth and Well-being*, OCDE, Paris.

Ofcom (2014), *Promoting Investment and Innovation in the Internet of Things*, Ofcom, Londres, *http://stakeholders.ofcom.org.uk/consultations/iot/* (consulté le 15 avril 2015).

Pasiewicz, M. « On people, the death of privacy, and data pollution », interview with Bruce Schneier, *Schneier on Security*, *www.schneier.com/news/archives/2008/03/on_people_the_death.html* (consulté le 15 avril 2015).

Rauhofer, J. (2008), « Privacy is dead, get over it! Information privacy and the dream of a risk-free society », *Information & Communications Technology Law*, vol. 17, n° 3, *www.tandfonline.com/doi/abs/10.1080/13600830802472990#.VDWAHUvgp5k* (consulté le 15 avril 2015).

Rubens, P. (2014), « Internet of Things a potential security disaster », *eSecurity Planet*, 4 septembre 2014, *www.esecurityplanet.com/network-security/internet-of-things-a-potential-security-disaster.html* (consulté le 15 avril 2015).

Smith, B.W. (2012) « Automated vehicles are probably legal in the United States », *The Center for Internet and Society*, *http://cyberlaw.stanford.edu/publications/automated-vehicles-are-probably-legal-united-states* (consulté le 15 avril 2015).

St. John, J. (2014), « 4 ways Tokyo's smart meter plan breaks new ground », *Greentechgrid*, 19 mars 2014, *www.greentechmedia.com/articles/read/4-ways-tokyos-smart-meter-plans-break-new-ground* (consulté le 15 avril 2015).

Tabarrok, A. (2003), « Productivity and unemployment », *Marginal Revolution*, 31 décembre 2003, *http://marginalrevolution.com/marginalrevolution/2003/12/productivity_an.html.*

US FTC (2014), *In the matter of TRENDnet. Docket no. C-4426. Decision and Order*, United States Federal Trade Commission, Washington, DC, *www.ftc.gov/system/files/documents/cases/140207trendnetdo.pdf.*

WEF (2014), *Rethinking Personal Data: Trust and Context in User-Centred Data Ecosystems*, Forum économique mondial, Genève, *www3.weforum.org/docs/WEF_RethinkingPersonalData_TrustandContext_Report_2014.pdf.*

Weiser, M. (1991), « The computer for the 21st century », *Scientific American*, vol. 265, n° 9, pp. 66-75.

Wilson, J. (2008), *Sensor Technology Handbook*, Newnes/Elsevier, Oxford.

Wolf, C. et J. Polonetsky (2013), « An Updated Privacy Paradigm for the "Internet of Things" », *Future of Privacy Forum*, 19 novembre 2013, *www.futureofprivacy.org/wp-content/uploads/Wolf-and-Polonetsky-An-Updated-Privacy-Paradigm-for-the-%E2%80%9CInternet-of-Things%E2%80%9D-11-19-2013.pdf.*

YaPing, C. et al. (2014), « Influence of characteristics of the Internet of Things on consumer purchase intention », *Social Behavior and Personality*, vol. 42, n° 2, pp. 321-330.

Yared, P. (2013), « 2013 : The Internet of things, delivered via smartphone », *VentureBeat*, 2 janvier 2013, *http://venturebeat.com/2013/01/02/internet-of-things-via-smartphone/* (consulté le 15 avril 2015).

ORGANISATION DE COOPÉRATION ET DE DÉVELOPPEMENT ÉCONOMIQUES

L'OCDE est un forum unique en son genre où les gouvernements œuvrent ensemble pour relever les défis économiques, sociaux et environnementaux que pose la mondialisation. L'OCDE est aussi à l'avant-garde des efforts entrepris pour comprendre les évolutions du monde actuel et les préoccupations qu'elles font naître. Elle aide les gouvernements à faire face à des situations nouvelles en examinant des thèmes tels que le gouvernement d'entreprise, l'économie de l'information et les défis posés par le vieillissement de la population. L'Organisation offre aux gouvernements un cadre leur permettant de comparer leurs expériences en matière de politiques, de chercher des réponses à des problèmes communs, d'identifier les bonnes pratiques et de travailler à la coordination des politiques nationales et internationales.

Les pays membres de l'OCDE sont : l'Allemagne, l'Australie, l'Autriche, la Belgique, le Canada, le Chili, la Corée, le Danemark, l'Espagne, l'Estonie, les États-Unis, la Finlande, la France, la Grèce, la Hongrie, l'Irlande, l'Islande, Israël, l'Italie, le Japon, le Luxembourg, le Mexique, la Norvège, la Nouvelle-Zélande, les Pays-Bas, la Pologne, le Portugal, la République slovaque, la République tchèque, le Royaume-Uni, la Slovénie, la Suède, la Suisse et la Turquie. La Commission européenne participe aux travaux de l'OCDE.

Les Éditions OCDE assurent une large diffusion aux travaux de l'Organisation. Ces derniers comprennent les résultats de l'activité de collecte de statistiques, les travaux de recherche menés sur des questions économiques, sociales et environnementales, ainsi que les conventions, les principes directeurs et les modèles développés par les pays membres.

ÉDITIONS OCDE, 2, rue André-Pascal, 75775 PARIS CEDEX 16
(93 2015 04 2P1) ISBN 978-92-64-24373-6 – 2015-16

www.ingramcontent.com/pod-product-compliance
Lightning Source LLC
LaVergne TN
LVHW080644011026
849160LV00014B/1314